U0153599

什麼是數學？

What Is Mathematics

吳秉翰、吳作樂 著

五南圖書出版公司 印行

作者序一

很榮幸可以參與《什麼是數學？》一書的編寫，個人接觸到《What is Mathematics?》這本迄今仍很熱門的數學書是在 2013 年，而裡面的內容是循序漸進的教導，可以使喜愛數學的人豁然開朗，然而還是難以讓一般人喜歡數學，所以希望能有一本讓大家看得懂的數學。

數學最常被批評的言論是「數學好難」，但以我個人的學習與教學經驗，並不是數學眞的難，而是數學的教學一點都不直覺，如同一條坑坑疤疤的路，到處都是漏洞，而這些洞被一個名詞所包裝──「**公式**」，公式對大多數學生是沒道理的，僅是一個死背的內容。因此本書將會利用歷史由來、應用，循序漸進的演繹每一個數學式，讓讀者眞的可以理解數學，甚至是有趣的，或是至少不害怕數學。本書的目的就是將常見的、認為重要的問題都將漏洞補上，好讓人眞正認識數學是什麼。

我的數學教育經驗了解到台灣家長、老師、學生、社會對於數學的認知，大多都是數學很有用、很重要，但是大家都不會、不想會、並對數學感到害怕。其實**在台灣對於數學的認知大多數都是錯的，進而導致害怕數學、學不好數學**。下述將介紹數學學習問題：

1. 數學內容範圍太大，且統計及邏輯被連帶討厭而不學習

國小的算術並不是數學，常有家長把很會計算、考試成績好當作數學好，這是錯誤的認知。同時數學也不該概括到統計、邏輯，這兩大項目本來就是與數學各為獨立輔助的關係，現在的數學教育大抵上包括算術、代數、幾何、統計、邏輯。但邏輯分明是一種形而上的學問，每個科目都會用到的學科，怎麼會放在數學課本之中來教導，如果討厭數學的人因不念而損失上邏輯的機會，豈不冤枉；同時統計是如同物理一般的應用數學，以數學符號來詮釋的科目，相信有部分的人一定有相當的感受它跟數學其實很不一樣，相當的好念，會實作即可，跟生活上也相當大的有連結性。同理如果統計也因討厭數學而不念，這樣是多麼的不妥。所以現在的數學教育應該將其切出去，獨立成數學、邏輯、統計三本書，但仍可讓數學相關的教師來教導。

2.課本與老師讓學生誤會數學家可以無中生有一個數學式

我們的數學教學常會先教定義，要求先接受定義，並說這是偉大數學家的發現，然後就被逼著當個乖乖牌死背下來，這是錯誤的。我們應該跟著心路歷程逐步理解，最後自然而然就學會定義，而不是被抹除欣賞數學家嘗試錯誤的機會。

這種學習方式是因爲受限於考試制度，有著時間壓力，故數學教學有時會先記好公式再學習，如同英文課要先背單字的習慣，所以變成先學習符號、定義的數學式（公式），令人覺得數學，並不是講求理解與邏輯，因爲一開始就是枯燥的記憶，所以進而誤會數學要背很多公式，然後可能認爲公式是沒道理的，或是因爲老師的不解釋、也可能是課本用是似而非的解釋，所以導致沒興趣，最後不想學。

3.證明有時是用間接方式來解釋，但缺乏啓發性

數學證明可以直接推導，或間接證明。以一元二次式的求解爲例，會教學公式解可代入原方程式，便說公式解正確故要求大家直接背下學習如何解題。但實際上應該用配方法推導出公式解，才能使學生接受。然而這樣的情況經常出現並破壞學習的感覺。數學應該要有啓發性（Heuristic）、邏輯性、嚴謹的演繹推導，而非培養因爲正確所以要接受公式。

4. 數學的深度、廣度、熟練度

以我教學經驗，數學因受限於考試制度，故使得學生總是在練習題目培養熟練度，而相對壓縮時間去學習數學深度的討論，如：推導數學式及數學式的歷史脈絡；以及沒有時間認識數學的人文歷史、藝術相關、眞實應用以及觸類旁通在其他科目相關性的內容，而此我稱爲廣度。

我們的數學陷入一種八股的狀態，會看題目套公式解題就好，卻乏創意、讓人沒有興趣學習，這邊要依靠教材及老師來解決問題。

5. 數學的洞：公式、定義、定理、公理的混淆

數學若將定義、定理、公理都邋遢的稱爲公式或某某性質，會讓人無法理解數學的起點，也不知其彼此間的關係性。而學生不知道或不敢問，皆會導致更厭惡數學。

我在教數學時，學生總是不知道哪個部分不會，老師應該要知道學生常見的問題，或是課本的缺陷，加以補充說明。如同醫生替病人看病，病人未必知道哪裡生病，醫生應該自行找出問題解決該疾病。

我認爲萬物皆數，每個地方都能看見數學的蹤跡。不同的人使用數學的方式不同就會有不一樣的功能出現。絕大多數人都認爲數學是科學的基礎，然而就僅僅於此了嗎？大多數人不懂數學的功能面，數學可是藝術的基礎，也是藉由數學培養邏輯性，更進一步學習民主，我們可以參考希臘的七藝，就可以明白數學是如何推動歷史。

希望本書的補洞內容可以幫助不喜歡、怕數學的人轉變爲不怕數學，甚至喜歡上數學。也希望可以幫助喜歡數學的人少走彎路，少花時間自行補洞，也降低學生因自行補洞，補到最後放棄的情況，換言之增加喜歡數學的人的時間，或是提供一個可參考的內容；人的時間有限，要找到一個讓人容易理解的方式，才能增加數學家或科學家的數量及時間。希望每個人都可以了解數學的人文歷史及數學的藝術，讓學生眞的明白**「什麼是數學」**。

「我們不是在做什麼了不起的事，而是在把挖得破破爛爛的數學教科書，修正爲原本的樣貌，做出眞正可被理解的數學。」

「考試制度下的數學教育，逼人要用公式學習數學，如同斯巴達教育。」

吳秉翰　2019 年夏

作者序二

1941 年，德裔美國數學家 Richard Courant（1888-1972）與當年 26 歲的美國數學家，統計學家 Herbert Robbins（1915 -2001）共同撰寫了《What is Mathematics ？》這本迄今仍很熱門的數學書。

1978 年，作者是哥大（Columbia University）數理統計系的博士生，當時教我統計及數學素養的正是Herbert Robbins教授，在他特有的「諷刺且幽默」的風格下，我終於領會到數學之美，而不再僅限於「數學很有用」這種膚淺的看法。1979 年台灣發生美麗島事件，作者當時是哥大台灣同學會會長，與紐約台灣同鄉會一起帶同學上街示威遊行。Robbins 教授知悉後對我說「反正你目前無心寫論文，不如專心去搞你的台灣學生運動，一年後再回來專心作論文」。這就是 Robbins 教授的風格。

《What is Mathematics ？》這本書雖然很熱門，但畢竟是寫給喜愛數學或工程的學生或教師看的。有鑑於此，作者想從不同的角度，讓國、高中學生能快速體會數學之美，進而去除對數學的恐懼或焦慮，同時也提供國、高中數學老師一些有用的補充教材，能在課堂上向學生展現數學之美，使學生明白數學絕對不是學校或補習班所呈現的一連串無聊的例題和測驗卷。基於上述的信念，作者將從幾個不同面向來敘述國、高中數學：

1. 數學教育不該著重解題技巧及多作各種題型以利考試拿高分，**數學教育的目的應是建立學生徹底了解及獨立思考的能**

力，而非以「考試拿高分」爲目的。本書特別強調「徹底的了解」在數學上的重要性，因爲我親身經歷太多了解數學近 90%，而未達 100%（徹底了解）的台灣高材生（數學成績一流的教授和工程師），當遇到不曾見過的實際數學問題時，卻無法獨立思考的窘境。因此，本書將重點放在**數學概念的徹底了解及隨時能獨立思考的例題**。

2. 多數人將數學認知爲「研究數字的學問」，因而導致許多家長讓小孩從小學珠算或心算，期盼他們未來數學會學得好。這是普遍對數學的誤解，數學不僅是「研究數字的學問」，它更基本的內容是**「研究數字，形態**（pattern）**及邏輯結構的學問」**。**本書的重點在於說明數字、圖形形態變化及相關的邏輯關係**。因此將純粹計算的內容減至最少，將所謂公式（就是由公理推導出的定理）也減至最少，**徹底破除學好數學要背很多公式的錯誤教法及想法**。

3. 社會謬誤常將數學好不好和聰不聰明畫上等號，但是，近代心理學家已不再相信二十世紀初期開始，延用至今僅測試抽象概念能力的 IQ 測驗和聰明程度有極度相關。當然，天生數學較好的學生顯示他對抽象概念掌握能力佳，僅此而已。至於數學不好的學生頂多只顯示他的抽象概念掌握能力有待加強，與聰明程度不相關！難道，我們會認定一個五音不全（音感不佳）的人就是不聰明嗎？

作者深信，數學的學習內容顯然不該僅限於數學本身，應該**將數學與人類文明發展歷程的關連清楚地呈現出來，而非僅**

限於計算與推理。事實上，很多家長與教師都誤以爲數學僅是必要的科學工具，重點就是**計算與推理**，這種錯誤的看法與教法，直接導致大部分學生覺得數學既繁雜又難懂，只能死背大量「公式」以應付考試，不如乾脆放棄學習。爲了糾正這種錯誤的大眾認知，本書的數學內容將盡可能與當時的歷史、藝術及文明進展相連結。例如：三**角相似形與希臘天文學的實際運用，幾何知識對近代繪畫及當代電腦動畫的貢獻，圓錐曲線如何促成克卜勒行星運動定律及牛頓力學**，三**角函數與近代通訊及音樂的深刻關連，近代數論成爲密碼學的基礎，統計方法普遍應用於經濟學、社會學、心理學及醫學**，且促成量子力學，以及非歐幾何學協助愛因斯坦完成相對論等。

4. 數學的理解和音樂有相似之處，兩者皆是較抽象的學問。然而卻有截然不同的學習過程，就音樂而言，先聽到（欣賞），再學看樂譜（抽象符號正確表達音高、旋律、和聲等）。換句話說，**先聽到音樂，再學看譜與樂理**，學生才容易學習。至於現代的數學教育，卻使用截然不同的過程：先學抽象符號（x, y, z）的計算規則及練習，之後再學習一些與實際應用未必相關的練習題，並稱之爲「應用題」。這種情況不只充斥於國、高中數學課本，連大學的微積分課本也是如此。也就是說，現在的**數學教育是：先學看譜和樂理，有沒有聽到音樂？以後自然會發生**。

數學的理解和藝術有相似之處，如果學習繪畫是從三原色認識開始，再來介紹各個繪圖理論，最後進行作畫，豈不是會嚇跑學生，所以繪畫學習都是從隨意作畫開始，喜歡繪畫後，再進一步學習。同時要知道多數數學家都是由圖形來學習數學，而少部分才是由抽象的符號來學習數學，也就是數論。所以推論一般學生的數學抽象性應該相對更少，故更應該用更具體的教學來學習數學，如：先繪製數學圖案，有一定的感覺後，再學習數學，而非直接進入抽象的符號，這樣才能有助於學習數學。

爲何學習音樂、藝術和數學有如此大的差異呢？作者認爲有幾個原因：自十八世紀以來，數學進展又多又快，迫使現今數學教育者必須在國、高中學生時代塞入比以前更多的數學知識，以面對全球科技競爭。在這種急功近利的情況下，數學被大多數人（含教師）狹義地理解成僅是科技進步的必備工具，因此老師經常對學生說：**數學很重要，要認眞學習，否則無法了解科學相關知識**。這種壓迫性的說法反而造成很多學生的反彈：既然無趣又難懂，混過去即可，反正以後不當科學家或工程師就無所謂了。這種「數學恐懼或厭惡」的現象，舉世皆然。

近年來，由於芬蘭參與聯合國 OECD 的 PISA（Programme for International Student Assessment）平均成績優異，造成很多國家思考如何重新修改數學教育。事實上，台灣學生的成績也很優異。但最大的差別是：芬蘭學生成績分布是所有參與國最集中（標準差最小），而台灣學生的成績分布卻是最分散的（標準差最大）。換句話說，芬蘭學生成績都差不多好，台灣學生卻是好的很好，差的很差。爲何如此？

作者的解讀是芬蘭特別重視中小學的數學教育，因此教數學的老師都必須是數學學士或碩士。雖然芬蘭的方法未必適用於每個國家，然而確有可借鏡之處：將數學的應用融入當今環境。譬如說，世界的問題，由各國國旗上面不同色塊的大小學習分數的意義，由世界有名的高樓（如紐約帝國大廈，台北 101 大樓等）的圖像學習長度的「比例」概念。

本書採取不同的方式：**先聽到音樂，再學看譜與樂理。也就是：先領會數學之美感，再學習數學的邏輯推理**。數學常被認爲是自然科學的一支，然而，數學固然是科學的語言，但其本質較相似於藝術創作。

本書將隨內容的進展配合人類文明的脈絡說明數學的本質：它像藝術一樣，是人類文化深具想像力及美感的一部分，不但是培養邏輯唯一的道路，更是蘊育民主思想的園地。數學發展的歷史就是人類發展史：**數學發展到哪裡，世界就進步到哪裡**。

本書將從上述各面向，以別於傳統的方法來敘述數學，使一般未必喜好數學的國、高中學生能領會數學之美，引發學習動機，進而去除對數學的恐懼或焦慮。依作者的教學經驗，本書的非傳統方法確定有效。衷心建議國、高中生及相關教師**勇於嘗試本書所揭示的新教材及新方法**。

「錯誤數學教學的影響，就是讓一流人才變二三流。」

「好的數學教育可以培養人的邏輯性，進而帶動社會的邏輯進步。」

「不好的數學教育及過度的考試，會讓學生學習數學的感覺愈來愈倒胃口。」

吳作樂 2019年夏

波提思三大核心價值

1. 數學要先學唱歌再看譜，可以不懂數學，但不需要怕數學。

2. 數學不會沒關係，但需要會基礎統計與邏輯。

3. 邏輯是民主基石，邏輯非數學，不必借助數學就能學會邏輯。

前 言

在二十世紀前數學被認爲在科學、科技中是很有用的。那麼數學在二十、二十一世紀扮演的角色和以前有何不同？作者認爲數學若僅以「有用」作爲出發點來學習，基本上是有誤的。在大部分的數學家眼裡數學是一個極具美感的、秩序性的、邏輯性的學科，只是恰巧可以拿來作爲科學的工具。所以在現代各式各樣的數學藝術如春筍般冒出，例如：碎形、電腦作圖利用到數學、地板視覺藝術利用到投影幾何。事實上，數學家發展數論未必是爲了有用，而是研究數學之美，只不過現代恰巧發揮了作用，如：哈代的數論應用在密碼學。複數及複變函數論的發展在最初也沒想到會應用到物理上。所以**作者認爲在二十、二十一世紀數學扮演的角色和以前相比，顯然有所不同。作者認爲數學是一種藝術形式，我們也應該從藝術面來切入學習、創造，並期望某一天發揮效用。**

以往認爲數學在科學、科技很有用，所以應該爲了科學、科技學習數學。不免讓學生有著我不當數學家、科學家，爲什麼要學死板板的數學與公式的想法出現，所以「數學有用」的想法來教數學是有問題的。如果可以用引發興趣的方式學習，將會事半功倍。譬如說：我們去山頂欣賞風景，固然可以搭車（套公式）上去欣賞風景（解題），但是如果是一路爬山（引發興趣），欣賞不同高度的景色（推導過程），最後到達山頂欣賞風景（解題）可以更加滿足。而由作者多年的經驗眞的有效，我們有必要**「先學唱歌再看譜，有興趣再理解」**。

現在的數學教學，不管是課本還是老師都受限於考試制度，導致學生大多選擇不理解的死背硬套公式。而公式的說明也是相當不妥，先假設符號、就直接破題給出定義、公理、定理。但數學家在研究數學的路上，從來都不是數學課本呈現的方式。數學家創造數學的心路歷程，其實是嘗試錯誤的經驗累積，如：發現數值關係、面積關係，確定其合理性後，再將數字換為符號，最後經由演繹推導得到的數學式，就是大多數人所熟悉的公式。而這情況的發生除了教學原因外，也可能是因為部分數學家像狡猾的狐狸一般，有抹去雪地足跡的習慣，讓人誤以為數學都是**無跡可尋，只有數學家這些天才才能創造與理解**。但這並不利學習，因為先學習符號、定義的數學式（公式），令人覺得數學並不是講求理解與邏輯，一開始就是枯燥的記憶，所以進而誤會數學要背很多公式，然後可能認為公式是沒道理的，所以導致沒興趣，最後不想認識數學。

本書試圖弭平「不理解的死背硬套公式」的狀況，讓學生了解數學的每個單元，都是有其動機，以及如何一步一步推導出有用的數學式。並了解到數學都是從公理、定義到定理，一環一環堆疊出來的演繹架構，絕不會一口氣一堆公式要背。以小學為例，速率三大公式，就是一個典型「**簡單事情卻複雜化**」的案例，事實上只有一個定義：「速率＝距離 ÷ 時間」，其他都是靠移項來理解即可。而這種創造過多公式的問題，幾乎所有的數學課本層出不窮；而另一個問題是，沒有說明清楚哪一個數學式是該部分內容的起點，而是囫圇吞棗的說：「全都是要背的公式，請先預習公式以利上課」，然而不理解的背公式是荒謬的，本書要打破這些錯誤的觀念，讓大家重新認識基礎數學。

被現行數學教學抹去的動機與應用，加上未被說明清楚的數學推導，作者將其命名為「數學漏洞」。本書將試著補上這些數學漏洞，降低「數學家規定的，這是公式，你要背起來」這種沒有道理、邏輯的語句的一再發生。也讓讀者可以走一遍數學家的心路歷程，藉此感覺**數學家其實也跟一般人一樣，只是比一般人更有耐心**。

走一遍數學歷史就可以體認，數學其實不是那麼不可思議，沒那麼神祕到不可捉摸。因此，一旦了解數學發展的來龍去脈，即便是沒興趣，也就不會那麼害怕數學。事實上，人類的歷史就是一部數學發展史，並且數學與藝術也息息相關，甚至可說數學就是藝術的一支。

本書的核心價值是要闡明沒必要怕數學，以及如何學好基礎的國、高中數學，希望能引發學生的興趣，若沒有興趣也只需要知道數學是一個好用的工具，沒有必要害怕及厭惡，希望成為一本人人都看得懂的數學書。

本書目的

1. 補強現今數學教材漏洞，用可信的事實或圖型作推導、歸納，用有意義的標題而非枯燥的假設題目，用基礎的定理（數學原理）來作證明，而非踢皮球的說是公式、或說以後會教。

2. 合理順暢的學習，降低討厭數學的可能性。以數學發展爲主，並依歷史發展的路線說明，而非切得支離破碎的單元。認識數學式的定義、公理，及如何推導到定理。

3. 認識數學的藝術，引發興趣。如：藝術、曲線、圖形的方式。

4. 認識數學的眞實應用，引發興趣。說明各單元的一般生活應用眞的很少，但會說明各單元應用在何處。

5. 讓學生明白即便懂數學不一定考試拿高分，拿高分也不一定懂數學，但不論懂不懂都不用怕數學，如同不喜歡讀英文也不用怕英文。

「數學對大多數人沒有用，多數人只需會基礎數學；
數學對少數人才有用，高等數學被用在需要的地方。」

「基礎數學絕大部分都是可以被看得懂與理解，
而看不懂的都不是好的數學教學導致。」

本書雖經多次修訂，缺點與錯誤在所難免，歡迎各界批評指正，得以不斷改善。如有問題也可以連絡作者，作者信箱

praxismathwu@gmail.com

導 讀

1.數學的分類

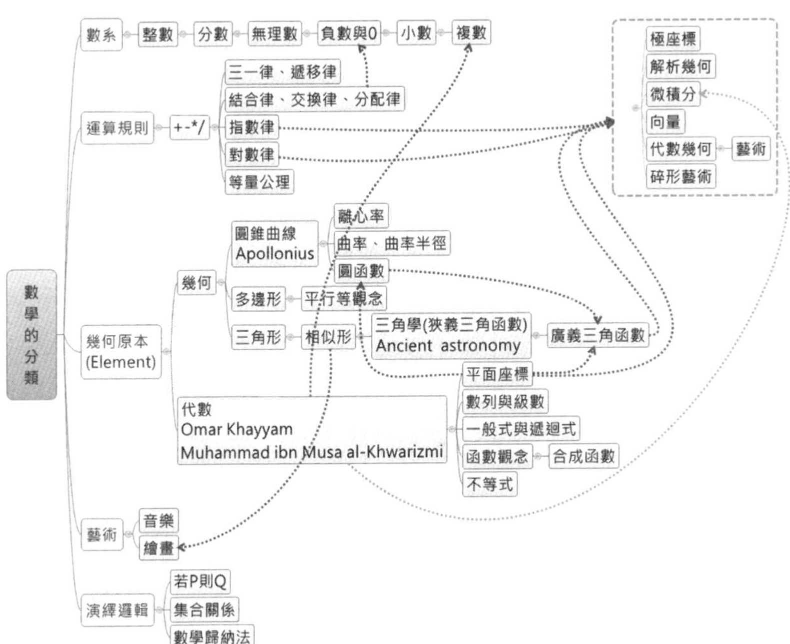

2.數學歷史發展

時間軸	西方狀態	數系	運算	幾何	代數	向量矩陣
西元前	古典時期	正整數	正整數運算	基本圖形：方、長方、三角、圓…等		

時間軸	西方狀態	數系	運算	幾何	代數	向量矩陣
西元前	古典時期		基本運算：加減乘除 三一律、遞移律、結合律、交換律、分配律			
西元前	古典時期		正整數指數律的運算、及基本運算的一致性			
西元前	古典時期	有理數	有理數運算、及基本運算的一致性、等量公理、計算圓周率	圓錐曲線 三角學（狹義三角函數）與天文學 幾何原本	簡單代數（丟番圖）	
西元前	古典時期	無理數	無理數運算及基本運算的一致性計算黃金比例			
西元三世紀	古典時期			托勒密的天文學		

時間軸	西方狀態	數系	運算	幾何	代數	向量矩陣
西元七世紀	黑暗（中世紀前期）	負數與0	負數與0運算、及基本運算的一致性			
西元九世紀	黑暗（中世紀前期）				花拉子彌代數學	
西元十一世紀	中世紀中期				Omar Khayyam的代數幾何學	
西元十三世紀	中世紀中期	負數與0傳到歐洲				羅馬
西元十五世紀	中世紀後期/文藝復興		負數指數，對數律的運算、及基本運算的一致性			
西元十六世紀	文藝復興	小數的表法接受負數				

時間軸	西方狀態	數系	運算	幾何	代數	向量矩陣
西元十七世紀	啓蒙	接受負數使用虛數與復數系	實數指數，虛數與復數系的運算、基本運算的一致性，但虛數沒有大於小於的關係、計算尤拉數	平面座標空間座標極座標（進入解析幾何）微積分證明圓周率是無理數	函數與微積分廣義三角函數	
西元十八世紀	啓蒙	接受負數	複數指數		極限	克拉瑪行列式
西元十九世紀	近代				數學的蓬勃發展	高斯列運算科西的矩陣漢彌爾頓向量
西元二十世紀	近代／現代					維爾威爾遜的向量分析
西元二十一世紀	現代			碎形幾何		

3. 本書未涵蓋的重要數學內容

本書雖想完整敘述數學內容，但礙於篇幅限制，故有許多部分未收錄。但作者著有其他書籍可供參考。見下述：

(1) 向量，請參考《圖解向量與解析幾何》一書。

(2) 統計，請參考《圖解統計與大數據》一書。

(3) 邏輯、數學歸納法、數學常用的證明方法，請參考《台灣人一定要懂的邏輯》。

(4) 極限與微積分，請參考《互動及視覺微積分》。

(5) 數學藝術、歷史、故事，請參考《圖解數學》、《你沒看過的數學》、《國中數學贏在起跑點》。

(6) 數學恐懼症怎麼辦，請參考《數學不好不是你的錯》（書名暫定，預計 2020 年由五南圖書出版股份有限公司出版）、《你沒看過的數學》、《想問不敢問的數學問題》。

特別感謝

　　義美食品高志明總經理，除了全力資助本書的出版，也長期支持波提思的數學書寫作及出版。

目 錄

1

認識數系

在求學的過程中，可看到數字的變化，也就是從眞實生活中看的見且簡單實用的數字（如：整數、分數），慢慢走向眞實生活看不到且複雜抽象的情況（如：虛數），見圖 1-1。

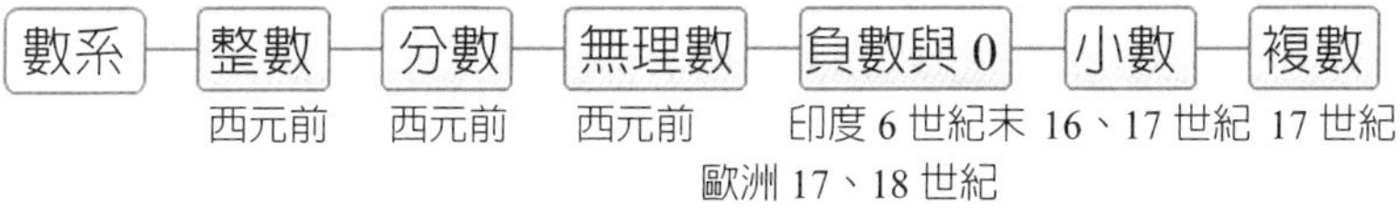

數系	整數	分數	無理數	負數與 0	小數	複數
	西元前	西元前	西元前	印度 6 世紀末 歐洲 17、18 世紀	16、17 世紀	17 世紀

圖 1-1　數系的發展

爲什麼會愈變愈複雜？都是應用上的需要而創造新的數字規則。初期的眞實世界因爲計算數量上的需求，而產生了整數（正整數）、分數（有理數）；在討論面積的需求上衍生出無理數的概念，上述都還稱得上看的到、摸的到的內容。後期爲了方便性、生活需求、數學家希望數學的合理性、一致性，進行一定程度將數字抽象化。如：爲了討論負債的問題，產生了負數與 0 的內容；爲了讓數字的十進位可以更完美，產生了小數的內容；爲了讓方程式的解（根）更合理，進而創造出虛數、複數的概念。

從古至今基礎數系的內容就僅僅於此，本章將介紹各數系的內容，而介紹的順序並不會完全以歷史軌跡走，而是以學習順暢度，見圖 1-2。並參考圖 1-3 了解各數系的關係。

圖 1-2 難易度的學習順序，也是目前的教學順序

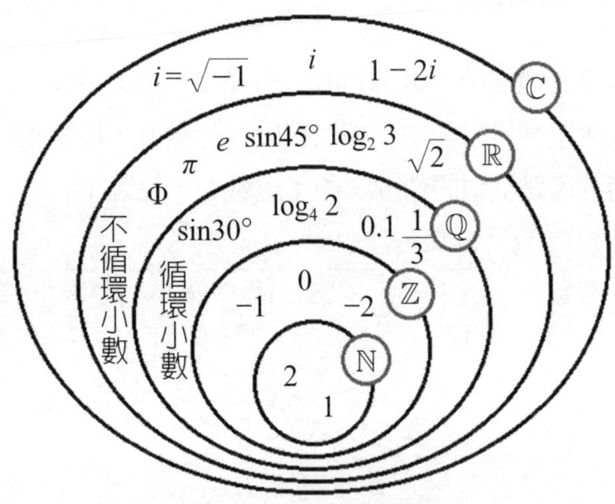

圖 1-3 各數系的關係

1-1 正整數及基礎運算

1-1-1 自然數（ℕ、正整數、Natural number）

如果沒有數字時，要計算物品的數量會相當不便，比如說：一個原始人要表達他有 7 隻羊，但他沒有數字的概念，只能數羊、羊、羊、羊、……，一邊指一邊念，讓別人認知他念幾次就是幾隻羊；進步一點，可以伸出 7 根手指頭，再對別人說他有多少隻羊，用比的給別人看他有多少，而當手指不夠用時，自然就是說他有很多羊。最後爲了計數的需求創造了數字及各種進位法。

人們需要整數來面對的自然界的數量問題，故又被稱爲是自然數，也難怪數學家克朗內克說「自然數是上帝創造的數字，而其他的數字則是人爲。」

※備註：克朗內克（Leopold Kronecker）德國數學家，1823-1891。

★常見問題：一個蘋果加上一個水梨的數量為何？

作者的教學經驗，小學的學生會把一個蘋果與一個水梨的數量可以總合感到疑惑。因爲認爲兩種水果數量是不可混合的，加起來仍是一個蘋果與一個水梨。因爲學生沒有把蘋果視爲 1 個水果、水梨視爲 1 個水果，加總起來是 1 個水果 + 1 個水果 = 2 個水果。抽象性要跨出第一步是不容易的，要反覆以正確的語言來加以認識，而這樣的問題在國中的未知數符號化也是同樣的道理。使用數字的時候，當我們可以把一個蘋果與一個水梨的數量都理解爲都是 1 的時候，也就代表對數字抽象性邁進了第一步。

※備註：整數一開始沒有正負數之分，西元 9 世紀後在印度才開始有使用負數。

1-1-2 各種數字符號與阿拉伯數字

世界各地的文明各自發展出自己的數字符號與進位制，在此介紹幾個文明的數字符號與進位制作爲參考，埃及見圖 1-4、1-5，巴比倫見圖 1-6，馬雅見圖 1-7，中國見圖 1-8，羅馬 1 到 10 分別爲 I 、II 、III、IV、 V 、VI、VII、VIII、IX、 X。但到近代我們最後整合爲常用且方便的進位制與數字符號，如：阿拉伯數字、十進位、六十進位。

圖 1-4 埃及公主 Neferetiabet（西元前 2600 年）的石版畫，上面有埃及數學符號

圖 1-5 萊因數學紙草（Rhind Mathematical Papyrus）

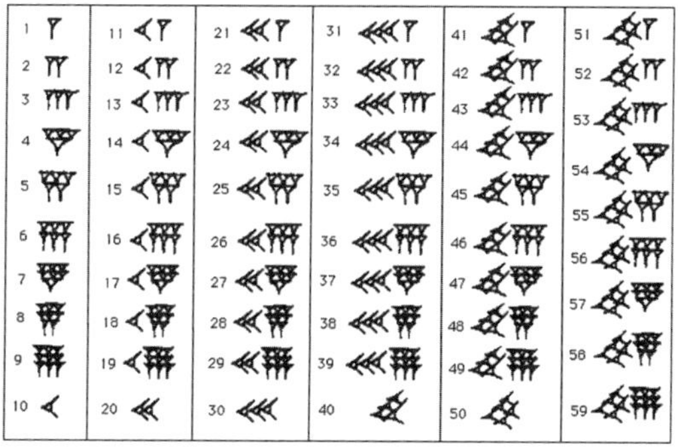

圖 1-6 巴比倫文化的數學符號，六十進位

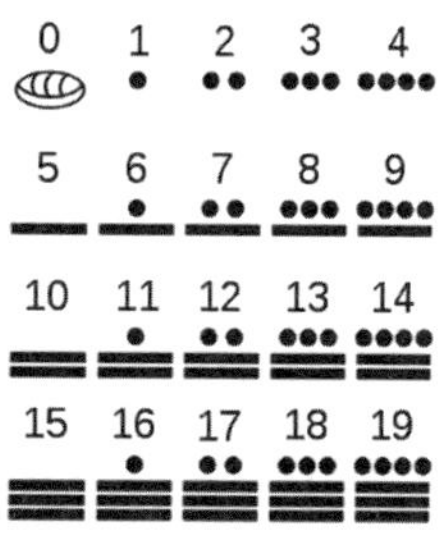

圖 1-7 馬雅的數字、二十進位

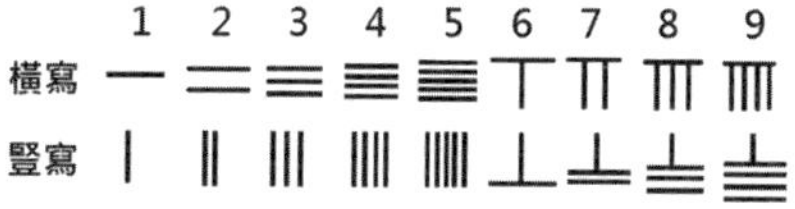

1 2 3 4 5 6 7 8 9

橫寫

豎寫

圖 1-8 中國的算籌

‧世界通用的阿拉伯數字

現在使用的阿拉伯數字，並非阿拉伯人發明，而是印度人流傳推廣。而印度人又是學習腓尼基商人的計算方法，這套數字符號具有方便的符號與計算方式。隨後阿拉伯人經由經商將這套方便的數字，流傳到歐洲再傳到世界各地。阿拉伯數字的原始意義是有幾個角表示數字幾，看完原始寫法就能明白，見圖 1-9。

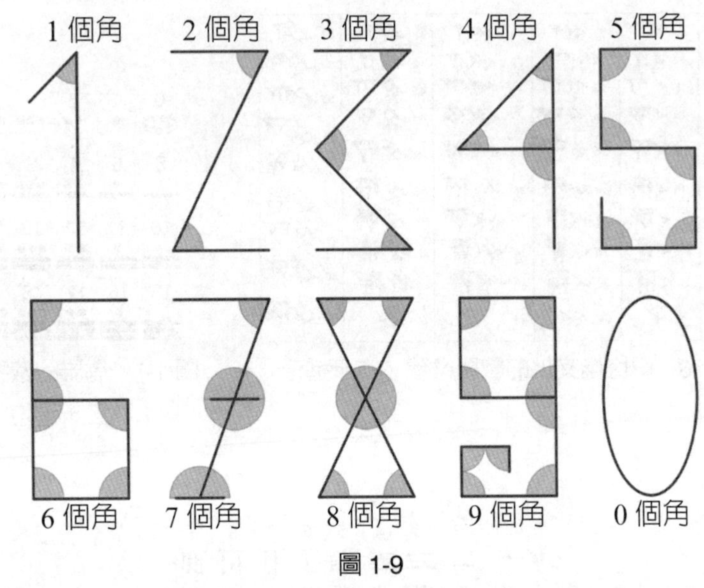

圖 1-9

・眞正的阿拉伯數字

阿拉伯人書寫是由右向左，其數字見下表。

印度數字	0	1	2	3	4	5	6	7	8	9
阿拉伯數字	٠	١	٢	٣	٤	٥	٦	٧	٨	٩

1-1-2 數學運算符號的由來

認識整數的加減乘除前，先認識現在的數學運算符號。歷史上出現過各種的數學運算符號，但最終整合成我們所熟悉的加（+）、減（−）、乘（×）、除（÷）。有趣的是符號創造依序分別是：減（−）、加（+）、乘（×）、除（÷）。

‧減號「−」、加號「+」的記號

15 世紀德國數學家魏德曼創立加號「+」、減號「−」。可想作十字是直線加橫線，表示加起來的意思；十字拿走直線部分，剩下橫線部分，表示減少的意思。

另一種說法：原是船員使用桶中的水時，爲表示當天取用的分量而以橫線做標記，代表減少的水量。後來，減法便以「−」作爲減的符號。船員重新加水到水桶，會先在原來的「−」記號上加上一條直線，再繼續刻下「−」號直到木桶不能用，所以加法便以「+」作爲加的符號，減法便以「−」作爲減的符號，見圖 1-10。

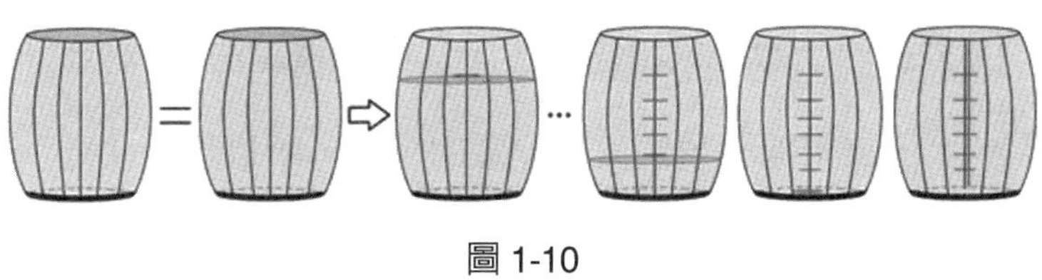

圖 1-10

‧乘號「×」、「‧」、「不寫」

17 世紀英國數學家歐德萊，因乘法與加法有關係，故將 3 + 3 + 3 + 3 定爲 3 × 4，連續加法加幾次就是乘幾，幫助書寫，定義加號斜放表示相乘。後來德國數學家萊布尼茲（Leibniz）認爲「×」容易與字母「X」混淆，主張用「‧」。但「‧」又有可能與小數點搞混，故也開始「不寫」，如：$x \times y = x \cdot y = xy$。故現在乘號有三種方式「×」、「‧」、「不寫」。

乘號之所以會有這麼多的符號是因，「×」主要用在數字相乘、少用「‧」怕會跟小數點搞混；而「‧」主要用在符號相乘、少用「×」，怕會跟字母 X 搞混，同時我們可以發現在電腦鍵數字盤上的乘號是「*」或「*」，這邊是避免與 X 搞混。

★常見問題：xy 與 yx 被認為不一樣

初學者在學習代數及省略乘號時，會認爲 xy 與 yx 不一樣，原因可能爲下述，第一個是還沒有理解到未知數相乘時乘號可以不寫，第二個是將未知數當作是位數數値，也就是 xy 與 yx 視爲 49 與 94 的關係，第三個是將 xy 與 yx 視爲不同的內容，如：on(在什麼之上）與 no（不），而這個問題需要多強調符號相乘概念，xy 與 yx 的確看起來不同，但等號是表示運算後數值一樣。

・除號「÷」、「/」

17 世紀瑞士數學家雷恩創立，其中一種說法認爲分數形式是「$\frac{\square}{\square}$」，該記號必須代表有分數的感覺，所以除號「÷」，上方和下方的「·」分別代表分子和分母。

另一種說法則認爲，除法以分數表示時，橫線上下的「·」是用來與「−」區分的記號。萊布尼茲主張用「：」作除號，與當時流行的比號一致。現在有些國家的除號和比號都用「：」表示。而「/」對於印刷版面有著方便的應用，不用多做版塊，直接用日期的斜線版塊，也普遍被接受這是除號。同時也有人說，除法是連續減法的應用，所以除法也類似乘法一般，斜放變除。

※備註：現在已經不用「：」作除號，但常見於比例尺的使用。

★常見問題：比例的運算中，什麼是內×內＝外×外

在台灣的小學，有關比例的運算，會用到一個口訣：內×內＝外×外，這是什麼原理呢？例如，$3:5=\square:25$，而 $5\times\square=$

3×25，所以 $5 \times \square = 75$，故 $\square = 15$。基本上只要把比（：）的符號，寫成除號（÷），就能知道原理，$3 : 5 = \square : 25$ 改寫爲 $3 \div 5 = \square \div 25$，利用移項法則故 $3 \div 5 = \square \div 25$ 可得到 $3 \times 25 = 5 \times \square$，而 $75 = \square \times 5$，所以 $75 \div 5 = \square$，故 $\square = 15$。因此就不用多死背一個口訣（或稱公式），在此要強調數學不該無端創造公式，無助學習。

・等號「=」

西元 1540 年的英國學者列考爾德使用「=」，用兩條平行等長的直線，來代表兩數相等，其意義爲上面與下面的直線距離相同，故左邊與右邊的開口大小一樣。

・大於「>」、小於「<」

西元 1631 年英國代數學家赫銳奧特開始使用大於「>」、小於「<」，原理如同等號，兩條交叉的線，愈靠近交叉點，兩條線間的距離愈來愈小。所以「>」是左邊開口大，而數學的閱讀是由左向右，故稱爲大於，如 $5 > 3$，念作 5 大於 3；反過來說「<」就是小於。

・中括弧「[ ]」和大括弧「{ }」

十六世紀英國數學家魏治德開始使用中括弧與大括弧，爲了區別小括弧的重複使用而混亂的情形。

數學運算符號的產生，一開始各國有各國的習慣符號，但最後爲了方便交流，變成全世界通用的符號，也就意味著數學語言是全世界的共通語言。萊布尼茲知道數學語言是全世界語言，想創造一個全世界通用的溝通語言，不過還是失敗了。但他還是開創了現在全世界邏輯學常用的符號及觀念。

1-1-3 整數的加減乘除

・加減法

整數的加減法，可以直觀理解，在此略過。

・乘法

乘法的起源是爲了讓連續加法的書寫更為便利，如：$2+2+2+2+2=10$，是 2 連續加自己 5 次，改寫爲 $2\times 5=10$。

★常見問題：乘法直式，為什麼乘法要乘十位數時變成要斜放（往右一格）

乘法利用分配律的概念。先看一位乘法一位，並沒有所謂特別的地方，就是九九乘法表。但是到了二位數乘法就出現一個特別地方，乘十位數時變成要斜放（往右一格），如：$\begin{array}{r} 13 \\ \times\quad 5 \\ \hline 15 \\ 5 \\ \hline 65 \end{array}$，參考下圖就可理解直式的由來，簡單來說乘法直式的原理就是長方形的面積計算方式，見圖 1-11。

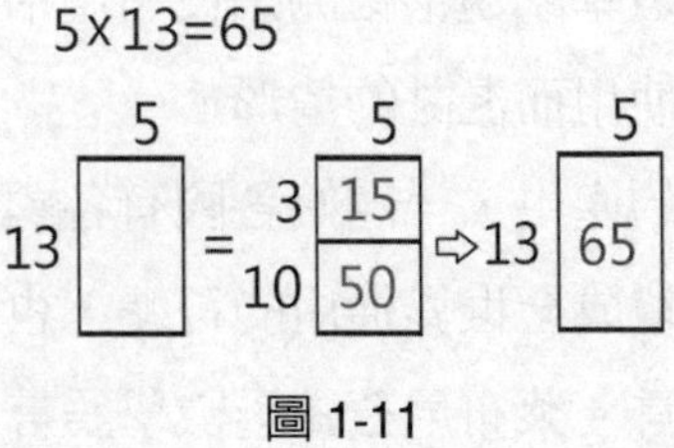

5×13=65

圖 1-11

已知零加起來時後不影響數字，所以把 0 省略，就可以發現爲什麼乘十位數時變成要斜放（往右一格）。或是以分配律來加以理解 $13 \times 5 = (3 + 10) \times 5 = 3 \times 5 + 10 \times 5 = 15 + 50 = 65$，可發現若將 15 + 50 排成直式並省略 0，就是熟悉的乘法直式。

‧除法

除法的起源是爲了計算連續減法可以減幾次，如：$10 - 2 - 2 - 2 - 2 - 2 = 0$，可以減 2 這個數字 5 次，改寫爲 $10 \div 2 = 5$。

★常見問題 1：除法直式，為什麼由大到小（由左向右）算？

如果從最小的位數開始分，有可能會遇到不夠的情況，如：234 元分給 2 個人，$234 \div 2$，先處理個位並可發現整除（$4 \div 2 = 2$），但也可發現十位不行整除（$3 \div 2 = 1$ 餘 1），變成還要將十位數剩餘的部分換算爲個位再處理，故除法直式不應該由右（小的位數）向左（大的位數）除，而是由左向右，見圖 1-12。**換言之排除掉不方便的方法，使用方便的方法**。

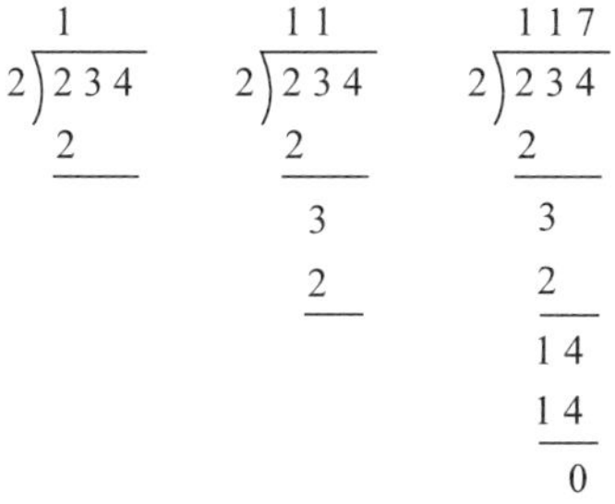

```
   1          1 1         1 1 7
2)2 3 4    2)2 3 4     2)2 3 4
  2          2            2
  ---        ---          ---
               3            3
               2            2
               --           ---
                            1 4
                            1 4
                            ---
                              0
```

圖 1-12

見例題，234 元分給 2 個人，最大的鈔票開始分，

第一步：有兩張百元鈔票，1 人各拿 1 張 100 元，共拿去 2 張，

第二步：有 3 個 10 元，一人各拿 1 個 10 元，共拿去 2 個，剩餘 1 個。

第三步：有 4 個 1 元，加上剩餘 1 個 10 元，共 14 元，一人各拿 7 個 1 元，剛好都分完，是整除的概念。

★常見問題 2：為何任何數字除以 0 無意義，（分母為 0）？

6 個東西分給 2 個人，是 $6 \div 2 = 3$，也就是一人有 3 個；而 6 個東西分給 0 個人，是 $6 \div 0$，但是其意義是討論 0 人有幾個，但除法是在討論 1 人有幾個，所以與原本要求的目標產生矛盾，故正整數除以 0 無意義。

★常見問題 3：0 除以 0 會是 1 嗎？

$0 \div 0 = 1$ 嗎？這邊的問題源自於另一個觀念：數字本身的相除等於1，如：$3 \div 3 = 1$，$8 \div 8 = 1$。但此觀念在$0 \div 0$出現問題，因爲除法是在討論 1 人有幾個，而除以 0 變成 0 人有幾個，所以 0 除以 0 無意義，所以 0 **除以** 0 **不會是** 1**，而是無意義**。

1-1-4 三一律、遞移律、結合律、交換律、分配律

接著介紹數學生活上最常見也最常用的數學式，可謂是基礎中的基礎，幾乎所有數系都滿足以下的運算，僅除了複數系的三一律不存在外。

・三一律

任意兩數的大小關係都是大於、小於、等於。

· 遞移律

$5 < 10$，且 $10 < 200 \Rightarrow 5 < 10 < 200$，

即 $a < b$，且 $b < c \Rightarrow a < b < c$。

$33 > 21$，且 $21 > 200 \Rightarrow 33 > 21 > 7$，

即 $a > b$，且 $b > c \Rightarrow a > b > c$。

· 交換律

加法具有交換律，$a + b = b + a$，如：$3 + 2 = 2 + 3$。

乘法具有交換律，$a \times b = b \times a$，如：$3 \times 2 = 2 \times 3$。

減法不具有交換律，$a - b \neq b - a$，如：$3 - 2 \neq 2 - 3$。

除法不具有交換律，$a \div b \neq b \div a$，如：$3 \div 2 \neq 2 \div 3$。

· 結合律

加法具有結合律，$a + b + c = a + (b + c)$，

如：$1 + 3 + 2 = 1 + (2 + 3)$。

乘法具有結合律，$a \times b \times c = a \times (b \times c)$，

如：$5 \times 3 \times 2 = 5 \times (2 \times 3)$。

減法不具有結合律，$a - b - c \neq a - (b - c)$，

如：$5 - 2 - 1 \neq 5 - (2 - 1)$。

除法不具有結合律，$a \div b \div c \neq a \div (b \div c)$，

如：$24 \div 4 \div 2 \neq 24 \div (4 \div 2)$。

· 分配律

分配律就是長方型規則：$a(b + c) = ab + ac$，

例題：$3 \times (5 + 2) = 3 \times 5 + 3 \times 2 = 15 + 6 = 21$，見圖 1-13。

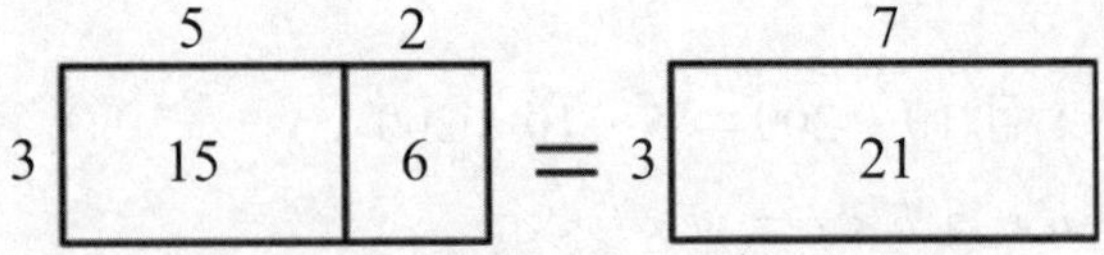

5 2 7

3 15 6 = 3 21

圖 1-13

如果再應用交換律的概念，可得到 $(b+c)a = ba + ca$，例題：$(5+2)\times 3 = 5\times 3 + 2\times 3 = 15 + 6 = 21$。而如果要討論減法可直接由加負數來認知，但我們仍可以用例題理解。

$a(b-c) = ab - ac$，例題 $4\times(3-2) = 4\times 3 - 4\times 2 = 12 + 8 = 4$

$(b-c)a = ba - ca$，例題 $(3-2)\times 4 = 3\times 4 - 2\times 4 = 12 + 8 = 4$

★常見問題：除法分配律的問題

部分學生會學到 $(b+c)\div a = b\div a + c\div a$，及前後項不能對調 $a\div(b+c) \neq a\div b + a\div c$。大多數學生的分配律是用死背而沒深究原理，進而覺得莫名其妙。不能對調的原因要利用到分數運算，$a\div(b+c) = \frac{a}{b+c}$，而 $a\div b + a\div c = \frac{a}{b} + \frac{a}{c} = \frac{ca}{bc} + \frac{ba}{bc}$ $= \frac{(b+c)a}{bc} = \frac{a}{\frac{bc}{b+c}}$，很明顯的 $a\div(b+c) \neq a\div b + a\div c$。或是用驗證的方式，代入簡單數字即可發現 $a\div(b+c) \neq a\div b + a\div c$。而 $(b+c)\div a = b\div a + c\div a$ 的原因，也要用到分數運算，$(b+c)\div a = \frac{b+c}{a} = \frac{b}{a} + \frac{c}{a} = b\div a + c\div a$，當理解原因後，就可以不用死背。

1-1-5 加減法的關係，乘除法的關係，等量公理的雛形

・加減法的關係

$2+3=5$

$5-2=3$

$5-3=2$

已知「被加數 + 加數 = 和」，則「和 − 被加數 = 加數」，及「和 − 加數 = 被加數」必定成立。同時不僅僅於此，正確來說是三者成立其一，另外兩者必定成立。

・乘除法關係

$2\times 3=6$

$6\div 2=3$

$6\div 3=2$

已知「被乘數 × 乘數 = 積」，則「積 ÷ 被乘數 = 乘數」，及「積 ÷ 乘數 = 被乘數」必定成立。乘除法關係與加減法關係類似，三者成立其一，另外兩者必定成立。

※備註：當掌握乘除法關係的內容後，才不會將一個公式變成多個公式，這是不智的教學內容。如：距離 ÷ 時間 = 速率，被額外推廣兩個公式，距離 ÷ 速率 = 時間，時間 × 速率 = 距離。

1-1-6 因數、合數（倍數）、質數

數字中可以分類爲許多部分，但討論正整數時，我們不免要了解到因數、倍數、質數內容。因數是指可以整除其他數的

數字，倍數是指可以被其他數整除的數字，如：$6 \div 3 = 2$，6 是 2 與 3 的倍數，2 與 3 是 6 的因數。而質數是正整數中的特殊數字群，只能被自己與 1 整除，此類數字稱爲質數。如：2、3、5 等。正整數中除了 1 與質數之外的數字都是質數的倍數，所以是合成的數字，故被稱爲合數，如：$6 = 2 \times 3$、$14 = 2 \times 7$、$10296 = 2^3 \times 3^2 \times 11 \times 13$。

數學家已經證明正整數的世界，都是 1 或是質數或是質數相乘後的數字，如：$5500 = 2^2 \times 5^3 \times 11$，所以可以說質數是所有數字的基礎，同時數學家已經證明質數具有無限多個。

・因數、倍數的應用

因數、倍數的數學應用，主要是討論最大公因數、最小公倍數、互質，而生活上則比較少見。

・質數的意義與功用

1. 可以拿來當一組密碼，當我們把 2 個很大的質數相乘得到一組數字，而把那組數字發送給對方，對方可以利用對照表得到發送過來是什麼意思，比如，143 是 11×13，對方去查 11×13 是代表的字或是句子，進而做到保密效果，而電腦的壓縮也是利用這套模式來運行。
2. 生物研究發現殺蟲劑的使用，若是符合質數的間隔，可達到一個最佳的效果。
3. 在飛彈、魚雷[illegible]變化上使用質數的變化比較讓人不知道如何抓到它的規律。
4. 週期蟬的生命週期有[illegible]，科學家認爲質數的生命週期有利於避開週期性的掠食者，進而延續物種。因此在美國一些地方每過 17 或 13 年就會突然出現的大量的蟬，成爲一種奇景。如：維吉尼亞州西部 2012 年被稱爲 Blue Ridge Brood 的 17 年週期蟬。

＊可讀可不讀：齒輪咬合配對用質數組合比較不會壞，此內容對於利用齒輪的器械相當重要，如汽車的變速箱，因爲齒輪如果不是互質，會容易使某一個齒容易壞，見圖 1-14。

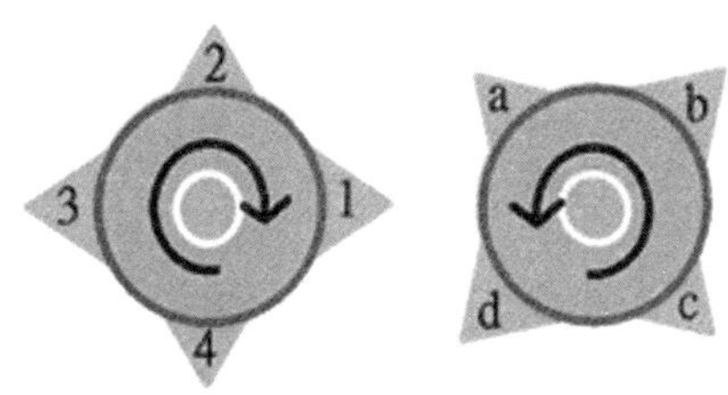

圖 1-14

我們可以看到它們的循環，是 1a、2b、3c、4d、……，周而復始咬合到的都會是一樣的組別，如果 1 號特別硬，將會快速的磨損 a 齒，如果齒輪一個 4 齒、一個 5 齒，將會是下述循環

1a、2b、3c、4d 第一循環；

1e、2a、3b、4c 第二循環；

1d、2e、3a、4b 第三循環；

1c、2d、3e、4a 第四循環；

1d、2c、3d、4e 第五循環；

1a、2b、3c、4d 重複第一循環。

所以互質的齒輪數可以將磨損分擔到每一齒，而不是僅單獨損壞一齒。

1-1-7 結論

整數的概念不是很難，但仍有一定抽象程度在內，如果沒有克服將會影響後續的學習，如同地基打不穩，樓也蓋不高。

1-2 有理數（分數）及基礎運算

1-2-1 分數（$\mathbb{Q}=\frac{q}{p}$，Rational number）

當有整數後，眞實生活上還是會發現並不足夠使用，我們分配一些物品時常會需要將一份東西切開，如：西瓜，我們不能說一大片西瓜與一小片西瓜的份量相同，故需要將數字的世界拓寬，於是有了分數，被分開的數字。

★常見問題：$\frac{1}{3}$ 切得出來嗎？畫出來的分數都一樣大嗎？

小學學生會以最直觀的感受來學習數學，但是許多分數（如：$\frac{1}{3}$）對於學生因爲切不出來，而無法相信一個畫出來的 $\frac{1}{3}$ 是同樣大小，不論是在長度、面積、角度上，進而無法認同分數，以及學習後續內容。故必須先對學生說明分數是一個**抽象觀念，定義每一等份都是一樣大**。而後才能在此基礎上繼續學習並找到方法來處理到底如何切，但實際上的確相當難切。畢竟圓內接正十七邊形（圓切十七等份），也是直到十八世紀的高斯（Gauss）才找到方法。

數學有的內容是理論上可以做到，而實際上卻相當困難做到。所以必須讓部分只能接受實際存在才學習的學生，認知這樣的抽象內容是困難的。但仍要反覆舉例，將有助於認知該概念。

．二分法以外的分法

一般來說大多數人只會分兩半（二分法），不論在長度、面積、角度，平常無法作出分母為 2、4、8、16、……以外的分數。而其他數字的長度要如何畫，這些分數長度的畫法只能用相似形的畫法來畫，利用以下兩種方式，就可以不用到直尺，就將分數畫出來。

當有一段長度，定義是 1 單位長，將它放大幾倍，自然而然要幾分之幾都能找的到，放大 5 倍，就可以找到 $\frac{1}{5}$、$\frac{2}{5}$、$\frac{3}{5}$、$\frac{4}{5}$、$\frac{5}{5}$，見圖 1-15。

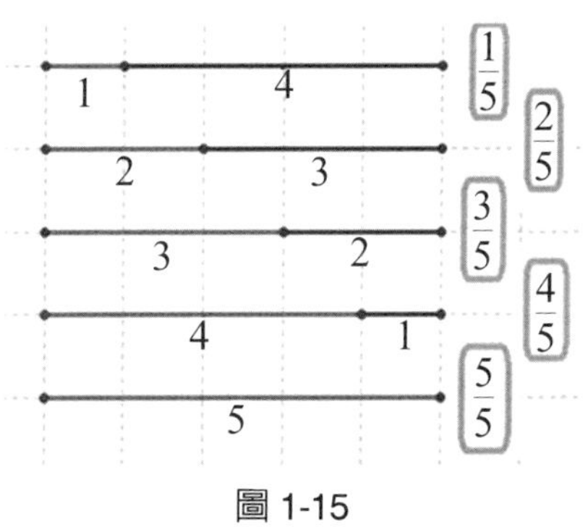

圖 1-15

但這樣還是有問題，如果拿任意線段想要作出 $\frac{1}{5}$、$\frac{2}{5}$、$\frac{3}{5}$、$\frac{4}{5}$、$\frac{5}{5}$，就會令小學生無法處理。**這個問題要利用國中相似形比**

例相等的觀念，見圖 1-16。所以想要做出幾分之幾的分數長度，都能找的到。當掌握這樣的技巧就能接受各個分數的實際存在，而非過度抽象。

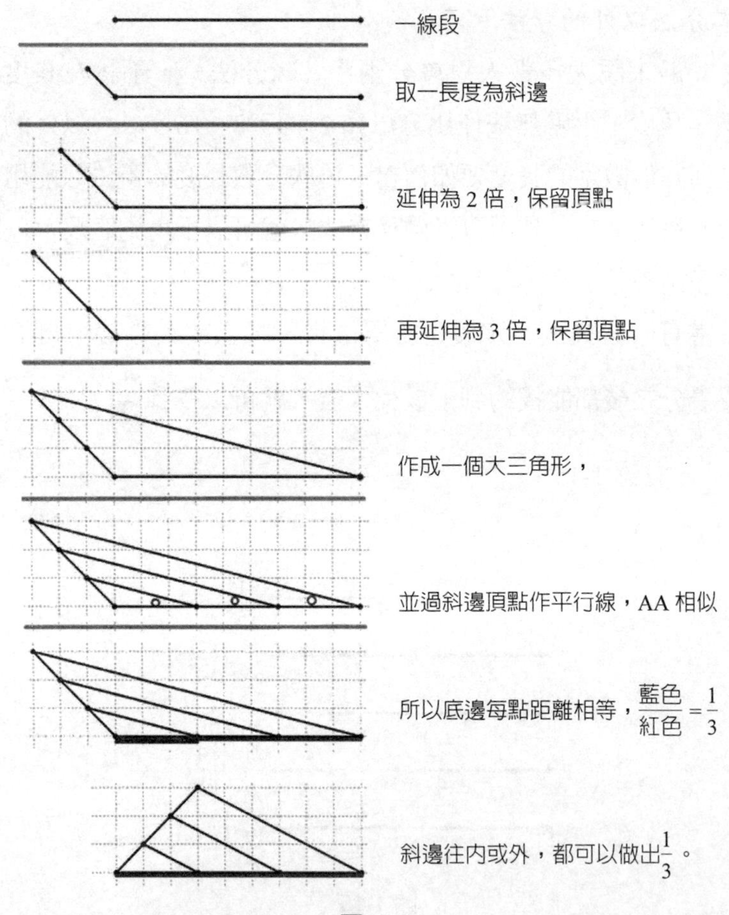

圖 1-16

※備註：古希臘數學家畢達哥拉斯（Pythagoras）認爲分數是有道理的、完美的數字，所以稱分數是有理數。

1-2-2 有理數的加減乘除

・認識分數與除法的關係

而分數與除法的關係是什麼？觀察圖 1-17，什麼是 1 ÷ 2，也就是將 1 個圓餅分給 2 個人。所以很明確可以認知到 1 ÷ 2 就是一個圓分成兩份，每人可以從兩份取其中一份，而數學式記作：$1 \div 2 = \frac{1}{2}$。也就是被除數寫在上面（分子），除數寫在下面（分母），再看看 2 個圓餅分給 3 個人，見圖 1-18，數學式：$2 \div 3 = \frac{2}{3}$，看圖可知每人可以得到 $\frac{2}{3}$ 份的圓餅。

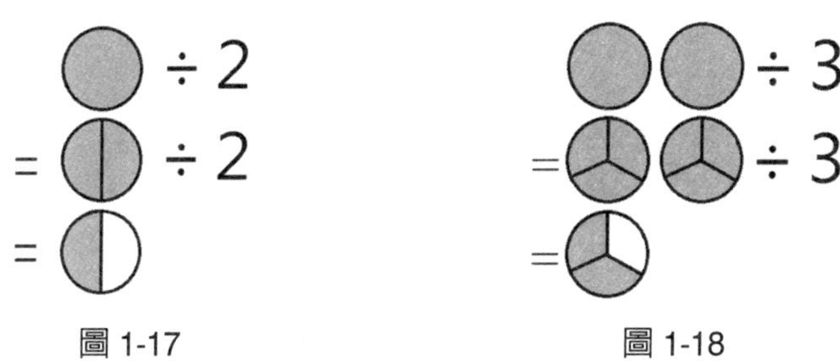

圖 1-17　　圖 1-18

★常見問題：除以 0 無意義

前面已有說明除以 0 無意義，本次用分數說明爲何除以 0 無意義，6 個東西分給 2 個人，是 $6個 \div 2人 = \frac{6個}{2人} = \frac{3個}{1人}$；而 6 個東西分給 0 個人，是 $6個 \div 0人 = \frac{6個}{0人} = \frac{?個}{1人}$，找不出 1 人可以分幾個，所以無意義。

·分數約分、擴分

分數約分、擴分就是在整理分母以利方便計算，如：$\frac{1}{2}=\frac{3}{6}$，並見圖 1-19。擴分計算意義是 $\frac{1}{2}=\frac{1\times3}{2\times3}=\frac{3}{6}$，約分計算意義是 $\frac{3}{6}=\frac{3\div3}{6\div3}=\frac{1}{2}$，而常見的速寫法爲 $\frac{\not{3}^{1}}{\not{6}_{2}}=\frac{1}{2}$。

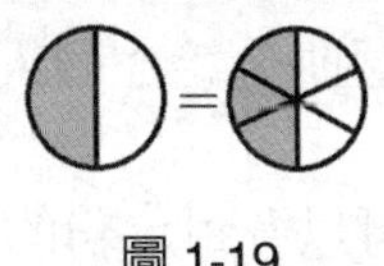

圖 1-19

★常見問題 1：$\frac{0}{0}$ 可不可以約分？

有的人會認爲 $\frac{0}{0}$ 可以上下都約去 0，故得到 $\frac{0}{0}=\frac{1}{1}=1$，這是錯誤的想法，$\frac{0}{0}=0\div0$，而**除以 0 無意義，所以** $\frac{0}{0}$ 也是無意義。

★常見問題 2：分數的運算中，什麼是交叉相乘

在台灣的小學，有關分數的運算，會用到一個口訣：交叉相乘，這是什麼原理呢？先見例題 $\frac{3}{5}=\frac{\square}{25}$，交叉相乘寫法 $\frac{3}{5}\times\frac{\square}{25}$，得到 $5\times\square=3\times25$，所以 $5\times\square=75$，故$\square=15$。基本上只要把思考分母如何變同分母即可，故應該這樣做 $\frac{3}{5}=\frac{3\times5}{5\times5}=\frac{\square}{25}$，故框框應該填入 15。因此就不用多死背一個口訣（或稱公式），在此要強調**數學不該無端創造公式，無助學習**。

·分數加法

分數加法需要通分，化爲同分母，例如：$\frac{1}{2}+\frac{1}{3}=\frac{3}{6}+\frac{2}{6}=\frac{5}{6}$，參考圖1-20。也可以參考長方形的圖1-21，$\frac{3}{4}+\frac{2}{5}=\frac{15}{20}+\frac{8}{20}=\frac{23}{20}$。

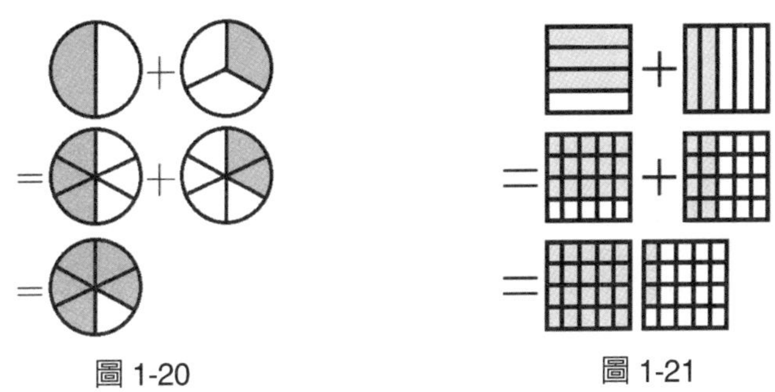

圖 1-20　圖 1-21

因此可以知道爲什麼需要通分才能加減，而分母選用最小公倍數是因爲方便，如果用最小公倍數，可以快一點得到答案見下述，$\frac{3}{8}+\frac{1}{6}=\frac{3\times3}{8\times3}+\frac{1\times4}{6\times4}=\frac{9}{24}+\frac{4}{24}=\frac{13}{24}$。

★常見問題 1：為什麼分數加減要通分為同分母，不可以「分子加分子，分母加分母」？

這個問題大多出現在分數乘法的規則「分子乘分子，分母乘分母」後，作者觀察第一次學習分數加法的小學生，都會思考分數加法是「分子加分子，分母加分母」，但這問題很容易解決。

簡單舉例 $\frac{1}{2}+\frac{1}{2}$ 如果用錯誤想法分子加分子，分母加分母，會得到 $\frac{1}{2}+\frac{1}{2}=\frac{1+1}{2+2}=\frac{2}{4}$，約分後是 $\frac{1}{2}$，顯然不合理。用圖 1-22

來理解，就可以發現答案會是 1，而不會是 $\frac{2}{4}$。

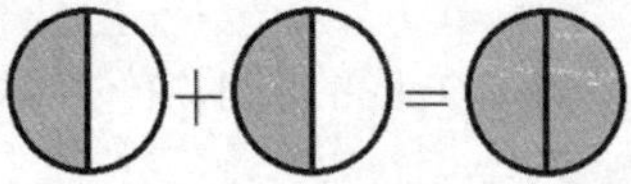

圖 1-22

★常見問題2：有沒有「分子加分子，分母加分母」的運算問題？

計算打擊率時，就是用「分子加分子，分母加分母」的方法在計算，比如說第一場比賽 4 次打擊，安打 2 支，打擊率是安打數除以揮棒數 $= \frac{2}{4} = 50\%$，而第二場比賽 5 次打擊，安打 3 支，打擊率是 $\frac{3}{5} = 60\%$，而兩場的總打擊率顯而易見的不會是直接相加 $\frac{2}{4}+\frac{3}{5}=50\%+60\%=110\%$，因爲打擊率不會大於 100%，那該如何計算？要算出總揮棒數 4 + 5，及總安打數 2 + 3，再將總安打數除以總揮棒數 $= \frac{2+3}{4+5}=\frac{5}{9}=0.555...\approx 56\%$。所以「分子加分子，分母加分母」的運算方式是存在的，但限於某些問題，而大多數計算都是符合需通分的方式，所以我們的分數相加就不會是「分子加分子，分母加分母」，而是用通分。

・分數減法

分數減法的概念如同分數加法，可由圖案來加以理解。

・分數乘法 1：整數乘分數

整數乘分數的意義是什麼？我們無法直接理解 $3\times\frac{1}{2}=\frac{3\times 1}{2}$，

因為 $3+3+3+3=3\times4$，也就是 3 連續加自己 4 次，是 3×4；同理大家會直接認為 $3\times\frac{1}{2}$，是 3 連續加自己 $\frac{1}{2}$ 次，這邊就很令人困惑？

這需要用另一個理解方式，將 $3+3+3+3=3\times4$ 理解為 3 有 4 個總和為多少，同理 $3\times\frac{1}{2}$ 就該理解為 3 有 $\frac{1}{2}$ 個，其總和為多少。

或是利用交換律可以將 $3\times\frac{1}{2}=\frac{1}{2}\times3$，可變成 $\frac{1}{2}$ 有 3 個，就能得到 $\frac{3}{2}$ 的答案。

或是用圖解法，我們不難理解乘上 $\frac{1}{2}$ 是 2 份中取 1 份，乘上 $\frac{1}{3}$ 是 3 份中取 1 份，乘上 $\frac{2}{3}$ 是 3 份中取 2 份。見例題理解整數乘分數 $3\times\frac{1}{2}$，參考圖 1-23。故 $3\times\frac{1}{2}=\frac{3}{2}=\frac{3\times1}{2}$

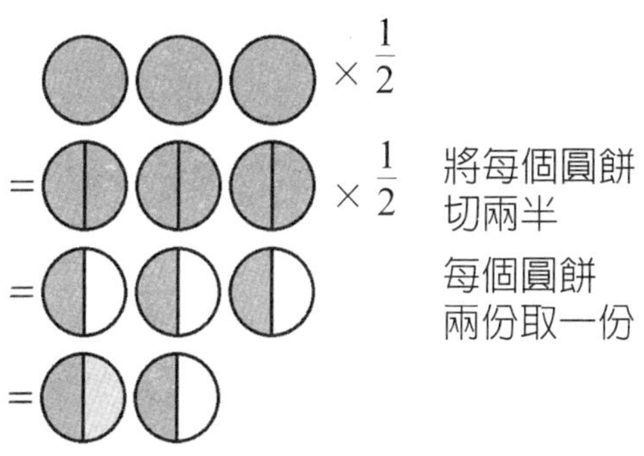

圖 1-23

· **分數乘法 2：分數乘分數是分子乘分子，分母乘分母**

已知 $\frac{1}{5}+\frac{1}{5}+\frac{1}{5}+\frac{1}{5}=\frac{4}{5}$，也知連續加法是乘法，所以

$\frac{1}{5}+\frac{1}{5}+\frac{1}{5}+\frac{1}{5}=\frac{1}{5}\times 4$，故 $\frac{1}{5}\times 4$ 必定等於 $\frac{4}{5}$，所以在分數運算上可以這樣思考：$\frac{1}{5}\times 4=\frac{4}{5}=\frac{1}{5}\times\frac{4}{1}$，

或是用圖解法，我們不難理解乘上 $\frac{1}{2}$ 是 2 份中取 1 份，乘上 $\frac{1}{3}$ 是 3 份中取 1 份，乘上 $\frac{2}{3}$ 是 3 份中取 2 份。見例題理解分數乘分數 $\frac{3}{2}\times\frac{3}{4}$，參考圖 1-24。故 $\frac{3}{2}\times\frac{3}{4}=\frac{9}{8}=\frac{3\times 3}{2\times 4}$，所以分數的乘法是「分子乘分子，分母乘分母」。

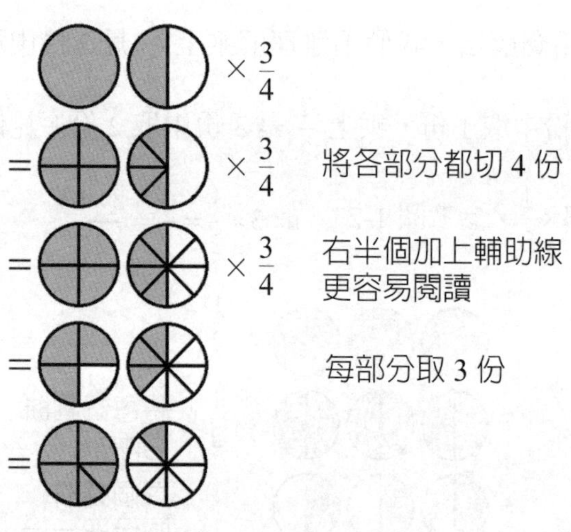

圖 1-24

· **分數除法 1：分數除某整數等於某整數乘到分母**

直接可從圖 1-25 得到說明 $\frac{1}{2}\div 3=\frac{1}{6}$，而 $\frac{1}{2}\div 3=\frac{1}{6}=\frac{1}{2\times 3}$，所以分數除某整數等於某整數乘到分母。

・分數除法 2：除某整數等於乘某整數的倒數

已知 $1\div 2=\frac{1}{2}$，那 $1\times\square=\frac{1}{2}$，框框應該填多少，可知 1 乘以任意數等於任意數，所以□要填 $\frac{1}{2}$，故 $1\times\boxed{\frac{1}{2}}=\frac{1}{2}$。可以合併爲兩式 $\begin{cases}1\div 2=\frac{1}{2}\\ 1\times\frac{1}{2}=\frac{1}{2}\end{cases}\Rightarrow 1\div 2=\frac{1}{2}=1\times\frac{1}{2}\Rightarrow 1\div 2=1\times\frac{1}{2}$，所以除整數等於乘整數倒數。

・分數除法 3：除分數等於乘分數倒數

總共有 2 個圓餅，每人都拿 $\frac{1}{3}$ 個圓餅，可分給幾人（可分到幾個 $\frac{1}{3}$ 圓餅）？可列出：總共 2 個 ÷ 一人有 $\frac{1}{3}$ 個 = 可分給 6 人，$2\div\frac{1}{3}=6$，見圖 1-26。已知 $2\div\frac{1}{3}=6$，而 $2\times 3=6$，所以**除分數等於乘分數倒數**。

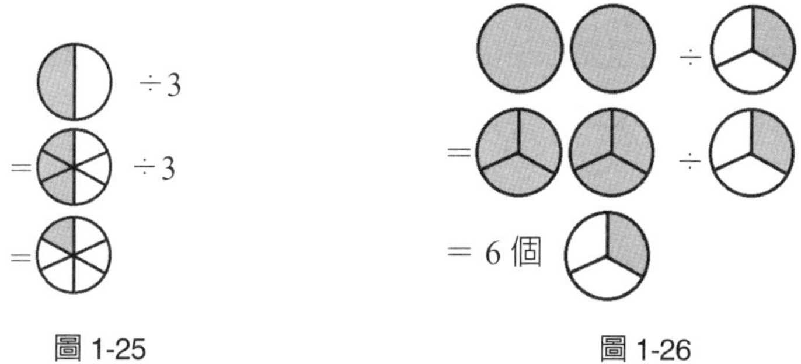

圖 1-25　圖 1-26

※ 分數除法重點

1. **除整數 = 乘整數到分母**

2. **除整數 = 乘整數倒數**

3. **除分數 = 乘分數倒數**

※備註：利用分數除法解釋分數乘法

$\frac{1}{3}\times\frac{2}{5}$

$=\frac{1}{3}\times(2\times\frac{1}{5})$

$=\frac{1}{3}\times2\times\frac{1}{5}$ 結合律，先乘前兩個

$=\frac{1\times2}{3}\div5$ 乘倒數就是除該數

$=\frac{1\times2}{3\times5}$ 除某數就是將該數與分母相乘

所以分數的乘法是「**分子乘分子，分母乘分母**」，即便加入了除法的觀念仍然不會破壞乘法。

★常見問題 1：除分數的意義

部分學生難以理解除以分數的意義，這問題是因爲他們理解除法的意義僅認識了一半。換言之僅學到了數字的操作意義，卻忘記利用生活案例來學習除法，再次回憶乘除法關係，並用文字來討論（東西個數、人數、每人份數）：

東西個數 ÷ 人數 = 每人份數

東西個數 ÷ 每人份數 = 人數

每人份數 × 人數 = 東西個數

而每人份數可以是分數，故除數可以是分數型態。

例題：

一人有 3 個，兩人有幾個？可列出：2 人 × 3 個 = 總共 6 個，$2 \times 3 = 6$。換句話說，總共有 6 個，分給 2 人，一人拿幾個？可列出：總共 6 個 ÷ 2 人 = 一人拿 3 個，$6 \div 2 = 3$，見圖 1-27。

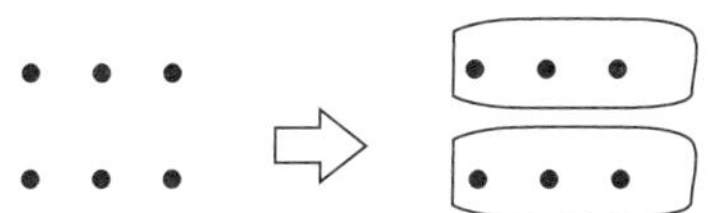

圖 1-27　一個人有 3 個，此時為討論框内的點的數量

換句話說，總共有 6 個，一人有 3 個，可分給幾人（有幾個 3）？可列出：總共 6 個 ÷ 一人有 3 個 = 可分給 2 人，$6 \div 3 = 2$，見圖 1-28。

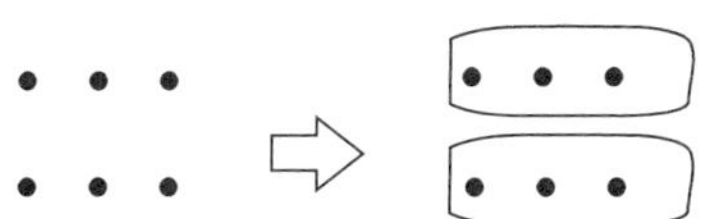

圖 1-28　有兩個框，此時為討論框的數量

同理一人有 $\frac{1}{3}$ 個，6 人有幾個？可列出：6 人 × $\frac{1}{3}$ 個 = $\frac{1}{3}+\frac{1}{3}+\frac{1}{3}+\frac{1}{3}+\frac{1}{3}+\frac{1}{3}$ = 總共 2 個，$6 \times \frac{1}{3} = 2$。參考圖 1-29。

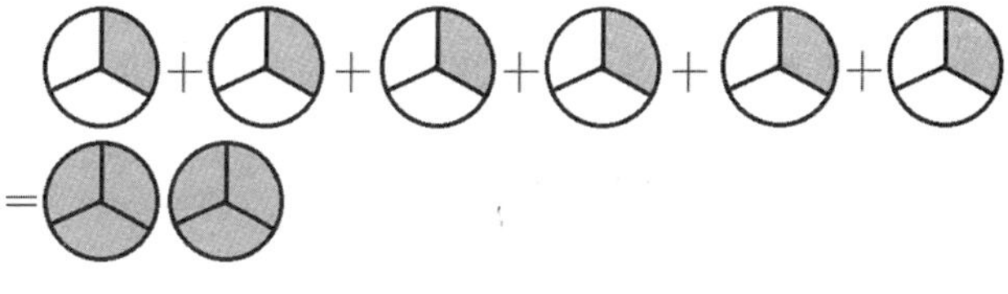

圖 1-29

再換句話說，有 2 個東西，一人有 $\frac{1}{3}$ 個，可分給幾人（可分幾份 $\frac{1}{3}$）？可列出：總共 2 個 ÷ 一人有 $\frac{1}{3}$ 個 = 可分給 6 人，$2 \div \frac{1}{3} = 6$，見圖 1-30。所以我們可以認知到分數的除法，就是討論被除數可以分成幾個除數。如 100 ÷ 5 = 20，100 元可以分成 20 個的 5 元。而 $2 \div \frac{1}{3} = 6$，就是 2 可以分成 6 個的 $\frac{1}{3}$。

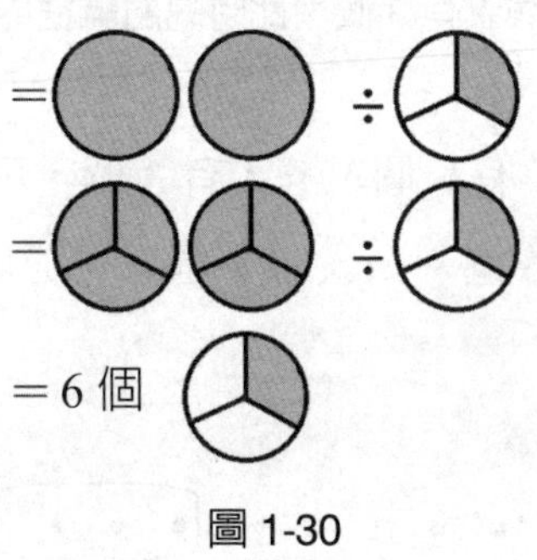

圖 1-30

★常見問題 2：除分數的圖案意義，分數除分數的結果是分數，是什麼意思？

上一個內容是從文字意義來理解，除分數的意義，但仍有部分學生對於分數運算的結果感到困惑，如：$\frac{1}{3} \div \frac{2}{3} = \frac{1}{3} \times \frac{3}{2} = \frac{1}{2}$，爲什麼是 $\frac{1}{2}$，在此以圖 1-31 說明，由圖可知 $\frac{1}{3}$ 是 $\frac{2}{3}$ 的一半，也就是 $\frac{1}{2}$ 份，也就是**討論二者的比例關係**，故因此畫圖就可以幫助說明分數除以分數結果還是分數的意義。

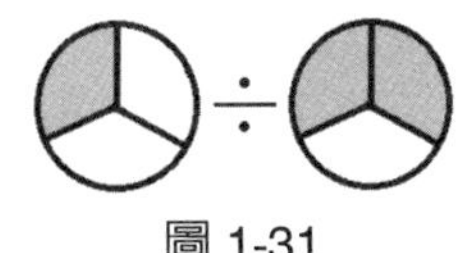

圖 1-31

＊可讀可不讀：分數的餘數討論

一般來說，很少會討論分數的餘數內容，但仍會遇到，在此介紹如何處理分數的餘數。先從整數理解，例題：$13 \div 4 = 3$ 餘 1，被除數 ÷ 除數 = 商數與餘數，也就是 $13 = 4 \times 3 + 1$，被除數 = 商數 × 除數 + 餘數。而討論餘數的計算內容時，商必爲整數。

同理分數時的情況，也是類似的情形，見例題：$\frac{16}{3} \div \frac{5}{3} = \frac{16}{3} \times \frac{3}{5} = \frac{16}{5} = 3\frac{1}{5}$，可以發現商不是整數，而是分數，先觀察圖 1-32 了解 $\frac{16}{3} \div \frac{5}{3}$ 的意義。

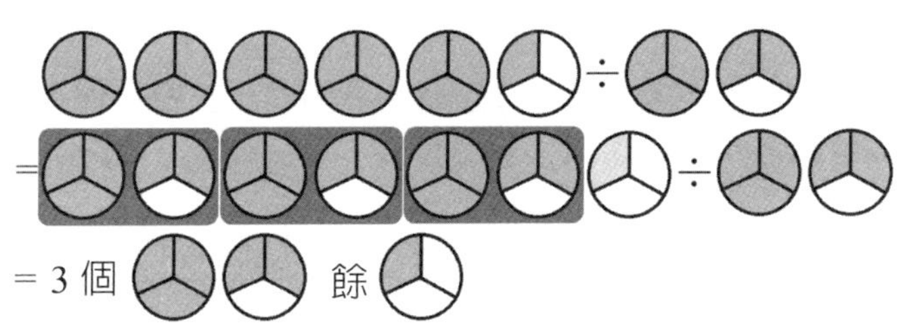

圖 1-32

所以該除式的內容的確可以分出 3 份並還有餘數，而此餘數應該利用被除數 = 商數 × 除數 + 餘數，此時的商是整數 3，故 $\frac{16}{3} = \frac{5}{3} \times 3 + 餘數 = \frac{15}{3} + 餘數$，顯而易見的餘數爲 $\frac{1}{3}$。

1-2-3 不變的規則

分數的運算同樣有三一律、遞移律、交換率、結合律、分配律，也就是與正整數擁有一樣的規則。

1-2-4 分數運算整理

· 分數加減法要通分
· 分數乘法是分子乘分子、分母乘分母
· 除分數 = 乘分數倒數

1-2-5 結論

分數的內容是在小學五六年級學習，但裡面的內容並不容易說明，如果草率的用死背，如「除分數 = 乘倒數」來記憶運算規則，將導致厭惡數學，但其實並沒有這麼複雜。

在本節人類的數字內容從整數拓展到了分數（有理數），除了分數本身的運算外，其他的基礎運算仍與正整數系保持一致。

1-3 小數、負數與 0 及基礎運算

數系的發展順序：整數到有理數（古希臘），接著是無理數（古希臘）、而後是負數與 0（六到七世紀、但到十七、十八世紀才慢慢被歐洲接受）、才是小數（十六世紀）。但爲了難易上的學習順暢度，我們參考現行教科書的流程順序：先小數、再講負數與 0、下一單元再說無理數。

1-3-1 小數

西元 1548 ～ 1620 年荷蘭的數學家斯帝文（Simon Stevin）感覺分數不夠方便，當時荷蘭與西班牙發生戰爭，戰爭需要經費，不足就需要借錢，進而產生利息問題，但利息用分數去算相當麻煩。如果是好算的利率還容易計算，如借 100 萬，利息是 $\frac{1}{10}$ 本金，故等於 100 萬 $\times \frac{1}{10} = 10$ 萬。但利息又不是能每次都是好算的分數，如果利息是 $\frac{1}{7}$，只能使用除法來計算。

斯帝文爲了處理分數不好計算的情形，思考數字間的關係。將分數化爲小數，如：$\frac{1}{7} \fallingdotseq 0.14285$。若：借 100 萬，利息是 $\frac{1}{7}$ 本金時，其利息的運算式爲 100 萬 $\times \frac{1}{7} \fallingdotseq$ 100 萬 $\times 0.14285 = 142850$。將分數換小數後就可以方便計算利息問題，因爲**乘分數仍會用到除法，若換爲小數就等於把除法轉換爲乘法**。而斯帝文爲了讓大家方便使用，更在 1586 年著作一本利率表。

・小數點符號的演進

1. 斯帝文：5 ⓪ 6 ① 7 ② 8 ③，用圈起來的方式表是第幾位，但不方便。
2. 納皮爾（Napier）：5・678，用姓名的間隔號來當小數點，但是與乘號混亂。
3. 法國、義大利、德國：5,678，用逗號來當小數點。但與千記號混亂。
4. 印度：5-678，但減號混亂。
5. 美國：5.678，用句號。

6. 在二十世紀各國開始採納美國用句點作爲小數點「·」的方式。

1-3-2 小數與百分比關係

百分比（%），顧名思義是討論該事情每一百份的比率問題，並且解決分數之間，當分母不同時的比較，而生活上的常見作法都是將分數換小數，再換百分比。

如：$3 \div 25 = 0.12 = \frac{12}{100} = 12\%$，或是 $15.6 \div 100 = 0.156 = \frac{15.6}{100} = 15.6\%$。也聽過 0.23 要換百分比，數學公式爲 $0.23 \times 100\% = 23\%$。

★常見問題 1：為什麼要創造一個百分比，小數不是就已經夠用了嗎？

基本上百分比是爲了方便討論，大多數人習慣在每一百份的情況做討論。又或者是因爲不喜歡看到小數，因此改用小一點的單位（$\frac{1}{100} = \%$）來進行討論，如同看到 0.13 公尺，不如顯示 13 公分更爲容易閱讀。同時小數的表示有時候「0.123」會寫作「.123」，如果沒注意到小數點，將會出錯，所以在討論部分內容的時候會改爲利用百分比，同時百分比的特性會使人認爲該事情的最大值是 100%，而只有小部分情況會大於 100%。

★常見問題 2：小數換百分比的數學公式，不懂其運算意義，為什麼是乘上 100 並寫上符號 %？如：$0.23 = 0.23 \times 100\% = 23\%$

小數換百分比的數學公式，是一種荒謬的死背。我們不該增加無意義的死背公式，這將無助學習，更讓學生認爲數學抽象。

基本上百分比就是討論分母為 100 的分數情況，所以我們應該完整解釋而非死背，如：$23 \div 25 = 0.92 = \frac{92}{100} = 92\%$，意思為每 100 份中有 92 份的內容物。最好的換算百分比方式就是先換小數再換分數，再換百分比。**不要小數直接跳到百分比，否則也應該要強調**「$\% = \frac{1}{100}$」。

1-3-3 小數與有理數、無理數的關係

小數可區分為下述，見圖 1-33。無理數的內容將在下一單元介紹，循環小數換分數的部分將在數列與級數說明。

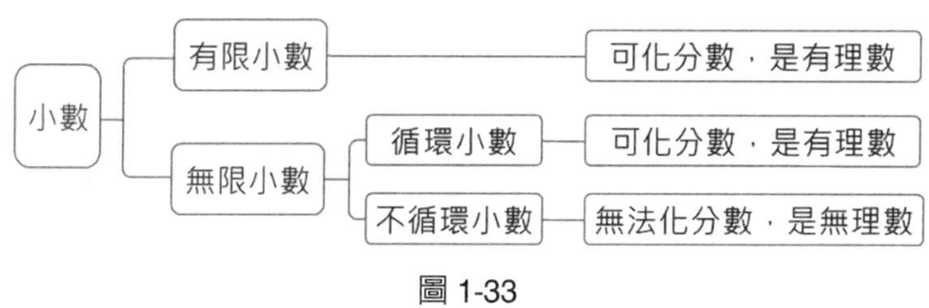

圖 1-33

1-3-4 負數與 0 的由來

印度為了處理負債的關係，產生了負數，並且每一個正數都有其對應的負數，如：2 與 -2、7 與 -7。並發現每組對應數字的總和是虛無，如：$7 + (-7)$，實際上就是沒有，但在當下並沒有數字符號代表「沒有」，因而需要一個數字符號代表「沒有」，故發明「0」來代表「沒有」的意義，而 0 是一個整數，其性質不是正數，也不是負數。

最早提出負數的是西元 628 年左右的印度人婆羅摩笈多（約 598 – 665），他也提出了負數的運算法則。而後經由阿拉伯人輾轉傳到歐洲，但到十五世紀，大多數歐洲數學家還不承認負數；直到十七世紀法國數學家笛卡兒引進座標系後，負數有幾何上的意義，才逐漸被歐洲數學家接受。

※備註：0 相對於當時的人是一個抽象的概念，而負數更抽象，但對於現代人卻是容易被接受。

1-3-5 負數的加減乘除

‧負數的加減

負數的起源是源自於負債，所以由討論負債的情況來學習負數最爲直觀。有關數字的加減將會有下述四種情況。

1. 加正數：$2+(+1)=2+1=3$，可理解爲原本有 2 元加上 1 元，總財產爲 3 元。故加正數的運算符號仍爲加號。
2. 加負數：$2+(-1)=2-1=1$，可理解爲原本有 2 元並欠別人 1 元，總財產爲 1 元。故加負數的運算符號變爲減號。
3. 減正數：$2-(+1)=2-1=1$，可理解爲原本有 2 元並花去 1 元，總財產爲 1 元。故減正數的運算符號仍爲減號。
4. 減負數：$2-(-1)$，減去負數是難以理解的，若比照上述討論總財產原本有 2 元並免除負債 1 元，總財產應爲 2 元。但這在數學上並不合理因爲若 $2-(-1)=2$ 成立，則 2 –（任意負數）都是 2。這樣就失去運算意義，故減負數不能用這樣的方式理解。請看下述，了解如何減負數。

方法 1： 利用數線的概念，2 到 -1 的距離直觀可知是 3，而計算距離是數線上右邊數值減去左邊，故可記作 $2-(-1)=3$，而 $2+1=3$，所以就可以很清楚減負數，變加法，見圖 1-34。

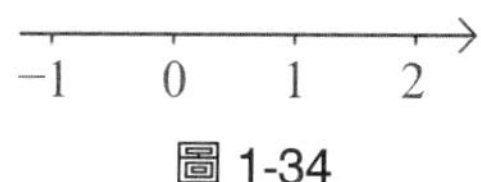

圖 1-34

方法 2： 利用 $a-(b+c)=a-b-c$ 的概念

已知 $100-90=10$，而

$100-90$

$=100-(100-10)$

$=100-[100+(-10)]$，已知 $a-(b+c)=a-b-c$

$=100-100-(-10)$

$=0-(-10)$

我們早已清楚答案就是 10，故 $0-(-10)=10$，換言之 $0-(-10)=0+10=10$。

方法 3：

原本有 100 元，但也欠人 20 元，所以我的總財產實際上是 $100+(-20)=80$ 元。但如果別人不想催討那 20 元了，那我的總財產仍是原本的 100 元，此時可以將數學式記作：$100+(-20)-(-20)=100$，也就是 $80-(-20)=100$，而 $80+20=100$，所以 $80-(-20)=80+20=100$。

※備註：使用財產的方式來理解減負數，必須將每一階段都考慮進去，不可以只考慮起終點，否則會出現錯誤。

由以上三個方法可以相對理解減負數，變加法。

★常見問題：加減負號時用口訣死背，見表

錯誤口訣	方程式	正確口訣
正正得正	$a+(+b)=a+b$	加正數，變加法
正負得負	$a+(-b)=a-b$	加負數，變減法
負正得負	$a-(+b)=a-b$	減正數，變減法
負負得正	$a-(-b)=a+b$	減負數，變加法

由表可知「加減運算符號」與「正負性質符號」混淆亂念，若將運算符號念作正負。這將會大大混亂數學的合理性。國一生一定要弄清楚，因爲沒有道理的死背公式，會開始厭惡數學。

· **負數的乘除**

正數乘正數得到正數，「正正得正」本身沒有問題，接著介紹加入負數的情況。爲了保持原有運算規則（公理），負數的乘除必須與原有規則保持一致性，用分配律 $a(b+c)=ab+ac$ 說明正數與負數彼此相乘的關係：

1. 負正得負：已知 $a+(-a)=0$，以 $a=1$ 爲例，以及利用分配律的觀念。

$$1+(-1)=0$$

同乘1 $$[1+(-1)]\times 1=0\times 1$$

分配律展開 $$1\times 1+(-1)\times 1=0$$

這時候$(-1)\times 1$不知道多少 $$1+(-1)\times 1=0$$

同時加上-1 $$-1+1+(-1)\times 1=-1+0$$

結合律 $$(-1+1)+(-1)\times 1=-1$$

0加上任何數等於任何數 $0+(-1)\times 1=-1$
負正得負 $(-1)\times 1=-1$

注意這時「負正得負」，負正得負不是符號，是負數乘正數。

2. 正負得負：接著把乘 1 放在前面，同理再做一次，就能看到「正負得負」並可知道負數、正數的相乘也具有交換律：負數乘正數 = 正數乘負數。

$1+(-1)=0$
同乘1 $1\times[1+(-1)]=1\times 0$
分配律展開 $1\times 1+1\times(-1)=1\times 0$
這時候$1\times(-1)$不知道多少 $1+1\times(-1)=0$
同時加上 -1 $-1+1+1\times(-1)=-1+0$
結合律 $(-1+1)+1\times(-1)=-1$
0加上任何數等於任何數 $0+1\times(-1)=-1$
正負得負 $1\times(-1)=-1$

3. 負負得正：同樣的方法再做一次，這次乘上 -1

$1+(-1)=0$
同乘 -1 $[1+(-1)]\times(-1)=0\times(-1)$
分配律展開 $1\times(-1)+(-1)\times(-1)=0$
已知 $1\times(-1)=-1$，這時候不知道$(-1)\times$-1爲多少？
$-1+(-1)\times(-1)=0$
同時加上1 $1-1+(-1)\times(-1)=1+0$
結合律 $(1-1)+(-1)\times(-1)=1$
0加上任何數等於任何數 $0+(-1)\times(-1)=1$
負負得正 $(-1)\times(-1)=1$

注意這時「負負得正」負負得正不是符號，是負數乘負數。

‧負數乘除的實際案例

上一段介紹了分配律與負數的關係，而試著用生活案例來學習負數的乘除。

1. 正數乘正數：略。
2. 負數乘正數：$(-10) \times 3$，由乘法定義來理解各欠 3 人 10 元，以加減法來理解是 $(-10) + (-10) + (-10) = -30$，所以 $(-10) \times 3 = -30$，故負數乘正數得到負數，而數值部分直接相乘。
3. 正數乘負數：$3 \times (-10)$，爲了讓負數相乘仍有交換律，必然要讓 $3 \times (-10) = (-10) \times 3 = -30$，故正數乘負數得到負數，而數值部分直接相乘。

  ***可讀可不讀**：理解正數乘負數的另一個辦法，在一個上升的手扶梯上，速度爲每秒上升 10 公分，可以得到下表，見圖 1-35。

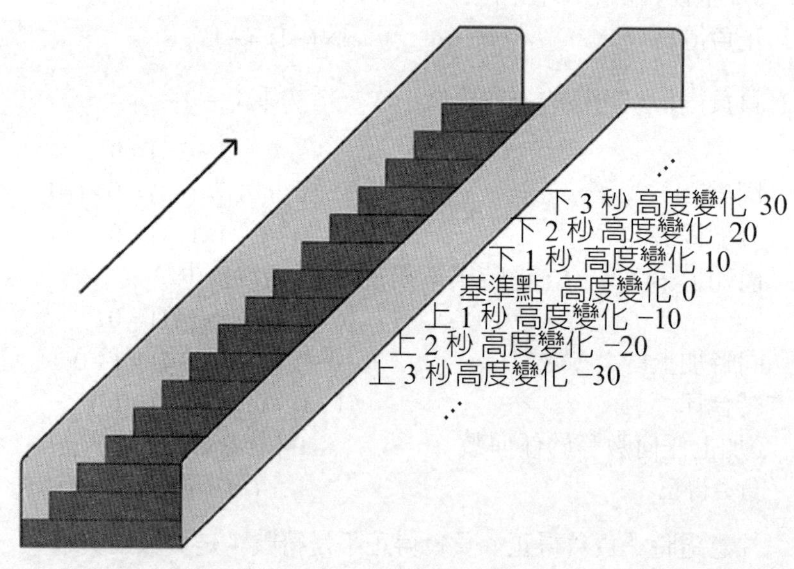

圖 1-35

時間	上 3 秒	上 2 秒	上 1 秒	基準點	下 1 秒	下 2 秒	下 3 秒
高度變化	−30	−20	−10	0	10	20	30

加上「速度乘上時間為移動距離（高度變化）的運算式」欄位，則可以得到下表。

時間	上 3 秒	上 2 秒	上 1 秒	基準點	下 1 秒	下 2 秒	下 3 秒
時間	−3	−2	−1	0	1	2	3
運算式	$10 \times (-3)$	$10 \times (-2)$	$10 \times (-1)$	10×0	10×1	10×2	10×3
高度變化	−30	−20	−10	0	10	20	30

運算式的結果為高度變化，故正數乘負數得到負數，而數值部分直接相乘。

4. 負數乘負數：為了讓負數相乘仍有分配律，必然成立 $a(b-c)=ab-ac$。

$(-1)\times(-1)$　　將 -1 改寫為 $0-1$

$=(-1)\times(0-1)$　　利用分配律 $a(b-c)=ab-ac$ 展開，此時 $a=-1$，$b=0$，$c=1$

$=(-1)\times 0-(-1)\times 1$

$=0-(-1)$　　減負數變加法

$=0+1$

$=1$

故 $(-1)\times(-1)=1$，負數乘負數得到正數，數值部分直接相乘。

＊可讀可不讀：理解負數乘負數的另一個方法，在一個下降的手扶梯上，速度爲每秒下降 10 公分，可以得到下表，圖 1-36。

時間	上 3 秒	上 2 秒	上 1 秒	基準點	下 1 秒	下 2 秒	下 3 秒
高度變化	30	20	10	0	−10	−20	−30

加上「速度乘上時間爲移動距離（高度變化）的運算式」欄位，則可以得到下表。

時間	上 3 秒	上 2 秒	上 1 秒	基準點	下 1 秒	下 2 秒	下 3 秒
時間	−3	−2	−1	0	1	2	3
運算	(−10) × (−3)	(−10) × (−2)	(−10) × (−1)	(−10) × 0	(−10) × 1	(−10) × 2	(−10) × 3
高度變化	30	20	10	0	−10	−20	−30

運算式的結果爲高度變化，故負數乘負數得到正數，而數值部分直接相乘。

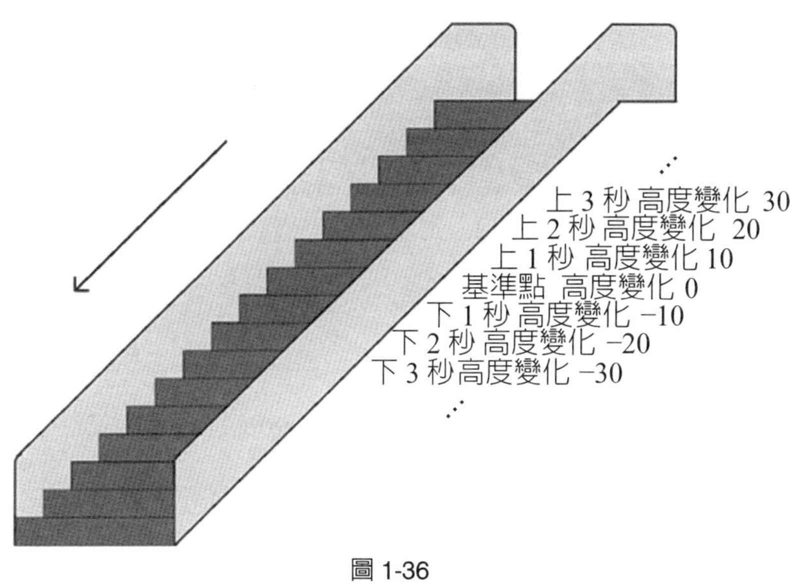

圖 1-36

※ 備註：這僅只是說明負數相乘時的內容，並非數學推導。

★常見問題：負數的加減與負數的乘除，兩者的公式口訣相同，見圖 1-37。

由圖 1-37 可得到概念不清楚的公式口訣，**死背只會破壞數學應有的邏輯性**。作者建議應該用正確方式理解，而非死背，就算要背也應該用正確的口訣。

1-3-6 不變的規則

負數與 0 及小數的運算同樣存在，三一律、遞移律、交換率、結合律、分配律，也就是與正整數、有理數擁有一樣的規則。

負數四則運算口訣

口訣	釋義							
	加法	減法	乘法			除法		
			被乘數	乘數	積	被除數	除數	商
正正得正	$a+(+b)=a+b$	–	正	正	正	正	正	正
正負得負	$a+(-b)=a-b$	–	正	負	負	正	負	負
負正得負	–	$a-(+b)=a-b$	負	正	負	負	正	負
負負得正	–	$a-(-b)=a+b$	負	負	正	負	負	正

負數四則運算口訣簡單版

兩個符號一樣	兩個符號不同
得正	得負

圖 1-37

1-3-7 結論

由於負數出現，數學家得以將數字作更清楚的分類，也因爲負數在計算上數學可以有更完整的討論而非限制在正數的框架之中。而小數的出現，使得計算不會陷入分數框架，而是可以用一個接近的小數數值來方便運算。

小數的計算一般學生都不會出現太多困難，但對於負數的運算，由於錯誤的學習方法，導致減負號與負數相乘都只能死背，進而讓學生認爲數學是一種莫名其妙的東西，這是一個致命的錯誤，因爲數學除定義及公理外，都是可被理解的，如果不能教到使人理解，而是只能死背，那麼將會使人厭惡數學。要知道**利用分配律，便可推導出負數乘負數是正數**。

1-4 無理數及基礎運算

本篇會稍稍利用到代數，如有代數問題，可以先行翻閱代數內容。

1-4-1 無理數（$\mathbb{Q}^c$，Irrational number）

數字發展到分數後，繼續往前演進。畢達哥拉斯（Pythagoras）相信每一個數都能用分數表示，直到發現直角三角形的畢氏定理 $a^2+b^2=c^2$，見圖 1-38。先認識畢氏定理，見圖 1-39。

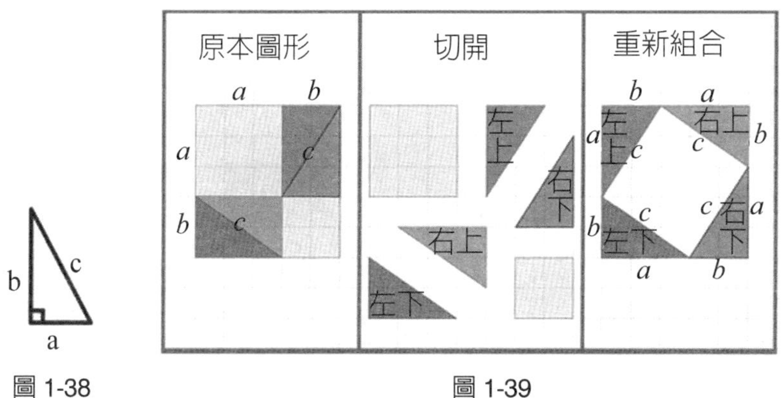

圖 1-38　　圖 1-39

而內部的四邊形，四邊等長，是否為正方形？見討論。已知四個三角形都是邊長相等的直角三角形，故對應的角度都一樣大，見圖 1-40 中 o 與 x 部分。

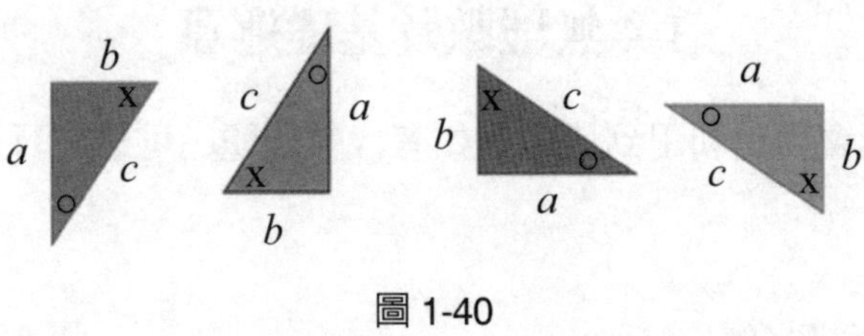

圖 1-40

而三角形內角和 180 度，故 o 與 x 的角度和爲 90 度，而重新組合的圖案就可推導出內部四邊形的角度爲 90 度，而四個角都以此類推後，即可發現內部四邊形爲正方型，見圖 1-41。繼續討論面積關係，見圖 1-42。最後可得到畢氏定理 $a^2 + b^2 = c^2$。

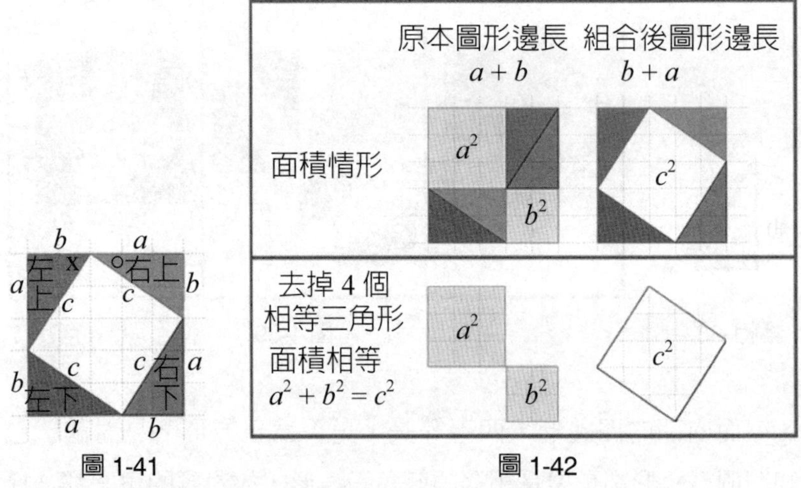

圖 1-41　　圖 1-42

由畢氏定理 $a^2 + b^2 = c^2$ 可以存在數學式滿足 $1^2 + 1^2 = c^2 \Rightarrow 2 = c^2$，而 c 應該是多少？觀察以下方法了解 $c^2 = 2$ 時，c 是多少。

當 $c = 1$ 時，則 $c^2 = 1$；當 $c = 2$ 時，$c^2 = 4$；故要在 1 與 2 之間尋找 c。

當 $c = 1.4$ 時，則 $c^2 = 1.96$；當 $c = 1.5$ 時，則 $c^2 = 2.25$；故要在 1.4 與 1.5 之間尋找 c。

當 $c = 1.41$ 時，則 $c^2 = 1.9881$；當 $c = 1.42$ 時，則 $c^2 = 2.0164$；故要在 1.41 與 1.42 之間尋找 c；以此類推，最後我們會得到當 $c ≒ 1.4142135\cdots\cdots$，則 c^2 接近 2。

可發現 c 是可無限延伸的數字。而此方法是在兩數之間切 10 等份，不斷尋找最靠近 $c^2 = 2$ 的兩個數，見圖 1-43，此方法被稱為十分逼進法。

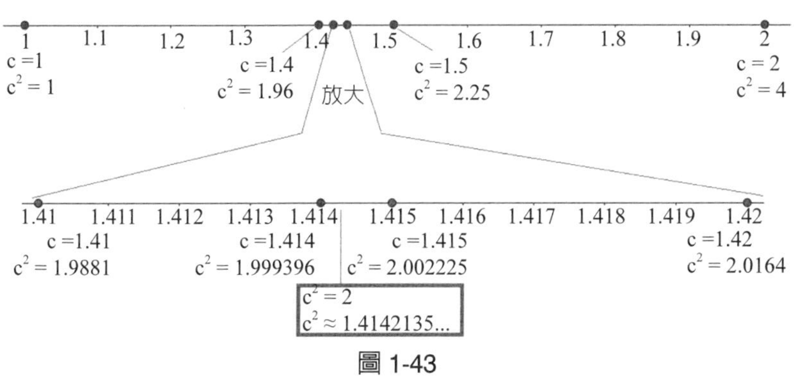

圖 1-43

我們可以利用十分逼進法找到 c 的近似值，但是仍然不確定是否為分數（有理數），經畢達哥拉斯的畢氏學派證明後確定的確不是有理數，而為了有所區別，所以稱為無理數。

無理數在希臘時期就已經證明無法以分數來表示。同時也說明了數線上，每一點放入有理數後，剩下的位置都是無理數。除了根號的無理數以外，**有名的無理數還有圓周率** π、**歐拉數** e、**黃金比例** Φ，而三角函數與對數的數值，一部分是有理數一部分是無理數，這些將在之後各個單元再行介紹。

※ 備註：畢氏定理小故事

面積 2 的正方形的邊長是 $\sqrt{2}$，但 $\sqrt{2}$ 經過證明，無法用分數表示，約定不公開，但畢達哥拉斯的弟子希伯斯（Hippasus）洩漏給其他人知道，畢達哥拉斯以瀆神處死他的弟子希伯斯。

★常見問題 1：無理數為什麼不是分數（有理數）

以 $\sqrt{2}$ 是無理數的證明爲例，利用反證法，假設 $\sqrt{2}$ 是有理數，所以 $\sqrt{2}$ 可以寫成最簡分數 $\frac{b}{a}$。$\frac{b}{a}$ 爲最簡分數，所以 $(a, b) = 1$，a、b 互質。

設 $\sqrt{2} = \frac{b}{a}$

$2 = \frac{b^2}{a^2}$ 兩邊平方

$2a^2 = b^2$ 移項

所以 b^2 是偶數

故 b 也是偶數，設 $b = 2c$

$2a^2 = (2c)^2$

$2a^2 = 4c^2$

$a^2 = 2c^2$

所以同樣的 a 也是偶數

導致 $(a, b) = 2$

但一開始已經強調 a, b 是最簡分數，$(a, b) = 1$，產生錯誤。

所以一開始的假設 $\sqrt{2}$ 是有理數錯誤，故 $\sqrt{2}$ 是無理數。

此問題早在古希臘時期的**歐幾里得幾何原本已有證明**。

★常見問題 2：$\sqrt{2}$ 如何畫

由畢氏定理 $a^2 + b^2 = c^2$ 的正確性，可以存在數學式滿足 $1^2 + 1^2 = c^2 \rightarrow 2 = c^2 \rightarrow c = \sqrt{2}$，也就是可以做出 $\sqrt{2}$ 的長度。同理我們可以近一步做出更多的無理數，見圖 1-44。

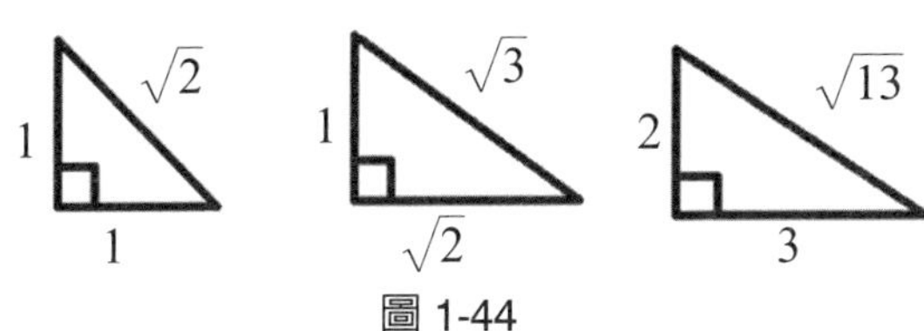

圖 1-44

★常見問題 3：正方形的邊長是 $\sqrt{2}$ 時，面積真的是 2 嗎？

作者的教學經驗：國中生在學習根號時，很難以理解無理數的眞實存在，即便是已知長度的作圖，但是強調正方形邊長是 $\sqrt{2}$ 時，面積是 2，學生無法接受此事實。因爲學生對於 $\sqrt{2}$ 的平方是 2，大多是由代數的觀念去死背，$x^2 = 2 \rightarrow x = \sqrt{2}$，並非由正方形面積理解。而此問題的解決方法如下：

數字的平方可被認知爲正方形面積，邊長 1 的正方形面積是 1，邊長 2 的正方形面積是 4，必須找到面積是 2 的正方形，才能接受正方形邊長是 $\sqrt{2}$，見圖 1-45 就可以直接理解。

一個邊長爲 2 的大正方形，在四邊的中點作連線，內部可得到一個邊長爲 $\sqrt{2}$ 的正方型，而該正方形的面積爲 2。而邊長爲 $\sqrt{3}$ 的正方形，面積是 3 則可以見圖 1-46，及計算式認知。

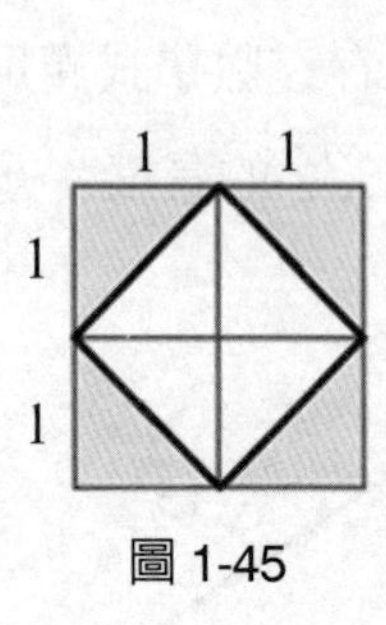

圖 1-45

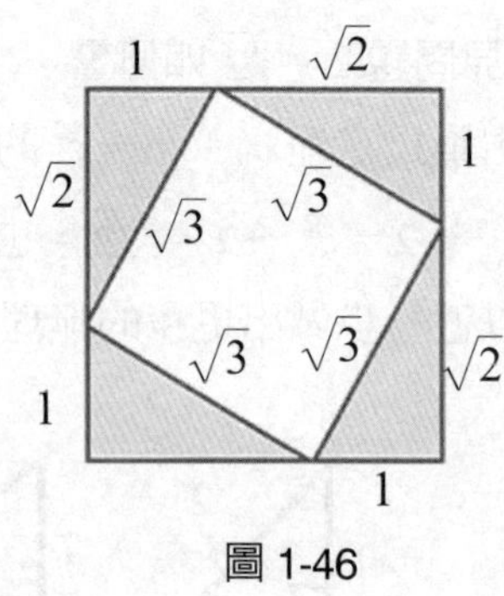

圖 1-46

大正方形 = 4 個三角形 + 小正方形

$(1+\sqrt{2})^2 = 4\times\dfrac{1\times\sqrt{2}}{2}$ + 小正方形

$1+2\sqrt{2}+\sqrt{2}^2 = 2\sqrt{2}$ + 小正方形

$1 + 2$ = 小正方形

3 = 小正方形

★常見問題 4：開根號恆為正、平方根有正負

作者的教學經驗：國中生在學習根號時，由於該階段同一時間學習代數、幾何，有著許多相關名詞，如：根號、開根號、平方根，尤其數字開根號僅有正值，而找出數字的平方根有正負值，如：$\sqrt{4} = 2$，4 開根號是 2，（或念做根號 4），而 $x^2 = 4 \rightarrow x = \pm 2$，4 的平方根是 ± 2，最後導致學生一團混亂，並認爲數學太過抽象。

這問題是幾何、代數混在一起教，卻沒有講清楚。因爲學習根號的起源必然是從畢氏定理切入最爲適合，若是根號從代數切入，如：$x^2 = 2 \rightarrow x = \pm 2$，就顯得這是數學家規定的事情，但事實上無理數並不是這樣的內容。

以作者的經驗，從畢氏定理及畫圖能讓學生了解到 $x^2 = 2 \rightarrow x = \sqrt{2}$的正確性。但也因為學習過負數的內容，故 $x = -\sqrt{2} \rightarrow x^2 = 2$，在此要說明由幾何切入只有正數解，但加入負數的討論後，也可以有另一解，進而可以理解 $x^2 = 2 \rightarrow x = \pm\sqrt{2}$，可以存在兩解。

接著再來完整說明，開根號與平方根的意義。開根號是因應無理數運算的動詞，開根號的幾何意義為「找出正方形面積的邊長」，如：找出面積 4 的正方形邊長，要對 4 開根號，記作：$\sqrt{4}$，而因為是邊長所以僅有正值。

而平方根則是討論代數的問題，如：$x^2 = 4$，要找出有幾個解滿足該方程式，故可以理解有 2 與 -2 兩個解，而其計算的動作會利用到開根號，記作 $x^2 = 4 \rightarrow x = \pm\sqrt{4} = \pm 2$。若是在數學式中出現的根號則沒有討論代數問題，而是直接對該數字（面積）找出對應值（邊長），而不應該說數學式的根號就是算出正平方根，如：$3 + \sqrt{4} = 3 + 2 = 5$。

經由這樣的說明方式，學生才不會把開根號與平方根搞混，也才不會有$3 + \sqrt{4}$ 會產生$3 + 2 = 5$與$3 - 2 = 1$兩解的情況。說清楚才不會使學生感到太過抽象，而採取錯誤的學習方式－死背。

※備註：無理數、根號的內容在各地區都有研究，從古埃及時期就開始被研究，每個地區的稱呼根號及畢氏定理的方式不同，在中國稱商高定理、勾股定理。研究時用的符號也不同，而西方是直到笛卡兒才確定根號符號 $\sqrt{\ }$ 的建立。

1-4-3 無理數的加減乘除

·根號的意義

已知根號的意義是找出正方形邊長，如：面積4的正方形邊長是2，記作 $\sqrt{4}=\sqrt{2\times 2}=2$、面積9的正方形邊長是3，記作：$\sqrt{9}=\sqrt{3\times 3}=3$。而無法分割的數字，也習慣上會進行有理化的動作以利運算，如：$\sqrt{18}=\sqrt{3\times 3\times 2}=3\sqrt{2}$。根號的運算爲 $\sqrt{a^2}=|a|$。

·根號加減法

$\begin{matrix} r\sqrt{a}+s\sqrt{a}=(r+s)\sqrt{a} \\ r\sqrt{a}-s\sqrt{a}=(r-s)\sqrt{a} \end{matrix}$，根號加減法只有同類項化簡，如：

$$\sqrt{8}+\sqrt{18}=\sqrt{2\times 2\times 2}+\sqrt{3\times 3\times 2}=2\sqrt{2}+3\sqrt{2}=5\sqrt{2}$$
$$\sqrt{45}-\sqrt{20}=\sqrt{3\times 3\times 5}-\sqrt{2\times 2\times 5}=3\sqrt{5}+2\sqrt{5}=\sqrt{5}$$

★常見問題：為什麼 $\sqrt{a}+\sqrt{b}\neq\sqrt{a+b}$ 及 $\sqrt{a}-\sqrt{b}\neq\sqrt{a-b}$

太多人學習根號乘法 $\sqrt{a}\times\sqrt{b}=\sqrt{ab}$ 的內容後，而搞混根號加法，我們必須強調根號不存在此運算規則：$\sqrt{a}+\sqrt{b}\neq\sqrt{a+b}$ 及 $\sqrt{a}-\sqrt{b}\neq\sqrt{a-b}$。

加法舉反例：

$\sqrt{1}+\sqrt{4}\neq\sqrt{1+4}$

左式 $=\sqrt{1}+\sqrt{4}=1+2=3=\sqrt{9}$

右式 $=\sqrt{1+4}=\sqrt{5}$

而 $\sqrt{9}\neq\sqrt{5}$

故左式 ≠ 右式

所以 $\sqrt{a}+\sqrt{b}\neq\sqrt{a+b}$ 沒有整合的規則。直接加起來的感覺如同分數加法的分子加分子，分母加分母，也就是 $\frac{b}{a}+\frac{d}{c}=\frac{b+d}{a+c}$，這是不經思考的死背。

減法舉反例：

$\sqrt{4}-\sqrt{1}\neq\sqrt{4-1}$

左式 $=\sqrt{4}-\sqrt{1}=2-1=1$

右式 $=\sqrt{4-1}=\sqrt{3}$

故 $1\neq\sqrt{3}$

所以左式 ≠ 右式

$\sqrt{a}+\sqrt{b}\neq\sqrt{a+b}$ 及 $\sqrt{a}-\sqrt{b}\neq\sqrt{a-b}$ 若直接在跟號內部加減起來的感覺，如同分數減法的分子減分子，分母減分母，也就是，這也是不經思考的死背。

・**根號乘法：**$\sqrt{a}\times\sqrt{b}=\sqrt{ab}$。

讓 a、b 爲正數，設兩正數相乘 $\sqrt{a}\times\sqrt{b}$ 爲正數 x，所以 $x=\sqrt{a}\times\sqrt{b}$

$x=\sqrt{a}\times\sqrt{b}$

$x^2=(\sqrt{a}\times\sqrt{b})^2$

$x^2=(\sqrt{a}\times\sqrt{b})\times(\sqrt{a}\times\sqrt{b})$

$x^2=\sqrt{a}\times\sqrt{b}\times\sqrt{a}\times\sqrt{b}$

$x^2=\sqrt{a}\times\sqrt{a}\times\sqrt{b}\times\sqrt{b}$

$x^2=a\times b=ab$

$x=\pm\sqrt{ab},(x>0)$

$x=\sqrt{ab}$

★常見問題：根號乘法的圖案，可有圖案說明？

已知正方形的邊長與面積具有唯一的對應關係，也就是 1 對 1 的關係。不像是長方形的面積相同卻能有多組邊長，如：長 3 寬 2 面積 6，長 6 寬 1 面積 6。正方形面積相同時，邊長必定相同，而根號乘法利用到此觀念，見圖 1-47。由圖 1-47 可知兩正方形面積相同，故邊長也會相同，所以$\sqrt{a}\times\sqrt{b}=\sqrt{ab}$。

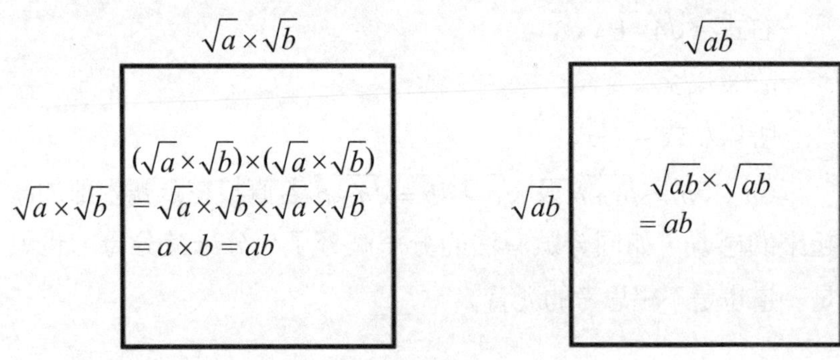

圖 1-47

・根號除法：$\sqrt{a}\div\sqrt{b}=\sqrt{a\div b}$

讓 a、b 爲正數，則兩正數相除 $\sqrt{a}\div\sqrt{b}$ 仍爲正數 x，所以 $x=\sqrt{a}\div\sqrt{b}$

$$x=\sqrt{a}\div\sqrt{b}$$
$$x=\frac{\sqrt{a}}{\sqrt{b}}$$
$$x^2=(\frac{\sqrt{a}}{\sqrt{b}})^2$$
$$x^2=(\frac{\sqrt{a}}{\sqrt{b}})\times(\frac{\sqrt{a}}{\sqrt{b}})$$
$$x^2=\frac{\sqrt{a}}{\sqrt{b}}\times\frac{\sqrt{a}}{\sqrt{b}}$$
$$x^2=\frac{a}{b}$$
$$x=\pm\sqrt{\frac{a}{b}},(x>0)$$
$$x=\sqrt{\frac{a}{b}}=\sqrt{a\div b}$$

1-4-4 結論

無理數的出現讓數學的世界再次擴大，也讓實數完整起來。同時無理數的教學方式卻容易讓學生搞混開根號、平方根兩者的正負性質，故應該要說明清楚，而非用死背。

1-5 實數、虛數與複數

1-5-1 實數（ℝ，Real number）

我們已經認識許多種類的數字，這些東西都是自然界實際存在的數，故被稱爲實數，而這些數彼此的關係我們可以參考圖1-48、1-49。

・數線上的位置

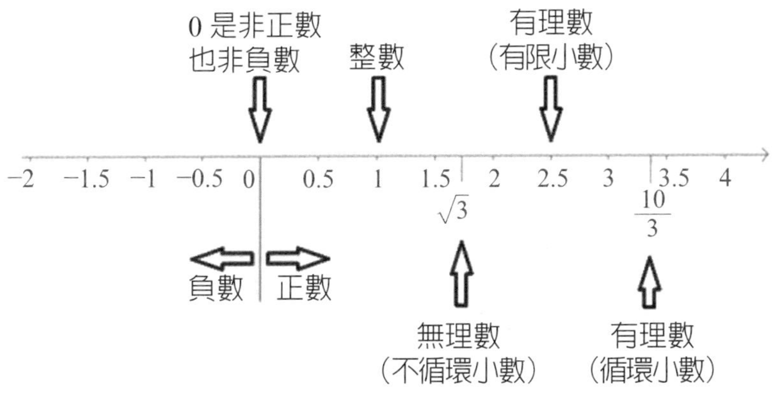

圖 1-48

・各種數字的關係

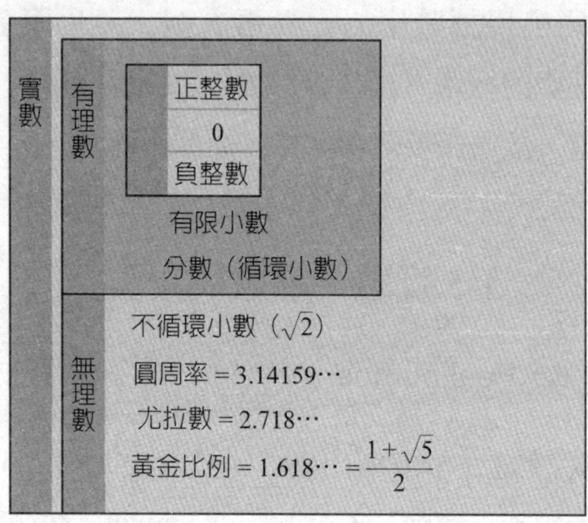

圖 1-49

・各集合的關係

$$\left(\begin{array}{c}\left(\begin{array}{c}\text{正整數}：\mathbb{N}\\ 0\\ \text{負整數}：-\mathbb{N}\end{array}\right)\subseteq \text{整數}：\mathbb{Z}\subseteq \text{有理數}：\mathbb{Q}\\ \text{無理數}：\mathbb{Q}^{c}\end{array}\right)\subseteq \text{實數}：\mathbb{R}$$

備註：⊆ 是包含於，其概念是該集合在另一個集合之中，如：正整數 ⊆ 整數，正整數集合在整數集合之中。

1-5-2 虛數（i，imaginary number）

進入無理數之後，數字的討論愈變愈複雜，但根號內的數值範圍，仍限制在 0 與正數。故我們在國中討論二次方程式 $ax^2 + bx + c = 0$ 時，其解答是 $x = \frac{-b \pm \sqrt{b^2 - 4ac}}{2a}$，但若 $b^2 - 4ac < 0$，

則稱無解，到高中會在認識虛數後將其改為無實數解。而這是爲什麼？事實上國中數學是將代數與解析幾何分開來討論，但最好的方式還是以解析幾何來討論比較好，我們應該將 $ax^2 + bx + c = 0$ 視作 $\begin{cases} y = ax^2 + bx + c \\ y = 0 \end{cases}$ 的聯立求解（求交點），這樣就可以理解二次曲線最多可以有一次彎曲，而與 y 軸的關係是最多有兩個交點，見圖 1-50，而沒有交點時會發生在 $b^2 - 4ac < 0$ 的時候，見圖 1-51。

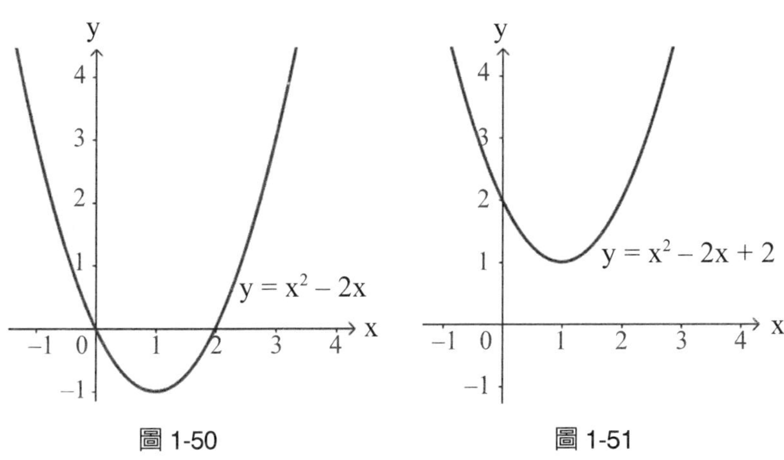

圖 1-50　　圖 1-51

而數學家卡當（Cartano 法國數學家，1869-1951）討論三次方程式 $ax^3 + bx^2 + cx + d = 0$ 時，也引入這樣的想法，他認為三次方程式最多可以有兩次彎曲，而與 y 軸的關係是最多有三個交點（解），見圖 1-52。並認為 n 次多項式：$a_0 + a_1x^1 + a_2x^2 + \cdots + a_nx^n$，有 n 個解。為了滿足這一件事，勢必要將根號內的數值，從正數與 0 往負數拓寬。

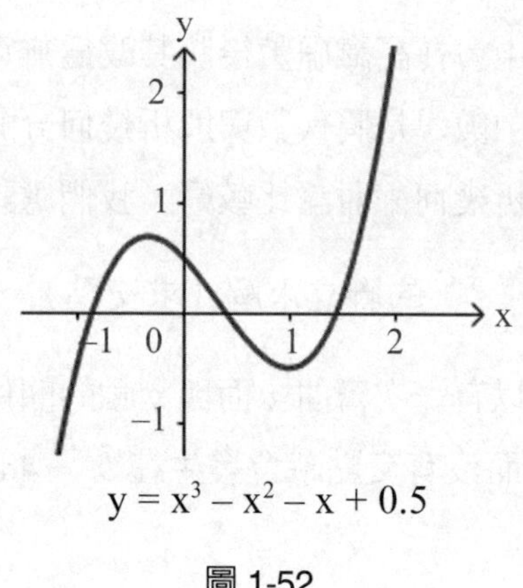

圖 1-52

換言之必須讓二次多項式 $ax^2+bx+c=0$，其解答是 $x=\dfrac{-b\pm\sqrt{b^2-4ac}}{2a}$，在 $b^2-4ac<0$ 時，也能存在解。而 $b^2-4ac<0$ 的案例，可以參考 $x^2+x+3=0\rightarrow x=\dfrac{-1\pm\sqrt{1^2-12}}{2}=\dfrac{-1\pm\sqrt{-11}}{2}$，數學家認爲創造出新的數系，也要滿足原有數學運算原則，故定義 $\sqrt{-11}=\sqrt{-1}\times\sqrt{11}$，則根號內最基礎的負數元素就是 $\sqrt{-1}$，進而讓 $b^2-4ac<0$ 的方程式有解。

大多數學家認定根號內有負數是自然界不存在的數，且不具物理意義，而是讓方程式的「n 次多項式：$a_0+a_1x^1+a_2x^2+\cdots+a_nx^n=0$，有 n 個解」能保持一致性的數系，故 $\sqrt{-1}$ 是虛幻抽象的數值，被定義爲虛數 i，其數學意義爲 $i=\sqrt{-1}$，$-i=-\sqrt{-1}$，取其 imaginary 虛構數的字首作爲符號。

※備註 1：歐拉在 1748 年提出虛數的符號 i。

※備註 2：產生虛數的過程，並不是解二次方程式產生，而是在討論三次方程式中。卡當曾提到：「讓我們解除思想的束縛，

如果接受 $(5+\sqrt{-15})\times(5-\sqrt{-15})$，便能得到 $25-(-15)=40$。因此 $(5+\sqrt{-15})\times(5-\sqrt{-15})=40$。」然後，他寫著：「算術就是這樣的精巧奇妙，它最根本的特點，正如我所說過的，是既精妙又無用。」

★常見問題：為什麼要學習虛數

現行的認識虛數方式，大多由先定義 $i=\sqrt{-1}$，並可以滿足 $x^2+1=0$ 開始。但這不免又讓學生認爲這又是一件數學家很厲害，可以先創造符號，來解決未來會遇到的問題。但這樣的方法令人錯愕，有種先射箭再畫靶的感覺，一種倒果爲因的教學方式。要知道創造工具前必然是要解決問題，而問題總是先於工具，所以有必要講清楚問題（數學典故），才認識工具（虛數）。

1-5-3 複數系（ℂ，Complex number）

高斯（Gauss）爲了讓「虛數（i）」與「實數加虛數（$a+bi$）」做區別，引進了複數（Complex number）的集合概念。複數是一種「複合的數」，由實數和虛數組成，所有的複數都可表達成 $a+bi$ 的型式，如：$2+3i$；$4-5i$。要注意的是，複數並不存在自然界。但雖然複數不存在自然界，但複數的計算規則卻又能用在許多科技上，如電波等波動形式的函數。這也是數學家爲什麼願意討論複數的原因，因爲它十分「有用」。複數發展至今，在處理代數、分析、幾何、代數幾何與數論的問題上，皆可看到複數的蹤跡。

★常見問題：複數為什麼存在於平面上

複數的座標系是橫座標爲實數軸，縱座標爲虛數軸。見圖1-53。事實上，複數也只能是平面，因爲實數已經占據一條數線（一個維度），而以人類的想像力，要再討論一個複數系與實數系的關係，也只好拓寬到平面上來討論，而更有趣的是此方法，在討論許多問題有一定的便利性。

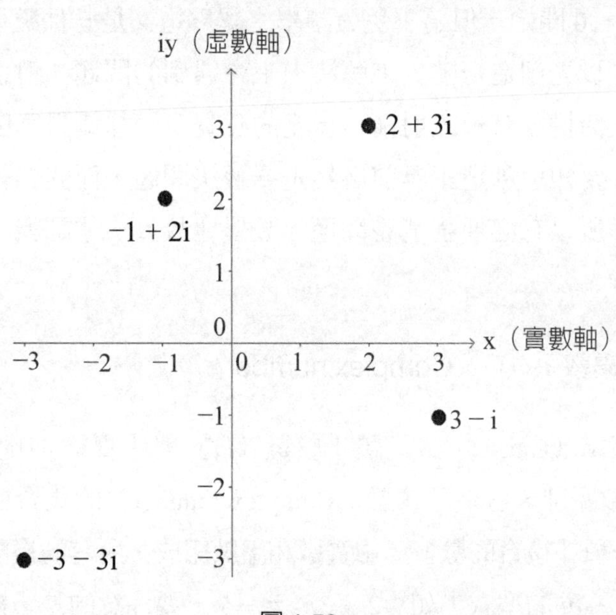

圖 1-53

・實數與複數的關係，見圖 1-54、1-55。

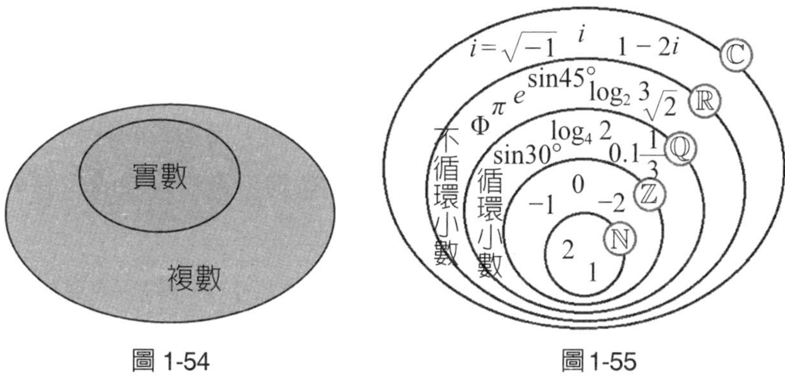

圖 1-54　　圖 1-55

1-5-4 結論

經由本節可以了解各種數的基本內容，可以了解到數字是因需要而被創造，不管是自然界實際計算的需要，或是數學家認爲要保持數學一致性的需要，而創造虛數，乃至複數系，並可知道數字的發展是因爲需要，而非因爲學習難易度。數學建構在這些數系上，因此本書先介紹數字的發展史，才能方便後面的介紹。

1-6 實數的性質

一般來說數學被認爲是邏輯的，然而邏輯還可以被分爲語言邏輯、演繹邏輯、歸納邏輯，這邊的邏輯內容有興趣的可以翻閱作者的另一本書：《台灣人一定要懂的邏輯》。而除了數學的演繹邏輯外，其他的非數學內容都有可能會被修正，可思考一下地心說到日心說、四大元素到現在的元素週期表。

數學家爲了避免數學如同其他科目產生修正的情況，爲了讓演繹邏輯可以呈現完美無誤的堆疊，也就是沒有錯誤的數學組合，仍是正確，因此進行了嚴格的討論，作者稱爲補破洞。如：牛頓（Newton）的微積分，有時極限在逼近 0 時候會出問題，但柯西（Cauchy）利用 $\varepsilon-\sigma$ 解決了此問題。而這樣的行爲，也正是數學家的常說的內容：**「數學是正確演繹邏輯堆疊的內容，永遠不用修正」**。

進行補破洞，其中較爲有名的數學家有英國數學家伯特蘭．亞瑟．威廉．羅素（Bertrand Arthur William Russell）、德國數學家弗里德里希．路德維希．戈特洛布．弗雷格（Friedrich Ludwig Gottlob Frege）、德國數學家路德維希．約瑟夫．約翰．維根斯坦（Ludwig Josef Johann Wittgenstein）。

接著介紹補破洞的基礎內容，實數的稠密性與完備性、連續性、離散性。我們要先知道如果實數的基礎不夠牢靠，則我們的微積分將隨時會崩塌，所幸的是我們目前已經將這部分破洞補完。

．有理數稠密性

我們可知整數的兩邊都可以找到另一個整數，如：2 的兩邊有 1 與 3，103 的兩邊有 102 與 104。但是細分到有理數就沒辦法了，比如說：0.9 兩邊我們找不到一個最接近的有理數，因爲小可以更小，比如說 0.91 在 0.9 的右邊，但 0.901 更接近 0.9 的右邊，以此類推 0.900001 更接近 0.9 的右邊，一直往下找可以找到更靠近的，所以有理數的旁邊存在一個找不到的有理數。

換句話說，兩整數之間有可能無法在中間找到一個整數，如

1、2 中間無法再塞入一個整數，但 1.3 與 1.4 之間可以塞入一個 1.35，而 1.3 與 1.35 還可以再塞入一個 1.30002，而「任兩有理數之間，可以塞入一個有理數」的特性，稱有理數的稠密性。

．無理數稠密性

以有理數稠密性的概念，可思考無理數稠密性，$\sqrt{2}=1.414...$ 與 $\sqrt{3}=1.732...$ 之間可以塞入一個 $\sqrt{2.5}$，而這種「任兩無理數之間，可以塞入一個無理數」的特性，就稱無理數的稠密性。

．無理數比有理數多非常多

有理數跟無理數具有特殊的性質，我們可知任兩個無理數之間至少可以找到一個有理數，如：$\sqrt{2}=1.414...$、$\sqrt{3}=1.732...$，而 1.5 就是夾在兩者之間的有理數，同時任兩個有理數之間至少可以找到一個無理數，如：1.4、1.5 中間夾一個 $\sqrt{2}=1.414...$ 這個無理數。這時候就會有一部分的人會認為有理數與無理數是交錯排列，但是這個想法是錯的。因為無理數比較多，為什麼無理數會比較多？

因為我們光是 2 衍伸的無理數就有無限多個，如 $\sqrt{2},\sqrt[3]{2},\sqrt[4]{2},\sqrt[5]{2},\sqrt[6]{2},...$，所以無理數比有理數來的多。

※備註 1：數學家康托（Georg Cantor 德國數學家，1845-1918）證明出有理數與無理數的數量差距，他指出有理數的數量是可數無窮 $\aleph_0$，則無理數的數量是不可數無窮 $2^{\aleph_0}$。

※備註 2：$\aleph$ 是希伯來文的第一個字母，念作 aleph。

．有理數、無理數、整數的離散性

有理數、無理數、整數在數線上不具連續性，而是具有離散性，也就是從這個點到下個點因爲有坑洞而必須跳過去。如：有理數 1.1 與 1.5 之間，至少夾了一個無理數 $\sqrt{2}$ 在中間，使得有理數的旁邊不是有理數。同理無理數 $\sqrt{2}$ 與 $\sqrt{3}$ 中間，至少夾了一個有理數 1.5 在中間，使得無理數的旁邊不是無理數。同理整數 4 與 5 中間，夾了許多的有理數、無理數，使得整數的旁邊不是整數。

· **實數的連續性**

實數因「有理數」與「無理數」的組成，自此不再有破洞，也就是說一條數線上隨便點一個位置，**不是有理數，就是無理數，而這種性質稱爲實數的連續性。**

· **實數的完備性**（Completeness Axiom of R）

每一個實數之非空子集若有上界必有最小上界，若有下界必有最大下界。如：$2 < x < 5$，不符合 x 的實數數值如：10、9.5、6、…、5，如果將數線直立，5 是最小的數值且是上面的界限，稱爲最小上界；同理 2 是最大下界。但有理數及無理數則不具這樣的性質。

有理數爲何不具完備性？因爲每一個有理數之非空子集若有上界，卻找不到最小上界，進而導致有理數不具完備性。**故數線因爲無理數補足了每一個漏洞的位置，也就是有理數加上無理數後的實數，才能具有完備性。**

· 比較

	整數	有理數	無理數	實數
稠密性		V	V	V
離散性	V	V	V	
連續性				V
完備性	V			V

1-6-1 結論

本節作爲實數性質的介紹，爲了讓對數學有興趣的學生做下一步的預備知識。爲什麼數學家要討論實數性質，以及學生爲什麼要學習實數性質，都是爲了建立出「數學是正確演繹邏輯堆疊的內容，永遠不用修正」

「在大多數科學裡，一代人要推倒另一代人所修築的東西，一個人所樹立的另一個人要加以摧毀，只有數學，每一代都能在舊建築上增添一層樓。」

——亨利 · 龐加萊（Henri Poincaré）

※備註 1：羅素想要證明數學與邏輯一樣完美，爲此提出數理邏輯的概念，也就是可以用最少的公理來進行演繹。他認爲僅需要幾件事情：完備性（completeness）、相容性（一致性）（consistence）、保守性（conservation），數學自此就不需要再有創造性的部分，一切的定理都可歸類爲在此公理系統之

下。但哥德爾（Gödel）做出哥德爾不完備定理指出羅素的想法是不可能的事情，因爲公理的完整性，總是有特例。雖然羅素認爲數學可以建立在最堅固的土地上，但在最後他發現數學是建立在海龜的背上。

※備註 2：除了已經補好的破洞，數學上也有未補起來的破洞，但我們仍將其作爲公理，也就是先認爲它是對的，先行利用。但如果有一天被證明是錯誤的，則經由它延伸的內容將通通崩塌。如：黎曼猜想（或稱黎曼假設）。

※備註 3：補破洞的推動，也來自於希爾伯特的 23 個問題，目前已經部分解決 17 題，而剩餘的有：P/NP 問題、霍奇猜想、黎曼猜想、楊 - 米爾斯存在性與質量間隙、納維 - 斯托克斯存在性與光滑性、貝赫和斯維訥通 - 戴爾猜想。這幾題被稱爲千禧年大獎難題，若能發表在國際知名的出版物上，並經過各方驗證，只要通過兩年驗證期和專家小組審核，每解破一題可獲獎金 100 萬美元。而這些問題被認爲極有可能爲密碼學、太空科技、通訊等領域帶來突破性進展。

※備註 4：對應現在六大數學問題，古希臘時期的三大數學問題已經被證明，倍立方體、化圓爲方、三分之一角，無法以尺規（直尺、圓規）完成。

2

進階運算規則

在第一章已經介紹了數系與其對應的運算規則，而本章將介紹進階的運算部分，而進階部分會少許的用到基本的代數內容，同時進階的內容並不是在數系的內容之後才出現，而是與數系交錯穿插，以及進階的運算規則，仍是因需要而產生。

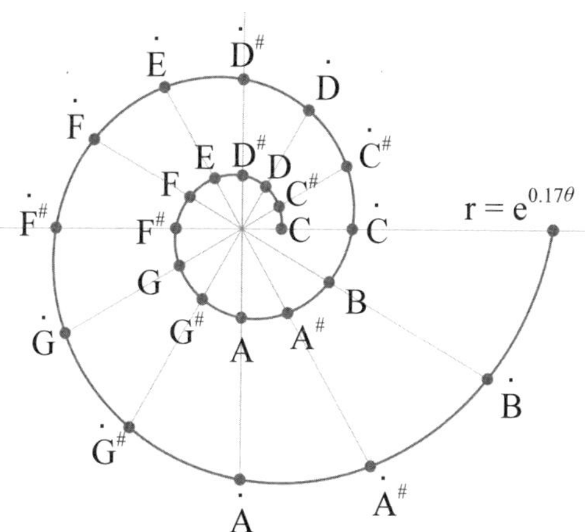

圖 2-1　音樂中的平均律與數學也有關。約翰・白努利（Johann Bernoulli），在一次的旅行途中，遇見音樂家巴哈（Bach），為了解決某些音程的半音 + 半音不等於一個全音的問題，發現到其音程結構，如同 $r = e^{a\theta}$，如果每 30 度一個音程，就可以漂亮解決的全音半音問題，其結構就是現在的平均律

2-1 絕對值

自然界空間觀念是三度空間，但我們必須先從一度空間的數線開始學習，慢慢推廣到二度空間，才能進階到三度空間，乃至 n 度空間。當有了討論各度空間的內容，物理、天文才能有完整的討論，不至於錯誤。

數學上經常要討論位置彼此之間的關係，因應而生的數學符號就是絕對值。數學上定義絕對值是數線上討論位置到原點的距離，而距離的數值必定為正數，故絕對值為正數。

2-1-1 認識絕對值基礎觀念與相關應用

- 數線上 -3 離原點的距離為 3，記作 $|-3| = 3$；數線上 8 離原點的距離為 8，記作 $|8| = 8$。
- a 離原點的距離為 5，記作 $|a| = 5$，見圖 2-2，可從數線上了解 a 在原點的左邊 5 格、或是右邊 5 格位置處，所以 $a = 5$ 或 $a = -5$。因此可知 $|a| = 5$，則 $a = \pm 5$。

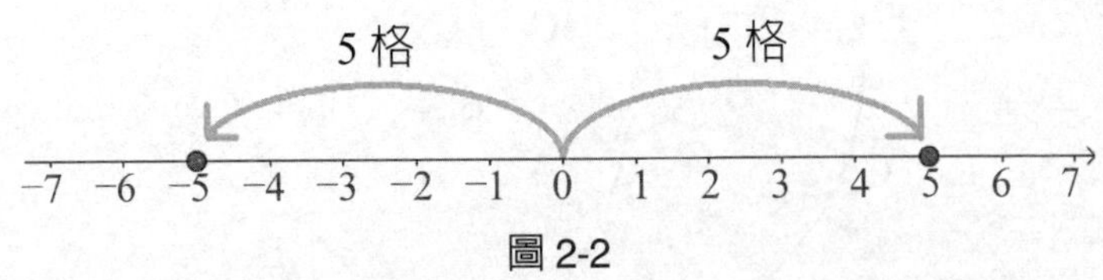

圖 2-2

- 討論不是原點的位置時，如：x 距離位置 3 的距離為 5，記作 $|x-3| = 5$，見圖 2-3，可從數線上了解 x 在位置 3 的左邊 5 格、或是右邊 5 格位置處，所以 $x = -2$ 或 $x = 8$。

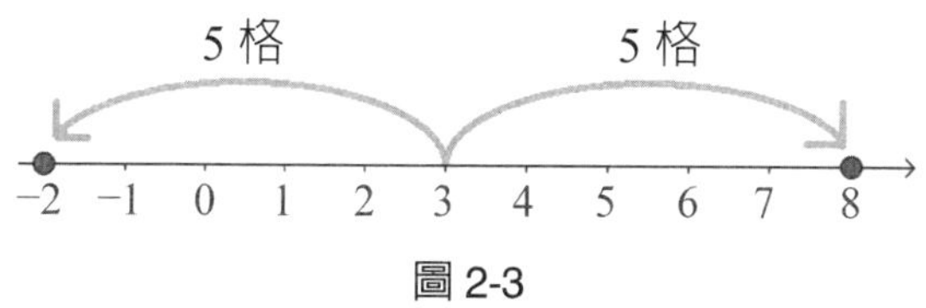

圖 2-3

但如果每次都是由作圖來找答案，也太沒效率，所以在計算絕對值內容時，會以下述的想法作爲計算。

x距離位置3的距離爲5，x的位置可能在位置3的「右邊」。故 $x-3$ 會是正數，並已知距離 5，故可列出數學式 $x-3=5$，得到 $x=8$。

x 距離位置 3 的距離爲 5，x 的位置也可能在位置 3 的「左邊」。故 $x-3$ 會是負數，並已知距離 5，故可列出數學式 $x-3=-5$，得到 $x=-2$。

因此我們可以知道 $|x-3|=5$，則 $x-3=\pm5$，故 $x=3\pm5$，所以 $x=-2$ 或 8。

※備註：$|x-3|=5$，$x=$？可利用代數變換的方法來簡化計算

令 $a=x-3$

$\Rightarrow |a|=5$

$\Rightarrow a=\pm5$

$\Rightarrow x-3=\pm5$　將 a 換回 $x-3$，再求答案

$\Rightarrow x=3\pm5$

$\Rightarrow x=8$、-2

而這種化簡的方法有必要學會，否則難以處理過於複雜的計算式。

・未知數是負數時，如何取絕對值：$a<0$，則 $|a|=-a$

已知 a 爲負數，取絕對值記作 $|a|$，但絕對值並不容易計算，故常將絕對值去掉（又稱拆去絕對值），要將 a 保留其數字部分，就是乘上負號。如：$|-3|=3$，而 $-(-3)=3$，所以 $a<0$，$|a|=-a$。

★常見問題 1：大多數學生會將絕對值運算記為去除負號，保留數值部分，這是不夠完整的，應該記原始定義：「絕對值是數線上討論位置到原點的距離」，否則將會導致討論，$a<0$，$|a|=-a$，不懂為什麼要乘上負號。

★常見問題 2：

部分老師在教導 $|x-3|=5$，且 $x<3$，求 x 值時。會這樣教，因爲 $x<3$，所以 $x-3<0$，故 $|x-3|=5$ 拆絕對值要「反過來」寫，$|x-3|=5$ 變成 $3-x=5$，所以 $x=-2$。

但是這樣的學習方式在 2 個未知數就不知道怎麼反過來寫，如：$|x-y-3|=5$，且 $x-y<3$。這樣的方式是一種死背，而非理解，應該怎麼計算？先討論簡單案例：$|x-3|=5$，且 $x<3$，如何求 x 值？因爲 $x<3$，所以 $x-3<0$，故 $|x-3|$ 是負數取絕對值，絕對值內小於 0 的處理方式是絕對值改括號，並乘上負號，也就是 $|x-3|=5$ 變成 $-(x-3)=5$，所以 $x=-2$。

同理兩個未知數，如：$|x-y-3|=5$，且 $x-y<3$，發現絕對值內小於 0 的處理方式是「絕對值改括號，並乘上負號」，也就是 $|x-y-3|=5$ 變成 $-(x-y-3)=5$，再進一步處理。

2-1-2 絕對值與不等式

・小於部分：$|a| < 5$，$a = ?$

方法 1：討論 a 的數字哪些符合不等式

0 與正數部分：0、1、2、3、4、4.9、4.99999…；負數部分：−1、−2、−3、−4、−4.9、−4.99999…；所以 a 是在正 5 到負 5 中間，$-5 < a < 5$。

方法 2：圖表

a 取絕對值後小於 5，也就是說 $\boxed{a\text{ 距離原點的距離}}$ 比 5 小，數線上在原點的左邊 5 格內、右邊 5 格內，見圖 2-4。空心圓圈代表不能滿足那點的數值；所以其範圍就是，所以 a 在正 5 到負 5 中間，$-5 < a < 5$。

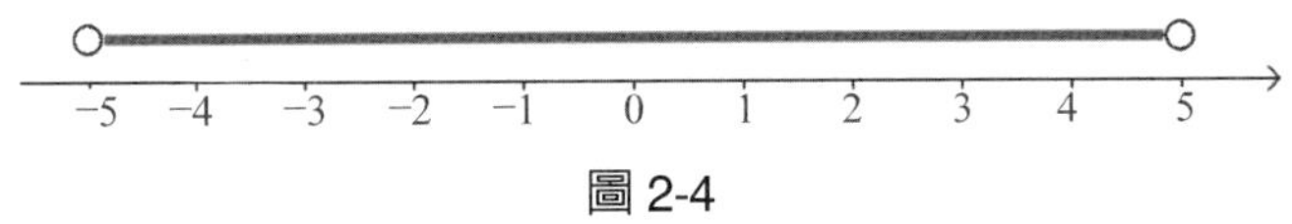

圖 2-4

★常見問題：未知數取絕對值小於某正數的口訣：「小於在中間」是什麼意思？

由方法 1、2 可知，$|a| < 5$，則 $-5 < a < 5$，故有參考書會創造口訣公式，其意義是數線的分布位置，但建議要先理解後再記憶，否則只是淪爲死背。

・大於部分：$|a| > 5$，$a = ?$

方法 1：討論 a 的數字哪些符合不等式

正數部分：5.1、6、7、8、9、…；負數部分：−5.1、−6、−7、−8、−9、…；所以 a 是比正 5 大或比負 5 小，記作 $a < -5$、$5 < a$。

方法 2：圖表

a 取絕對值後小於 5，也就是說 a 距離原點的距離比 5 大，數線上在原點的左邊 5 格外、右邊 5 格外，見圖 2-5。所以其範圍就是，以原點為中心，a 在正 5 右邊，a 在負 5 左邊，所以範圍是 $a<-5$、$5<a$，或寫作 $a<-5$ 或 $5<a$。

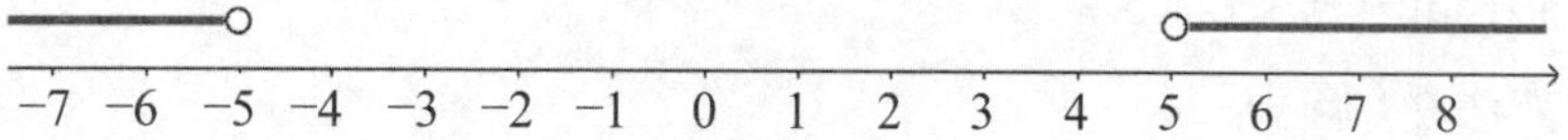

−7 −6 −5 −4 −3 −2 −1 0 1 2 3 4 5 6 7 8

圖 2-5

※備註 1：注意不要寫成 $5<a<-5$，5 沒有比 −5 小

※備註 2：數學中的「、」的意思是「或」，兩個條件滿足其中一個。而相對應的是「，」的意思是且，兩個條件都要滿足。

★常見問題：未知數取絕對值大於某正數的口訣：「大於在兩邊」是什麼意思？

由方法 1、2 可知，$|a|<5$，則 $|a|<5$ 或 $5<a$，故有參考書會創造口訣公式，其意義是數線的分布位置，但建議要先理解後再記憶，否則只是淪為死背。

2-1-3 絕對值運算與根號運算的關係：$|a|=\sqrt{a^2}$

拆絕對值的時候，如果不知道未知數的正負性質時，會利用開根號的方式。因為絕對值後必然是正數，而開根號也必然是正數，但開根號會差平方倍，故放進根號的未知數要加上平方，其數值才會正確。

如：$|5|=\sqrt{5^2}=\sqrt{25}=5$、$|-3|=\sqrt{(-3)^2}=\sqrt{9}=3$。

★常見問題：為什麼要學習絕對值與根號的關係？

在本節開始已有提到是爲了討論距離的關係，是一個表示方法，而此方法做爲討論距離是相當方便，但是若是要運算則不是那麼方便，在統計上的討論標準差就相當麻煩，所以有必要學會絕對值運算與根號運算的關係。同時有趣的是根號其實也不是那麼方便，在討論微積分時，又利用指數律將根號的表法改寫。

2-1-4 結論

絕對值的故事不多，但卻是數學與統計、物理重要的工具，故我們仍需要學會其運算方式。

2-2 指數

指數的起源很早，早在古希臘時期就已經有蹤跡，但整體概念各地卻很晚才逐漸完整。指數是一種符號爲了將很大和很小的數有更好的表示方式，如：$2 \times 2 \times 2 \times 2 \times 2 = 2^5$，2 自己乘自己五次，稱爲 2 的 5 次方，乘的次數又稱冪次、指數部分，指數運算又稱爲乘方運算、冪運算。

2-2-1 指數的發展

・希臘時期

阿基米德（Archimedes，287-212B.C.）曾估計填滿宇宙需要的沙粒不超過 10^{63} 粒，阿波羅尼斯（Appollonius of Perga，262-190B.C.）引進大數的表示法，或許在此時已有指數記號的形式和概念了。

・西元三世紀左右

丟番圖（Diophantus of Alexandria）也發展出指數的倒數概念，如：$\frac{1}{2^3}=\frac{1}{8}$。

・十四世紀

歐洲數學家奧雷姆（Nicole Oresme, 1323-1382）已有理指數和實數指數的概念，並用來處理幾何和物理的問題。

・十五、十六世紀

德國數學家史迪飛（Michael Stiefel, 1487-1567）與法國數學家柴凱特（Nicolas Chuquet, 1445-1500）引進負整數指數的概念。

荷蘭數學家史提芬（Simon Stevin, 1548-1620）與吉拉爾（Albert Girard, 1592-1632）研究了分數指數。

法國數學家笛卡兒（René Descartes, 1596-1650）在 1637 年的著作《幾何學》中創立了 x^3、x^4 等指數符號。

・十七世紀

英國的沃利斯（John Wallis, 1616-1703）提出負指數的概念和符號。

牛頓再將正整數指數推廣到有理數指數。

・十八世紀

瑞士數學家歐拉（L. Euler, 1707-1783）找出歐拉公式：$e^{ix}=\cos x+i\sin x$，並對於任意的複數 $z=x+yi$（x, y 爲實數），定義 $e^z=e^{x+yi}=e^x(\cos y+i\sin y)$。

※備註：歐拉對於負數（-1）與虛數 $i=\sqrt{-1}$，抱持著懷疑的態度，但因爲推導出來的數學式相當漂亮及合理，更重要的是有用，故就如此使用。

「哪裡有數，哪裡就有美」

——普洛克拉斯

「數學家的模式，如畫家或詩人，必須是美麗的。這些想法，如顏色或文字，必須以和諧的方式融合在一起。美是第一個考驗：世界上沒有永久的地方可以用於醜陋的數學。」

——哈代 G. H. Hardy

「有用的數學式，總是充滿著藝術之美。」

——波提思

· 十九世紀末

無理數概念逐漸完整後，實數理論才能完善，並指數的概念推廣到實數。

2-2-2 指數的故事

· 印度故事

有一個聰明的智者，發明了西洋棋，國王因此覺得高興，決定賞賜他，決定給他棋盤上格子數量的黃金，但被婉拒了，智者說只要米。每天只要把指定數量的米，放在格子上，但是，指定數量米的方式相當有趣，在棋盤上，從第一格開始，第一格要 1 粒米，第二格要 2 粒，第 3 格要 4 粒，第四格要 8 粒，……，每往下一格都乘以 2。國王心想不過就是一個棋盤的米，不會有多少，但賞賜到棋盤上的第 11 格時，國王就發現不對勁。因爲，棋盤上第 11 格米的數量是 1024 粒米，而棋盤上的總格數是 64 格。因此等到棋盤每格都放入規定的數量，這米的數量也大到不可思議，這也讓國王相當佩服。

★常見問題 1：為什麼會有指數的出現呢？

處理天文、科學、醫學等科目，在數字常會出現很大和很小的數字的時候，乘法已經不能快速解決問題，指數便由此而產生，指數用途：很大或很小的距離、算數量、利息運算、人口成長率、地震強度、分貝、星等（星星亮度）、老鼠會詐騙手法。皆會科學記號來簡化數字。

★常見問題 2：指數的運算結果是無理數還是有理數？

有理數的冪次爲整數時仍爲有理數，如：$2^3=8$。無理數的冪次爲整數時可能爲無理數，如：$\sqrt{2^3}=2\sqrt{2}$。故指數的運算結果可爲有理數，或是無理數。

★常見問題 3：為什麼長度二次方是平方、為什麼長度三次方是立方？

單位右上方加 2 是面積的意思，例如：平方公分，是因爲定義平面上的正方形的邊長是 1 公分時，其面積是 $1\text{cm}\times 1\text{cm}=1\text{cm}^2$，可以看到長度單位自乘兩次，故在單位右上方加 2。而面積單位中文稱爲平方公分則是因爲討論面積數量的對照物是用**平**面上的正**方**形，故稱平方，因此長度二次方是平方。

同理單位右上方加 3 是體積的意思，例如：立方公分，是因爲定義立體中的方形（正立方體）邊長是 1 公分時，其面積是

1cm × 1cm × 1cm = 1cm^3，可以看到長度單位自乘三次，故在單位右上方加 3。而體積單位爲立方公分則是因爲討論體積數量的對照物是用立體中的正立方體，故稱立方，因此長度三次方是立方。

※備註 1：立方公分 cm^3 又稱 c.c，是 cubic centimeter 的縮寫。

※備註 2：立方公分主要是討論固體體積的單位，而容積單位是與體積有相關的單位。容器的容積經常難以計算，若要測量容器內部容積，會將其內部液體倒入方便計算的容器中，如一公升瓶（1L），並讓 1L = 1000mL = 1000c.c. = 1000cm^3。同時也因體積與容積的單位不同、意義相同，阿基米德利用排水法來測量皇冠體積，而曹沖也用排水法來稱象。

2-2-3 指數的定義

定義 $a^n = \underbrace{a \times a \times \cdots \times a}_{n\text{ 個}a}$，$a$ 爲底數，n 爲指數，並定義 $a^0 = 1$，a 是不爲 0 的任意數，因此可以推導出下述常用數學式，推導過程請參考本節最後面的可讀可不讀。

指數律

1. $a^m \times a^n = a^{m+n}$ 指數加法關係
2. $\dfrac{a^m}{a^n} = a^{m-n}$ 指數減法關係
3. $(a^m)^n = a^{m\times n}$ 指數乘法關係
4. $a \neq 0$，$a^{-n} = \dfrac{1}{a^n}$ 指數倒數關係
5. $a^m \cdot b^m = (a \cdot b)^m$ 指數合併關係 1

6. $\frac{a^m}{b^m}=(\frac{a}{b})^m$, $(b\neq 0)$　　　　　指數合併關係 2

7. $\sqrt{a^m}=\sqrt[2]{a^m}=a^{\frac{m}{2}}$，$(n\neq 0)$ 指數與根號的關係 1

8. $\sqrt[n]{a^m}=a^{\frac{m}{n}}$，$(n\neq 0)$ 指數與根號的關係 2

※備註 1：指數律的證明皆可利用定義推導，而第 4 點是第 2 點的特例，第 8 點是第七點的推廣。

※備註 2：指數律的推導將在本節最後部分說明。

★常見問題：為什麼 $a^0=1$ ？

已知 $a^3=a\times a\times a$，$a^2=a\times a$，$a^1=a$，可發現左邊指數下降 1，右邊就 $\div a$，所以 $a^0=a\div a$，所以 $a^0=1$。

故數學上定義 $a^0=1$，最後在高中指數律由整數的 m、n，可推廣到實數的 r、s，得到下述

1. $a^r\times a^s=a^{r+s}$　　　　　指數加法關係

2. $a^r\div a^s=\frac{a^r}{a^s}=a^{r-s}$　　　　　指數減法關係

3. $(a^r)^s=a^{r\times s}$　　　　　指數乘法關係

4. $a^{-r}=a^{0-r}=\frac{a^0}{a^r}=\frac{1}{a^r}$　　　　　指數倒數關係

5. $a^r\times a^r=(a\times b)^r$　　　　　指數合併關係 1

6. $a^r\div b^r=\frac{a^r}{b^r}=(\frac{a}{b})^r=(a\div b)^r$　　　　　指數合併關係 2

7. $\sqrt{a^r}=\sqrt[2]{a^s}=a^{\frac{s}{2}}$，$(n\neq 0)$　　　　　指數與根號的關係 1

8. $a^{\frac{s}{r}}=\sqrt[r]{a^s}$　　　　　指數與根號的關係 2

※備註：推廣到實數後，才可以做出指數函數，如 $y=2^x$。否則在指數僅僅只有整數或是有理數時期，是一條點狀的虛線。

★常見問題 1：為什麼 $\frac{2^2}{3} \neq (\frac{2}{3})^2$？

指數只跟隨左下角的數字，有括號跟隨左下角的整組括號。故 $\frac{2^2}{3} = \frac{2\times 2}{3}$，而 $(\frac{2}{3})^2 = \frac{2}{3}\times\frac{2}{3}$，所以 $\frac{2^2}{3} \neq (\frac{2}{3})^2$。

★常見問題 2：為什麼 $a^b \neq b^a$ ？

見反例 $2^3 \neq 3^2$。

★常見問題 3：將 $x \cdot x = x^2$ 寫作 $x \cdot x = 2^x$

$2^x = \underbrace{2\times 2\times\cdots\times 2}_{x\text{個}2}$，所以錯誤。

★常見問題 4：0 的 0 次方為何沒意義？為何不是 1 ？

加減乘除是比指數律更爲基本的內容，故指數律也要滿足除法的原則。已知 $a^{m-n} = \frac{a^m}{a^n}$，若 $a = 0$，及 $m - n = 0$，所以 $m = n$，可得到 $\frac{0^m}{0^m} = \frac{0}{0} = 0\div 0$。但是除以 0 沒意義，所以 0^0 也是沒意義。

★常見問題 5：為什麼要學習指數律與根號的關係？

根號在微積分運算時，難以運算，需要利用指數律將根號的表法改寫，再運算。

2-2-4 指數函數

國中時期的指數的冪次僅有整數部分，而到高中時擴充到有理數、無理數，也就是實數，如此一來才能做出指數的函數圖型，函數上的每一點都有對應值，見圖 2-6，否則在國中時的指數函數是一條在整數有值的虛線，見圖 2-7。

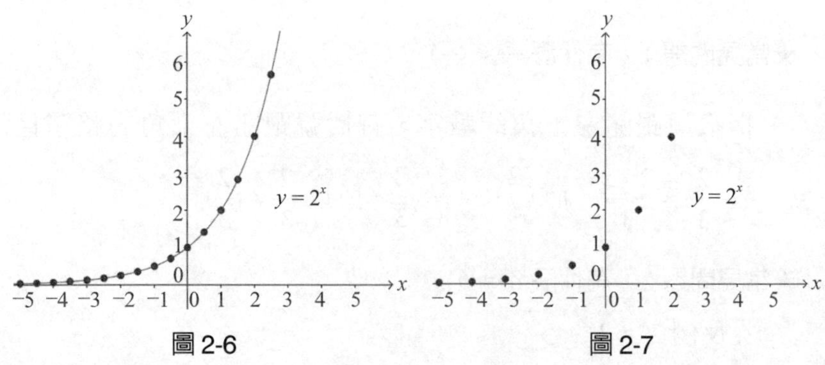

圖 2-6　　　　圖 2-7

※備註：函數需要用到代數作圖的一部分內容，如有問題請先自行翻閱。

我們需要利用函數作圖才能有效的學習函數的性質，見圖 2-8，可以直觀的理解各指數函數的差異，也就不用去死背「底數相同，冪次 x 值愈大，y 值愈大」、「冪次 x 值相同，底數值愈大，y 值愈大」，因爲看圖即可理解。

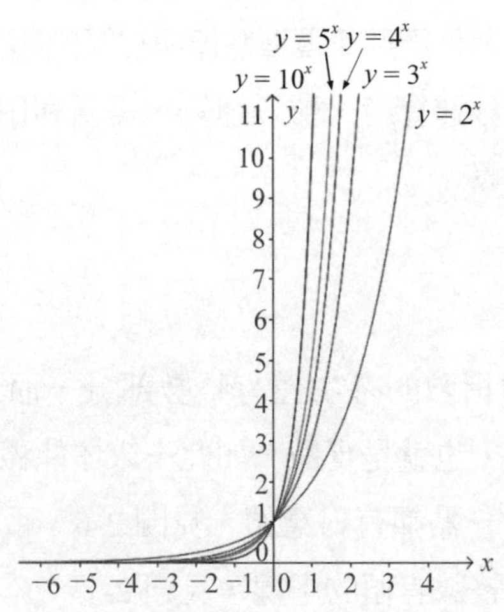

圖 2-8

★常見問題 1：為什麼需要討論指數函數？

有時在討論數量變化時，會用到指數函數，如人口的成長，假設第一年 100 人、第二年 200 人、第三年 400 人，可看到人數每年以兩倍成長也就是 $y = 2^x$。但一年半呢？想知道約略數字，以便計算。如：$2^{1.5} = 2^1 \times 2^{0.5} = 2^1 \times \sqrt{2} \approx 2 \times 1.414 = 2.828$，

除此之外，研究各個函數的斜率及面積是微積分的基本內容故需要討論指數函數。

★常見問題 2：當冪次不為整數時如何計算？

可利用計算機計算，或利用十分逼近法開根號或手開根號來協助計算部分冪次數值，如：0.5、0.25、0.125、…、$\frac{1}{2^n}$。

如：$2^{1.25} = 2^1 \times 2^{0.25} = 2^1 \times \sqrt{\sqrt{2}} \approx 2 \times \sqrt{1.414} = 2 \times 1.1892 = 2.378$

如：$2^{1.125} = 2^1 \times 2^{0.125} = 2^1 \times \sqrt{\sqrt{\sqrt{2}}} \approx 2 \times \sqrt{\sqrt{1.414}} = 2 \times \sqrt{1.189} = 2 \times$

$1.090 = 2.180$。這些冪次數值之外的數字用內插法求值。

若指數部分是分數及無理數時，可用夾擠定理取有效位數來求該值（見下述說明）。如：$2^{\frac{2}{3}} = ?$ 已知 $2^{\frac{2}{3}} = 2^{0.666.....}$，所以 $2^{0.666} < 2^{\frac{2}{3}} < 2^{0.667}$，而 $2^{0.666} = 1.58666$、$2^{0.667} = 1.58776$，所以 $1.58666 < 2^{\frac{2}{3}} < 1.58776$，取有效位數的近似值$2^{\frac{2}{3}} \approx 1.58$。

同理 $2^{\sqrt{2}} = ?$ 已知 $2^{\sqrt{2}} = 2^{1.414.....}$，所以 $2^{1.414.....} < 2^{\sqrt{2}} < 2^{1.415}$，而 $2^{1.414} = 2.66474$、$2^{1.415} = 2.66659$，所以 $2.66474 < 2^{\sqrt{2}} < 2.66659$，取近似值 $2^{\sqrt{2}} \approx 2.66$。

所以指數數字不管是有理數還是無理數，也就是實數時，都可以計算出數值，故能作 $y = a^x$ 的函數圖形。

★常見問題：為什麼沒有底數為負數的指數函數

底數是負數，當指數是非整數時，有可能會變成負數開根號，導致無法計算。如：$(-2)^{\frac{1}{2}}=\sqrt{-2}$、$(-2)^{\frac{3}{2}}=\sqrt{-8}$，也就是在該位置無法描點。而函數是每一個 x 值都要對應到一個 y 值，**所以指數函數的底數就要強制大於** 0，否則無法畫出函數曲線，只有點狀圖，見圖 2-9。$y=(-2)^x$ 的圖案，當底數是負數時，指數值只有在整數時，才有 y 值。

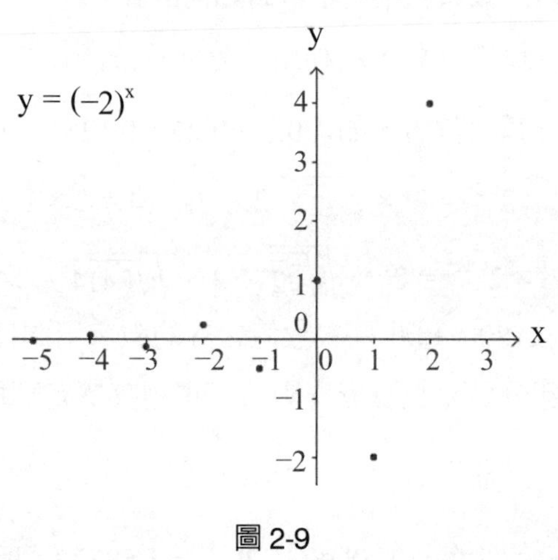

圖 2-9

2-2-5 指數的生活應用

・各種存錢的本利和算法

我們知道存錢有利息，且知道是複利形式，也就是所謂利滾利，也知道有多種存法與領法。但我們一般只知道一個公式：本利和 = 本金 (1 + 利率)^{期數}，這是不夠的，這個是存錢進去後不領它，最後一次領出來，定存也就是這樣的形式。但我們也知道銀行會給我們另一種方式參考，也就每一個月存一次，少量多餐，也被稱爲零存整付。這兩種的差多少？由以下情況來學習。

備註：此部分需用到數列與級數內容，如有問題請先自行翻閱。

情況 a：定存 24 萬，月利率 0.1%，存一年請問可以領多少？

經過 1 個月：本利和 $= 24 \times (1 + 0.1\%)$

經過 2 個月：本利和 $= 24 \times (1 + 0.1\%) \times (1 + 0.1\%) = 24 \times (1 + 0.1\%)^2$

經過 3 個月：本利和 $= 24 \times (1 + 0.1\%)^3$

經過 4 個月：本利和 $= 24 \times (1 + 0.1\%)^4$

⋮

經過 12 個月：本利和 $= 24 \times (1 + 0.1\%)^{12} \approx 24.2895$ 萬，最後有 24 萬 2895 元。參考圖 2-10。

> 可看出**整存整付（定存）數學式**：
>
> $$本利和 = 本金 (1 + 利率)^{期數}$$

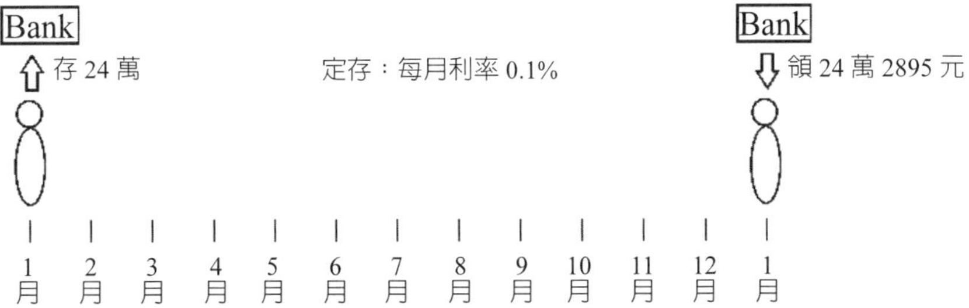

圖 2-10

情況 b：每月存 2 萬，月利率 0.1%，存一年請問可以領多少？

第 1 個月存入 2 萬，目前 2 萬。經過 1 個月：本利和 = 2 × (1 + 0.1%)

第 2 個月再存入 2 萬，目前本利和 = 2 × (1 + 0.1%) + 2

經過 1 個月，本利和 = [2(1 + 0.1%) + 1] × (1 + 0.1%) = 2 × $(1 + 0.1\%)^2$ + 2 × (1 + 0.1%)

第 3 個月再存入 2 萬，目前本利和 = 2 × $(1 + 0.1\%)^2$ + 2 × (1 + 0.1%) + 2

經過 1 個月：本利和 = (2 × $(1 + 0.1\%)^2$ + 2 × (1 + 0.1%) + 2) × (1 + 0.1%)

= 2 × $(1 + 0.1\%)^3$ + 2 × $(1 + 0.1\%)^2$ + 2 × (1 + 0.1%)

第 4 個月再存入 2 萬，經過 1 個月：本利和 = 2 × $(1 + 0.1\%)^4$ + 2 × $(1 + 0.1\%)^3$ + 2 × $(1 + 0.1\%)^2$ + 2 × (1 + 0.1%)

⋮

第 12 個月再存入 2 萬，經過 1 個月：本利和 = 2 × $(1 + 0.1\%)^{12}$ + 2 × $(1 + 0.1\%)^{11}$ + 2 × $(1 + 0.1\%)^{10}$ + ⋯ + 2 × (1 + 0.1%)，參考圖 2-11。

這是等比級數，公比為 (1 + 0.1%)，可利用等比級數公式：

$S=\dfrac{a(1-r^n)}{1-r}$，得到 $\dfrac{2\times(1+0.1\%)\times(1-(1+0.1\%)^{12})}{1-(1+0.1\%)}=2\times(1+0.1\%)\times$ $\dfrac{(1+0.1\%)^{12}-1}{0.1\%}$ ≈ 24.1565 萬。最後有 24 萬 1565 元。可以發現定存利息比較高，但相對的一開始就要拿出全額。

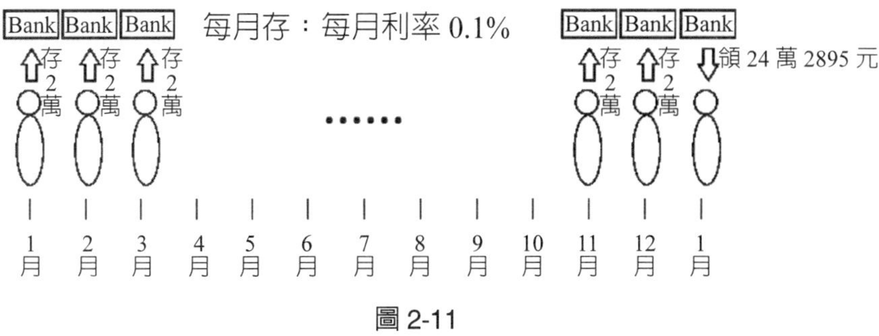

圖 2-11

可看出**零存整付數學式**：

$$本利和=\frac{每月存入\times(1+利率)\times[(1+利率)^{期數}-1]}{利率}$$

‧各種還錢的本利和算法

由**各種存錢的本利和算法的情況** *a* 與**情況** *b* 可知兩種存款方式差異性。那借錢，選一次還清或是分期付款，又有什麼差異性呢？還款的性質，也等同於退休金的一次領回或是分期領回。

情況 a：借 24 萬，月利率 1%，一年後請問還多少？

經過 1 個月：本利和 $= 24 \times (1 + 1\%)$

經過 2 個月：本利和 $= 24 \times (1 + 1\%) \times (1 + 1\%) = 24 \times (1 + 1\%)^2$

經過 3 個月：本利和 $= 24 \times (1 + 1\%)^3$

經過 4 個月：本利和 $= 24 \times (1 + 1\%)^4$

⋮

經過 12 個月：本利和 $= 24 \times (1 + 1\%)^{12} \approx 27.0438$ 萬，最後還 27 萬 438 元。參考圖 2-12。

> 可看出是一次還清是**整存整付（定存）**數學式：
> 本利和 = 本金 (1 + 利率)^{期數}

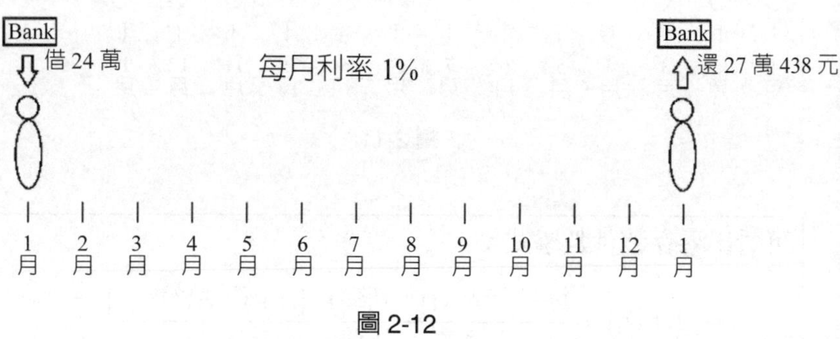

圖 2-12

情況 b：借 24 萬，月利率 1%，每月攤還，一年還清，一個月還多少？

第 1 個月借 24 萬，目前欠 24 萬。經過第 1 個月：欠款本利和 = $24 \times (1 + 1\%)$

第 1 個月底還第 1 期 x 元，目前欠款 = $24 \times (1 + 1\%) - x$

經過第 2 個月：欠款本利和 = $(24 \times (1 + 1\%) - x) \times (1 + 1\%)$

$= 24 \times (1 + 1\%)^2 - x \times (1 + 1\%)$

第 2 個月底還第 2 期 x 元，目前欠款 = $24 \times (1 + 1\%)^2 - x \times (1 + 1\%) - x$

經過第 3 個月：欠款本利和 = $(24 \times (1 + 1\%)^2 - x \times (1 + 1\%) - x) \times (1 + 1\%) =$

$24 \times (1 + 1\%)^3 - x \times (1 + 1\%)^2 - x \times (1 + 1\%)$

第 3 個月底還第 3 期 x 元，目前欠款 = $24 \times (1 + 1\%)^3 - x \times (1 + 1\%)^2 - x \times (1 + 1\%) - x$

經過第 4 個月，還第 4 期 x 元，目前欠款 $= 24 \times (1 + 1\%)^4 - x \times (1 + 1\%)^3 - x \times (1 + 1\%)^2 - x \times (1 + 1\%) - x$

⋮

經過第 12 個月，還第 12 期 x 元，目前欠款 $= 24 \times (1 + 1\%)^{12} - x \times (1 + 1\%)^{11} - x \times (1 + 1\%)^{10} - \cdots - x$

還第 12 期，欠款還清，所以 $0 = 24 \times (1 + 1\%)^{12} - x \times (1 + 1\%)^{11} - x \times (1 + 1\%)^{10} - \cdots - x$

計算出 x 就是每月要還的錢。移項可得，$24 \times (1 + 1\%)^{12} = x \times (1 + 1\%)^{11} + x \times (1 + 1\%)^{10} + \cdots + x$

這是等比級數，公比爲 $(1 + 1\%)$，得到 $24\times(1+1\%)^{12} = \dfrac{x(1-(1+1\%)^{12})}{1-(1+1\%)}$

每月還款：$x = 24\times(1+1\%)^{12} \times \dfrac{1\%}{((1+1\%)^{12}-1)} \approx 2.1324$ 萬。

參考圖 2-13，所以每月還款 2 萬 1324 元，總共還 25 萬 5884 元。比起一次付清 27 萬 438 元，少付 1 萬 4554 元。

可看出**分期付款**公式：

$$每期還款 = 借款\times(1+利率)^{期數} \times \frac{利率}{[(1+利率)^{期數}-1]}$$

由此就能大略理解，存款及利息的計算，以及分期付款的計算，當然在此計算的是固定利率，而實際上某些情況是用浮動利率計算，所以必須再去請專門人員來計算。

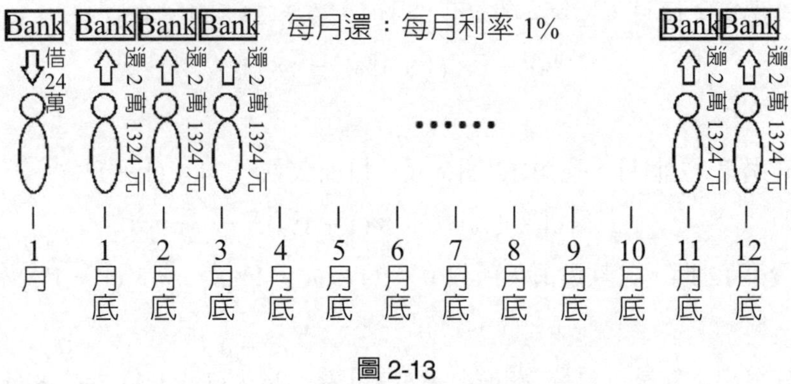

圖 2-13

2-2-6 指數函數的生活應用

1. 細菌的生長：假設 10 分鐘變原本兩倍，見圖 2-14。

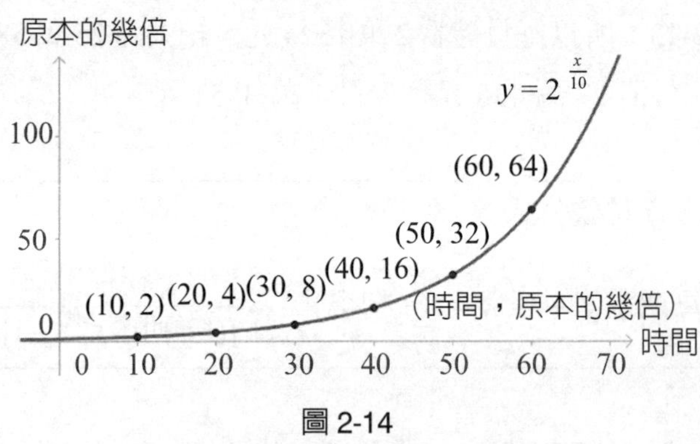

圖 2-14

2. 藥物在身體的濃度，假設每 30 分鐘變原本 $\frac{2}{3}$ 倍，見圖 2-15。

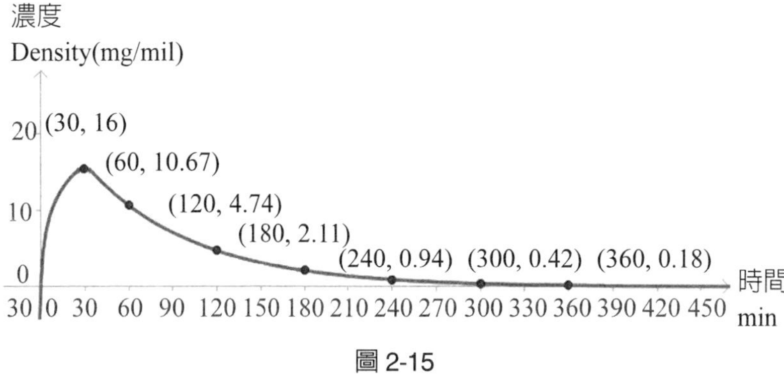

圖 2-15

由這兩個案例便可知生病時，病情的惡化能力與吃藥的藥效能力。所以我們可以了解爲什麼醫生會說，藥物不可以忘記吃。因爲忘記吃，抑制能力變差，細菌的增生又回複一定數量，等於前幾次都白費了，最後即便你吃完藥了，你還是沒有好，因爲細菌殘留一部分，在你抵抗力不足以壓制住時，病情還是會複發。同時也不可以這次沒吃，下次補吃一包，會導致藥劑濃度過高，導致器官負荷過大。

2-2-7 結論

指數是容易理解的概念，但如果是用死背的方式會導致不容易學習，建議要與函數圖案、及歷史、應用一起學習才容易加深印象。同時也應該理解：指數律的多條數學式（也就是定理），都可由定義推導完成。事實上數學的每一個單元都不會有一堆死背的內容，頂多只有幾條定義內容，而後推導出後續相關的、且常用的數學式。

＊可讀可不讀，指數律的推導

1. $a^m \times a^n = a^{m+n}$

$$a^m \times a^n = \underbrace{a\times a\times\cdots\times a}_{m\text{個}a}\times\underbrace{a\times a\times\cdots\times a}_{n\text{個}a}=\underbrace{a\times a\times\cdots\times a}_{m+n\text{個}a}=a^{m+n}$$

2. $\dfrac{a^m}{a^n}= a^{m-n}$

$$\frac{a^m}{a^n}=\frac{\overbrace{a\times a\times\cdots\times a}^{m\text{個}a}}{\underbrace{a\times a\times\cdots\times a}_{n\text{個}a}}=\frac{\overbrace{a\times a\times\cdots\times a}^{n\text{個}a}\times\overbrace{a\times a\times\cdots\times a}^{m-n\text{個}a}}{\underbrace{a\times a\times\cdots\times a}_{n\text{個}a}}=\underbrace{a\times a\times\cdots\times a}_{m-n\text{個}a}= a^{m-n}$$

3. $(a^m)^n = a^{m\times n}$

$$(a^m)^n=\overbrace{\underbrace{(a\times a\times\cdots\times a)}_{m\text{個}a}\times\underbrace{(a\times a\times\cdots\times a)}_{m\text{個}a}\times\cdots\times\underbrace{(a\times a\times\cdots\times a)}_{m\text{個}a}}^{n\text{組}}=\underbrace{a\times a\times\cdots\times a}_{m\times n\text{個}a}$$

$$=a^{m\times n}$$

4. $a\neq 0$ ，$a^{-n}=\dfrac{1}{a^n}$

$$a^{-n}=a^{0-n}=\frac{a^0}{a^n}=\frac{1}{a^n}$$

5. $a^m\cdot b^m=(a\cdot b)^m$

$$a^m\cdot b^m=\underbrace{a\times a\times\cdots\times a}_{m\text{個}a}\times\underbrace{b\times b\times\cdots\times b}_{m\text{個}b}=\underbrace{(a\cdot b)\times(a\cdot b)\times\cdots\times(a\cdot b)}_{m\text{組 }a\cdot b}$$

$$=(a\cdot b)^m$$

6. $\dfrac{a^m}{b^m}=(\dfrac{a}{b})^m$, $(b\neq 0)$

$$\frac{a^m}{b^m}=\frac{\overbrace{a\times a\times\cdots\times a}^{m\text{個}a}}{\underbrace{b\times b\times\cdots\times b}_{m\text{個}b}}=\underbrace{\frac{a}{b}\times\frac{a}{b}\times\cdots\times\frac{a}{b}}_{m\text{組 }\frac{a}{b}}=(\frac{a}{b})^m$$

7. $\sqrt{a^m} = \sqrt[2]{a^m} = a^{\frac{m}{2}}$，$(n \neq 0)$ 與 8. $\sqrt[n]{a^m} = a^{\frac{m}{n}}$，$(n \neq 0)$，根號與指數律的關係

根號 $\sqrt{\ }$ 的計算意義，又稱開二次方根 $\sqrt[2]{\ }$，但 $\sqrt[2]{\ }$ 都寫作 $\sqrt{\ }$，根號與指數的關係需參考例題：$\sqrt{4} = \sqrt{2 \times 2} = 2$、$\sqrt{16} = \sqrt{4 \times 4} = 4$

開高次跟號的計算意義，如：開三次方根 $\sqrt[3]{\ }$，例題 $\sqrt[3]{729} = \sqrt[3]{9 \times 9 \times 9} = 9$，開四次方根 $\sqrt[4]{\ }$，例題 $\sqrt[4]{256} = \sqrt[4]{4 \times 4 \times 4 \times 4} = 4$。

若與指數律結合，可看到 $\sqrt{4} = \sqrt{2 \times 2} = 2$，所以右式 $\sqrt{4} = \sqrt{2^2} = \sqrt[2]{2^2}$，及左式 $2 = 2^1 = 2^{\frac{2}{2}}$。

$\sqrt{16} = \sqrt{4 \times 4} = 4$，所以 $\sqrt{16} = \sqrt{2^4} = \sqrt[2]{2^4}$，及 $4 = 2^2 = 2^{\frac{4}{2}}$。

$\sqrt[3]{729} = \sqrt[3]{9 \times 9 \times 9} = 9$，所以 $\sqrt[3]{729} = \sqrt[3]{3^6}$，及 $9 = 3^2 = 3^{\frac{6}{3}}$。

$\sqrt[4]{256} = \sqrt[4]{4 \times 4 \times 4 \times 4} = 4$，所以 $\sqrt[4]{256} = \sqrt[4]{2^8}$，及 $4 = 2^2 = 2^{\frac{8}{4}}$。

故 $\sqrt[n]{a^m} = a^{\frac{m}{n}}$，$(n \neq 0)$

2-3 對數

對數是爲了增加數學計算的便利性，由納皮爾創立，他在西元 1550 年在蘇格蘭愛丁堡出生。納皮爾（John Napier）是長老教會的修道士，常聽到天文學會遇到很大的數字的計算，但卻容易算錯的狀況。納皮爾因此尋找新的計算方法，納皮爾注意到指數相乘的數字關係，爲了解決大數的不好相乘，已知 $A = 10^x$，$B = 10^y$，則 $A \times B = 10^x \times 10^y = 10^{x+y}$，納皮爾思考只要找出 A 對應的 x、B 對應的 y，然後再找到 10^{x+y} 對應的值是多少，就可以由查表找出 $A \times B = 10^{x+y}$，換言之就是將乘法變成加法，加法後再去查表，查表後再還原，爲此作出表格以利大家參考。

※備註 1：納皮爾一開始不是用底數 10，而是 9.999999，而後爲了方便計算再被改爲以 10 爲底。

※備註 2：納皮爾時期計算機還沒發明，直到 1822 年英國數學家巴貝其 Charles Babbage 才發明第一台計算機，見圖 2-16。

圖 2-16 （取自 WIKI）

例題：

觀察納皮爾的方法及表 2-1，得到的值會近似原本的值。

表 2-1

x	0.293	0.5387	0.7543
10^x 的近似值	1.963	3.4567	5.6789

$34567 \times 56789 = ?$

$= 3.4567 \times 10^4 \times 5.6789 \times 10^4$

$\approx 10^{0.5387} \times 10^4 \times 10^{0.7543} \times 10^4$ （由表 2-1 可知 $3.4567 \approx 10^{0.5387}$、$5.6789 \approx 10^{0.7543}$）

$= 10^{9.2930}$

$= 10^{0.2930} \times 10^9$ （由表 2-1 可知 $10^{0.2930} \approx 1.963$）

$\approx 1.963 \times 10^9$

得到近似值，1.963×10^9，與實際值 1963025363 比較，誤差很小。此方法在例題看到不斷的重複寫底數 10，爲了計算方便，納皮爾作出新的規則：對數與對數表，對數是找出指數是多少，如：2 的幾次方是 8，可以知道是 3。指數的寫法：$2^y = 8 \Rightarrow 2^y = 2^3 \Rightarrow y = 3$，而對數的寫法：$\log_2 8 = 3$。所以指數與對數的關係，$\log_2 8 = 3 \Leftrightarrow 2^3 = 8$。

接著利用對數的規則，再次計算本題：$34567 \times 56789 = ?$

設：$a = 34567 \times 56789$

$\log_{10}a = \log_{10}(34567 \times 56789)$

$\log_{10}a = \log_{10}(3.4567 \times 5.6789 \times 10^8)$

$\log_{10}a = \log_{10}3.4567 + \log_{10}5.6789 + \log_{10}10^8$

乘法變加法，$\log_{10}xy = \log_{10}x + \log_{10}y$

$\log_{10}a \approx 0.5387 + 0.7543 + 8$ 查表 2-1 得近似值，作加法

$\log_{10}a = 0.293 + 9$

$\log_{10}a = \log_{10}1.963 + \log 10^9$ 查對數表換回來

$\log_{10}a = \log_{10}(1.963 \times 10^9)$ $\log_{10}x + \log_{10}y = \log_{10}xy$

得到近似值，$a \approx 1.963 \times 10^9$

與實際值比較 $a = 34567 \times 56789 = 1963028363 = 1963028363 \times 10^9$，誤差很小。

納皮爾讓大數字間的計算變成「很大的數字進行乘法或除法的近似值計算時，轉變成查表，再運算加法或減法，再查表就可以得近似值。納皮爾並做了一個簡易查表計算機」。該計算機稱作納皮爾尺（對數尺），見圖 2-17，一種

圖 2-17 （取自 WIKI）

可調整刻度方便查表的工具。

對數的創造，使得許多科學家節省了許多時間，帶來了大家的便利性。法國數學家、天文學家拉普拉斯（Pierre-Simon marquis de Laplace）也提到「對數的發明，延長了數學家的生命。」

2-3-1 對數的數學式

指數與對數關係是互爲表裡的關係，指數的運算是給底

幂次
↓

數、幂次求數值，如：$2^3 = 8$，而對數的運算是給底數、某數

↑
底數

求幂次，如：$\log_2 8 = 3$，而 $\log_2 8 = 3$ 念做以 2 爲底數對 8

↑　　↑
底數　幂次

做對數，就是要找出 8 是 2 的幾次方。

指數與對數關係式爲 $\log_{\text{底數}}\text{眞數} = \text{幂次} \Leftrightarrow \text{底數}^{\text{幂次}} = \text{眞數}$，而眞數大於 0，底數不爲負數、且不爲 1。

※備註：要做對數的目標數，台灣高中課本稱爲眞數。

例題：

$\log_2 8 = \log_2 2^3 \Leftrightarrow 2^3 = 8$、$\log_{10}100 = \log_{10}10^3 = 2 \Leftrightarrow 10^2 = 100$，可以了解到對數的運算就是在找同底數時的幂次爲何？也就是求 $\log_a b$ 的值，必然存在 r，使得 $b = a^r$，進而滿足 $\log_a a^r = r$。由上述可推導出常用的對數數學式

指數對數互換

1. $a^1 = a \Leftrightarrow \log_a a$

2. $a^0 = 1 \Leftrightarrow \log_a 1 = 0$

基礎對數式

1. $\log_a MN = \log_a M + \log_a N$ （乘變加）

2. $\log_a \dfrac{M}{N} = \log_a M - \log_a N$ （除變減）

3. $\log_a M^r = r\log_a M$ （提出次方數學式 1）

4. $a^{\log_a M} = M$ （還原）

5. $\log_a b = \dfrac{\log_c b}{\log_c a}$ （換底公式）

及進階對數數學式

1. $\log_a b \times \log_b c = \log_a c$ （換底公式延伸，又稱鍊式）

2. $\log_a b = \dfrac{1}{\log_b a}$ （換底公式延伸，又稱倒數）

3. $M^{\log_a N} = N^{\log_a M}$ （換底公式延伸，又稱互換）

4. $\log_{a^s} M^r = \dfrac{r}{s}\log_a M$ （第三點的延伸，又稱提出次方數學式 2）

※備註：對數律推導將在本節最後介紹。

★常見問題 1：為什麼底數不為負數？

原因有二個，在納皮爾時期，尚未有負數的觀念，故底數不會去討論負數情況，就算需要討論的負數的相乘，也可以把性質符號排除，先討論數值部分再合併。而到後期有負數的時候，如果底數爲負，其冪次也只能允許整數，如果是這樣的對數運算也未免太無用，不如直接限制底數不爲負數。

★常見問題 2：為什麼真數要大於 0 ？

延續上一個問題，當底數不爲負數，其眞數必然大於 0。

★常見問題 3：為什麼底數不為 1 ？

當底數爲 1 時，其眞數只能爲 1，沒有運算意義。

★常見問題 4：對數有沒有以複數為底的數學式？

有的，但一般人不會用到。但我們可以有簡單的指對數互換想法，如：$(1+i)^2 = 1 + 2i + i^2 = 1 + 2i - 1 = 2i \rightarrow \log_{1+i} 2i = 2$，但如果要認識完整規則，本書暫不討論。

★常見問題 5：對數的運算結果是無理數還是有理數？

對數是實數的一部分，小部分是有理數，如：$\log_4 2 = \dfrac{1}{2}$，大部分是無理數。如何證明大部分是無理數？利用反證法，設 $\log_3 2$ 爲有理數 $\dfrac{q}{p}$，p 與 q 爲互質的整數。故 $\log_3 2 = \dfrac{q}{p} \rightarrow 3^{\frac{q}{p}} = 2$ $\rightarrow 3^q = 2^p$，但 3 的整數 q 次方不可能等同 2 的整數 p 次方。故 $\log_3 2$ 不爲有理數，而是無理數。故對數的運算結果可能是無理數，也可能是有理數。

※備註：可利用對數表計算根號的數字，比十分逼近法更爲方便。如：$\sqrt{2}$、$\sqrt[3]{3}$

令 $a = \sqrt{2} = 2^{\frac{1}{2}}$

所以 $\log_{10} a = \log_{10} 2^{\frac{1}{2}} = \dfrac{1}{2} \times \log_{10} 2 = \dfrac{1}{2} \times 0.301 = 0.1505$

故 $\log_{10} a = 0.1505$，經由查對數表，可知 $a = 1.41421$。

令 $b=\sqrt[3]{3}=3^{\frac{1}{3}}$

所以 $\log_{10} b=\log_{10} 3^{\frac{1}{3}}=\frac{1}{3}\times\log_{10} 3=\frac{1}{3}\times 0.4771\approx 0.1590$

故 $\log_{10} b\approx 0.1590$，經由查對數表，可知 $b\approx 1.44225$。

查表法與對數例題在此不多做介紹。

2-3-2 對數的函數圖案

在每一種運算方法，不論是直接應用上或是在微積分上最終都會討論到函數，所以對數也需要討論函數。我們需要利用函數作圖才能有效的學習函數的性質，見圖 2-18，可以直觀的理解各對數函數的差異，也就不用去死背「底數相同，眞數值愈大，y 值愈大」、「眞數值相同，底數值愈大，y 值愈小」，因爲看圖 2-19 即可理解。

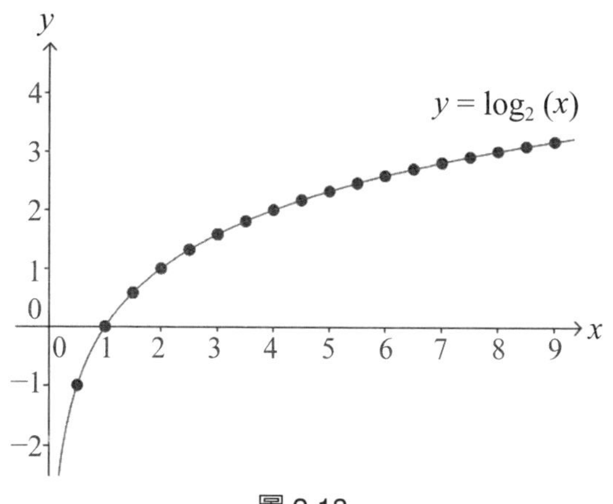

圖 2-18

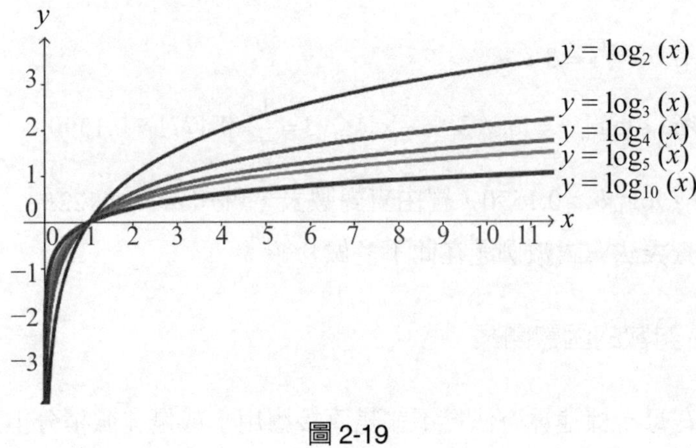

圖 2-19

※備註：函數需要用到代數作圖的一部分內容，如有問題請先自行翻閱。

2-3-3 指數與對數的圖案關係

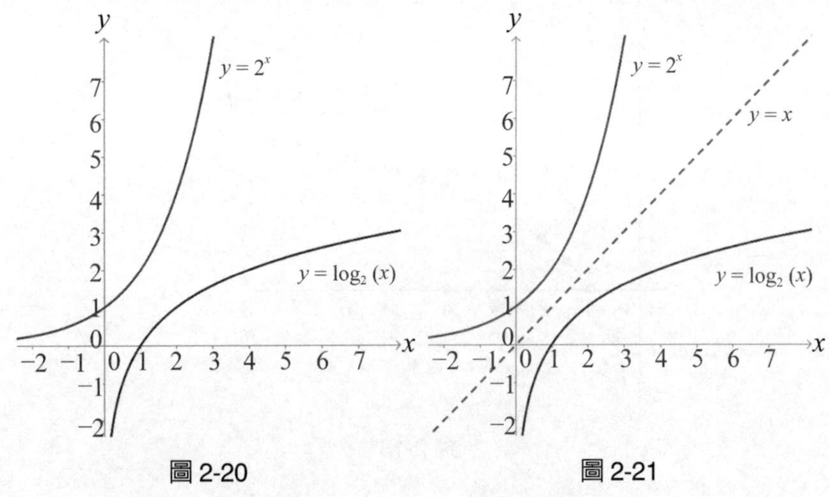

圖 2-20　　圖 2-21

可以從圖 2-20 發現是以 $y = x$ 做線對稱，因為 $y = \log_2 x \Leftrightarrow$

$2^y = x$，就是指數函數 $y = 2^x$ 的自變數 x 與應變數 y 互換的關係，在數學上 x、y 互換時，兩函數的關係是互爲反函數，所以指數與對數是互爲反函數的關係。如：$a^m \times a^n = a^{m+n}$，取對數後 $\log_a(a^m \times a^n) = \log_a a^m + \log_a a^n = m + n$，也就是自變數 x 與應變數 y 互換的關係。

2-3-4 生活中對數的應用

音量強度（分貝），地震強度，視星等（在地球看到的亮度）。用一般數字描述仍然很難判斷的事情，用對數來加以描述。方法是將該數字計算以 10 爲底數的對數值，如 $\log_{10}1000 = 3$，其對數值就是 3，也就是觀察該數字以 10 爲底數其指數的數字，如：$1000 = 10^3$，如此一來可以方便比較，而不是看一大串數字，取出來的指數數字稱指標數。參考圖 2-22、2-23 與表 2-2 可知曲對數的便利性。但可發現不容易比較，若用對數就可以容易觀察差異性，見表 2-3。

表 2-2

編號	數值
1	31.6
2	100.0
3	316.2
4	1000.0
5	3162.3
6	10000.0
7	31622.8
8	100000.0

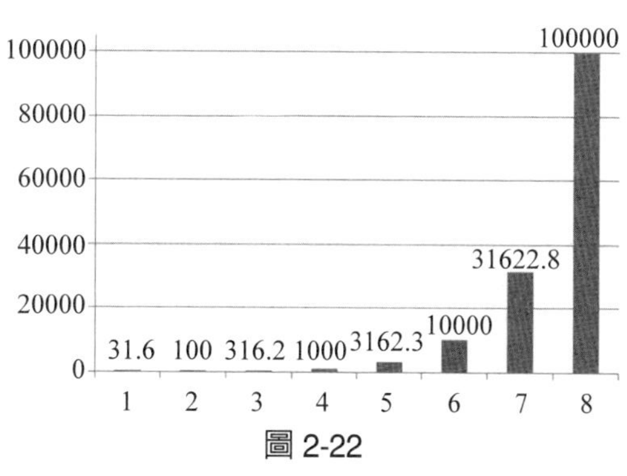

圖 2-22

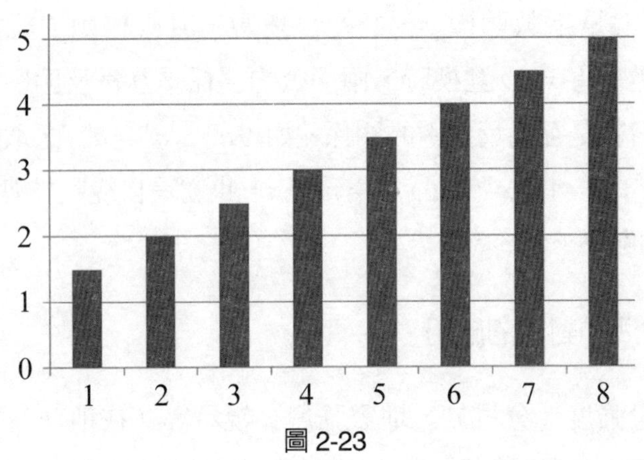

圖 2-23

表 2-3

編號	數值	以 10 為底取對數	
1	31.6	$\log_{10}31.6$	= 1.5
2	100.0	$\log_{10}100$	= 2
3	316.2	$\log_{10}316.2$	= 2.5
4	1000.0	$\log_{10}1000$	= 3
5	3162.3	$\log_{10}3162$	= 3.5
6	10000.0	$\log_{10}10000$	= 4
7	31622.8	$\log_{10}31622$	= 4.5
8	100000.0	$\log_{10}100000$	= 5

音量強度（分貝）：測量聲壓強度，再以「**人類耳朵能夠聽到最微弱的聲音**」爲基準，算出強度比，取對數，再乘 10，就是分貝的數值，並參考表 2-4 了解各分貝對應的情境。

分貝的計算公式：$分貝=10\times\log_{10}\dfrac{測量物的聲壓}{人耳可聽的最微弱聲壓}$。

表 2-4

聲音來源	測量物的聲壓（μPa）	強度比	分貝
飛機	20,000,000,000,000	1,000,000,000,000 $=10^{12}$	120
	2,000,000,000,000	100,000,000,000 $=10^{11}$	110
火車	200,000,000,000	10,000,000,000 $=10^{10}$	100
	20,000,000,000	1,000,000,000 $=10^{9}$	90
馬路的車聲	2,000,000,000	100,000,000 $=10^{8}$	80
唱歌	200,000,000	10,000,000 $=10^{7}$	70
	20,000,000	1,000,000 $=10^{6}$	60
	2,000,000	100,000 $=10^{5}$	50
正常的談話	200,000	10,000 $=10^{4}$	40
	20,000	1,000 $=10^{3}$	30
輕聲細語	2,000	100 $=10^{2}$	20
	200	10 $=10^{1}$	10
人類耳朵能夠聽到最微弱的聲壓	20	1 $=10^{0}$	0

μPa是聲壓的單位，強度比 $=\dfrac{\text{測量物的聲壓}}{\text{人耳可聽的最微弱聲壓}(20\mu pa)}$

例如：唱歌的聲壓是 $20{,}000{,}000\mu Pa$，其分貝 $=10\times\log_{10}\dfrac{20,000,000}{20}=10\times\log_{10}1000000=60$，所以是 60 分貝。並可將表格數據視覺化，方便觀察，見圖 2-24。

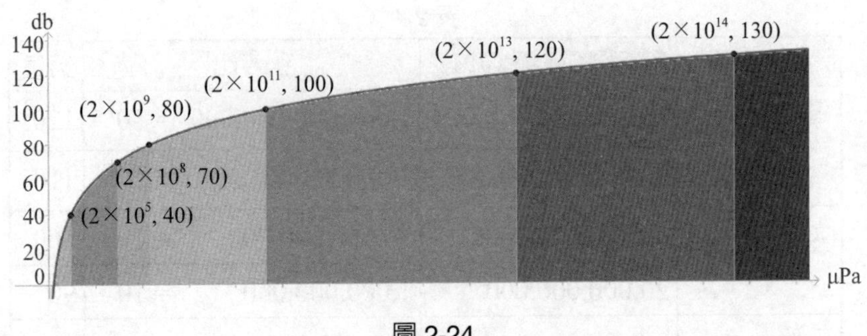

圖 2-24

由表格可知差 10 分貝，聲壓差 10 倍；差 20 分貝，聲壓差 100 倍；差 30 分貝，聲壓差 1000 倍。由表格可知，直接看聲壓（μPa）不方便，必須換成分貝（db）才容易比較強弱。並可以發現放到座標圖上，並用顏色區分更能容易觀察多少分貝以上是危險的。

※備註：長期在高分貝下會聽力受損，超過 130 分貝，如：槍聲，耳膜會破裂。

2-3-5 結論

對數是相對於其他運算不算容易理解的概念，從定義延伸出去的數學式相當多，但如果是用死背的方式容易導致不容易學習，建議與函數圖案，及歷史、應用一起學習才容易加深印象，再以完整的推導一次，才能有說服力。

同時也應該理解：對數律的多條數學式（也就是定理），都可由定義推導完成。事實上數學的每一個單元都不會有一堆死背的內容，頂多只有幾條定義內容，而後推導出後續相關的、且常用的數學式。

＊可讀可不讀：對數的定理（數學式）推導

已知指數與對數關係式為 $\log_{\text{底數}}$眞數 = 冪次 ⇔ 底數^{冪次} = 眞數，而眞數大於 0，底數不為負數、且不為 1。例題：$\log_2 8 = \log_2 2^3 = 3 \Leftrightarrow 2^3 = 8$、$\log_{10}100 = \log_{10}10^2 = 2 \Leftrightarrow 10^2 = 100$，可以了解到對數的運算就是在找同底數時的冪次為何？也就是求 $\log_a b$ 的值，必然存在 r，使得 $b = a^r$，進而滿足 $\log_a a^r = r$。

基礎對數式

1. $\log_a MN = \log_a M + \log_a N$

   設 $M = a^p$，故 $\log_a M = p$；及 $N = a^q$，故 $\log_a N = q$；

   所以 $\log_a MN = \log_a(a^p \times a^q) = \log_a a^{p+q} = p + q = \log_a M + \log_a N$

2. $\log_a \dfrac{M}{N} = \log_a M - \log_a N$

   設 $M = a^p$，故 $\log_a M = p$；及 $N = a^q$，故 $\log_a N = q$；

   所以 $\log_a \dfrac{M}{N} = \log_a \dfrac{a^p}{a^q} = \log_a a^{p-q} = p - q = \log_a M - \log_a N$

3. $\log_a M^r = r\log_a M$

   設 $\log_a M = p$，故 $M = a^p$；

   所以 $\log_a M^r = \log_a (a^p)^r = \log_a a^{pr} = pr = rp = r\log_a M$

4. $a^{\log_a M} = M$

   設 $\log_a M = p$，故 $M = a^p$；

   所以 $a^{\log_a M} = a^p = M$。

5. $\log_a b = \dfrac{\log_c b}{\log_c a}$（換底公式）

   設 $a = c^p$，故 $\log_c a = p$；及 $b = c^q$，故 $\log_c b = q$；

   所以 $\log_a b = \log_{c^p} c^q = \log_{c^p} c^{\frac{p\times q}{p}} = \log_{c^p} (c^p)^{\frac{q}{p}} = \dfrac{q}{p} = \dfrac{\log_c b}{\log_c a}$。

進階對數數學式

1. $\log_a b\times\log_b c=\log_a c$（換底公式延伸）

已知 $\log_a b=\dfrac{\log_c b}{\log_c a}$，同乘 $\log_c a$ 後，可得 $(\log_c a)\times(\log_a b)=\log_c b$；

令 $c=A$，$a=B$，$b=C$，可得 $(\log_A B)\times(\log_B C)=\log_A C$；

而爲了書寫方便改爲小寫，就成了熟悉的數學式 $(\log_a b)\times(\log_b c)=\log_a c$。

2. $\log_a b=\dfrac{1}{\log_b a}$（換底公式延伸）

已知 $\log_a b=\dfrac{\log_c b}{\log_c a}$，令 $c=b$，可得 $\log_a b=\dfrac{\log_b b}{\log_b a}=\dfrac{1}{\log_b a}$。

3-1. $M^{\log_a N}=N^{\log_a M}$（換底公式延伸）

由進階第 1 點（又稱鍊式）可知 $\log_a N=(\log_a M)\times(\log_M N)$；

所以 $M^{\log_a N}=M^{\log_a M\times\log_M N}=(M^{\log_M N})^{\log_a M}=N^{\log_a M}$。

3-2. $M^{\log_a N}=N^{\log_a M}$（用定義延伸）

設 $\log_a M=p$，故 $a^p=M$；並設 $\log_a N=q$，故 $a^q=N$；

所以 $M^{\log_a N}=(a^p)^q=a^{p\times q}=(a^q)^p=N^{\log_a M}$。

4-1. $\log_{a^s} M^r=\dfrac{r}{s}\log_a M$（可利用第三點做延伸）

設 $\log_a M^r=r\log_a M$，並設 $\log_a M=p$，故 $M=a^p$；

所以 $\log_{a^s} M^r=r\log_{a^s} M=r\log_{a^s} a^p=r\log_{a^s} a^{\frac{p\times s}{s}}=r\log_{a^s}(a^s)^{\frac{p}{s}}$

$$=r\times\frac{p}{s}=\frac{r}{s}\times p=\frac{r}{s}\log_a M\text{。}$$

4-2. $\log_{a^s} M^r=\dfrac{r}{s}\log_a M$（用定義延伸）

設 $\log_a M=p$，故 $M=a^p$；

所以 $\log_{a^s} M^r=\log_{a^s}(a^p)^r=\log_{a^s} a^{pr}=\log_{a^s} a^{s\times\frac{pr}{s}}=\log_{a^s}(a^s)^{\frac{pr}{s}}$

$$=\frac{pr}{s}=\frac{r}{s}\times p=\frac{r}{s}\log_a M\text{。}$$

2-4 第三個特別的無理數：歐拉數 e

在數學史中，整數是數字最根本的物件，或可稱爲最根本的元素，其他都是由人類所賦與意義，如：0、負數，延伸出分數、指數、根號、對數、虛數等，而在希臘時代，就已經發現一個不是人所製造的數：圓周率 π，它是一個被計算出來的近似值，而且它還是第一個被討論的無理數，在圓形中必然存在的一個神奇的數字。第二個被討論的無理數則是黃金比例 Φ。第三個被討論的無理數是歐拉數 e。本篇將討論歐拉數 e。

2-4-1 何謂歐拉數

第一次討論此數的人是雅各布．伯努利（Jacob Bernoulli）：「嘗試去計算一個有趣的指數問題：銀行複利，當銀行年利率固定時，把期數增加，而相對的每期利率就變少，如果期數變到無限大的時後會產生怎樣的結果？」

複利公式是：本利和 = 本金 (1 + 利率)^{期數}，期數與利率關係：利率 $=\dfrac{年利率}{期數}$

假設：本金 $= a$，本利和 $= S$，年利率 1.2%，見表 2-5。

表 2-5

期數 / 多久複利一次	本利和	是原來的幾倍
1 期 一年一期	$S=a(1+\dfrac{1.2\%}{1})^1$	1.012
2 期 半年一期	$S=a(1+\dfrac{1.2\%}{2})^2$	1.012 036

期數／多久複利一次	本利和	是原來的幾倍
4 期 一季一期	$S=a(1+\frac{1.2\%}{4})^4$	1.012 054
12 期 一月一期	$S=a(1+\frac{1.2\%}{12})^{12}$	1.012 066
365 期 一天一期	$S=a(1+\frac{1.2\%}{365})^{365}$	1.012 072
無限多期 極微小的時間	$S=\lim_{n\to\infty}a(1+\frac{1.2\%}{n})^n$	1.012 078

可以發現在年利率 1.2% 的情況下，期數在非常大的時後，存款都只會接近原本 1.012078 倍，也就是存 100 萬元，本利和是 1012078 元。雅各布進一步發現複利的特殊性，當年利率固定時，分的期數再多，最後都會逼近同一個數值，見表 2-6。

表 2-6

年利率	本利和
10%	$S=\lim_{n\to\infty}a(1+\frac{10\%}{n})^n=1.10515$
20%	$S=\lim_{n\to\infty}a(1+\frac{20\%}{n})^n=1.22137$
30%	$S=\lim_{n\to\infty}a(1+\frac{30\%}{n})^n=1.34981$
40%	$S=\lim_{n\to\infty}a(1+\frac{40\%}{n})^n=1.49176$
50%	$S=\lim_{n\to\infty}a(1+\frac{50\%}{n})^n=1.64863$

雅各布思考「年利率」與「無限多期的本利和」兩者之間的關係，他發現到 $\lim_{n\to\infty}(1+\frac{1}{n})^n$ 的結果是 $\lim_{n\to\infty}(1+\frac{1}{n})^n=\frac{1}{0!}+\frac{1}{1!}+\frac{1}{2!}+\cdots$ $=2.7182845904523536$，見圖 2-25，其推導在本節最後面。

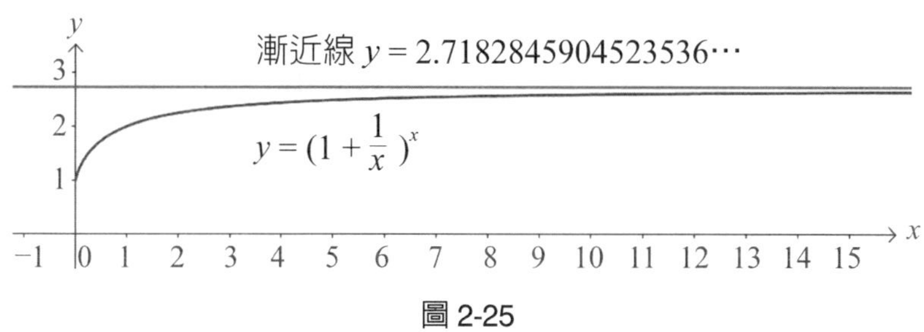

圖 2-25

由圖 2-25 可知曲線逼近的數值是 2.71845904523536⋯，這特別的數字稱呼爲歐拉數（Euler number），符號是 e，以瑞士數學家歐拉之名命名，肯定他在對數上的貢獻；或稱納皮爾常數，記念蘇格蘭數學家約翰 ‧ 納皮爾引進對數。最後雅各布得到利率爲任意數 x 時，逼近數値爲 $\lim_{n\to\infty}(1+\frac{x}{n})^n=e^x$。

歐拉數 e 的性質：

1. $e=\lim_{n\to\infty}(1+\frac{1}{n})^n=\frac{1}{0!}+\frac{1}{1!}+\frac{1}{2!}+\cdots=2.71828\ 459045\ 235\ 36\cdots$

2. $e^x=\lim_{n\to\infty}(1+\frac{x}{n})^n$

★常見問題 1：

大多人認爲底數大於 1，當指數數字無限大時，其值是無限大。甚至是 $\lim_{n\to\infty}(1+\frac{1}{n})^n$，也認爲是底數大於 1，當指數數字無限大時，其值是無限大。但實際上這樣的觀念是錯的。原因：

1. $a>1$，則 $\lim_{n\to\infty} a^n=\infty$，因爲底數 a 固定，所以其值是無限大。

2. $\lim_{n\to\infty}(1+\frac{1}{n})^n=e$，因爲底數不是固定，雖然大於 1，但是底數不斷變小。可以發現數值逼近 2.718，也就是歐拉數。實際觀察兩種底數的差異性，固定的底數：$\lim_{n\to\infty}(1+\frac{1}{10})^n=\infty$、$\lim_{n\to\infty}(1+\frac{1}{100})^n=\infty$、$\lim_{n\to\infty}(1+\frac{1}{1000})^n=\infty$，但底數是 $1+\frac{1}{n}$ 時，$\lim_{n\to\infty}(1+\frac{1}{n})^n=e$。**請不要混淆兩者意義**。

★常見問題 2：歐拉數的重要性是什麼？

沒有歐拉數，將無法計算指數與對數的微積分。

2-4-2 歐拉數在自然界也具有特殊性

雅各布白努利發現極座標 $r=e^{a\theta}$ 的曲線，與自然界的螺線非常相近，見表 2-7。並且 $r=e^{a\theta}$ 與自然界物體一樣具有自我相似的碎形結構特性，見圖 2-26。將在後面章節介紹。

表 2-7

1. $r=e^{a\theta}$ 的曲線	2. 鸚鵡螺
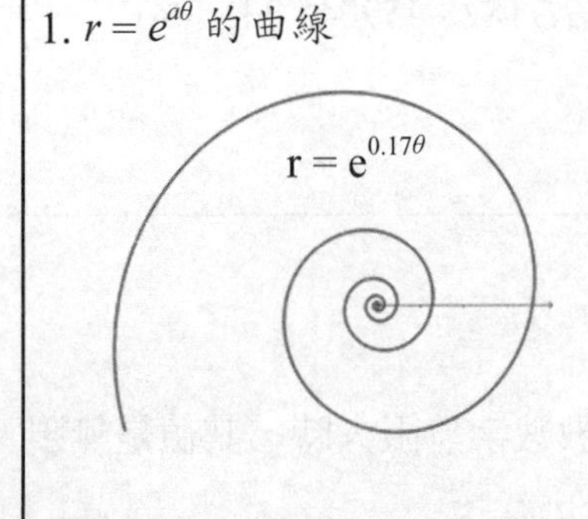	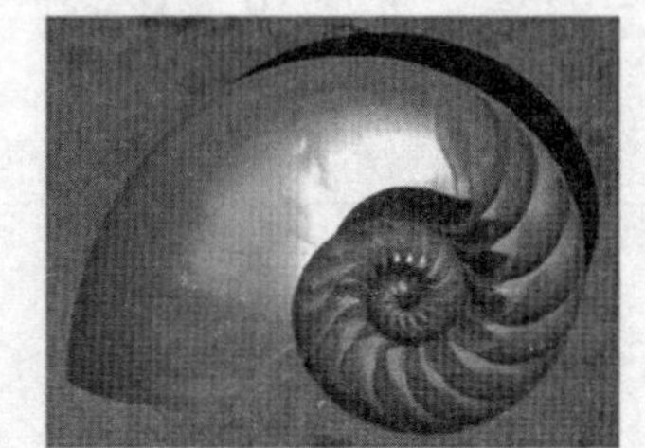 圖片出處：來自 WIKI，作者 Chris73，cc–by–sa3.0

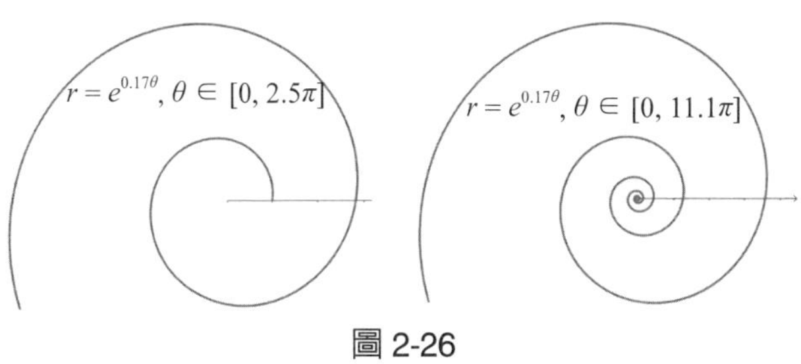

圖 2-26

因歐拉數在自然界有著這麼多特殊性，**所以稱以歐拉數 e 爲底數的指數函數** $y = f(x) = e^x$**，稱爲自然指數函數**（Natural Exponential function）。**而以歐拉數 e 爲底數的對數函數** $y = f(x) = \log_e x$**，稱爲自然對數函數**（Natural Logarithmic function）。

2-4-3 歐拉數在對數的省略寫法

以 10 爲底的對數，我們將 10 省略，如：$\log_{10} 3 = \log 3$，而以歐拉數 e 爲底數的對數函數，將 $\log_e 3$ 寫作 ln 3，n 是 Natural 的意思。**而以 e 爲底數的對數函數** $\log_e x = \ln x$**，讀作** Natural log x。

★常見問題：以歐拉數為底數的指數函數，名稱常被叫錯

部分書籍直接定義 $E(x) = e^x$ 是 Exponential Function，但這是錯誤，Exponential Function 講的是指數函數，爲了強調是以歐拉數爲底，必須說成 Natural Exponential Function。

2-4-4 結論

在學習指對數的內容時期，就可以介紹這個對數學史上最重要的常數：歐拉數，歐拉數不只是在指對數有重要性，在藝術面、科學面到處都隨處可見，我們有必要去認識這個特別的數字。

＊可讀可不讀 1：$\lim_{n\to\infty}(1+\frac{1}{n})^n$ 等於多少？

求 $\lim_{n\to\infty}(1+\frac{1}{n})^n$，先利用二項式定理展開 $(1+\frac{1}{n})^n$

$$(1+\frac{1}{n})^n=\sum_{k=0}^{n} C_k^n(1)^{n-k}(\frac{1}{n})^k=\sum_{k=0}^{n} C_k^n(\frac{1}{n})^k$$

$$=C_0^n(\frac{1}{n})^0+C_1^n(\frac{1}{n})^1+C_2^n(\frac{1}{n})^2+C_3^n(\frac{1}{n})^3+\cdots+C_n^n(\frac{1}{n})^n$$

$$=\frac{n!}{0!\,n!}\times\frac{1}{n^0}+\frac{n!}{1!(n-1)!}\times\frac{1}{n}+\frac{n!}{2!(n-2)!}\times\frac{1}{n^2}+\frac{n!}{3!(n-3)!}$$

$$\times\frac{1}{n^3}+\cdots+\frac{n!}{n!(n-n)!}\times\frac{1}{n^n}$$

$$=1\times 1+\frac{n}{1}\times\frac{1}{n}+\frac{n(n-1)}{2\times 1}\times\frac{1}{n^2}+\frac{n(n-1)(n-2)}{3\times 2\times 1}\times\frac{1}{n^3}+\cdots$$

$$+1\times\frac{1}{n^n}$$

$$\Rightarrow\lim_{n\to\infty}(1+\frac{1}{n})^n$$

$$=\lim_{n\to\infty}[1\times 1+\frac{n}{1!}\times\frac{1}{n}+\frac{n(n-1)}{2!}\times\frac{1}{n^2}+\frac{n(n-1)(n-2)}{3!}\times\frac{1}{n^3}$$

$$+\cdots+\frac{n!}{n!}\times\frac{1}{n^n}]$$

$$=1+\frac{1}{1!}+\frac{1}{2!}+\frac{1}{3!}+\cdots$$

$$=2.718281845904523536\cdots$$

故歐拉數 $e=2.718284904523536$。

＊可讀可不讀 2：$\lim_{n\to\infty}(1+\frac{x}{n})^n$ 等於多少？

e是利用極限求得，$e=\lim_{n\to\infty}(1+\frac{1}{n})^n$，兩邊平方，$e^2=\left[\lim_{n\to\infty}(1+\frac{1}{n})^n\right]^2$

$$e^2=\lim_{n\to\infty}(1+\frac{1}{n})^{2n}$$

$$e^2=\lim_{n\to\infty}(1+\frac{1}{2n})^{2n}$$ 將 $2n$ 改寫成 m

$$e^2=\lim_{m\to\infty}(1+\frac{2}{m})^m$$

再作一次二項式展開得到 $e^2=\frac{2^0}{0!}+\frac{2^1}{1!}+\frac{2^2}{2!}+\frac{2^3}{3!}\cdots$

同理 $e^3=\lim_{n\to\infty}(1+\frac{3}{n})^n=\frac{3^0}{0!}+\frac{3^1}{1!}+\frac{3^2}{2!}+\frac{3^3}{3!}\cdots$

最後數學家得到 $e^x=\lim_{n\to\infty}(1+\frac{x}{n})^n=\frac{x^0}{0!}+\frac{x^1}{1!}+\frac{x^2}{2!}+\frac{x^3}{3!}\cdots=\lim_{n\to\infty}\sum_{n=0}^{n}\frac{x^n}{n!}$

＊可讀可不讀 3：歐拉數是無理數

為什麼說歐拉數是無理數，我們已知 $e=\frac{1}{0!}+\frac{1}{1!}+\frac{1}{2!}+\cdots$。利用反證法，設歐拉數為有理數 $\frac{q}{p}$，而 p 與 q 為整數並互質。並設 n 為大於 p 的正整數，故 $n!\times e=n!\times\frac{q}{p}$ 為正整數，而 $n!\times(1+\frac{1}{0!}+\frac{1}{1!}+\frac{1}{2!}+\cdots+\frac{1}{n!})$ 必然為正整數。使得存在一個正整數 z，$z=n!\times e-n!\times(1+\frac{1}{0!}+\frac{1}{1!}+\frac{1}{2!}+\cdots+\frac{1}{n!})$

$$z=n!\times\left[(1+\frac{1}{0!}+\frac{1}{1!}+\frac{1}{2!}+\cdots)-(1+\frac{1}{0!}+\frac{1}{1!}+\frac{1}{2!}+\cdots+\frac{1}{n!})\right]$$

$$=n!\times\left[\frac{1}{(n+1)!}+\frac{1}{(n+2)!}+\frac{1}{(n+3)!}+\cdots\right]$$

$$=\frac{1}{(n+1)}+\frac{1}{(n+1)(n+2)}+\frac{1}{(n+1)(n+2)(n+3)}+\cdots$$

$$<\frac{1}{(n+1)}+\frac{1}{(n+1)(n+1)}+\frac{1}{(n+1)(n+1)(n+1)}+\cdots$$

得到公比是 $\frac{1}{(n+1)}$ 的無窮級數，該級數何和爲 $\frac{\frac{1}{n+1}}{1-\frac{1}{n+1}}=\frac{1}{n}$，

所以 $z<\frac{1}{n}$，但正整數不可能小於一個小數，所以一開始的假設錯誤，故歐拉數不是有理數，而是無理數。

3

代　數

代數的起源可追溯到古巴比倫時期，當時已有代數計算。而同一時期的的印度、希臘大多是以幾何方法來解答未知數問題，如：萊因德數學紙草書、幾何原本，而中國是利用九章算術等書，見圖 3-1、3-2、3-3。

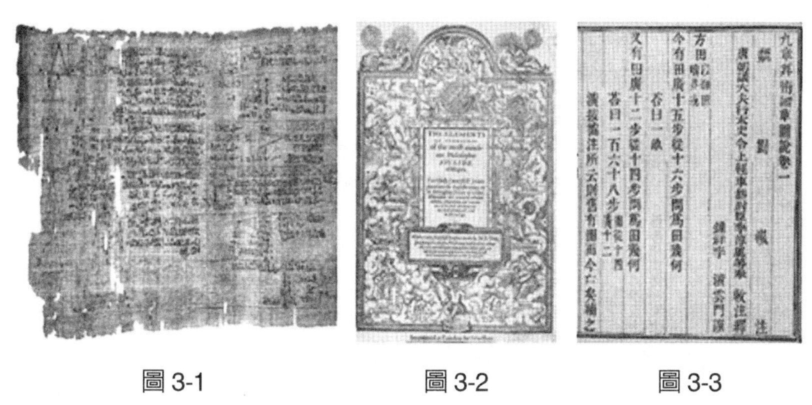

圖 3-1　　圖 3-2　　圖 3-3

一般普遍認爲希臘數學家丟番圖（Diophantus）是「代數之父」（約西元 200-214 年至公元 284-298 年），著有《算術》（Arithmetica）一書，見圖 3-4，用來處理代數方程組，但其中有不少已經遺失。

而後波斯回教數學家花拉子米（又譯花剌子模 Muhammad ibn Musa al-Khwarizmi, 780-850）的著書《代數學》，見圖3-5，是第一本解決一次方程及一元二次方程的系統著作，他因而被稱爲代數的創造者，與丟番圖享有同樣的稱謂。同時「代數」（algebra）一詞就是出自阿拉伯文「al-jabr」

以及波斯詩人、天文學家、數學家奧瑪．開儼（Omar Khayyám）著有影響數學深遠的《代數問題的論證》（Treatise on Demonstration of Problems of Algebra），見圖 3-6，該書籍解釋了代數的原理，及解決三次方程以及更高次方程的方法。他除了著有天文圖譜以及代數學論文之外，還留下詩集《柔巴依集》（又譯《魯拜集》），但我們仍不可只將他當作文學家。

代數的下一步發展是在十六到十八世紀，對三次及四次方程式的求解。更進一步的代數觀念是行列式、矩陣，用來解出線性方程組的答案，由多個數學家陸續完成其概念。本書接著將介紹國高中常用的代數內容。

DIOPHANTI
ALEXANDRINI
ARITHMETICORVM
LIBRI SEX.
LVTETIAE PARISIORVM,
M. DC. XXI.
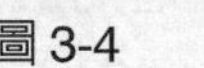

圖 3-4

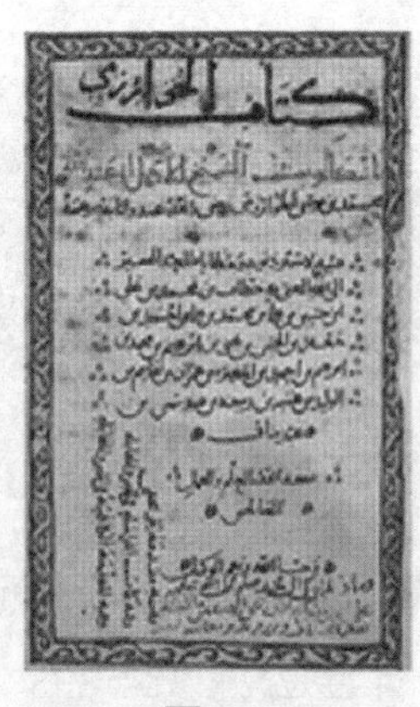

圖 3-5

圖 3-6

3-1 未知數與等量公理及移項法則

3-1-1 認識未知數

未知數起源很早，較廣為人知的是丟番圖的故事，丟番圖的墓碑上刻了碑文，內容如下：神恩賜他生命全部的 $\frac{1}{6}$ 為童年；再過生命全部的 $\frac{1}{12}$，他雙頰長出了鬍子；再過生命全部的 $\frac{1}{7}$ 後，他舉行了婚禮；結婚 5 年後，有了一個兒子。不幸的孩子，只活了他父親整個生命全部的一半，死神帶走了他。最後丟番圖以研究數論，寄託對兒子的哀思，4 年之後，也離開了人世。而他的墓碑可計算他的壽命，見圖 3-7 及其計算。

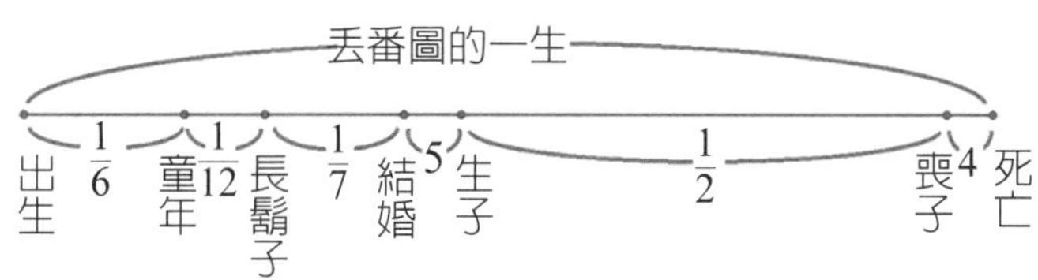

圖 3-7

$$\frac{1}{6}\text{人生}+\frac{1}{12}\text{人生}+\frac{1}{7}\text{人生}+5+\frac{1}{2}\text{人生}+4=\text{人生}$$

$$\frac{14}{84}\text{人生}+\frac{7}{84}\text{人生}+\frac{12}{84}\text{人生}+5+\frac{42}{84}\text{人生}+4=\frac{84}{84}\text{人生}$$

$$\frac{75}{84}\text{人生}+9=\frac{84}{84}\text{人生}$$

$$9=\frac{9}{84}\text{人生}$$

$$\text{人生}=84$$

由運算可知丟番圖一生活了 84 歲。如果我們將文字內容換成習慣的 x，就是熟悉的 x 的方程式，$\frac{1}{6}x+\frac{1}{12}x+\frac{1}{7}x+5+\frac{1}{2}x+4=x \to x=84$

※備註：未知數又稱代數，而中文意思相當故名思義，討論未知的數值，用符號代替未知的數值，並討論該符號的數值。

丟番圖是希臘第一個用符號討論代數問題，對於西方代數的發展，有著深遠的影響，因此敬稱丟番圖爲代數學之父。代數對數學的有著深遠的影響，希臘數學從畢達哥拉斯學派開始，強調幾何圖案，解決問題以幾何爲主軸，甚至一些簡單的一次方程式求解，都要用幾何方法來求證，一直到埃及丟番圖開啓新的一扇門，使用代數解決問題，才脫離幾何學的桎梏。

代數對於我們也不是很晚才接觸的內容，早在小學就已經可以接觸到，如：__ + 3 = 7，很明顯的要塡上 4，或是用○或□取代__，如：○ + 3 = 7、□ + 3 = 7，最後就進一步變成我們常見的 $x + 3 = 7$，同時我們也可以明白計算並沒有特別困難。

我們爲什麼要學習未知數，因爲未知數的利用，有助於幫助複雜的計算，在小學我們遇到的數學問題大多可以直接進行計算，如：不知原本多少錢，買去蘋果 20 元，剩下 80 元，請問原本多少錢。直觀的可以知道原本的錢是 20 + 80 = 100 元，並不需要設未知數來討論問題。

若要用未知數討論問題，可設原本 x 元，可列式 $x - 20 = 80$，故 $x = 80 + 20 = 100$，簡單問題如果設未知數討論顯得有點多此一舉。所以複雜一點的問題，才需要用未知數討論，如：哥哥買蘋果 3 個、水梨 2 個，共 60 元，弟弟買蘋果 2 個、水梨 3

個，共 65 元，請問蘋果、水梨一個各是多少錢？設蘋果 x 元、水梨 y 元，可得到兩式，第一式：$3x + 2y = 60$，第二式：$2x + 3y = 65$，經過計算後可知 $x = 10$、$y = 15$，故蘋果一個 10 元，水梨一個 15 元。

事實上我們要面對的問題不是這麼瑣碎，而是討論自然界中更爲複雜的問題，如此一來，使用未知數就顯得更爲重要。

★常見問題 1：未知數感覺很抽象，應該如何學習

現行方法常是直接數學化的寫法，容易讓學生害怕未知數，作者建議

1. 先直接文字列式。
2. 再用框框列式（或是括號），但是要在下面加簡單註記。
3. 最後才是爲了方便，使用習慣的未知數 x、y、z。

例題：

蘋果每個 9 元，某日不知買了蘋果幾個，以及一個 2 元的塑膠袋，共 200 元，請以未知數列式，見表 3-1。

表 3-1

1. 文字列式	2. 框框列式	3. 未知數列式
單價 × 數量 + 袋子錢 = 付款 ⇒ 9 × 數量 + 2 = 200 9 × 數量 = 198 數量 = 22	單價 × 數量 + 袋子錢 = 付款 ⇒ 9 × $\square_{\text{數量}}$ + 2 = 200 9 × $\square_{\text{數量}}$ = 198 $\square_{\text{數量}}$ = 22	單價 × 數量 + 袋子錢 = 付款 ⇒ $9 \times x + 2 = 200$ $9 \times x = 198$ $x = 22$

爲什麼要逐步改寫？學習未知數的意義，要先用已認知的經驗來計算，再換成新的內容。

★常見問題 2：未知數為什麼要用 x，而不用□，也不用中文呢？

學習未知數的歷程是小學會用好多種型態，來表示未知數，意思就是要求的數字。有時候會直接候用底線，__ + 3 = 5，有時候用□ + 3 = 5、○ + 3 = 5、△ + 3 = 5，沒有固定用哪一種符號。

到了國中要讓未知數成爲系統性的符號，符號各自有其意義，用 x、y、z…當未知數，a、b、c…大多拿來當係數使用。未知數符號的使用，一開始因各地區有不同的差異性，有的地方用 a、b、c…當未知數，也有地方用母音 a、e、i、o、u 當未知數，符號並沒有統一。所以交流上，會搞錯對方想表達的意思，所以經多年的交流，最後就漸漸有習慣的使用符號。但是在不同科目的符號仍然沒有整合，如物理與數學的虛數符號就不同。

3-1-2 認識等量公理

等量公理是幫助未知數求解的公理，常用天平來說明。因爲平衡就是「左邊重量」等於「右邊重量」，好比數學式的「左邊式子的數值」等於「右邊式子數值」。等量公理的意義是在等號的兩邊，同時進行加、減、乘、除後，等號恆成立，也就是等號兩邊數字相等。

舉例：$11 = 11$ （同時 $+2$）

$$\Rightarrow 11+2 = 11+2$$

$$\overset{\text{還是等於}}{13 = 13} \quad (\text{同時} -6)$$

$$\Rightarrow 13-6 = 13-6$$

$$\overset{\text{還是等於}}{7 = 7} \quad (\text{同時} \times 8)$$

$$\Rightarrow 7\times 8 = 7\times 8$$

$$\overset{\text{還是等於}}{56 = 56} \quad (\text{同時} \div 4)$$

$$\Rightarrow 56\div 4 = 56\div 4$$

$$\overset{\text{還是等於}}{14 = 14}$$

例題：$x - 2 = 4$

為了求未知數的數值，可利用等量公理，讓未知數在等號的一邊，

$$x - 2 = 4$$

$$x - 2 + 2 = 4 + 2 \quad \text{兩邊同加 } 2$$

$$x = 4 + 2$$

$$x = 6$$

★常見問題：為什麼要學等量公理

因為在處理未知數的時候，可以清楚的知道每一步驟。不必再用小學的方法一步一步逆推計算。

例題：

小明的錢扣掉 10 元後，是小華加 5 元的 2 倍，小華有 55 元，請問小明有多少錢？

小學方法：小明的錢扣掉 10 元後，是小華加 5 元的 2 倍，小華有 55 元，小華加 5 元的 2 倍，55 + 5 = 60 元，再 2 倍變成 60 × 2 = 120 元，而 120 元是小明的錢扣掉 10 元，所以要 120 + 10 = 130 元。可以發現有好幾個階段，也不容易看得懂。

國中方法（利用等量公理），見表 3-2。

表 3-2

小明扣掉 10 元	是	小華 + 5 元	的 2 倍
□ − 10	=	(55 + 5)	× 2

可列式□ − 10 = (55 + 5) × 2，下述爲運算

$$\square - 10 = (55 + 5) \times 2$$

計算括號

$$\square - 10 = 60 \times 2$$

$$\square - 10 = 120$$

等號兩邊同+10

$$\square - 10 + 10 = 120 + 10$$

$$\square = 130$$

故小明有 130 元，所以只要列式正確，**等量公理會是解題最重要的工具。**

・利用天平、圓球與砝碼，圖解等量公理，見表 3-3

表 3-3

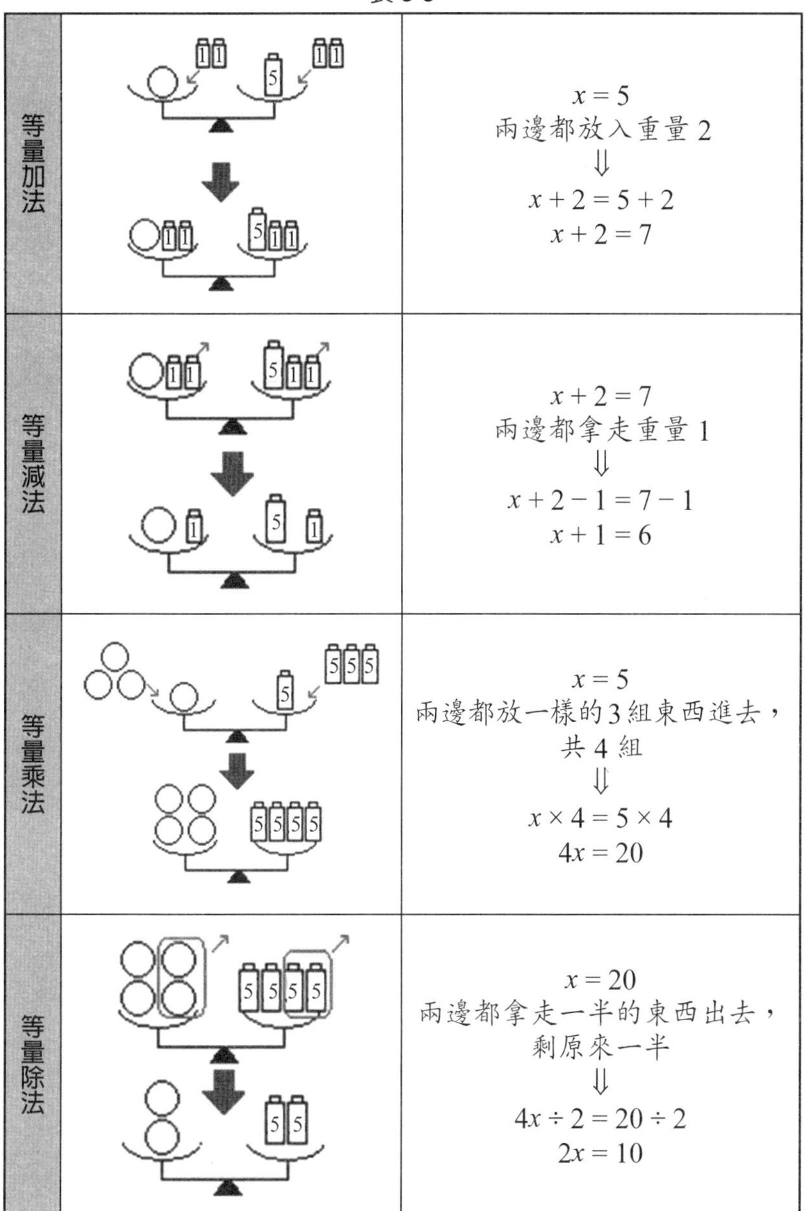

等量加法	$x=5$ 兩邊都放入重量 2 $\Downarrow$ $x+2=5+2$ $x+2=7$
等量減法	$x+2=7$ 兩邊都拿走重量 1 $\Downarrow$ $x+2-1=7-1$ $x+1=6$
等量乘法	$x=5$ 兩邊都放一樣的 3 組東西進去， 共 4 組 $\Downarrow$ $x\times 4=5\times 4$ $4x=20$
等量除法	$x=20$ 兩邊都拿走一半的東西出去， 剩原來一半 $\Downarrow$ $4x\div 2=20\div 2$ $2x=10$

3-1-3 移項法則

移項法則是等量公理的省略寫法，不需要特地死背「加變減」等無意義的公式。見下述說明了解等量公理與移項法則的關係，可以發現差異就是省略一條數學式來節省時間。其他的加、乘、除的移項請參考表 3-4。

表 3-4

等量公理	移項法則
$x-2=4$ $x-2+2=4+2$ $x=4+2$ $x=6$	$x-2-4$ $x=4+2$ $x=6$
$x+3=4$ $x+3-3=4-3$ $x=4-3$ $x=1$	$x+3=4$ $x=4-3$ $x=1$
$x\times 2=8$ $x\times 2\div 2=8\div 2$ $x=8\div 2$ $x=4$	$x\times 2=8$ $x=8\div 2$ $x=4$
$x\div 5=7$ $x\div 5\times 5=7\times 5$ $x=7\times 5$ $x=35$	$x\div 5=7$ $x=7\times 5$ $x=35$

※備註：利用移項法則討論除以 0 沒意義。

假設除以 0 會得到一個確切的數值，可設 $1\div 0=a$，所以可推得 $1=a\times 0$，而 0 乘任何數都是 0，所以得到 $1=0$，顯然不合理；同理設 $2\div 0=b$，最後會得到 $2=0$，也一樣是不合理；

所以推廣到正整數除以 0 都是無意義。同理當推廣到任意數的時候，除以 0 都是無意義。

3-1-4 各種多項式

未知數的問題是建立在生活問題，而討論未知數的情形不一定只有一個未知數，可能會有二個、三個，或是有冪次不為 1 的方程式。

一元一次方程式，如：$x + 3 = 5$。二元一次方程式，二元就是兩個未知數的方程式，如：$2x + 5y = 7$。一元二次方程式，一個未知數且最高冪次為 2，如：$2x^2 + 3x + 4 = 9$。而不同的方程式有不同的解法，本節先介紹到一元一次方程式的計算方法－等量公理，而其他的方程式，將與平面座標結合一起說明。

3-1-5 結論

本節介紹了代數學中最基本的符號與計算規則（公理），事實上數學在國中最初期的抽象問題，就是在負數的負負得正與未知數符號出現問題，所以有必要將這兩個問題以正確且合邏輯的方式說明清楚，以免因不理解而放棄數學。

3-2 平面座標系、聯立方程式與直線方程式

3-2-1 平面座標

法國數學家笛卡兒創立了平面座標的架構，也稱「笛卡兒座標系」。而他為什麼會想作出座標系？據說當他躺在床上，觀察一隻蒼蠅在天花板上移動時，他想知道蒼蠅在牆上的移動距離，

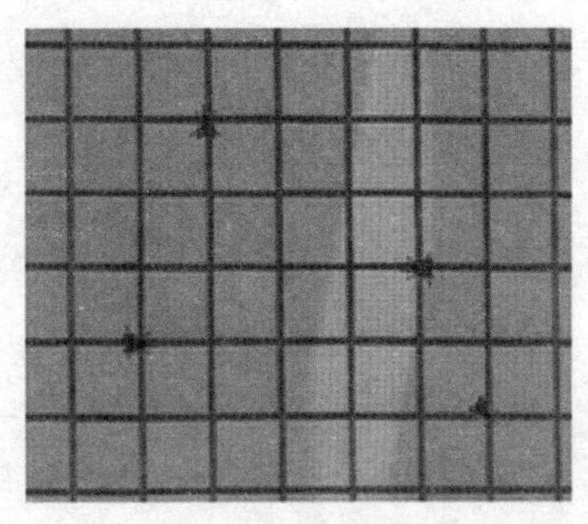

圖 3-8

思考後，發現必須先知道蒼蠅的移動路線（路徑）。這正是平面座標系的誘因，但要如何描述此路線，他還經歷另一件事情，才找到方法。見圖 3-8。

在晚上休息之餘，他看到滿天的星星，這些星星如何表示位置，如果用以前的方法，拿出整張地圖，再去找出那顆星星，相當費時費力，而且也不好說明。只能說在哪個東西的旁邊。這只是相對說法，並不夠直接。笛卡兒從軍時，由於要回報給上級部隊的位置，但無論是他拿著地圖比在哪，或是說在多瑙河上游左岸，或是下游的右岸等，這些找指標物，然後說一個相對位置，這是很沒有效率的說法，所以他開始思考如何好好描述位置。

有一天晚上笛卡兒正在思考不睡覺，被查鋪的排長拉出去到野外。在野外，排長說笛卡兒整天在想著，如何用數學解釋自然與宇宙，於是告訴他一個好方法。從背後抽出 2 支弓箭，對他說把它擺成十字。一個箭頭一端向右，另一個箭頭向上，箭可以射向遠方，高舉過頭頂。頭上有了一個十字，延伸出去後天空被分成 4 份，每個星星都在其中一塊。笛卡兒反駁：早在希臘人就已經使用在畫圖上，哪有什麼稀奇的地方。況且就算在上面標刻度，那負數又應該擺放在哪裡，排長就說了一個方法，把十字交叉處定爲 0，往箭頭的方向是正數，反過來是負數，不就可以用數字去顯示全部位置了嗎，笛卡兒就大喊這是個好方法，想去拿那 2 支箭，排長將弓箭丟到河裡，笛卡兒追出去，想拿來研究，沒想到溺水了，之後被救醒。笛卡兒抓著排長大問，剛說了什麼，排長不理他，繼續叫下一個士兵起床，笛卡兒發現原來是夢，馬上拿出筆把夢裡面的東西寫下來，平面座標就此誕生了。

平面座標與方程式結合在一起，最後有了函數的觀念，笛卡兒將代數與幾何連結在一起，而不是分開的兩大分支。幾何用代數來解釋，而代數用幾何的直觀更容易看出結果與想法。於是笛卡兒把這兩大分支合在一起，把圖形看成點的連續運動後的軌跡，最後點在平面上運動的想法，進入了數學。見圖 3-9、3-10、3-11。

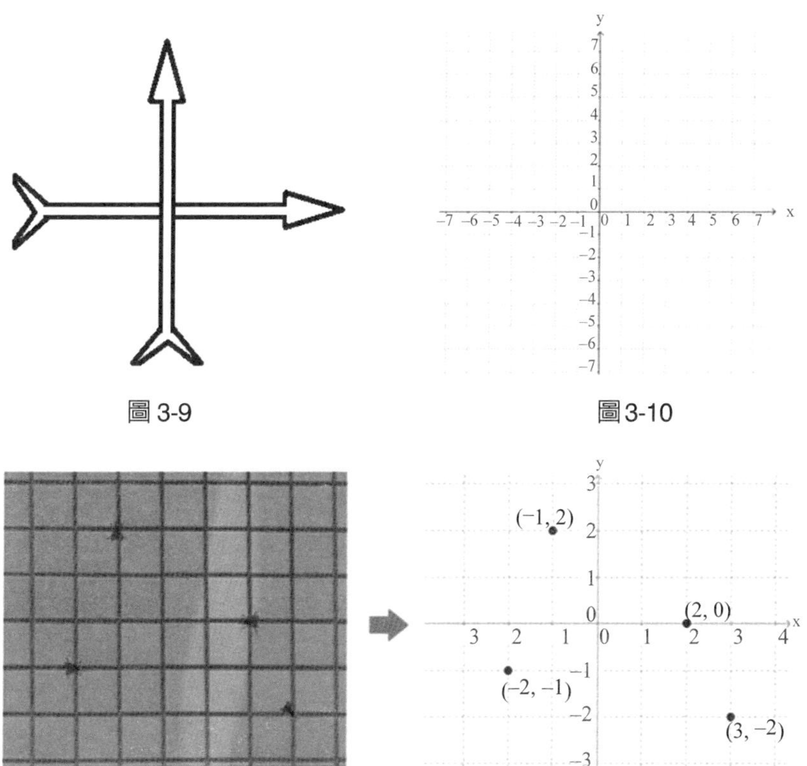

圖 3-9　　圖3-10

圖3-11

數學家開始使用平面座標，可以把以往的圖形，放入平面座標中也能利用相同的想法來加以計算，當計算出有幾個小方塊就是面積是多少，而這就是代數與幾何的結合，被稱爲解析幾何，見圖 3-12。

※備註：費馬（Fermat）也同時作出座標系，以幫助計算代數問題。

·平面座標的功用

上一節有提到兩個變數的方程式，如：$y=2x-1$，此方程式可在平面座標上繪圖得到一條直線，由**方程式找出兩點** (1, 1)、(2, 3)，連成一線就是該方程式，見圖，若從方程式中找出第三點 (3, 5) 也會在該直線上。從平面座標觀察方程式再行求解，有助於釐清觀念，見圖 3-13。

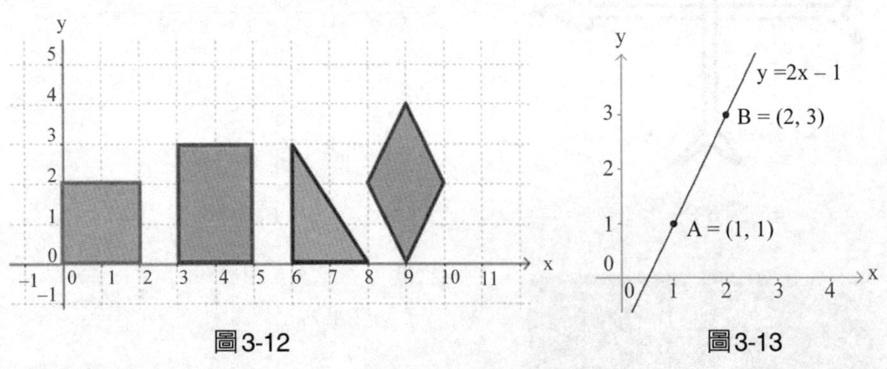

圖3-12　　圖3-13

3-2-2 聯立方程式與其圖案

聯立方程式其意義就是找出一組 x、y 值可以同時使兩個方程式等號成立，常用的計算方法為代入消去法與加減消去法。

·代入消去法

例題：$\begin{cases} x-y=15...(1) \\ x+y=35...(2) \end{cases}$，將 (1) 移項可得，$x = 15 + y...(3)$，將 (3) 代入 (2) 可得 y 的一元一次方程式：$15 + y + y = 35$，化簡可得 $y = 10...(4)$，將 (4) 代入 (1) 可得 x 的一元一次方程式：$x - 10 = 15$，化簡可得 $x = 25$。

·加減消去法

可以將其理解為方程式間的直式運算，

$$\begin{array}{l} \quad x-y=15...(1) \\ \underline{+)\ x+y=35...(2)} \\ \quad 2x=50 \\ \qquad x=25.........(3) \end{array}$$

將 (3) 代入 (1) 可得 y 的一元一次方程式，$25 - y = 15$，
化簡可得 $y = 10$。

·觀察聯立方程式的圖，見圖 3-14

由圖可知聯立方程式是討論兩個方程式的關係，只需要做圖就一目了然可知道是找出交點，也就是從幾何的概念來討論代數。

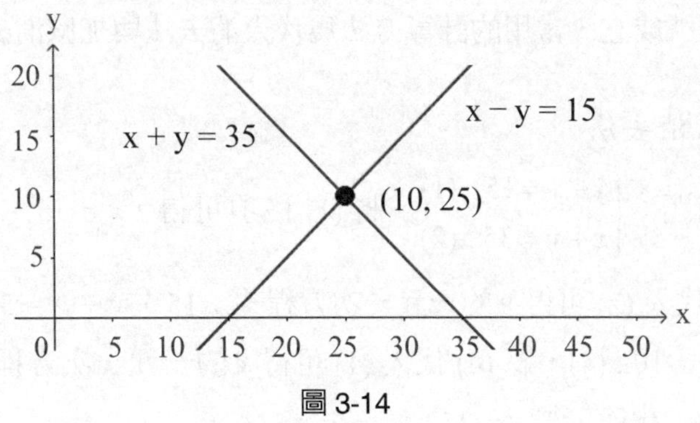

圖 3-14

3-2-3 直線方程式

兩個變數的方程式，如：$2x - y - 1 = 0$，此方程式可在平面座標上繪圖得到一條直線。由**方程式找出兩點** (1, 1)、(2, 3)，連成一線就是該方程式。由方程式 $2x - y - 1 = 0$ 找到適當的點 (1, 1)、(2, 3) 是容易的，而由點找到方程式是不容易的，但我們知道點是可以代入方程式使得等式成立。如 (1, 1) 代入 $2x - y - 1 = 0$，可得到左式 2−1−1，的確等於右式。所以當由點來求方程式時就必須將點代入方程式，確定方程式是否成立。

國中的方法是直接代入直線方程式 $y = ax + b$ 來進行求解，但這會讓人無法理解爲什麼可以這樣求直線方程式，接著來說明原因。

・給兩點及利用 $Ax + By + C = 0$，求直線方程式

有兩個未知數 x、y 的方程式可記作：$x + y + 2 = 0$，將係數調整爲任意數後，可得到 $Ax + By + C = 0$，A、B 爲係數、C 爲常數。如果我們要由點 (1, 1)、(2, 3) 來還原直線方程式，就必須將點 (1, 1)、(2, 3) 代入 $Ax + By + C = 0$，可以得到 $\begin{cases} A+B+C=0...(1) \\ 2A+3B+C=0...(2) \end{cases}$，可以發現並不好計算係數。解該聯立方程式的方法，將 (1) 式 $A + B + C = 0$，移項得到 $C = -A - B$ 代入 (2) 式，得到 $2A + 3B - A - B = 0$，也就是 $A + 2B = 0$，$A = -2B$ 得到 (3) 式，代回 (1) 式，得到 $-2B + B + C = 0$，也就是 $B = C$，所以其比例關係是 $\begin{cases} A:B=-2:1 \\ B:C=1:1 \end{cases}$，其連比 $\begin{array}{ccccc} A & : & B & : & C \\ -2 & & 1 & & \\ & & 1 & & 1 \\ \hline -2 & : & 1 & : & 1 \end{array}$ $\Rightarrow A:B:C = -2:1:1$，可設 $\begin{cases} A=-2R \\ B=R \\ C=R \end{cases}$ 代入 $Ax + By + C = 0$，得到 $-2Rx + Ry + R = 0$，同除 $-R$，化簡得到 $2x - y - 1 = 0$，與原方程式相同。

・$y = ax + b$ 由來

可以發現「給兩點及利用 $Ax + By + C = 0$，求直線方程式」相當不好用，所以國中一般沒有教，而是用另外一個方法 $y = ax + b$ 來代入求解。而 $y = ax + b$ 是如何產生的？原本的方程式爲 $Ax + By + C = 0$ 經移項後 $By = -A - C$，同除後 $y=-\frac{A}{B}x-\frac{C}{B}$，而因爲係數不喜歡太複雜，所以改寫爲 $y = ax + b$。當方程式改寫爲 $y = ax + b$，這樣可以降低一個係數，可表示除了 **y 的係數爲 0** 外的方程式。

·給兩點及利用 $y=ax+b$，求直線方程式

已知兩點時，代入 $y = ax + b$，解出係數後，可求 y 的係數為 0 外的直線方程式。如：(1, 1)、(2, 3)，代入 $y = ax + b$ 可得 $\begin{cases} 1=a+b \\ 3=2a+b \end{cases}$，解得 $y = 2x - 1$，觀察圖 3-15。

並且從方程式上找出 $C(3, 5)$，從圖 3-16 觀察也是可以確認 C 在直線上，利用 (1, 1)、(3. 5)，可解得 $y = 2x - 1$，所以 $C(3, 5)$ 真的在 (1, 1)、(2, 3) 構成的直線上。如果找一個不在方程式上的反例 (3, 7) 與 (1, 1) 解得 $y = 3x - 2$，所以 (3, 7) 不在 (1, 1)、(2, 3) 構成的直線上。觀察圖 3-17。

為了方便起見，直線方程式就變成了 $y = ax + b$，但不包括鉛錘線，因為鉛錘線是 y 係數是 0 的線，如：$x = 2$。

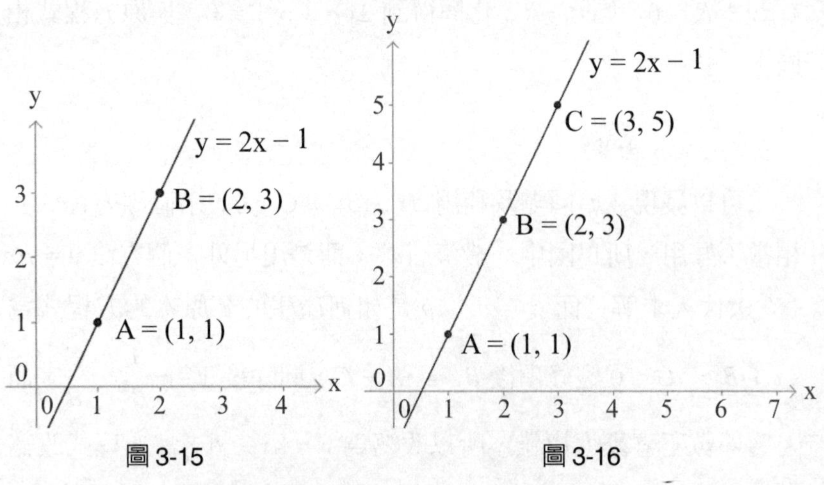

圖 3-15 圖 3-16

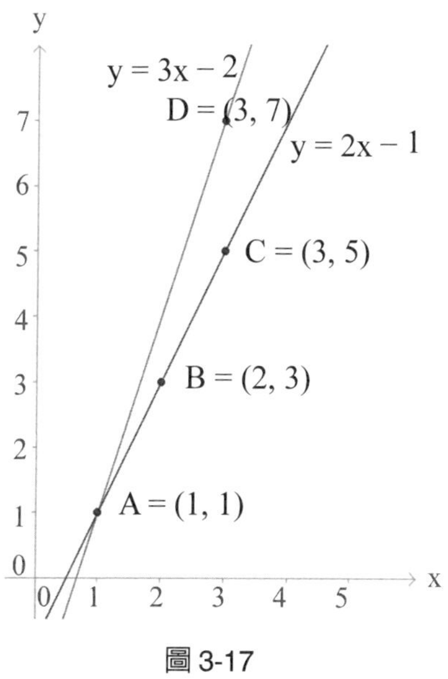

圖 3-17

★常見問題 1：$y = ax + b$ 與 $ax + by + c = 0$ 的 x 項係數 a，為什麼意義不同？

以往課本在符號上用 $y = ax + b$ 與 $ax + by + c = 0$，會讓人混淆，這是一種邋遢的寫法。兩方程式的 a、b 是不同的數值意義，必須寫作 $y = ax + b$ 與 $Ax + By + C = 0$ 才正確。

★常見問題 2：係數、變數不都是未知數嗎？

由 $ax + by + c = 0$ 可看到相當多的符號，但各自有其不同的意義。但我們習慣上 x、y、z 當作可操控的數字，而 a、b、c、d、e 作爲配合 x、y、z 及常數的數字。舉例來說，蘋果 1 個 10 元、水梨 1 個 15 元、塑膠袋 1 個 1 元，其列式可以列爲總價 = 10 × 蘋果＋ 15 × 水梨 + 1，若用符號可寫作 $10x + 15y + 1$，在此就很明顯的看出係數與變數的差別。

3-2-3 其他的直線方程式

・斜截式

已知 $y = ax + b$ 的概念後，繼續討論這個方程式，但先不討論常數 b，先討論 a，也就是討論 $y = ax$。先看圖 3-18，可以看到 $y = 2x$ 的直線傾斜程度，再看看 $y = 3x$ 的直線傾斜程度，以及 $y = 4x$ 的直線傾斜程度，可以發現數字愈大就愈傾斜。而傾斜程度定義爲斜率，其數字意義爲 $\frac{\Delta y}{\Delta x} = \frac{y_1 - y_0}{x_1 - x_0}$，見圖 3-19。所以可知 $y = ax$ 的 a 是斜率，而斜率的數學符號是 m，所以數學上又記作 $y = mx$。

接著討論當 m 是負數時的情況，先看圖 3-20，可看到 $y = -2x$ 的直線傾斜程度，再看看 $y = -3x$ 的直線傾斜程度，以及 $y = -4x$ 的直線傾斜程度，可以發現負數的數字部分愈大就愈傾斜。只是與正數時是相反的，左下右上變成左上右下，見圖 3-21，$y = 2x$ 與 $y = -2x$ 的比較。

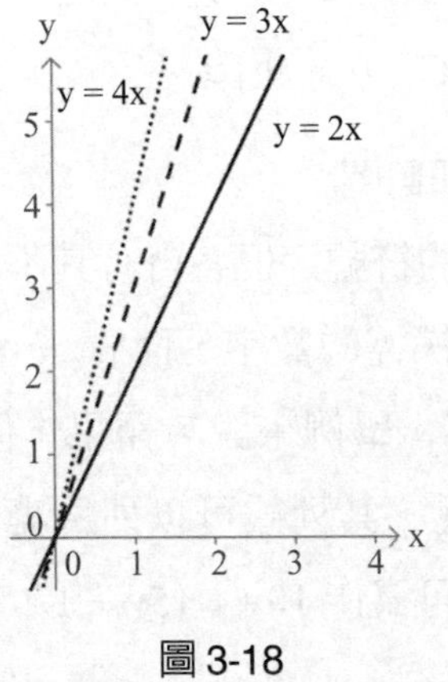

圖 3-18

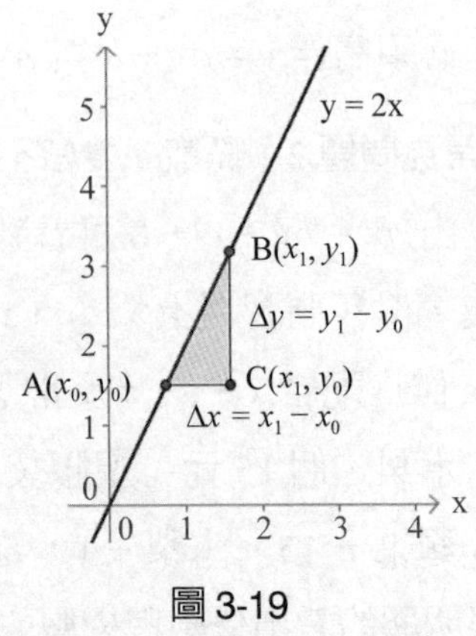

圖 3-19

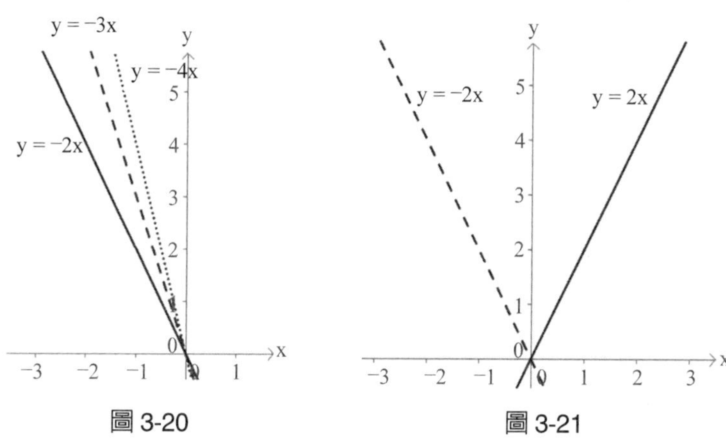

圖 3-20　　圖 3-21

※備註 1：斜率的英文是 slope，但有趣的是它的數學符號卻是 m，其中原因已經不可考，但如果用 slope 的字首字母，就會變成 $y = sx$，念起來相當拗口，所以換另外一個字母是可被理解的。

可以發現 $y = ax$，必通過 (0, 0)，但直線不是都一定要經過原點，如果將 $y = 2x$ 的線，向上平移 1 單位長，見圖 3-22，可發現通過(0, 1)、(1, 3)，再利用 $y = ax + b$ 求解，可以得到通過(0, 1)、(1, 2) 的方程式爲 $y = 2x + 1$。

同理 $y = 3x$ 的線，向上平移 2 單位長，見圖 3-23，可發現通過 (0, 2)、(2, 8)，再利用 $y = ax + b$ 求解，可以得到通過 (0, 1)、(2, 8) 的方程式爲 $y = 3x + 2$。所以我們可以知道 $y = ax + b$ 的 b 值，就是過 y 軸的點座標數值，也就是 $(0, b)$ 必過 $y = ax + b$，這個距離稱爲 y 截距。

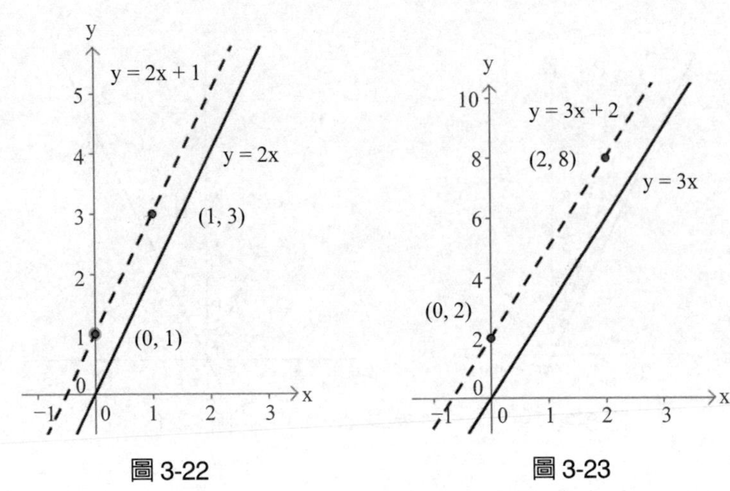

圖 3-22　　　　圖 3-23

所以$y = ax + b$，因為有斜率a，也有截距b，必通過$(0, b)$，故被稱為**斜截式**。更常用的寫法是$y = mx + k$，斜率m，截距k，必通過$(0, k)$。為什麼用k後面會說明。

※備註 2：因為學生對於符號的抽象度不一，如果不同的寫法，卻說是同一種意義，部分學生會混淆。所以有時後會聽到$y = ax + b$是直線方程式，$y = mx + k$是斜截式，將其區分開來才不會錯亂。但其實都是直線方程式，只是不同字母的寫法，而$y = ax + b$與$y = mx + k$，都是斜截式。

斜截式的主要用途，已知斜率與截距時，利用斜截式就可以直接寫出方程式，如斜率是 0.5 與截距 2，則直線方程式為$y = 0.5x + 2$。

・點斜式

在討論平面直線時，更常是只知道其中一點，與斜率，所以有必要找出一個好用的方程式來加以利用。而任意點在數學上經

常是用 (x_0, y_0) 或是 (h, k) 來表示。

※備註 1：(h, k) 用在一點時，而 (x_0, y_0) 可用在一點時，圖 3-24。或是有多點需要表示時，如需要表示 2 個點的時後就會寫作 (x_0, y_0) 與 (x_1, y_1)，或是有的人下標習慣從 1 開始，也寫作 (x_1, y_1) 與 (x_2, y_2)，見圖 3-25。

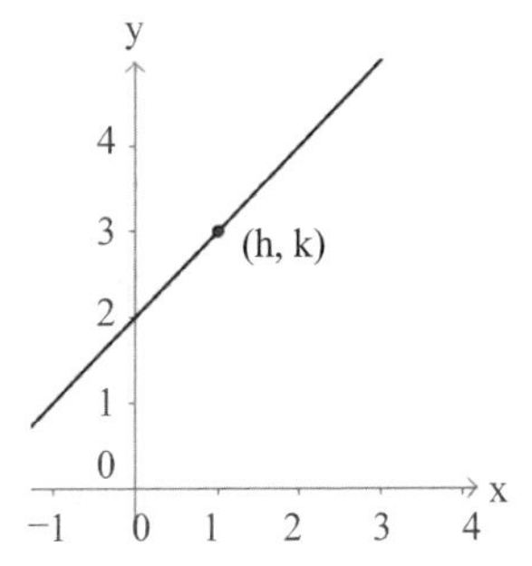

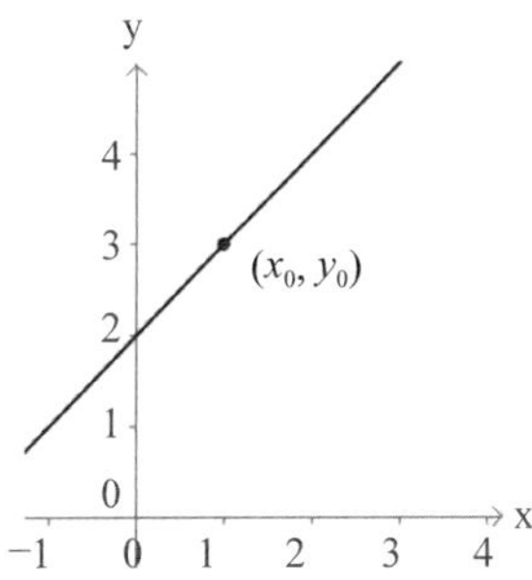

圖 3-24

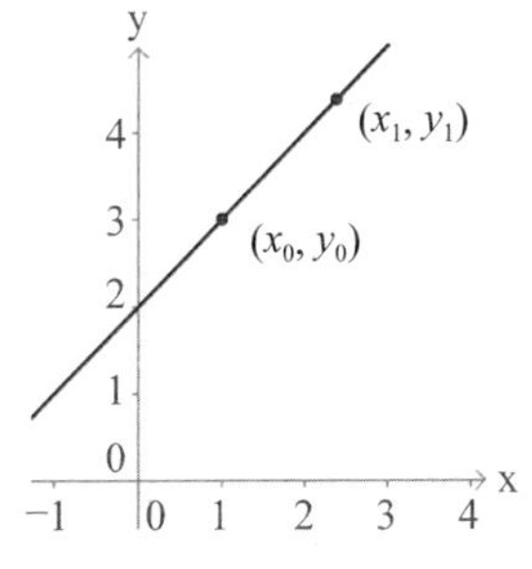

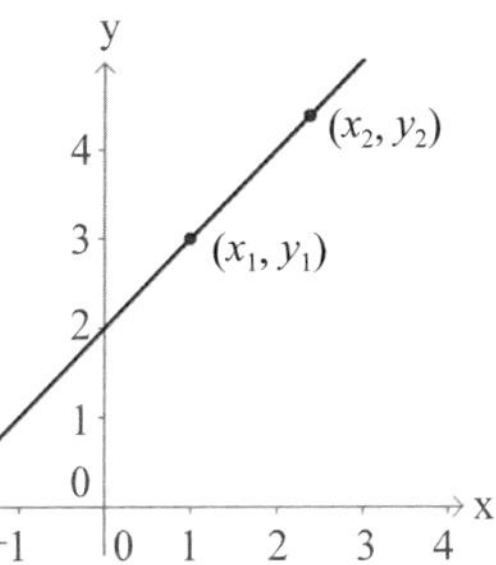

圖 3-25

※備註 2：某一點 (h, k) 爲什麼用 h 跟 k？因爲是按照字母排序，a、b、c、d、e 是常用係數，f、g 是函數，所以只好用 h 跟 k。同時 l 與 o 因爲跟 1 與 0 太像，數學符號很少用到。

用任意一點，與斜率作出的直線方程式，我們通常會是用直線上一點 (h, k) 與斜率 m，見圖 3-26。點斜式方程式的推導過程爲，已知直線方程式 $y = ax + b$，必通過 (h, k)，且斜率 m。所以代入後可以得到 $k = mh + b$，而 $k - mh = b$，及 $a = m$，代入直線方程式 $y = ax + b$，得到 $y = mx + k - mh$，化簡後得到 $y - k = m(x - h)$。

驗證 $y - k = m(x - h)$ 是否存在一點爲 (h, k)，左式爲 $k - k = 0$，右式爲 $m(h - h) = 0$，所以等號成立，故 $y - k = m(x - h)$ 是可以使用的直線方程式，當你有一點，及斜率時可以直接得到直線方程式。如：一直線通過 $(3, 4)$，斜率爲 2，則直線方程式爲 $y - 4 = 2(x - 3)$，見圖 3-27。

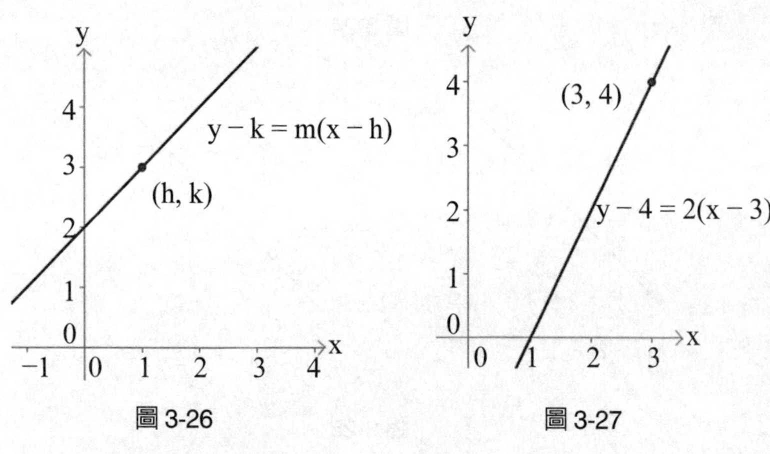

圖 3-26　　圖 3-27

※備註 3：已知 (h, k)，與 (x_0, y_0) 都可用在一點時，而 $y - k = m(x - h)$ 驗證此式的正確性式帶入確認是否等號成立。所以如果我們希望用 (x_0, y_0)…(1) 與 $ax + by + c = 0$…(2) 來組合出一個式子，(1) 代入 (2) 後得到 $ax_0 + by_0 + c = 0$，令 $c = -ax_0 -$

by_0…(3)，(3) 代回 (2) 化簡，可得到 $a(x-x_0)+b(y-y_0)=0$。

‧截距式

斜截式 $y = mx + k$，斜率 m，y 截距 k，必通過 $(0, k)$。此時我們就會去思考，有沒有辦法得到一點在 x 軸上，一點在 y 軸上，作成的直線方程式，此時我們令在 x 軸上是 $(a, 0)$，a 是 x 截距，意思爲 x 軸上的點與原點的距離，但具有方向性，也就是具有正負性質；同理，令 y 軸上是 $(0, b)$，b 是 y 截距，意思爲 y 軸上的點與原點的距離，但具有方向性，見圖 3-28。

‧截距式推導

利用 $Ax + By + C = 0$…(1)，將 $(a, 0)$ 代入，可得到 $Aa + C = 0$，所以 $A=\frac{-C}{a}$…(2)；將 $(0, b)$ 代入，可得到 $Bb + C = 0$，所以 $B=\frac{-C}{b}$…(3)，將 (2)(3) 代入 (1)，得到 $\frac{-C}{a}x+\frac{-C}{b}y+C=0$，化簡得到 $\frac{x}{a}+\frac{y}{b}-1=0 \Rightarrow \frac{x}{a}+\frac{y}{b}=1$。

驗證：將 $(a, 0)$ 代入 $\frac{x}{a}+\frac{y}{b}=1$，可以得到 $\frac{a}{a}=1$，將 $(0, b)$ 代入 $\frac{x}{a}+\frac{y}{b}=1$，可以得到 $\frac{b}{b}=1$，所以此直線方程式無誤。

假設有兩點 $(2, 0)$ 與 $(0, -3)$，利用截距式，就可以快速得到，直線方程式爲 $\frac{x}{2}+\frac{y}{-3}=1$，見圖 3-29。而截距式很少用到，但可以利用截距式，計算直線與兩軸所夾的面積，以及**兩軸上的點座標值**。

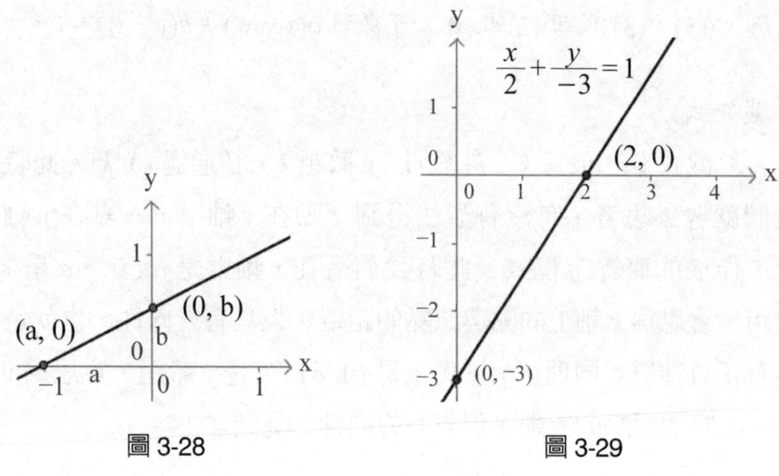

圖 3-28

圖 3-29

・兩點式

已知兩點時可以用 $y = ax + b$，去找出直線方程式爲何。但我們可以利用 $y - k = m(x - h)$，進行推導可以得到一個，有兩點就可以直接得到直線方程式的方法。此時因爲有兩點 (x_0, y_0) 與 (x_1, y_1)，所以 $(h, k) = (x_0, y_0)$，所以 $y - k = m(x - h)$ 變成 $y - y_0 = m(x - x_0)$，進行移項，$\frac{y-y_0}{x-x_0}=m$，而 m 爲斜率，$m=\frac{\Delta y}{\Delta x}=\frac{y_1-y_0}{x_1-x_0}$，見圖 3-30。所以可得到 $\frac{y-y_0}{x-x_0}=m=\frac{y_1-y_0}{x_1-x_0}$。這個方程式的意思很簡單，直線上任意兩點的斜率都是相同，(x, y) 與 (x_0, y_0) 的斜率是 m，(x_1, y_1) 與 (x_0, y_0) 的斜率也是 m。

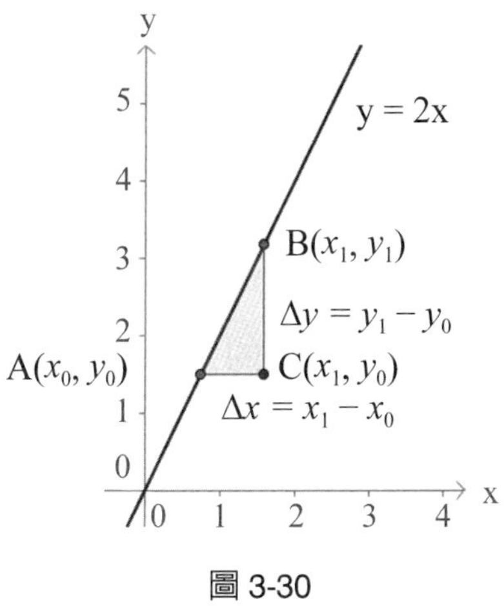

圖 3-30

兩點式的直線方程式有怎樣的優點？它可以方便作內插法，如：對數的內插法，log2.3 = ？想求 log2.3 = ？，已知 $\log_{10}2 = 0.301$ 與 $\log_{10}3 = 0.4771$，圖 3-31 可看到直線 AB 與 $y = \log_{10}x$，在 $x = 2.3$ 很接近，所以就用直線 AB 的 D 點 y 值來代替 $y = \log_{10}x$ 的 C 點 y 值，而計算 D 點的 y 值，就可以利用內插法，因爲直線 AB 是一條直線，所以直線上任兩點的斜率相同，故直線 AB 與直線 AD 的斜率相同，見過程 1。而 j 值接近 k 值，所以 $\log 2.3 \approx 0.35383$。而指數、三角函數的內插法也是同理。

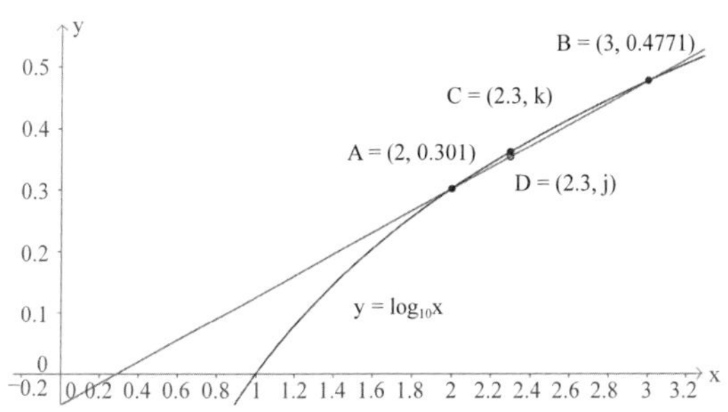

$$m_{AB} = m_{AD}$$

$$\frac{y_B - y_A}{x_B - x_A} = \frac{y_D - y_A}{x_D - x_A}$$

$$\frac{0.4771 - 0.301}{3 - 2} = \frac{j - 0.301}{2.3 - 2}$$

$$0.1761 = \frac{j - 2}{0.3}$$

$$0.35383 = j$$

圖 3-31　過程 1

・參數式

任兩點可以構成一直線，並知道直線上，是由無限多個點構成。同時直線上任意兩點斜率是固定的，也就是 $m=\dfrac{\Delta y}{\Delta x}=\dfrac{y_1-y_0}{x_1-x_0}=\dfrac{y_2-y_0}{x_2-x_0}$，如：$y=2x+1$，可以看到，$P_0(1, 3)$、$P_1(2, 5)$、$P_2(3, 7)$、$P_3(5, 11)$，作出來的三角形底跟高的比例都是相等的，或者說斜率（比值）相同，見圖 3-32。所以試著將點拆開座標值的方式來討論一條直線，以本題為例，就是直線上的點 x 部分每移動 1 單位長，y 部分就會移動 2 單位長。直線上的點 x 部分每移動 t 單位長，y 部分就會移動 $2t$ 單位長。

如：$P_0=\begin{cases}x=1\\y=3\end{cases}$、$P_1=\begin{cases}x=1+1\times\boxed{1}=2\\y=3+2\times\boxed{1}=5\end{cases}$、$P_2=\begin{cases}x=1+1\times\boxed{3}=4\\y=3+2\times\boxed{3}=9\end{cases}$、

$P_3=\begin{cases}x=1+1\times\boxed{4}=5\\y=3+2\times\boxed{4}=11\end{cases}$，見圖 3-33。也就意味著，如果討論新點的 x 座標與 y 座標，其實就是討論 $m=\dfrac{\Delta y\times t}{\Delta x\times t}$ 的 t 放大了幾倍。

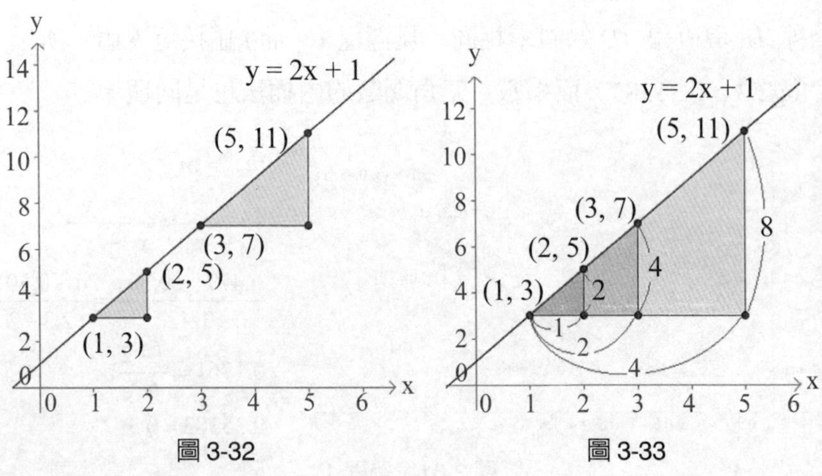

圖 3-32　　圖 3-33

要如何表示參數式，可以從兩點 (x_0, y_0)、(x_1, y_1) 找到一個起點 $P_0(x_0, y_0)$，P_0 一般使用左側點，跟 Δx 與 Δy，然後我們就可以將點表示爲 $\begin{cases} x = x_0 + \Delta x \times t \\ y = y_0 + \Delta y \times t \end{cases}$，$t$ 爲任意數，但因爲 Δx 與 Δy 容易使人不習慣，所以大多是用 a 與 b 取代 Δx 與 Δy，故寫作 $\begin{cases} x = x_0 + at \\ y = y_0 + bt \end{cases}$，$t$ 爲任意數，或以座標形式表示 $(x_0 + at, y_0 + bt)$。因此只要改變 t 就能表示線上的某一點。

※備註 1：用 t 作爲符號，是因爲有時間的概念在內部，所以用 time 的字首作爲符號。

※備註 2：參數式可以將符號減少，此時 $y = ax + b$ 不需要計算，當 $x = 1$ 時經過 a 與 b 運算後的 y 值爲何。而是只需要考慮當 t 等於多少時，x 值會是多少，y 值又會是多少，這個工具在三度空間就更爲重要。

※備註 3：參數式 $\begin{cases} x = x_0 + at \\ y = y_0 + bt \end{cases}$ 的 a 與 b 與 $y = ax + b$ 無關，不可混爲一談，同時也與 $ax + by + c = 0$ 無關，因爲改寫本身就是不好的方式。

※備註 4：觀察 $3x + 4y = 12$ 圖案，見圖 3-34，其參數式爲 $\begin{cases} x = 4 + 4t \\ y = 0 - 3t \end{cases}$，以及觀察 $2x - 3y = -6$ 圖案，見圖 3-35，其參數式爲 $\begin{cases} x = 0 + 3t \\ y = 2 + 2t \end{cases}$。所以給我們方程式時，就可以找到參數式變化量的部分，也就是，Δx 是 y 的係數、Δy 是 x 的係數 $\times (-1)$。

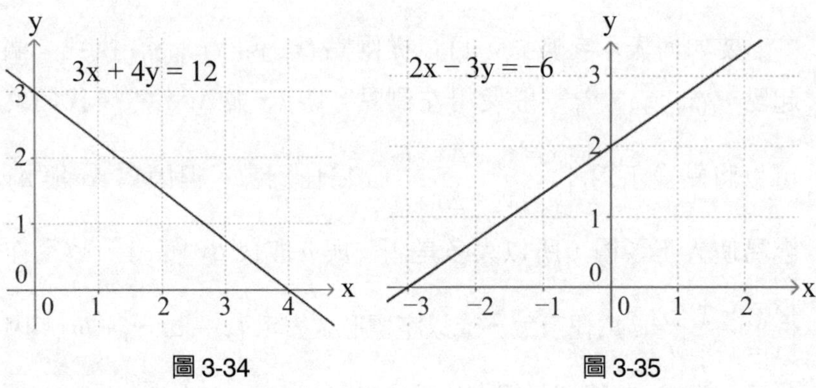

圖 3-34　　圖 3-35

3-2-4 直線方程式整理

1. 一般式：$Ax + By + C = 0$。
2. 國中常用直線方程式：$y = ax + b$，就是斜截式。
3. 斜截式：$y = mx + k$。
4. 點斜式：$y - k = m(x - h)$。
5. 兩點式：$\dfrac{y - y_0}{x - x_0} = \dfrac{y_1 - y_0}{x_1 - x_0}$。
6. 截距式：$\dfrac{x}{a} + \dfrac{y}{b} = 1$。
7. 參數式：$\begin{cases} x = x_0 + at \\ y = y_0 + bt \end{cases}$，$a = \Delta x = x_1 - x_0$，$b = \Delta y = y_1 - y_0$，$t$ 是任意數，或以座標形式表示 $(x_0 + at, y_0 + bt)$。

3-2-5 結論

由平面座標與一元一次方程式的結合，可以更容易了解聯立方程式的意義，就是在討論兩條線的關係，同時本節也讓學生了解到直線方程式的由來，不是數學家隨便亂定義一個方程式是直線方程式就是直線方程式，而是有其原因，爲了幫助計算，經移項後才得到一個容易運算的直線方程式 $y = ax + b$。

3-3 一元二次方程式、參數式、拋物線、與配方法

延續上一篇的內容，接著討論一元二次方程式，但討論一元二次方程式的故事可以與參數式與拋物線，一併說明。

3-3-1 拋物線的起源

先認識拋物線的相關內容，拋物線顧名思義，拋出物體的行進路線。現在的書直接將其放在高中圓錐曲線內容，但希臘時期圓錐曲線 Parabola 並沒有與拋物線被聯想再一起，作者認爲在希臘時期 Parabola 應該稱爲**單曲線**。那拋物線的圖形是什麼？一段圓弧嗎，感覺又不像，又好像是橢圓的曲線，可是又不確定。那麼拋物線到底是怎樣的圖形？見圖 3-36。接著認識拋物線不同時期的看法。

- **亞里斯多德（Aristotle）對拋物線的看法：拋出的物體路線，見圖 3-37**

  第一階段：認爲是直線，45 度斜向上。

  第二階段：認爲是向上到了頂點，四分之一圓弧向下掉落。

  第三階段：認爲物體受原本性質影響，開始垂直往下掉。

圖 3-36 砲彈的軌跡路線　　圖 3-37

亞里斯多德認爲物體受原本性質影響？亞里斯多德認爲石頭會往下掉，因爲它從土裡面產生，是有重量的東西，所以丟出去會想回到地面，所以會掉落，而不是一路飛出去。並且認爲重的掉落的比輕的快，重的回到地面時間較短。空氣或是火焰是輕飄飄的物質，喜歡往上飄。

·伽利略（Galileo Galilei）對拋物線的看法

伽利略的時代，伽利略對掉落看法改變，認爲拋物線不是亞里斯多德所敘述的樣子。伽利略的猜測拋物線可拆成兩個部分：1. 水平的移動，2. 向下的加速移動，自由落體運動。並且提出一磅跟兩磅掉落時間一樣。最後經實驗證明伽利略是第一個準確提出物體運動規則的人。

伽利略的實驗：伽利略用物理方式來測量，做一個斜面儀器，上面不同的位置放鈴噹，球經過後鈴鐺發出聲音，記錄聲音的時間，有沒有因球的重量改變而不同。鈴鐺的位置經過調整後，任何重量的球滾動每一段距離，都是相距一秒。見圖 3-38。

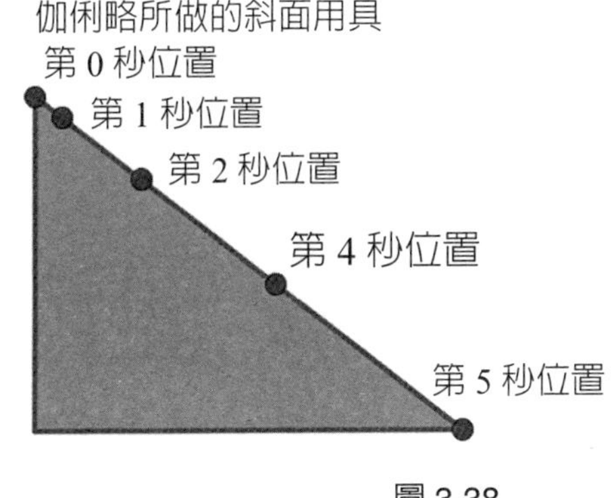

時間	距離
0	0
1	1
2	4
3	9
4	16
5	25

圖 3-38

實驗結果：重量不同的求沒有導致落地時間不同，但卻意外發現時間與距離的關係。距離與時間平方成正比。經過很多人的計算得到**高度公式模型：**$y = -4.9t^2$。也就是 $y = \frac{-gt^2}{2}$，g 爲重力加速度。

伽利略認爲拋物線是水平與垂直組成，垂直部分已確定移動方式：$y = -4.9t^2$；水平不確定會不會影響時間，所也做了水平的實驗。在同一高度測試四種情況的掉落時間，見圖 3-39。1. 無水平力量、2. 輕推、3. 略用力推、4. 用力推。

他發現用不用力，落地時間都一樣，所以水平運動，不影響掉落時間。水平的力量只影響水平距離，也就是水平移動距離爲水平速度乘上時間：$x = vt$。伽利略接下來觀察，丟向上的拋物線痕跡，拋物線路線並不是亞里斯多得所說是直線、畫 $\frac{1}{4}$ 圓弧、再直線掉落。而是一個很平滑的曲線路線沒有轉折角，圖案與一元二次方程式一樣，見圖 3-40。

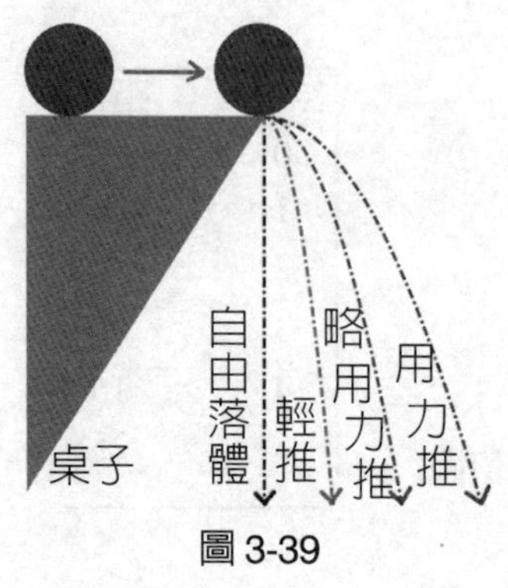

圖 3-39

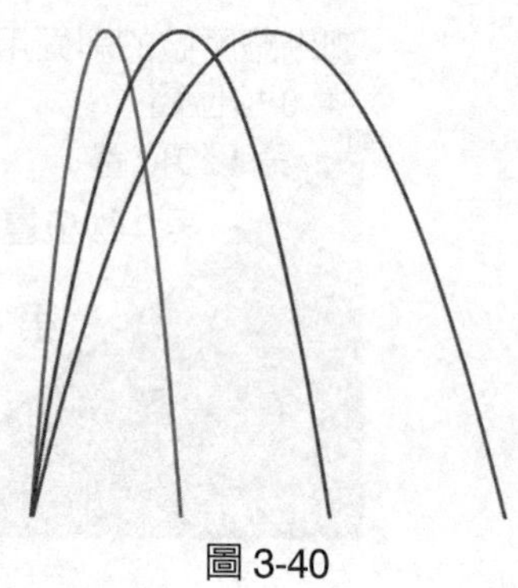
圖 3-40

伽利略認爲物體的的拋體運動路線滿足下列三點：

1. 物體移動分爲水平速度、重力加速度，與其他本性無關。
2. 水平速度是固定數字，水平距離是水平速度乘上時間，$x = vt$。
3. 垂直方向受重力加速度影響，垂直距離與時間平方成正比，$y = -4.9t^2$。

最終伽利略更新拋物線的舊有概念，而是以客觀事實的說明拋物線的軌跡。

3-3-2 拋物線的現代應用

憤怒鳥就是利用拋物線原理的遊戲，以及多項球類運動都有用到拋物線原理，同時戰爭中坦克車也要精準計算出拋物線的落點位置，才能打中敵人。

3-3-3 拋物線與參數式關係

由拋物線的相關內容後可以發現，不管是高度的數學式 $y = -4.9t^2$，還是水平的數學式 $x = vt$，都與時間 t 有關係，而這就是參數式的雛形，所以參數式的符號就使用 t，由此可知參數式的由來。

我們不可低估參數式的重要性，在參數式的概念出現之前，記錄位置後並不容易討論關係。而伽利略創造出參數式的概念，使得描述圖形有著極大的便利。因為我們觀察事物，只能觀察到結果，但如果是利用參數式，將其變化成一個時間因素影響其他位置量，最後再組合（此時參數 t 被合併消失），可以有效討論其他曲線。其中影響最為重大的就是克卜勒觀察行星軌跡，因而奠定地球是橢圓軌道。

★常見問題：為什麼要學參數式？

參數式可有效的讓有多個未知數方程式，描述曲線的方式，轉變為一個未知數 t，如：拋物線：$y=-\frac{4.9}{v^2}\times x^2$，其座標參數式為 $(x, y) = (vt, -4.9t^2)$，t 為任意數。

3-3-4 拋物線與參數式與一元二次方程式的關係

將 $y = -4.9t^2$ 與 $x = vt$ 做聯立，可得到 $\begin{cases} y=-4.9t^2 ...(1) \\ x=vt..........(2) \end{cases}$，(2) 經移項可得 $t=\frac{x}{v}$ ...(3)，(3) 代入 (1) 後可以得到 $y=-4.9(\frac{x}{v})^2$，也就是 $y=-\frac{4.9}{v^2}\times x^2$，將係數用符號 a 代替得到 $y = ax^2$，可以發現到右式為一元二次式，而這就是為什麼一元二次方程式 $y = ax^2 + bx + c$ 被稱為拋物線的原因，見圖 3-41，並且可再一次發現數學可有效描述自然現象。

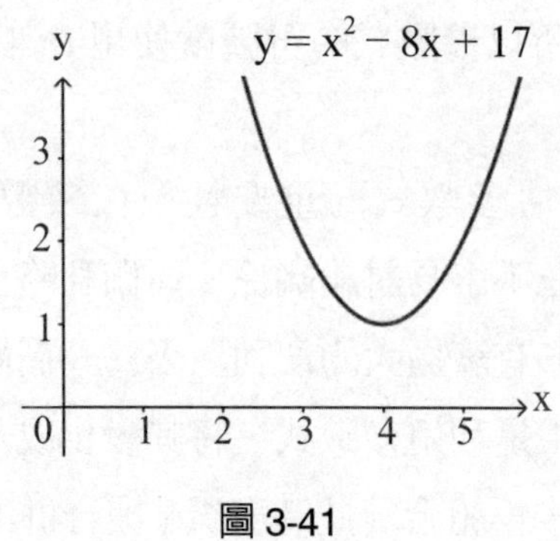

圖 3-41

同時已知伽利略的拋物線方程式爲 $y=-\dfrac{4.9}{v^2}x^2$，如果討論水平速度 v = 10、v = 20，將其作圖平面座標上，則可觀察出各種拋物線的情況。並且可以發現拋物線只有在 $y = ax^2 + bx + c$ 的係數 a 爲負數才是重力向下的拋物線。

※備註：有些人會認爲一條繩子兩端綁起來的自然垂下的曲線是 $y = ax^2 + bx + c$ 的係數 a 爲正數時的拋物線，但其實不是。這個問題直到歐拉數的出現才得以解決，其方程式爲 $y=\dfrac{e^x+e^{-x}}{2}$，而此線被稱爲「懸練線」。而此線不難被發現，繩子、帳篷頂部的曲線、記念發現懸練線的橋，甚至連麥當勞的商標曲線也很接近到倒過來的懸練線，見圖 3-42～3-45。

圖 3-42　配戴的項鍊，取自 WIKI

圖 3-43　布從頂端到四根柱子的自然下垂圖案，是懸鍊線的一半，取自 WIKI

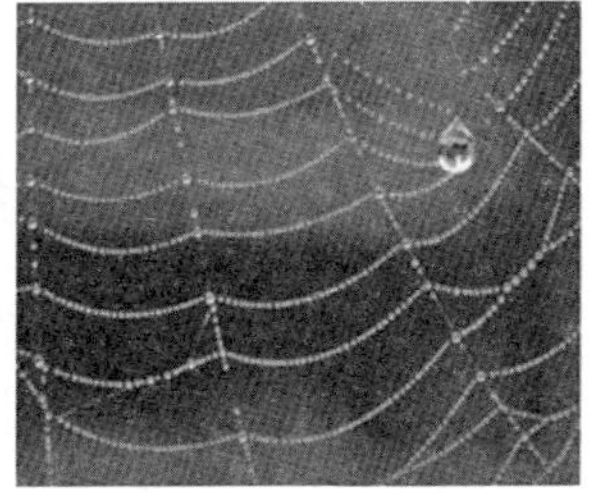

圖 3-44　蜘蛛網與鍊條，都是常見的懸鍊線，取自 WIKI

圖 3-45　聖路易拱門（St. Louis Arch），以反過來的懸鍊線來設計。取自 WIKI

3-3-5 一元二次方程式求解－配方法

一元二次方程式可表示爲：$ax^2 + bx + c$，其中重要的目的就是求未知數 x 的數値，而爲了求未知數在國中有需要先學習分配律的延伸—乘法公式、與十字交乘等方法，而在此不多贅述，僅說明乘法公式的部分內容。

1. $(x + y)^2 = x^2 + 2xy + y^2$
2. $(x - y)^2 = x^2 - 2xy + y^2$
3. $(x + y)(x - y) = x^2 - y^2$
4. $(x + y)^3 = x^3 + 3x^2y + 3xy^2 + y^3$
5. $(x - y)^3 = x^3 - 3x^2y + 3xy^2 - y^3$
6. $x^3 + y^3 = (x + y)(x^2 - xy + y^2)$
7. $x^3 - y^3 = (x - y)(x^2 + xy + y^2)$
8. $ax^2 + bx + c = 0 \rightarrow x = \dfrac{-b \pm \sqrt{b^2 - 4ac}}{2a}$

・配方法說明

$$ax^2 + bx + c = 0$$

$$x^2 + \frac{b}{a} \times x + \frac{c}{a} = 0$$

$$x^2 + 2 \times \frac{b}{2a} \times x + \frac{c}{a} = 0$$

$$x^2 + 2 \times \frac{b}{2a} \times x + (\frac{b}{2a})^2 - (\frac{b}{2a})^2 + \frac{c}{a} = 0$$

$$(x + \frac{b}{2a})^2 = (\frac{b}{2a})^2 - \frac{c}{a}$$

$$(x + \frac{b}{2a})^2 = \frac{b^2 - 4ac}{4a^2}$$

$$x+\frac{b}{2a}=\pm\sqrt{\frac{b^2-4ac}{4a^2}}$$

$$x=-\frac{b}{2a}\pm\sqrt{\frac{b^2-4ac}{4a^2}}$$

$$x=-\frac{b}{2a}\pm\frac{\sqrt{b^2-4ac}}{2a}$$

$$x=\frac{-b\pm\sqrt{b^2-4ac}}{2a}$$

3-3-6 一元二次曲線

由伽利略的故事可以知道拋物線的數學式為 $y = ax^2 + bx + c$，而曲線必須觀察其圖案的變化性，在此建議不要死背係數與曲線的關係，僅需要多畫幾次圖就可以容易記憶，見圖 3-46～3-49。

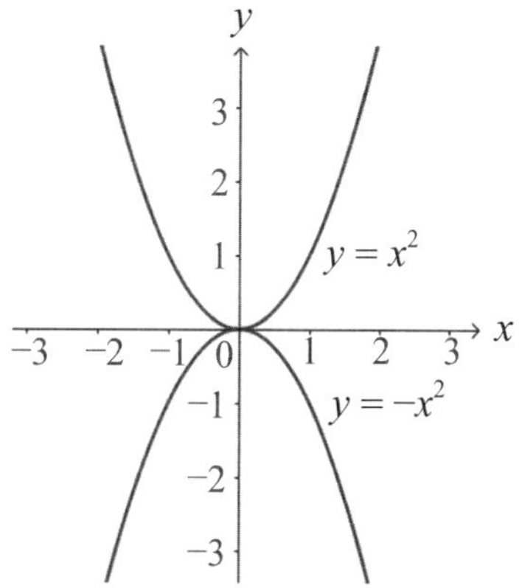

圖 3-46　係數 a 的正負性質，可觀察出開口方向

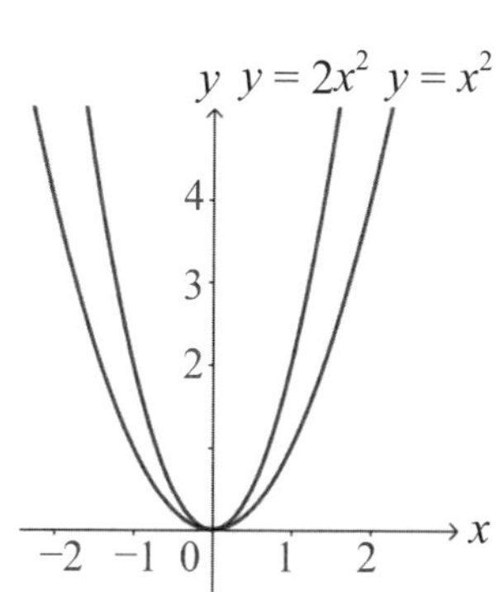

圖 3-47　係數 a 的絕對值愈大，數值變化愈大，開口愈小

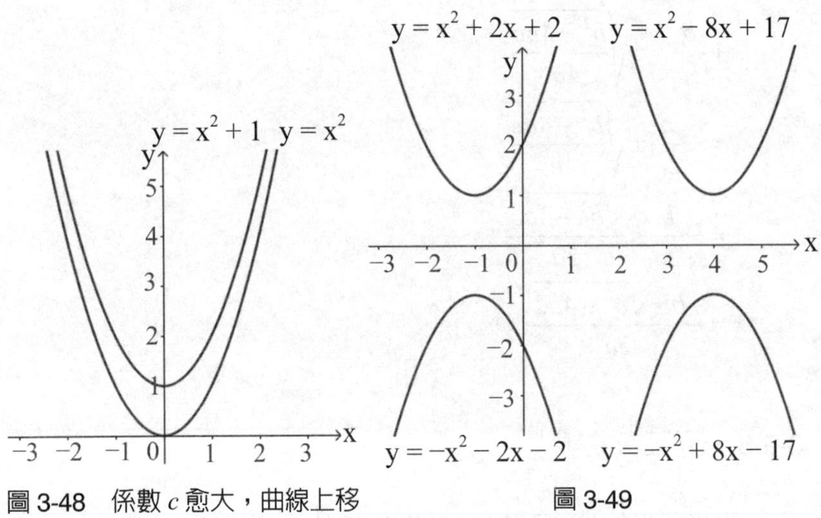

圖 3-48 係數 c 愈大，曲線上移

圖 3-49

係數 a 與 b 同號，頂點在 y 軸左邊；係數 a 與 b 異號，頂點在 y 軸右邊。或可將 $y = ax^2 + bx + c$ 做配方法，可得到拋物線標準式 $y = a(x-h)^2 + k$，頂點爲 (h, k)，而 $h = -\dfrac{b}{2a}$，$k = -\dfrac{b^2-4ac}{4a}$，再次觀察圖與係數的關係，見圖 3-50、3-51。

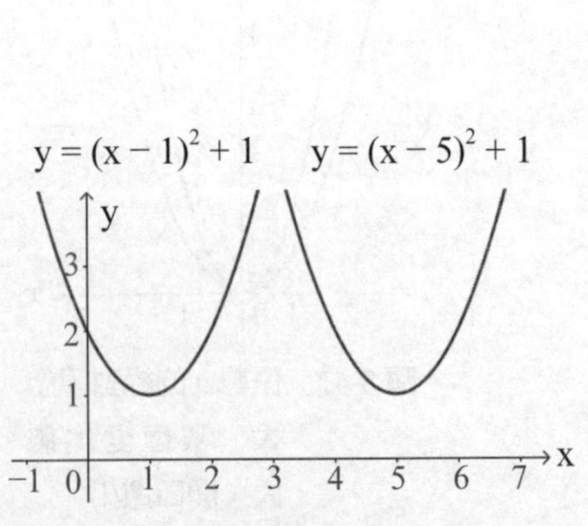

圖 3-50 h 愈大，曲線右移

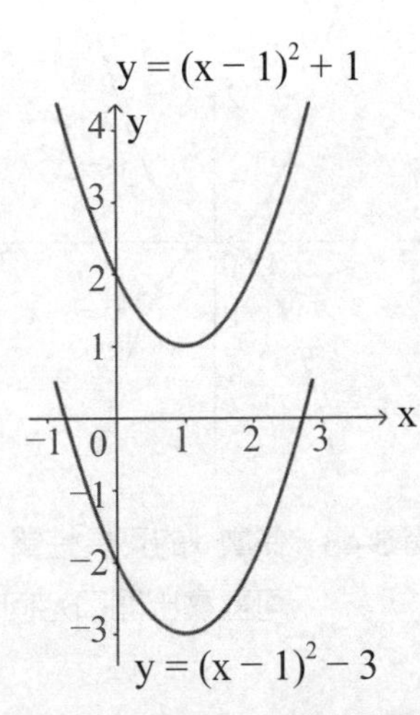

圖 3-51 k 愈大，曲線上移

・推導 $y=ax^2+bx+c$ 化爲拋物線標準式 $y=a(x-h)^2+k$

$$y=ax^2+bx+c$$

$$y=a(x^2+\frac{b}{a}\times x)+c$$

$$y=a(x^2+2\times\frac{b}{2a}\times x)+c$$

$$y=a(x^2+2\times\frac{b}{2a}\times x+(\frac{b}{2a})^2-(\frac{b}{2a})^2)+c$$

$$y=a(x^2+2\times\frac{b}{2a}\times x+(\frac{b}{2a})^2)-a\times(\frac{b}{2a})^2+c$$

$$y=a(x+\frac{b}{2a})^2-\frac{b^2}{4a}+c$$

$$y=a(x+\frac{b}{2a})^2-\frac{b^2}{4a}+c$$

$$y=a(x+\frac{b}{2a})^2-\frac{b^2-4ac}{4a}$$

3-3-7 一元二次方程式求解與拋物線關係

一元二次方程式 $ax^2+bx+c=0$ 求解，就是討論拋物線：$y=ax^2+bx+c$ 與 x 軸：$y=0$ 的關係，也就是拋物線 $y=ax^2+bx+c$ 與 x 軸：$y=0$ 做聯立 $\begin{cases}y=ax^2+bx+c\\y=0\end{cases}$，即可得到一元二次方程式 $ax^2+bx+c=0$，見圖 3-52。因此我們就可以理解一元二次方程式求解，兩解（有兩根）、一解（重根）、無實數解的圖案意義，圖 3-53。

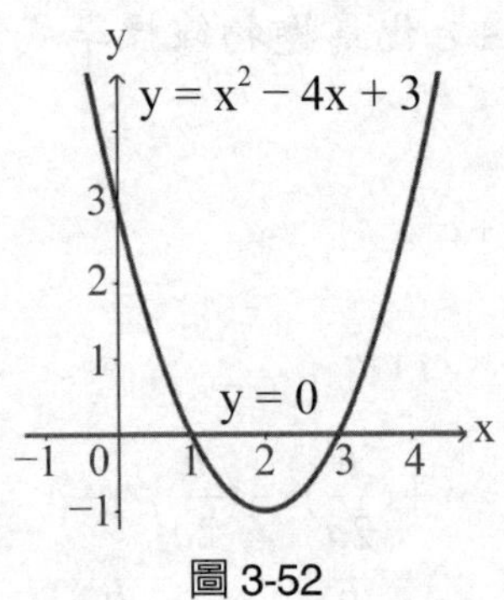

圖 3-52

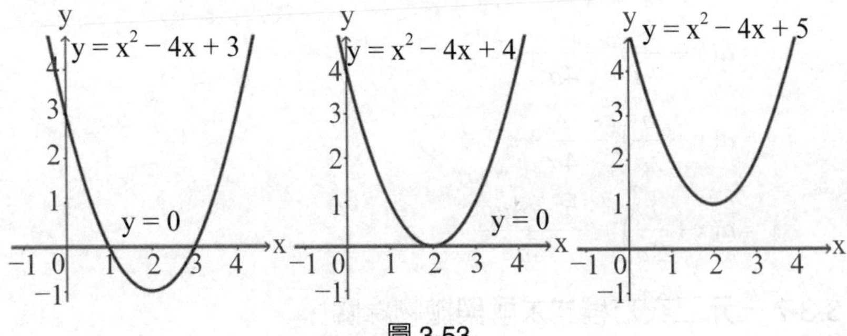

圖 3-53

同時我們討論的各種一元 n 次方程式：$a_0 + a_1x^1 + a_2x^2 + a_3x^3 + \cdots + a_nx^n = 0$，都是曲線：$y = a_0 + a_1x^1 + a_2x^2 + a_3x^3 + \cdots + a_nx^n$ 與 x 軸：$y = 0$ 的關係，見圖 3-54、3-55。並可觀察出 n 與彎曲數的關係。如：$n = 2$ 有一次彎曲，$n = 3$ 有兩次彎曲，$n = 4$ 有三次彎曲，以此類推。

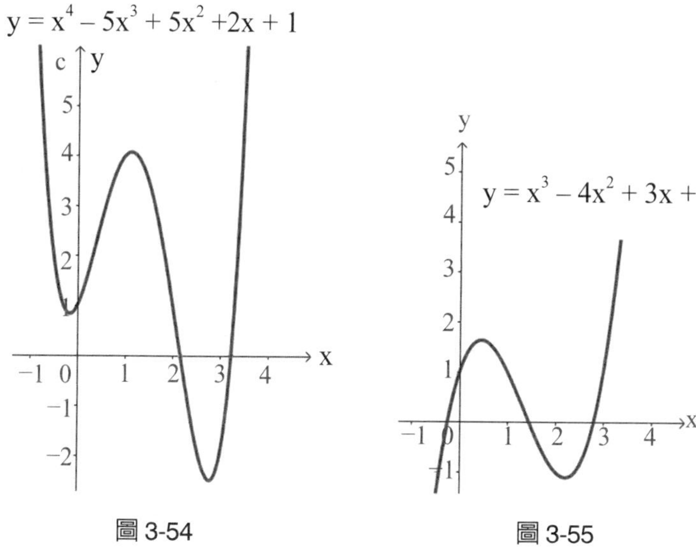

圖 3-54

圖 3-55

3-3-8 結論

一元二次方程式的故事及內涵相當多，可以組合起來一起學習，就可以讓單純只討論一元二次方程式求解及曲線的內容更有意思。同時本節也讓學生了解到拋物線的由來，**不是數學家隨便亂定義一個方程式是拋物線方程式就是拋物線方程式**，而是有其原因，伽利略經實驗證明，才發現拋物線的方程式是一元二次方程式：$y = ax^2 + bx + c$。而更重要的是牛頓（Newton）也是藉由這樣的啓發，才思考出地球運行的軌跡是橢圓，圖 3-56。同時我們也應該知道代數的內容，畫圖記憶比直接死記來的更好。

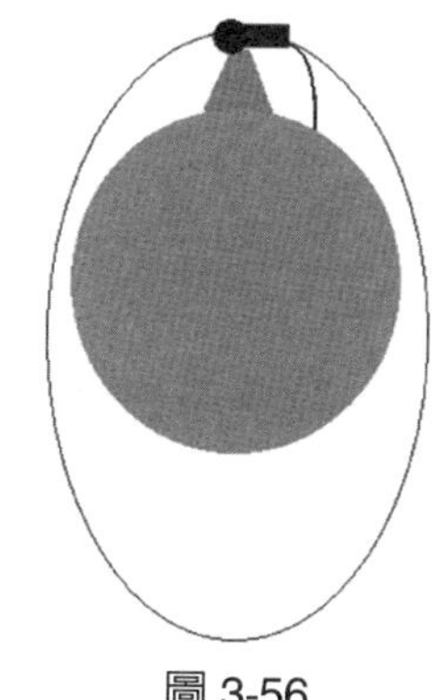

圖 3-56

牛頓一連串的研究，促成微積分的

發展。大家都以爲牛頓是被掉落的蘋果打到，才有後來後續的研究。但其實是受到伽利略研究拋物線的果實，所衝擊到。

牛頓是影響後世科學，偉大的人之一，但他仍謙虛的說：

「如果我所見的比其他人遠，那是因爲我站在巨人肩上的緣故。」（If I have seen farther than else, it is by standing on the shoulders of giants.）

3-4 數列與級數、一般式與遞迴式

數列故名思義就數字排一列，其中比較有名的是費氏數列，它與黃金比例也有關係。說明數列與級數、一般式與遞迴式前，先認識費氏數列的故事。

3-4-1 費氏數列

生物中動物的繁殖，也與費氏數列有關，並也與黃金比例有關。費波那契（Fibonacci, 1170-1240）觀察兔子生長數量情形，他發現兔子的生長久了之後，每繁殖一次，新總數約爲舊總數的1.6倍，於是他想知道裡面有什麼特殊的數學隱含在內部。他做出了下述內容。

費波那契假設：

1. 第一個月有一對小兔子，一公一母。
2. 第二個月長大變中兔子。
3. 第三個月具有生殖能力的大兔子，往後每個月都會生出一對

兔子。生出新的一對兔子，也是一公一母。

4. 兔子永不死亡。

利用上面內容畫出下列的圖 3-57，線條代表親屬關係、羅馬數字代表月份，s：代表剛出生的小兔子、m：代表長大的中兔子、b：代表具生殖能力的大兔子。

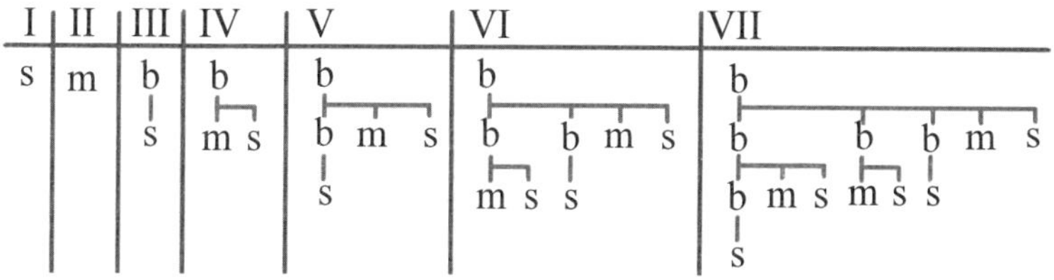

I	II	III	IV	V	VI	VII
s	m	b s	b m s	b b m s s	b b b m s m s s	b b b b m s b m s m s s s

圖 3-57

將每一個月的兔子數量，以一對爲單位，得到了 1、1、2、3、5、8、13⋯、$a_n = a_{n-1} + a_{n-2}$ 的數列。而這個數列，$a_1, a_2, a_3, a_4, a_5, a_6, a_7, a_8, a_9, \cdots = 1, 1, 2, 3, 5, 8, 13, 21, 34, \cdots$，可以發現前兩項總合相加等於第三項，數學式爲 $a_n = a_{n-1} + a_{n-2}$，也就是 $1 + 1 = 2$，$1 + 2 = 3$，$2 + 3 = 5$，$3 + 5 = 8$，⋯，並且相鄰兩個數字相除可發現愈來愈接近 1.618，參考圖 3-58 及相鄰兩項相除情況。

由圖 3-58 發現相鄰兩項相除會接近 1.618，這個特殊的數值是黃金比例，這樣是否意味者費氏數列與黃金比例有關？

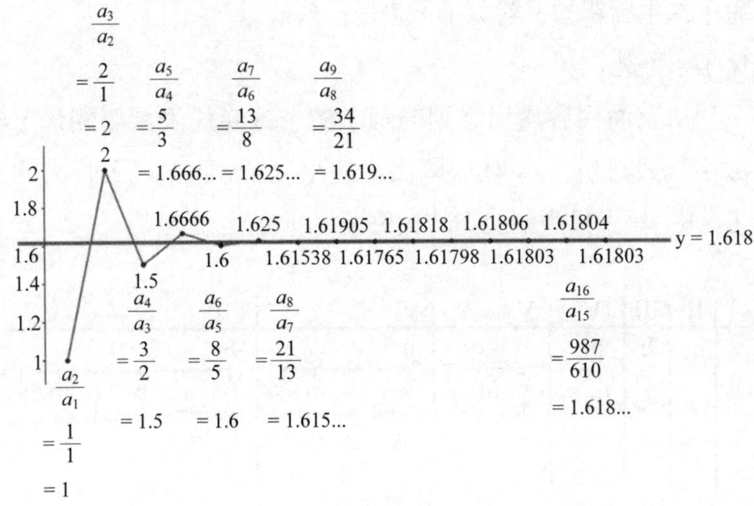

圖 3-58

·費氏數列與黃金比例的關係

由圖 3-60 可知費氏數列愈後面的相鄰兩項相除會愈接近 1.618，也就是當 n 趨近無限大時，$\frac{a_n}{a_{n-1}}$、$\frac{a_{n-1}}{a_{n-2}}$ 的比值會很接近，數學式記做 $\lim\limits_{n\to\infty}\frac{a_n}{a_{n-1}}=\lim\limits_{n\to\infty}\frac{a_{n-1}}{a_{n-2}}=r$，並且已知 $a_n=a_{n-1}+a_{n-2}$。可得到下述推導

$$\lim_{n\to\infty}\frac{a_n}{a_{n-1}}=\lim_{n\to\infty}\frac{a_{n-1}}{a_{n-2}}$$

$$\lim_{n\to\infty}\frac{a_{n-1}+a_{n-2}}{a_{n-1}}=\lim_{n\to\infty}\frac{a_{n-1}}{a_{n-2}}$$

$$\lim_{n\to\infty}\left(1+\frac{a_{n-2}}{a_{n-1}}\right)=\lim_{n\to\infty}\frac{a_{n-1}}{a_{n-2}}$$

$$\lim_{n\to\infty}(1+\frac{1}{\frac{a_{n-1}}{a_{n-2}}})=\lim_{n\to\infty}\frac{a_{n-1}}{a_{n-2}}$$ 已假設 $\lim_{n\to\infty}\frac{a_{n-1}}{a_{n-2}}=r$

$$1+\frac{1}{r}=r$$

$$r^2-r-1=0$$

$r=\frac{1\pm\sqrt{5}}{2}$ 公式解

$r=\frac{1+\sqrt{5}}{2}$ 負數不合理，取正數

$\Rightarrow r \doteqdot 1.618$ ，而 1.618 正是黃金比例的數值

所以可以發現費氏數列與黃金比例的相關性，而費氏數列又與自然界有關，所以黃金比例的確在大自然中是一個神奇的數字。

※備註：$\lim_{n\to\infty}$ 是指 n 的整數值趨近無限大，lim 是極限 limit 的的數學式寫法。

・植物與費氏數列

觀察植物葉片數量，也是 1、1、2、3、5、8、13……的數量，來加以成長，猜測是養分與葉子的關係，如同兔子繁殖的原理一樣，假設成長週期爲一週，每週變化一次：1. 第一週爲新生小葉片、2. 第二週爲成長中的中葉片、3. 第三週爲提供養分的大葉片，最後也得到葉子數是費氏數列的情形。以及花的花瓣數也符合費氏數列。

・費氏數列與黃金比例螺線

如果將費氏數列的小方塊逆時針向外繞圈，其長方形長寬比會接近黃金比例，並且可以畫出黃金比例螺線，見圖 3-59、

3-60。已知黃金比例螺線是大自然的偏好曲線，又再一次驗證費氏數列與黃金比例有相關性。

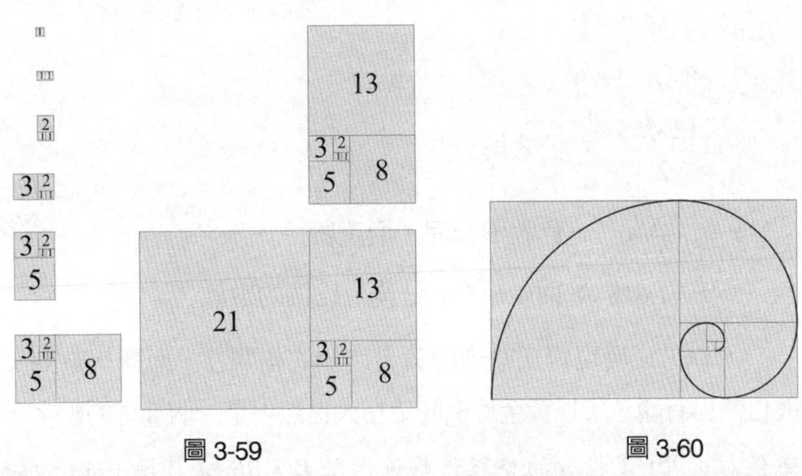

圖 3-59　　圖 3-60

· 費氏數列與巴斯卡三角型

巴斯卡三角形畫斜線就可觀察到費氏數列，見圖 3-61。而巴斯卡三角型是什麼？數學家巴斯卡（Blaise Pascal, 1623-1662）在多項式中發現兩項多項式 $(x+y)^n$ 與冪次的係數關係，相加可得下一行係數，見圖 3-62。

1 1	$(x+y)^1=1x+1y$
1 2 1	$(x+y)^2=1x^2+2xy+1y^2$
1 3 3 1	$(x+y)^3=1x^3+3x^2y+3xy^2+1y^3$
1 4 6 4 1	$(x+y)^4=1x^4+4x^3y+6x^2y^2+4xy^3+1y^4$
1 5 10 10 5 1	$(x+y)^5=1x^5+5x^4y+10x^3y^2+10x^2y^3+5xy^4+1y^5$

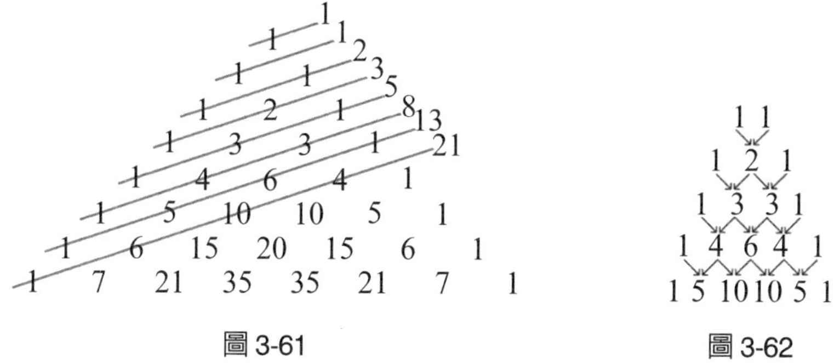

圖 3-61　　圖 3-62

※備註 3：巴斯卡的故事

在西元 1654 年巴斯卡是法國的科學家，他發現水壓機原理，及空氣具有壓力，帶來物理上流體力學重要的基礎，數學上也有相當不錯的貢獻。巴斯卡的父親熱愛數學，但他認爲數學對小孩子有害，認爲應該在 15 歲後，才開始學習數學，同時巴斯卡的身體並不強壯，變得更不敢讓他接觸數學。

在巴斯卡 12 歲的時候看到父親看幾何的書，因此問說那是什麼？但父親不想讓他知道太多，只回答這些正方形、三角形、圓形的用途，是給繪畫時畫出更美麗的圖形，巴斯卡自己卻回去研究這些圖形。發現任何三角形的內角和都會是一個平角（180 度），於是很高興的跟父親說，父親發現他的才華，於是開始教他數學。在 13 歲時，就發現了巴斯卡三角形。在 17 歲時，寫了將近 400 多篇的圓錐曲線定理的論文。在 19 歲時，爲了幫助稅務官的父親計算稅務，發明世界上最早的計算機。但只有加減法的運算，但他所用的原理現在仍繼續使用。同時數學歸納法的原理也由他最早發現。

在西元 1654 年 11 月的某一天，他搭馬車發生意外，大難不死，他認為一定是有上帝保祐，於是放棄數學與科學，而開始研究神學，只有在身體不舒服的時候，才會想些數學來轉移注意力。到了最後像苦行僧一樣，將一條有尖刺的腰帶綁在身上，如果有不虔誠的想法出現就打這條腰帶，來處罰自己。最後巴斯卡不到 39 歲就過世了。

巴斯卡的數學研究非常接近微積分的理論，影響了德國數學家萊布尼茲，看完後不久寫到：「當自己讀到巴斯卡的著作時，像是觸電一般，頓悟到一些道理，而後建立了微積分的理論。」

在這邊我們可以知道幾件事情，首先可知道，數學從何時開始學並不是問題，只要有心、肯努力，一定都可以獲得成果，天份固然重要，但努力卻是更重要。

第二，計算機雖然是國外發明，但別忘了中國也有算盤，算盤在處理加減運算時也有著相當的便利性，可惜的是沒有繼續往下繼續發展。

3-4-2 數列與級數

先前已經介紹了費氏數列，接著介紹數學上比較常討論的數列，以及國高中應該知道的基礎數列與級數內容。

・數列

數列的意義是數字排一列，而表示 A 數列其內部元素則習慣上會將第一項、第二項、第三項、第四項、…、第 n 項寫成 a_1、a_2、a_3、…、a_n，而表示 B 數列其內部元素則寫成 b_1、b_2、b_3、…、b_n，可以發現右下角有個數字，意義為位置的序號，如：A 數列中第三個數是 a_3，B 數列中第十二個數是 b_{12}。

・特殊數列

1. $\frac{1}{1}$、$\frac{1}{2}$、$\frac{1}{3}$、$\frac{1}{4}$、…、$\frac{1}{n}$ 調和數列

2. $\frac{1}{1}$、$\frac{1}{2^2}$、$\frac{1}{3^2}$、$\frac{1}{4^2}$、…、$\frac{1}{n^2}$

有趣的是第一種數列總合會是趨近無限大，$\lim\limits_{n\to\infty}\frac{1}{1}+\frac{1}{2}+\frac{1}{3}+\frac{1}{4}+\cdots+\frac{1}{n}=\infty$，而第二種數列總合會趨近與圓周率有關的數字，$\frac{1}{1}+\frac{1}{2^2}+\frac{1}{3^2}+\frac{1}{4^2}+\ldots+\frac{1}{n^2}=\frac{\pi^2}{6}$。

第二個數列和是巴賽爾問題，由歐拉發現並計算出數列和與圓周率有關。

・級數與$\sum$

級數的意義就是數列的總和，或稱數列和。故調和數列的總和可以稱爲調和級數。一般來說國中總和符號的寫法，常見用 S 做爲總合符號，就是總合 Sum 的英文字母開頭，如：$S = b_1 + b_2 + b_3 + \cdots + b_n$，爲了表達出從第一個加到第幾個，總合符號加入下標的寫法，如：$S_3 = a_1 + a_2 + a_3$、$S_5 = b_1 + b_2 + b_3 + b_4 + b_5$。

S 做爲總和符號在數學上並不夠用，到高中後符號將會轉變成 $\sum$，念做西格瑪，該符號可有效表示第幾個加到第幾個的意義，如：$\sum_{k=2}^{5} a_k = a_2 + a_3 + a_4 + a_5$、$\sum_{k=3}^{7} b_k = b_3 + b_4 + b_5 + b_6 + b_7$，西格瑪的下標是加總的起始序號，上標爲結束序號，$k$ 爲數列加總的變數。

除此之外 $\sum$ 的優點不僅僅於此，它還可以表示加總表格

類的位置數值，這樣的概念有助於理解寫程式或 EXCEL 的內容。如：欲加總 3 × 4 大小的表格數值如何表示。表格爲 $\begin{bmatrix} a_{11} & a_{12} & a_{13} & a_{14} \\ a_{21} & a_{22} & a_{23} & a_{24} \\ a_{31} & a_{32} & a_{33} & a_{34} \end{bmatrix}$，其加總的數學式爲 $\sum_{j=1}^{3}\sum_{k=1}^{4} a_{jk}$，展開流程一次變動一個變數，第一步 j 爲 1 時的展開，可得到 $a_{11} + a_{12} + a_{13} + a_{14}$；以此類推，第二步 j 爲 2 時的展開，可得到 $a_{21} + a_{22} + a_{23} + a_{24}$；而第三步 j 爲 3 時的展開，可得到 $a_{31} + a_{32} + a_{33} + a_{34}$；最後可理解 $\sum_{j=1}^{3}\sum_{k=1}^{4} a_{jk} = a_{11} + a_{12} + a_{13} + a_{14} + a_{21} + a_{22} + a_{23} + a_{24} + a_{31} + a_{32} + a_{33} + a_{34}$。

★常見問題 1：數列的總和為什麼要創造一個新名詞：級數？

基本上仍然不知道爲什麼要多創造一個名詞，中文是源自英文，而英文是分成兩個單字討論，數列（sequence）、級數（series），但其實數列和sum of sequence就足夠描述，實在無須創造另一個單字 series，但這原因已不可考。

★常見問題 2：數列有總和符號，那有沒有連乘符號？

有的，其連乘符號數學式與意義爲 $\prod_{k=1}^{n} a_k = a_1 \times a_2 \times a_3 \times \cdots \times a_n$，而該符號就是圓周率 π 的大寫 Π。

★常見問題 3：為什麼未知數的符號要用下標的概念

下標的概念，a_n 指的是 a 數列的第 n 項；同理 b_n 指的是 b 數列的第 n 項。爲什麼要引進下標，如果不引進下標概念，那麼計算上難以直接觀察出序號，以及彼此間關係，如：如果數列的前五項，我們用未知數 a、b、c、d、e，與 a_1、a_2、a_3、a_4、a_5，一看就知道其方便性相差甚遠。但要注意的是下標大小要標好以免看錯而計算錯誤。

★常見問題 4：為什麼未知數的符號要多了足碼的概念

足碼的概念，是一維度 a_n 下標再延伸，a_{mn} 是指 a 陣列的第 m 排的第 n 個，見下表。$\begin{matrix} a_{11} & a_{12} & \cdots & a_{1n} \\ a_{21} & a_{22} & \cdots & a_{2n} \\ \vdots & & \ddots & \\ a_{m1} & a_{m2} & \cdots & a_{mn} \end{matrix}$，足碼意義是用來表示陣列關係的數值。如果不這樣標，將很難描述。因爲勢必要說明第一橫排的數列內容，第二橫排的數列內容，以此類推，在討論關係上並不實用，所以有必要用足碼的概念來加以描述。

同時如果遇到立體型態的內容時還可用三維度的足碼 a_{ijk}，而這在物理世界並不少見，至於在資訊工程上寫程式用到更高維度的情形也是常有的事情。要注意的是當數量過大時要注意空格，如：a_{12} 是第 12 項，還是第一排的第二個，不做區隔將會搞混，應該要用逗號（,）來做區別，如 $a_{1,2}$。

3-4-3 等差數列與等差級數與一般式與遞迴式

等差數列故名思義是相等差距的數列，如：等差爲 2 的數列 1、3、5、7、9、…，等差爲 10 的數列 10、20、30、40、…。

・等差數列有什麼特殊性

以 1、3、5、7、9、…爲例，可觀察出這是每次都差 2 的數列，也稱公差爲 2 的等差數列，所以可知後項是前項加 2，所以可知第 2 項是第 1 項 + 2 記作 $a_2 = a_1 + 2$，其他以此類推 $a_3 = a_2$

$+2$，$a_4=a_3+2$…所以可以設 n 爲任意大於 1 的整數，都存在 $a_n=a_{n-1}+2$，而此式是數列中相鄰兩項的關係式。

·等差數列的遞迴式

由前文可觀察到等差數列的相鄰兩項的關係式 $a_n=a_{n-1}+2$，這關係式又被稱爲遞迴式，沒辦法直接計算某一項的數值，需要由第一項層層遞推計算，故稱遞迴式。

·等差數列的一般式

遞迴式並不容易幫助我們直接得到某項數值，所以需要一個方法直接計算某一項的數值，以 1、3、5、7、9、…數列爲例，可知每一項都差 2，

第 2 項與第 1 項的差別就是加了 1 次 2，所以 $a_2=a_1+1\times 2$；

第 3 項與第 1 項的差別就是加了 2 次 2，所以 $a_3=a_1+2\times 2$；

第 4 項與第 1 項的差別就是加了 3 次 2，所以 $a_4=a_1+3\times 2$；

第 5 項與第 1 項的差別就是加了 4 次 2，所以 $a_5=a_1+4\times 2$；

…

第 n 項與第 1 項的差別就是加了 $n-1$ 次的 2，

所以 $a_n=a_1+(n-1)\times 2$，此式稱爲該等差數列的一般式。

※備註 1：另一個方式理解等差數列的一般式

$a_2=a_1+2$

$a_3=a_2+2=(a_1+2)+2=a_1+2\times 2$

$a_4=a_3+2=(a_1+2\times 2)+2=a_1+3\times 2$

…

$a_n=a_{n-1}+2=(a_1+(n-2)\times 2)+2=a_1+(n-1)\times 2$

※備註 2：另一個方式理解等差數列的一般式

$$
\begin{aligned}
a_2 &= a_1 + 2 \\
a_3 &= a_2 + 2 \\
a_4 &= a_3 + 2 \\
&\vdots \\
+)\quad a_n &= a_{n-1} + 2
\end{aligned}
$$

$$a_2 + a_3 + ... + a_{n-1} + a_n = a_1 + a_2 + a_3 + ... + a_{n-1} + (n-1)\times 2$$

$$a_n = a_{n-1} + (n-1)\times 2$$

・等差數列的數學式定義

等差數列的相等差距稱為公差 = d，d 是差距的意思。

其遞迴式：$a_n = a_{n-1} + d$，一般式為 $a_n = a_1 + (n-1) \times d$。

・等差級數

前面已知等差級數是等差數列的總和，若討論前 5 項和就是 $S_5 = \sum_{k=1}^{5} a_k = a_1 + a_2 + a_3 + a_4 + a_5$，在數量少的時候，固然可以直接加總。但若討論 100 項的加總，則相當困難。我們可由高斯的小故事得到等差級數的數學式。

高斯的故事，當他還在小學的時候，全班正在吵鬧，於是老師出了一道題目，讓同學動動腦，1 + 2 + 3 + ⋯ + 100，要大家好好去算不要吵鬧，但是高斯不到幾分鐘就算完，讓老師非常的驚奇。他的算法是，第一式按照順序寫，第二式將順序反過來寫，做直式運算

$$\begin{array}{lrrrl} \text{第一式：} & 1+ & 2+ & 3+\cdots & +100 \\ \text{第二式：} & 100+ & 99+ & 98+\cdots & +\quad 1 \\ \hline & 101+ & 101+ & 101+\cdots & +101 \end{array}$$

一共 100 組，所以 $1+2+3\cdots+100=101\times100=10100$

但是這是 2 倍的答案，所以要再除以 2，$10100\div2=5050$

而後因爲這個的發現，得到了只要是差距一樣的數字排列，

加起來就有一個數學式，總和$=\dfrac{(\text{首項}+\text{末項})\times\text{數量}}{2}$。

換成符號的寫法就是 $S_{100}=\sum_{k=1}^{100}a_k=a_1+a_2+a_3+\cdots+a_{100}$ $=\dfrac{(a_1+a_{100})\times100}{2}$，若推廣到任意數 n 的加總就是 $S_n=\sum_{k=1}^{n}a_k$ $=a_1+a_2+a_3+\cdots+a_n=\dfrac{(a_1+a_n)n}{2}$，而我們知道 $a_n=a_1+(n-1)\times d$，代入可得 $S_n=\sum_{k=1}^{n}a_k=a_1+a_2+a_3+\cdots+a_n$

$$=\frac{(a_1+a_1+(n-1)\times d)\times n}{2}=\frac{(2a_1+(n-1)\times d)\times n}{2}$$

※備註 1：$\dfrac{(2a_1+(n-1)\times d)\times n}{2}$ 不用記，因爲此式是由等差數列一般式 $a_n=a_1+(n-1)\times d$ 與等差級數數學式 $S_n=\sum_{k=1}^{n}a_k=a_1+a_2+a_3+\cdots+a_n=\dfrac{(a_1+a_n)n}{2}$ 組合而來。而作者觀察到常有課本或老師將等差數列相關的數學式統稱公式，進而變成多個要死背的數學式，這將造成混淆，還不如只記基礎的數學式再加以組合，以免讓學生有數學總是出現沒道理的數學式要背的觀感。

※備註 2：首項 a_1 常不加下標，僅以 a 的形式表示，這並不是一個好寫法，容易與直線方程式的係數搞混，建議加下標。

3-4-4 等比數列與等比級數與一般式與遞迴式

等比數列故名思義是相等比例的數列，如：等比爲 2 的數列 1、2、4、8、16、…，等比爲 10 的數列 1、10、100、1000、10000、…。

・等比數列有什麼特殊呢？

以 1、2、4、8、16、…爲例，可觀察出這是比例每次都差 2 倍的數列，也稱公比爲 2 的等差數列，所以可知後項是前項乘 2，第 2 項是第一項 × 2 記作 $a_2 = a_1 \times 2$，其他以此類推 $a_3 = a_2 \times 2$，$a_4 = a_3 \times 2$…所以可以設 n 爲任意大於 2 的整數，都存在 $a_n = a_{n-1} \times 2$，而此式是數列中相鄰兩項的關係式。

・等比數列的遞迴式

由前文可觀察到該等比數列的相鄰兩項的關係式 $a_n = a_{n-1} \times 2$，這關係式又被稱爲遞迴式。

・等比數列的一般式

遞迴式並不容易幫助我們直接得到某項數値，所以需要一個方法直接計算某一項的數値，以 1、2、4、8、16、…數列爲例，可知每一項都與前一項差 2 倍，

第 2 項與第 1 項的差別就是乘了 1 次 2，所以 $a_2 = a_1 \times 2$；

第 3 項與第 1 項的差別就是乘了 2 次 2，所以 $a_3 = a_1 \times 2^2$；

第 4 項與第 1 項的差別就是乘了 3 次 2，所以 $a_4 = a_1 \times 2^3$；

第 5 項與第 1 項的差別就是乘了 4 次 2，所以 $a_5 = a_1 \times 2^4$；

…

第 n 項與第 1 項的差別就是乘了 $n-1$ 次 2，所以 $a_n = a_1 \times 2^{n-1}$，此式稱爲該等差數列的一般式。

備註 1：另一個方式理解等差數列的一般式

$a_2 = a_1 \times 2$

$a_3 = a_2 \times 2 = (a_1 \times 2) \times 2 = a_1 \times 2^2$

$a_4 = a_3 \times 2 = (a_1 \times 2^2) \times 2 = a_1 \times 2^3$

…

$a_n = a_{n-1} \times 2 = (a_1 \times 2^{n-2}) \times 2 = a_1 \times 2^{n-1}$

備註 2：另一個方式理解等差數列的一般式

$$
\begin{array}{ll}
 & a_2 = a_1 \times 2 \\
 & a_3 = a_2 \times 2 \\
 & a_4 = a_3 \times 2 \\
 & \quad\vdots \\
\times) & a_n = a_{n-1} \times 2 \\
\hline
\end{array}
$$

$a_2 \times a_3 \times \ldots \times a_{n-1} \times a_n = a_1 \times a_2 \times a_3 \times \ldots \times a_{n-1} \times 2^{n-1}$

$a_n = a_1 \times 2^{n-1}$

· 等比數列的數學式定義

等比數列的相等比例稱爲公比 = r，r 是比例的意思。

其遞迴式：$a_n = a_{n-1} \times r$，一般式爲 $a_n = a_1 \times r^{n-1}$。

・等比級數

前面已知等比級數是等比數列的總和，若討論前 5 項和就是 $S_5=\sum_{k=1}^{5}a_k=a_1+a_2+a_3+a_4+a_5$，在數量少的時候，固然可以直接加總。但若討論 100 項的加總，則相當困難。見以下推導了解等比級數的數學式。

設等比級數爲 $S_n=\sum_{k=1}^{n}a_k=a_1+a_2+a_3+\cdots+a_n=a_1+a_1r^2+\cdots+a_1r^{n-1}\cdots(1)$，將第一式乘上 r 倍，可得到 $rS_n=a_1r+a_1r^2+a_1r^3+\cdots a_1r^n+\cdots(2)$，將第一式與第二式相減

$$
\begin{array}{lrl}
 & S_n = & a_1+a_1r+a_1r^2+\quad+a_1r^{n-1} \\
-) & rS_n = & \qquad a_1r+a_1r^2+a_1r^3+\ldots+a_1r^n \\
\hline
 & (1-r)S_n = & a_1-a_1r^n
\end{array}
$$

$$S_n=\frac{a_1-a_1r^n}{1-r}=\frac{a_1(1-r^n)}{1-r}$$

★常見問題 1：分數與無窮小數的互換與無窮等比級數關係

$\frac{1}{9}=0.111111\cdots=0.\bar{1}$，換言之就是 $\frac{1}{9}=0.1+0.01+0.001+0.0001+\cdots$，可發現是公比爲 0.1，也就是 $r=0.1$ 的無窮多項的等比級數，也稱爲無窮等比級數，而 $0.1+0.01+0.001+0.0001+\cdots$可用等比級數與極限來表示，無窮多項的等比級數數學式可以記做 $\lim_{n\to\infty}\frac{a_1(1-r^n)}{1-r}$，代入數字後可得到 $\lim_{n\to\infty}\frac{0.1\times(1-(0.1)^n)}{1-0.1}$，而 0.1^n 會趨近 0，可直接捨去當作 0，也就是無項大項的數值會無限接近 0，將其捨去不討論。也因如此數學式可改寫爲 $\frac{0.1\times(1-0)}{1-0.1}=\frac{0.1}{0.9}=\frac{1}{9}$。因此了解分數與循環小數及無窮等比級數

的關係後，就可以明白如何將循環小數換算為分數。

★常見問題 2：循環小數換分數的原理是什麼

國中階段學到分數是循環小數，因此分數換成循環小數是容易理解的內容，但循環小數換分數的方式卻是死背的流程，相當沒有道理，若僅用結果正確讓學生接受是不足以信服的。如：$0.\overline{3}$，若要將其換分數就是觀察有幾個位數循環，$0.\overline{3}$ 是 1 個位數循環，所以換分數的方式為分母為 1 個 9，記做：$\frac{\square}{9}$，而分子填入循環的數字，記做：$\frac{3}{9}$，進行驗證：$\frac{3}{9}=0.333\cdots=0.\overline{3}$。

再舉另一例：$0.\overline{12}$，若要將其換分數就是觀察有幾個位數循環，$0.\overline{12}$ 是 2 個位數循環，所以換分數的方式為分母為 2 個 9，記做：$\frac{\square}{99}$，而分子填入循環的數字，記做：$\frac{12}{99}$，進行驗證：$\frac{12}{99}=0.1212\cdots=0.\overline{12}$。

由上述可發現循環小數換分數，只是學習一個流程，是用結果正確，及過程是數學家討論出來的內容，而非有道理的教學，要求學生死背，這不是一個良好的理解數學方式，所以應該解釋清楚才能讓學生接受，正確的方式如下述。

$0.\overline{3}$ 換分數的流程可參考前文的 $0.\overline{1}$ 換分數的流程，在此再介紹一下 $0.\overline{12}$ 的正確換分數方式。$0.\overline{12}=0.121212\cdots=0.12+0.0012+0.00000012+\cdots$，可以發現是公比為 0.01，也就是 $r=0.01$ 的無窮等比級數，可用等比級數與極限來表示，記做 $\lim\limits_{n\to\infty}\frac{a_1(1-r^n)}{1-r}$，代入數字後可得到 $\lim\limits_{n\to\infty}\frac{0.12\times(1-(0.01)^n)}{1-0.01}$，而 0.01^n 會趨近 0，可直接捨去當作 0，也就是無項大項的數值

會無限接近 0，將其捨去不討論。也因如此數學式可以改寫爲 $\lim_{n\to\infty}\frac{0.12\times(1-0)}{1-0.01}=\frac{0.12}{0.99}=\frac{12}{99}$。

因此就可以明白循環小數換算爲分數的方法就是計算無窮等比級數，以及爲什麼循環位數數量是分母 9 有幾個，分子爲循環的數值。而有關無窮等比級數的數值，只要當無限大項會趨近 0 時，也就是 $\lim_{n\to\infty}r^n=0$，或 $|r|<1$，該無窮等比級數的數值爲 $\lim_{n\to\infty}\frac{a_1(1-r^n)}{1-r}=\frac{a_1}{1-r}$。

★常見問題 3：為什麼分數 = 循環小數，及循環小數 = 分數？

已知 $\frac{1}{3}$ 經除法 1÷3 得到 0.333...，也知道 0.333... 經無窮級數的運算可得到 $\frac{1}{3}$。但學生仍有兩個最直接的問題：第一個問題是 $\frac{1}{3}$ 經除法得到 0.333...，它必然仍有餘數，爲什麼只取商？第二個問題是$\frac{1}{3}+\frac{1}{3}+\frac{1}{3}$ = 0.333... + 0.333... + 0.333...，使得 $\frac{3}{3}$ = 1 = 0.999...，可是這直覺上並不相等，只能說 0.999... 非常接近 1 的數線左側。

而這兩個的問題來自於減去的極小數忽略而產生的問題，請參考 0.333... = 0.3 + 0.03 + 0.003 + ... = $\lim_{n\to\infty}\frac{0.3\times(1-(0.1)^n)}{1-0.1}$ $=\lim_{n\to\infty}(\frac{1}{3}\times(1-(0.1)^n))$，而 $\lim_{n\to\infty}(\frac{1}{3}\times(1-(0.1)^n))$ 由極限的數學定義可得到 $\frac{1}{3}$。但爲什麼數學會如此定義，因爲是爲了微積分的方便及正確性。

故 0.333... 的極限等於$\frac{1}{3}$，且 0.333... < $\frac{1}{3}$，更完整的說

0.333... 無比接近$\frac{1}{3}$，但找不到是哪一個數，故就用上界 $\frac{1}{3}$ 來代替 0.333...。而我們在求學過程中學習到的$\frac{1}{3}=0.333...$ 是錯誤的寫法，要認知爲「0.333... 的極限等於 $\frac{1}{3}$」才正確。

我們不用對於這樣的不精準感到嫌惡，在許多的計算上，我們仍然是取有限位數來作運算，如：圓周率大多用 3.14159，但我們知道小數點後面有無限多的位數，更何況 0.333... 與 $\frac{1}{3}$ 的誤差是極爲微小的數值（$\lim_{n\to\infty} 0.1^n$），近乎於 0，比起圓周率省略部分的誤差小太多了。其他循環小數與對應分數的內容亦是同理。

★常見問題 4：遞迴式的功用？

一般來說遞迴式對於學生的功用，可能僅有一般式與遞迴式的互換計算，但遞迴式對於統計、程式、衛星等許多事物都需要遞迴式。而我們怎麼利用遞迴式，以發射砲彈爲例，修正砲彈軌跡的一項參數是平均值，而每一秒都有新的數據進來，如果每次都是重新加總再平均，相當浪費效能，我們應該利用遞迴式來優化效能，見下述。

前 10 項總合 $=S_{10}=a_1+a_2+\cdots+a_{10}$

前 10 項平均 $=\overline{S_{10}}=\frac{a_1+a_2+\cdots+a_{10}}{10}$

前 11 項總合 $=S_{10}=a_1+a_2+\cdots+a_{10}+a_{11}$

前11項平均 $=\overline{S_{11}}=\frac{a_1+a_2+\cdots+a_{10}+a_{11}}{11}$ ⋯（11個步驟，計算太慢）

已知 $\overline{S_{10}}=\frac{a_1+a_2+\cdots+a_{10}}{10}$，可移項爲 $10\times\overline{S_{10}}=a_1+a_2+\cdots+a_{10}\cdots(1)$

而前 11 項平均 $=\overline{S_{11}}=\dfrac{a_1+a_2+\cdots+a_{10}+a_{11}}{11}\cdots(2)$

將(1)代入(2)可得到 $\overline{S_{11}}=\dfrac{10\times\overline{S_{10}}+a_{11}}{11}$ …(乘、加、除，三個步驟)

以此類推後，前 n 項平均：$\overline{S_n}=\dfrac{a_1+a_2+\cdots+a_n}{n}$

改良後的方法是：$\overline{S_n}=\dfrac{(n-1)\times\overline{S_{n-1}}+a_n}{n}=\dfrac{n-1}{n}\times\overline{S_{n-1}}+\dfrac{a_n}{n}$

因此我們可以看到遞迴式的功用。

＊可讀可不讀：總和符號可以發現都是在處理當 n 是正整數的情況，若討論函數曲線上每一點位置的面積加總時，總和符號會變成積分符號。

如：$\lim\limits_{n\to\infty}\sum\limits_{k=1}^{n}(\dfrac{k}{n}\times\dfrac{1}{n})=\int_0^1 x\,dx$，見圖 3-63，換句話說級數就是積分的雛型。

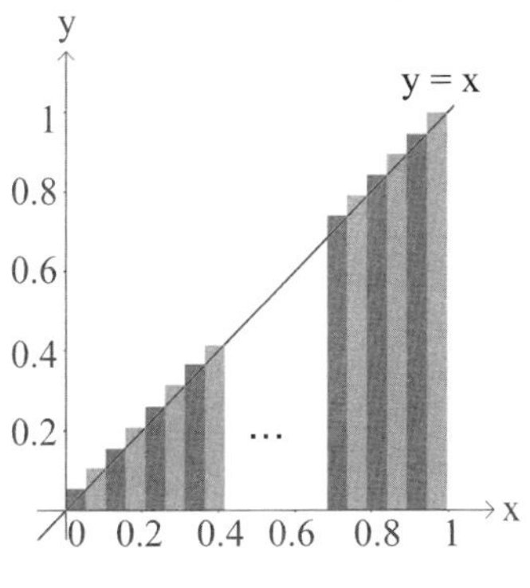

圖 3-63

3-4-5 結論

數列與級數的故事不算太多，但若從費氏數列與黃金比例切入可以在學習數列與級數的時候，更了解數學的人文與藝術。同時我們應該了解到基礎的數學式不多，但是常用的數學式我們會特地組合起來以便利用，但仍不可以直接要求學生先背，並說怎樣的題目用怎樣的公式，因爲有關等差等比的問題，就是利用基礎的數學式即可求出，實在沒有必要每個數學式都背下來。

費氏數列在中學大多只學習到它是由前兩項總和爲後一項的一個特殊數列，如果不把費氏數列的歷史、費氏數列與黃金比例的關係都講清楚，豈不是讓數學少了一次認識數學與大自然關係的機會！實爲可惜。

「生態學本質上是一門數學。」

——皮婁（E. C. Pielou），加拿大生物學家

「對外部世界進行研究的主要目的在於發現上帝賦予它的合理次序與和諧，而這些是上帝以數學語言透露給我們的。」

——克卜勒（Johannes Kepler, 1571-1630）

4
幾　何

提到代數就會想到代數學之父「丟番圖」，而提到幾何就會想到有名的《幾何原本》，見圖 4-1。《幾何原本》是古希臘數學家歐幾里得約在西元前 300 年的經典數學著作《Euclidean geometry》，也是現代數學的基礎，並且是僅次於《聖經》流傳最廣的書籍。

歐幾里得所著的《幾何原本》共分 13 卷。

第一卷至第六卷的內容主要爲平面幾何。

第一卷：幾何基礎。本卷確立了基本定義、公設和公理，還包括一些關於全等形、平行線和直線形的熟知的定理。

第二卷：幾何與代數。該卷主要討論的是畢達哥拉斯學派的幾何代數學，主要包括大量代數定理的幾何證明。

第三卷：圓與角。本卷闡述了圓、弦、割線、切線、圓心角、圓周角的一些定理。

第四卷：圓與正多邊形。本卷討論了已知圓的某些內接和外切正多邊形的尺規作圖問題。

第五卷：比例。本卷對歐多克索斯的比例理論進行闡述，

第六卷：相似。本卷闡述了比例的屬性，以及相似形的概念，包括了泰勒斯定理。

第七卷至第九卷主要闡述了數論。

第七卷：數論（一）。本卷內容包括整除性、質數、最大公約數、最小公倍數等初等數論內容。

第八卷：數論（二）。本卷繼續討論初等數論，包括歐幾里得輾轉相除法、各種數的關係（如質數、合數、平方數、立方數等）。

第九卷：數論（三）。本卷設計了比例、幾何級數，給出了許多重要的初等數論定理。

第十卷討論了無理數。

第十卷：無理數。本卷定義了無理量（即不可公約量），並蘊含了極限思想（如窮舉法）。本卷篇幅最大，也較不易理解。

第十一卷至第十三卷主要討論立體幾何。

第十一卷：立體幾何。本卷論述立體幾何；將第一卷至第六卷的主要內容推廣至立體，如平行、垂直以及立體圖形的體積。

第十二卷：立體的測量。本卷重在討論立體圖形的體積，例如稜柱、稜錐、圓柱、圓錐以至球體的體積。

第十三卷：建正多面體。本卷重點研究正多面體的作圖。包含了五種正多面體的作圖，並證明了不存在更多的正多面體。

在1607年幾何原本傳到中國，由義大利傳教士利瑪竇（Matteo Ricci）和中國學者徐光啓合譯，由於僅翻譯了前六卷，都是與圖案有關的學問，故有關圖案的學問便稱幾何，並將《Euclidean geometry》稱爲《幾何原本》。

備註：圖案有關的學問稱爲幾何，有兩種說法，一爲取其 geometry 的 geo 念音。二爲圖案有關的學問大多用在測量土地，使用的是測地學的單字的 Geodesy 音譯。

由《幾何原本》完整的內容可知，它並非只有介紹幾何，而是有著幾何及代數內容，如果只以書名認知其內容將會被誤導。同時我們也應該知道幾何最終會再跟代數匯合成爲解析幾何，所以單獨的學習並非最好，最好是互相印證的學習會有更好的學習效果。同時要注意的是台灣學生相當害怕做圖，這是值得克服的，畢竟數學之美相當大的程度反映在作圖上，如果不做圖將難以體會數學之美。

除了《幾何原本》外，也要注意到阿波尼奧斯（Apollonius of Perga）的《圓錐曲線論》，見圖 4-2，裡面的內容介紹拋物

圖 4-1

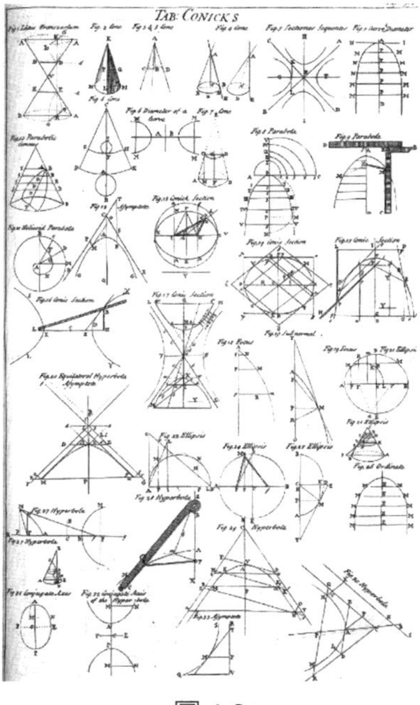

圖 4-2

線、雙曲線、橢圓等圓錐曲線的內容，可謂是**進階的幾何內容**，對於文藝復興時期一直到近代都仍在發揮功用，尤其是在提升理性精神、研究太空、現代科技上的重大貢獻。我們的學習將圓錐曲線太多部分定義化，讓人不容易理解，也不知道其重要性，在此本章也將其破洞的部分補上，好讓學生可以更容易學習圓錐曲線，並了解其重要性。

本章將會介紹平面基礎幾何、幾何證明、三角函數、圓錐曲線、解析幾何等相關內容。而空間部分的幾何內容想要更多的認識可以參考另一著作《圖解向量與解析幾何》。

傳統幾何

4-1 基礎幾何概念

早在小學時期我們就已經接觸許多基礎的幾何圖形，如正方形、長方形、三角形、圓形、四邊形、多邊形等，而比較特別的圖形，如：拋物線、橢圓、雙曲線則是到了高中階段才有教學。爲什麼我們需要討論幾何圖形，這是一種對自然界及天文的好奇，而爲了研究這些內容，必須先討論一些基礎的幾何圖案，之後才慢慢推廣。但有趣的是自然界其實並不會出現基礎幾何圖案，如：正方形、長方形、三角形等，而是以碎形的圖案情況出現。碎形將在後面內容介紹。

4-1-1 基礎幾何的面積由來

在小學除了正方形與長方形的面積比較容易理解，其他的部分則是常被要求用死背的方式來學習，在此介紹各基礎幾何圖案的面積由來。

面積是什麼？面積指的是一個圖形，所占的平面方塊有幾個。定義邊長 1 的正方形是 1 平方單位。而邊長 3 的正方形，可以看到是一排 3 個有 3 排，所以很自然是 $3 \times 3 = 9$ 個，而每一個都是 1 平方單位，所以 $9 \times$ (1 平方單位) = 9 平方單位，故正方形面積 = 邊長 × 邊長，見圖 4-3。同理長方形面積 = 長 × 寬，圖 4-4 爲是 $4 \times 2 = 8$（平方單位）。各圖形面積就是由長方形面積進行衍伸。

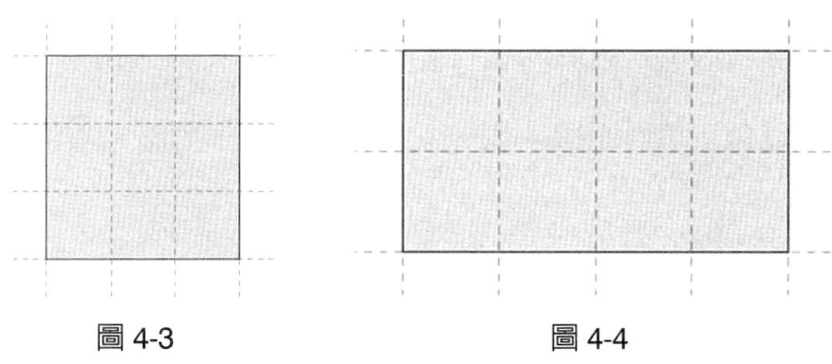

圖 4-3　　　　圖 4-4

・直角三角形

長方形面積的一半是直角三角形，見圖，故

直角三角形面積 $= \dfrac{長 \times 寬}{2} = \dfrac{底 \times 高}{2}$，見圖 4-5。

・銳角三角形

可視爲兩個長方形的三角形組合，三角形面積 = 左邊三角形 + 右邊三角形 $= \dfrac{底a \times 高}{2} + \dfrac{底b \times 高}{2} = (底a + 底b) \times \dfrac{高}{2} = \dfrac{底 \times 高}{2}$，見圖 4-6。

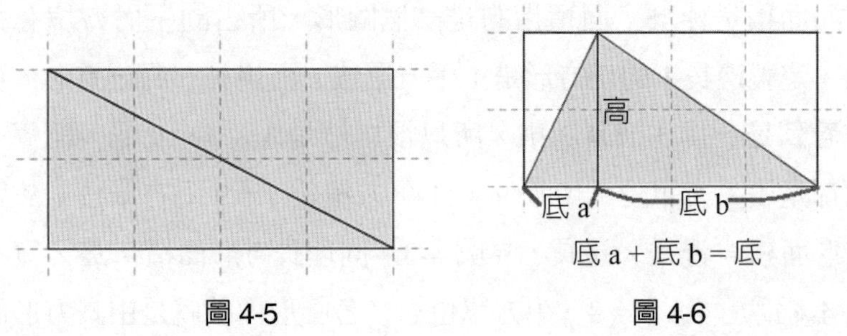

圖 4-5　　圖 4-6

· **鈍角三角形**

可視爲兩個三角形的組合，三角形面積 = 大三角形 − 小三角形 = 鈍角三角形面積 = 底 a 三角形 − 底 b 三角形 = $\frac{底a \times 高}{2} - \frac{底b \times 高}{2} = (底a - 底b) \times \frac{高}{2} = 底c \times \frac{高}{2}$，見圖 4-7。

· **平行四邊形：兩組平行等長對邊**

對角線切開，可得到兩個一樣的三角形，具有一樣的底、一樣的高。平行四邊形面積 = 2 個三角形 = $2 \times \frac{底 \times 高}{2}$ = 底 × 高，見圖 4-8。

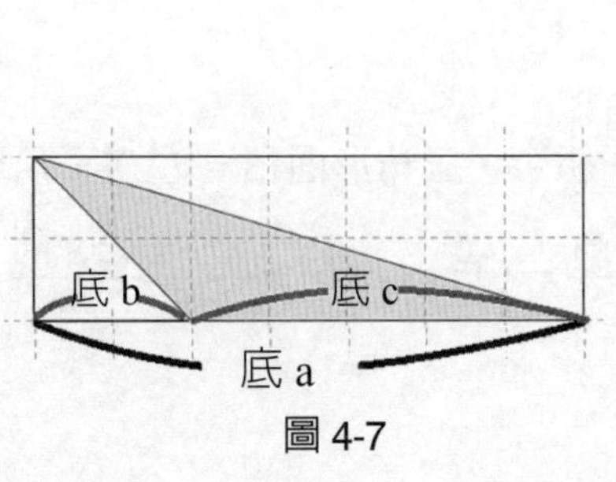

圖 4-7

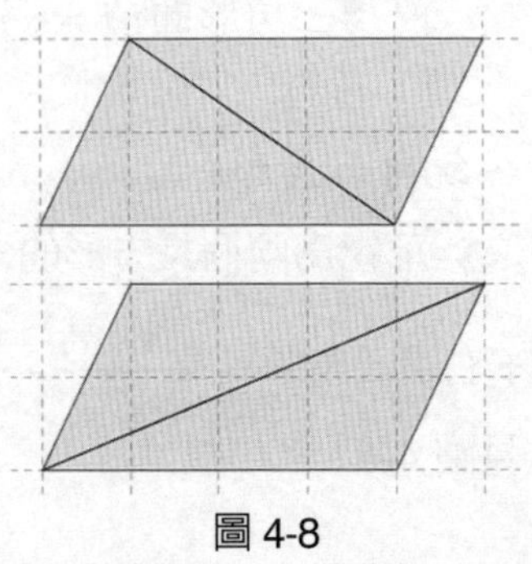

圖 4-8

・梯形：一組平行對邊

可從對角線切開兩個三角形，梯形面積 = 上三角形面積 + 下三角形面積 $= \dfrac{上底 \times 高}{2} + \dfrac{下底 \times 高}{2} = \dfrac{(上底 + 下底) \times 高}{2}$，見圖 4-9。

・菱形：四邊長一樣

可從對角線切開四個三角形，菱形面積 = 上三角形面積 + 下三角形面積 $= \dfrac{對角線a \times b_1}{2} + \dfrac{對角線a \times b_2}{2} = \dfrac{對角線a \times (b_1 + b_2)}{2}$

$= \dfrac{對角線a \times 對角線b}{2}$，見圖 4-10。

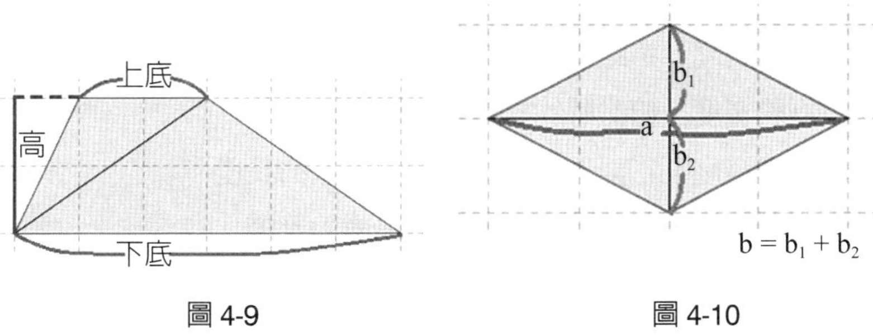

圖 4-9　　圖 4-10

・鳶型（箏型）：兩組鄰邊等長

其推理與計算方式與菱形相同，面積 $= \dfrac{對角線a \times 對角線b}{2}$，見圖 4-11。

・對角線垂直的四邊形

其推理與計算方式與菱形相同，面積 $= \dfrac{對角線a \times 對角線b}{2}$，見圖 4-12。

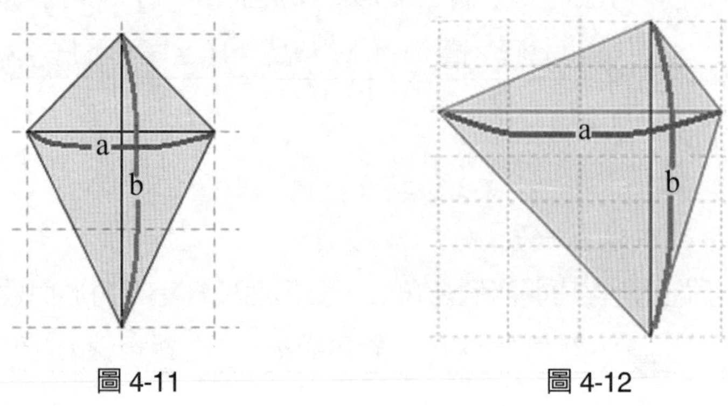

圖 4-11　　圖 4-12

★常見問題：英文的長度、寬度、高度、深度與其問題。

中文的長度、寬度、高度、深度各自代表的意義，見圖4-13。

物體長度，俯瞰時的較長部分的長度。

物體寬度，俯瞰時的較短部分的長度。

物體高度，正面看時，由地面往天空的長度。

物體深度，如果有凹陷處，凹陷處的長度。

英文的長度、寬度、高度、深度各自代表的意義，見圖4-14。

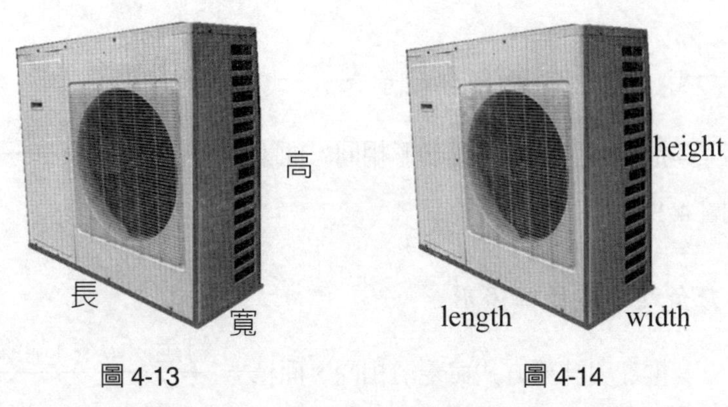

圖 4-13　　圖 4-14

物體長度 length，正面看的長度。

物體寬度 width，正面看的厚度。

物體高度 height，正面看時，由地面往天空的長度。

物體深度 depth，如果有凹陷處，凹陷處的長度。

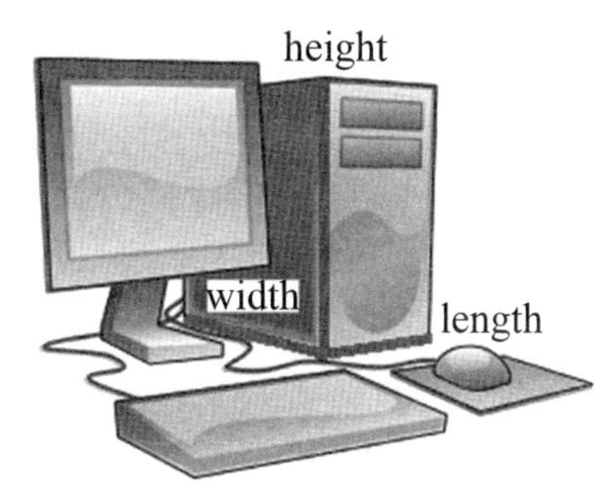

圖 4-15

高度與深度大家是不會有問題，而在大多數情況長寬也不會有問題。但是在冰箱的長寬與英文標示上就常出現問題，見圖 4-15，因爲電腦主機的 width 可能比 length 來的長度更大，如果以中文來閱讀就會出現寬度比長度大的情形使人困惑。但其實這是一種誤用，只要將 width 理解爲正面看的厚度，就不會有問題。

※備註：

1. 長方形面積，長寬一樣時候就是正方形，所以面積數學式類似，都是邊長相乘，我們可以理解爲正方形是長方形的一種特殊型態。
2. 梯形上底縮小到 0，梯形面積 $= \dfrac{(\text{上底}+\text{下底})\times\text{高}}{2} \rightarrow \dfrac{(0+\text{下底})\times\text{高}}{2} = \dfrac{\text{底}\times\text{高}}{2}$ = 三角形面積，上底爲 0 就是三角形，我們可以理解爲三角形是梯形的一種特殊型態。
3. 對角線垂直的圖形，面積計算公式都是對角線相乘除以 2。

・圓形面積

圓型面積爲 πr^2，見圖 4-16。圓的面積由來是將圓形像切比薩一樣，切無限多份，再交錯拼起來，將形成一個很接近長方形的形狀，見圖 4-17。並可發現面積＝半徑 × 圓周一半⋯(1)，而圓周 = 直徑 × 圓周率，故圓周一半 = 直徑 × 圓周率 ÷ 2，故圓周一半 = 半徑 × 圓周率⋯(2)，將 (2) 代入 (1)，可得到面積 = 半徑 × 半徑 × 圓周率。

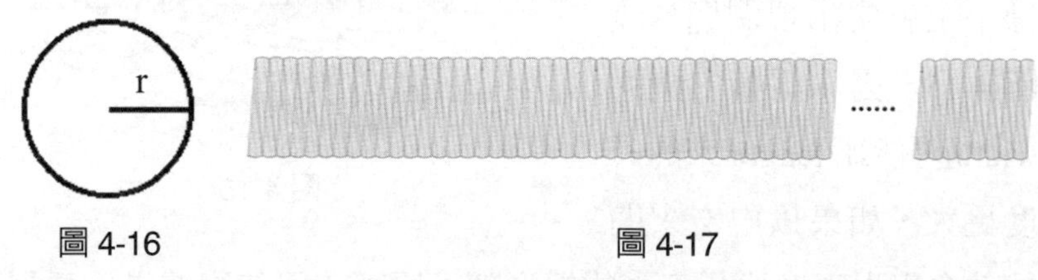

圖 4-16　　　　圖 4-17

・橢圓形面積

橢圓型面積爲 πab，見圖 4-18，我們可以理解爲圓形是橢圓形的一種特殊型態。圓形與橢圓形將會在之後討論其性質。

★常見問題：為什麼三角形內角和都是 180 度？

小學時期要認知三角形內角和都是 180 度，大多是用三個角可以拼成一個平角，而平角是 180 度，來記憶三角形內角和都是 180 度，見圖 4-19。但這並不是一個好的理解方式，仍有許多學生會感到困惑。接著介紹如何理解三角形內角和都是 180 度，先把三角形分爲三大類，直角、銳角、鈍角三角形。

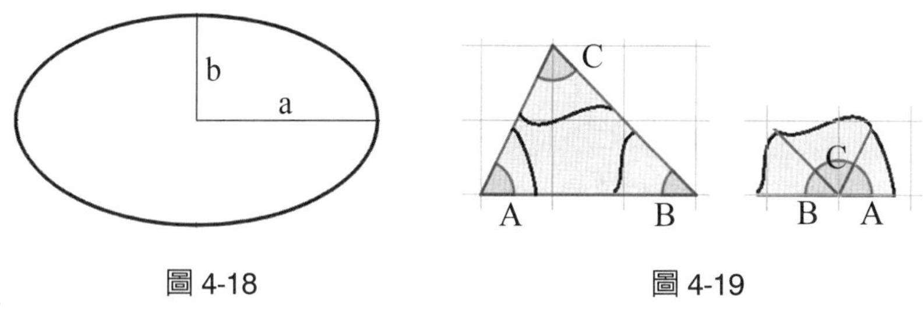

圖 4-18　　圖 4-19

・直角三角形三角形是兩個直角、180 度

已知長方形內角和是 360 度，可將長方形切成兩個相同直角三角形，所以直角三角形內角和，是 180 度，見圖 4-20。

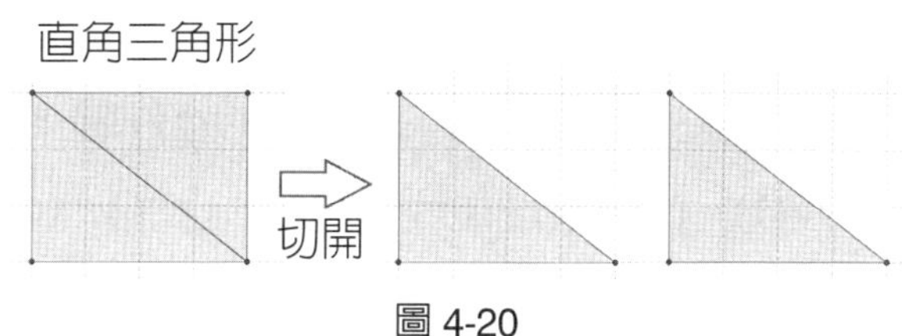

圖 4-20

・銳角三角形三角形是兩個直角、180 度

銳角三角形利用高，可以拆開成 2 個直角三角形，已知直角三角形是 180 度，兩個直角三角形角度和是 2 × 180 = 360 度，由於拆開關係，多算了 2 個直角的角度，所以要算出銳角三角形內角和，要扣去多算的 2 個直角。

故銳角三角形內角和 = 2 個直角三角形角度和 − 2 個直角 = 2 × 180 − 2 × 90 = 360 − 180 = 180。所以銳角三角形內角和，是 180 度，參考圖 4-21。

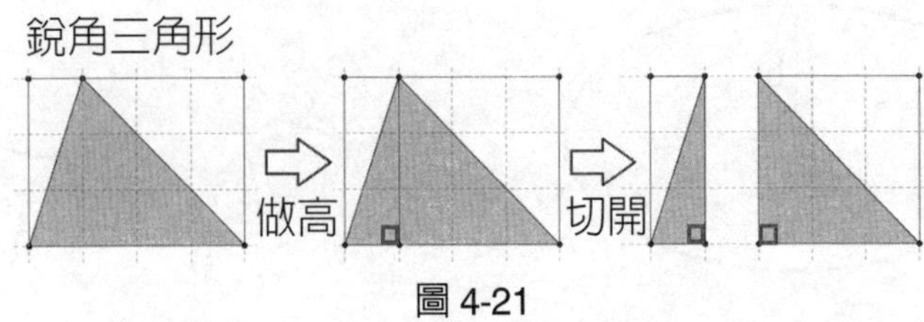

圖 4-21

·鈍角三角形三角形是兩個直角、180 度

將鈍角三角形旋轉一下，內角和原理就跟銳角三角形一樣，所以鈍角三角形內角和，是 180 度，見圖 4-22。所以可知，所有的三角形的內角和都是 180 度，也就是 2 個直角角度和。另一個方法，見圖 4-23。可知鈍角三角形內角和是 $b+e+f$，而由直角三角形內角和 180 度可知大直角三角形 $a+b+c+f=180°$…(1)，小直角三角形 $a+c+d=180°$…(2)，而平角 $d+e=180°$…(3)。將 (1) − (2) + (3) 可得到 $(a+b+c+f)-(a+c+d)+(d+e)=180°-180°+180°$，化簡可得 $b+e+f=180°$。

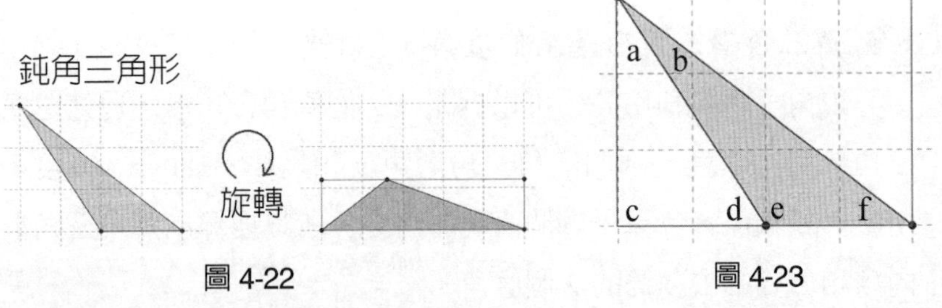

圖 4-22　　圖 4-23

★常見問題：為什麼一個長方形 360 度，以及直角 90 度？

數學家定義圓 360 度，而圓能切成 4 個直角，故一個直角 90 度。而長方形有 4 個直角，故長方形 360 度，見圖 4-24。

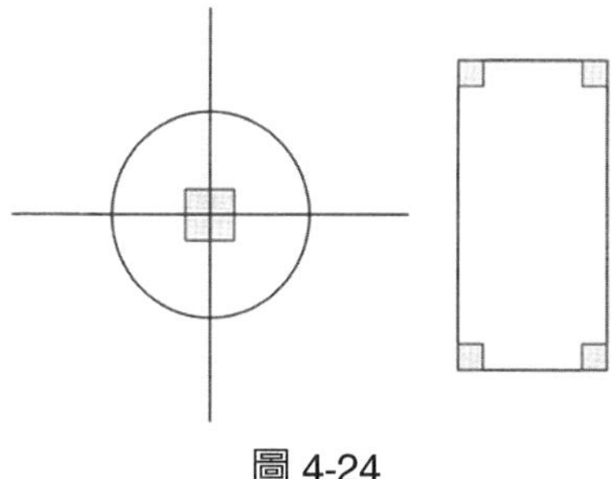

圖 4-24

4-1-2 其他四邊形彼此之間的關係

認識四邊形彼此間的關係，可參考圖 4-25。

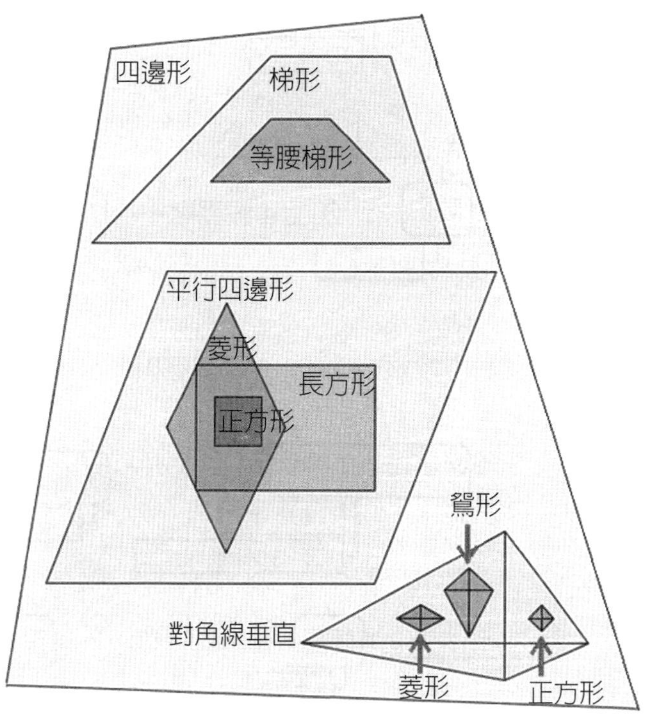

圖 4-25

若以種類來區分，平行、對邊、對角、對角線，出發路徑過程上的條件，在下一個圖上都會擁有該性質，而箭頭的逆推，代表該圖形是上一圖形的一種，如：正方形是長方形的一種，而

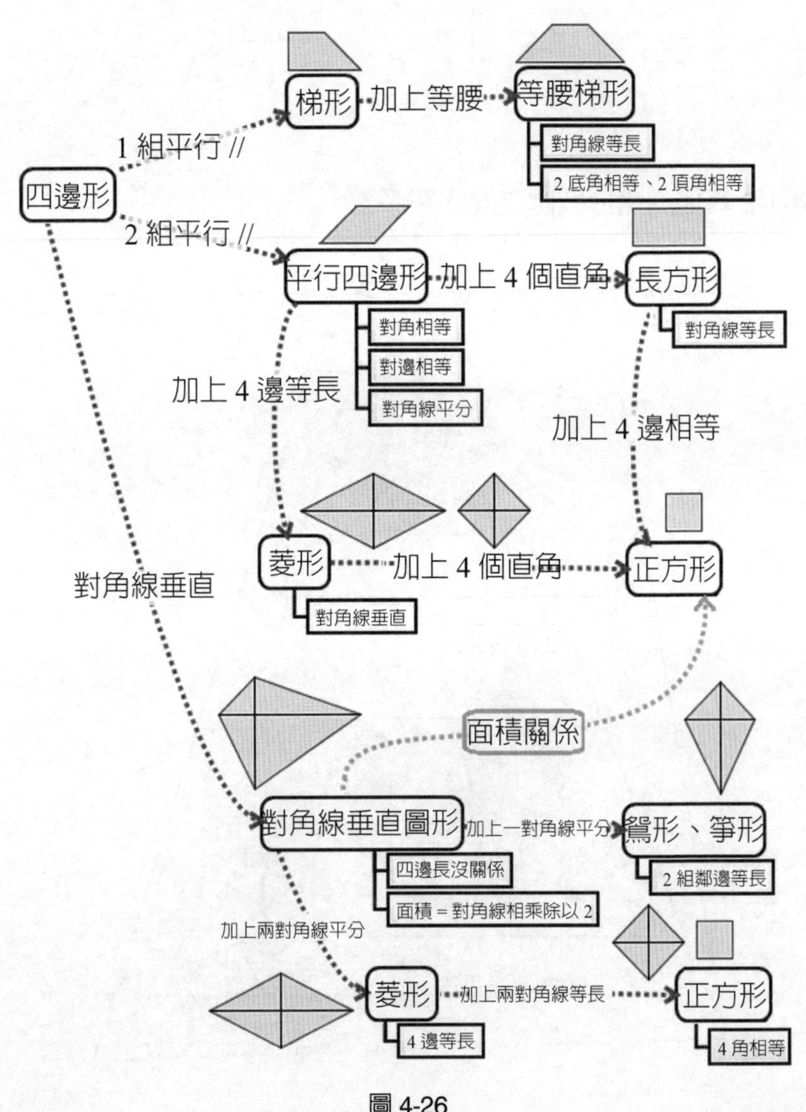

圖 4-26

長方型的性質正方型都有，但長方形未必有正方型的性質。見圖 4-26，利用圖 4-26 來記憶幾何圖形的性質比較容易，而不是每個圖形內容都是個別認識。

4-1-3 生活上各種立體圖形的體積與表面積

生活上各種圖形的體積與表面積是在討論材料時重要的資訊，有助於估價，故我們有需要知道其計算方式。表面積故名思義是表面的面積，僅需要將各面的面積計算後加總即可。而體積則是定義邊長 1 的正立方體爲 1 立方單位。進而討論各立體結構有多少個 1 立方單位。

我們可以直觀理解邊長 3 單位長的正立方體是有三層，每層是 9 塊，故總共 27 塊。而長方體若是長 4 寬 5 高 6，則是每層是 20 塊，故總共 120 塊，見圖 4-27。

因此我們可以知道柱狀結構的體積 = 底面積 × 高。參考下述內容了解更多立體形狀的體積與表面積。

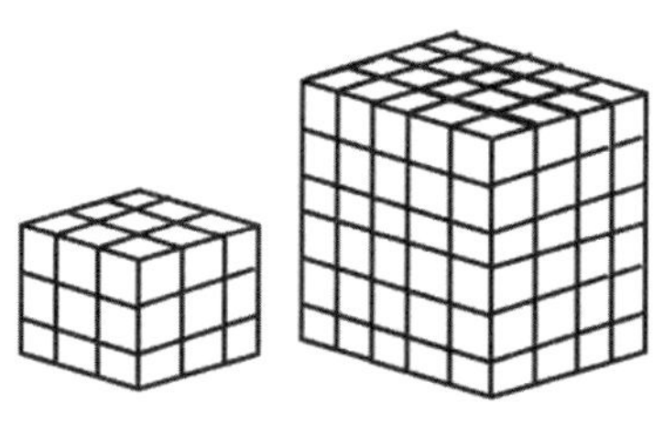

圖 4-27

·柱類，見表 4-1

表 4-1

名稱與案例	立體圖形與體積	展開圖與表面積
1. 正立方體 方糖、骰子	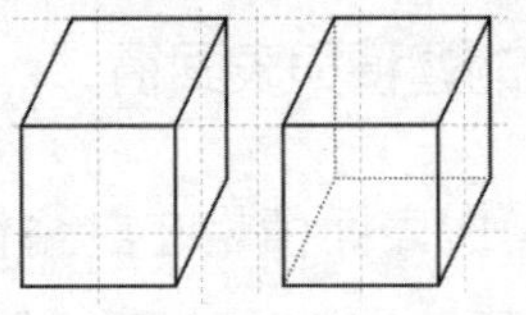 邊長^3	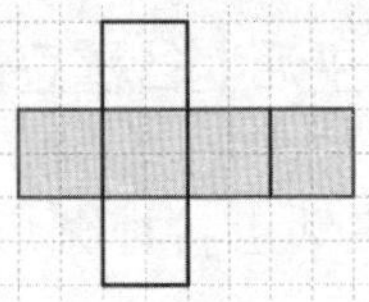 6 × 邊長^2
2. 長方體 鋁箔包飲料、箱子	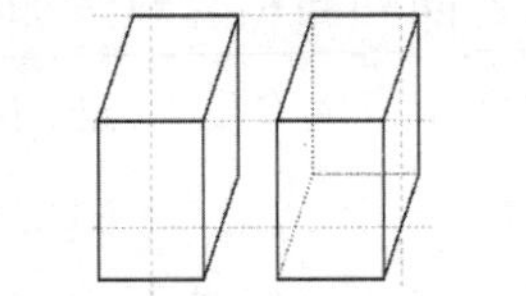 長 × 寬 × 高	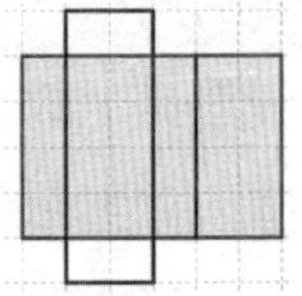 2 × 長 × 寬 + 2 × 長 × 高 + 2 × 寬 × 高
3. n 角柱	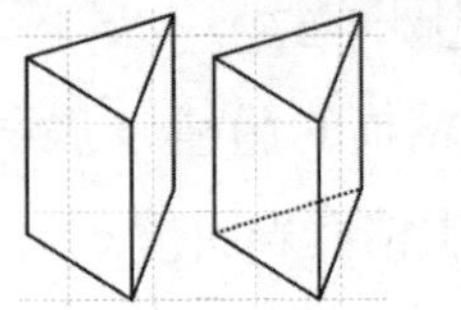 $n = 3$ 底面積 × 高	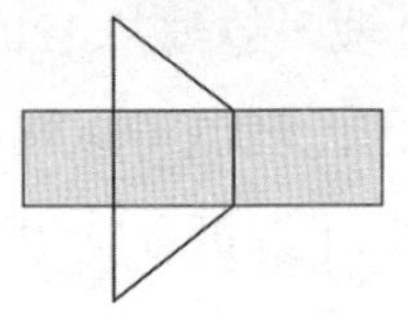 $n = 3$ 2 × 底面積 + 側面長方形 = 2 × 底面積 + 底面周長 × 高
4. 圓柱 鐵鋁罐飲料、筆筒	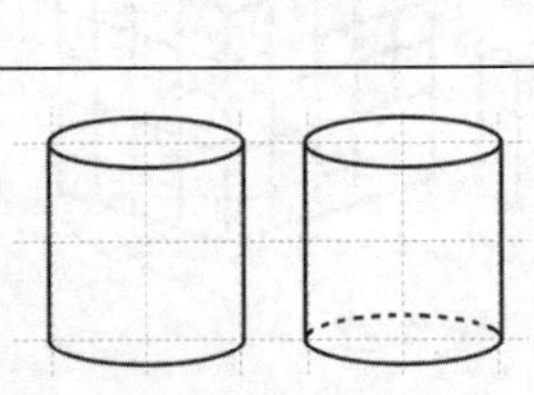 底面積 × 高	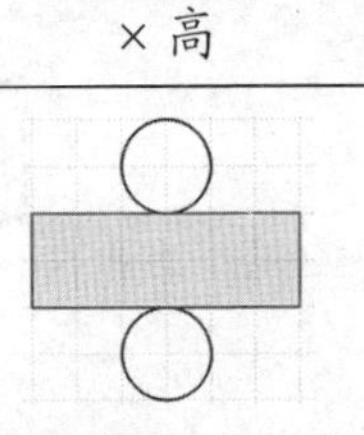 2 × 底面積 + 側面長方形 = 2 × 底面積 + 底面周長 × 高

· 椎類，見表 4-2

表 4-2

名稱與案例	立體圖形與體積	展開圖與表面積
1. 正 4 角錐 金字塔	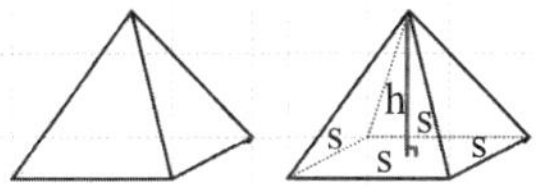 底面積 × 高 × $\frac{1}{3}$	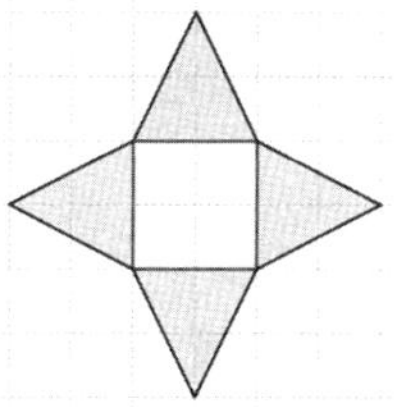 底面 + 側面 = 正方形面積 + 4 個等腰三角形面積 $= s^2 + s\sqrt{s^2 + 4h^2}$
2. n 正角錐	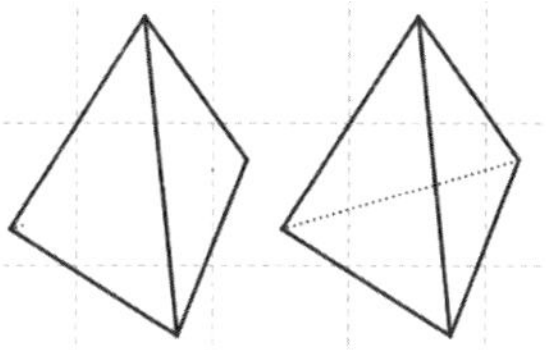 $n = 3$ 底面積 × 高 × $\frac{1}{3}$	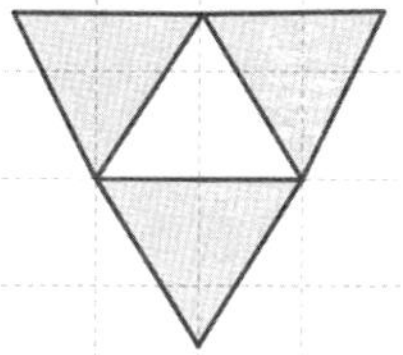 $n = 3$ 底面積 + 側面等腰三角形
3. 正圓錐 生日帽、道路圓錐、大聲公	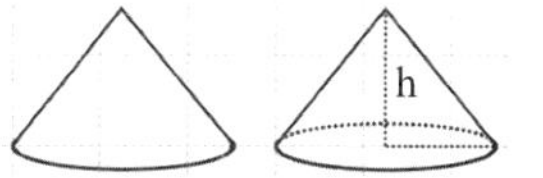 底面積 × 高 × $\frac{1}{3}$	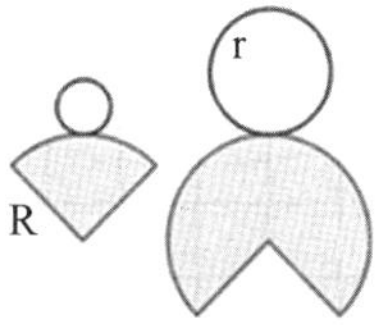 底面積 + 側面扇形面積 $= \pi r^2 + \pi r\sqrt{r^2 + h^2}$ $= \pi r^2 + \pi R^2 \times \frac{扇形圓心角度}{360^\circ}$ 註：扇形弧長 = 底面圓周長

※備註 1：圓椎爲什麼切開後是扇形，可以直接剪開生日帽，或是拆掉不要的雨傘皮，即可發現是扇形。或是思考一下圓椎的頂點到底部的距離都相等，可以思考爲雨傘的傘骨，換言之攤開後的圖案會是圓的一部分，其傘骨長就是傘布的半徑，見圖 4-28。

※備註2：柱體與椎體體積差3倍，$3 \times n$錐體體積 $= n$柱體體積，這部分內容需要用到級數與極限的概念，其計算的推導內容放在本節最後。

※備註 3：早期得知柱體與椎體體積差 3 倍的方法是結果論，其方法是將椎狀容器做出來，發現裝水倒入對應的柱狀容器可以剛好三次。但是這個方法不夠精準，因爲我們現實中如何細心，都會存在誤差，在後來被卡瓦列利（Cavalieri：1598-1647）用數學的方法證明之後，確定椎體是柱體的 $\frac{1}{3}$ 倍。

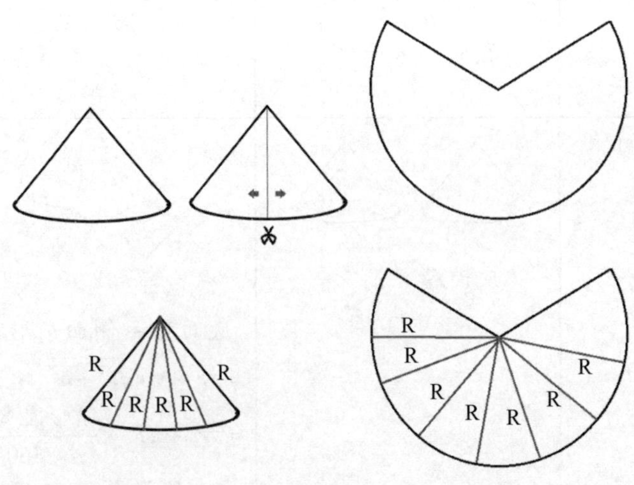

圖 4-28

・球與橢圓球，見表 4-3

表 4-3

名稱與案例	立體圖形與體積	展開圖與表面積
1. 圓球 玻璃珠、籃球、足球	$\frac{4}{3}\pi r^3$	$4\pi r^2$
2. 橢圓球 橄欖球	$\frac{4}{3}\pi abc$	$4\pi(\frac{a^pb^p+b^pc^p+c^pa^p}{3})^{\frac{1}{p}}$ ， $p=1.6075$

※備註：球與橢圓球的表面積與體積，這部分內容需要用到微積分的概念，有興趣的可以自行查詢，本書不做討論。

・阿基米德發現圓柱、圓椎、球的特殊關係

1. 體積關係

阿基米德發現圓椎、球、圓柱放在同一平面，當三者高度相同，所占底面積相同時，會使得體積存在一個關係式，圓椎體積 + 球體積 = 圓柱體積，見圖 4-29。

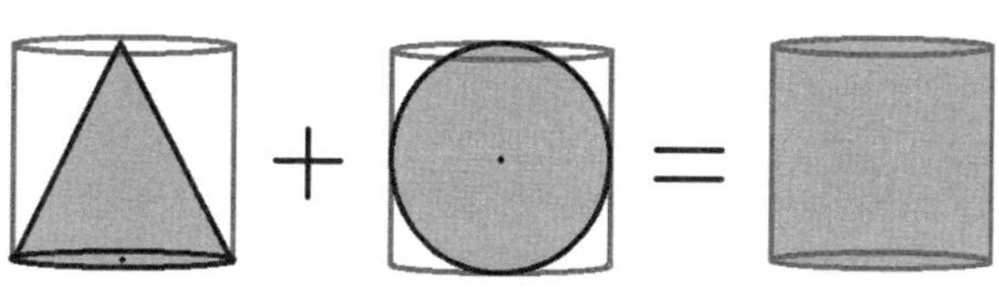

圖 4-29

證明：

因爲是球與圓椎可以可以放入圓柱之中，所以球的直徑是圓柱的高。而球的半徑就是圓柱與圓椎底面積的圓半徑，標上長度單位。見圖 4-30。

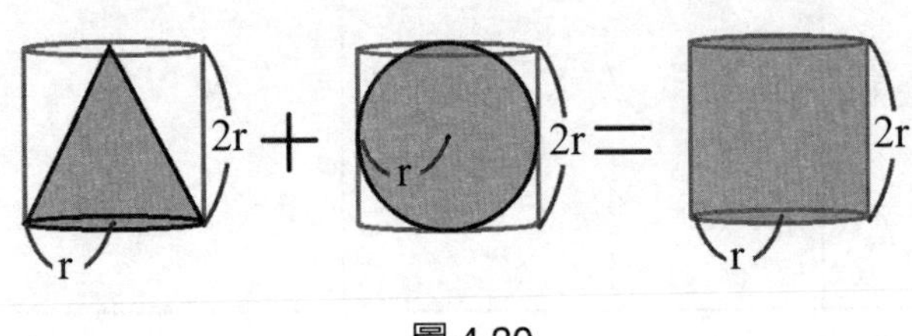

圖 4-30

已知 1. 圓椎體積 = 底面積 × 高 × $\frac{1}{3} = \pi r^2 \times 2r \times \frac{1}{3} = \frac{2}{3}\pi r^3$

2. 球體積 = $\frac{4}{3}\pi r^3$

3. 圓柱體積 = 底面積 × 高 = $\pi r^2 \times 2r = 2\pi r^3$

而圓椎體積 + 球體積 = $\frac{2}{3}\pi r^3 + \frac{4}{3}\pi r^3 = \frac{6}{3}\pi r^3 = 2\pi r^3$ = 圓柱體積。故圓椎體積 + 球體積的確與圓柱體積相等。

2. 球的表面積與圓柱側面積的特殊關係

阿基米德計算出球的表面積 = $4\pi r^2$ 的時候，也發現了一個令人感到驚喜的事情，把一個球放入剛好吻合的圓柱之中，計算該圓柱的側面積，圓柱的側面積竟然與球的表面積相同，見圖 4-31。

由圖 4-31 可知，圓柱的側面積爲 $4\pi r^2$，而球表面積也是 $4\pi r^2$，很神奇的兩者數值竟然相等，這是多麼的讓人感到驚訝。阿基米德得到這特別的成果，甚至要求把圖案刻在他的墓碑上，見圖 4-32，可惜的是雕刻者怎麼弄都不標準。

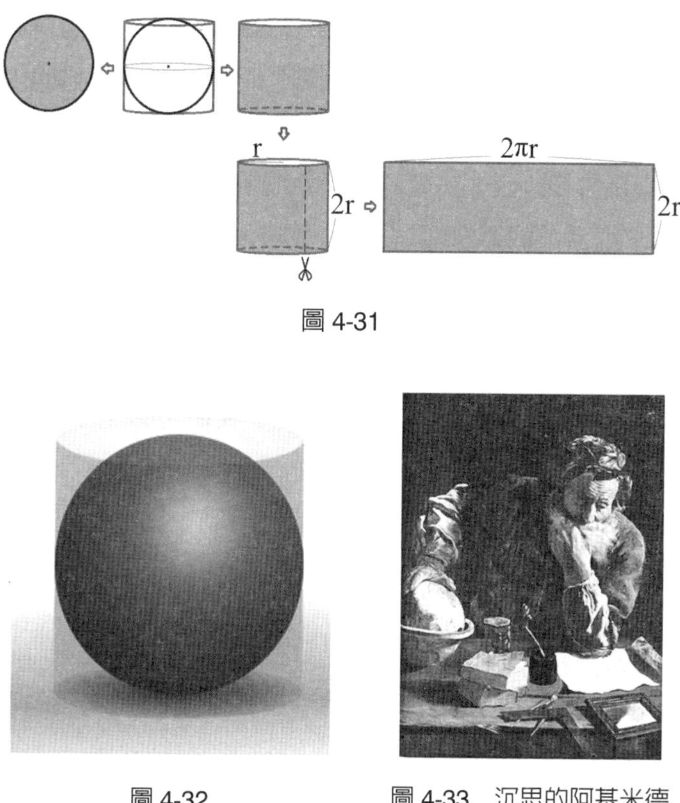

圖 4-31

圖 4-32

圖 4-33　沉思的阿基米德

4-1-4 結論

基礎的幾何圖案乍看之下很容易理解，但是其實也隱藏著許多被藏起來的小石頭，如果不徹底理解，將會誤會數學其實沒有道理，因爲太多的基礎都是用公式一詞所包裝，但是公式本身未必可讓人接受，這樣反而會讓人認爲數學是荒謬的學科，在本節可以很清楚發現，我們僅僅定義了正方形的面積及正立方體的體積，就可以推導出所有形狀的面積、體積。

對於數學我們應該要有一個最重要的認知：「**我們會讓一個直覺可接受的內容做爲定義或公理，而後推廣到全部的內容。並不會每樣各自逐一定義，這樣並不是數學，而且容易出現矛盾。**」以指數律來說明，定義了指數的運算基礎規則 a 的 m 次自乘爲 a^m，而其他的運算都是相關衍伸，如：$a^m \times a^n = a^{m+n}$。

4-1-5 可讀可不讀 1：椎體是柱體體積的 $\frac{1}{3}$ 倍

爲什麼椎體是柱體體積的 $\frac{1}{3}$ 倍？我們可以想像把一個角（圓）錐橫切薄片，切到非常薄，每一層的形狀都像一個柱體，一個高度很小的柱體，比如：四角椎橫切很多片後，每一片都像四角柱，同時下一層的底面積會非常接近上一層的底面積，把每一層的底面積乘上微小的高度，計算後就能得到角（圓）椎每一層的體積，而最後的累加起來是原來的角（圓）柱體積的 $\frac{1}{3}$。以「**四角柱與四角椎的關係**」爲例。

已知邊長成比例，面積成平方比，舉例，邊長 1 的正方形，面積 1，邊長 2 的正方形，面積 4，邊長 3 的正方形，面積 9，邊長 n 的正方形，面積 n^2，如果是縮小，邊長變成 $\frac{1}{n}$ 的正方形，面積變成 $(\frac{1}{n})^2$。

令四角柱三邊長，長 = a、寬 = b、高 = c，體積 = 底面積 × 高 = abc，四角椎我們把它切成薄片，薄片高度 $\frac{c}{n}$，n 是一個很大的數，代表切很多片（層），見圖 4-34。

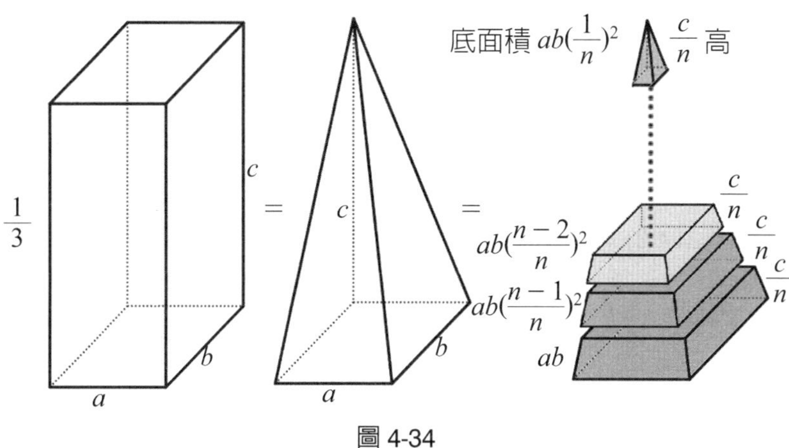

圖 4-34

最下面一層開始計算體積，

第 1 片 $ab\times(\frac{c}{n})$

第 2 片 $ab(\frac{n-1}{n})^2\times(\frac{c}{n})$，縮小了 $\frac{1}{n}$，面積變成底面積的 $(\frac{n-1}{n})^2$ 倍

第 3 片 $ab(\frac{n-2}{n})^2\times(\frac{c}{n})$，縮小同理

$\vdots$

第 n 片 $ab(\frac{1}{n})^2\times(\frac{c}{n})$，縮小同理

全部加起來，就是四角椎體積

$ab\times(\frac{c}{n})+ab(\frac{n-1}{n})^2\times(\frac{c}{n})+ab(\frac{n-2}{n})^2\times(\frac{c}{n})+\cdots+ab(\frac{1}{n})^2\times(\frac{c}{n})$

$=\frac{abc}{n^3}\times[n^2+(n-1)^2+(n-2)^2+\cdots+1^2]$ 分配律

$=\frac{abc}{n^3}\times\frac{n(n+1)(2n+1)}{6}$ 平方和公式

$=\frac{abc}{3}\times\frac{n}{n}\times(\frac{n+1}{n})\times(\frac{2n+1}{2n})$ 展開化簡

$=\frac{abc}{3}\times1\times(1+\frac{1}{n})\times(1+\frac{1}{2n})$ 約分

當 n 是愈接近無限大的數，$\frac{1}{n}$ 與 $\frac{1}{2n}$ 會接近 0，記做：$\lim_{n\to\infty}\frac{1}{n}=0$、$\lim_{n\to\infty}\frac{1}{2n}=0$，也就是利用切愈多片的角柱加總與角椎體積誤差就愈小，意味著四角椎體積就愈精準。所以四角錐體積 = $\frac{abc}{3}\times 1\times(1+0)\times(1+0)=\frac{abc}{3}$，跟四角柱體積 abc 比較，正好是 $\frac{1}{3}$ 倍。因此，四角錐體積是四角柱的 $\frac{1}{3}$ 倍。以此類推，將可以推得每一個柱體體積的 $\frac{1}{3}$ 倍，就是角椎的體積。**圓柱與圓錐關係也是一樣，有興趣的人可以做看看。**

可讀可不讀 2：歪的椎體體積算法

歪的椎體體積也是底面積 × 高 × $\frac{1}{3}$。當我們算完標準的椎體體積後（空中的頂點在底面圖形的中心正上方），同時也想算出歪的椎體體積是多少（空中的頂點不在底面圖形的中心正上方）？所以用同樣的方法，去找歪的椎體的體積，椎體體積由來是橫切成一片片，錐體側面圖，空中頂點向右拉，在每一層區塊底都一樣，高也一樣，故體積一樣。所以不管椎體是正的椎體還是歪的椎體，每一層體積都一樣，見圖 4-35。或是我們可以思考平面上同底同高的三角形其面積相同，其概念可推廣到正椎體與歪椎體的體積。

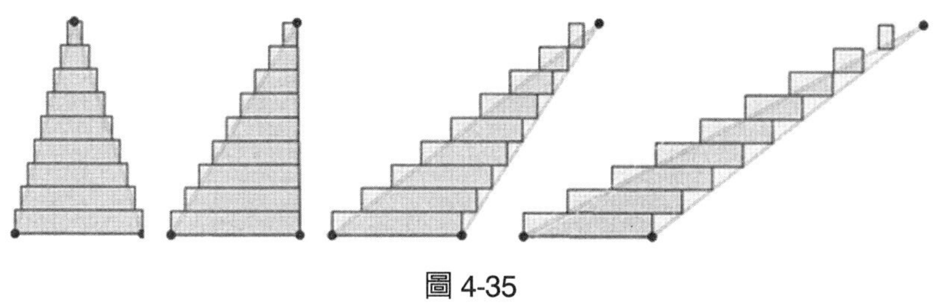

圖 4-35

4-2 幾何證明

幾何證明是幾何中的另一大重點，而一般人普遍會認爲學習幾何證明有助於培養邏輯，但嚴格上來說是**完整且正確的學習**幾何證明有助於培養**演繹**邏輯。

作者觀察目前的學習方式，並不能有效學習幾何證明，甚至是誤會數學的本質，更甚至是無法培養邏輯。我們必須從幾何內容中認知到，數學是從定義（備註 1）與公理、公設出發（備註 2），然後可以組合出更多的定理（備註 3），這才是數學、幾何、演繹邏輯。定義與公理、公設要愈少愈好，並要說明能組合出何種定理，而非都含混的用公式一詞。我們的教學方法會讓學生誤會每一個內容都是彼此獨立，或是把各個數學式熟記卻不求甚解，不懂數學式彼此間的關係，及衍伸順序不明，這都是錯誤的。接著我們將會介紹，如何從愈少的內容去出發，編織出（或可說演繹出）燦爛的幾何內容。

幾何證明不能不知道的是歐式幾何的五大公設（* 可讀可不讀 1），而後爲了學習上的方便，演變爲 SMSG 22 公設（* 可讀可不讀 2），至此我們的幾何就建立在這 22 個原則上，去演繹出現行的幾何內容。

※備註 1：定義是數學的專有名詞，爲了討論某件事物進而給予新的意義，如：邊長 1 的正方形的面積，定義爲最基礎面積的 1 單位。

※備註 2：公理與公設是數學的專有名詞，意指不證自明的內容，非常直覺可以理解的內容，如：兩點的最短距離是一直線。但相當可惜的是數學上有部分的公理、公設，並不夠直覺，如：三角形的全等性質，這將在後面再次說明清楚。

※備註 3：定理是數學的專有名詞，意指由定義、公設、公理、性質、律等等原始內容，演繹（或稱組合、編織、堆疊）出來的內容，見圖 4-36。如畢氏定理就是由面積推導出來的邊長關係的數學式。

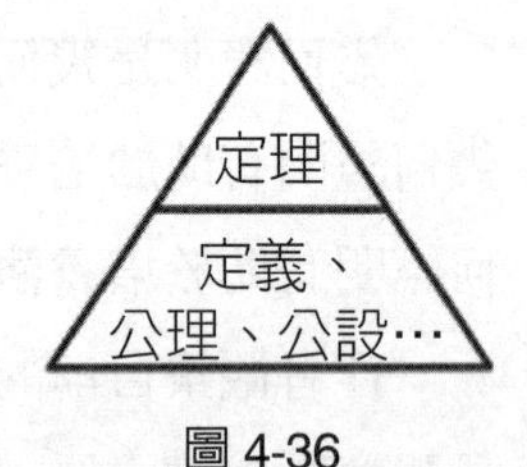

圖 4-36

4-2-1 畢氏定理

畢氏定理在無理數的小節已經介紹過，我們可以由歷史故事知道，爲了討論邊長，進而從面積關係中找到直角三角形的邊長關係是，$a^2 + b^2 = c^2$，見圖 4-37。在此就不再多做介紹。

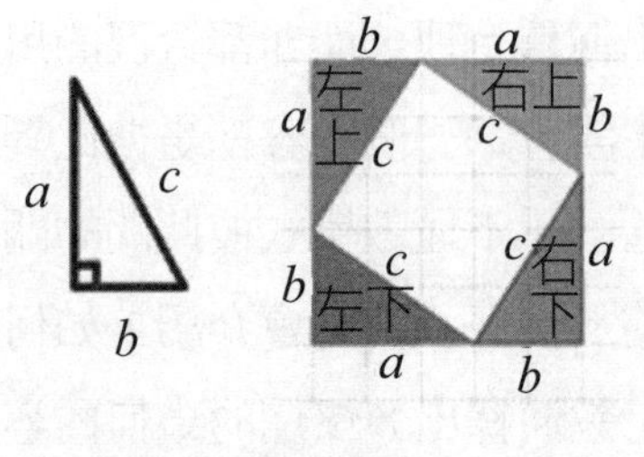

圖 4-37

4-2-2 三線八角

在國中時我們會學習到平行線的內容，但常常會對其名詞困惑，所以有必要先介紹名詞。

- 三線八角：三條線有兩個交叉所構成的圖 4-38，不一定具有平行，由圖可發現具有八個角。
- 同側外角：同側是分割線的左側或是右側，外角是 2 條直線的外部，見圖 4-39。叉叉是左側的同側外角，圈圈是右側的同側外角。
- 同側內角：同側是分割線的左側或是右側，內角是 2 條直線的內部，見圖 4-40。正方形是左側的同側內角，三角形是右側的同側內角。
- 外錯角：錯是交錯、錯開的意思，不在分割線同一側，外角是 2 條直線的外部，見圖 4-41。圈圈是外錯角，叉叉是外錯角。

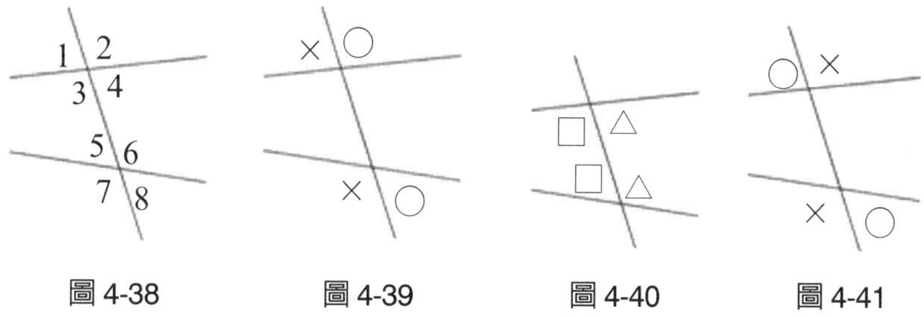

圖 4-38　圖 4-39　圖 4-40　圖 4-41

- 內錯角：錯是交錯、錯開的意思，不在分割線同一側，內角是 2 條直線的內部，見圖 4-42。正方形是內錯角，三角形是內錯角。
- 同位角：在三線八角的交叉處，對應位置上的角，稱為同位角，見圖 4-43。圈圈是同在左上方的同位角，叉叉是同在右上方的同位角，正方形是同在左下方的同位角，三角形是同在右下方的同位角。

· 對頂角：2 條交叉線構成的互相頂住的角，見圖 4-44，而三線八角中就會有 4 組的情形，而對頂角相等，見圖 4-45。圈圈是對頂角，叉叉是對頂角。正方形是對頂角，三角形是對頂角。

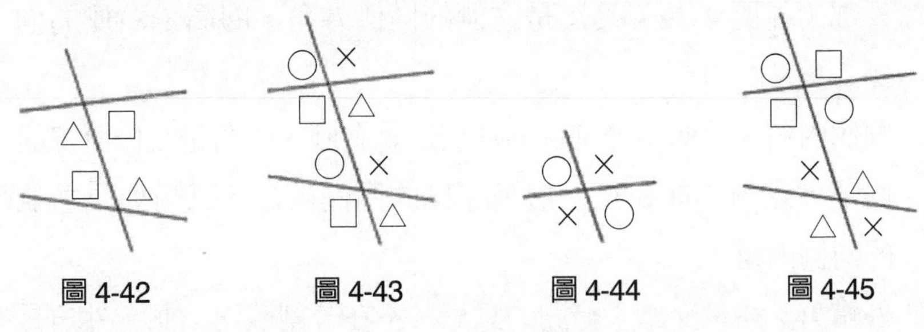

圖 4-42 圖 4-43 圖 4-44 圖 4-45

※備註：任何情況的對頂角都相等

參考圖 4-44，可知一組對頂角是左上對右下，並可知一條線被分開是 180 度被分開，設左上圈圈是 $x°$，則右上叉叉就是 $180° - x°$，而右上與右下也能組成一條線，右上 + 右下 = 180 度

右下 = 180 度 − 右上

右下 = $180° - (180° - x°)$

右下 = $x°$

而另一組對頂角左下對右上也是同樣原理，故所以對頂角會相等。

· 補角

在數學上定義兩個角加起來 180 度時（平角），可形成一直線時，稱爲互補，或稱互爲補角，見圖 4-46。若要方便記憶，可以記做地面坑洞補平了，所以補成 180 度，也就是一直線。

・餘角

在數學上定義兩個角加起來 90 度時（直角），可形成一直角時，稱爲互餘，或稱互爲餘角，見圖 4-47。所以直角三角形的兩個銳角都互爲餘角，之所以會討論餘角是因爲 90 度是一個常討論的性質。

圖 4-46　　圖 4-47

4-2-3 平行

平行線性質是三線八角在兩平行線被一線切過時的特例，會造成下述數學式成立，觀察圖 4-48 認知那些位置角度相同。

1. 內錯角相等：$\angle 3 = \angle 6$、$\angle 4 = \angle 5$。
2. 同側內角互補：$\angle 3 + \angle 5 = 180°$、$\angle 4 + \angle 6 = 180°$。
3. 同位角相等：$\angle 1 = \angle 5$、$\angle 2 = \angle 6$、$\angle 3 = \angle 7$、$\angle 4 = \angle 8$。

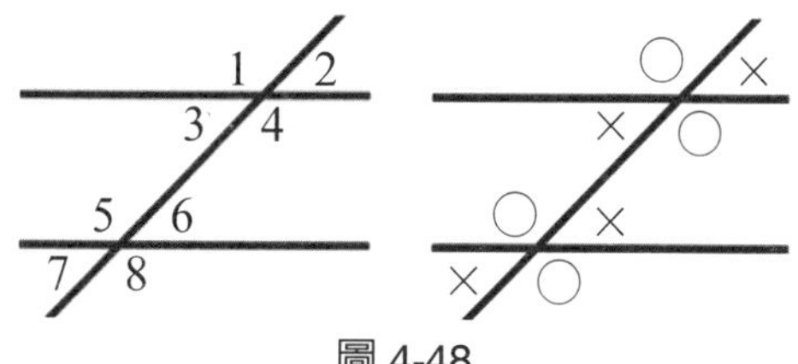

圖 4-48

證明如下：

· 內錯角相等

我們知道長方形從對角線切開後，兩個直角三角形是全部性質都相等，也就是邊長、角度一樣，數學上稱爲全等。而切開部分的角，是內錯角，故長方形內錯角相等，而長方形的長邊彼此平行，長邊延長即可觀察出**兩平行線被一線切過時的內錯角相等，見圖** 4-49。

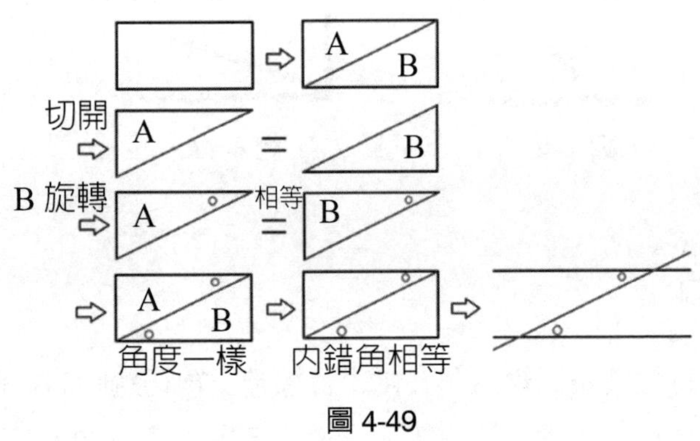

圖 4-49

· 同位角相等

已知兩平行線被一線切過時的內錯角相等，及對頂角相等，故同位角相等，見圖 4-50。

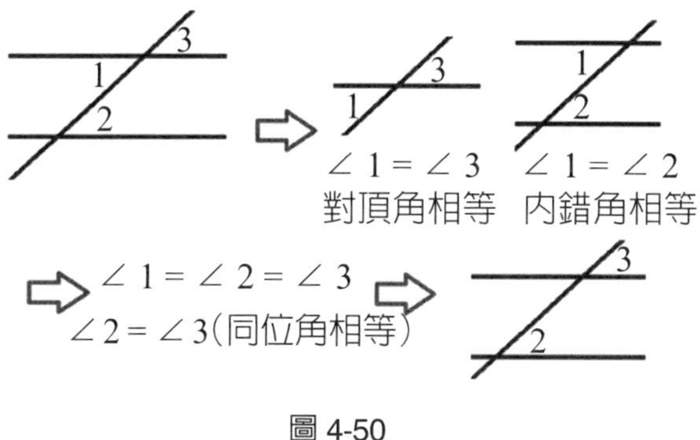

圖 4-50

· **同側內角互補**

方法一：利用兩平行線被一線切過時的內錯角相等，證明同側內角互補，見圖 4-51。

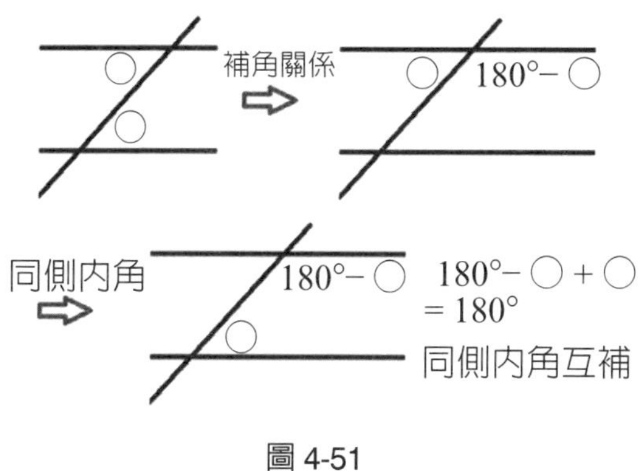

圖 4-51

方法二：利用兩平行線被一線切過時的同位角，證明同側內角互補，見圖 4-52。

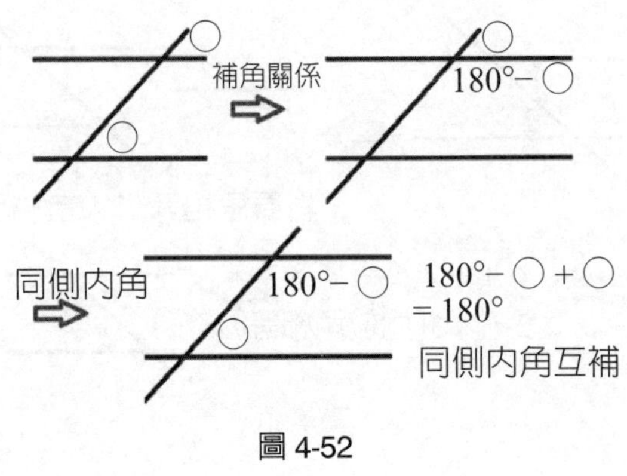

圖 4-52

·平行線與緯度、地球半徑、及圓周的關係

我們都聽說過緯度，而緯度的概念早在希臘時期（西元前 200 年）就已經出現，埃拉托斯特尼（Eratosthenes，見圖 4-53）利用太陽光是平行線的想法，簡單的說明不同地區該如何計算緯度，見圖 4-54，並且不僅僅做出緯度，還計算出地球圓周與半徑，與現在的資料不到 1% 的誤差。

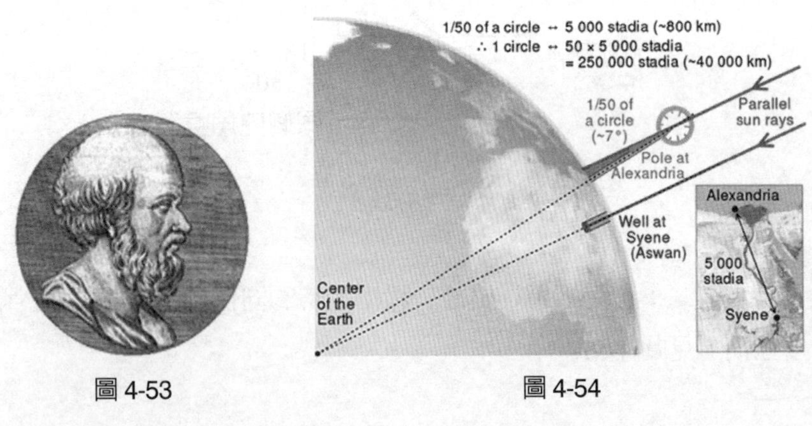

圖 4-53　圖 4-54

接著認識其原理，首先要了解什麼是緯度，見圖 4-55 的

$\angle BAC$，就是 C 位置的緯度。要如何算出 $\angle BAC$？我們知道太陽光是平行光，同一個時間點，同樣的物體，會有的地方有影子、有的地方沒有，見圖 4-56。

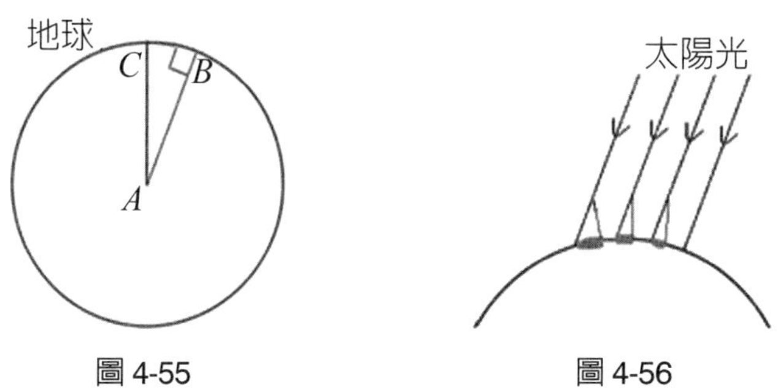

圖 4-55　　圖 4-56

參考圖 4-57，利用赤道上的一口井（B 位置），當正中午讓井內毫無影子的時候，測量與井一定距離（C 位置）的物體高度 $\overline{CD}$ 與影子長 $\overline{CE}$。

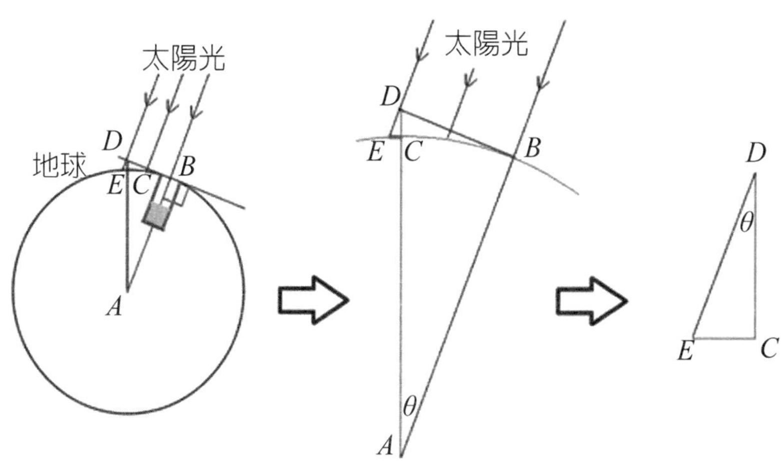

圖 4-57

可以找到兩股分別爲 $\overline{CD}$、$\overline{CE}$ 的直角三角形，並測量出 $\angle CDE$，而太陽光是平行的光線，故 $\angle CDE$ 與 $\angle BAC$ 是內錯角關係，故 $\angle DAC = \angle FDE = \theta$，因此得到 C 位置的緯度爲 θ。

此方法顯然要在靠近赤道才能執行，而距離赤道很遠的緯度地區怎麼辦，此時要利用圓周上弧長與圓心角度的關係，它可以測量 $\widehat{BC}$ 的長度，並且知道對應的圓心角度是多少，他發現 7.2 度對應的弧長約是 800 公里，也就是緯度 7.2 度距離緯度 0 度（赤道）的距離是 800 公里，故緯度差 1 度就會差 111.1 公里。如果想走到緯度 10 度的位置就是從赤道往北走 1111 公里。但此方法有瑕疵，因爲地面並非平整，所以在精確度上會有一定誤差。

我們可以知道 360 度是繞一圈有就是地球的圓周，而 360 度是 40000 公里，也就是地球圓周是 40000 公里，再利用圓周長 $= 2 \times$ 圓周率 $\times$ 半徑 $= 2\pi r$，可列出 $40000 = 2\pi r$，故得到半徑 $r = 6366.2$，跟現在測量地球周長 40075.02 公里、半徑 6371 公里的結果相比，可發現誤差約爲 0.18%，不到 1%。

※備註 1：地球是怎麼被發現是不是一個完整的球形，科學家發現在不同高度的地方物體自由落體的加速度不同，也就是重力加速度不同，或可稱重力不同。因此有人思考緯度的不精準，除了移動距離不準外，是否還受地球並非是完整球體（圓型旋轉一圈後的立體），而是橢球體的影響（橢圓型旋轉一圈後的立體）。因此去極北的地方進行測量，發現當地的重力比較小，故證實了地球是橢球體。

※備註 2：埃拉托斯特尼的貢獻不僅於此，比較有名的還有他

提出的質數篩選法，稱爲埃拉托斯特尼質數篩選法。以 1 到 100 的數字爲例，方法如下：先除去 1，接著將第一個出現的數字保留，而其他的整數倍數刪除，如保留 2，而 4、6、8、10、……刪除，接著保留 3，而 3、9、15、……刪除，以此類推，見圖 4-58。

1	2	3	4	5	6	7	8	9	10
11	12	13	14	15	16	17	18	19	20
21	22	23	24	25	26	27	28	29	30
31	32	33	34	35	36	37	38	39	40
41	42	43	44	45	46	47	48	49	50
51	52	53	54	55	56	57	58	59	60
61	62	63	64	65	66	67	68	69	70
71	72	73	74	75	76	77	78	79	80
81	82	83	84	85	86	87	88	89	90
91	92	93	94	95	96	97	98	99	100

1	2	3	4	5	6	7	8	9	10
11	12	13	14	15	16	17	18	19	20
21	22	23	24	25	26	27	28	29	30
31	32	33	34	35	36	37	38	39	40
41	42	43	44	45	46	47	48	49	50
51	52	53	54	55	56	57	58	59	60
61	62	63	64	65	66	67	68	69	70
71	72	73	74	75	76	77	78	79	80
81	82	83	84	85	86	87	88	89	90
91	92	93	94	95	96	97	98	99	100

1	2	3	4	5	6	7	8	9	10
11	12	13	14	15	16	17	18	19	20
21	22	23	24	25	26	27	28	29	30
31	32	33	34	35	36	37	38	39	40
41	42	43	44	45	46	47	48	49	50
51	52	53	54	55	56	57	58	59	60
61	62	63	64	65	66	67	68	69	70
71	72	73	74	75	76	77	78	79	80
81	82	83	84	85	86	87	88	89	90
91	92	93	94	95	96	97	98	99	100

	2	3		5		7			
11		13				17		19	
		23						29	
31						37			
41		43				47			
		53						59	
61						67			
71		73						79	
		83						89	
						97			

圖 4-58

4-2-4 全等

全等性質的幾何證明在幾何原本占相當大的比例，而在台灣國中也占相當大的比例，但爲什麼有這麼多題目呢？因爲幾何證明在中世紀是僧侶練習的題目，如同現在的數獨。而幾何證明可以有助於培養演繹邏輯，也就是建立前因與後果的關係，接著先認識全等性質。

·全等性質

全等性質有 SSS、SAS、ASA、AAS、RHS 五種。以下爲其內容，及參考圖。S 是 Side 邊長、A 是 Angle 角度、R 是 Right angle 直角、H 是 Hypotenuse 斜邊。

1. SSS：兩三角形的三對應邊等長時，兩三角形全等，見圖 4-59。
2. SAS：兩三角形的兩對應邊等長、及其對應夾角相等時，兩三角形全等，見圖 4-60。

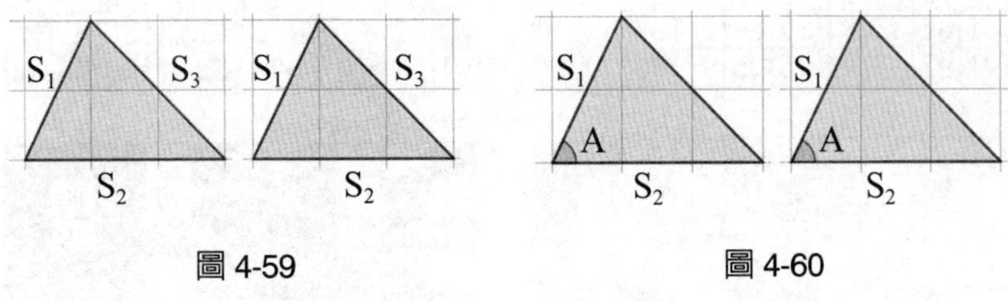

圖 4-59　　圖 4-60

3. ASA：兩三角形的兩對應角相等，及所夾對應邊相等時，兩三角形全等，見圖 4-61。
4. AAS：兩三角形的兩對應角相等，及相鄰對應邊相等時，兩三角形全等，見圖 4-62。

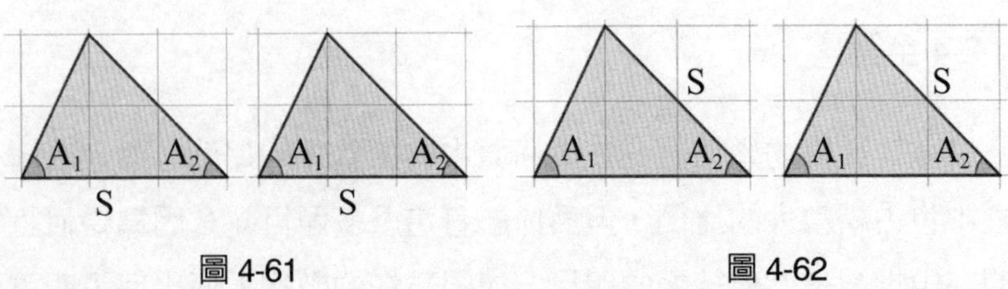

圖 4-61　　圖 4-62

5. RHS：兩直角三角形的對應斜邊、一股等長時，兩三角形全等，見圖 4-63。

6. SSA：兩三角形的兩對應邊等長，及相鄰夾角相等時，兩三角形「不一定」全等，見圖 4-64。

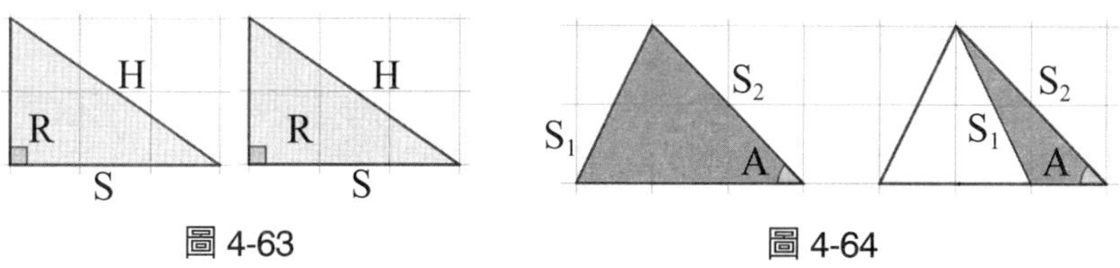

圖 4-63　　圖 4-64

7. AAA：兩三角形的三對應角相等，兩三角形「不一定」全等，見圖 4-65。

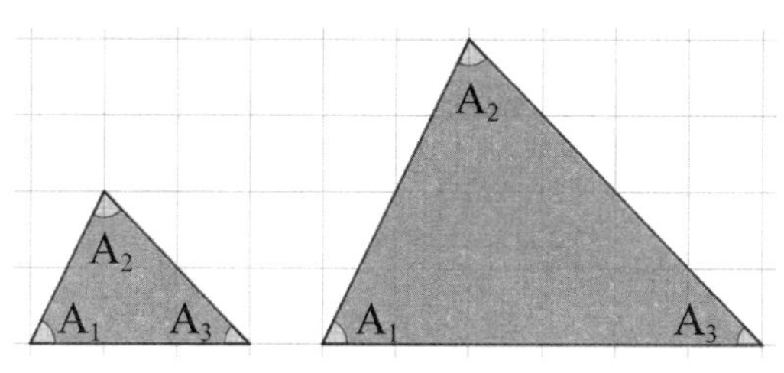

圖 4-65

．全等性質爲什麼全等？

從希臘時期到現在都是用做圖技巧再剪下，並驗證是否重疊，若重疊即被認定是全等的性質，也就是用眞實世界的物理方法來驗證數學。但對作者來說除了 SSS 全等性質外，其他性質相當的不直覺。

同時要思考的疑問是，爲什麼全等的基礎認知會多達五個，這相當令人不舒服，這不禁讓人有瞎子摸象的疑慮，會不會都是局部正確，同時也違反公設愈少愈好的原則。

作者本身教學經驗，學生對於五個全等性質並不能完全認同，大多數人僅能接受 SSS 全等。而其他的在直覺上是完全無法接受的，而重疊的方法又使人認為不夠嚴謹，如果在不能完全認同的情況下，後續的練習幾何證明僅僅是建立在空中的樓閣，學生只是學會書寫兩三角形為什麼全等的證明流程，並不明白為什麼該性質全等？比如說，學生會利用 SAS 證明幾何問題，但卻不明白為什麼SAS全等。如同會開車卻不明白車為什麼會跑。

這樣一來就又破壞對數學的觀感，數學向來自詡一切內容都可理解，怎麼會埋下無法理解的因素呢？基於這樣的原因，作者找出一套容易說明且方便證明五個全等性質的方法。

我們可以從最容易接受的全等情況作為全等公設，也就是利用三邊相等，故可定義 SSS 是全等公設，而 SAS、ASA、AAS、RHS 只要可導出三邊相等的情況，便可認定真的全等，並成為演繹得來的定理。

◎全等證明路線

全等證明的路線，見下圖觀察其相關路線，見圖 4-66。

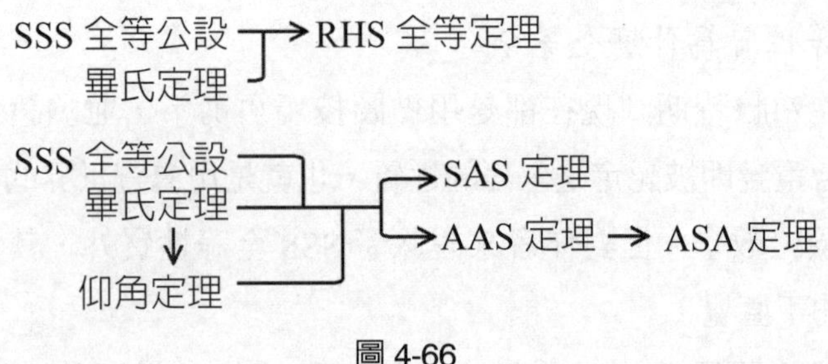

圖 4-66

◎證明 RHS 全等

兩直角三角形，對應的斜邊相等，一股相等，故可做出圖 4-67。由畢氏定理可知，$a^2 + b_1^2 = c^2$ 及 $a^2 + b_2^2 = c^2$，故 $a^2 + b_1^2 = a^2 + b_2^2$，使得 $b_1 = b_2$。因此滿足 SSS 全等公設，故證明出 RHS 全等。

因此課本書寫的 RHS 全等性質，應該寫作 RHS 全等定理。因為它可以被演繹得到的內容，並非不證自明的公理、公設，同時我們也可以發現到課本是使用性質一字，這是含混不明的用法。

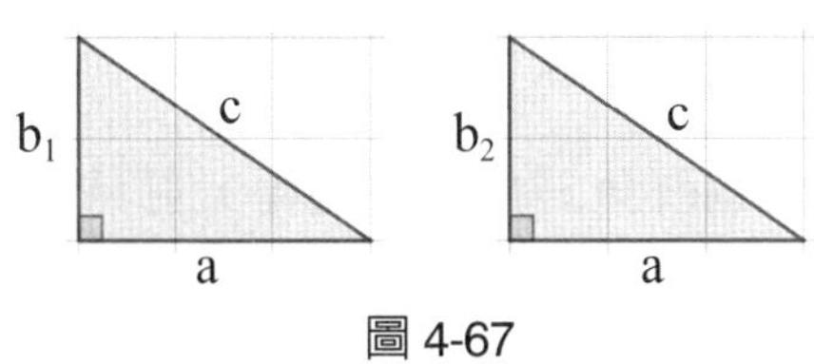

圖 4-67

◎證明 SAS、ASA、AAS 全等之前，我們必須先建立一個仰角定理，才能繼續證明。

◎仰角定理（為協助證明作者設立的小定理）

兩直角三角形在同等斜邊及仰角 θ 時，見圖 4-68，其對應的高度及底長會相同，也就是 $a_1 = a_2$、$b_1 = b_2$，此可稱為仰角定理 1。白話的描述是兩根等長棍子斜立在地面時，當仰角相同時，其對應高度及陰影會等長，見圖 4-68。

同時也會成立兩直角三角形在同樣的對應高度及仰角 θ 時，其對應的斜邊及底長會相同，也就是 $c_1 = c_2$、$a_1 = a_2$，此可稱為仰角定理 2，見圖 4-69。

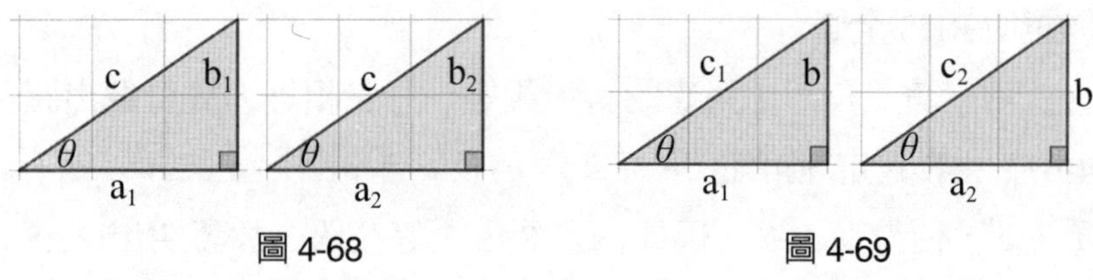

圖 4-68　　圖 4-69

也會成立兩直角三角形在同樣的對應底長及仰角 θ 時，其對應的斜邊及高長會相同，也就是 $c_1 = c_2$、$b_1 = b_2$，此可稱爲仰角定理 3，見圖 4-70。

直覺的理解：

作一長方形，並做其對角線，可以很直覺理解其內錯角相等，見圖 4-71。

將圖切開爲兩個直角三角形並旋轉，可見到斜邊與夾角相等，見圖 4-72。而直角三角形的底與高就是長方形的長與寬，必然相等。因此兩直角三角形在同等斜邊及仰角 θ 時，其對應的高度及底長會相同。

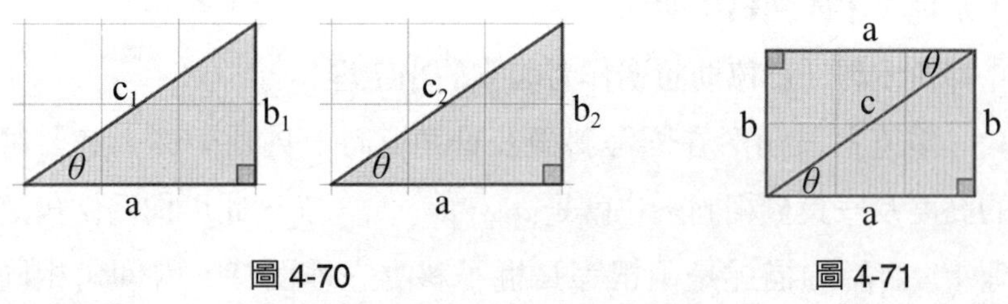

圖 4-70　　圖 4-71

反證法：

利用「若 p 則 q」等價「若非 q 則非 p」的演繹邏輯。兩直角三角形，斜邊相等設爲 c，其夾角也相等，記作：$\theta_1 = \theta_2$，直覺上會使得底長、高度相等，記作：$a_1 = a_2$、$b_1 = b_2$，見圖4-73。

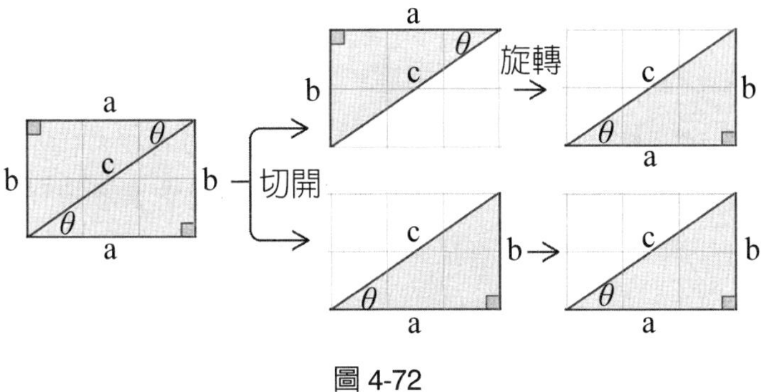

圖 4-72

此時的前提 p 是對應斜邊相等且對應夾角也相等，結論 q 是對應底長且對應高度相等。由於無法直接證明，故只要證明非 q 會使得非 p 成立，即可說明 p 會使得 q 成立。

已知三角形邊長都爲正數，並設 $b_1 \neq b_2$，由畢氏定理可知 $a_1^2 + b_1^2 = c^2$、$a_2^2 + b_2^2 = c^2$，故 $a_1^2 + b_1^2 = a_2^2 + b_2^2 \rightarrow a_1^2 - a_2^2 = b_2^2 - b_1^2$，而 $b_1 \neq b_2 \rightarrow b_1^2 - b_2^2 \neq 0$，故 $a_1^2 - a_2^2 \neq 0 \rightarrow a_1 \neq a_2$；我們可以發現兩個直角三角形的兩組對應邊不相等 $a_1 \neq a_2$、$b_1 \neq b_2$，故兩直角三角形不全等，故對應角 $\theta_1 \neq \theta_2$，見圖 4-74。

所以「若非 q 則非 p」成立，最後會使得「若 p 則 q」成立。因此兩直角三角形在同等斜邊及仰角 θ 時，其對應的高度及底長會相同，也就是 $a_1 = a_2$、$b_1 = b_2$。

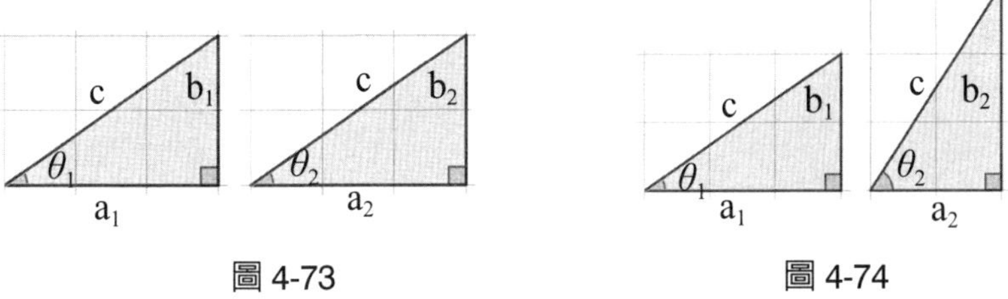

圖 4-73　　圖 4-74

◎證明 SAS 全等

兩三角形，兩組對應邊相等，及所夾的夾角相等，故可做出圖 4-75。利用仰角定理 1，已知同斜邊 a，同夾角 θ，必然存在同高 h，同底 k 的直角三角形，見圖 4-76。而右半邊的直角三角形，可利用畢氏定理知道 $h^2 + (b-k)^2 = c_1^2$、$h^2 + (b-k)^2 = c_2^2$，故 $c_1^2 = c_2^2 \rightarrow c_1 = c_2$，所以滿足三邊相等（SSS 全等公設），故 SAS 全等定理成立。

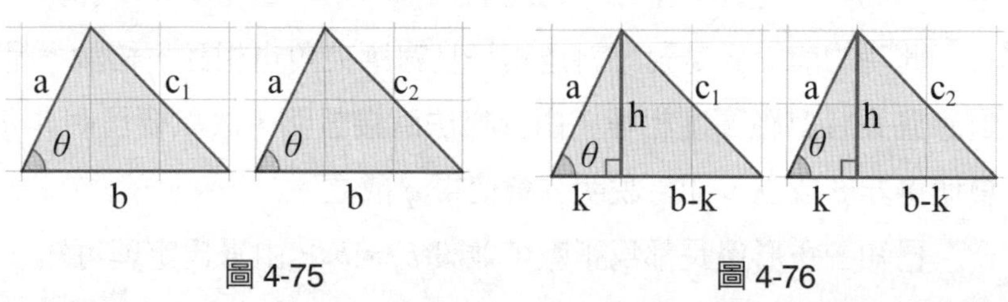

圖 4-75　　圖 4-76

◎ 證明 AAS 全等

兩三角形，兩組對應角相等，及其鄰邊相等，故可做出圖 4-77。利用仰角定理 1，已知同斜邊 a，同夾角 θ_2，必然存在同高 h，同底 k 的直角三角形，見圖 4-78。而左半邊的直角三角形，可再利用仰角定理 2，同高 h，同夾角 θ_2，必然存在同斜邊，同底的直角三角形。故同斜邊是 $c_1 = c_2$、同底長是 $b_1 - k = b_2 - k \rightarrow b_1 = b_2$，所以滿足三邊相等（SSS 全等公設），故 AAS 全等定理成立。

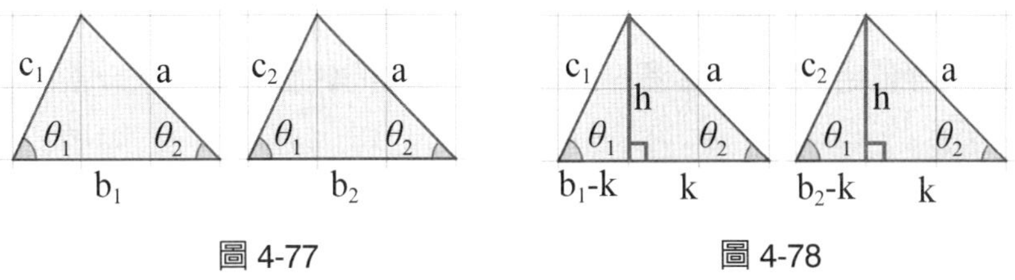

圖 4-77　圖 4-78

◎證明 ASA 全等

兩三角形，兩組對應角相等，及其夾邊相等，故可做出圖 4-79。由三角形內角和必為 180 度可知，第三個角必然是 $180° - \theta_1 - \theta_2$，見圖 4-80。兩三角形滿足 AAS 全等定理，所以兩三角形全等，故 ASA 全等定理成立。

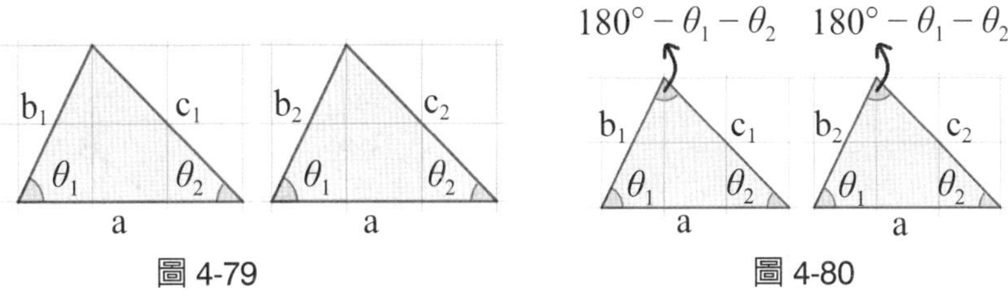

圖 4-79　圖 4-80

小結：

全等性質若用剪下重疊的方式，會令數學好的人困惑，為什麼要用實驗證明數學的合理性，也會產生「實驗出眞理的謬誤」。

・利用全等定理來證明幾何題目

我們在國中課本會見到下述類似題型，圖 4-81。其課本證明大多為已知 $\overline{AC} = \overline{AD}$、$\angle ACB = \angle ADE = 90°$，並可從圖看出

$\angle A$ 爲共用角，故依 ASA 全等性質，使得$\triangle ACB \cong \triangle ADE$，（$\cong$ 是全等的意思，對應邊、對應角，全部的性質都相等），故 $\overline{BC} = \overline{DE}$。

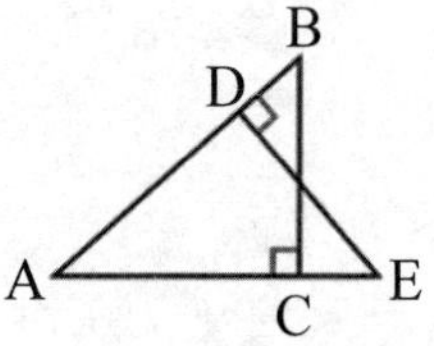

已知 $\overline{AC} = \overline{AD}$、$\angle ACB = \angle ADE = 90°$，試證 $\overline{BC} = \overline{DE}$。

圖 4-81

但這樣的寫法，以作者教學經驗仍太過籠統，學生仍不易明白，作者的方法是建議拆圖，也就是把複雜的圖案簡化成初學者容易吸收的圖案，見圖 4-82。

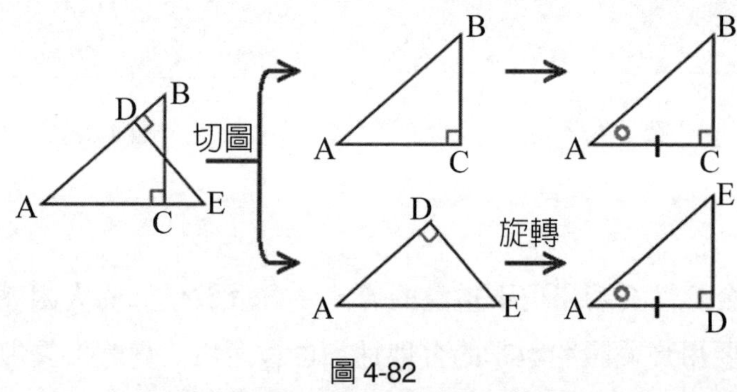

圖 4-82

如此一來就可以把數學證明所需的圖案呈現在初學者面前，否則初學者相當難以想像，同時我們可以從上圖觀察出對應邊、角的部分，而且要把推導過程用條列方式才方便學習。由上圖可知是 ASA 全等，其證明過程建議寫作：

A：$\angle ACB = \angle ADE = 90°$

S：$\overline{AC} = \overline{AD}$

A：$\angle A = \angle A$

所以$\triangle ACB$與$\triangle ADE$滿足 ASA 全等性質，記作：$\triangle ACB \cong \triangle ADE$（ASA 性質）

故 $\overline{BC} = \overline{DE}$。證明完畢（Q.E.D.）

可以發現作者使用的方法是先將圖案拆解，先打草稿後，再進行證明，而非直接觀察，因爲對於初學者來說直接觀察複雜圖案具有相當難度。

※備註：Q.E.D. 是什麼？

可以在上述例題的結尾發現 Q.E.D.，而這是什麼意思？Q.E.D. 是拉丁文 quod erat demonstrandum 的縮寫，其意義是「這就是要證明的」，或可理解爲「幾何證明完畢」，現在也有部分人使用符號□或 # 做爲證明完畢。

4-2-5 相似

相似的意義就是長得很像，而數學上是怎麼定義相似呢？由不同邊長的正三角形可知道相似的感覺，並且俱備有對應角相等，對應邊成比例，再看等腰三角形的相似情況，一樣俱備有對應角相等，對應邊成比例，同樣的再觀察直角三角形，也有一樣的情況。故數學上定義三角形的相似就是對應角相等，對應邊成比例，記作 AAA、SSS 必定相似，並可以推廣到其他相似性質見圖 4-83。

・相似的證明路線

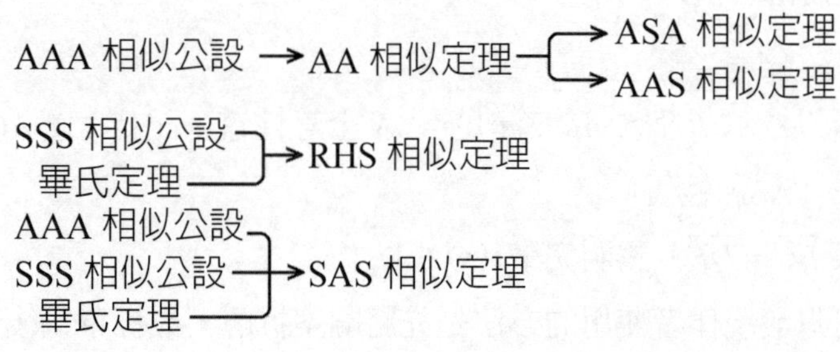

圖 4-83

・相似性質

相似性質有SSS、AAA、SAS、RHS四種。以下為其內容，及參考圖。S 是 Side **邊長成比例**、A 是 Angle 角度、R 是 Right angle 直角、H 是 Hypotenuse 斜邊。

1. SSS：兩三角形的三對應邊成比例 r 時，兩三角形相似，圖 4-84。

2-1. AAA（又稱 AA）：兩三角形的三對應角相等，兩三角形相似，圖 4-85。

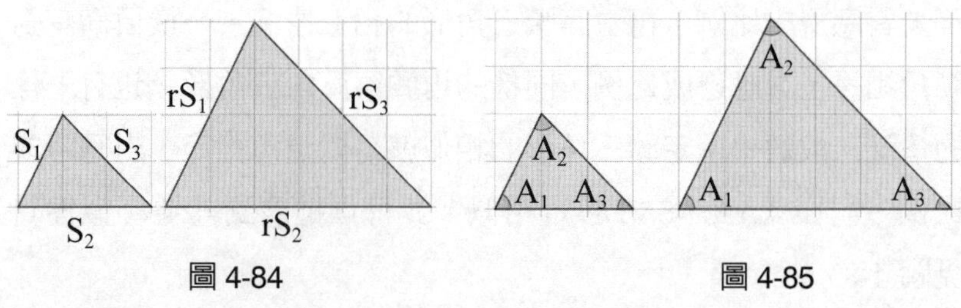

圖 4-84

圖 4-85

2-2. AA 相似

三角形的內角和必爲 180 度，兩個對應角相等必然第三個角也相等，滿足 AAA 相似，見圖 4-86。

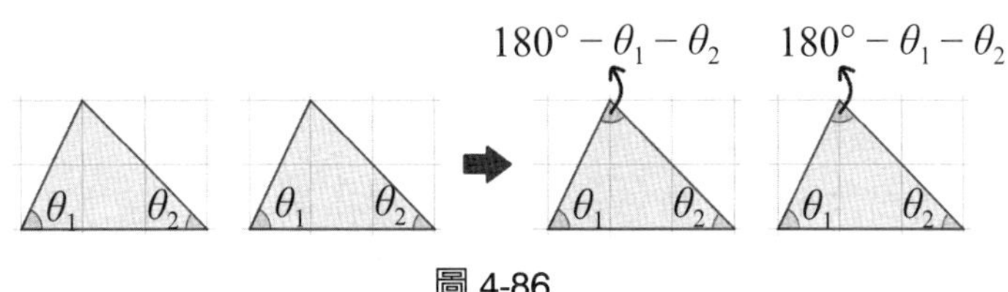

圖 4-86

3. RHS：兩直角三角形的對應斜邊、一股成比例 r 時，兩三角形相似，圖 4-87。

4. SAS：兩三角形的兩對應邊成比例，及其對應夾角相等時，兩三角形相似，圖 4-88。

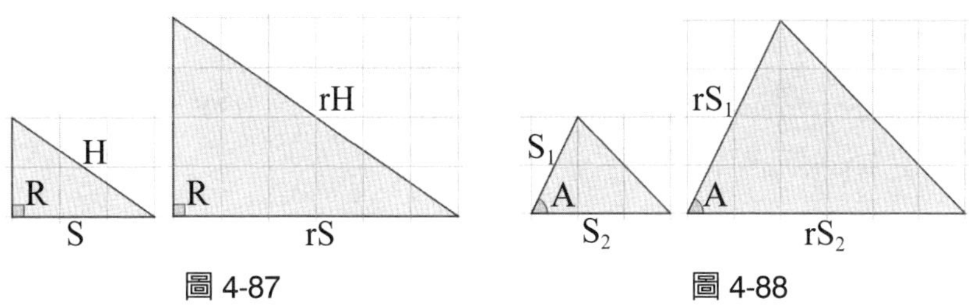

圖 4-87　圖 4-88

★常見問題：為什麼沒有 ASA 相似、AAS 相似？

因爲這兩種相似情況必然有兩個對應角相等，故必然滿足 AA 相似，故不討論。

·證明相似

我們從最容易接受的相似情況作爲相似公設，也就是利用三邊成比例，故可定義 SSS 是相似公設，只要讓 SAS、RHS 可導出三邊成比例的情況，便可認定真的相似，並成爲演繹得來的定理。

◎證明 RHS 相似

兩直角三角形，斜邊與一股邊長成比例，故可做出圖 4-89。

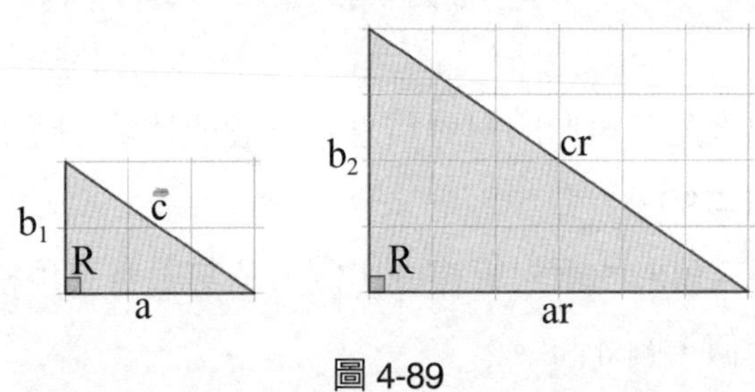

圖 4-89

由畢氏定理知道 $a^2 + b_1^2 = c^2$、$(ar)^2 + b_2^2 = (cr)^2$，故 $a^2 + b_1^2 = c^2 \rightarrow b_1^2 = c^2 - a^2 \cdots (1)$，$(ar)^2 + b_2^2 = (cr)^2 \rightarrow b_2^2 = (cr)^2 - (ar)^2 = c^2r^2 - a^2r^2 = (c^2 - a^2) \cdots (2)$

將 (1) 代入 (2)，得到 $b_2^2 = r^2 \times b_1^2 = (rb_1)^2 \rightarrow b_2 = rb_1$，所以滿足三邊成比例（SSS 相似公設），故 RHS 相似定理成立。

◎證明 SAS 相似

兩三角形的兩對應邊成比例，及其對應夾角相等時，可做出圖 4-90。從上面頂點作高，若設左三角形高爲 h 底爲 k，因爲 AA 相似，則右三角形高爲 hr 底爲 kr，見圖 4-91。由畢氏定理知道兩個三角形的右邊直角三角形 $h^2 + (a - k)^2 = c_1^2 \cdots (1)$、$(hr)^2$

$+ (ar - kr)^2 = c_2^2$，故 $c_2^2 = (hr)^2 + (ar - kr)^2 = r^2 \times h^2 + r^2 \times (a - k)^2 = r^2 \times (h^2 + (a - k)^2) \cdots (2)$，將 (1) 代入 (2)，得到 $c_2^2 = r^2 \times c_1^2 = (rc_1)^2 \rightarrow c_2 = rc_1$，所以滿足三邊成比例（SSS 相似公設），故 SAS 相似定理成立。

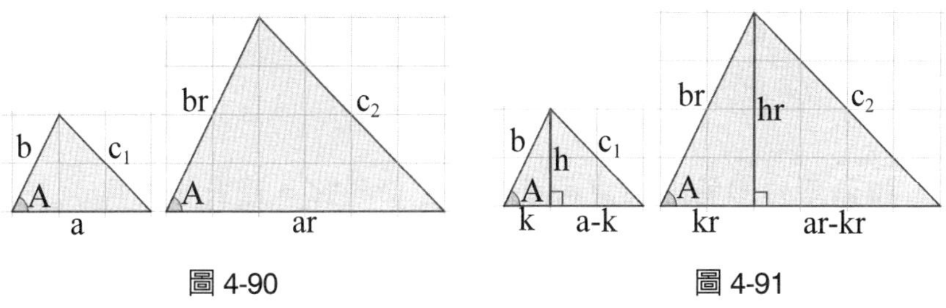

圖 4-90　　圖 4-91

· **相似的證明例題**

參考圖 4-92，證明 $a : b = c : d$。先切割圖形，見圖 4-93。

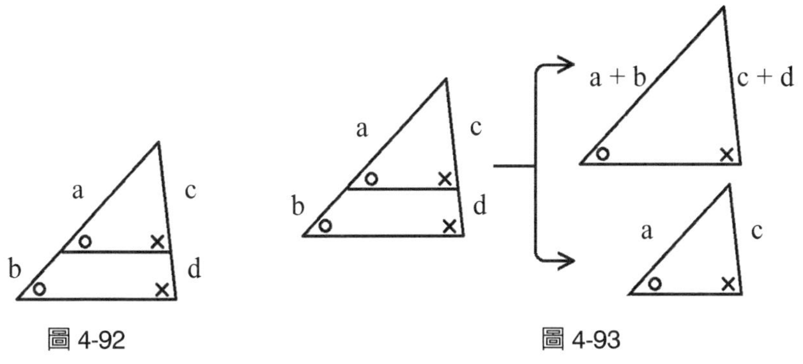

圖 4-92　　圖 4-93

由 AA 相似可知對應邊成比例，故 $a + b : c + d = a : c$。

$a+b：c+d=a：c$

$(a+b)\div(c+d)=a\div c$

$(a+b)\times c=a\times(c+d)$

$ac+bc=ac+ad$

$bc=ad$

$c\div d=a\div b$

$c：d=a：b$　　Q.E.D.

·相似三角形的邊長與面積關係，面積比＝邊長平方比。

三角形 A 與三角形 B 相似，長度比例差 r 倍，三角形 A：底爲 a、高爲 h_a，三角形 A 面積爲 $\frac{a\times h_a}{2}$；三角形 B：底爲 $b=ar$、高爲 $h_b=h_ar$，三角形 B 面積爲 $\frac{b\times h_b}{2}=\frac{ar\times h_ar}{2}=\frac{a\times h_a\times r^2}{2}$，$r$ 爲實數，故面積比爲 $\frac{ah_a}{2}:\frac{ah_ar^2}{2}=1:r^2$，所以面積比 = 邊長平方比，見圖 4-94。

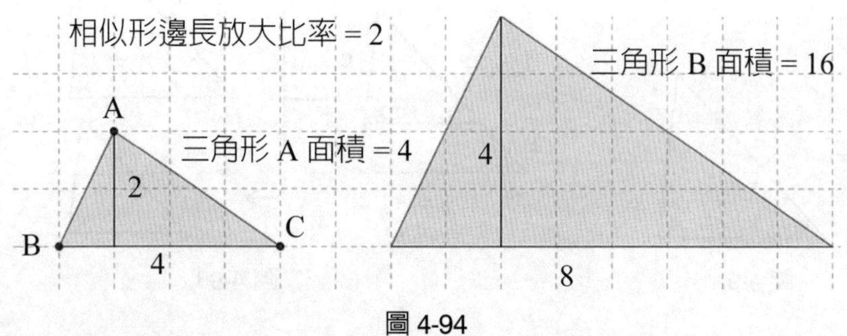

圖 4-94

※備註：平面上其他相似形也是面積比＝邊長平方比。

例題 1：

正方形：邊長爲 1、面積爲 1；邊長爲 2、面積爲 4；邊長爲 3、面積爲 9；每個正方形都是相似形，正方形 A 邊長爲 a，面積爲 a^2；正方形 B 邊長爲 b，面積爲 b^2；故正方形面積比是邊長平方比，$a^2 : b^2$。

例題 2：

長方形：長爲 2、寬爲 1，面積爲 2；長爲 4、寬爲 2，面積爲 8；長爲 6、寬爲 3，面積爲 18；若長方形 A 與長方形 B 相似，長度具有比例性質比例 $a : b$，長方形 A：長爲 a、寬爲 ar，面積爲 a^2r，r 爲實數；長方形 B：長爲 b、寬爲 br，面積爲 b^2r，r 爲實數。故面積比是邊長平方比，$a^2r : b^2r = a^2 : b^2$。

・利用相似形計算山高

在以前，古時候的人只需要找一塊平坦的地面與兩根一樣的棍子，便能計算山有多高，以及距離山有多遠？

第一步：將棍子插在地面，棍子須垂直地面

第二步：後退幾步，趴在地上抬頭看，讓棍子頂端與山頂重疊，見圖 4-95。

第三步：量棍子長度，與後退距離，得到棍子 1 公尺，後退距離爲 3 公尺。

第四步：繼續後退 46 公尺，將第二根棍子插在地面，棍子須垂直地面，兩根棍子距離 49 公尺。

第五步：後退 4 公尺，趴地上抬頭看，讓第二根棍子頂端與山頂重疊，見圖 4-96。

第六步：標示距離，見圖 4-97。該如何計算呢？計算山有多高，以及距離山有多遠，將圖案簡化，假設山的高度爲 x、第一根棍子與山的距離爲 y，見圖 4-98。再進行切圖，左邊爲第一根棍子的圖形、右邊爲第二根棍子的圖形，見圖 4-99。因共用角與直角是 AA 相似，抓出相似形，見圖 4-100。

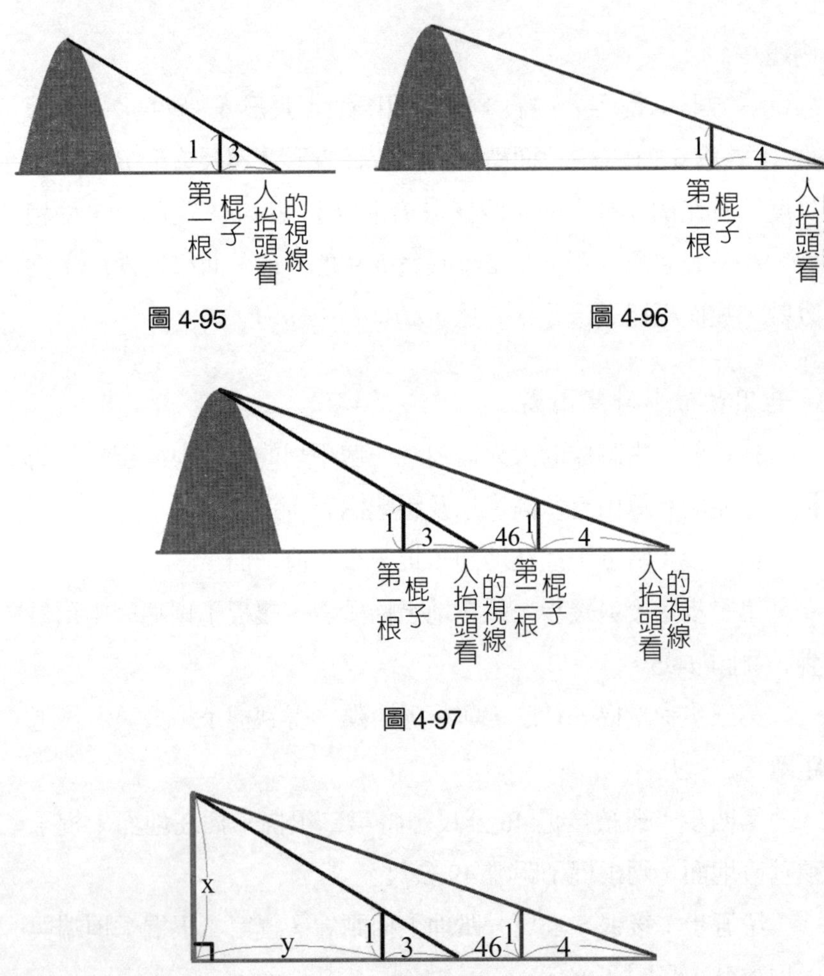

圖 4-95

圖 4-96

圖 4-97

圖 4-98

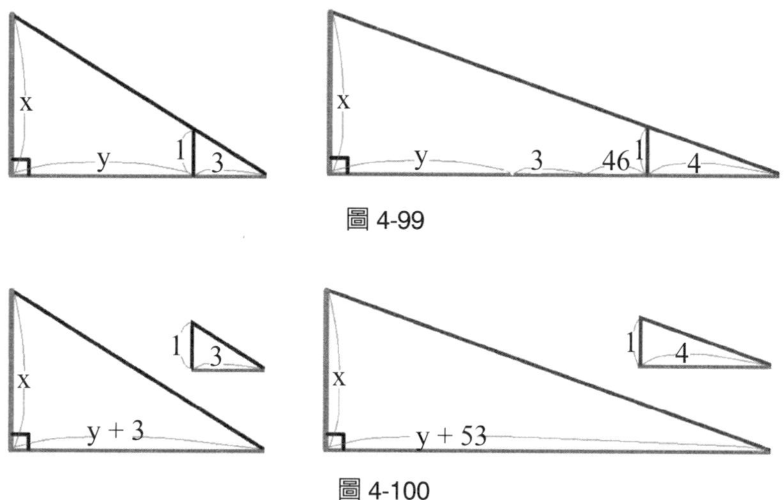

圖 4-99

圖 4-100

因相似形所以。左邊 $x:(y+3)=1:3$，右邊 $x(y+53)=1:4$。

得到兩個式子，可解聯立

$$\begin{cases} x:(y+3)=1:3 \\ x:(y+53)=1:4 \end{cases} \Rightarrow \begin{cases} y+3=3x \\ y+53=4x \end{cases} \Rightarrow \begin{array}{r} y+3\ =3x \\ -)\ y+53=4x \\ \hline -50=-x \\ 50=x \end{array}$$

再將 $50=x$ 代入 $y+3=3x$，可得到 $y=147$。所以山的高度爲 50 公尺，距離山的距離是 147 公尺。

本題爲假設性題目，圖案爲示意圖，在眞實情形可用同樣的方法，換數字再計算就能得到答案。根據相似形原理可以計算出山有多高，以及還離多遠，直到現在這方法仍然有用，畢竟不可能把山挖個洞，從山頂挖到地平線，更何況又不知道是要挖多深才到地平線，如果知道要挖多深，就不需要測量山高。

※備註 1：對稱也是一種相似，而對稱可以用拆字方式來理解，

對：比對，也就是比較的意思，稱是稱心如意，與心中想法

相符合。故對稱就是比較後一樣的意思。

※備註 2：線對稱、點對稱、對稱點的意思。

· 線對稱：指的是以一條線作對稱，以線作爲分隔作對稱，可以思考照鏡子或是湖面反射，或以文字理解，門、口、中。

· 點對稱：指的是旋轉 180 度作對稱。可以思考文字如：卍。

· 對稱點：對稱點指的是該對稱的原點與對應點的關係，見圖 4-101。

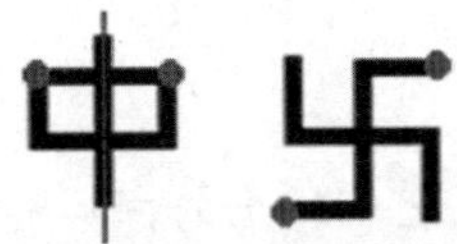

圖 4-101

可以發現「對稱點」會與「點對稱」混淆，所以建議說「對應點」比較妥當。

※備註3：電風扇也是對稱，特別的是它是轉動120度後的相似。

＊可讀可不讀 1：歐幾里得平面幾何的五條公理（公設）

1. 從一點向另一點可以引一條直線。
2. 任意線段能無限延伸成一條直線。
3. 給定任意線段，可以以其一個端點作爲圓心，該線段作爲半徑作一個圓。
4. 所有直角都相等。
5. 若兩條直線都與第三條直線相交，並且在同一邊的內角之和小於兩個直角，則這兩條直線在這一邊必定相交。

第五條公理稱為平行公理（平行公設），可以導出下述命題：通過一個不在直線上的點，有且僅有一條不與該直線相交的直線。

＊可讀可不讀 2：SMSG 公設

不定義名詞：點、線、面、通過、距離、角度量、面積、體積

公設 1. 給定相異的兩點，恰有唯一的直線穿過該兩點。

公設 2.（距離公設）就每對相異的點，有唯一的正數與之對應，稱此數為該兩點間的距離。

公設 3.（直尺公設）直線上之點可與實數作對應，使得 (1) 線上每一點恰與一實數對應；(2) 每一實數恰與直線上的一點對應；(3) 兩相異點的距離為該兩個對應實數差之絕對值。

公設 4.（直尺配置公設）給定直線上的兩點 P 與 Q，均可選擇一座標系統使得 P 之座標為 0，Q 的座標為正數。

公設 5. 每一平面均包含最少三個非共線點，空間則包括最少四非共面點。

公設 6. 若兩點在同一平面上，則穿過此兩點之直線必在該平面上。

公設 7. 任意三點處於最少一個平面上，而任意三個非共線點則處於唯一的平面上。

公設 8. 若兩平面相交，其相交必為一直線。

公設 9.（平面分隔公設）給出一直線及一包含此直線之平面，不在該直線上的平面各點，形成兩集合，使得：(1) 兩者均

為凸集；及 (2) 若 P 在其中一集，Q 在另一集，則線段 PQ 必與上述直線相交。

公設 10.（空間分隔公設）空間中，不在一特定平面上之各點形成兩集，使得：(1) 兩者均為凸集；及 (2) 若 P 在一集：Q 在另一集，則線段 PQ 必與該平面相交。

公設 11.（角度量公設）每一角 $\angle x$ 均對應於一個在 0 至 180 之間的實數，此實數名為此角之度量，以 $m(\angle x)$ 記之。

公設 12.（作角公設）設 AB 為半平面 H 邊緣之一射線。對於任何 0 至 180 之間的 r，必有唯一之射線 AP，P 在 H 內，使得 $m(\angle PAB) = r$。

公設 13.（角相加公設）若 D 為 $\angle BAC$ 之內點，則 $m(\angle BAC) = m(\angle BAD) + m(\angle DAC)$。

公設 14.（互補公設）若兩角形成一直線，則它們互補。

公設 15.（SAS 公設）給出兩三角形（或三角形與自身）之間的一一對應。若兩邊及其夾角與另一三角形之相對部分相等，則此兩三角形全等。

公設 16.（平行公設）過線外一點，只有最多一直線與該線平行。

公設 17. 對任一多邊形所圍成的區域，有唯一的正實數與之對應，稱為其面積。

公設 18. 若兩三角形全等，則這兩三角形之面積相等。

公設 19. 若區域 R 為兩區域 $R1$ 及 $R2$ 之併集，若 $R1$ 及 $R2$ 最多相交於有限數量的線段或點，則 R 之面積為 $R1$ 與 $R2$ 的面積之和。

公設 20. 矩形面積為其長與高的長度之積。

公設 21. 長方體之體積為其底面積與高度之積。

公設 22.（祖原理）給出兩立體和一平面。若任一平行於上述平面的平面，與此兩立體相交區域之面積相等，則此兩立體之體積相等。

4-2-6 圓形

圓形的幾何證明與計算大多是利用到相似或畢氏定理，而比較常討論的內容則是圓心角、圓周角、弦切角。

· 圓心角：圓上兩點與圓心構成的夾角，見圖 4-102，圓心角爲 $\angle AOB = \widehat{AB}$。$\widehat{AB}$ 指的是圓弧上 A 到 B 的劣弧對應圓心的角度，念作弧 AB，劣弧指的是較小的弧的部分。

· 圓周角：圓上三點構成的夾角，見圖 4-103。圓周角爲圓心角的一半。特別的是 C 點只要在 $\widehat{AB}$ 之外，圓周角都相等，見圖 4-104。

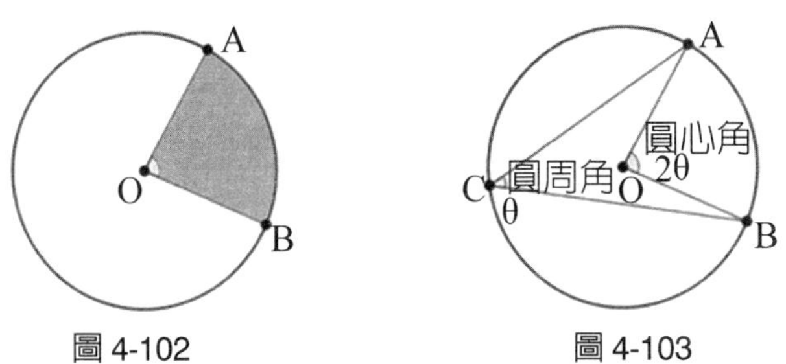

圖 4-102　　圖 4-103

· 弦切角：一弦與切線構成的夾角 $\overline{AB}$ 與 L 的夾角，見圖 4-105，而弦切角 = 圓周角，見圖 4-106。接著將來推導角度關係。

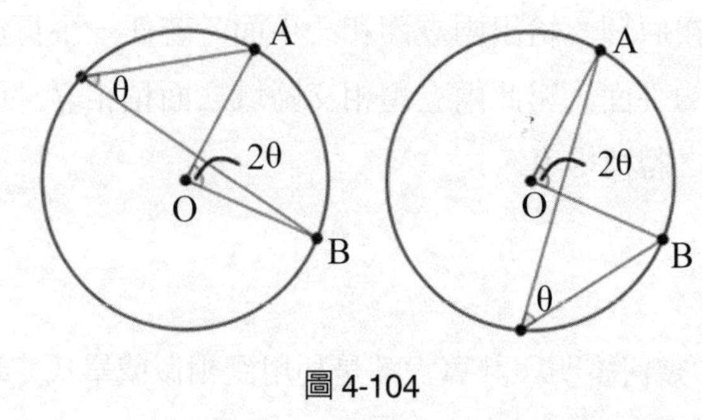

圖 4-104

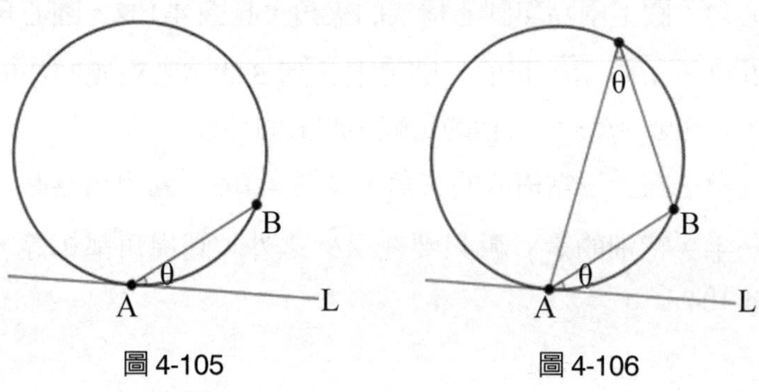

圖 4-105　　圖 4-106

· 證明同弧長的任意圓周角都是圓心角的一半

第一步：討論 BC 連線會經過圓心的圖案，見圖 4-107。我們知道半徑相同，故△OAC 是等腰三角形，見圖 4-108。而內角和必為 180 度可知$\angle AOC = 180° - 2\theta$，再由 BC 是一直線可得兩角相加為一平角$\angle AOC + \angle AOB = 180°$，故 $180° - 2\theta + \angle AOB = 180° \rightarrow \angle AOB = 2\theta$，見圖 4-109。故圓周角$\angle ACB = \theta$是圓心角$\angle AOB = 2\theta$ 或 $\overset{\frown}{AB} = 2\theta$ 的一半。

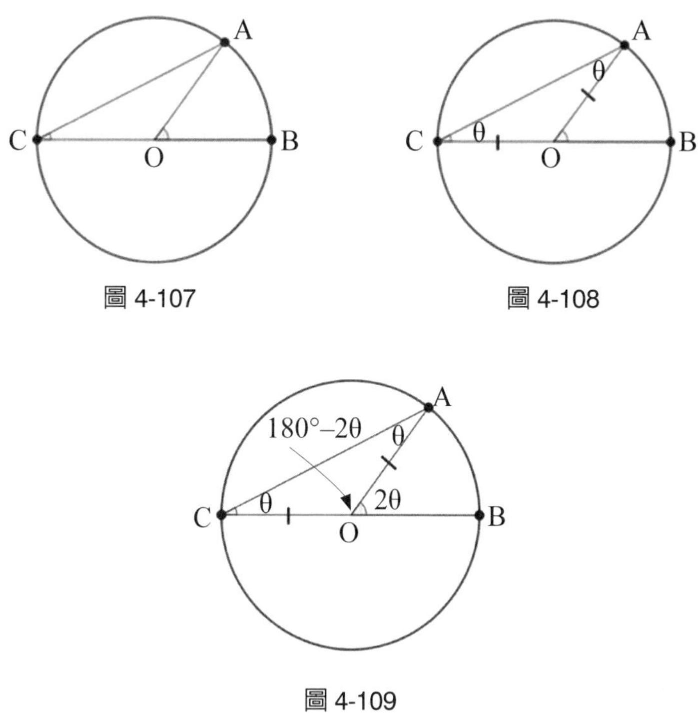

圖 4-107 圖 4-108

圖 4-109

第二步：討論箭頭形的圖案，見圖 4-110。

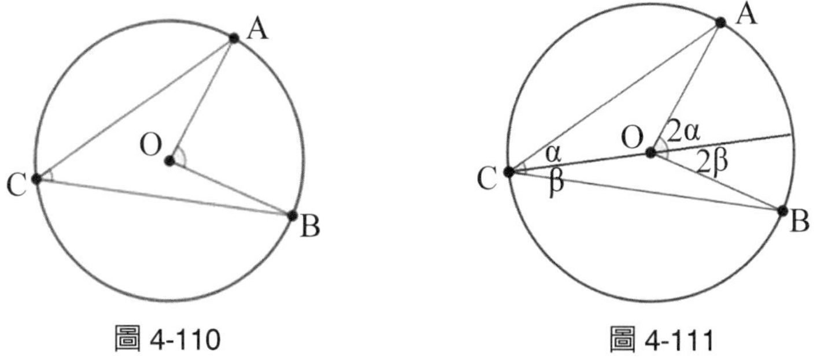

圖 4-110 圖 4-111

將 OC 連線延長就可以利用第一步的結果，見圖 4-111。而

$\angle ACB=\alpha+\beta$、$\angle AOB=2\alpha+2\beta$，故圓周角 $\angle ACB=\alpha+\beta$ 是圓心角 $\angle AOB=2\alpha+2\beta$ 或 $\widehat{AB}=2\alpha+2\beta$ 的一半。

第三步：兩個三角形的形狀，見圖 4-112。

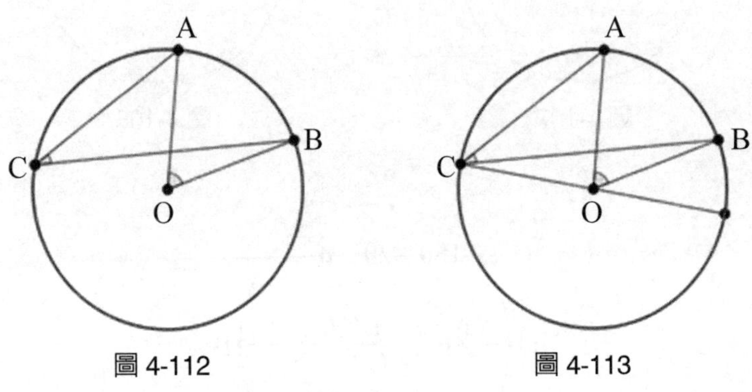

圖 4-112

圖 4-113

將 OC 連線延長就可以利用第一步的結果，見圖 4-113。爲了方便把圖案拆開，見圖 4-114。再將圖案組合回來，見圖 4-115。而 $\angle ACB=\alpha-\beta$、$\angle AOB=2\alpha-2\beta$，故圓周角 $\angle ACB=\alpha-\beta$ 是圓心角 $\angle AOB=2\alpha-2\beta$ 或 $\widehat{AB}=2\alpha-2\beta$ 的一半。

由以上三步可知**同弧長的任意圓周角都是圓心角的一半**。

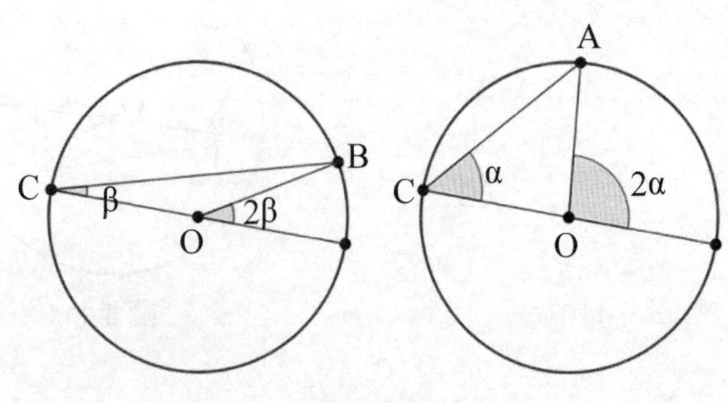

圖 4-114

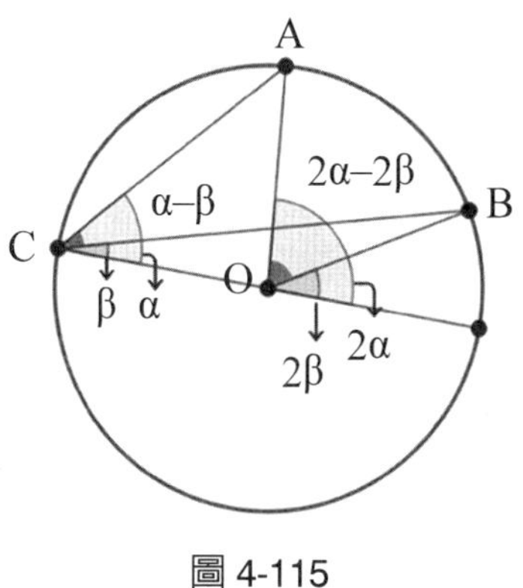

圖 4-115

・證明弦切角＝圓周角

觀察弦切角與圓周角，見圖 4-116。作出與切線垂直的直徑，並把相等圓周角的部分畫出來，見圖 4-117。把不要的部分擦掉，可發現一個平角與其對應的圓周角（直角），見圖4-118。

由三角形內角和 180 度，可知直角三角形各角的角度，見圖 4-119。而切線處是一個平角，故 $90° + (90° - \alpha) + \beta = 180° \rightarrow \alpha = \beta$，所以弦切角等於圓周角。

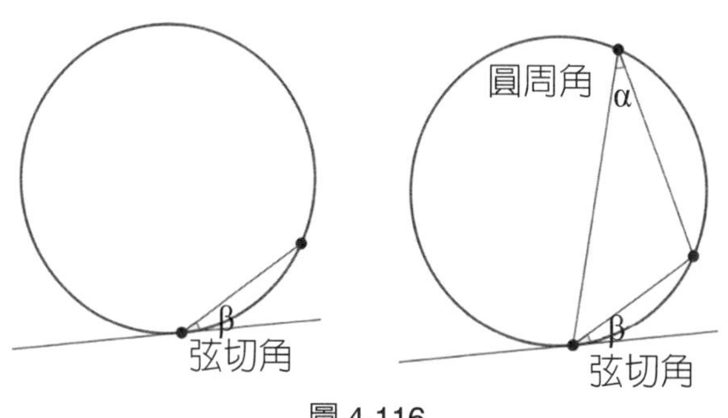

圖 4-116

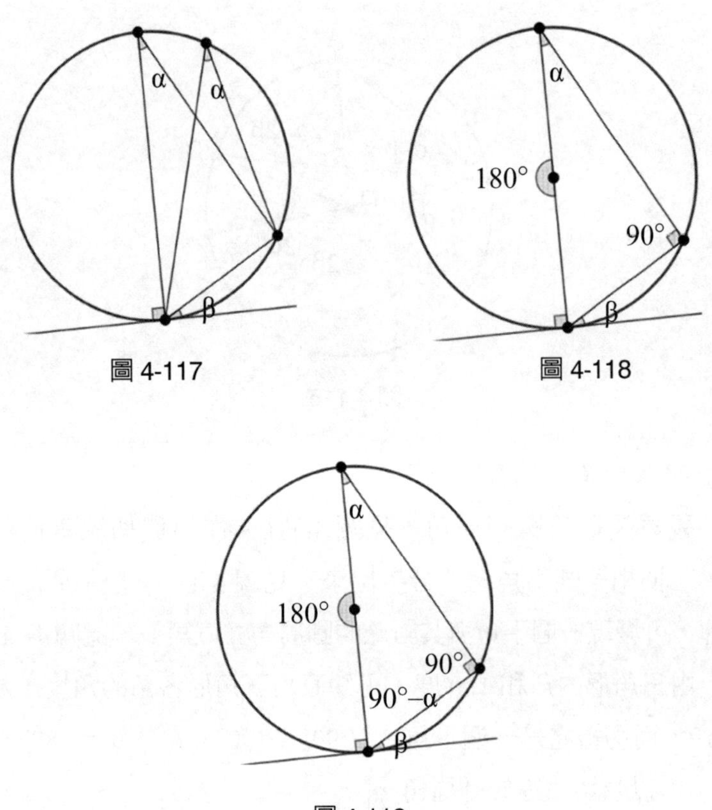

圖 4-117

圖 4-118

圖 4-119

★常見問題：切線為什麼垂直直徑

部分學生會對切線爲什麼垂直直徑感到疑問，認爲這是定義或是數學家規定，但實則不然。數學僅有定義直線與圓的關係，如果圓心與直線距離小於半徑，線與圓有兩個交點，該直線是割線，見圖 4-120，若圓心與直線的距離等於半徑，線與圓只有一個交點，該直線是切線，見圖 4-121。

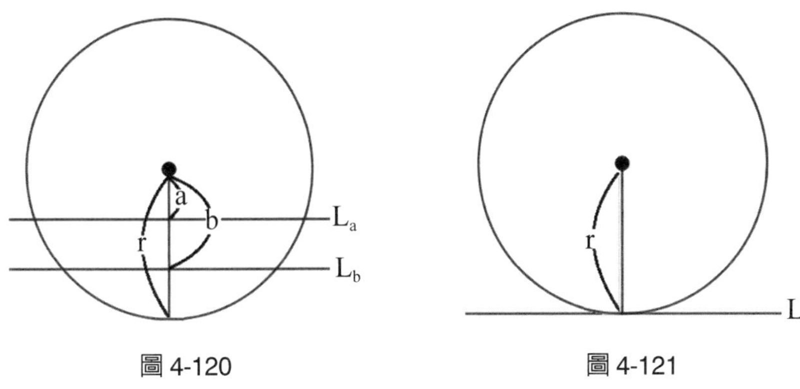

圖 4-120　　圖 4-121

而點到切點的距離是半徑，點到切線距離是在討論垂直的最短距離，故半徑與切線垂直。另外一個方法，先觀察圖 4-122。

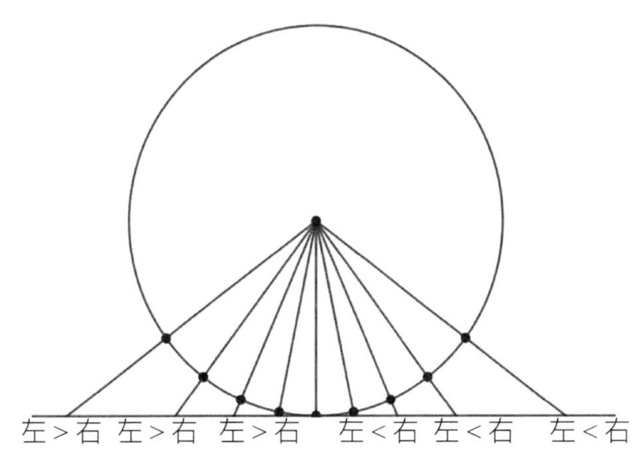

圖 4-122

可從圖案中發現，一圓與一切線，圖的左下方有許多從圓心射往切線的直線，並可以看到左邊的角大於右邊，同樣右下方也是可以觀察到許多左邊的角小於右邊，而在角度關係從大於變成小於的中間，必然有一個位置是左等於右，也就是直角，而那點是在切點的位置。

·圓周角與相似形的應用，試證 $a:b=c:d$**，見圖 4-123。**

補上**輔助線**，可發現圓周角相等，見圖 4-124。故圖中左右兩個三角形 AA 相似，對應邊成比例，所以 $a:b=c:d$。

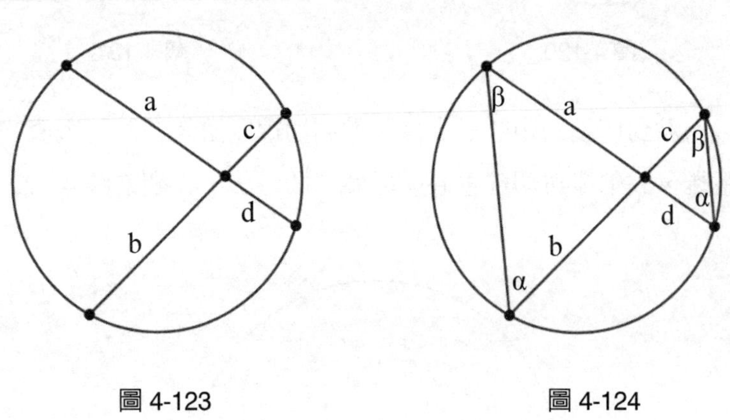

圖 4-123　　圖 4-124

4-2-7 兩圓形與公切線

我們不難發現兩圓可以有許多公切線，見圖 4-125，取決於兩圓有多靠近，見圖 4-126，在此就不再討論圓心距離與切線關係。在此僅就內公切線長、外公切線長如何計算作討論。

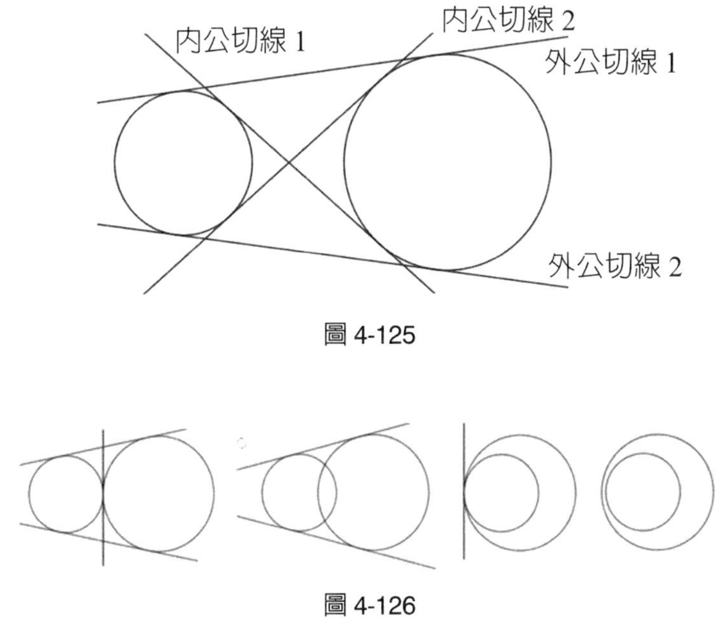

圖 4-125

圖 4-126

· 外公切線的距離怎麼算

先作兩圓與外公切線，而外公切線長是指兩切點的距離，見圖 4-127。再作圓心連線（連心線：$\overline{O_1O_2}$）與半徑（大圓 R、小圓 r），見圖 4-128。作一平行外公切線並經過小圓圓心的直線，見圖 4-129。

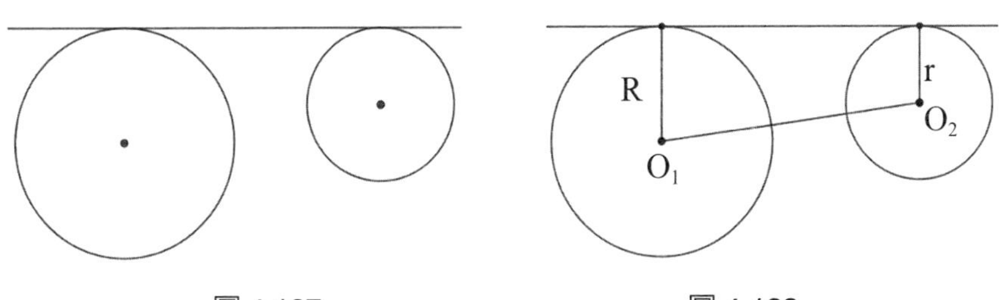

圖 4-127

圖 4-128

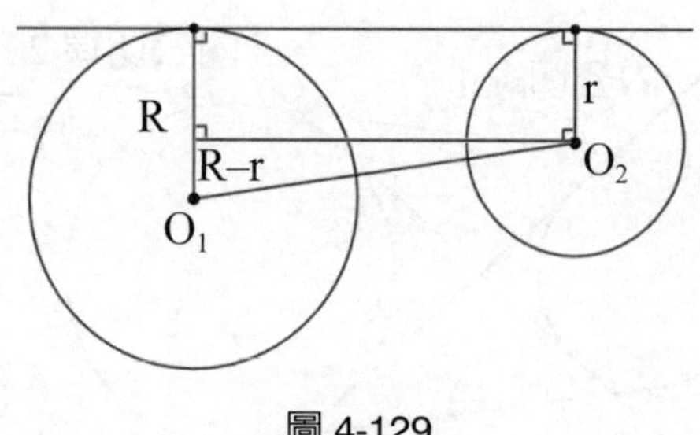

圖 4-129

因爲半徑與切線垂直，又因平行線同側內角互補，故可發現四個直角，及一個長方形與一個直角三角形，其直角三角形的三邊是 $R\text{-}r$、$\overline{O_1O_2}$、外公切線長。可利用畢氏定理求外公切線長，可列出 $(R-r)^2$ + 外公切線長 $^2 = \overline{O_1O_2}^2$，故外公切線長 = $\sqrt{\overline{O_1O_2}^2-(R-r)^2}$。只要能一步一步推導就不用死背莫名其妙的公式。

· **內公切線原理**

先作兩圓與內公切線，而內公切線長是指兩切點的距離，見圖 4-130。再作圓心連線（連心線：$\overline{O_1O_2}$）與半徑（大圓 R、小圓 r），見圖 4-131。作一平行內公切線並經過小圓圓心的直線，見圖 4-132。

因爲半徑與切線垂直，又因平行線同側內角互補，故可發現四個直角，及一個長方形與一個直角三角形，其直角三角形的三邊是 $R+r$、$\overline{O_1O_2}$、內公切線長。利用畢氏定理求內公切線長，可列出 $(R+r)^2$ + 內公切線長 $^2 = \overline{O_1O_2}^2$，故內公切線長 = $\sqrt{\overline{O_1O_2}^2-(R+r)^2}$。一步一步推導就不用背莫名其妙的公式。

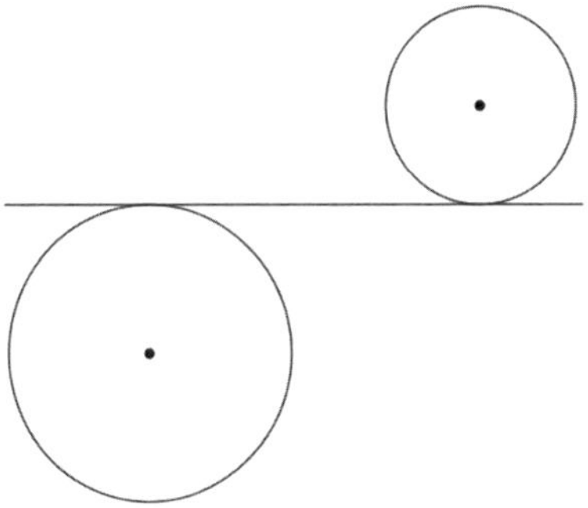

圖 4-130

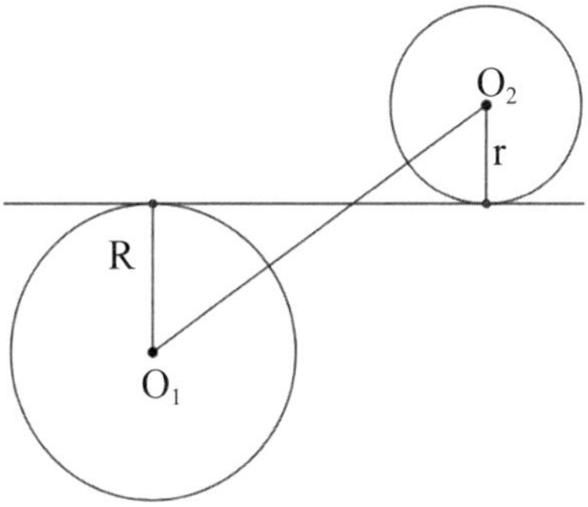

圖 4-131

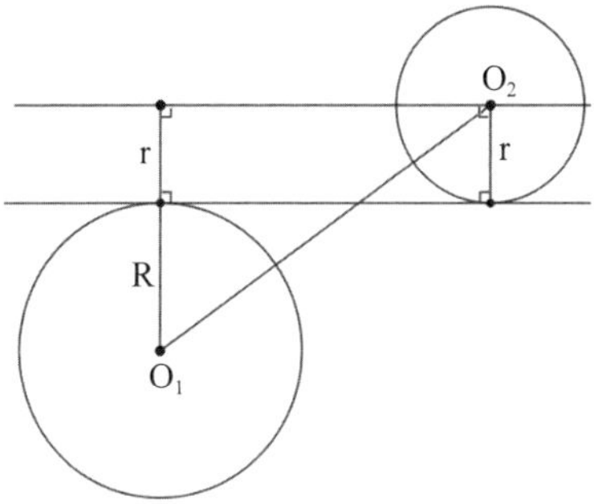

圖 4-132

4-2-8 圓切線方程式

幾何的內容會再與平面座標結合，成爲解析幾何，以利求解，故會討論圓形與圓外一點的切線方程式。見例題，圓心在原點，半徑爲 3 的圓，求過 (5, 0) 切線。先作圖參考，見圖 4-133。

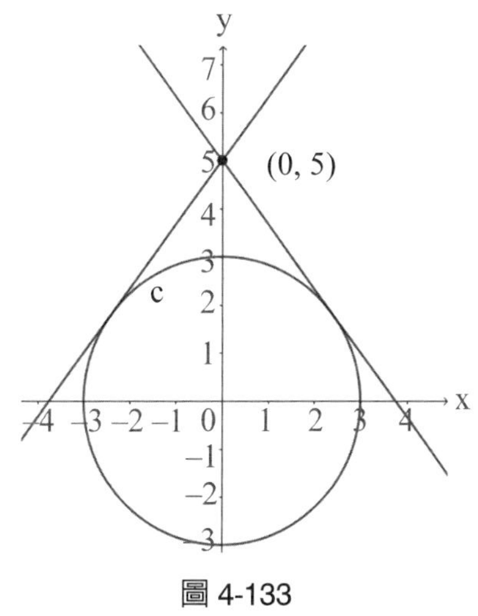

圖 4-133

圓方程式爲 $x^2+y^2=3^2$（備註），而過 (5, 0) 切線可利用點斜式 $y-k=m(x-h)$，設切線方程式爲 $y-5=m(x-0)$，而切線與圓相交一點，故解聯立可得一解，可列 $\begin{cases} x^2+y^2=3^2 \\ y-5=m(x-0) \end{cases}$ →

$\begin{cases} x^2+y^2=9 \cdots(1) \\ y=mx+5 \cdots(2) \end{cases}$，(2) 代入 (1) 可得到

$x^2+(mx+5)^2=9 \rightarrow (1+m^2)x^2+10mx+16=0$

解聯立可得一解，判別式 $b^2-4ac=0$，可得

$$(10m)^2-4\times(1+m^2)\times16=0$$

$$100m^2-64m^2-64=0$$

$$36m^2=64$$

$$m^2=\frac{64}{36}=\frac{16}{9}\rightarrow m=\pm\frac{4}{3}$$

故切線方程式爲 $y-5=\frac{4}{3}\times(x-4)$ 與 $y-5=-\frac{4}{3}\times(x-4)$。

※備註：圓方程式將在拋橢雙單元再行介紹細節，而 $x^2+y^2=3^2$，是因爲圓上每一點到圓心距離都一樣，若與兩軸作直角三角形，半徑就是直角三角形的斜邊，見圖 4-134，若圓上的動點設爲 (x, y) 會滿足畢氏定理，故可導出圓方程式爲 $x^2+y^2=3^2$。

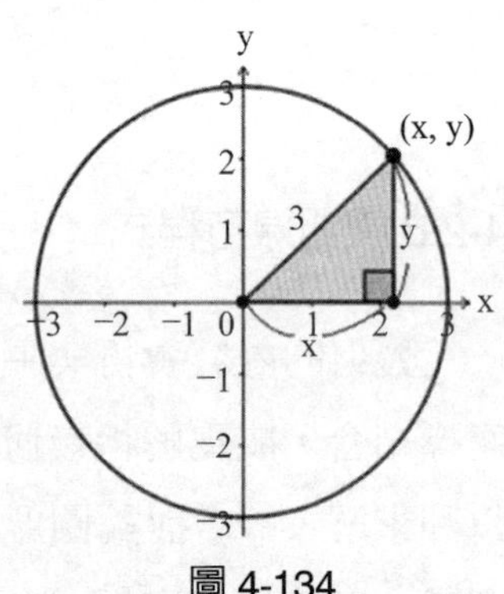

圖 4-134

4-2-9 三角形的五個圓心（內、外、重、垂、旁）

三角形是平面上擁有最少邊數（三邊）的多邊形圖案，我們總是研究三角形來推廣到其他圖形，或是直接利用它的特殊部分，接著來介紹三角形的五個圓心，有的很實用、有的可能不是那麼的有意義，在此都會介紹作圖方法、特性、常見問題。而為了討論這些問題我們需要先建立一些預備知識。

・預備知識

1. 中垂線特性

中垂線是在兩點一直線從中點作出一條垂直線，見圖。在中垂線的每一點與兩點都會構成等腰三角形，也就是中垂線的每一點與兩點的距離都會相等，其中垂線的一部分就是高，見圖 4-135。

其證明相當容易，已知是中點，故底邊相等，都擁有直角，並共用高，故 SAS 全等，所以**中垂線的每一點與兩點的距離都會相等**。同樣的也可以推導等腰三角形的高是中垂線，其證明相當容易，斜邊相等，都擁有直角，並共用高，故 RHS 全等，所以高會垂直平分底邊，也就是中垂線。

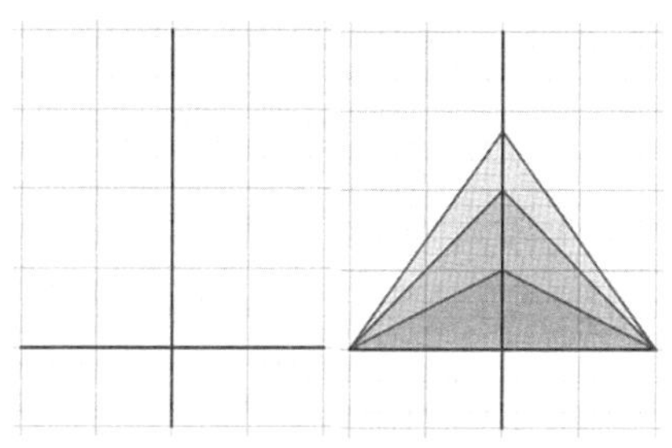

圖 4-135

2. 角平分線特性

角平分線是在一夾角做出可平分該夾角的一直線，見圖 4-136。在角平分線的每一點與兩邊的距離都會相等，見圖 4-137。其證明相當容易，已知是平分的角相等，都擁有直角，並共用斜邊，故 AAS 全等，所以**角平分線的每一點與兩邊的距離都會相等**。

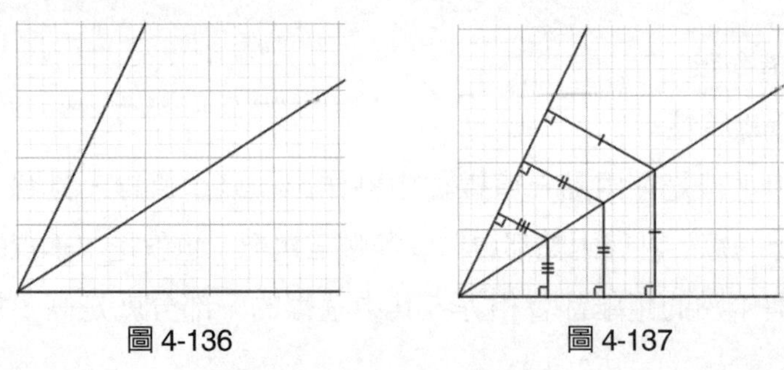

圖 4-136　圖 4-137

同樣的也可以推導當線上一點到夾角兩邊的距離相等時，該線爲角平分線。其證明相當容易，斜邊相等，都擁有直角，到夾角兩邊的距離相等（一股相等），故 RHS 全等，所以被線分開的兩個角相等，也就是角平分線。

3. 三角形長度與面積的關係

先解釋一些簡略的詞語，「同高」是相同的高度、「同底」是相同的底邊長度、「不同高」是不同的高度、「不同底」是不同的底邊長度、「比」是比例。

(1)兩三角形是同高、不同底時，面積比 = 底邊長比，見圖 4-138。

推導：三角形 A 底爲 a、高爲 h、三角形 A 面積爲 $\frac{a \times h}{2}$。

三角形 B 底爲 b、高爲 h、三角形 B 面積爲 $\frac{b \times h}{2}$；故面積比爲 $\frac{ah}{2} : \frac{bh}{2} = a : b$。

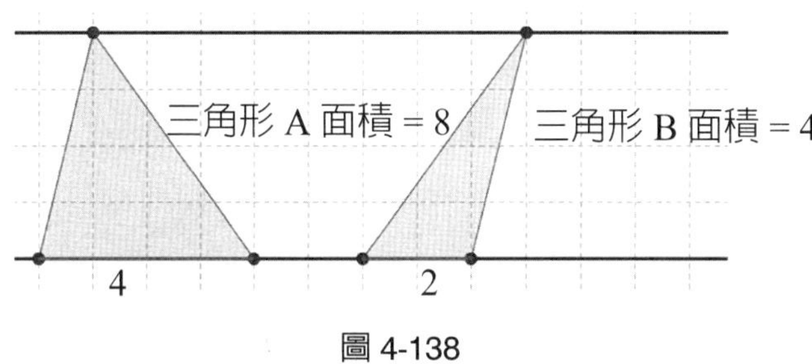

圖 4-138

(2)**兩三角形：同底、不同高，面積比 = 高比**

推導：三角形 A 底爲 a、高爲 h、三角形 A 面積爲 $\frac{a \times h}{2}$。

三角形 B 底爲 a、高爲 k、三角形 B 面積爲 $\frac{a \times k}{2}$；故面積比爲 $\frac{ah}{2} : \frac{ak}{2} = h : k$，參考圖 4-139。有了這些預備知識後就可以來認識與三角形有關係的圓心。

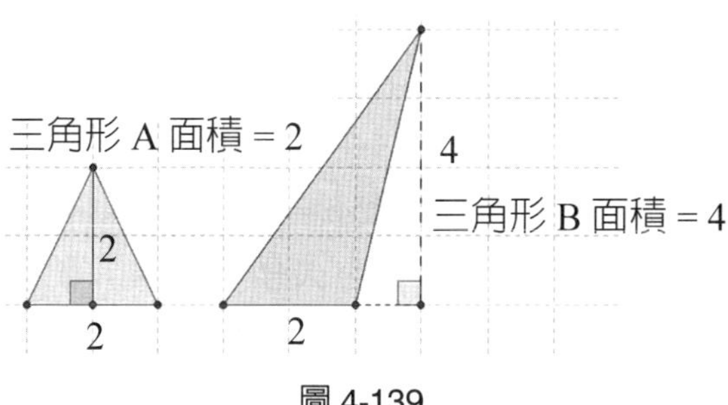

圖 4-139

· **內心**（I）

意義：三角形內切圓的圓心，見圖 4-140。

作圖方法：三角平分線相交。

特色：內心到三邊等距，該距離是內切圓半徑。

相關可利用的計算式：面積 = 內接圓半徑 × 三角形周長 ÷ 2，$A=\frac{rs}{2}$。

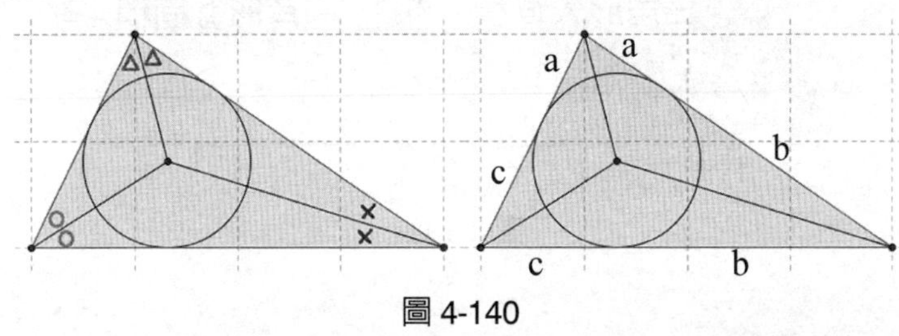

圖 4-140

★常見問題 1：為什麼面積 = 內接圓半徑 × 三角形周長 ÷ 2？

因爲角平分線可觀察出三個三角形，是三邊爲底內切圓半徑爲高，故原三角形的面積爲三個三角形的面積和，利用分配率，可得到內接圓半徑 × 三角形周長 ÷ 2。設三邊長爲 α, β, ω，周長爲 s，故面積爲 $\frac{r\alpha}{2}+\frac{r\beta}{2}+\frac{r\omega}{2}=\frac{r(\alpha+\beta+\gamma)}{2}=\frac{rs}{2}$。

★常見問題 2：三條角平分線真的會相交嗎？

兩角平分線會相交，見圖 4-141。而角平分線會使得線上的點到兩邊的距離相等，$a = b$、及 $b = c$，見圖 4-142。由 $a = b$、及 $b = c$，可知 $a = b = c$，故可以內切一個圓，見圖 4-143。若將兩角平分線交點與第三頂點連線，見圖 4-144。可發現共用斜邊、都有直角、一股相等（$a = c$），RHS 全等，故對應角相等，見圖 4-145，故該線爲角平分線。故三角平分線會相交。

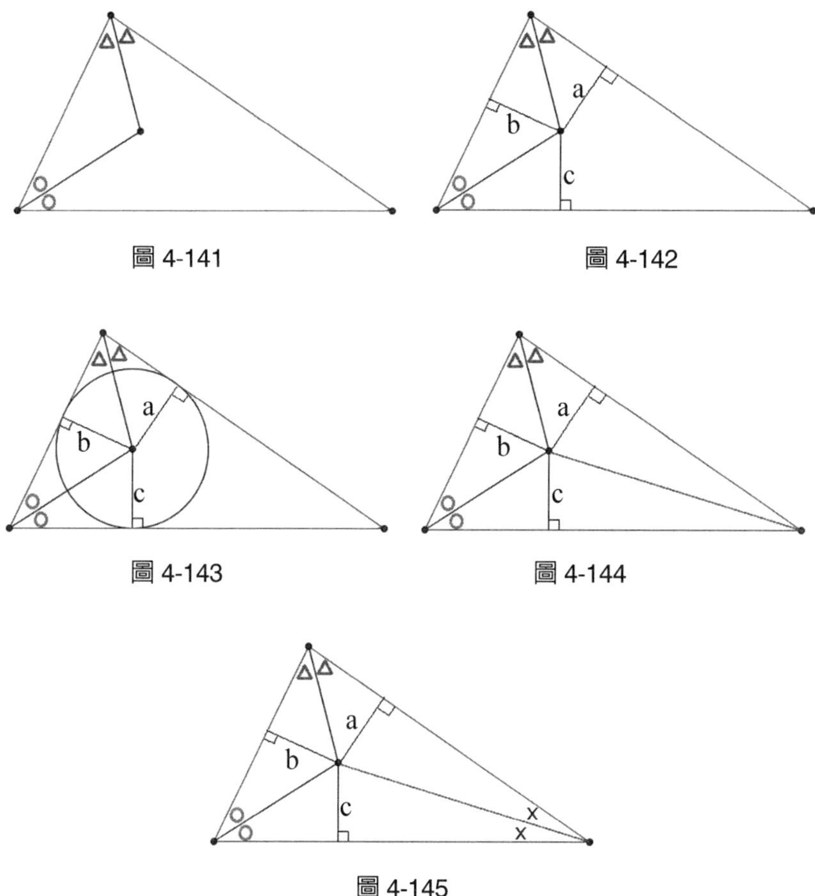

圖 4-141

圖 4-142

圖 4-143

圖 4-144

圖 4-145

· 外心（O）

意義：三角形外接圓的圓心，見圖 4-146。

作圖方法：三中垂線相交。

特色：外心到三頂點等距，該距離是外接圓半徑。

相關可利用的計算式：若是直角三角形，外接圓半徑爲斜邊一半。

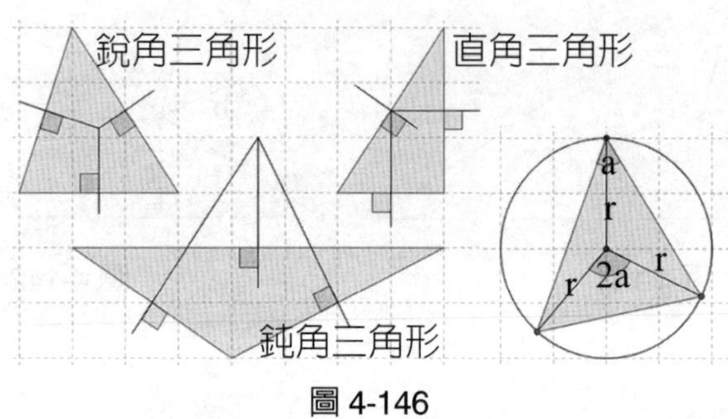

圖 4-146

★常見問題：三條中垂線真的會相交嗎？

兩中垂線會相交，見圖 4-147。而中垂線會使得線上的點到頂點的距離相等，使得 $a = b$、及 $b = c$，見圖 4-148。由 $a = b$、及 $b = c$，可知 $a = b = c$，故可以外接一個圓，見圖 4-149。若討論右上方的三角形，由 $a = c$ 可知是一個等腰三角形，而等腰三角形的高是中垂線，見圖 4-150。故三中垂線會相交。

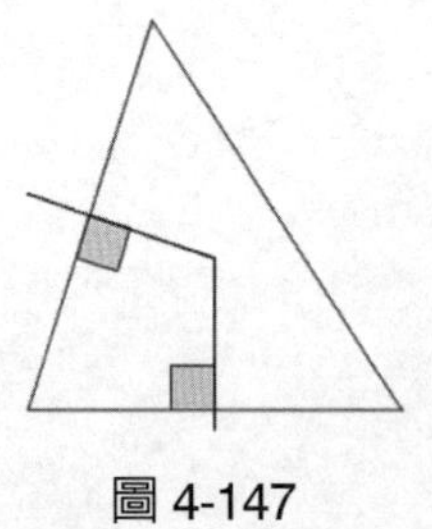
圖 4-147

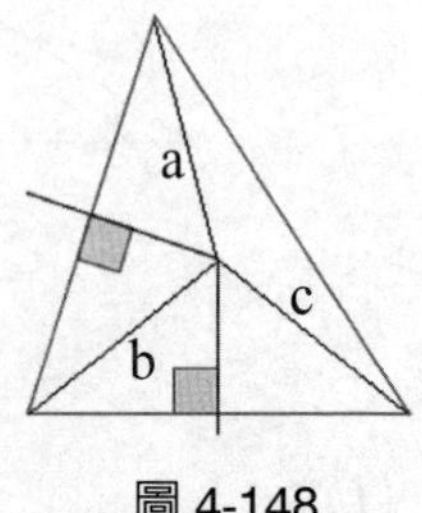

圖 4-148

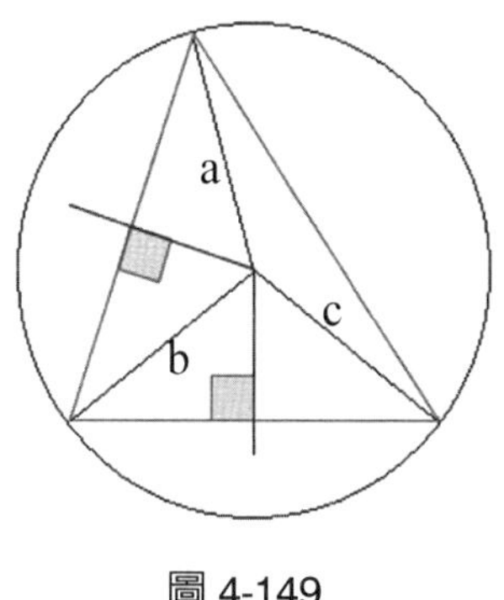

圖 4-149

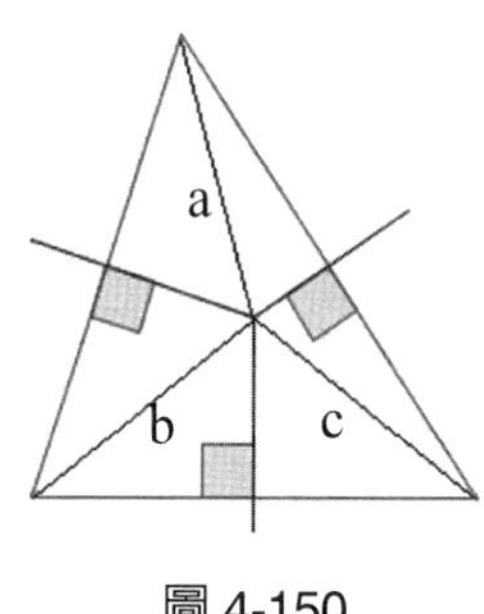

圖 4-150

・重心（G）

意義：三角形的重量中心，見圖4-151，經常利用在物理上。

作圖方法：三中線相交。

特色：被切開的 6 塊區域面積相等。

相關可利用的計算式：頂點到重心長度：重心到邊＝2：1。

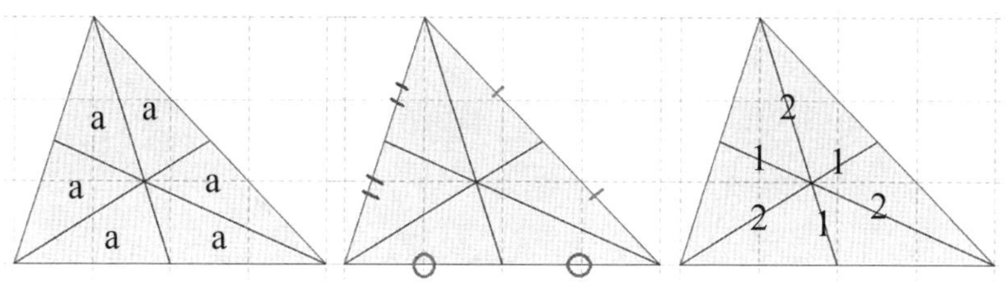

圖 4-151

★常見問題：三中線真的會相交嗎？為什麼切開的 6 塊區域面積相等？為什麼頂點到重心長度：重心到邊＝2：1。

我們可以知道兩中線會相交，見圖 4-152。先將兩中線交點與第三頂點作連線伸到邊上，見圖 4-153。由同底同高可知面積相同，見圖 4-154。而左半邊的三角形與右半邊的三角形，仍是同底同高，故可知左上方兩個三角形和爲 $2b$，見圖 4-155。而以上半邊的三角形與下半邊的三角形，仍是同底同高，故可知上方三個三角形和等於下方三個三角形和，可列式 $3b = 2a + b$，得到 $a = b$，見圖 4-156。接著假設要討論的第三邊的長度比例爲 $x : y$，而內部三角形的面積便是 $\frac{x}{x+y} \times 2a$、$\frac{y}{x+y} \times 2a$，見圖 4-157。利用同高時，面積比會等於底邊長比，故以上半邊的三角形與下半邊的三角形面積比會等於底邊長比，見圖 4-158。

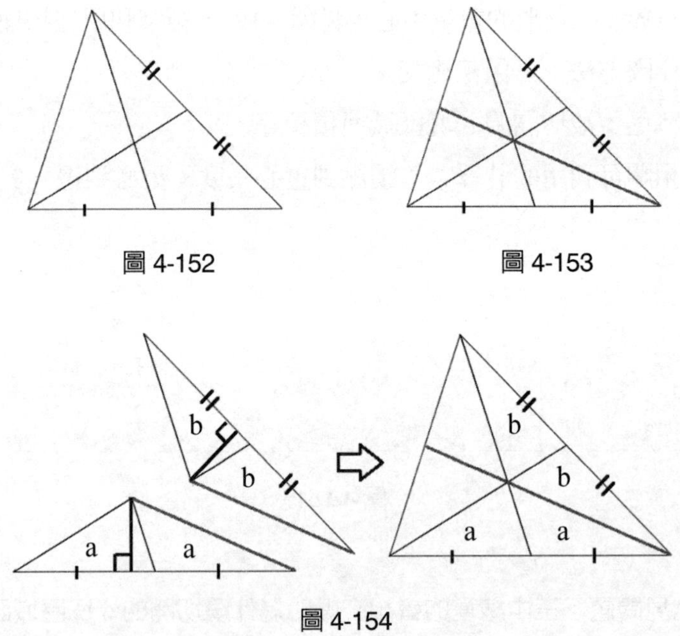

圖 4-152

圖 4-153

圖 4-154

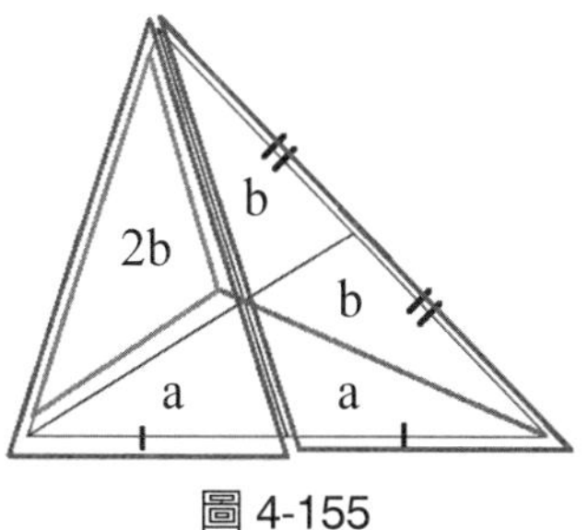

圖 4-155

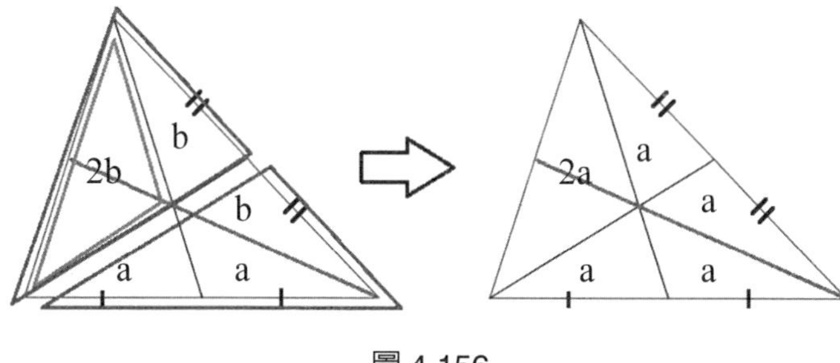

圖 4-156

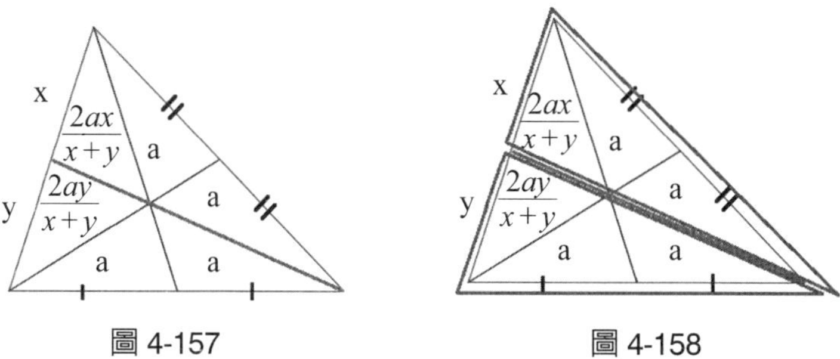

圖 4-157

圖 4-158

故可以列式 $(\frac{2ax}{x+y}+2a):(\frac{2ay}{x+y}+2a)=x:y$，而比就是除的意思，見下述運算：

$$(\frac{2ax}{x+y}+2a):(\frac{2ay}{x+y}+2a)=x:y$$

$$2a\times(\frac{x}{x+y}+1)\times y=x\times 2a\times(\frac{y}{x+y}+1)$$

$$2a\times\frac{2x+y}{x+y}\times y=x\times 2a\times\frac{x+2y}{x+y}$$

$$(2x+y)\times y=x\times(x+2y)$$

$$2xy+y^2=x^2+2xy$$

$y^2=x^2$（負不合）

$x=y$

而 $x=y$，意謂著第三邊是中點，**故三中線會相交**。

同時 $x=y$，使得 $\frac{x}{x+y}\times 2a=\frac{x}{x+x}\times 2a=\frac{1}{2}\times 2a=a$、及 $\frac{x}{x+y}\times 2a=\frac{x}{x+x}\times 2a=\frac{1}{2}\times 2a=a$，故六塊面積相等，見圖4-159。六塊三角形相等，再次利用利用同高時，面積比會等於底邊長比，見圖 4-160 **可知道頂點到重心長度：重心到邊** = 2：1。

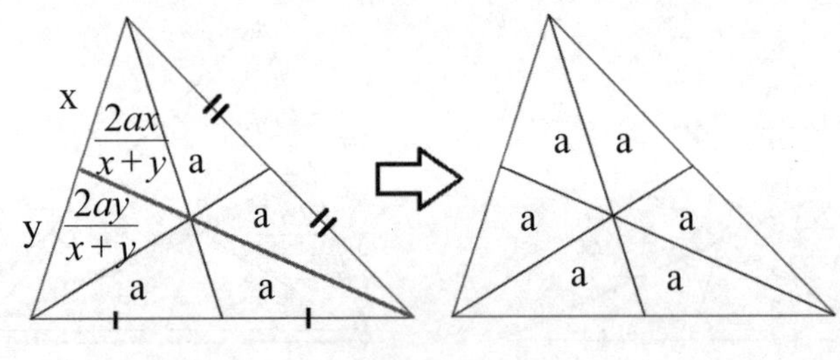

圖 4-159

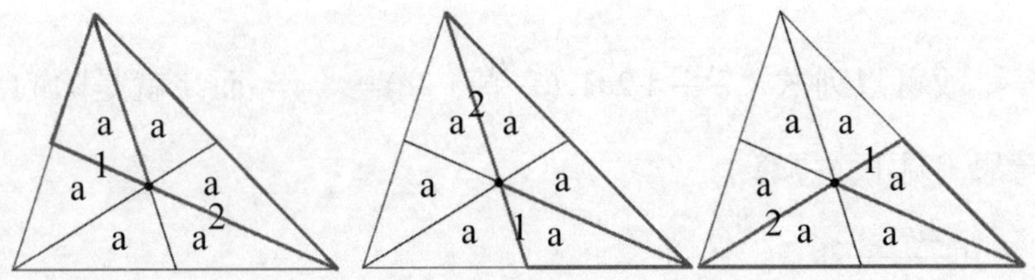

圖 4-160

· **垂心（H）：**

意義：不明功能，見圖 4-161。

作圖方法：三垂線（三高）相交。

特色：外心、重心、垂心必在一線上，該線稱爲歐拉線（或翻譯爲尤拉線），在此不作證明，見圖 4-162。

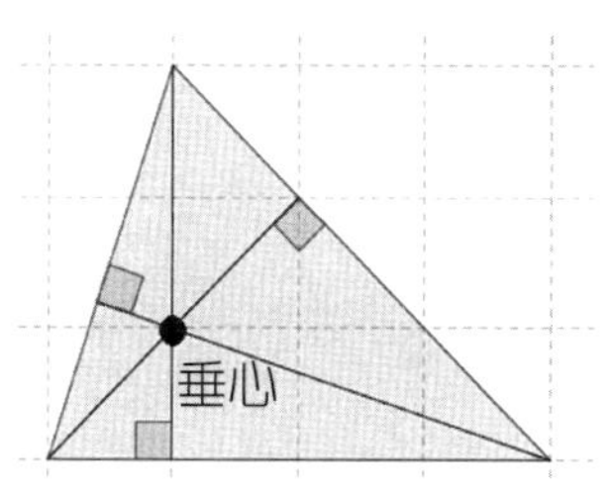

圖 4-161

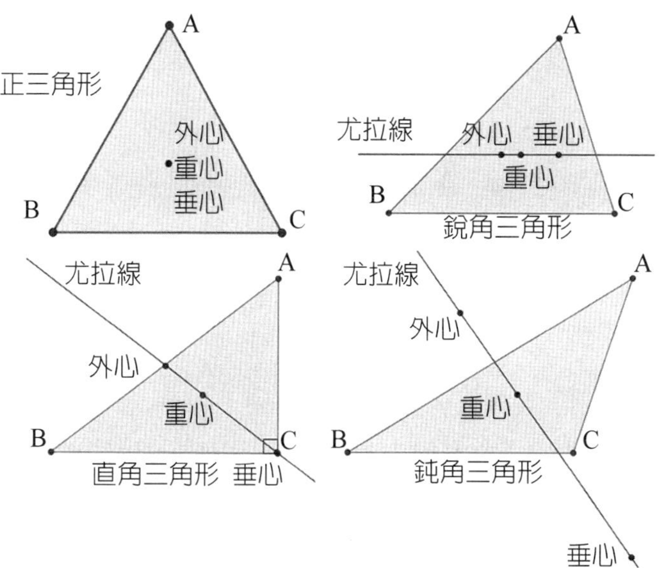

圖 4-162

★常見問題：三條垂線真的會相交嗎

我們可以知道兩垂線會相交，見圖 4-163。再把第三頂點與兩垂現交點連線並延伸到第三邊上，及標註各點名稱，見圖 4-164。我們可以發現幾個相似三角形，$\triangle ADC \sim \triangle BEC$，因爲都有直角，共用角 C 的 AA 相似，及$\triangle ADC \sim \triangle AEH$，因爲都有直角，共用角$\angle HAE = \angle DAC$ 的 AA 相似，見圖 4-165。

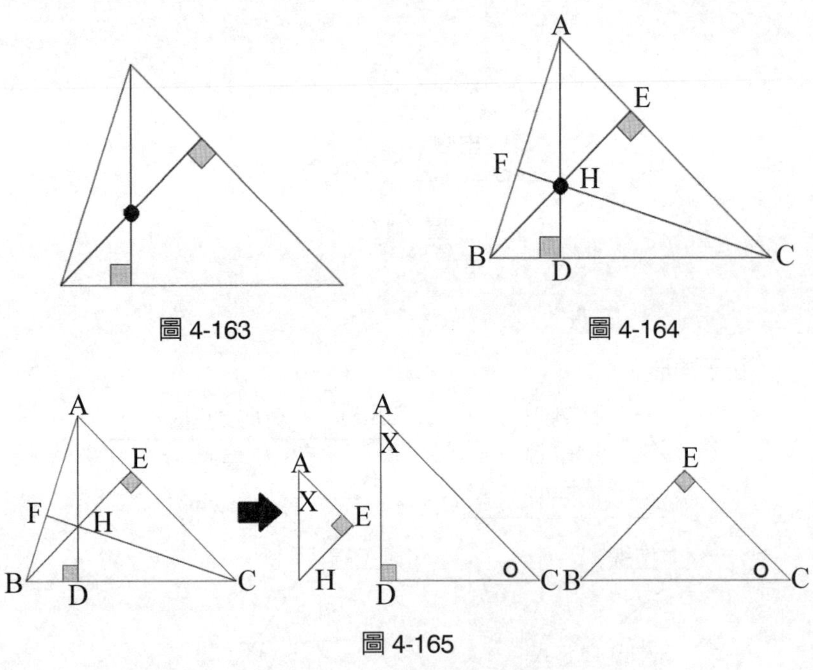

圖 4-163　圖 4-164

圖 4-165

由$\triangle ADC \sim \triangle BEC$ 與$\triangle ADC \sim \triangle AEH$，可以知道此三個三角形彼此相似$\triangle AEH \sim \triangle ADC \sim \triangle BEC$，故 $\overline{AE} : \overline{EH} = \overline{BE} : \overline{EC}$

$\rightarrow \overline{AE} \div \overline{EH} = \overline{BE} \div \overline{EC}$

$\rightarrow \overline{AE} \times \overline{EC} = \overline{BE} \times \overline{EH}$

$\rightarrow \overline{AE} \div \overline{BE} = \overline{EH} \div \overline{EC}$

$\rightarrow \overline{AE} : \overline{BE} = \overline{EH} : \overline{EC}$

此時觀察△*AEB* 與△*CEH*，見圖 4-166。由 $\overline{AE} : \overline{BE} = \overline{EH} : \overline{EC}$ 可知對應邊成比例，並可觀察出都有直角，故 SAS 相似，△*AEB* ～△*HEC*，所以對應角相等 $\angle ABE = \angle HCE$，另外可從圖觀察出對頂角相等 $\angle FHB = \angle EHC$，見圖 4-167。

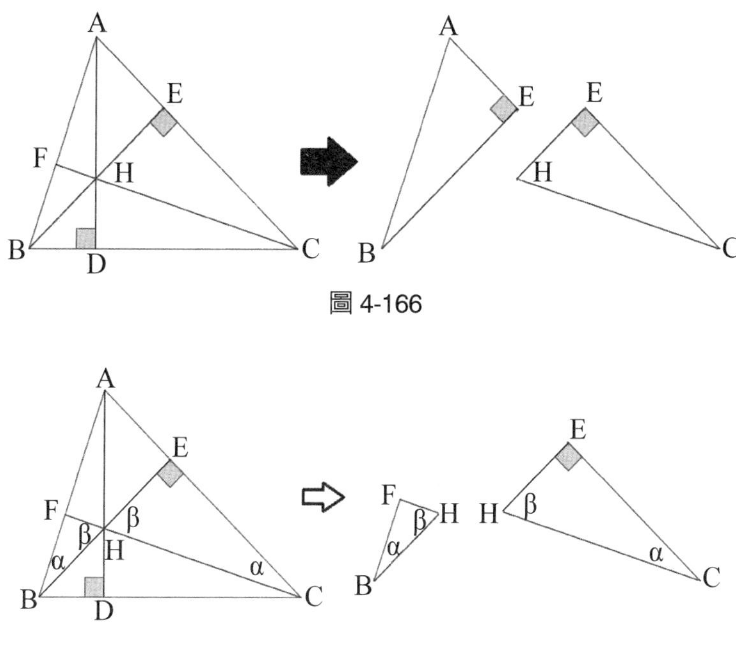

圖 4-166

圖 4-167

而由△*CEH* 可知 $\alpha + \beta + 90° = 180° \rightarrow \alpha + \beta = 90°$，故△*FBH* 的內角合爲 $\alpha + \beta + \angle BFH = 180° \rightarrow 90° + \angle BFH = 180° \rightarrow \angle BFH = 90°$。故該線爲垂線，而三垂線眞的會相交。

·可讀可不讀：旁心（J）

意義：三角形旁的圓心，見圖 4-168。

作圖方法：兩外角平分線相交、第三內角平分線相交。

特色：到三角形三邊延長線距離相等，每個三角形有三個旁心，而三個旁心的垂心是原本三角型的內心，見圖 4-169。

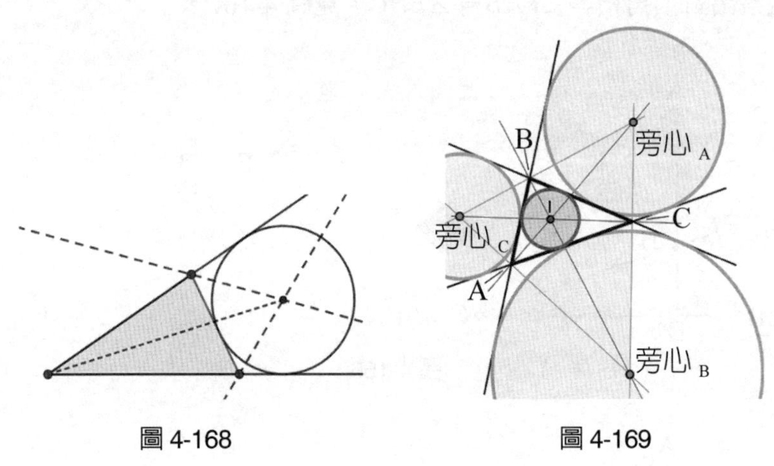

圖 4-168　　圖 4-169

★常見問題：兩外角平分相交、第三內角平分相交嗎？

兩外角平分線會相交，見圖 4-170。而角平分線會使得線上的點到兩邊的距離相等，$a=b$、及 $b=c$，見圖 4-171。由 $a=b$、及 $b=c$，可知 $a=b=c$，故可以在三邊切一個圓，見圖 4-172。若將兩角平分線交點與第三頂點連線，見圖 4-173。可發現共用斜邊、都有直角、一股相等（$a=c$），RHS 全等，故對應角相等，故該線爲角平分線。

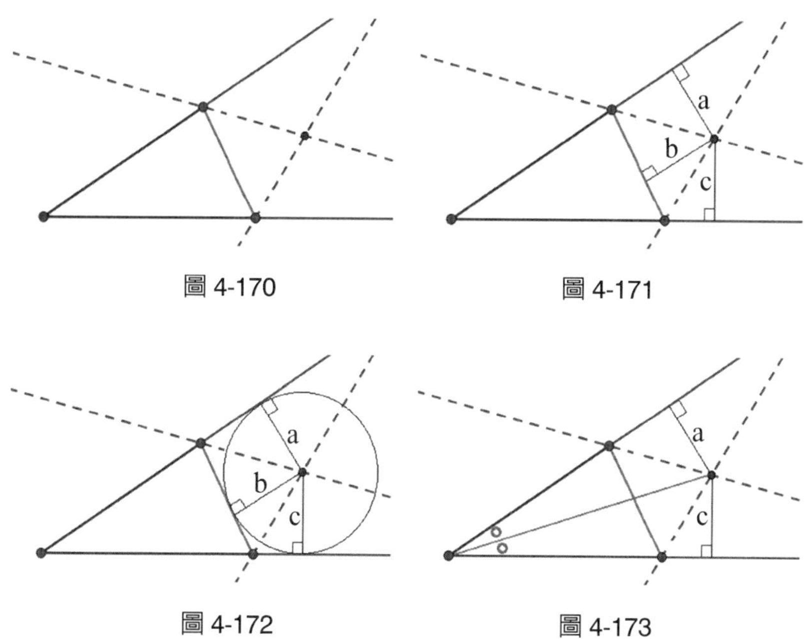

圖 4-170　圖 4-171

圖 4-172　圖 4-173

4-2-10 結論

由幾何證明可知道每一步都是踏的穩固牢靠後，才向下繼續推導，否則基本上也無路可走，而目前求學的方式或許會先導過一次公式，之後就以公式作爲處理的方式，但是學生如果沒有眞的理解，基本上是完全失去練習幾何的意義。幾何雖然常令人望而生怯，但如果可以抽絲剝繭及循序漸進的理解，將不那麼神祕。

4-3 圓周率的祕密、第二個神奇的無理數 π

圓形是一個常見的圖案，但是我們對它充滿著許多問題，見下述：

1. 圓形的歷史有哪些？符號的由來？
2. 圓周率是什麼？
3. 圓周率是多少，爲什麼不同求學階段都不一樣？
4. 爲什麼直徑乘圓周率就是周長？
5. 爲什麼圓面積是半徑乘上半徑乘上圓周率？
6. 大圓與小圓的圓周率相同嗎？爲什麼用同一個圓周率數值來算大圓與小圓的周長
7. 圓周率是不循環的小數，沒辦法確定圓周率的數字，既然沒辦法確定，爲什麼可以拿來用？
8. 圓周率是不循環的小數，也就是無理數，如何證明它是無理數？
9. 圓周率可以查到是 3.14159 26535 89793 23846 26433 83279 50288 41971 69399 37510 58209 74944 59230 78164 06286 20899 86280 34825 34211 70679 82148 08651 32823 06647，是怎麼計算的？

4-3-1 圓周率的問題解剖

・圓形的歷史有哪些？符號的由來？

每一種圖形，正方形、長方形，三角形等。都會計算到周長或是面積。不可例外的，圓形也要研究計算周長或是面積，但圓形是一條彎曲的線，沒辦法直接去計算周長與面積，所以不斷的想辦法，去找與圓有關線索，最後發現圓的周長及面積都與圓周率有關，故世界各地都在尋找更精確的圓周率，如：西方的阿基米德、中國的劉輝、祖沖之等人。觀察下述有關圓周率的歷史：

1. 中國有徑一周三的說法，周長約爲直徑三倍。

2. 聖經也指出圓周長約爲直徑 3 倍。
3. 西元前 2686 年～前 2181 年的埃及古王國時期，據傳已經使用 $\frac{22}{7}$ 作爲圓周率，約爲 3.14286，但不是使用小數，而是分數。
4. 西元前二十世紀的巴比倫人，也給出了圓周率是 $\frac{25}{8}$，約爲 3.125，但不是使用小數，而是分數。
5. 西元前 17 世紀，埃及人的阿美斯紙草書，給出了圓周率是 $\frac{256}{81}$，約爲 3.16049，但不是使用小數，而是分數。並且一個單位圓（半徑 1）的面積會接近一個邊長是 $\frac{16}{9}$ 的正方形，約爲 1.77777…，見圖 4-174。

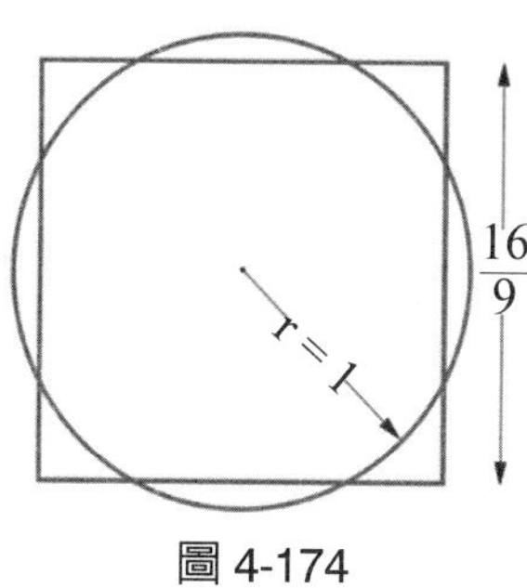

圖 4-174

6. 西元前 250 年的希臘的阿基米德，利用割圓術估算 $\frac{22}{7}$ > 圓周率 > $\frac{223}{71}$，以小數表示是 3.14286 > 圓周率 > 3.14085，但不是使用小數，而是分數。
7. 西元前 150 年的印度使用 $\sqrt{10}=3.16\cdots$ 作爲圓周率。
8. 西元 480 年間的中國的祖沖之利用割圓術作出圓周率的的近似值，約率 $=\frac{22}{7}\approx 3.14286$、密率 $=\frac{355}{113}\approx 3.14159$。
9. 西元 499 年的印度的阿耶波多（Aryabhata），使用 3.1416 作爲圓周率。
10. 西元 1220 年的費波那契，計算出圓周率爲 3.1418。

11. 西元 1400 ～ 1500 年印度使用無窮級數來計算圓周率，相對於以前的方式更為準確。
12. 十六、十七世紀歐洲數學家開始用無窮級數來計算圓周率，
13. 在 1593 年法國科學家弗朗索瓦・韋達（弗朗索瓦・韋達）發現圓周率的無窮乘積表法：

$$\frac{2}{\pi}=\frac{\sqrt{2}}{2}\times\frac{\sqrt{2+\sqrt{2}}}{2}\times\frac{\sqrt{2+\sqrt{2+\sqrt{2}}}}{2}\times\cdots$$

14. 十七世紀萊布尼茲發現圓周率的無窮級數表法：

$$\arctan z=z-\frac{z^3}{3}+\frac{z^5}{5}-\frac{z^7}{7}+\cdots\rightarrow\arctan 1=\frac{\pi}{4}=1-\frac{1^3}{3}+\frac{1^5}{5}-\frac{1^7}{7}+\cdots,$$

完整內容可參考附錄。
15. 十八世紀的歐拉為了解決巴賽爾問題（Basel problem），意外發現與圓周率有關的數學式：$\frac{\pi^2}{6}=\frac{1}{1^2}+\frac{1}{2^2}+\frac{1}{3^2}+\cdots$，完整內容可參考本節附錄。
16. 圓周率使用 π 的符號，可能是希臘文圓周長的起始字母。起始於威廉瓊斯（William Jones）在 1706 年出版的《新數學導論》（A New Introduction to the Mathematics），但卻是在歐拉 1736 年出版的力學也使用 π 作為圓周率符號，才開始廣為使用，在此之前是使用 C 或 P 代表圓周率。
17. 到近代圓周率都是利用電腦來加以計算，而每個人的方程式不同，在此不再多作介紹。

※備註：可以發現上述有提到是使用分數，而非小數，是因為當時並沒有小數的概念。

·圓周率怎麼求

目前比較廣爲人知的求圓周率方法是阿基米德的割圓術，用確定的直徑，找接近的周長。在圓內、外放入正多邊形，慢慢的把邊數增加，可以發現圓內、外正多邊形邊數愈大，正多邊形周長就愈來愈接近圓周長，同時可以發現圓周是被夾在中間，見圖 4-175。所以「圓內正多邊形周長 < 圓周長 < 圓外正多邊形周長」，阿基米德從正 6 邊形開始，正 12 邊形、正 24 邊形、正 48 邊形，到正 96 邊形，見圖，發現了 $\frac{22}{7}$ > 圓周率 > $\frac{223}{71}$，也就是 3.1428 > 圓周率 > 3.1408。

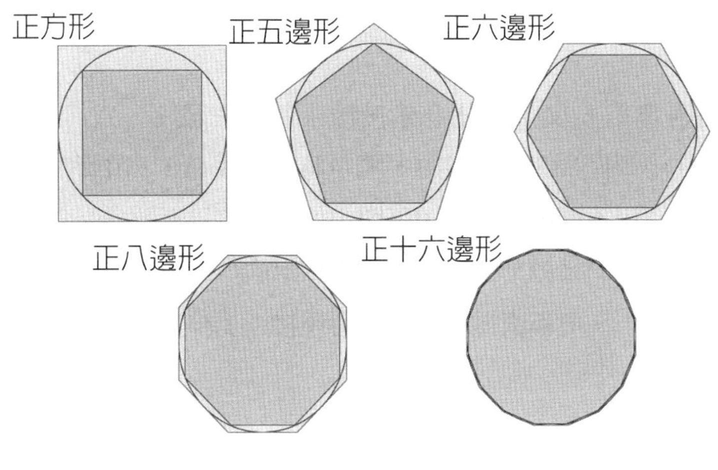

圖 4-175

※備註：阿基米德是如此努力畫圖計算圓周率，甚至在羅馬人進攻希臘打到他家時，他仍在畫圖，最後羅馬士兵要帶走他，因圖被破壞而對其怒喊：「不要破壞我的圖！」因而被當場殺死，見圖 4-176。

・圓周率是什麼？

圖 4-176《阿基米德之死》（1815 年，Thomas Degeorge 畫作）取自 wiki

很多人常常會將圓周率當作一個計算圓周長與圓面積必要的參數，卻忘記圓周率的基本意義。圓周率的意義是圓周與直徑的比率，其數學式：圓周率 = 圓周 ÷ 直徑，或許我們應該稱呼爲周直比會更直覺，而非圓周率，因爲會不清楚是與誰的比率。

・圓周率是多少，爲什麼不同階段都不一樣？

在小學圓周率會使用 3，國中時使用 3.14，高中用 π，而每個階段使用不同數值的原因不明，但我們可以理解爲是爲了方便計算而用不同精確度的近似值。圓周率的計算爲拿一條繩子，圍在一個圓上，並與直徑相除，會發現接近 3.14，後續會介紹更精確的方法。

・爲什麼直徑乘圓周率就是周長？

由前面問題可知圓周率的定義是「圓周率 = 圓周 ÷ 直徑」，經移項之後，可得到直徑 × 圓周率 = 周長，所以直徑 × 圓周率 = 周長。

・爲什麼圓面積是半徑乘上半徑乘上圓周率？

這在基礎幾何概念已介紹過，圓的面積由來是將圓形像切比薩一樣，切無限多份，再交錯拼起來，將形成一個很接近長方形的形狀，見圖 4-177。並可發現面積 = 半徑 × 圓周一半…(1)，而圓周 = 直徑 × 圓周率，故圓周一半 = 直徑 × 圓周率 ÷ 2，故圓周一半 = 半徑 × 圓周率…(2)，將 (2) 代入 (1)，可得到面積 = 半徑 × 半徑 × 圓周率。

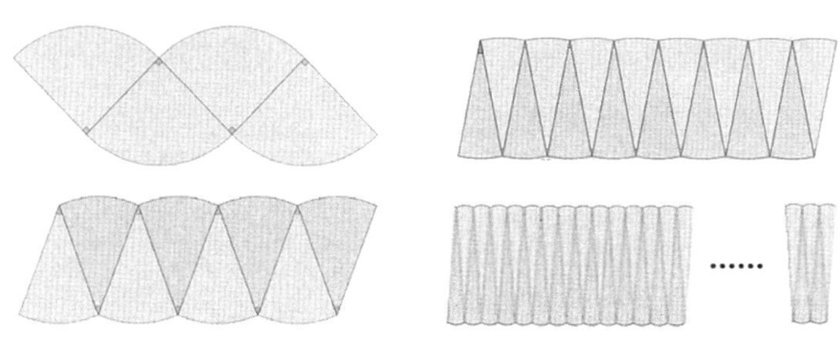

圖 4-177

‧大圓與小圓的圓周率相同嗎？爲什麼用同一個圓周率數值來算大圓與小圓的周長

小學教學計算圓周率的方法是用測量並相除的方法，但每次的圓周率數值都不相同，故學生會產生大圓與小圓的圓周率是否相同的問題，但這個問題要以相似形方式才能理解，否則只會淪爲死背，大小圓的圓周率是相同，但卻不知道爲什麼。

大小圓的圓周率是相同要從相似形的概念來看，如果多邊形邊長放大了幾倍，周長也會放大幾倍；而圓是用正多邊形去逼近的圖形，故圓的圖形，也應該是半徑放大了幾倍，周長也跟著放大幾倍。

所以小圓放大 k 倍，則

小圓直徑 $\times k =$ 大圓直徑

小圓圓周 $\times k =$ 大圓圓周

小圓直徑 $\times$ 小圓圓周率 $=$ 小圓圓周

$\Rightarrow$ 小圓圓周率 $=$ 小圓圓周 $\div$ 小圓直徑

大圓圓周 $\div$ 大圓直徑 $=$ 大圓圓周率

$\Rightarrow$ (小圓圓周 $\times k$) $\div$ (小圓直徑 $\times k$) $=$ 大圓圓周率

$\Rightarrow$ 小圓圓周率 $=$ 大圓圓周率

故圓周率在每一個圓都是固定的，不然每一個圓，圓周率都不一樣，如何去計算圓周與面積，如果圓周率不固定，那半徑放大 k 倍，面積就不會是的 k 的平方倍，這樣不符長度與面積的關係。

※備註：在希臘時代，因為無法準確計算，直覺的認為圓是神給的圖案，並相信圓周與半徑會與多邊形的邊長與周長一樣會等比例放大，而且根據這樣的計算，也沒出過任何的錯誤，所以就認為等比例放大是正確的，一直到現在也沒出現錯誤。

·圓周率是不循環的小數，沒辦法確定圓周率的數字，既然沒辦法確定，為什麼可以拿來用？

這邊要知道的是圓周率，到底是一個怎樣的數字，圓周率是一個寫不完的數字，圓周率 $= 3.141592\cdots$，類似 $\frac{1}{3} = 0.333\cdots = 0.\overline{3}$，或是如同 $\sqrt{2} = 1.41421\cdots$，故圓周率的確是不確定**位數**的數字，嚴格上來講是有無窮小數位數的數字，但的確存在。故圓周率是存在的數字，所以可以拿近似值做運算。

・圓周率是不循環的小數，也就是無理數，如何證明它是無理數？

圓周率不是一個分數，圓周率是一個無理數，是繼黃金比例之後被研究的無理數，而要證明圓周率是無理數，要利用到微積分與反證法，在此就不再做介紹。但有興趣的人可以參考 WIKI: Proof that π is irrational，證明 π 是無理數，其連結是 https://en.wikipedia.org/wiki/Proof_that_%CF%80_is_irrational。

4-3-2 結論

由本節可了解以前沒有學到的圓周率的歷史與疑問的內容。

4–3–3 ＊可讀可不讀：利用畢氏定理解出圓周率近似值

先觀察這個美麗的結果，

$$\pi=\lim_{n\to\infty}2^n\times\sqrt{2-\sqrt{2+\sqrt{2+\sqrt{2+\sqrt{2+\sqrt{2+\sqrt{2+\sqrt{2\cdots}}}}}}}}=3.14159\cdots$$

除了第 1 個運算是用「−」，後面的運算都爲「+」。

爲什麼要尋找這樣的方法？作者發現有些學生對於不合理的數學，也就是死背的數學相當難以接受，故從別的方面發現 π 的計算方法，作者使用最基礎的畢氏定理、遞迴式，以及一點點的極限概念來求圓周率。

優點：讓國中生學會畢氏定理及根號觀念後，就可補充 π 的由來。

缺點：重複的不斷開根號，造成小數後面位數的捨去，而不夠精準，但其式子爲正確。

·計算 π 的數值

利用正多邊形的邊數夠多會很接近圓形，見圖 4-178。

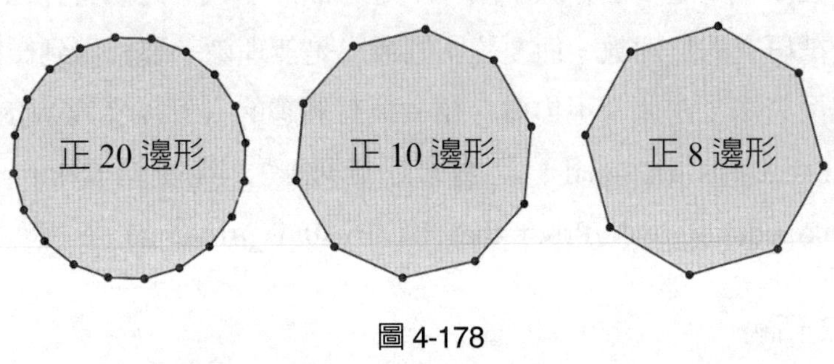

圖 4-178

方法如下：等腰三角形兩腰爲 1，將等腰三角形橫放，見圖 4-179，並且爲方便計算，假設高爲 $\frac{b}{2}$。因此我們可以逐步計算右邊斜邊的代數式，見圖 4-180。

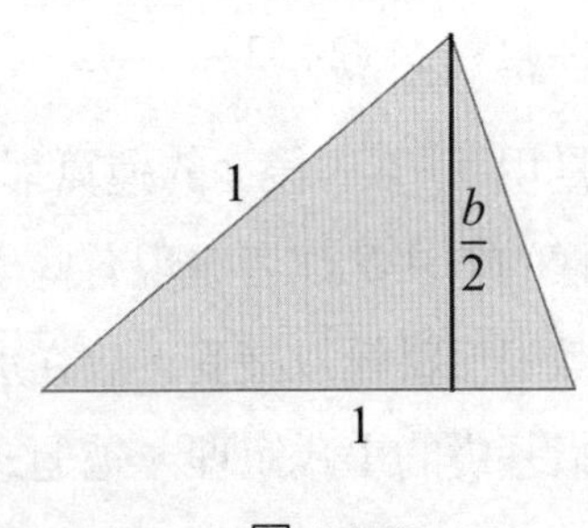

圖 4-179

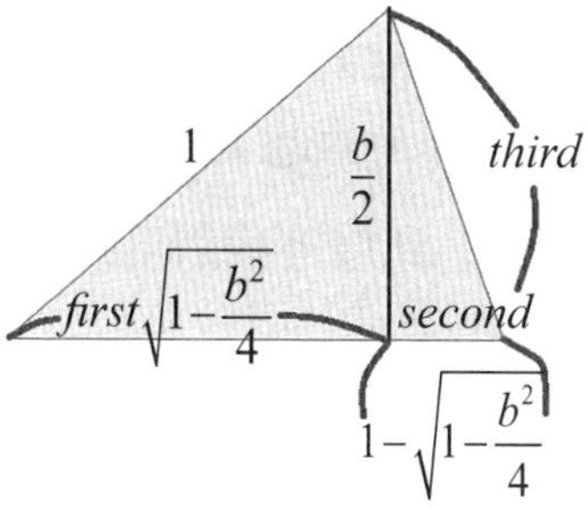

1
$\frac{b}{2}$
third
first $\sqrt{1-\frac{b^2}{4}}$
second
$1-\sqrt{1-\frac{b^2}{4}}$

$$\sqrt{(\frac{b}{2})^2+(1-\sqrt{1-\frac{b^2}{4}})^2}$$

$$=\sqrt{(\frac{b}{2})^2+(1-\sqrt{1-\frac{b^2}{4}})^2}$$

$$=\sqrt{\frac{b^2}{4}+1+1-\frac{b^2}{4}-2\sqrt{1-\frac{b^2}{4}}}$$

$$=\sqrt{2-2\sqrt{1-\frac{b^2}{4}}}$$

$$=\sqrt{2-\sqrt{4-b^2}}$$

圖 4-180

從圖可知，左邊可以用畢氏定理，作出左邊直角三角形的底長度為 $\sqrt{1-\frac{b^2}{4}}$，再推得右邊直角三角形的底長度為 $1-\sqrt{1-\frac{b^2}{4}}$，最後再用一次畢氏定理得到右邊直角三角形的斜邊長度（弦）為 $\sqrt{2-\sqrt{4-b^2}}$，見圖 4-181。

1
$\frac{b}{2}$
$\sqrt{2-\sqrt{4-b^2}}$
1

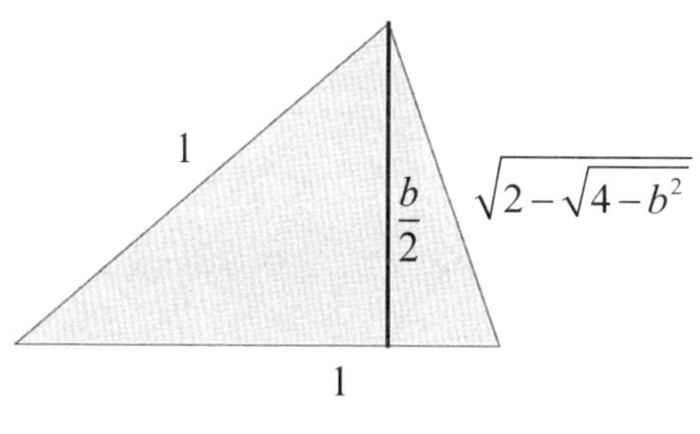

圖 4-181

若將單位圓切 4 等份，可發現是 90 度的等腰三角形，邊長爲 1、1、b_1；而 8 等份時，可發現是 45 度的等腰三角形，邊長爲 1、1、b_2。觀察弦邊長度的關係、可發現 $\frac{b_1}{2}$ 是 1、1、b_2 的等腰三角形的高，見圖 4-182。若將其對應的周長設爲 S_1、S_2、S_3、⋯，並觀察弦與正多邊形周長的關係，見圖 4-183、4-184。切成 16 等份時斜邊長度，見圖 4-185。到這邊我們可以發現規律，見表 4-4。

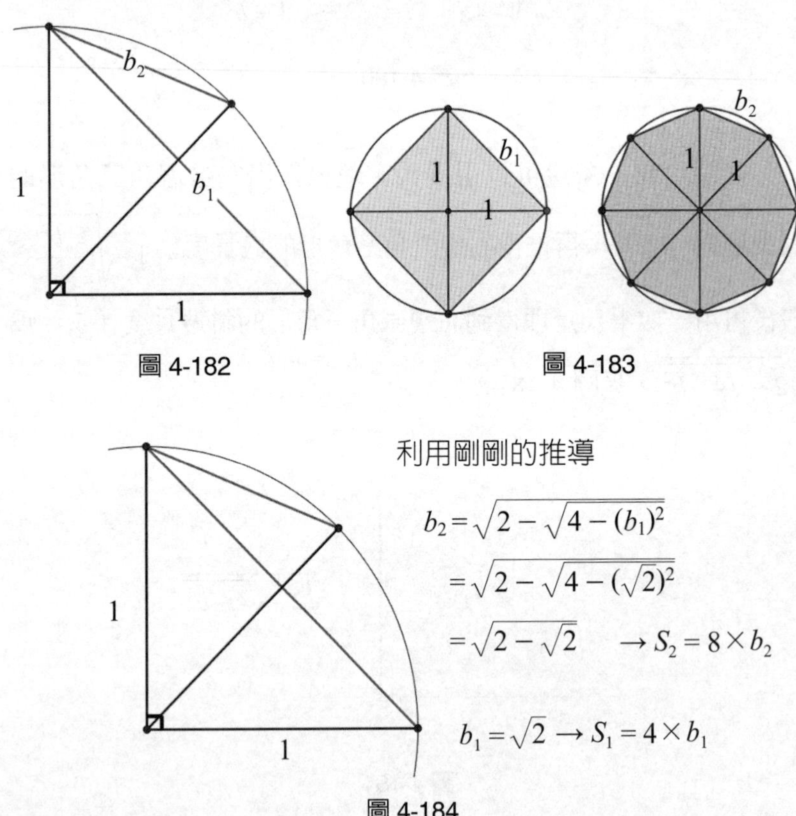

圖 4-182

圖 4-183

圖 4-184

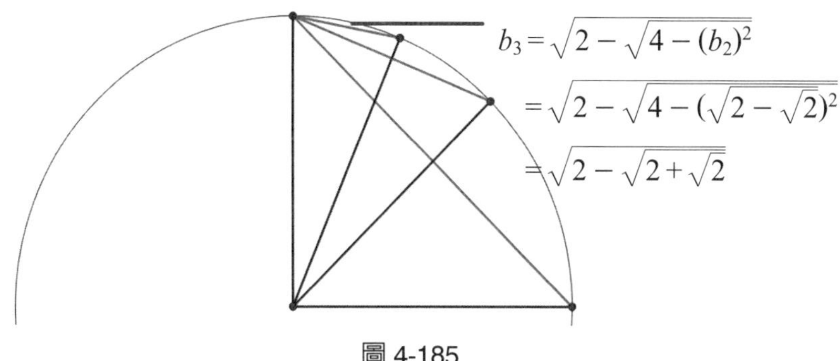

圖 4-185

表 4-4

	計算周長，以切開的份數去進行放大
$b_1=\sqrt{2}$	b_1 是 4 份 $\rightarrow S_1=4\times b_1$
$b_2=\sqrt{2-\sqrt{4-b_1^{\ 2}}}$	b_2 是 8 份 $\rightarrow S_2=8\times b_2$
$b_3=\sqrt{2-\sqrt{4-b_2^{\ 2}}}$	b_3 是 16 份 $\rightarrow S_3=16\times b_3$
⋮	⋮
$b_n=\sqrt{2-\sqrt{4-b_{n-1}^{\ \ 2}}}$	b_n 是 2^{n+1} 份 $\rightarrow S_n=2^{n+1}\times b_n$

把數字放進去後，得到一個很漂亮的結果

第一步　$b_1=\sqrt{2}$

第二步　$b_2=\sqrt{2-\sqrt{2}}$

第三步　$b_3=\sqrt{2-\sqrt{4-(\sqrt{2-\sqrt{2}})^2}}$

$$b_3=\sqrt{2-\sqrt{4-2+\sqrt{2}}}$$

$b_3=\sqrt{2-\sqrt{2+\sqrt{2}}}$

第四步 $b_4=\sqrt{2-\sqrt{4-(\sqrt{2-\sqrt{2+\sqrt{2}}})^2}}$

$b_4=\sqrt{2-\sqrt{4-2+\sqrt{2+\sqrt{2}}}}$

$b_4=\sqrt{2-\sqrt{2+\sqrt{2+\sqrt{2}}}}$

以此類推後，最終得到$b_n=\sqrt{2-\sqrt{2+\sqrt{2+\sqrt{2+\sqrt{2+\sqrt{2+\sqrt{2\cdots\sqrt{2}}}}}}}}$，參考圖 4-186。

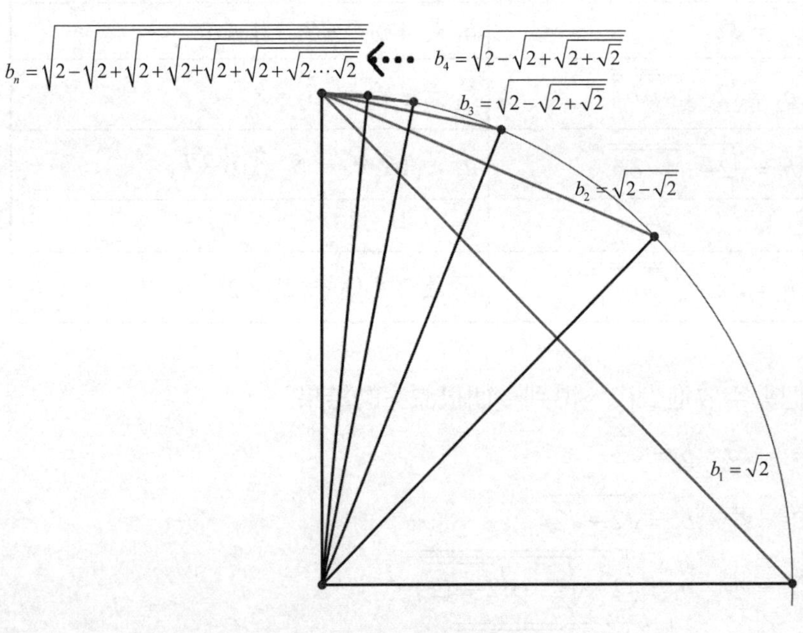

圖 4-186

所以當 n 無限大時，正多邊形會貼近圓周，因此可得到

$$b_n=\sqrt{2-\sqrt{2+\sqrt{2+\sqrt{2+\sqrt{2+\sqrt{2+\sqrt{2\cdots}}}}}}} \rightarrow S_n=2^{n+1}\times b_n$$

而圓周率的符號定爲 π，故直徑 × 圓周率 = 圓周，所以單位圓（半徑 1）的圓周 2π。

$$2\pi=2\lim_{n\to\infty}2^n\times b_n$$

$$\pi=\lim_{n\to\infty}2^n\times b_n$$

$$\pi=\lim_{n\to\infty}2^n\times\sqrt{2-\sqrt{2+\sqrt{2+\sqrt{2+\sqrt{2+\sqrt{2+\sqrt{2+\sqrt{2\cdots}}}}}}}}$$

利用程式來進行測試，因爲開根號失去精確率，但在前幾位數是準確的，將畫上黃底註記，見表 4-5。

表 4-5

項數	半徑 1 的圓切的份數	周長	圓周率
1	4	5.65685424949238	2.82842712474619
2	8	6.12293491784144	3.06146745892072
3	16	6.24289030451611	3.12144515225805
4	32	6.27309698109188	3.13654849054594
5	64	6.28066231390948	3.14033115695474
6	128	6.28255450186551	3.14127725093276
7	256	6.28302760228829	3.14151380114415
8	512	6.28314588073577	3.14157294036788
9	1024	6.28317545055992	3.14158772527996
10	2048	6.28318284300927	3.14159142150464
11	4096	6.28318469122215	3.14159142150464
12	8192	6.28318515309001	3.14159234561108

項數	半徑 1 的圓切的份數	周長	圓周率
13	16384	6.28318526692650	3.14159263346325
14	32768	6.28318530961518	3.14159265480759

可以發現用遞迴的方式，在第 10 項就可以找出圓周率小數 5 位內的精確值約在 3.14159。並且第 10 項到第 14 項的前 5 位小數都是 3.14159，故可以接受圓周率精確到小數 5 位的數值爲 3.14159。除了割圓的方是外，還有著其他求圓周率數值的方法：利用級數，見下述說明。

※備註：圓周率是個特別的無理數，不管幾次方後都還是無理數，與一般的無理數不同，並被稱爲超越數。

・萊布尼茲

萊布尼茲利用三角函數中的反正切函數。

已知 $\tan(45^\circ)=\tan\dfrac{\pi}{4}=1\leftrightarrow\tan^{-1}(1)=\arctan(1)=\dfrac{\pi}{4}$，

由微積分可知反正切函數的泰勒展開式：

$$\arctan x=x-\frac{x^3}{3}+\frac{x^5}{5}-\frac{x^7}{7}+\cdots,$$

故 $\arctan(1)=\dfrac{\pi}{4}=1-\dfrac{1^3}{3}+\dfrac{1^5}{5}-\dfrac{1^9}{7}+\cdots$ ，

$$=1-\frac{1}{3}+\frac{1}{5}-\frac{1}{7}+\cdots+\frac{(-1)^{n+1}}{2n-1}+\cdots$$

則 $\pi=4\times(1-\dfrac{1}{3}+\dfrac{1}{5}-\dfrac{1}{7}+\cdots+\dfrac{(-1)^{n+1}}{2n-1}+\cdots)$，所以只要加得夠多項，就會愈精準。

※備註：泰勒展開式爲微積分的內容，有興趣的人可以參考作者所著的《互動及視覺微積分》。

以下是各項數對應的圓周率值

項數	圓周率值	兩項平均值	項數	圓周率值	兩項平均值
1	4	3.33333	91	3.15258	3.14165
2	2.66667		92	3.13072	
3	3.46667	3.18095	93	3.15235	3.14165
4	2.89524		94	3.13095	
5	3.33968	3.15786	95	3.15212	3.14165
6	2.97605		96	3.13118	
7	3.28374	3.15041	97	3.1519	3.14165
8	3.01707		98	3.13139	
9	3.25237	3.1471	99	3.15169	3.14164
10	3.04184		100	3.13159	

可以發現萊布尼茲的方法，第 1 項加到第 99 項是 3.15169，而第 1 項加到第 100 項是 3.14164，仍然與熟悉的圓周率是 3.14159，有一定距離，並且任連續兩項，其值都會不斷波動，故我們可以把任兩項作平均值可以更接近圓周率值，所以第 99 項與第 100 項的平均值爲 3.14164，與熟悉的圓周率是 3.14159，距離更拉進一步。但萊布尼茲的方式逼近的速度相當慢。但仍不失爲是一個找出圓周率的好方法。

· 歐拉

歐拉研究巴賽爾問題時，想到一個辦法來計算圓周率，不同於大多數數學家直接計算而是利用係數的方式來加以討論，這個想法相當新穎。

已知 $\sin x=0$ 是在 $x=\pi, 2\pi, 3\pi, \cdots, -\pi, -2\pi, -3\pi, \cdots$ 時，

所以當 $x=\pi, 2\pi, 3\pi, \cdots, -\pi, -2\pi, -3\pi, \cdots$ 時，可以滿足此式

$$\frac{\sin x}{x}=(1-\frac{x}{\pi})\times(1-\frac{x}{2\pi})\times(1-\frac{x}{3\pi})\times\cdots\times(1+\frac{x}{\pi})\times(1+\frac{x}{2\pi})\times(1+\frac{x}{3\pi})\times\cdots$$
$$=0$$

則 $\frac{\sin x}{x}=(1-\frac{x^2}{\pi^2})\times(1-\frac{x^2}{4\pi^2})\times(1-\frac{x^2}{9\pi^2})\times\cdots=0$，

而 $\frac{\sin x}{x}$ 展開後的 x^2 項係數為 $-(\frac{1}{\pi^2}+\frac{1}{4\pi^2}+\frac{1}{9\pi^2}+\cdots)$。

再由微積分可知，三角函數的正弦函數的泰勒展開式為

$\sin x=x-\frac{x^3}{3!}+\frac{x^5}{5!}-\frac{x^7}{7!}+\cdots$，故 $\frac{\sin x}{x}=1-\frac{x^2}{3!}+\frac{x^4}{5!}-\frac{x^6}{7!}+\cdots$，

而泰勒展開式的 x^2 項係數為 $-\frac{1}{3!}$。

故由 x^2 項係數可知 $-(\frac{1}{\pi^2}+\frac{1}{4\pi^2}+\frac{1}{9\pi^2}+\cdots)=-\frac{1}{3!}$，

則 $\frac{1}{1^2}+\frac{1}{2^2}+\frac{1}{3^2}+\cdots+\frac{1}{n^2}+\cdots=\frac{\pi^2}{6}$，只要加得夠多項，就會越精準。以下是各項數對應的圓周率值。

項數	圓周率值	項數	圓周率值
1	2.44949	40	3.11793
2	2.73861	50	3.12263

項數	圓周率値	項數	圓周率値
3	2.85774	60	3.12577
4	2.92261	70	3.12802
5	2.96339	80	3.12971
10	3.04936	90	3.13102
20	3.09467	100	3.13208
30	3.11013		

可發現歐拉方法，第 1 項加到第 100 項是 3.13208，仍然與熟悉的圓周率是 3.14159，有一定距離，並且逼近的速度相當慢。但仍不失爲是一個找出圓周率的好方法。

傳統幾何到解析幾何

4-4 三角函數與圓

三角函數的應用早在西元前埃及與希臘時期就已經開始發展，討論的角度範圍僅限於是 0 到 90 度，當時是幾何學的一部分，也就是傳統三角學（trigonometry），現在稱狹義三角函數，應用在當時的測量學上：測量山高、水深、地球半徑、天文等，一直使用到十六世紀。而後爲了解決波動、熱傳導及函數等的問題，角度延伸到 360 度乃至到任何度數，並將其函數圖案畫在平面座標上形成曲線來討論波動的問題，此時期的三角函數又稱廣義三角函數，或稱解析三角函數。

三角函數在二十世紀是非常重要的，有關 3C **產品的通訊**（如：電話與電視），以及影音檔的壓縮，都必須利用到三角函數。**通訊**是電波信號的傳遞，而電波信號是一種波動，**波動是週期函數**，也就是**三角函數的組合**。而傳遞電波與壓縮檔案必須利用到微積分以及傅立葉的運算，所以三角函數與微積分在我們的生活是無所不在且非常實用。事實上，近代數位通訊科技的數學基礎就是建立在三角函數與微積分、傅立葉轉換及統計分析（數位信號處理，Digital Signal Processing）上。同時在近代的**工程**、**統計學**也會用到大量三角函數的微積分。

簡言之，近代的三角函數不同於希臘時期到十七世紀的狹義三角函數（0 到 90 度的三角學），已經推廣到廣義三角函數（任意角度），而廣義三角函數應用在現代科技中無所不在。

4-4-1 三角函數的歷史故事

・金字塔高

埃及人蓋了許多金字塔，在西元前 625-574 年間，埃及法老想知道金字塔的高度，命令祭師測量高度，但不知道如何去測量。一位來自希臘四處遊歷的數學家泰勒斯（Thales），想到一個好方法。他提到：「太陽下的物體會有影子，影子在某一個時間點，影子長度剛好會跟物體的高度一樣，並且不是只有那個物體而已，而是在那個時間點，所有的物體的影子長都會與對應物的高度一樣」。所以他們在金字塔旁邊立起了一根木棍，等到影子長度跟木棍一樣長的時後，再去量金字塔的影子就是金字塔的高度，最後就順利的解決法老王的問題，見圖 4-187。

※備註：圖 4-187 金字塔影子並沒有跟金字塔高度一樣，原因是「金字塔頂到地面的垂點」到「影子尖端」有一部分影子被擋住。用透視圖的長度關係，可得到正確的金字塔高度，而金字塔高度 = 影子最長部分 + 金字塔底邊的一半，見圖 4-188。

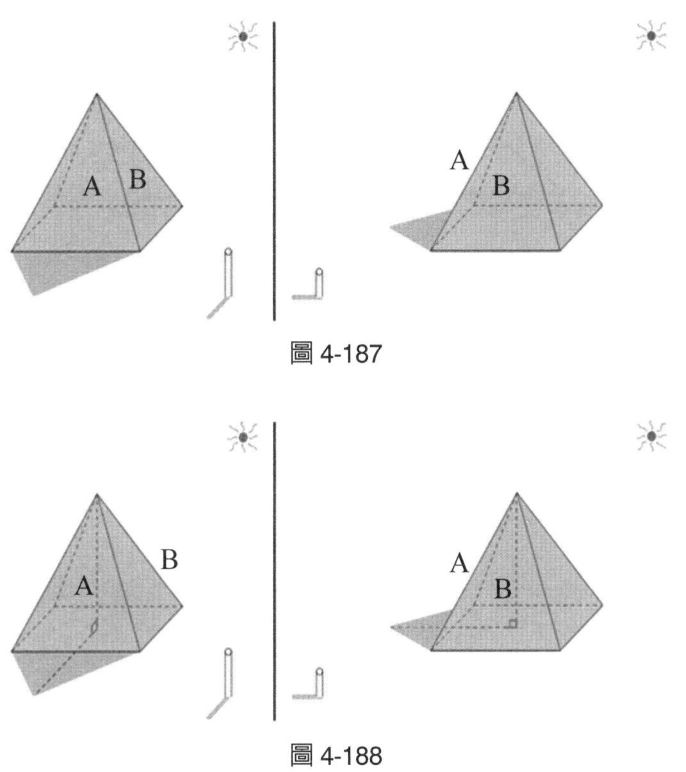

圖 4-187

圖 4-188

同時柱子長與影子長的關係，被發現不是只有相等而已，而是同一時間點，柱子長與影子長的比例關係，都是一樣的，見圖 4-189。

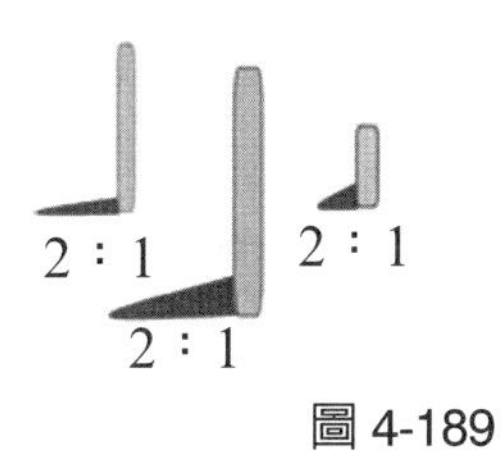

圖 4-189

於是開始了研究這些圖案的關係，最後發現了三角形相似形的關係，相似的兩個三角形具有對應角度相等，對應邊長成比例，如圖 4-190。而研究比例的學問就是三角學，其中會應用到的原理就是相似形，只不過三角學的相似形限制在直角三角形，以及是在 0 到 90 度，見圖 4-191。

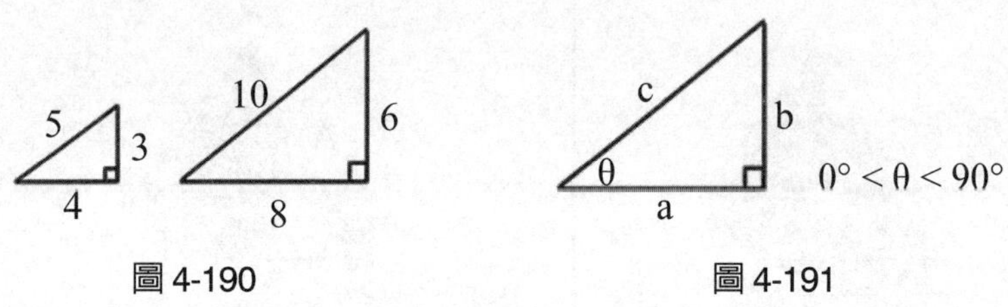

圖 4-190　　圖 4-191

· 喜帕恰斯利用三角學測量地球半徑

喜帕恰斯（Hipparkhos）是古希臘的天文學家，他爬上一座 3 英里高的山，向地平線望去，測量視線和垂直線之間的夾角，見圖中的$\angle CAB$，測得這角近似於 87.67°，見圖 4-192。

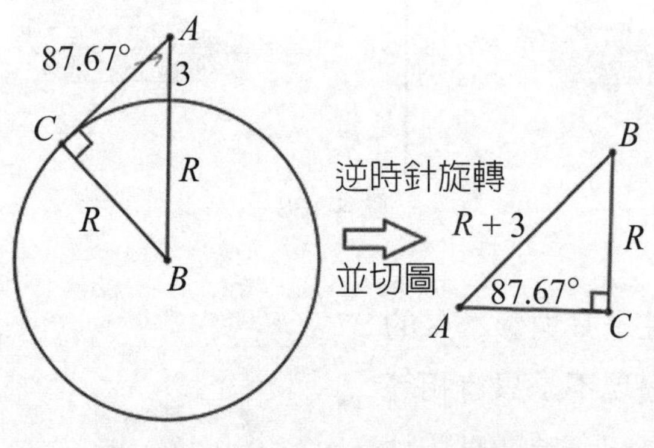

圖 4-192　計算地球半徑示意圖

而在這需利用 87.67° 的直角三角形（為了計算，希臘時期已經把各角度的三角形比例都做出來，且建立了表格），因為相似而對應邊成比例，見圖 4-193。

故 $\frac{\text{對邊}}{\text{斜邊}}=\frac{R}{R+3}=\frac{0.99924}{1}\rightarrow R\approx 3944.37$。若使用三角函數也要利用 $\frac{\text{對邊}}{\text{斜邊}}$，也就是三角函數的 sin 函數，見圖 4-194，

$\sin(\angle B)=\frac{\text{對邊}}{\text{斜邊}}=\frac{\text{高}}{\text{斜邊}}=\frac{\overline{AC}}{\overline{AB}}=\frac{b}{c}$。

圖 4-193　　圖 4-194

此時需查 sin 表 87.67 度是多少？可知 $\sin(87.67°)=0.99924$，而由喜帕恰司做的圖也知道 $\sin(87.67°)=\frac{R}{R+3}$，故

$\sin(87.67°)=0.99924=\frac{R}{R+3}$

$$R=0.99924(R+3)$$
$$R=0.99924R+0.99924\times 3$$
$$0.00076R=2.99772$$
$$R=3944.3\cancel{6}^{7}\cancel{8}\cdots \quad \text{四捨五入}$$
$$R\approx 3944.37 \quad \text{地球半徑約3944.37英里}$$

喜帕恰斯計算出地球半徑 3944.37 英里，與現代科技測量到的地球半徑 3961.3 英里，只差 17 英里，誤差不到 0.4%！2200

年前喜帕恰斯運用三角測量學，得到如此驚人的結果！同時我們也可以發現討論直角三角形的相似形問題就是三角學（狹義三角函數）。

・喜帕恰斯利用三角學計算地球到月球的距離

喜帕恰斯想要計算地球到月球的距離，他發現到在赤道附近觀察月亮，可以做出圖 4-195 的示意圖，其概念是：

1. $\overline{AC}$ 在赤道緯度上。
2. 地球中心到月球中心為圖中的 A 點到 B 點 $=\overline{AB}$。
3. 由 B 作一條至地球表面的切線，切點為 C。

而當有了此圖便可以利用三角函數計算地球到月球的距離。但他必須先算出 $\angle A$，方法可能是將 $\overline{BC}$ 延長，並從 $\overline{AB}$ 做出垂直線，可以發現該線與 $\overline{BC}$ 延長線及圓相交 D、E，見圖 4-196。

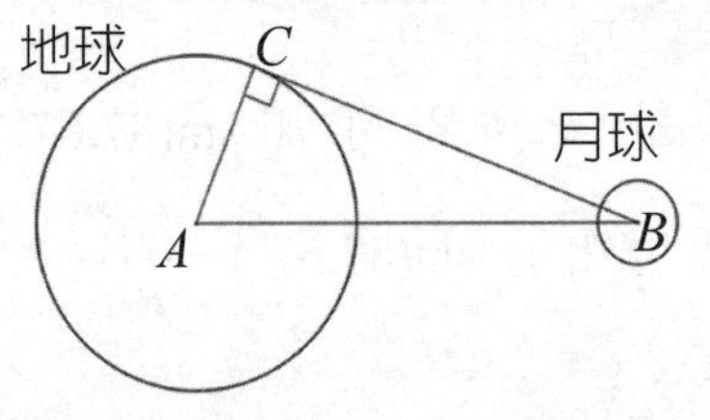

圖 4-195 計算地球到月球距離示意圖

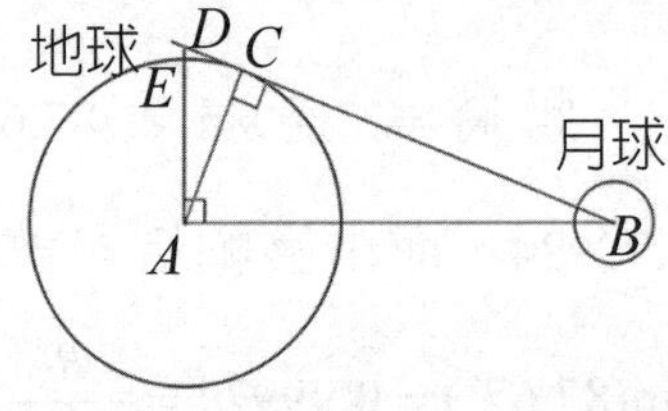

圖 4-196

故必須先算出 $\angle DAC$，也就是 E 位置的緯度？我們知道太陽光是平行光，同一個時間點，同樣的物體，會有的地方有影子、有的地方沒有，見圖 4-197。

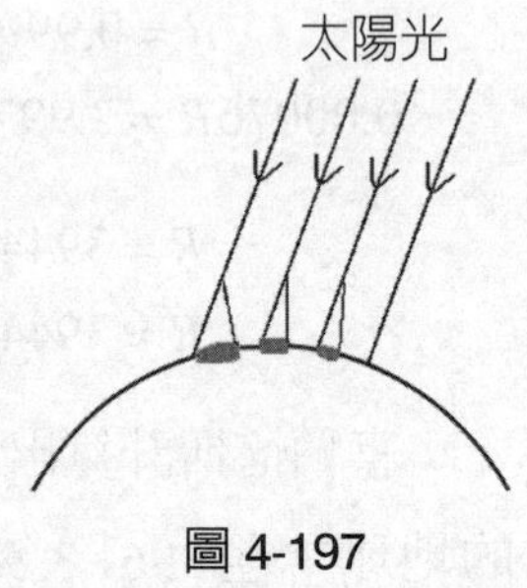

圖 4-197

接著利用赤道上一口井，當正中午讓井內毫無影子的時候，測量與井一定距離的物體高度與影子長，如：物體 200 公分（$\overline{DE}$）、影長 1.5 公分（$\overline{EF}$），見圖 4-198。

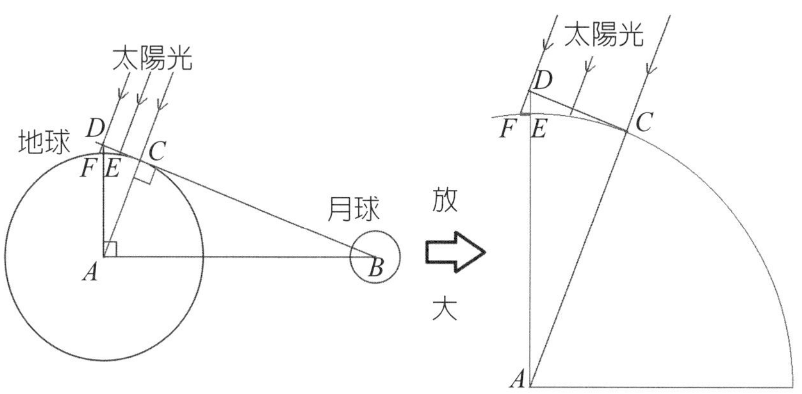

圖 4-198

而喜帕恰司可以找到兩股分別爲 200、1.5 的直角三角形，並得到 $\angle FDE = 0.05°$，而太陽光是平行的光線，故 $\angle FDE$ 與 $\angle DAC$ 是內錯角關係，故 $\angle DAC = \angle FDE = 0.05°$，而 $\angle DAC + \angle CAB = 90°$，故 $\angle CAB = 89.05°$，見圖 4-199。

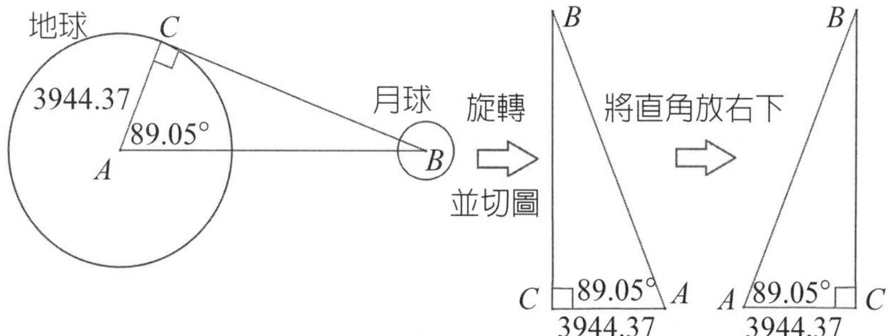

圖 4-199

而在這需利用 89.05° 的直角三角形（為了計算，希臘時期已經把各角度的三角型比例都做出來），因為相似而對應邊成比例，見圖 4-200。

故 $\frac{\text{鄰邊}}{\text{斜邊}}=\frac{3944.37}{\overline{AB}}=\frac{0.01658}{1}\rightarrow\overline{AB}\approx 238000$。若使用三角函數也要利用 $\frac{\text{鄰邊}}{\text{斜邊}}$，也就是三角函數的 cos 函數，見圖 4-201，

$\cos(\angle B)=\frac{\text{鄰邊}}{\text{斜邊}}=\frac{\text{底}}{\text{斜邊}}=\frac{\overline{BC}}{\overline{AB}}=\frac{a}{c}$。

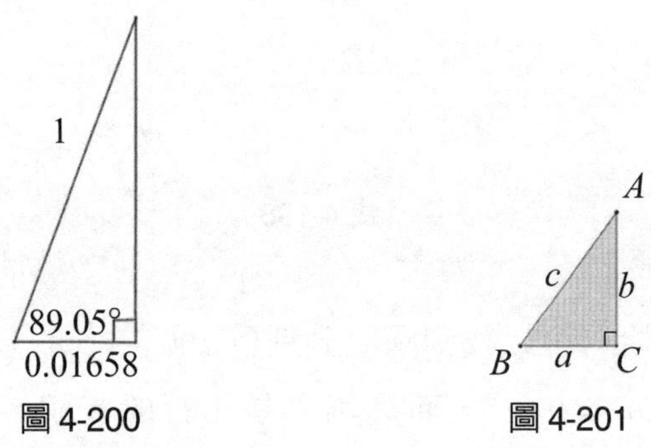

圖 4-200　　圖 4-201

此時需查 cos 表 89.05 度是多少？ $\cos(89.05°)=0.01658$。

而由喜帕恰司做的圖也知道 $\cos(89.05°)=\frac{\overline{AC}}{\overline{AB}}$，而 $\overline{AC}$ 是地球半徑，由上一個問題已經得到地球半徑 = 3944.37 英里，故 $\overline{AC}$ = 3944.37；故 $\cos(89.05°)=0.01658=\frac{\overline{AC}}{\overline{AB}}=\frac{3944.37}{\overline{AB}}$

$\overline{AB}=\frac{3944.37}{0.01658}$

$\overline{AB}=23\overset{8}{\cancel{7}}\cancel{8}99.27\cdots$　四捨五入

$\overline{AB}\approx 238000$　　地球到月球約238000英里

喜帕恰斯計算出地球到月球的距離是 238000 英里，與現代高科技測量到的平均距離 240000 英里。相比較之下，誤差不到 0.8% ！所以三角函數的確可靠。

小結：

由以上案例可知相似形是三角函數的基礎，三角函數是測量的基礎，所以三角函數很重要。

※備註：喜帕恰斯——天文學之父

喜帕恰斯是古希臘的天文學家，傳說中說視力非常好，是第一個發現巨蟹座的 M44 蜂巢星團。除此之外還有以下的貢獻：

1. 星星的亮度，視星等，由他第一個制定，將星星分成 6 個等級。而到現在發現更多的星星，喜帕恰斯所做的星等已經無法涵蓋全部，所以增加「負星等」，來涵蓋當時沒看到的星星。
2. 並且發現「歲差」地現象，地球自轉地角度偏移現象。在後來因牛頓才得以證實。
3. 發現一年有 $365\frac{1}{4}$ 天多，與現在測量只差 14 分鐘。
4. 月亮的週期 29.53059 天，與現在算出 29.53059 天差不多。

爲了紀念他，歐洲太空發射的第一個衛星，就命名爲喜帕恰斯衛星。

‧利用三角函數計算地平線多遠

我們常說長得高的人看得比較遠；也說登高望遠；生活上也知道爬上高山能看得更遠；瞭望台也都蓋很高，以利觀察遠方敵蹤；船上的瞭望手在高的地方觀看敵船的蹤影，而不是在甲板上。也聽過一句話，望山跑死馬，爲何會看似快到卻還那麼遠；

如果中間都沒被擋住，那麼高度與可視距離的關係是什麼？也就是說，可視距離的極限——地平線與自己的位置是距離多遠？

我們知道地球是一個球狀，那麼向遠方看去，會看到地平線，是我們可看到距離的極限，不管抬頭或是還是低頭，地平線離自己的距離都不變，抬頭就看到空中，低頭還沒看到地平線。圖 4-217 中，C 點是地平線，A 點是眼睛高度，無論眼睛再怎麼看都不會看到 C 點後方，不管是拿望遠鏡還是視力多好的人，都看不到 C 點後方凹下去的部分。B 點是圓心，R 是地球半徑，地球不是完整的球狀，半徑是 6357 ～ 6378km。R 使用平均半徑 6371 公里，也就是 6371000 公尺，見圖 4-202。

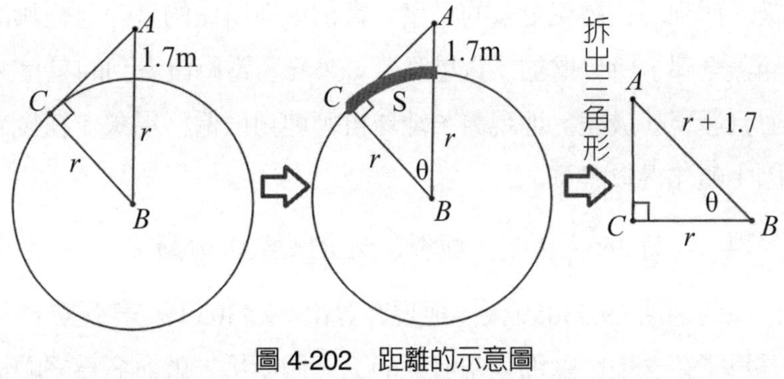

圖 4-202 距離的示意圖

而「自己的位置」與「自己看到的地平線」的距離，是球的部分弧長 s。這段弧長要利用三角函數來幫忙計算，

已知弧長（s）＝圓周長 $\times \dfrac{\text{圓心角度}}{360^\circ} = 2\pi r \times \dfrac{\theta}{360^\circ}$。

由圖可知三角形的 $\cos(\theta) = \dfrac{r}{1.7 + r}$，而 $r = 6371000$，

故 $\cos(\theta)=\dfrac{r}{1.7+r}=\dfrac{6371000}{6371001.7}=0.9999997331\cdots$

經查表可知 $\theta\approx 0.0418560499°$，

而弧長 $=2\pi r\times\dfrac{\theta}{360°}=2\times 3.14159\times 6371000\times\dfrac{0.0418560499°}{360°}=$ 4657 公尺 = 4.654 公里。

由於我們地球不是完整球狀，故半徑是個約略值，所以求得距離也是約略值。從上表可知，大多數人站著可以看到約 4 ～ 5 公里距離遠；而開車、騎車時，眼睛高度約是 150 公分，所以約可以看到 4.3 公里遠；每艘船甲板高度不同，看到的距離也不同，在 7 公尺高的船上，在甲板眺望遠方地平線，當水手在甲板上看見遠方出現一點陸地，陸地距離船約爲 9 公里多；在海拔不高的外島上，可以看到約 15 公里遠的景色；而在 101 頂端可以看到 80 公里遠，沒有被擋到的情況下，可看見苗栗附近；陽明山能看 120 公里遠，可以看到台北市全景；大怒神蓋在山上，還要在加上建築物的海拔高度，可視距離比 26.9 公里遠。參考表 4-6。

表 4-6　列出不同高度時，所在位置與地平線之間的距離是多少

眼睛高度（公分）	可視距離（公里）
15（趴著）	1.38
120	3.91
125	3.99
130	4.07
135	4.14

所在位置	高度（公尺）	距離（公里）
爸爸肩上	2	5.04
馬上	2.5	5.64
甲板上	7	9.44
5 樓高	15	13.82
10 樓高	30	19.55

眼睛高度（公分）	可視距離（公里）
140	4.22
145	4.29
150	4.37
155	4.44
160	4.51
165	4.58
170	4.65
175	4.72
180	4.78

所在位置	高度（公尺）	距離（公里）
六福村大怒神	57	26.95
美麗華摩天輪	100	35.69
劍湖山摩天輪	384	69.95
101 大樓	508	80.45
陽明山	1120	119.45
阿里山	2484	177.87
富士山	3776	219.29
玉山	3952	224.34
飛機上	10 公里	356.72

同樣的除了可以利用三角函數計算，所處位置到地平線的距離外，也說明了愈高的地方可以看更廣更遠。

※備註：所處位置與地平線之間的距離，與視力好壞無關；而與所在高度有關係。因爲視力好壞是影響圖像清晰度，拿著望遠鏡看到的地平線位置還是一樣，好比說，用顯微鏡看標本，放大無數倍，眼睛與標本的距離，還是那段高度。

4-4-2 三角函數是什麼

三角函數就是三角形的函數，不過比較特別的地方是，給角度得到直角三角形的任兩邊的比例，而不同比例給予不同的名子，見圖 4-203。

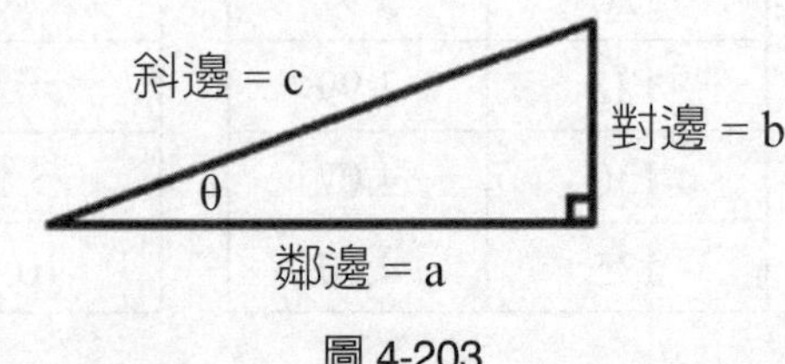

圖 4-203

$$\sin(\theta)=\frac{\text{對邊}}{\text{斜邊}}=\frac{\text{高}}{\text{斜邊}}=\frac{b}{c} \qquad \cos(\theta)=\frac{\text{鄰邊}}{\text{斜邊}}=\frac{\text{底}}{\text{斜邊}}=\frac{a}{c}$$

$$\tan(\theta)=\frac{\text{對邊}}{\text{鄰邊}}=\frac{\text{高}}{\text{底}}=\frac{b}{a} \qquad \cot(\theta)=\frac{\text{鄰邊}}{\text{對邊}}=\frac{\text{底}}{\text{斜邊}}=\frac{a}{b}$$

$$\sec(\theta)=\frac{\text{斜邊}}{\text{鄰邊}}=\frac{\text{斜邊}}{\text{底}}=\frac{c}{a} \qquad \csc(\theta)=\frac{\text{斜邊}}{\text{對邊}}=\frac{\text{斜邊}}{\text{高}}=\frac{c}{b}$$

常用的三個三角函數是 $\sin(\theta)$，$\cos(\theta)$，$\tan(\theta)$，為什麼要求這個比值？因為兩個相似三角形具有比例性質會得到對應邊成比例，根據圖 4-204 就是 $a：b=d：e$。

在國中的時候已經做過很多相關的問題，所以可以知道相似形可以用在哪裡，天文：可知道星星距離、地球半徑等，地理：可知道山有多高，河有多寬等，但其實所需要的都是要 2 個三角形，並且量出 3 個數字，利用比例來求出答案。例如：圖 4-205 的邊長 x 為多少？：$4：3=x：6 \Rightarrow 3x=24 \Rightarrow x=8$。

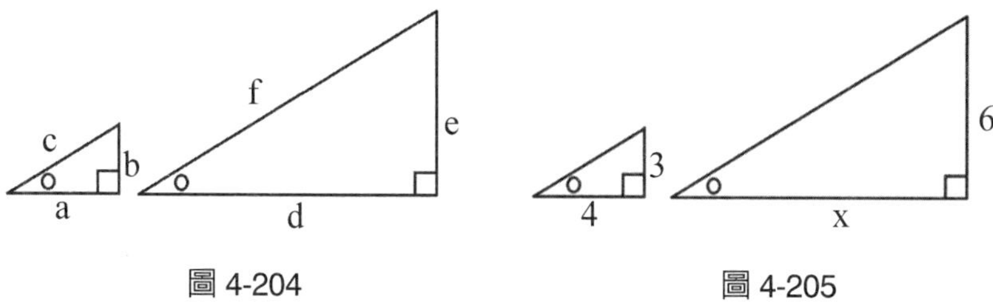

圖 4-204　　圖 4-205

但這樣列式不方便利用，因為要先找到一個參考用的相似形，還要量出 3 個長度再計算。所以希臘人預先作好 0 度到 90 度，角度不同的直角三角形，然後記錄長度比例，並製作表格，之後遇到想要測量的距離，測量該物品的角度與其中一長度，就能快速計算出來。

例如：圖 4-206 的邊長 x, y 是多少？固然可以直接用相似形作出答案，$x = 4\sqrt{3}$、$y = 4$，但如果利用比例可以知道，在 30 度的直角三角形時，$\frac{\text{高}}{\text{斜邊}} = \frac{1}{2}$，要計算的直角三角形知道斜邊的情況下，可用乘法計算 $y = 8 \times \frac{1}{2} = 4$。爲什麼如此計算？是根據相似形邊長成比例得來。

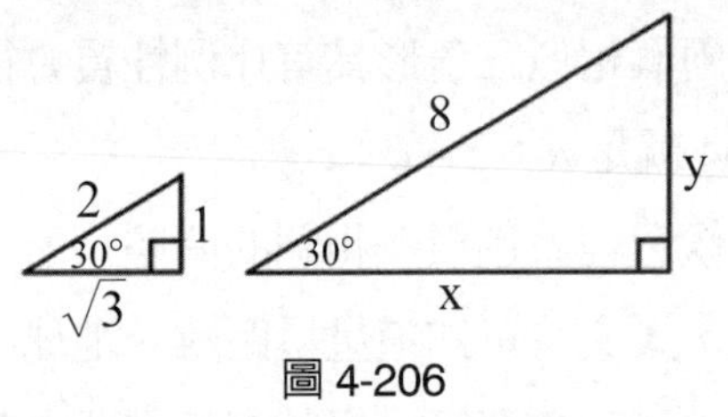

圖 4-206

$y:8 = 1:2$　　測量物高 : 測量物斜邊 = 30度的高度 : 30度的斜邊

$\frac{y}{8} = \frac{1}{2}$　$\Leftrightarrow$　$\frac{\text{測量物高}}{\text{測量物斜邊}} = 30$度的高度與斜邊的比值

$y = 8 \times \frac{1}{2}$　　測量物高 = 測量物斜邊 × 30度的高度與斜邊的比值

同理 $x = 8 \times \frac{\sqrt{3}}{2} = 4\sqrt{3}$。

雖然答案會相等，但便利性就不一樣了，不是隨時都可以做出另一個相似形，並且量出長度；所以預先作好各角度的直角三角形與邊長，就能利用比例，計算測量物的長度。

因此可以發現相似形的關係可以導出此結果：

「測量物高 = 測量物斜邊 × 30 度的高度與斜邊的比值」，

而高度與斜邊的比值是正弦函數，故可改寫爲

「測量物高 = 測量物斜邊 × $\sin(\theta)$」，

同理「測量物底 = 測量物斜邊 × $\cos(\theta)$」。

直角三角形各比例的表格，在希臘時期就已經出現，見圖4-207。利用此圖可有效幫助三角測量。

Κανόνιον τῶν ἐν κύκλῳ εὐθειῶν			Table of Chords		
περιφερειῶν	εὐθειῶν	ἑξηκοστῶν	arcs	chords	sixtieths
∠′	ō λα κε	ō α β ν	½°	0;31,25	0;1,2,50
α	α β ν	ō α β ν	1°	1;2,50	0;1,2,50
α∠′	α λδ ιε	ō α β ν	1½°	1;34,15	0;1,2,50
β	β ε μ	ō α β ν	2°	2;5,40	0;1,2,50
β∠′	β λζ δ	ō α β μη	2½°	2;37,4	0;1,2,48
γ	γ η κη	ō α β μη	3°	3;8,28	0;1,2,48
γ∠′	γ λθ νβ	ō α β μη	3½°	3;39,52	0;1,2,48
δ	δ ια ις	ō α β μζ	4°	4;11,16	0;1,2,47
δ∠′	δ μβ μ	ō α β μζ	4½°	4;42,40	0;1,2,47
ε	ε ιδ δ	ō α β μς	5°	5;14,4	0;1,2,46
ε∠′	ε με κζ	ō α β με	5½°	5;45,27	0;1,2,45
ς	ς ις μθ	ō α β μδ	6°	6;16,49	0;1,2,44
ς∠′	ς μη ια	ō α β μγ	6½°	6;48,11	0;1,2,43
ζ	ζ ιθ λγ	ō α β μβ	7°	7;19,33	0;1,2,42
ζ∠′	ζ ν νδ	ō α β μα	7½°	7;50,54	0;1,2,41
⋮	⋮	⋮	⋮	⋮	⋮
ροδ∠′	ριθ να μγ	ō ō β νγ	174½°	119;51,43	0;0,2,53
ροε	ριθ νγ ι	ō ō β λς	175°	119;53,10	0;0,2,36
ροε∠′	ριθ νδ κζ	ō ō β κ	175½°	119;54,27	0;0,2,20
ρος	ριθ νε λη	ō ō β γ	176°	119;55,38	0;0,2,3
ρος∠′	ριθ νς λθ	ō ō α μζ	176½°	119;56,39	0;0,1,47
ροζ	ριθ νζ λβ	ō ō α λ	177°	119;57,32	0;0,1,30
ροζ∠′	ριθ νη ιη	ō ō α ιδ	177½°	119;58,18	0;0,1,14
ροη	ριθ νη νε	ō ō ō νζ	178°	119;58,55	0;0,0,57
ροη∠′	ριθ νθ κδ	ō ō ō μα	178½°	119;59,24	0;0,0,41
ροθ	ριθ νθ μδ	ō ō ō κε	179°	119;59,44	0;0,0,25
ροθ∠′	ριθ νθ νς	ō ō ō θ	179½°	119;59,56	0;0,0,9
ρπ	ρκ ō ō	ō ō ō ō	180°	120;0,0	0;0,0,0

圖 4-207

★常見問題：為什麼斜邊乘上正弦函數就會得到「高」？斜邊乘上餘弦函數就會得到「底」？會有這樣的問題都是源自死背公式，而不明白「斜邊乘上正弦函數」的意義，這要利用相似形及上述說法就能明白該數學式。

※備註：

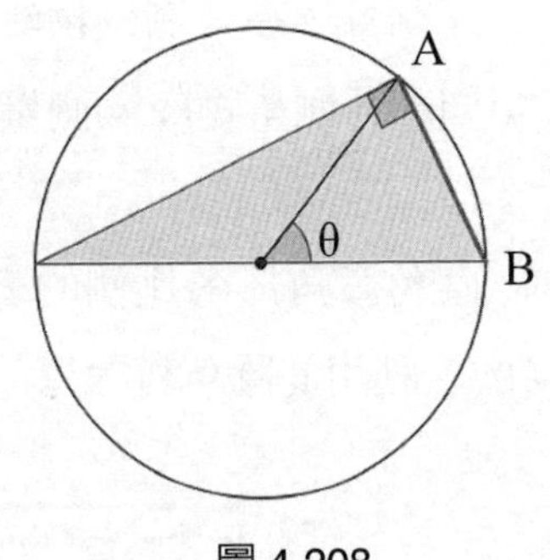

圖 4-208

圖 4-207 的角度是圖 4-208 的 θ，而弦是 $\overline{AB}$ 部分，不同於現在的三角函數，後來是改成直角三角形，變成我們現在的三角函數。

現在常用的三角函數 sin、cos 和 tan 是以角度作爲自變數的函數。用希臘字母「θ」代表角度，所以三角函數寫成 $\sin(\theta)$，$\cos(\theta)$，$\tan(\theta)$，此時的角度只用到 0 到 90 度之間，就足夠求全部的情況。

希臘時代所應用的三角函數局限在「正數值」的範圍內，因爲希臘時代的數學家仍不知「負數」爲何物（負數爲印度數學家於西元九世紀發明，但歐洲數學家至西元十七世紀才接受負數的概念）。這個「局限」的三角函數在古代天文測量己發揮極大的價值。以喜帕恰斯的重要結果爲例，可求出地球半徑、地球到月球距離。

此刻的三角函數功能，比較類似九九乘法表，說是三角形比例值表可能更爲貼切，在當時被稱爲「三角學」。而計算規則，如同指數律，沒有討論函數圖形。所以這邊的三角函數又稱狹義三角函數。

★常見問題：三角函數是有理數還是無理數？

三角函數一部分是有理數，如：$\sin 30^\circ = \dfrac{1}{2}$，一部分是無理數，如：$\sin 45^\circ = \dfrac{\sqrt{2}}{2}$。

4-4-3 各三角函數內容

觀察下述各三角函數圖就知道名稱與圖案關係，至於是一半是因直角三角形的關係。

1. sin 稱爲正弦：應該稱爲半弦長，sin 在單位圓上是隨圓心角的眞正弦長一半，見圖 4-209。原因：$\sin\angle A=\frac{\overline{BC}}{\overline{AB}}=\frac{\overline{BC}}{1}=\overline{BC}$，$\overline{BC}$ 是弦的一半。
2. cos 稱爲餘弦：相對於正弦，單位圓形內的直角三角形另一邊長度，見圖 4-209。原因：$\cos\angle A=\frac{\overline{AC}}{\overline{AB}}=\frac{\overline{AC}}{1}=\overline{AC}$。

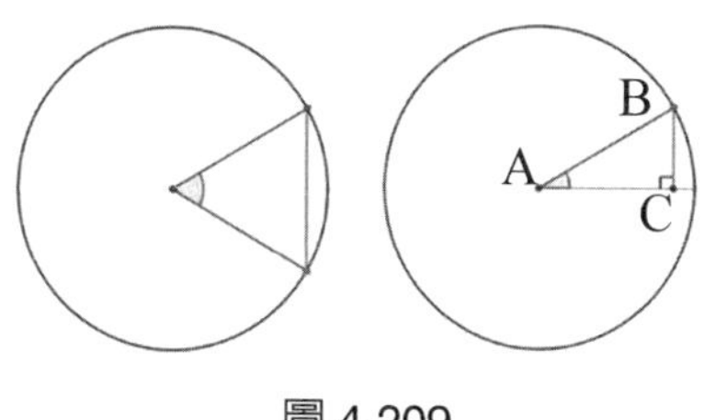

圖 4-209

3. tan 稱爲正切：應該稱爲半切線長，tan 在單位圓上是隨圓心角度的眞正切線長一半，見圖 4-210。原因：$\tan\angle A=\frac{\overline{EF}}{\overline{AE}}=\frac{\overline{EF}}{1}=\overline{EF}$，$\overline{EF}$ 是切線長的一半。
4. cot 稱爲餘切：相對於正切，如果半切線長爲 1，可利用餘切算出半徑，見圖 4-210。原因：$\cot\angle A=\frac{\overline{AE}}{\overline{EF}}=\frac{\overline{AE}}{1}=\overline{AE}$，$\overline{EF}$ 是切線長的一半。

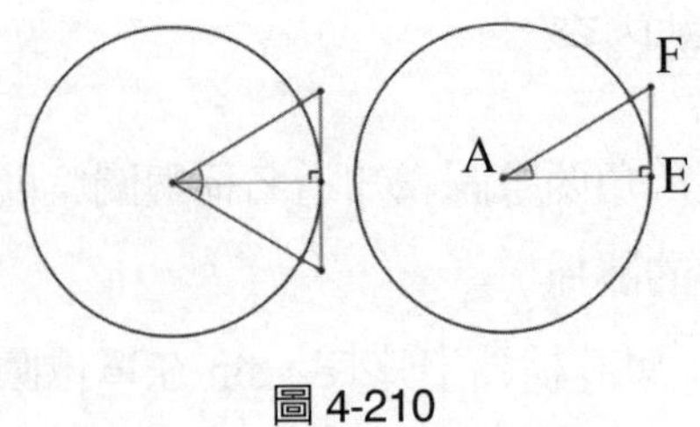

圖 4-210

5. sec 正割：在單位圓上，F 點是隨圓心角開口的延伸線（割線）與切線的交點，割線長度是 $\overline{AF}$，見圖 4-211。原因：$\sec\angle A=\dfrac{\overline{AF}}{\overline{AE}}=\dfrac{\overline{AF}}{1}=\overline{AF}$。

6. csc 餘割：相對於正割，如果半切線長為 1，可利用餘割算出 $\overline{AF}$ 長度，見圖 4-211。原因：$\csc\angle A=\dfrac{\overline{AF}}{\overline{EF}}=\dfrac{\overline{AF}}{1}=\overline{AF}$。

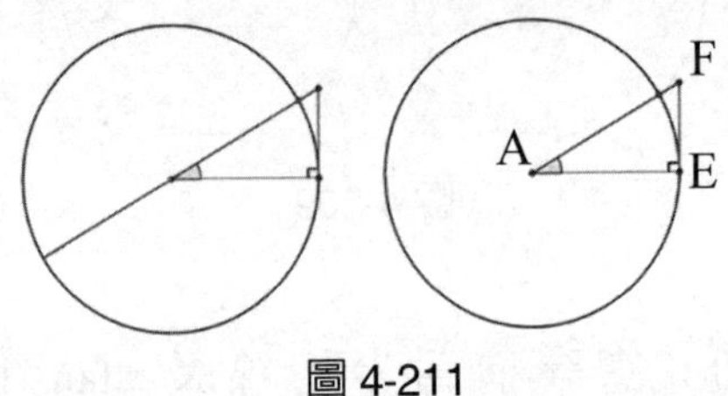

圖 4-211

以上的三角函數內容都還是狹義三角函數的內容，也就是三角學的內容，因為他目前不能在座標平面上顯示，僅能算是三角學版的九九乘法表。

※備註 1：單位圓是指半徑為 1 的圓形。

※備註 2：高中常用直角三角形的圖案來記憶三角函數，跟著英文筆畫順序先分母再分子，見圖 4-212。

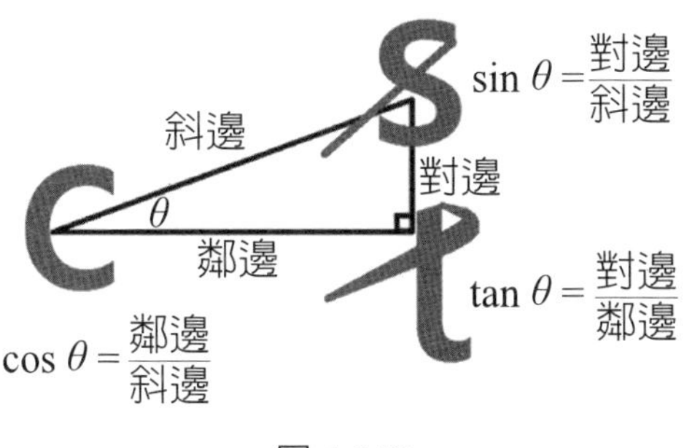

圖 4-212

4-4-4 三角學（狹義三角函數）到三角函數（廣義三角函數），現代生活的應用

十七前半世紀，物質世界的描述非常需要用到數學。尤其在力學，航海學的「振動」及「波動」的現象，急需有效的數學工具來分析。三角函數是分析所有波動現象的必要工具。那麼什麼是「波動」呢？從物理特性而言，波動的形狀應有下列特性：有波峰，有波谷並且相同的曲線一再重複。「一再重複」的函數稱爲週期函數（Periodic Function）。

函數是指給一數値，曲線上有其對應數値出現，而我們常利用在座標系上，以平面座標爲例，直線方程式 $y = 3x + 5$，我們可以在平面座標上做圖，座標 (x, y) 可以慢慢計算，但實際我們的座標概念就是 $(x, 3x + 5)$，而 x 是我們自行給定的參數，此時我們定義 y 是隨 x 改變的數値，定義爲 $y = f(x)$，其意義爲 y 是以 x 爲變數的函數。

週期是指曲線重複一次時，其對應的時間長度。以正弦函數而言，每隔 2π 重複一次，因此是週期爲 2π 的週期函數，見圖 4-213，以及參考圖 4-214。

自 17 世紀以來直到現在，所有的生活層面，任何和熱傳導、電波、聲波、光波有關的事物，都是以三角函數作爲分析及設計的基本工具。同時近代的通訊及傳播系統從電話、電視、廣播、網際網路、MP3、GPS 定位系統都是廣義三角函數的應用。

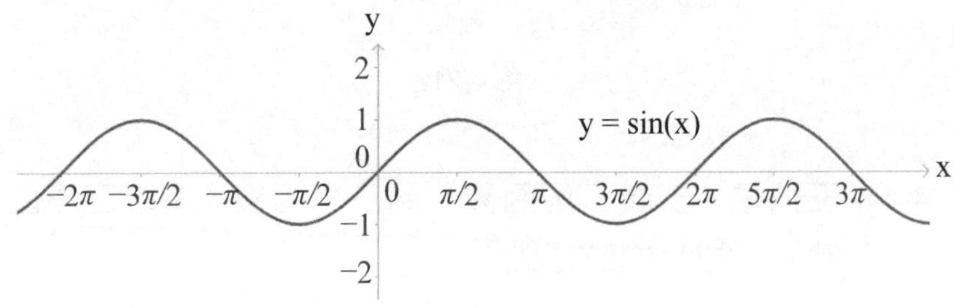

圖 4-213 週期函數（振動波形）y = sin$x$ 的圖形

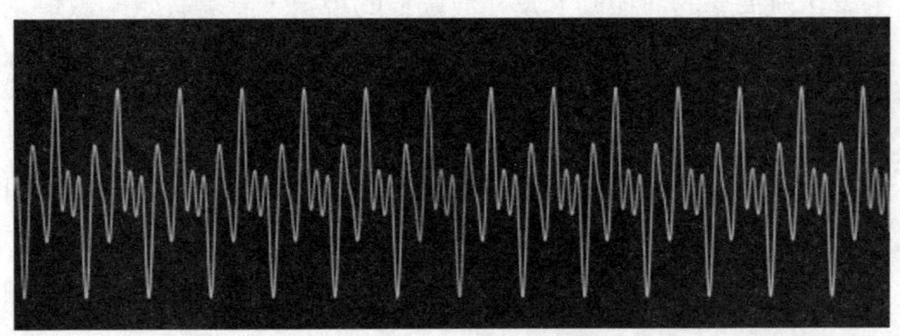

圖 4-214 典型週期函數，其波形看來比正弦波形 y = sin$x$ 複雜多了，因為是由多個三角函數組成的合成函數

・生活中的波形

爲什麼稱爲波形？因爲就如同水波、繩波一樣，上下震盪波動。如：漣漪，見圖 4-215。漣漪截面圖就是波形，而這波形近似 $y = \sin(x)$，見圖 4-213。

圖 4-215

其他生活上的波形：

1. 傳聲筒：小時候都玩過杯子傳聲筒，拉緊後就可以傳遞聲音，講話的時候可以看到繩子有振動，而那振動就是一種波形，只是傳的太快看不清楚，聲波的圖案就是三角函數的週期波，見圖 4-216。

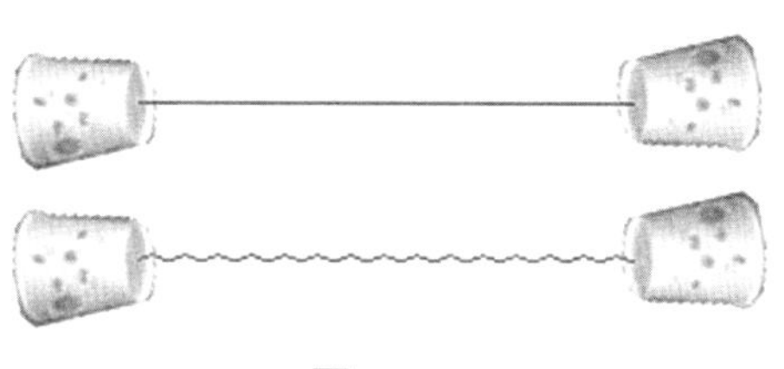

圖 4-216

2. 音階：而我們熟知的聲音 Do、Re、Mi，和弦的也是一種波形，見圖 4-217，Fa 與 C 和弦的波形。

※備註：音階是數學家畢達哥拉斯創立。

「數字是所有事物的本質」、「弦的振動中有幾何學，天體的運行中有音樂」。

——畢達哥拉斯（Pythagoras）

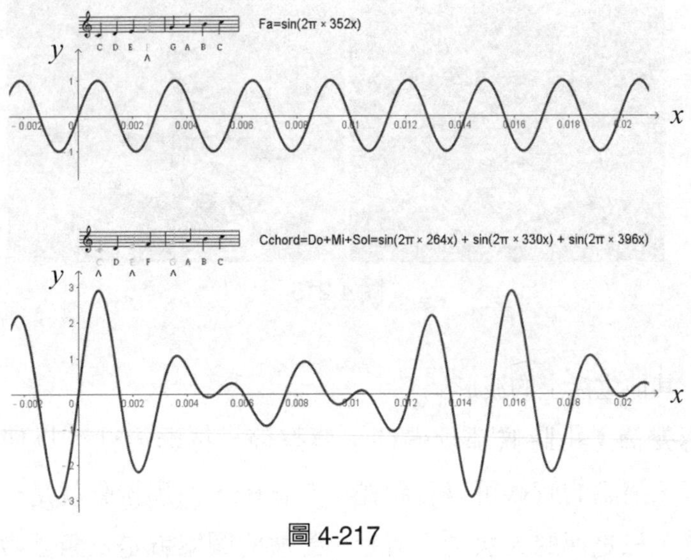

圖 4-217

3. **彈簧反彈時的伸長量，見圖** 4-218。

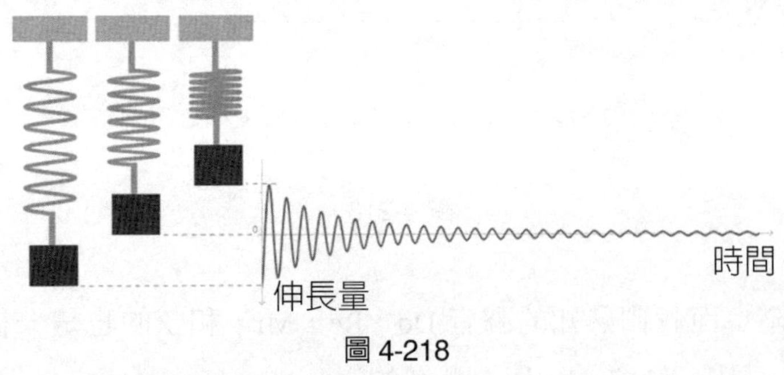

圖 4-218

4. **生活上的波形**

電話、網路：通訊的原理也是建立在三角函數上，將說話者的聲音紀錄成三角函數，傳到另一端，然後再次轉換成聲音輸出。電波、電子訊號也是如此，不過多了一個階段先送去衛星，再送到另一端。科技的發達可有效的傳遞得更清晰完整，並且降低雜訊。觀察訊號的波動。見圖 4-219 ～ 4-221。

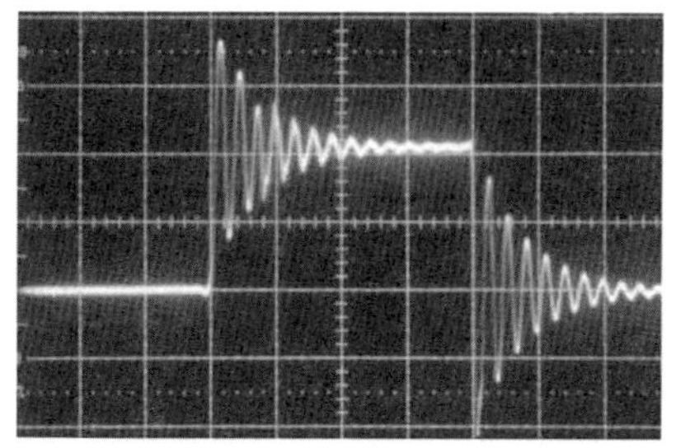

圖 4-219 電波

通訊的傳遞電波概念，就是接收電波的頻率，如收音機能調整頻率來接收電波。工程師從示波器觀察波形，而後用頻譜儀分析頻率的組成，最後得到三角函數組成的波形，再將此波形轉譯成聲音。

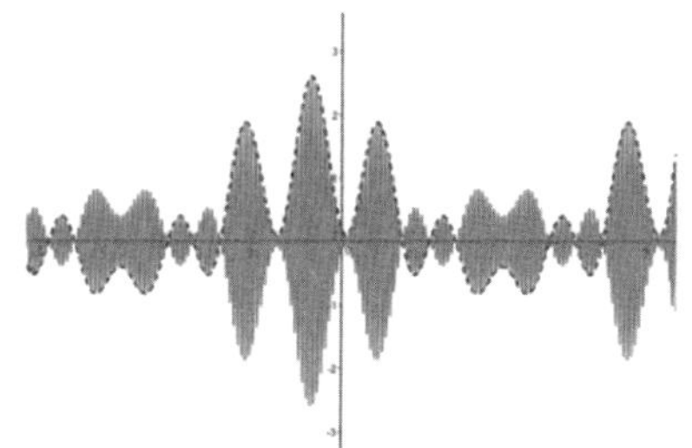

圖 4-220 典型的調幅（AM）訊號波形 $S_a(t) = (A + Ms(t))\sin(wt)$

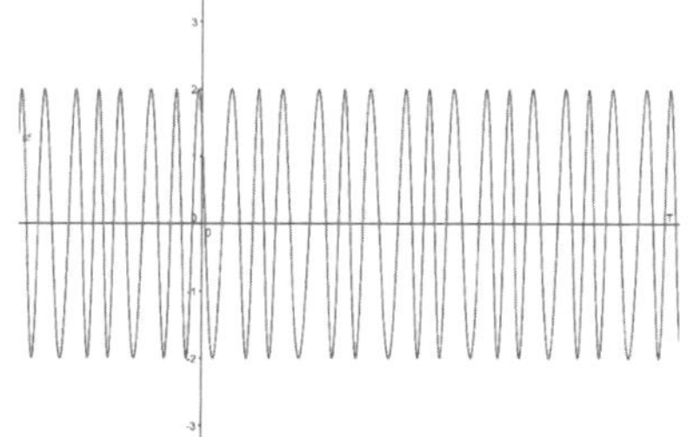

圖 4-221 典型的調幅（FM）訊號波形 $S_f(t) = A\sin(wt + IS(t))$

通訊的概念就是用三角函數來記錄電波，以及大量微積分運算和傅立葉轉換才能正確傳送與接收。同時因爲檔案過大，所以檔案需要壓縮；並且傳遞途中會產生一些雜訊，接收端需要想辦法除去雜訊，才能得到更清晰的聲音品質。檔案的數位化動作（壓縮與清晰）需要用到三角函數的微積分，所以說三角函數對現代通訊、及數位化非常重要。

4-4-5 波形與廣義三角函數

由前面的實例可知研究波形需要更有用的數學工具，但原本狹義三角函數是 0 到 90 度，而波形是無限延伸，所以有必要將角度範圍推廣到任意角度，也就是廣義三角函數。接著觀察 sin 的狹義三角函數如何推廣到廣義三角函數。

我們知道 sin 是 $\frac{對邊}{斜邊}=\frac{高}{斜邊}$，如果將其放在一個座標上的單位圓內，就可以將角度推廣到任意角度，見圖 4-222、4-223，要注意的是高度在平面座標上有負數。

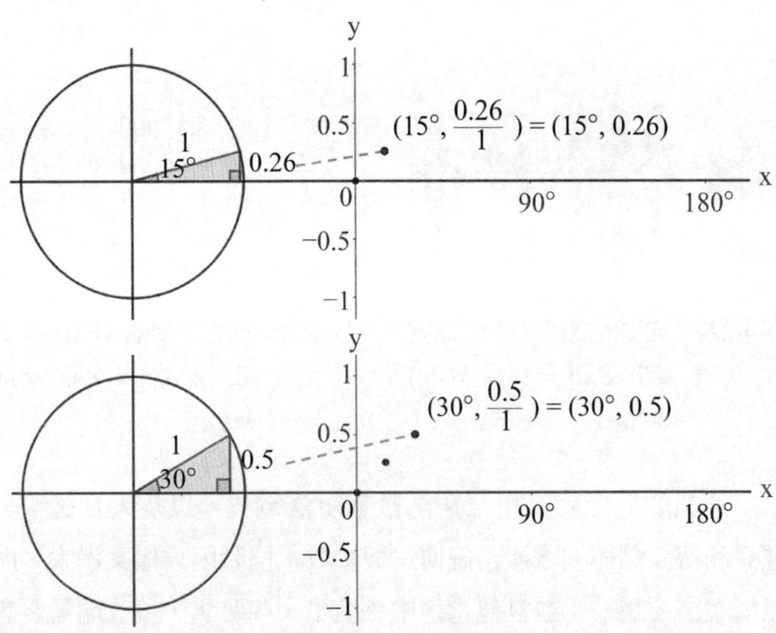

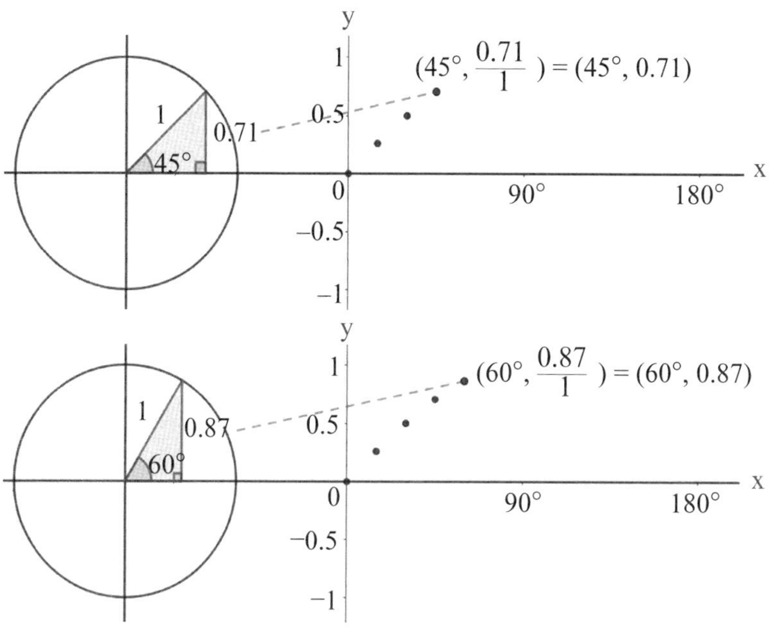
y
1
0.5
0
−0.5
−1
x
90°
180°
1
0.71
45°
$(45°, \frac{0.71}{1}) = (45°, 0.71)$
1
0.87
60°
$(60°, \frac{0.87}{1}) = (60°, 0.87)$

圖 4-222

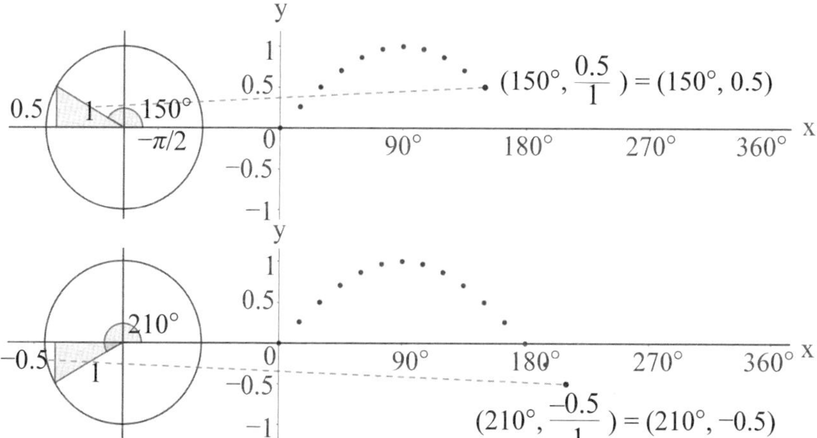
y
1
0.5
0
−0.5
−1
x
90°
180°
270°
360°
0.5
1
150°
−π/2
$(150°, \frac{0.5}{1}) = (150°, 0.5)$
210°
−0.5
1
$(210°, \frac{-0.5}{1}) = (210°, -0.5)$

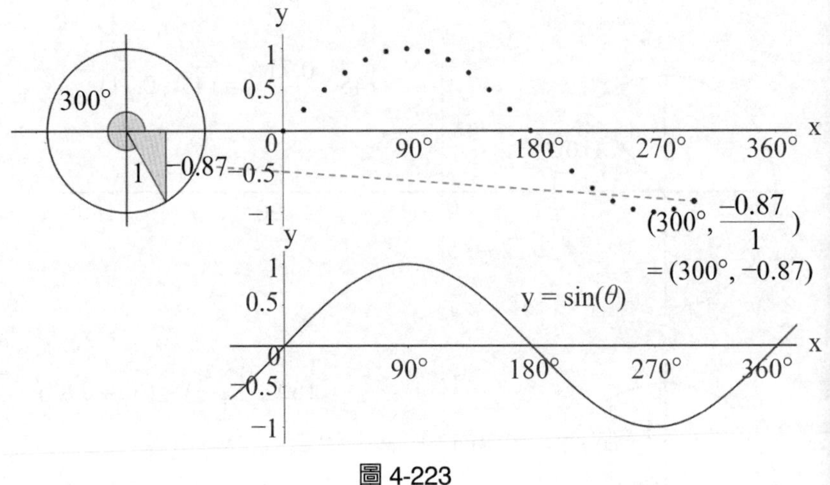

圖 4-223

廣義三角函數的波形繪製，θ 從 0 度增加到 360 度。**角度會因「小圈圈」不方便使用，如：30°，而改用「弧度角（實數）」表示，如：1，稍後解釋爲什麼使用弧度**。如此一來三角函數從直角三角形的「0 到 90 度」推廣到「0 到 360 度」，甚至是任意角度的函數，見圖 4-224。

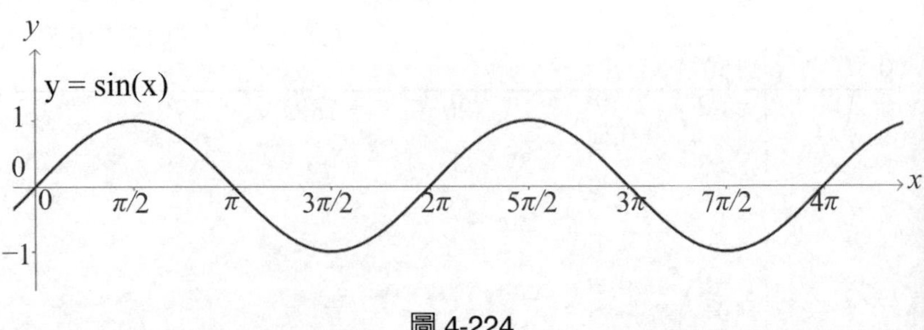

圖 4-224

再仔細觀察兩個圖形 $y = \sin(x)$ 與 $y = \cos(x)$ 的函數圖形，見圖 4-225，我們發現一個有趣的現象：如果將角度從 2π 繼續增加到 4π，則函數圖形也畫出完全相同的一段曲線，然後不斷重複。

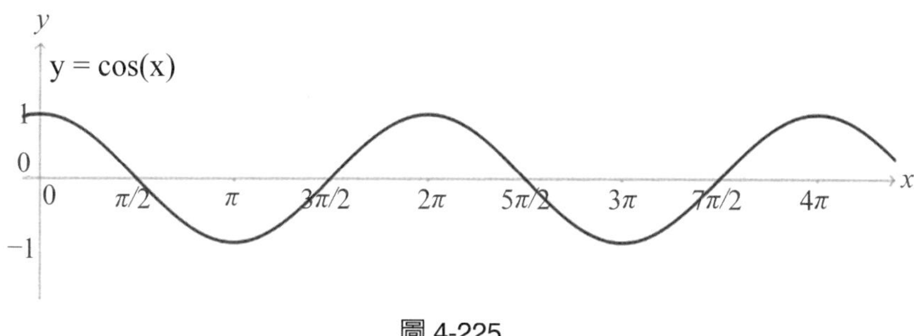

圖 4-225

所以可以看到三角函數，從 0 到 90 度推廣到任意角度，並以弧度表示，此時的三角函數才稱爲**廣義三角函數**，因爲此時三角函數才可在平面座標畫出函數圖形。並且發現會**週**而復始的重複，在一段**期**間內，故又稱**週期函數**（Periodic Function）；而三角函數有助分析其他科學，又稱**解析三角函數**（Analytic Trigonometric Function）。

★常見問題：$y = \sin(x)$ 與 $y = \sin(\theta)$ 的差別

自變數既然可以是任何實數，就不必要局限在 90 度內的角度。因爲依數學符號的慣例，希臘字 θ 代表角度，會讓人容易聯想是 90 度內的數字，而不是任意實數。並且我們在畫曲線是在以 x, y 爲兩軸的平面座標上，因此，擴展後的正弦函數我們用 $y = \sin(x)$ 表示，而 x 可以是任意實數（$x \in \mathbb{R}$），用 x 取代 θ 作爲自變數的符號可彰顯正弦函數已「跳脫」局限在三角形內的概念，其他的三角函數亦同。

有時侯，我們稱 $\sin(x)$，$\cos(x)$，$\tan(x)$ 等等爲「解析三角函數、廣義三角函數、週期函數」，以區別於傳統的狹義三角函數 $\sin(\theta)$，$\cos(\theta)$，$\tan(\theta)$。

事實上作者認爲應該以三角學及三角函數作區分，而非狹義

與廣義，因爲三角函數會有讓人認爲是可作圖在平面座標上，但三角學在希臘時期根本與平面座標無關，希臘時其根本沒有函數概念，僅只是一個查表後運算的學問。

觀察另外四個三角函數的曲線，見圖 4-226、4-227

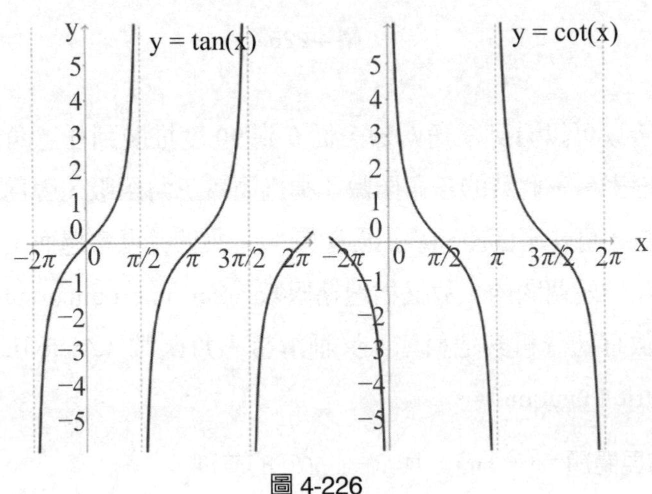

圖 4-226

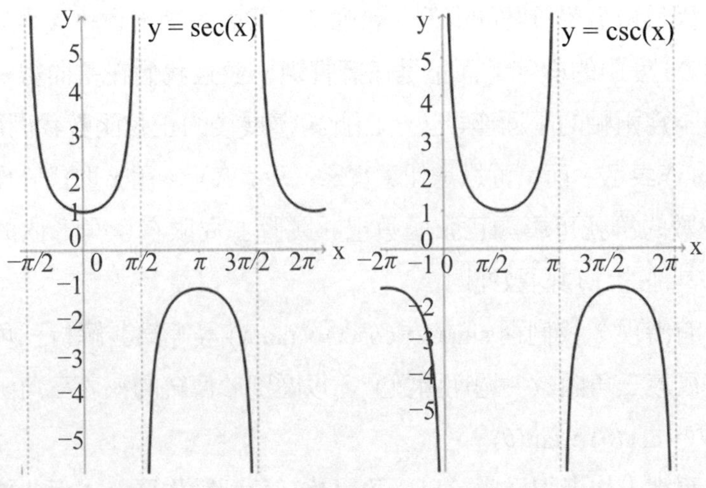

圖 4-227

4-4-6 角度與弧度的關係

角度與弧度是大多數高中生的常見問題在此來詳細說明。

· 弧度的起源

從希臘時期開始，夾角開口大小的度量單位是度（degree）（一個小圈圈），如：90°。這個用法一直用到十八世紀初期，才出現用單位圓的弧長來做新度量單位：弧度（radian），如：$90^{\circ}=\frac{\pi}{2}$，見圖 4-228。

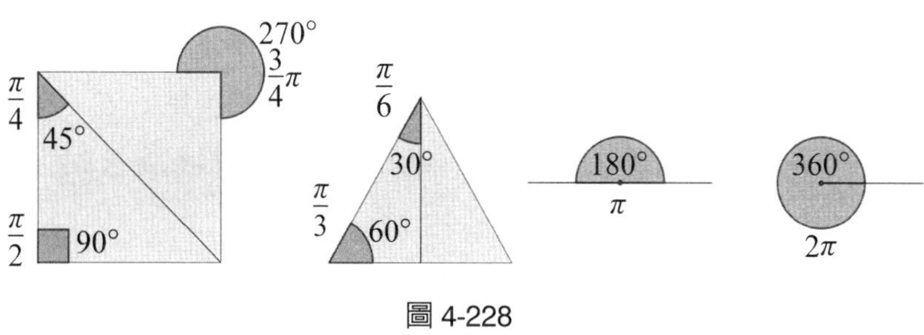

圖 4-228

在 1714 年英國數學家羅傑 · 寇茲（Roger Cotes）用弧度的概念而不是角度來處理夾角大小問題，他認爲弧度作爲夾角的度量單位是很方便的。

在 1748 年，歐拉在《無窮微量分析引論》中用半徑爲單位來量弧長，設半徑等於 1，$\frac{1}{4}$ 圓周長是 $\frac{\pi}{2}$，所對的 90 度圓心角的正弦值等於 1，可記作 $\sin(\frac{\pi}{2})=1$。但 radian 一詞沒有出現，只是直接使用實數作爲夾角大小。

在 1873 年愛爾蘭工程師湯普遜（James Thomson）於伯斯發特的女王學院，所出的試題中。弧度 radian 一詞第一次出現。而弧度（radian）是半徑（radius）與角（angle）的合成，意味著弧度與半徑與角有關，

最重要的是弧度是爲了討論函數的波形圖案才衍伸出來的定義，否則我們使用狹義三角函數（希臘的三角學）就已經足夠討論天文地理等內容。

・*爲什麼角度需要改成弧度*

原先角度是用來描述角的開口大小程度，但爲了區別圖案上的長度，所以加個小圈圈避免混淆，見圖 4-229。但使用小圈圈描述開口大小，其實在數學使用上有著種種不便，見下述

1. 對於書寫上，有時 15° 寫太潦草變成 150，小圈圈會被誤認爲是 0，也就是被當成是 150 度來計算。
2. 廣義三角函數的作圖，橫軸用角度不易觀察曲線變化。見圖 4-230：$y = \cos x$。

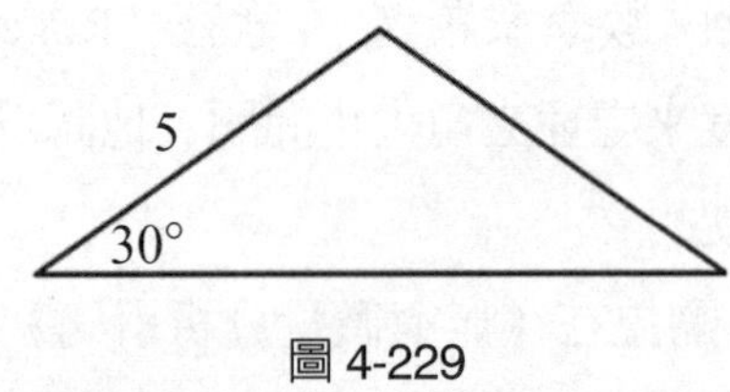

圖 4-229

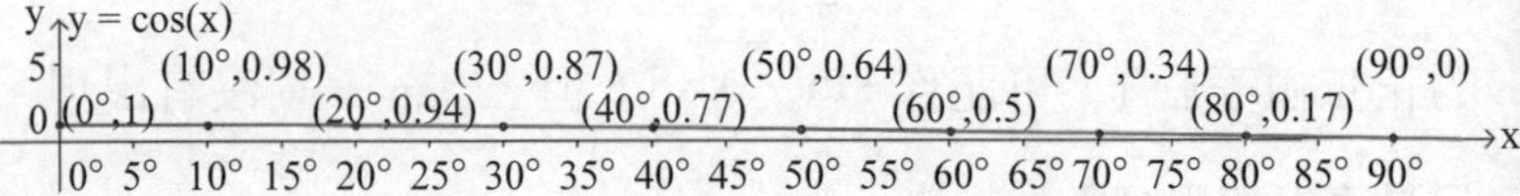

圖 4-230

3. 座標平面已習慣只看到數字，再看到一個角度的小圓圈，畫面會很亂。如果是 1 比 1° 的原始圖案將會更平坦沒有起伏，所以找一個關係式，**把角度換數字**，此數字的意義爲弧度（稍後說明內容），用弧度來代替角度來描述開口大小，使圖案方便觀察。觀察圖 4-231，角度與弧度的差異性。可以看到如果用弧度表示的話，可以讓圖案有明顯的變化。

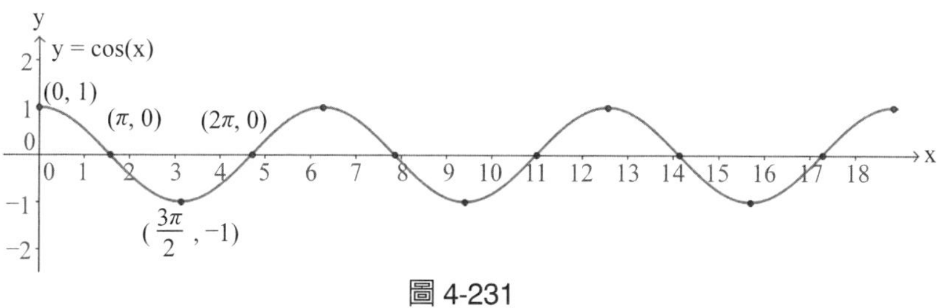

圖 4-231

4. 角度換弧度關係式是 $\pi = 180°$。角度換弧度的優點：
(1) 作圖變更清晰。(2) 使與 π 有關的公式變精簡，如：弧長數學式原本的角度寫法是 $s = \frac{x^{\circ}}{360^{\circ}}\pi r$，用弧度寫法是 $s = r\theta$，扇形面積數學式原本的角度寫法是 $A = \frac{x^{\circ}}{360^{\circ}}\pi r^2$，用弧度寫法是 $A = \frac{1}{2}r^2\theta$。

・爲什麼 180 度 $= \pi$

由先前討論的問題可知，開口大小有兩個寫法，用角度（小圈圈）表示，及用弧度（實數）表示。波形作圖若用小圈圈表示角度，在平面座標上，並不易觀察，所以要找到一個關係式，以數字來取代小圈圈的方式。此關係式用的是單位圓的圓周長是 2π，其對應角度是 $360°$，故定義「單位圓的弧長長度 $2\pi \equiv$

角度 360°，故單位圓的弧長長度 π ≡ 角度 180°」，**其意義是用單位圓的弧長的長度來代替角度描述開口大小，同時在單位圓上，弧度的數字等於弧長的數字**。

· 常見問題 1：圓周率等於 180 度？

大多數人會以爲圓周率這個比率等於 180 度。實際上，不是圓周率等於 180 度，而是「**單位圓的弧長長度** π ≡ **角度** 180 **度**」，弧度與角度是表達開口大小的兩個不同描述方式。只是當弧度數值是圓周率的數值時，等於夾角 180 度。

· 常見問題 2：量角器的製作要利用弧度的應用

在小學時我們常會有一個問題，量角器的角度是如何刻劃出來。我們可以直覺的理解切半圓，$\frac{1}{4}$ 圓，$\frac{1}{8}$ 圓，以此類推，所以不可能做出 1 度。

已知圓形切一半，兩邊半圓的弧長是一樣長，繼續分割爲 90 度其對應的 $\frac{1}{4}$ 圓周也都會是一樣長。也就是在同一個圓中，**角度相等時，其對應的弧長會一樣**，反之亦然，**弧長一樣時，角度相同**。利用此原理對圓形的角度作等分。

故在一個圓形繞上一圈繩子，把繩子拉直後標記 359 個等分點（360 份），再繞回去原本的圓形，就可以得到 1 度的角度。當把圖案取半圓並縮小就是量角器。

4-4-7 三角函數的數學式，以廣義三角函數討論

三角函數各數學式關係圖，見圖 4-232。接著逐一說明數學式內容。

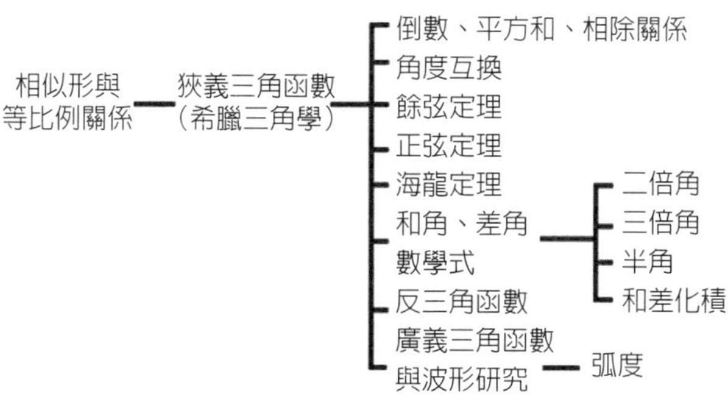

圖 4-232

・倒數關係

觀察圖 4-233 了解三角函數的關係，其中六邊形圖的對角線有倒數關係。

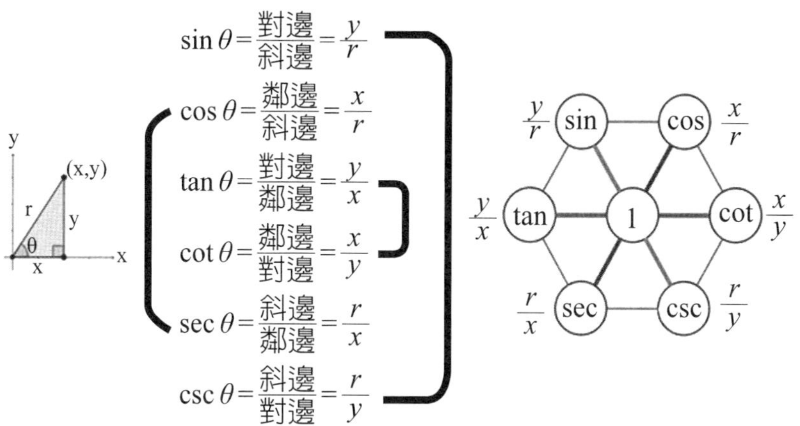

圖 4-233

· 平方關係

1. $\sin^2\theta + \cos^2\theta = 1^2$

2. $\tan^2\theta + 1^2 = \sec^2\theta$

3. $1^2 + \cot^2\theta = \csc^2\theta$

也可參考六邊形中的倒三角形記憶，見圖 4-234。

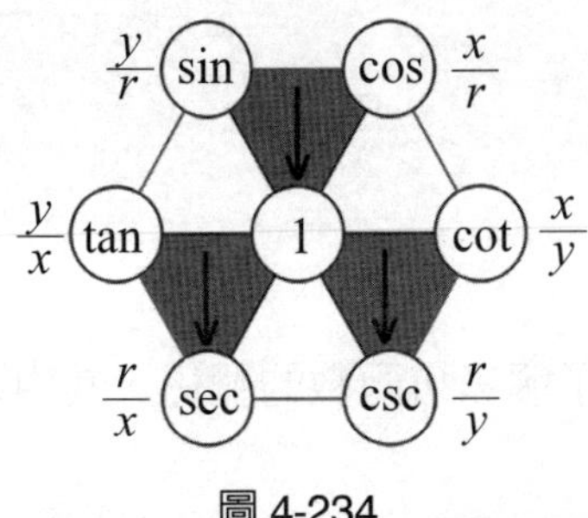

圖 4-234

數學式推導，利用畢氏定理 $x^2 + y^2 = r^2$，

1. $\sin^2\theta + \cos^2\theta = (\frac{y}{r})^2 + (\frac{x}{r})^2 = \frac{y^2}{r^2} + \frac{x^2}{r^2} = \frac{r^2}{r^2} = 1^2$

2. $\tan^2\theta + 1^2 = (\frac{y}{x})^2 + 1^2 = \frac{y^2}{x^2} + \frac{x^2}{x^2} = \frac{r^2}{x^2} = (\frac{r}{x})^2 = \sec^2\theta$

3. $1^2 + \cot^2\theta = 1^2 + (\frac{x}{y})^2 = \frac{y^2}{y^2} + \frac{x^2}{y^2} = \frac{r^2}{y^2} = (\frac{r}{y})^2 = \csc^2\theta$

· 相除關係

觀察圖 4-235 了解三角函數的關係。

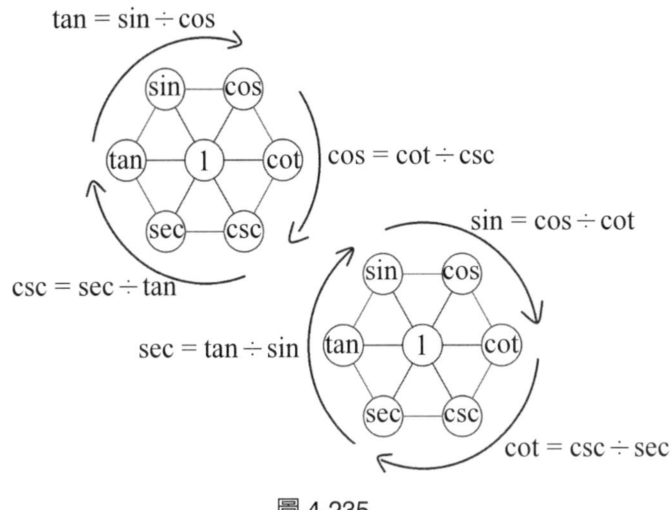

圖 4-235

數學式推導，利用定義：

$\sin\theta \div \cos\theta = \dfrac{y}{r} \div \dfrac{x}{r} = \dfrac{y}{x} = \tan\theta$	$\csc\theta \div \sec\theta = \dfrac{r}{y} \div \dfrac{r}{x} = \dfrac{x}{y} = \cot\theta$
$\cos\theta \div \cot\theta = \dfrac{x}{r} \div \dfrac{x}{y} = \dfrac{y}{r} = \sin\theta$	$\sec\theta \div \tan\theta = \dfrac{r}{x} \div \dfrac{y}{x} = \dfrac{r}{y} = \csc\theta$
$\cot\theta \div \csc\theta = \dfrac{x}{y} \div \dfrac{r}{y} = \dfrac{x}{r} = \cos\theta$	$\tan\theta \div \sin\theta = \dfrac{y}{x} \div \dfrac{y}{r} = \dfrac{r}{x} = \sec\theta$

・角度互換：補角、餘角、負角

討論負角、餘角、補角的三角函數將會一大張的表格內容，在此不做這樣的表格介紹，而是教如何用畫圖得到答案。學這套方法，比死背錯誤還要來的輕鬆。

例題 1：$\sin(-\theta) = ?$

首先我們先在平面座標畫上基礎的直角三角型，其長度是

a、b、c，都爲正數，見圖 4-236 左。而負角的圖案，見圖 4-236 右，**注意廣義三角函數是討論座標值，故存在負數，其中的 $-b$，指的是該點的 y 座標値**。而由圖可知 $\sin(-\theta)=\frac{-b}{c}=-\frac{b}{c}$，而 $\frac{b}{c}$ 在基礎的圖是 $\sin(\theta)$，故可知 $\sin(-\theta)=\frac{-b}{c}=-\frac{b}{c}=-\sin(\theta)$。

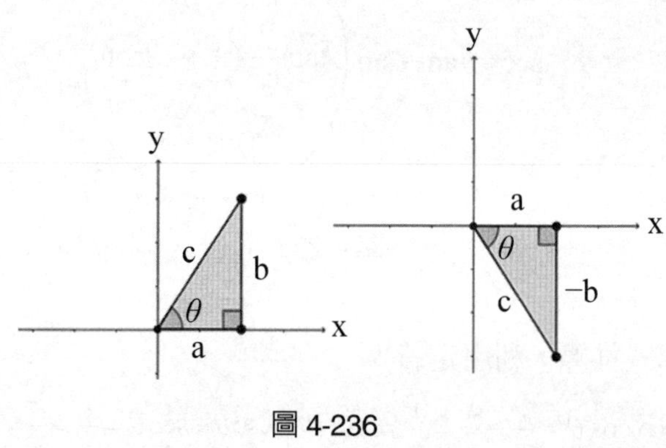

圖 4-236

例題 2：$\sin(\frac{\pi}{2}-\theta)=?$

首先我們先在平面座標畫上基礎的直角三角型，其長度是 a、b、c，都爲正數，見圖 4-237 左，而餘角的圖案，見圖 4-237 右。而利用圖可知 $\sin(\frac{\pi}{2}-\theta)=\frac{a}{c}$，而 $\frac{a}{c}$ 在基礎的圖是 $\cos(\theta)$，故可知 $\sin(\frac{\pi}{2}-\theta)=\frac{a}{c}=\cos(\theta)$。

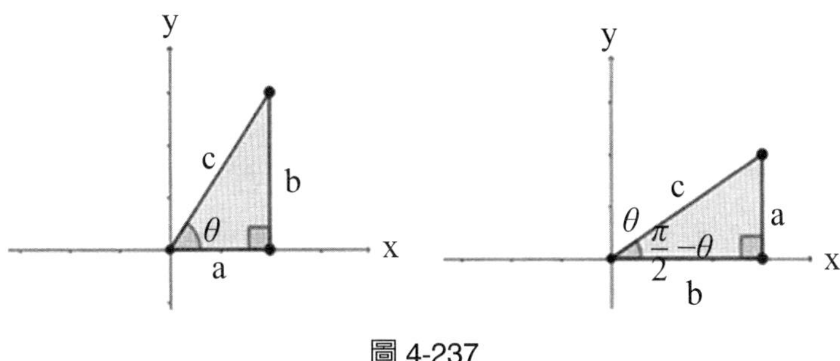

圖 4-237

例題 3：$\cos(\pi-\theta)=?$

首先我們先在平面座標畫上基礎的直角三角型，其長度是 a、b、c，都爲正數，見圖 4-238 左，而補角的圖案，見圖 4-238 右。而利用圖可知 $\cos(\pi-\theta)=\frac{-a}{c}=-\frac{a}{c}$，而 $\frac{a}{c}$ 在基礎的圖是 $\cos(\theta)$，故可知 $\cos(\pi-\theta)=\frac{-a}{c}=-\frac{a}{c}=-\cos(\theta)$。

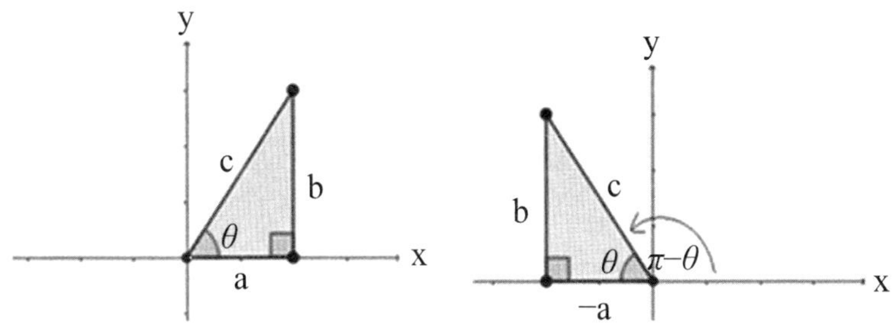

圖 4-238

・餘弦定理：三角函數中的餘弦函數與三角形，所延伸的定理：$\cos\theta=\frac{\text{鄰邊平方和}-\text{對邊平方}}{\text{鄰邊相乘}\times 2}$，參考圖 4-239。

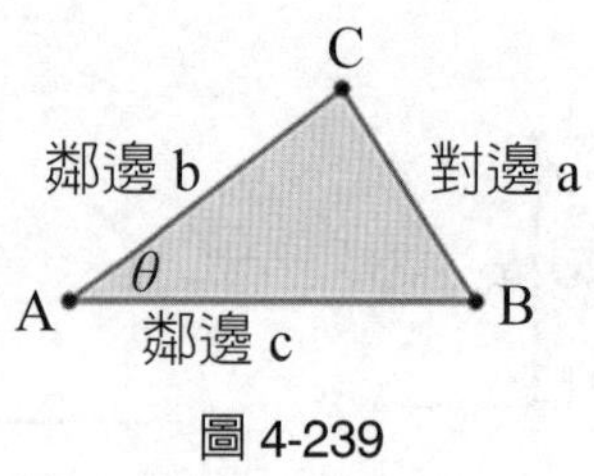

圖 4-239

利用畢氏定理推導**餘弦定理**：以 $\overline{AB}$ 爲底作高，再利用三角函數可知道左邊三角形的長度，及各線段的長度，見圖 4-240。

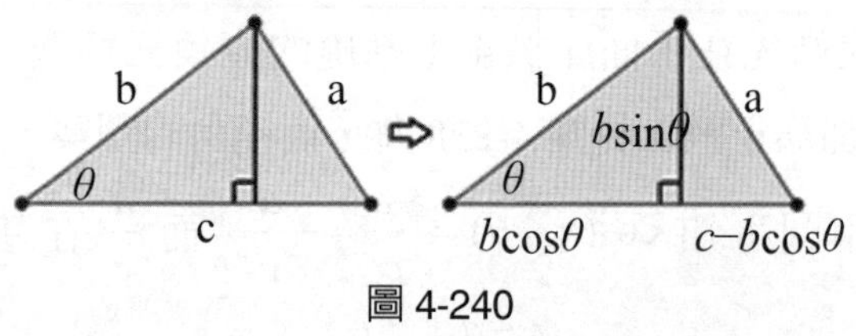

圖 4-240

而右邊三角形仍是直角三角形，故 $(b\sin\theta)^2+(c-b\cos\theta)^2=a^2$，展開化簡，

$$b^2\sin^2\theta+c^2-2bc\cos\theta+b^2\cos^2\theta=a^2$$

$$b^2\sin^2\theta+b^2\cos^2\theta+c^2-a^2=2bc\cos\theta$$

$$b^2\times(\sin^2\theta+\cos^2\theta)+c^2-a^2=2bc\cos\theta$$

$$b^2\times 1+c^2-a^2=2bc\cos\theta$$

$$\frac{b^2+c^2-a^2}{2bc}=\cos\theta$$

$$\text{故}\cos\theta=\frac{\text{鄰邊平方和}-\text{對邊平方}}{\text{鄰邊相乘}\times 2}$$

※備註 1：注意不要將餘弦定理記成三個數學式，甚至是六個數學式。

$\cos\angle A=\dfrac{b^2+c^2-a^2}{2bc}$、$2bc\times\cos\angle A=b^2+c^2-a^2$、

$\cos\angle B=\dfrac{a^2+c^2-b^2}{2ac}$、$2ac\cos\angle B=a^2+c^2-b^2$、

$\cos\angle C=\dfrac{a^2+b^2-c^2}{2ab}$、$2ab\cos\angle C=a^2+b^2-c^2$，

因為都是同一條內容：$\cos\theta=\dfrac{\text{鄰邊平方和}-\text{對邊平方}}{\text{鄰邊相乘}\times 2}$。

「數學的本質不是讓簡單的事情複雜化，而是使複雜的事情變得簡單。」

S. Gudder

※備註 2：畢氏定理是餘弦定理在 90 度的特例，見圖 4-241。

$$\cos\theta=\frac{\text{鄰邊平方和}-\text{對邊平方}}{\text{鄰邊相乘}\times 2}\Rightarrow\cos(90^\circ)=\frac{a^2+b^2-c^2}{2ab}$$

$$\Rightarrow 0=\frac{a^2+b^2-c^2}{2ab}\Rightarrow 0=a^2+b^2-c^2\Rightarrow c^2=a^2+b^2$$

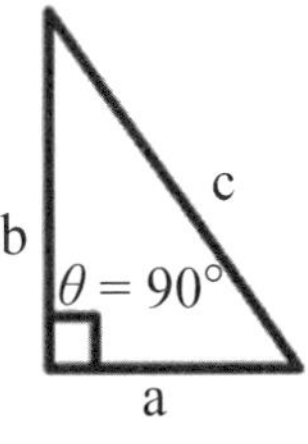

圖 4-241

・正弦定理：三角函數中的正弦函數與三角形，所延伸的定理：$2r=\dfrac{a}{\sin\angle A}=\dfrac{b}{\sin\angle B}=\dfrac{c}{\sin\angle C}$。

已知三角形可做出外接圓，而外心到三頂點距離相同，其距離是外接圓半徑，若令圓周角$\angle A = \theta$，則圓心角是2θ，見圖4-242。利用圓周角相等的觀念可改寫圖案，見圖4-243。

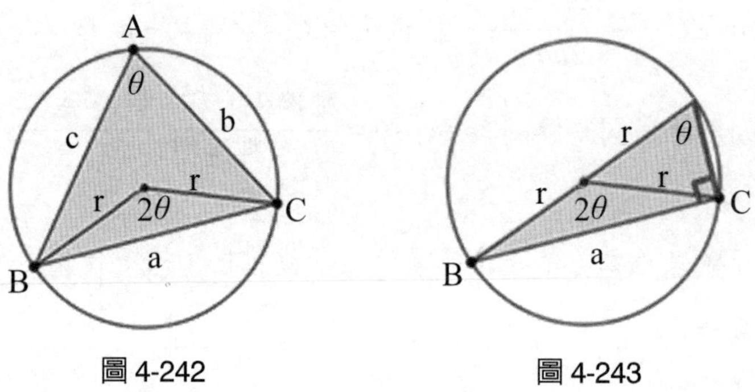

圖 4-242　　圖 4-243

故 $\sin\theta = \dfrac{a}{2r} \rightarrow \sin\angle A = \dfrac{a}{2r} \rightarrow 2r = \dfrac{a}{\sin\angle A}$，故同理可推 $2r = \dfrac{b}{\sin\angle B}$、$2r = \dfrac{c}{\sin\angle C}$，還可將其連結起來，$2r = \dfrac{a}{\sin\angle A} = \dfrac{b}{\sin\angle B} = \dfrac{c}{\sin\angle C}$。

※備註：利用餘弦定理與二倍角數學式推導正弦定理，見圖4-244。

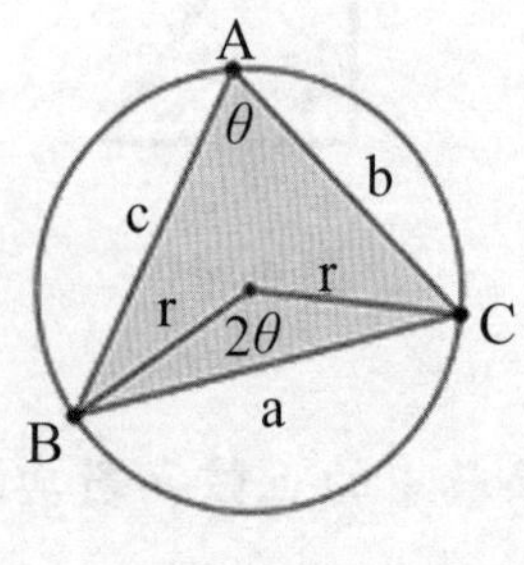

圖 4-244

$$\cos(2\theta)=\frac{r^2+r^2-a^2}{2\times r\times r}=\frac{2r^2}{2r^2}-\frac{a^2}{2r^2}=1-\frac{a^2}{2r^2}\cdots(1)$$，

$\cos(2\theta)=1-2\sin^2\theta\cdots(2)$，將 (2) 代入 1，可知

$$1-2\sin^2\theta=1-\frac{a^2}{2r^2}\rightarrow 2\sin^2\theta=\frac{a^2}{2r^2}\rightarrow 4r^2=\frac{a^2}{\sin^2\theta}$$

$$\rightarrow 2r=\frac{a}{\sin\theta}=\frac{a}{\sin\angle A}$$

故同理可推 $2r=\frac{b}{\sin\angle B}$、$2r=\frac{c}{\sin\angle C}$，還可將其連結起來，

$$2r=\frac{a}{\sin\angle A}=\frac{b}{\sin\angle B}=\frac{c}{\sin\angle C}$$。

· 海龍公式：由海龍（Heron）所發現的公式，只用邊長計算三角形面積。

面積 = $\sqrt{s(s-a)(s-b)(s-c)}$ ，$s=\frac{a+b+c}{2}$，見圖 4-245。

已知三角形的面積是 $\frac{底\times高}{2}$，也就是 $\frac{c\times b\sin\theta}{2}$，見圖 4-246。

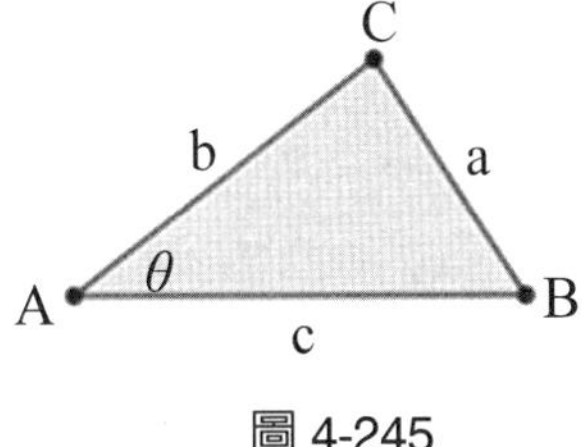

圖 4-245

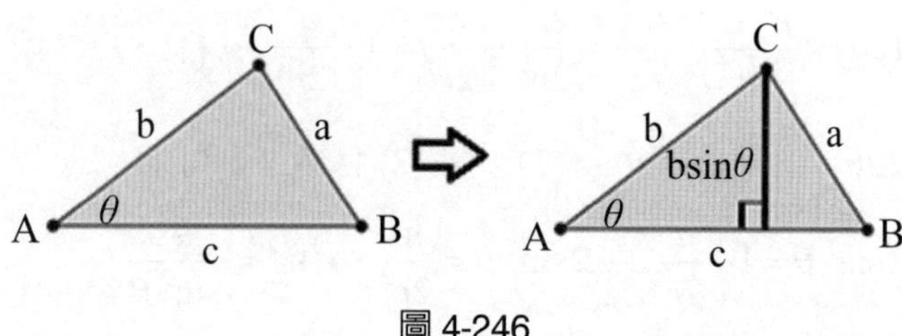

圖 4-246

而 $\sin\theta$ 要利用到平方和數學式 $\sin^2\theta + \cos^2\theta = 1^2$ 與餘弦定理 $\cos\theta = \frac{b^2+c^2-a^2}{2bc}$，故 $\sin^2\theta + \cos^2\theta = 1^2 \rightarrow \sin\theta = \sqrt{1-\cos^2\theta}$ $= \sqrt{1-(\frac{b^2+c^2-a^2}{2bc})^2}$，所以三角形面積可改寫為 $\frac{c \times b\sin\theta}{2} = \frac{bc}{2} \times \sqrt{1-(\frac{b^2+c^2-a^2}{2bc})^2}$，化簡請見下述

$$面積 = \sqrt{(\frac{bc}{2})^2 - (\frac{bc}{2})^2 \times (\frac{b^2+c^2-a^2}{2bc})^2} = \sqrt{(\frac{bc}{2})^2 - (\frac{b^2+c^2-a^2}{4})^2}$$

$$= \sqrt{(\frac{bc}{2} + \frac{b^2+c^2-a^2}{4}) \times (\frac{bc}{2} - \frac{b^2+c^2-a^2}{4})}$$

$$= \sqrt{(\frac{2bc+b^2+c^2-a^2}{4}) \times (\frac{2bc-b^2-c^2+a^2}{4})}$$

$$= \sqrt{\frac{(b+c)^2-a^2}{4} \times \frac{-(b-c)^2+a^2}{4}} = \sqrt{\frac{(b+c)^2-a^2}{4} \times \frac{a^2-(b-c)^2}{4}}$$

$$= \sqrt{\frac{(b+c+a)(b+c-a)}{4} \times \frac{(a+(b-c))(a-(b-c))}{4}}$$

$$= \sqrt{\frac{(a+b+c)}{2} \times \frac{(-a+b+c)}{2} \times \frac{(a-b+c)}{2} \times \frac{(a+b-c)}{2}}$$

令半周長 $s=\dfrac{a+b+c}{2}$，可得到面積 $=\sqrt{s(s-a)(s-b)(s-c)}$。

※備註：海龍公式不一定非要用三角函數推導，也可用畢氏定理推導。

已知三角形的面積是 $\dfrac{底\times高}{2}$，也就是 $\dfrac{c\times h}{2}$，見圖 4-247。

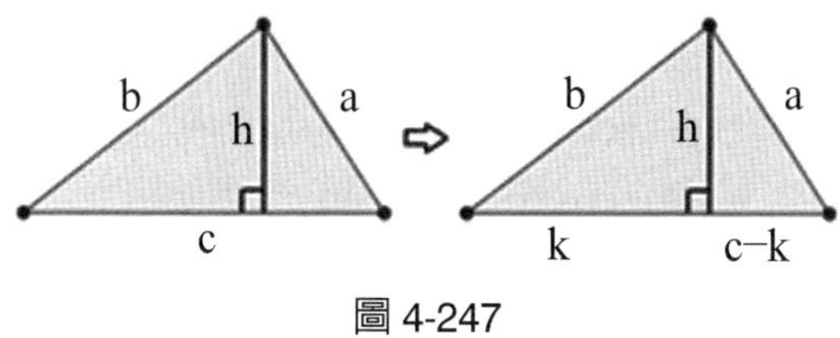

圖 4-247

用畢氏定理求出 h，左邊三角形可知 $h^2+k^2=b^2$，右邊三角形可知 $h^2+(c-k)^2=a^2$

故 $\begin{cases}h^2+k^2=b^2\\h^2+(c-k)^2=a^2\end{cases}\rightarrow\begin{cases}h^2=b^2-k^2\\h^2=a^2-(c-k)^2\end{cases}\rightarrow b^2-k^2=a^2-(c-k)^2$

$$\rightarrow b^2-k^2=a^2-c^2+2ck-k^2\rightarrow b^2=a^2-c^2+2ck\rightarrow\frac{b^2-a^2+c^2}{2c}=k$$

則 $h^2+k^2=b^2\rightarrow h=\sqrt{b^2-k^2}=\sqrt{b^2-(\dfrac{b^2-a^2+c^2}{2c})^2}$

所以面積為 $\dfrac{c\times h}{2}=\dfrac{c}{2}\times\sqrt{b^2-(\dfrac{b^2-a^2+c^2}{2c})^2}=\sqrt{(\dfrac{bc}{2})^2-(\dfrac{c}{2})^2\times(\dfrac{b^2-a^2+c^2}{2c})^2}$

$=\sqrt{(\dfrac{bc}{2})^2-(\dfrac{b^2-a^2+c^2}{4})^2}$，繼續推導可得到

面積 $=\sqrt{s(s-a)(s-b)(s-c)}$，$s=\dfrac{a+b+c}{2}$。

※備註：海龍公式在中國也有類似的數學式，中國南宋時的秦九韶公式，記錄在九章算術。

·和角、差角數學式

和角、差角數學式是三角函數中重要的數學式，可用傳統幾何證明，也可用解析幾何證明（利用平面座標系），在此不做解析幾何的介紹，有興趣的人可以參考現行課本。

$$\cos(\alpha+\beta)=\cos\alpha\cos\beta-\sin\alpha\sin\beta$$
$$\cos(\alpha-\beta)=\cos\alpha\cos\beta+\sin\alpha\sin\beta$$
$$\sin(\alpha+\beta)=\sin\alpha\cos\beta+\cos\alpha\sin\beta$$
$$\sin(\alpha-\beta)=\sin\alpha\cos\beta-\cos\alpha\sin\beta$$

◎**推導** $\cos(\alpha+\beta)=\cos\alpha\cos\beta-\sin\alpha\sin\beta$

先參考圖 4-248，並利用三角函數標記各線段的長度。

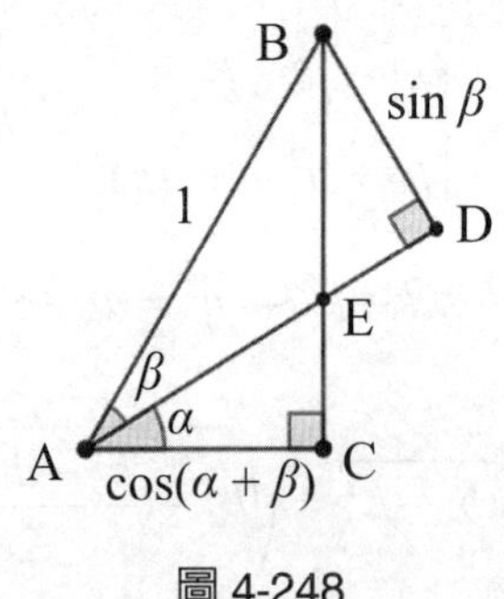

圖 4-248

可觀察出對頂角相等、直角，故右上方的角度爲 α，再切除不要的線條，用三角函數標記各線段長度，見圖 4-249。

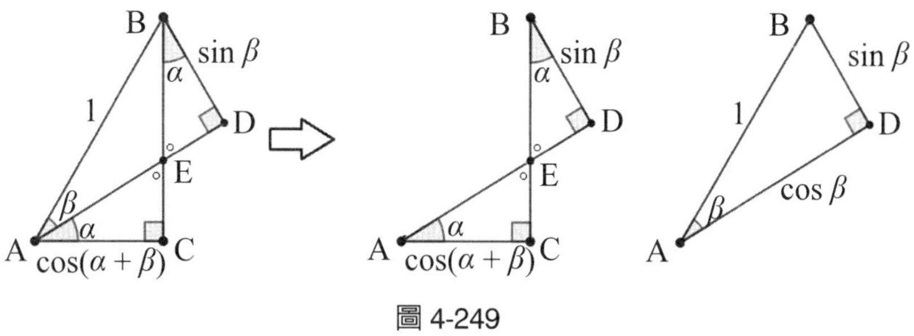

圖 4-249

由圖可知 $\overline{AE}+\overline{ED}=\overline{AD}\cdots(1)$，

而 $\dfrac{\overline{AC}}{\overline{AE}}=\cos\alpha \rightarrow \overline{AE}=\dfrac{\overline{AC}}{\cos\alpha}=\dfrac{\cos(\alpha+\beta)}{\cos\alpha}\cdots(2)$，

及 $\dfrac{\overline{ED}}{\overline{BD}}=\tan\alpha \rightarrow \overline{ED}=\overline{BD}\tan\alpha=\sin\beta\tan\alpha=\dfrac{\sin\beta\sin\alpha}{\cos\alpha}\cdots(3)$，

將 (2) 與 (3) 代入 (1)，可得到 $\dfrac{\cos(\alpha+\beta)}{\cos\alpha}+\dfrac{\sin\beta\sin\alpha}{\cos\alpha}=\cos\beta$，化簡得到餘弦的和角數學式。

$\cos(\alpha+\beta)+\sin\alpha\sin\beta=\cos\alpha\cos\beta$

$\cos(\alpha+\beta)=\cos\alpha\cos\beta-\sin\alpha\sin\beta$

◎**推導** $\cos(\alpha-\beta)=\cos\alpha\cos\beta+\sin\alpha\sin\beta$

已知 $\cos(\alpha+\beta)=\cos\alpha\cos\beta-\sin\alpha\sin\beta$

令 $\beta=-\gamma$，可得 $\cos(\alpha+(-\gamma))=\cos\alpha\cos(-\gamma)-\sin\alpha\sin(-\gamma)$

由角度變換可知 $\cos(\alpha-\gamma)=\cos\alpha\cos\gamma-\sin\alpha\sin\gamma$

而 α、β、γ 都是任意角度，習慣用 α、β，

故可得到 $\cos(\alpha-\beta)=\cos\alpha\cos\beta+\sin\alpha\sin\beta$。得到餘弦的差角數學式。

◎**推導** $\sin(\alpha+\beta)=\sin\alpha\cos\beta+\cos\alpha\sin\beta$

先參考圖 4-250，並利用三角函數標記各線段的長度。

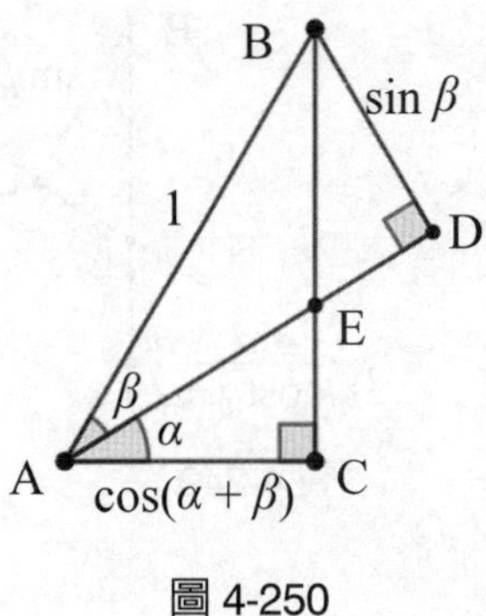

圖 4-250

可觀察出對頂角相等、直角，故右上方的角度為 α，再切除不要的線條，用三角函數標記各線段長度，見圖 4-251。

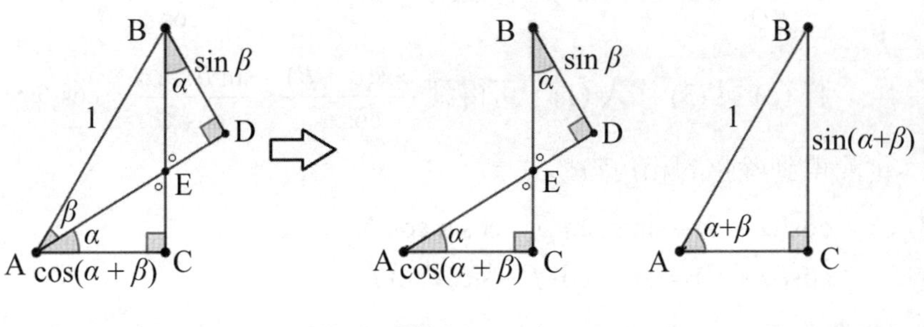

圖 4-251

由圖可知 $\overline{BE}+\overline{EC}=\overline{BC}\cdots(1)$，

而 $\dfrac{\overline{BD}}{\overline{BE}}=\cos\alpha \to \overline{BE}=\dfrac{\overline{BD}}{\cos\alpha}=\dfrac{\sin\beta}{\cos\alpha}\cdots(2)$，

及 $\dfrac{\overline{EC}}{\overline{AC}}=\tan\alpha \to \overline{EC}=\overline{AC}\tan\alpha=\cos(\alpha+\beta)\tan\alpha$

$$=\frac{\cos(\alpha+\beta)\sin\alpha}{\cos\alpha}\cdots(3)$$，

將 (2) 與 (3) 代入 (1)，可得到 $\frac{\sin\beta}{\cos\alpha}+\frac{\cos(\alpha+\beta)\sin\alpha}{\cos\alpha}=\sin(\alpha+\beta)$

化簡請參考下述 $\sin(\alpha+\beta)=\frac{\sin\beta+\cos(\alpha+\beta)\sin\alpha}{\cos\alpha}$，已知 $\cos(\alpha+\beta)=\cos\alpha\cos\beta-\sin\alpha\sin\beta$，

所以可得到 $\sin(\alpha+\beta)=\frac{\sin\beta+[\cos\alpha\cos\beta-\sin\alpha\sin\beta]\times\sin\alpha}{\cos\alpha}$

$=\frac{\sin\beta+\cos\alpha\cos\beta\sin\alpha-\sin^2\alpha\sin\beta}{\cos\alpha}$

$=\frac{\cos\alpha\cos\beta\sin\alpha+(1-\sin^2\alpha)\sin\beta}{\cos\alpha}$

$=\frac{\cos\alpha\cos\beta\sin\alpha+(\cos^2\alpha)\sin\beta}{\cos\alpha}=\cos\beta\sin\alpha+\cos\alpha\sin\beta$

故 $\sin(\alpha+\beta)=\cos\beta\sin\alpha+\cos\alpha\sin\beta=\sin\alpha\cos\beta+\cos\alpha\sin\beta$，

得到正弦的和角數學式。

◎**推導** $\sin(\alpha-\beta)=\sin\alpha\cos\beta-\cos\alpha\sin\beta$

已知 $\sin(\alpha+\beta)=\sin\alpha\cos\beta+\cos\alpha\sin\beta$

令 $\beta=-\gamma$，可得 $\sin(\alpha+(-\gamma))=\sin\alpha\cos(-\gamma)+\cos\alpha\sin(-\gamma)$

由角度變換可知 $\sin(\alpha-\gamma)=\sin\alpha\cos\gamma-\cos\alpha\sin\gamma$

而 α、β、γ 都是任意角度，習慣用 α、β，

故可得到 $\sin(\alpha-\beta)=\sin\alpha\cos\beta-\cos\alpha\sin\beta$。

※怎麼記憶和角、差角數學式？

$\cos(\alpha+\beta)=\cos\alpha\cos\beta-\sin\alpha\sin\beta$

$\cos(\alpha-\beta)=\cos\alpha\cos\beta+\sin\alpha\sin\beta$

$\sin(\alpha+\beta)=\sin\alpha\cos\beta+\cos\alpha\sin\beta$

$\sin(\alpha-\beta)=\sin\alpha\cos\beta-\cos\alpha\sin\beta$

等號右邊的角度依序是，α、β、α、β；

cos 合角或差角，等號右邊一定是 cos、cos、sin、sin；

sin 合角或差角，等號右邊一定是 sin、cos、cos、sin；

cos 合角或差角，等號兩邊的加減符號必定相反。

sin 合角或差角，等號兩邊的加減符號必定相同。

・二倍角：$\cos(2\theta) = \cos^2\theta - \sin^2\theta = 2\cos^2\theta - 1 = 1 - 2\sin^2\theta$、$\sin(2\theta) = 2\sin\theta\cos\theta$

◎**推導**：$\cos(2\theta) = \cos^2\theta - \sin^2\theta = 2\cos^2\theta - 1 = 1 - 2\sin^2\theta$

$\cos(\alpha+\beta) = \cos\alpha\cos\beta - \sin\alpha\sin\beta \to \cos(\theta+\theta) = \cos\theta\cos\theta - \sin\theta\sin\theta$

$\to \cos(2\theta) = \cos^2\theta - \sin^2\theta = (1-\sin^2\theta) - \sin^2\theta = 1 - 2\sin^2\theta$

$\Rightarrow \cos(2\theta) = \cos^2\theta - \sin^2\theta = \cos^2\theta - (1-\cos^2\theta) = 2\cos^2\theta - 1$

◎**推導** $\sin(2\theta) = 2\sin\theta\cos\theta$

$\sin(\alpha+\beta) = \sin\alpha\cos\beta + \cos\alpha\sin\beta$

$\to \sin(\theta+\theta) = \sin\theta\cos\theta + \cos\theta\sin\theta$

$\to \sin(2\theta) = 2\sin\theta\cos\theta$

・三倍角：$\sin 3\theta = 3\sin\theta - 4\sin^3\theta$、$\cos 3\theta = 4\cos^3\theta - 3\cos\theta$

◎**推導** $\sin 3\theta = 3\sin\theta - 4\sin^3\theta$

$\sin(\alpha+\beta) = \sin\alpha\cos\beta + \cos\alpha\sin\beta$

$\to \sin(2\theta+\theta) = \sin 2\theta\cos\theta + \cos 2\theta\sin\theta$

$\to \sin(3\theta) = (2\sin\theta\cos\theta)\times\cos\theta + (1-2\sin^2\theta)\times\sin\theta$

$\to \sin(3\theta) = 2\sin\theta\cos^2\theta + (1-2\sin^2\theta)\times\sin\theta$

$\to \sin(3\theta) = 2\sin\theta\times(1-\sin^2\theta) + (1-2\sin^2\theta)\times\sin\theta$

$\to \sin(3\theta) = 2\sin\theta - 2\sin^3\theta + \sin\theta - 2\sin^3\theta$

$\to \sin(3\theta) = 3\sin\theta - 4\sin^3\theta$

◎**推導** $\cos 3\theta = 4\cos^3\theta - 3\cos\theta$

$\cos(\alpha+\beta)=\cos\alpha\cos\beta-\sin\alpha\sin\beta$

$\to \cos(2\theta+\theta)=\cos 2\theta\cos\theta-\sin 2\theta\sin\theta$

$\to \cos(3\theta)=(2\cos^2\theta-1)\times\cos\theta-2\sin\theta\cos\theta\sin\theta$

$\to \cos(3\theta)=(2\cos^2\theta-1)\times\cos\theta-2\sin^2\theta\cos\theta$

$\to \cos(3\theta)=(2\cos^2\theta-1)\times\cos\theta-2\times(1-\cos^2\theta)\times\cos\theta$

$\to \cos(3\theta)=2\cos^3\theta-\cos\theta-2\cos\theta+2\cos^3\theta$

$\to \cos 3\theta=4\cos^3\theta-3\cos\theta$

・半角：$\cos\frac{\theta}{2}=\pm\sqrt{\frac{1+\cos\theta}{2}}$、$\sin\frac{\theta}{2}=\pm\sqrt{\frac{1-\cos\theta}{2}}$

◎**推導** $\cos\frac{\theta}{2}=\pm\sqrt{\frac{1+\cos\theta}{2}}$

$\cos(2\alpha)=2\cos^2\alpha-1$

$\cos(2\alpha)+1=2\cos^2\alpha$

$\frac{\cos(2\alpha)+1}{2}=\cos^2\alpha$

$\pm\sqrt{\frac{\cos(2\alpha)+1}{2}}=\cos\alpha$

令$\alpha=\frac{\theta}{2}$,

可得到$\cos\frac{\theta}{2}=\pm\sqrt{\frac{1+\cos\theta}{2}}$

◎**推導** $\sin\frac{\theta}{2}=\pm\sqrt{\frac{1-\cos\theta}{2}}$

$\cos^2\frac{\theta}{2}+\sin^2\frac{\theta}{2}=1$

$\sqrt{\frac{1+\cos\theta}{2}}^{\,2}+\sin^2\frac{\theta}{2}=1$

$\frac{1+\cos\theta}{2}+\sin^2\frac{\theta}{2}=1$

$\sin^2\frac{\theta}{2}=1-\frac{1+\cos\theta}{2}$

$\sin^2\frac{\theta}{2}=\frac{1-\cos\theta}{2}$

$\sin\frac{\theta}{2}=\pm\sqrt{\frac{1-\cos\theta}{2}}$

・tan 和角、倍角、差角：

$$\tan(\alpha+\beta)=\frac{\tan\alpha+\tan\beta}{1-\tan\alpha\tan\beta}、\tan 2\theta=\frac{2\tan\theta}{1-\tan^2\theta}、$$

$$\tan(\alpha-\beta)=\frac{\tan\alpha-\tan\beta}{1+\tan\alpha\tan\beta}$$

◎推導

$$\tan(\alpha+\beta)=\frac{\sin(\alpha+\beta)}{\cos(\alpha+\beta)}=\frac{\sin\alpha\cos\beta+\cos\alpha\sin\beta}{\cos\alpha\cos\beta-\sin\alpha\sin\beta}=\frac{\dfrac{\sin\alpha\cos\beta+\cos\alpha\sin\beta}{\cos\alpha\cos\beta}}{\dfrac{\cos\alpha\cos\beta-\sin\alpha\sin\beta}{\cos\alpha\cos\beta}}$$

$$=\frac{\dfrac{\sin\alpha\cos\beta}{\cos\alpha\cos\beta}+\dfrac{\cos\alpha\sin\beta}{\cos\alpha\cos\beta}}{\dfrac{\cos\alpha\cos\beta}{\cos\alpha\cos\beta}-\dfrac{\sin\alpha\sin\beta}{\cos\alpha\cos\beta}}=\frac{\dfrac{\sin\alpha}{\cos\alpha}+\dfrac{\sin\beta}{\cos\beta}}{1-\dfrac{\sin\alpha}{\cos\alpha}\times\dfrac{\sin\beta}{\cos\beta}}=\frac{\tan\alpha+\tan\beta}{1-\tan\alpha\tan\beta}$$

◎推導 $\tan 2\theta=\dfrac{2\tan\theta}{1-\tan^2\theta}$

$$\tan(\alpha+\beta)=\frac{\tan\alpha+\tan\beta}{1-\tan\alpha\tan\beta}\rightarrow\tan(\theta+\theta)=\frac{\tan\theta+\tan\theta}{1-\tan\theta\tan\theta}\rightarrow\tan 2\theta=\frac{2\tan\theta}{1-\tan^2\theta}$$

◎推導 $\tan(\alpha-\beta)=\dfrac{\tan\alpha-\tan\beta}{1+\tan\alpha\tan\beta}$

$$\tan(\alpha-\beta)=\frac{\sin(\alpha-\beta)}{\cos(\alpha-\beta)}=\frac{\sin\alpha\cos\beta-\cos\alpha\sin\beta}{\cos\alpha\cos\beta+\sin\alpha\sin\beta}=\frac{\dfrac{\sin\alpha\cos\beta-\cos\alpha\sin\beta}{\cos\alpha\cos\beta}}{\dfrac{\cos\alpha\cos\beta+\sin\alpha\sin\beta}{\cos\alpha\cos\beta}}$$

$$=\frac{\dfrac{\sin\alpha\cos\beta}{\cos\alpha\cos\beta}-\dfrac{\cos\alpha\sin\beta}{\cos\alpha\cos\beta}}{\dfrac{\cos\alpha\cos\beta}{\cos\alpha\cos\beta}+\dfrac{\sin\alpha\sin\beta}{\cos\alpha\cos\beta}}=\frac{\dfrac{\sin\alpha}{\cos\alpha}-\dfrac{\sin\beta}{\cos\beta}}{1+\dfrac{\sin\alpha}{\cos\alpha}\times\dfrac{\sin\beta}{\cos\beta}}=\frac{\tan\alpha-\tan\beta}{1+\tan\alpha\tan\beta}$$

・和差化積：兩個三角函數的加（和）或減（差），換成三角函數相乘（積）。

$$\cos\alpha+\cos\beta=2\cos(\frac{\alpha+\beta}{2})\cos(\frac{\alpha-\beta}{2})$$

$$\cos\alpha-\cos\beta=-2\sin(\frac{\alpha+\beta}{2})\sin(\frac{\alpha-\beta}{2})$$

$$\sin\alpha+\sin\beta=2\sin(\frac{\alpha+\beta}{2})\cos(\frac{\alpha-\beta}{2})$$

$$\sin\alpha-\sin\beta=2\cos(\frac{\alpha+\beta}{2})\sin(\frac{\alpha-\beta}{2})$$

◎**推導** $\cos\alpha+\cos\beta=2\cos(\frac{\alpha+\beta}{2})\cos(\frac{\alpha-\beta}{2})$

利用 $\begin{matrix}\cos(\alpha+\beta)=\cos\alpha\cos\beta-\sin\alpha\sin\beta\cdots(1)\\ \cos(\alpha-\beta)=\cos\alpha\cos\beta+\sin\alpha\sin\beta\cdots(2)\end{matrix}$

(1) + (2)，可得到 $\cos(\alpha+\beta)+\cos(\alpha-\beta)=2\cos\alpha\cos\beta\cdots(3)$

令 $\alpha+\beta=a$、$\alpha-\beta=b$，可得到 $\alpha=\frac{a+b}{2}$、$\beta=\frac{a-b}{2}$，

使得 (3) 可改寫爲 $\cos(a)+\cos(b)=2\cos(\frac{a+b}{2})\cos(\frac{a-b}{2})\cdots(4)$

而 a 與 b 是角度，故仍習慣用希臘字母 α、β，

故可改寫 (4) 爲 $\cos\alpha+\cos\beta=2\cos(\frac{\alpha+\beta}{2})\cos(\frac{\alpha-\beta}{2})$。

◎**推導** $\cos\alpha-\cos\beta=-2\sin(\frac{\alpha+\beta}{2})\sin(\frac{\alpha-\beta}{2})$

利用 $\begin{matrix}\cos(\alpha+\beta)=\cos\alpha\cos\beta-\sin\alpha\sin\beta\cdots(1)\\ \cos(\alpha-\beta)=\cos\alpha\cos\beta+\sin\alpha\sin\beta\cdots(2)\end{matrix}$

(1) − (2)，可得到 $\cos(\alpha+\beta)-\cos(\alpha-\beta)=-2\cos\alpha\cos\beta\cdots(3)$

令 $\alpha+\beta=a$、$\alpha-\beta=b$，可得到 $\alpha=\frac{a+b}{2}$、$\beta=\frac{a-b}{2}$，

使得 (3) 可改寫爲 $\cos(a)-\cos(b)=-2\cos(\frac{a+b}{2})\cos(\frac{a-b}{2})\cdots(4)$

而 a 與 b 是角度，故仍習慣用希臘字母 α、β，

故可改寫 (4) 爲 $\cos\alpha-\cos\beta=-2\cos(\frac{\alpha+\beta}{2})\cos(\frac{\alpha-\beta}{2})$。

◎**推導** $\sin\alpha+\sin\beta=2\sin(\frac{\alpha+\beta}{2})\cos(\frac{\alpha-\beta}{2})$

利用 $\begin{array}{l}\sin(\alpha+\beta)=\sin\alpha\cos\beta+\cos\alpha\sin\beta\cdots(1)\\ \sin(\alpha-\beta)=\sin\alpha\cos\beta-\cos\alpha\sin\beta\cdots(2)\end{array}$

(1) + (2)，可得到 $\sin(\alpha+\beta)+\sin(\alpha-\beta)=2\sin\alpha\cos\beta\cdots(3)$

令 $\alpha+\beta=a$、$\alpha-\beta=b$，可得到 $\alpha=\frac{a+b}{2}$、$\beta=\frac{a-b}{2}$，

使得 (3) 可改寫爲 $\sin(a)+\sin(b)=2\sin(\frac{a+b}{2})\cos(\frac{a-b}{2})\cdots(4)$

而 a 與 b 是角度，故仍習慣用希臘字母 α、β，

故可改寫 (4) 爲 $\sin\alpha+\sin\beta=2\sin(\frac{\alpha+\beta}{2})\cos(\frac{\alpha-\beta}{2})$。

◎**推導** $\sin\alpha-\sin\beta=2\cos(\frac{\alpha+\beta}{2})\sin(\frac{\alpha-\beta}{2})$

利用 $\begin{array}{l}\sin(\alpha+\beta)=\sin\alpha\cos\beta+\cos\alpha\sin\beta\cdots(1)\\ \sin(\alpha-\beta)=\sin\alpha\cos\beta-\cos\alpha\sin\beta\cdots(2)\end{array}$

(1) − (2)，可得到 $\sin(\alpha+\beta)-\sin(\alpha-\beta)=2\cos\alpha\sin\beta\cdots(3)$

令 $\alpha+\beta=a$、$\alpha-\beta=b$，可得到 $\alpha=\frac{a+b}{2}$、$\beta=\frac{a-b}{2}$，

使得 (3) 可改寫爲 $\sin(a)-\sin(b)=2\cos(\frac{a+b}{2})\sin(\frac{a-b}{2})\cdots(4)$

而 a 與 b 是角度，故仍習慣用希臘字母 α、β，

故可改寫 (4) 爲 $\sin\alpha-\sin\beta=2\cos(\frac{\alpha+\beta}{2})\sin(\frac{\alpha-\beta}{2})$。

※備註：積化和差與和差化積，是互爲表裡的內容。

· 反三角函數

原本的三角函數是給角度得到比例數值，而反三角函數是變成給比例數值求角度。如：$\sin(30^\circ)=\frac{1}{2}$，而反三角函數記作 $\sin^{-1}(\frac{1}{2})=30^\circ$、或 $\arcsin(\frac{1}{2})=30^\circ$。

★常見問題：三角函數平方與反三角函數的書寫問題

三角函數的平方記法是相當不好的書寫方式，如：$\sin^2\theta$，要注意不可以寫在後方 $\sin\theta^2$ 這樣會變角度平方。並且要注意 $\sin^2\theta$ 的記法推導倒數的三角函數就出現問題，如：$\sin^{-1}\theta\neq\frac{1}{\sin\theta}$，因爲是 $\sin^{-1}\theta$ 反三角函數，而倒數的三角函數要記作 $(\sin\theta)^{-1}=\frac{1}{\sin\theta}$，因此三角函數的冪次經常是出現問題的地方，卻又難以更正。

因爲三角函數的冪次已經將錯就錯許久，故要記得正整數冪次書寫在角度之前，如 $\sin^2\theta$、$\cos^3\theta$，而其他冪次請整個括號後再寫冪次，如：$(\sin\theta)^{-1}$、$(\cos\theta)^{\frac{1}{2}}$，同時爲了解決與反三角函數的混淆問題，反三角函數建議不要記作 $\sin^{-1}\theta$，而是使用 $\arcsin\theta$。

4-4-8 波形與疊和

· 波形的變化

已經在 4-4-4 觀察到許多的生活波形函數，也知道生活上的波形不會是簡單的三角函數，見圖 4-252：（AM）訊號波形 $S_a(t)=[A+Ms(t)]\sin(wt)$。

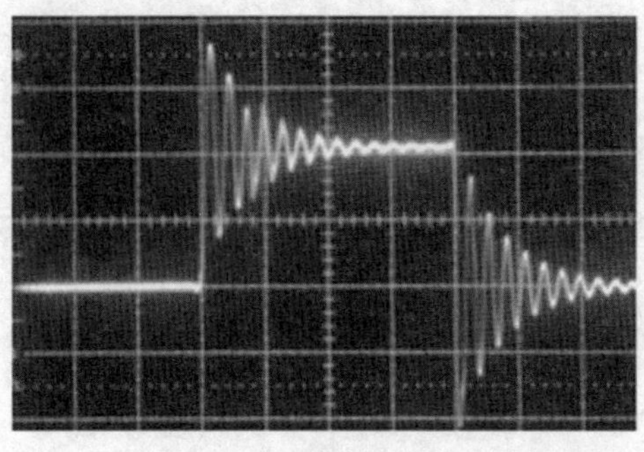

圖 4-252

我們若要了解這些波形的變化，有必要從簡單到複雜的學習。我們已經在代數學習到拋物線，也知道 $y = x^2$ 的移動與變化在平面座標上有怎樣的改變，見圖 4-253，故推廣後可列出上下形的拋物線數學式為 $y = a(x - h)^2 + k$。

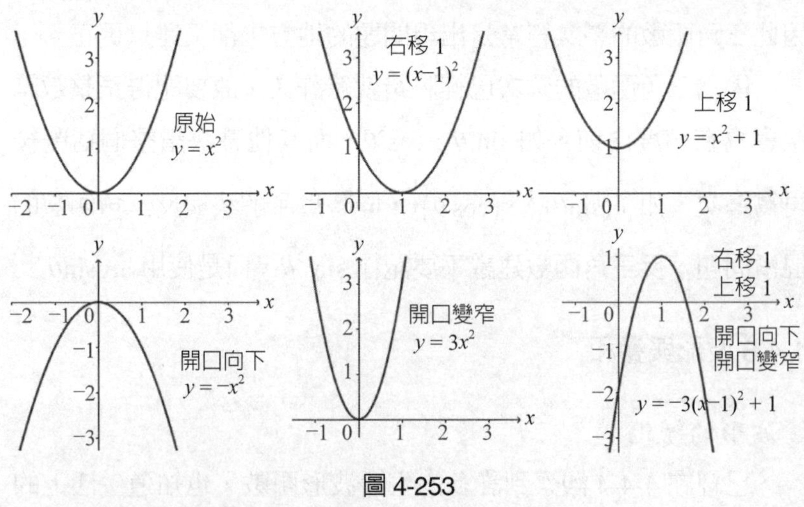

圖 4-253

同理週期函數也有類似的情形，先觀察 $y = \sin x$，見圖 4-254。

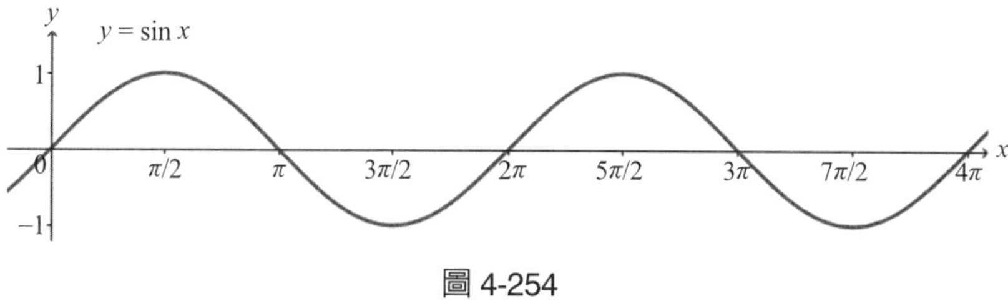

圖 4-254

1. 將 $y = \sin x$ 右移 1 單位，得到 $y = \sin(x - 1)$，見圖 4-255。

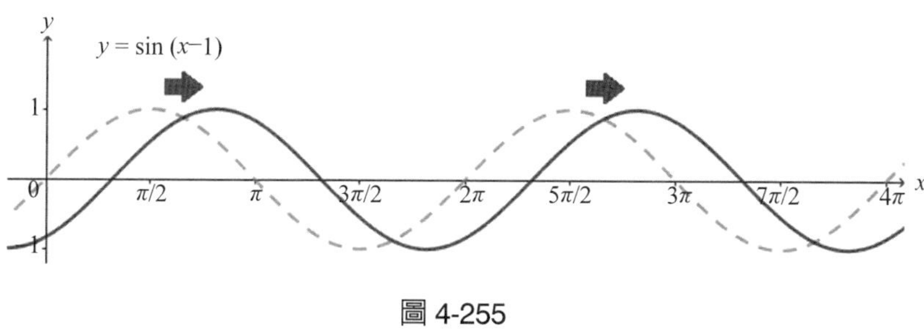

圖 4-255

2. 將 $y = \sin x$ 上移 1 單位，得到 $y = \sin x + 1$，見圖 4-256。

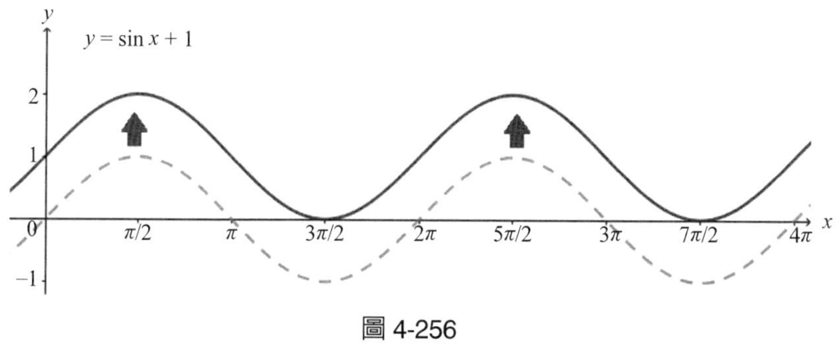

圖 4-256

3. 將 $y = \sin x$ 上下相反，得到 $y = -\sin x$，見圖 4-257。

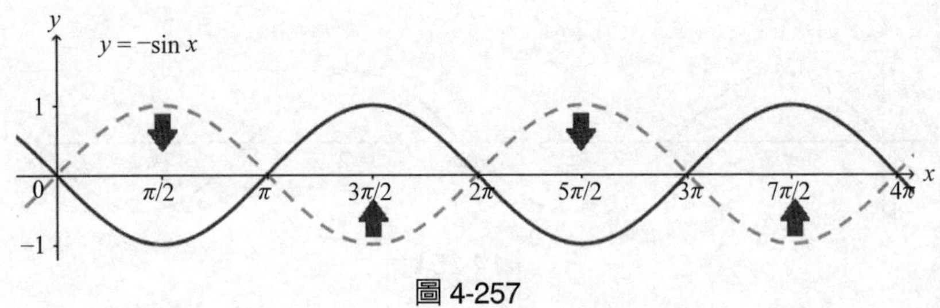

圖 4-257

4. 將 $y = \sin x$ 上下振幅加大，變成原本 2 倍，得到 $y = 2\sin x$，見圖 4-258。

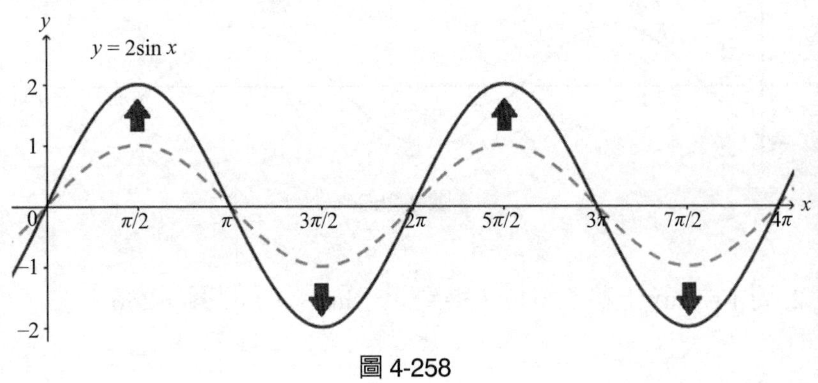

圖 4-258

5. 將 $y = \sin x$ 重複的速度，變成原本 3 倍，也就是頻率變成原本 3 倍，或可以想像橫放的彈簧被壓扁，可得到 $y = 3\sin x$，見圖 4-259。

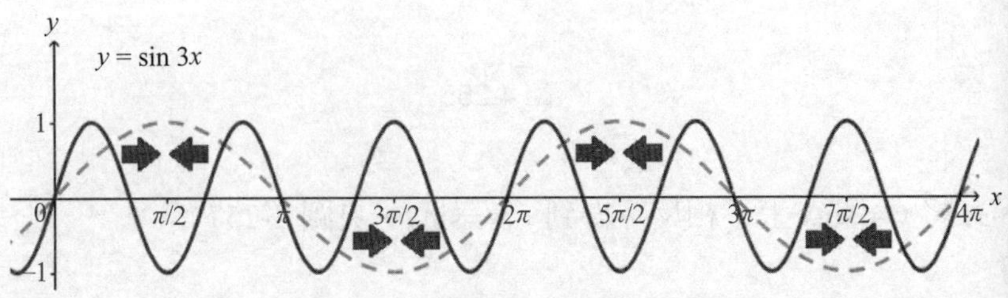

圖 4-259

6. 將重複的速度，變成原本 3 倍，所以原本的重複一次的週期由 2π 變成 $\frac{2\pi}{3}$，見圖 4-260。

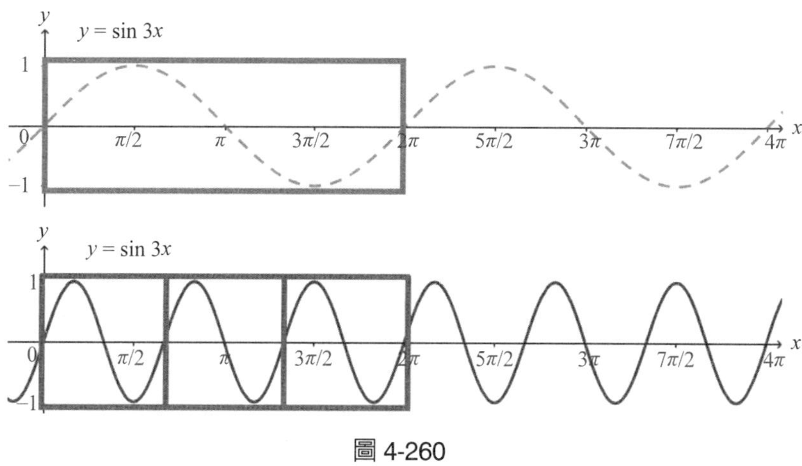

圖 4-260

7. 將 $y = \sin x$ 右移 1 單位、上移 1 單位、上下相反、上下振幅加大，變成原本 2 倍、重複的速度，變成原本 3 倍，得到 $y = -2\sin[3(x-1)] + 1$，見圖 4-261。

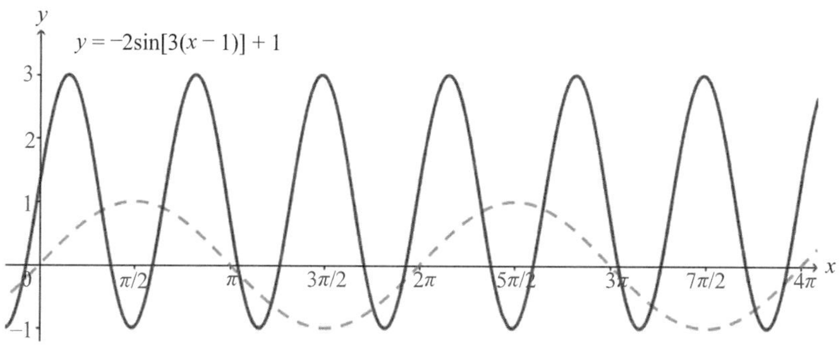

圖 4-261

小結：

故推廣後可列出週期函數的數學式爲$y = a\sin[w(x-h)]+k$，

$$y = a\sin(w(x-h))+k$$

其意義爲 上下振幅及方向（a）　頻率（w）　左右位移（h）　上下位移（k）。

· **疊和**

兩個三角函數相加，其 y 數值的總和，在圖形看就是兩函數高度的疊加，並且要知道波形變化與疊合在現代科技占舉足輕重的地位。

例題：

$y=\sin x+\cos x$，見圖 4-262。

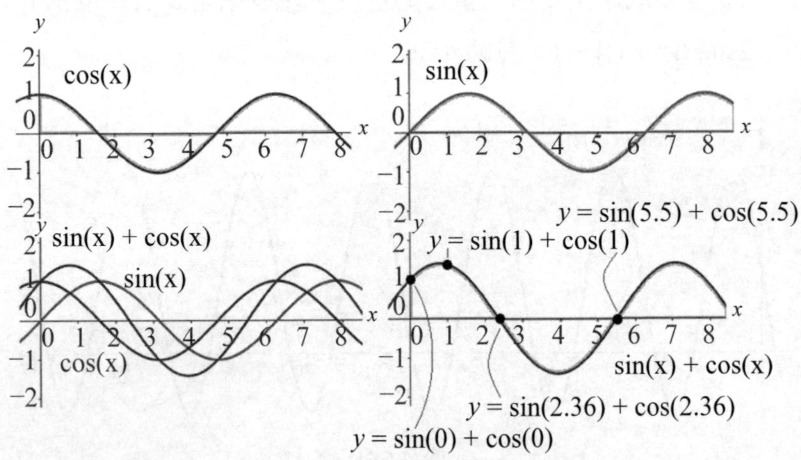

圖 4-262

※備註：週期函數的圖形，不是用角度而是用弧度，所以不用 θ，而用 x。

·和角數學式與疊和

由 $y = \sin x + \cos x$ 可以發現仍是一個週期函數，故可以進行化簡為一個週期函數，也就是 $y = \sin x + \cos x$ 可變成 $y = a\sin(b(x-h)) + k$，見下述運算。

已知和差化積 $\sin(\alpha+\beta) = \sin\alpha\cos\beta + \cos\alpha\sin\beta$ **對應** $y = \sin x + \cos x$，可以發現 $\sin\alpha$ 對應 $\sin x$、而 $\cos\alpha$ 對應 $\cos x$，但 $\cos\beta$ 與 $\sin\beta$ 又該對應什麼？嘗試錯誤看看 $y = \sin x + \cos x = (\sin x)\times 1 + (\cos x)\times 1 = \sin x\cos\beta + \cos x\sin\beta$，所以 $\cos\beta = 1$ 與 $\sin\beta = 1$ 嗎？顯然錯誤，因為無法滿足 $\cos^2\beta + \sin^2\beta = 1$。故我們要這樣思考 $y = \sin x + \cos x = (\sin x)\times 1 + (\cos x)\times 1 = k\times(\sin x\times\frac{1}{k}+\cos x\times\frac{1}{k})$，讓 $\cos\beta=\frac{1}{k}$ 與 $\sin\beta=\frac{1}{k}$，使得 $\cos\beta = \sin\beta$，該情況出現在三邊是 1, 1, $\sqrt{2}$ 的直角三角形，故 $\cos\beta=\sin\beta=\frac{1}{\sqrt{2}}$，所以可將 $y = \sin x + \cos x$ 改寫為

$$y=\sqrt{2}\times(\sin x\times\frac{1}{\sqrt{2}}+\cos x\times\frac{1}{\sqrt{2}})=\sqrt{2}\times(\sin x\cos\frac{\pi}{4}+\cos x\sin\frac{\pi}{4})$$

$$=\sqrt{2}\sin(x+\frac{\pi}{4})$$

同理推廣到任意係數時是

$$y=a\sin x+b\cos x=\sqrt{a^2+b^2}(\frac{a}{\sqrt{a^2+b^2}}\sin x+\frac{b}{\sqrt{a^2+b^2}}\cos x)$$

$$=\sqrt{a^2+b^2}\sin(x+\alpha)$$

而 $\cos\alpha=\frac{a}{\sqrt{a^2+b^2}}$、$\sin\alpha=\frac{b}{\sqrt{a^2+b^2}}$。

例題：

$$y=\sin x+\sqrt{3}\cos x$$

$$y=\sin x+\sqrt{3}\cos x=\sqrt{1^2+\sqrt{3}^2}\times(\frac{1}{\sqrt{1^2+\sqrt{3}^2}}\sin x+\frac{\sqrt{3}}{\sqrt{1^2+\sqrt{3}^2}}\cos x)$$

$$=2\times(\frac{1}{2}\sin x+\frac{\sqrt{3}}{2}\cos x)=2\times(\sin x\cos(60^\circ)+\cos x\sin(60^\circ))$$

$$=2\times\sin(x+60^\circ)=2\sin(x+\frac{\pi}{3})$$

4-4-9 結論

本節的篇幅比起以往的三角函數內容有著極大的差別，補上了三角函數的演變歷史，並且補上了三角函數與圓的關係，因為如果不利用圓形這個媒介，學習三角函數將會不夠全面，甚至是無法理解名稱與意義，如：正弦的弦在何處？所以我們必然要透過圓形來學習三角函數。

本篇也說明了三角學（狹義三角函數）就足夠應用在測量學，並且從希臘時期使用到十八世紀，是因為函數及波形的緣故，才衍伸出三角函數（廣義三角函數），並且還新增弧度的定義。以上這些內容都必須完整的呈現給學生，否則對於學生而言，三角函數只是太多莫名其妙的公式。

4-5 圓錐曲線與二次方程式

4-5-1 剖析圓錐曲線的教學問題

現行的圓錐曲線有著太多的漏洞，作者從過往的學習，教學的經驗，編寫這部分的內容時，發現無法從無到有，難以順利的寫作出來，中間太多的橋梁斷開，並且充滿著許多問題。先觀察圖 4-263，了解可能的歷史軌跡，再認識疏漏部分（灰底部分），圖 4-264，也就是可觀察出現行教育的發展是跳來跳去。

※備註：為什麼稱「可能的歷史軌跡」？因為年代久遠，難以找到足夠的文獻，作者盡可能找出合理的發展路程，至少不要讓人誤會數學可以亂定義。

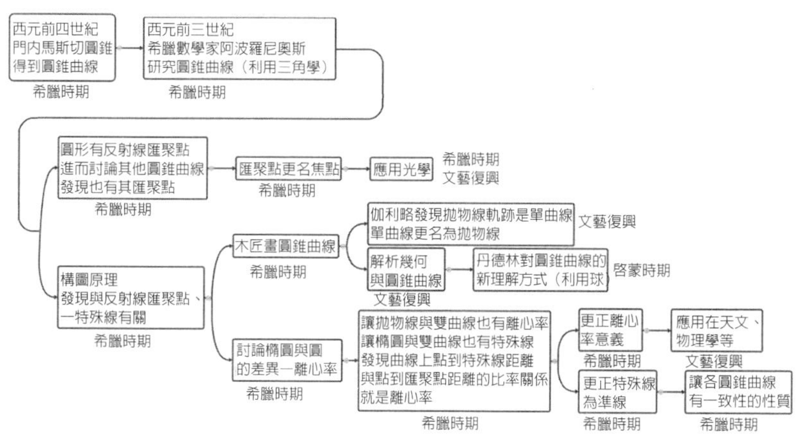

圖 4-263

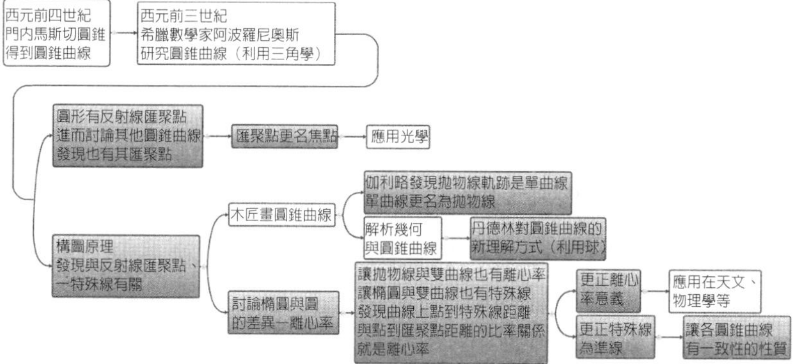

圖 4-264

★常見問題

1. 圓錐曲線有著多個定義，切圓錐的曲線、木匠法的曲線、離心率的曲線，如：一條拋物線有著三種定義，顯然不合理，同時也沒有被證明是否互通。
2. 圓錐曲線中的橢圓、雙曲有兩焦點，而拋物線有一準線、一焦點概念是如何從切圓錐的圖案出現。
3. 圓錐曲線中的焦點，爲什麼稱作是焦點。切圓錐頂多知道那個點很特別，但如何知道未來可以應用在光學上，所以稱爲焦點是有問題的。
4. 有雙曲線，爲什麼拋物線不叫單曲線。
5. 離心率很不直覺，且爲什麼與準線有相關，而物理的離心率，又只與壓扁的程度有關。
6. 拋物線與雙曲線的離心率並不直覺。
7. 橢圓與雙曲線的準線並不直覺。
8. 除了離心率可以討論非直線圖形外，還有什麼內容可以討論非直線。
9. 爲什麼圓錐曲線的離心率、焦點是由物理來回推數學，但是其概念卻早在希臘時期就認知到其意義，顯然不合理。同時焦點與離心率，在拋物線、橢圓、雙曲線的研究，不會在沒有數學的基礎，就貿然去研究，所以我們用物理去認識數學會令人感覺莫明其妙。
10. 放到平面座標上的內容太過複雜。
11. 圓錐曲線到底有什麼用。

本篇將會介紹圓錐曲線的眞正功用，及歷史相關發展，並從只有一個切圓錐得到圖案的定義出發，介紹如何發展到木匠法的曲線、離心率的曲線，及彼此間是否可以互通；以及準線、焦點、離心率的發展，及名稱的變化問題，還有認識解析幾何（將圓錐曲線放到平面座標上）。

4-5-2 圓椎曲線無可比擬的重要性

圓錐曲線有著無與倫比重要性，圓錐曲線是推動人類文明的最大功臣之一。或許大家會不以爲然，因爲實在是難以發覺功能與重要性，對此作者感到相當痛心，數學被教得荒腔走板，看不出眞實意義，實在難以忍受。

希臘人研究出圓錐曲線，而後歷經中世紀，直到啓蒙時期哥白尼（Nicolaus Copernicus）提出日心說，影響了伽利略、克卜勒等人，進而研究天體運行，最終發現天體運行是各行星繞太陽走的軌跡，其軌跡是橢圓形，也就是與圓錐曲線有關。同時這些人觀察的工具是望遠鏡，有利用到焦點的概念，仍與圓錐曲線有關。計算天體運行的軌跡內容是離心率，還是與圓錐曲線有關。換句話說如果沒有圓錐曲線的數學理論，世界根本無法進步，也無法證明理性思維的重要性。

圓錐曲線的影響不是只有在希臘時期、文藝復興與啓蒙時期時期，而是一直影響到現代。要知道牛頓也是從研究天體問題出發，他思考物體在地球表面是拋物線軌跡、在地球外部是否仍是拋物線，還是會變成橢圓形軌跡運動，見圖 4-265，進而討論出三大運動定律與微積分。並且愛因斯坦的相對論仍在使

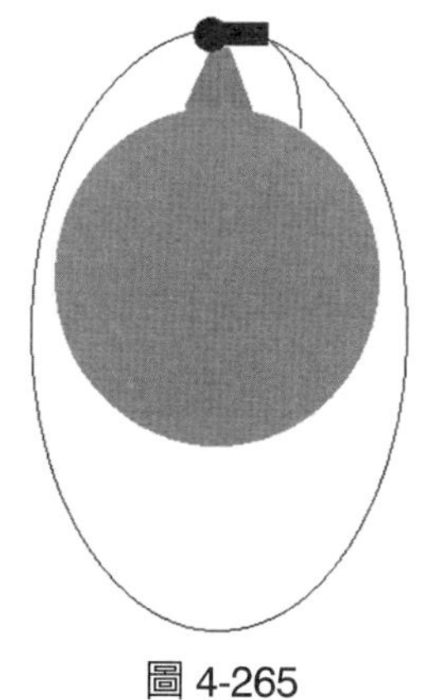

圖 4-265

用圓錐曲線的內容。總而言之，圓錐曲線除了對現代的地上科學、科技有著巨大的影響，甚至到太空科學、科技都大量的使用圓錐曲線的內容。所以我們怎可以忽略圓錐曲線的意義與希臘人的貢獻，故我們應該完整的認識圓錐曲線，而不是隨便的忽略部分內容、以及誤導圓錐曲線是不重要、且難以理解的內容。

說明：伽利略對拋物線（請詳見3-3一元二次方程式的章節內容）的新說法與證明流程，影響了牛頓，給了莫大的啓示：「令牛頓認知到數學在科學上的重要性，幾何圖案會符合自然現象。」牛頓想像在高山上發射砲彈，飛出地球邊緣後，是不是拋物線？研究後，發現是橢圓，引發一連串的研究，促成微積分的發展。世人都說牛頓是被掉落的蘋果打到，才有後來這一切的種種研究。但其實是受到伽利略這顆拋物線的果實所衝擊到。牛頓是影響後世科學偉大的人之一，但他仍謙虛的說：「如果我所見的比其他人遠，那是因爲我站在巨人肩上的緣故。」（If I have seen farther than else, it is by standing on the shoulders of giants.）

4-5-3 圓椎曲線的故事與應用

·歷史簡介

圓錐曲線由柏拉圖的學生門內馬斯提出，而後經過許多數學家的研究，最終以阿波羅尼奧斯（Apollonius）爲指標性人物，它完成了當時數學除了幾何原本最大的著作《圓錐曲線》一書。該書將圓錐曲線建立完善的理論，他總結了門內馬斯（Menaechmus）、阿利斯泰奧斯（Aristaeus）、歐幾里德、阿基米德等數學家在圓錐曲線理論方面的成果，再加上自己傑出的創見著作而成。全書共分八卷487個命題，現存有七卷，382個命題。原希臘文本只有前四卷保存到現在，其後面三卷爲阿拉伯文譯本，第八卷失傳。其中前三卷可能以歐幾里德的《二次曲線》及前人著作爲基礎，改寫而成。而後帕波斯（Pappus）有再將準線及其小部分的內容，作更完善的補充。

希臘時期已將圓錐曲線的研究到極其完整的地步，我們要了解到，當時僅有全等、相似等幾何原本的數學工具，要證明是相當繁瑣困難的，不得不佩服希臘人的智慧。接著一直到中世紀末圓錐曲線都未能有所建樹及改變，圓錐曲線再次發揮重大的功能是文藝復興時期及啓蒙時期，才被拿來驗證天體，以及讓理性精神抬頭。同時因座標系統的出現，圓錐曲線改用解析幾何研究與理解。

・初步認識曲線

希臘時期已經發現將圓椎以不同的角度去切時會得到不一樣的曲線，見圖 4-266。可以從圖 4-266 發現拋物線作者註記是單曲線，因爲眞實的歷史上希臘時期的拋物線不是一條平滑曲線，而是圖 4-267 的狀態，圖 4-267 爲亞理斯多德認知的拋物線，圖 4-266 的單曲線被發現是拋物線是到十六世紀由伽利略提出，（詳情請參考一元二次方程式），伽利略發現亞理斯多德對拋物線的軌跡認知錯誤，拋物線的圖案就是圓錐曲線中的單曲線，因此單曲線被更名爲拋物線。接著我們先認識各個圓錐曲線的故事。

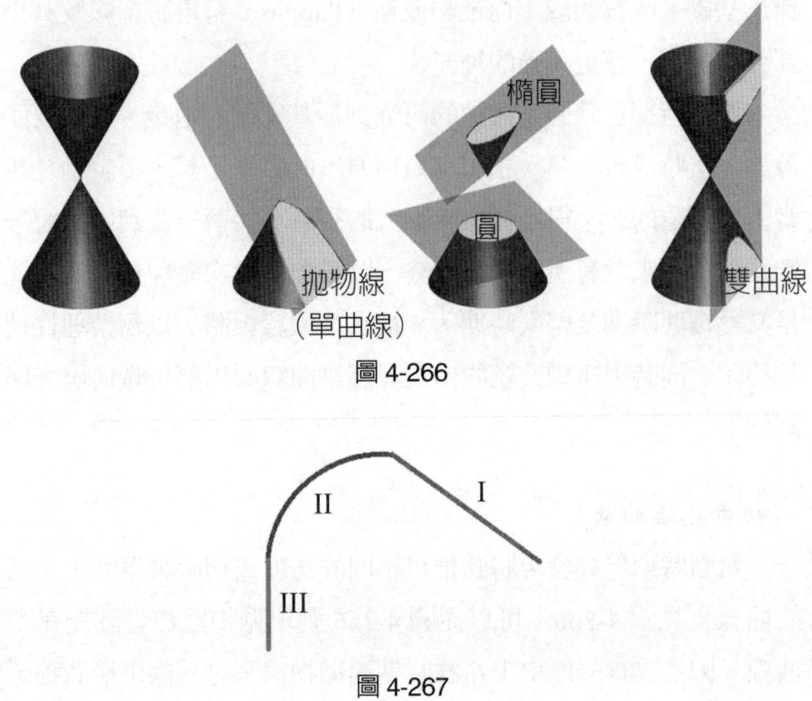

圖 4-266

圖 4-267

· 拋物線的故事

據傳說阿基米德利用光滑的盾牌排成拋物線來反射光線，得到焦點燃燒掉敵國的船，參考圖 4-268、4-269。所以可以知道阿基米德必然清楚拋物線的特性，進而利用該特性，並且發現有燒焦的現象。

有時會聽到百慕達上空的飛機會消失，可能是該區的海有漩渦，使得海面變成一個拋物面，進而陽光照射下來反彈後的焦點，相當高溫，所以飛機通過的時候被整個燒毀，見圖 4-270。

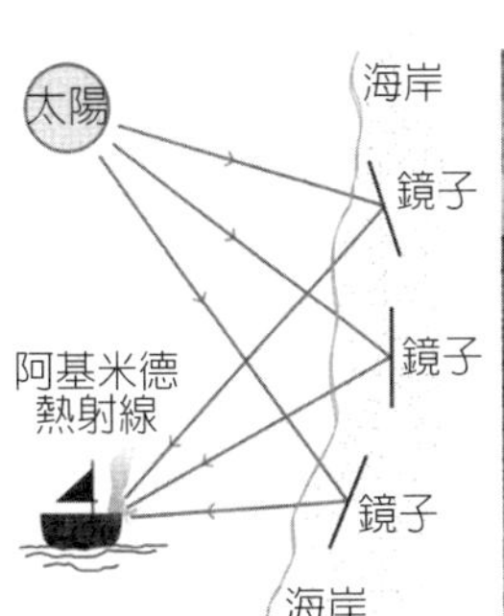

圖 4-268

圖 4-269

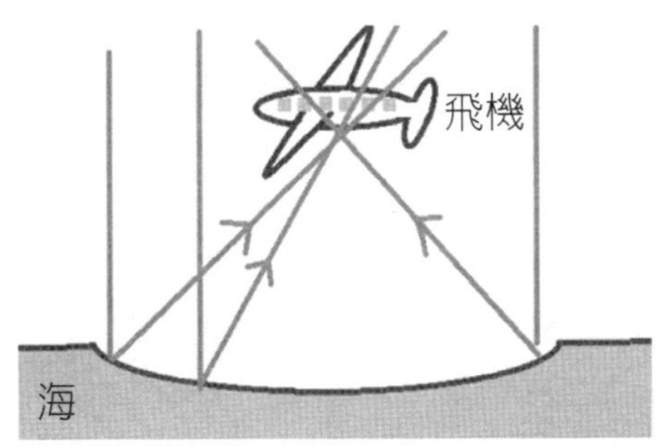

圖 4-270

戰爭時，科學家想利用光學的曲線有焦點的特性，作出巨大的放大鏡，希望可以燃燒鄰近地區敵人，可惜距離有限，並且只能燒死老鼠，同時也作出很大的鐘，希望聲波可以震死敵人，可惜還是失敗了。在現今生活上的應用是，手電筒將光源照出去與雷達接收電波、以及太陽能吸收的加裝反射板，利用拋物面來幫忙聚焦。

·橢圓形的故事

橢圓形的應用相當多，如：天文、聖彼得廣場、美國白宮會議廳等等。接著介紹有關橢圓型的應用。

1. 橢圓形與天文

希臘時期到中世紀的歐洲人都認爲世界是以地球爲中心，天體繞著地球轉：地心論，見圖 4-271。

直到哥白尼（Copernicus, 1473-1543）提出天體不是繞著地球轉而是繞太陽轉：日心論，因爲哥白尼認爲上帝創造這個世界不會用那麼複雜的方式創造世界，用太陽爲中心就可以簡化各行星的軌道方程式，見圖 4-272。最終他以 31 個圓形軌道的日心說，取代 77 個圓形軌道的地心說。

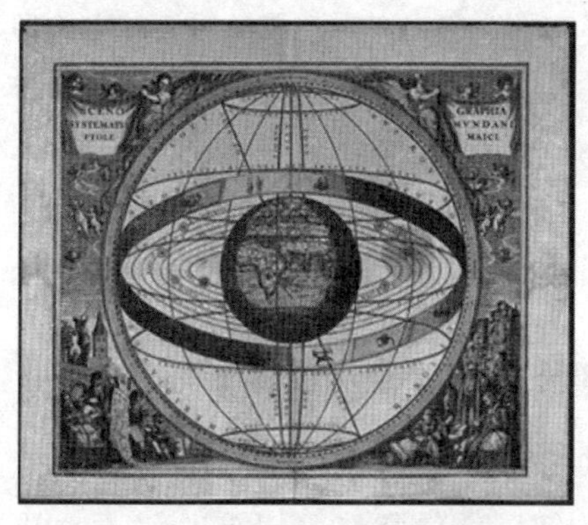

圖 4-271 古希臘托勒密（Ptolemy）地心說示意圖

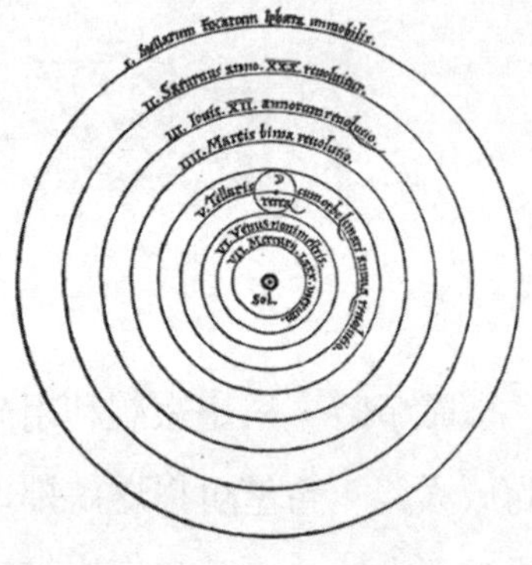

圖 4-272 哥白尼日心說示意圖

而後克卜勒（Kepler, 1571-1630）發現天體的運行是橢圓形軌道，而不是原本說的圓形，見圖 4-273。最後伽利略（Galileo, 1564-1642）觀測星象與計算，證實日心論，並經計算後發現海王星，而且海王星是唯一先計算出現時間再觀察到的行星，因爲數學家、天文學家的貢獻，使得大眾接受新的世界觀，見圖 4-274、4-275。同時太陽系中的九大行星，不是靠觀察確定其位置，就是利用數學計算，來預估出現時間。其中有貢獻的數學家有牛頓（Isaac Newton）、赫歇爾（Frederick William Herschel）、拉普拉斯（Laplace）、布瓦（Alexis Bouvard）、阿拉戈（Dominique François Jean Arago）、勒維耶（Urbain Jean Joseph Le Verrier）、克萊德・湯博（Clyde William Tombaugh）等人。

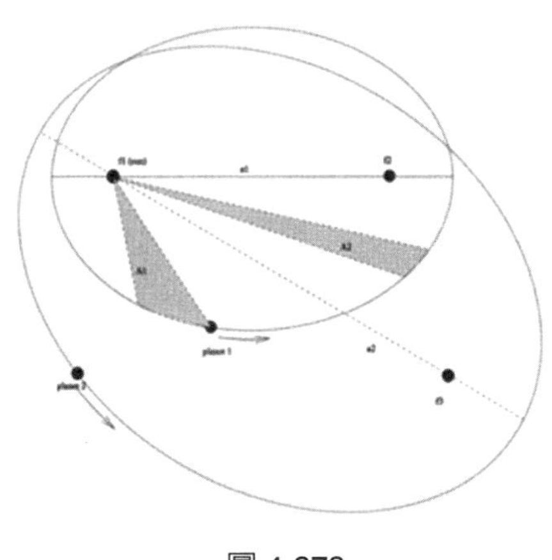

圖 4-273

※備註 1：若對天文有興趣，可參考作者在網路的相關文章：

天文學就是一門應用數學！

https://www.taiwannews.com.tw/ch/news/3317715

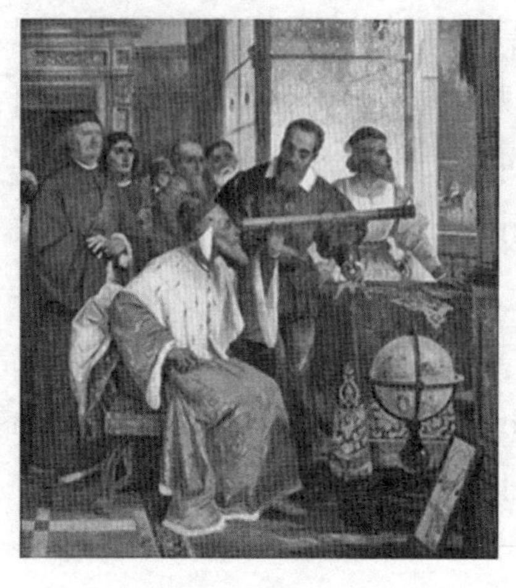

圖 4-274

圖 4-275

※備註 2：我們可以發現西方人早在希臘時期就接受地球是圓形的（球狀），希臘人認爲「地是圓的」與中國的「天圓地方」有著根本上的不同。在此作者認爲這是環境及文化帶來的影響，中國的大部分地區因爲不靠海，比較難以體會船從遠方回來會先是桅杆出現，慢慢升高才是整個船體，進而聯想到地球是圓的這件事，或者是根本不在乎這個問題。相對於中國，西方國家受到各種文化的衝擊，想像力非常的豐富，也富有科學家精神的不斷觀察與驗證，最後證實地球是圓的。

2. 聖彼得廣場

聖彼得廣場位於梵蒂岡，緊連著聖彼得大教堂，是教廷指標性的建築，同時聖彼得廣場是一個完美的橢圓形，見圖 4-276、4-277，由貝里尼（Bernini Gian Lorenzo, 1598-1680）在 1667 年設計，橢圓長軸是 1115.4 英尺，短軸爲 787.3 英尺。而中間的方尖塔 83 英尺高，是十三世紀自埃及取得。

圖 4-276

圖 4-277

爲什麼貝里尼要用橢圓形設計聖彼得廣場？有許多的猜測，教廷原本認爲所有的星體繞地球轉（地心論），但因哥白尼的日心說，同時經過了許多數學家，如：伽利略、克卜勒等，計算出是地球繞太陽轉，並且軌跡是橢圓形。因此橢圓形是一個具有特殊意義的圖案，可能是因爲橢圓形的特殊性，故貝里尼將廣場設計成橢圓形。但對外說法是，連同聖彼得大教堂看作一體，就像神的懷抱一般，圖 4-278、4-279。

圖 4-278

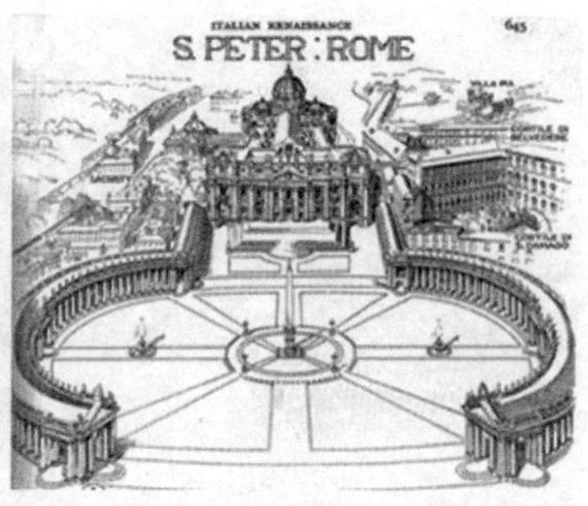

圖 4-279

除此之外，廣場內部的設計也頗具巧思，廣場中間的方尖塔本是埃及的日晷，被擺在橢圓中心，並畫上圓形，就可以依據影子的角度位置，來推論現在的時間。同時廣場的開口的角度也是經過精心設計，它是根據當地的夏至冬至日初角度變化來設計開口角度，見圖 4-280。而噴水池是在橢圓形的兩焦點上，橢圓形焦點具有聲波放大效果，該處設置噴水池會使聽起更爲盛大，獨具匠心，見圖 4-281。

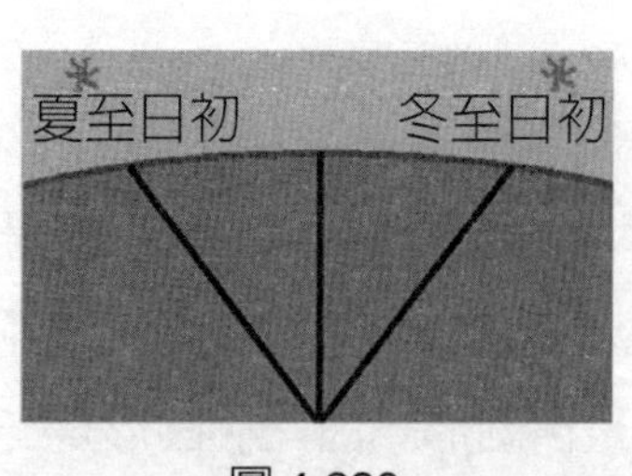

圖 4-280

圖 4-281

聖彼得廣場最令人意外的地方，還是橢圓形這個形狀，見圖 4-279。當時並沒有座標的觀念，也就沒有解析幾何的作法，想要作出橢圓是不容易的，但卻作出如此完美的橢圓形，實在令人驚艷。貝里尼怎麼畫出巨大的橢圓形，他參考設計巨擘 Serlio 的畫法，來完成想要的圖形，見圖 4-282、4-283、4-284。當然我們可以看到這圖案只是接近橢圓，但這已經夠接近橢圓了，而這些畫法的圖案稱作卵圓形（oval）。

圖 4-282

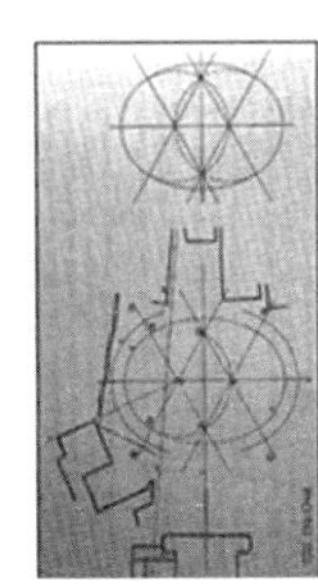

圖 4-283

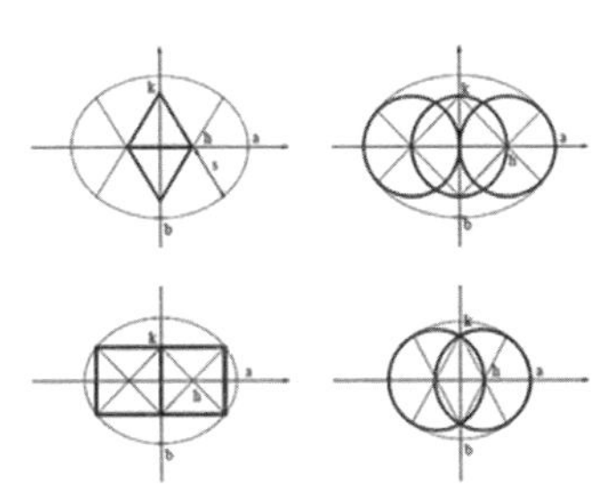

圖 4-284

3. **美國白宮會議廳**（Oval office）

美國白宮會議廳是一個橢圓形造型，見圖 4-285，其長度是長軸 10.9m，短軸 8.8m。照片拍攝角度問題不能俯瞰全景，但仍能看出是橢圓。美國總統在焦點上可清楚的聽到聲音。特別的是，白宮有相當多的橢圓形設計。

圖 4-285

※備註1：美國白宮會議廳佚事

美國白宮是橢圓形，但相當有趣的是描述名稱為蛋形（卵圓形）會議廳（Oval office），而不是橢圓形會議廳（Ellipse office）。難道雞蛋是橢圓形嗎？可從圖4-286得到答案。而名稱錯置的原因可能早期蛋形、橢圓形混著使用，導致混淆。

※備註2：雞蛋應該歸類到什麼形狀？

蛋的形狀是卵圓形，作者發現用黃金三角形（36、72、72度）的三頂點為焦點，各橢圓短軸都為此等腰三角形底的一半，所作的三橢圓聯集幾乎與雞蛋重合，見圖4-287。

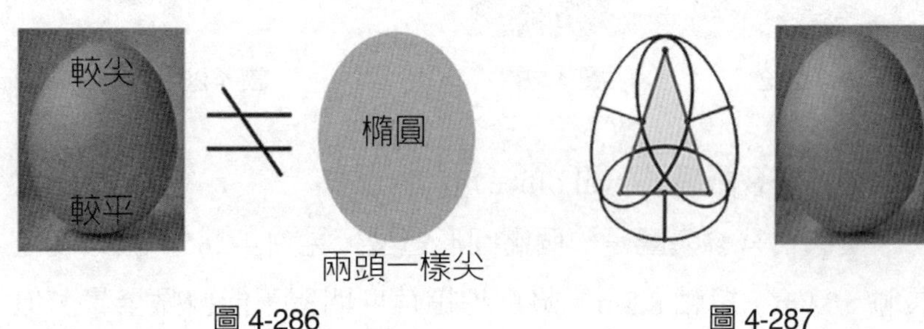

圖 4-286

圖 4-287

4. **橢圓在聲波上的應用**

聲波的應用：巨蛋或是音樂廳，將演奏的位置擺在其中一焦點上，聲波經由反彈後會傳到另外一個焦點，這一點是可以聽得最清楚的一點。

世界上或許會有奇特的橢圓型山洞景點，在兩個焦點的位置說話，兩人都面對山壁，一人輕聲說話，另一人也能聽得很清楚。在新竹的小叮噹樂園的ET飛碟屋，被蓋成橢圓形，在兩焦點說話時的確有這樣的效果。

5. 橢圓在醫療上的應用

體外震波碎石，類似聲波一樣，一個橢圓半碗的機器中，在焦點的位置振動，能量反彈後，會聚焦到體內另外一個焦點，而藉由移動讓結石在焦點上，達到被打碎的結果，見圖 4-288。

爲什麼要這麼做，因爲各個波動的前進路線不同，才不會給身體太大負擔。否則像雷射光一樣的路線，也是可以打碎結石，但路線太過密集，會導致路線上的細胞組織壞死，所以用橢圓型將路線通過身體時，截面積變大。

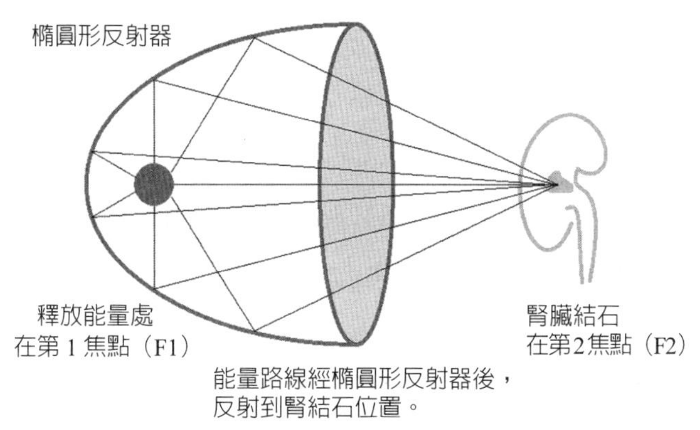

圖 4-288

・雙曲線

雙曲線的應用常用在我們不知道的地方，如：光學及建築、透鏡上。

1. 德基水庫：德基水庫是台灣第一座由混凝土爲材料所構成的雙曲線薄型拱壩，見圖 4-289。
2. 冷卻塔：英格蘭劍橋郡的發電廠冷卻塔結構是單葉雙曲面形

狀，既可減少風的阻力，又可以用最少的材料來維持結構的完整，見圖 4-290。

圖 4-289 取自 WIKI，CC3.0：台中德基水庫

圖 4-290 取自 WIKI：冷卻塔

3. 路思義教堂（The Luce Chapel）：台中東海大學的路思義教堂是由貝聿銘（Ieoh Ming Pei）設計，西方的教堂到現代逐漸被簡化接近爲三角形。同時也因台灣地震多，最後決定採用雙曲面的薄殼建築來有效對抗風力與地震，見圖 4-291。

圖 4-291 取自 WIKI：路思義教堂

・圓形的應用

圓形是常見的圖案，如；輪胎、桌子、盤子等。製成這樣造型可能是因爲中心點到圓周各點距離都相同，在各方面具有便利性。

・凹面鏡、凸面鏡、凹透鏡、凸透鏡的曲面

在理化課會學習到凹面鏡、凸面鏡、凹透鏡、凸透鏡，其中的曲線可能會做成球面（圓形旋轉一圈的立體圖案）、拋物面（拋物線旋轉一圈的立體圖案）、雙曲面（雙曲線旋轉一圈的立體圖案）、橢球面（橢圓形旋轉一圈的立體圖案），主要看其用途，再決定磨成怎樣鏡面。

路邊轉角處的大鏡子、車子的照後鏡、眼鏡與望遠鏡是雙曲面，可有縮小的影像，而手電筒會用到拋物面，產生平行光。而先前有提到體外震波碎石是橢球面，而我們舀湯的大湯匙，部分是球面。

※備註1：巴魯赫・斯賓諾莎（Baruch de Spinoza, 1632-1677）是哲學家，西方近代哲學史重要的理性主義者、泛神論者，同時也是有名的鏡匠。

※備註2：橢圓形旋轉一圈的立體圖案是橢圓球形，比較常見的是橄欖球。

4-5-4 圓錐曲線怎麼切出來及其構圖原理

希臘人對於切圓錐後的曲線相當有興趣，接著由切圓錐開始來介紹圓錐曲線的內容，並討論相關的問題。

・認識圓錐

希臘人發現圓錐在不同的切平面時，有著不同的曲線，故稱爲圓錐曲線，先認識什麼是圓錐，圓錐的簡單理解是一個的交通錐，而數學上則是用兩個相互頂住的正圓錐作爲討論。

正圓錐的描述，數學上常用一根細長的木棍，取任意位置作爲固定點，而將木棍傾斜一個角度，此時的木棍是一條斜線，稱爲構成圓錐的母線，而通過固定點的鉛錘線是爲中心軸線，而母線與軸線的夾角是 α，將母線繞中心軸線旋轉一圈，便可得到一個圓錐的形狀，見圖 4-292。但我們也可以用直角三角型旋轉一圈來理解，何謂正圓錐？見圖 4-293。

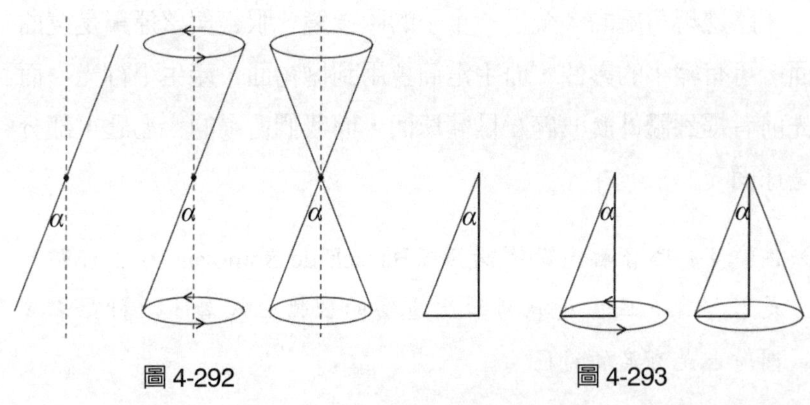

圖 4-292 圖 4-293

並發現斜邊（母線）與鉛錘線（軸線）的一股的夾角角度 α 不同時，會產生不同的正圓錐，可分爲銳角圓錐、直角圓椎、鈍角圓錐。此三種正圓錐的差異在於母線與中心鉛錘線（軸線）的夾角大小，見圖 4-294。$\alpha < 45°$ 是銳角圓錐、$\alpha = 45°$ 是直角圓椎、$\alpha > 45°$ 是鈍角圓椎，命名方式是取決於側視圖的的角度。

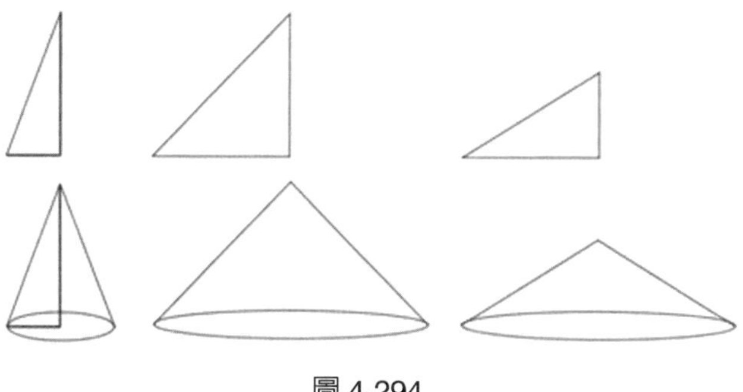

圖 4-294

‧切圓錐

希臘人由實際的切圓錐可發現圓形、橢圓、拋物線、雙曲線這幾個圓錐曲線，其中雙曲線必須上下兩個圓錐一起觀察，見圖 4-295。見表 4-7 圖案，觀察圖案可知空間立體圖的切圓錐的感覺，及對應的圓錐曲線，側視圖可觀察出切下去的切平面與水平面的關係，以及切平面與圓錐的母線角度關係。設軸線與母線夾角為 α，切平面與水平面的夾角 θ，切平面與軸線的夾角 β，見圖 4-296。

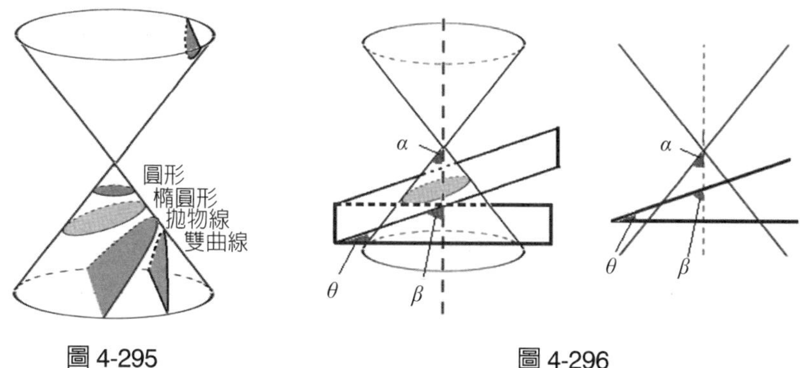

圖 4-295

圖 4-296

表 4-7

	圓形	橢圓形	拋物線	雙曲線
對應曲線				
空間圖				
側視圖				
切平面的角度	切平面就是水平面	切平面一側抬高傾斜，從0度開始，但未與母線平行。	切平面與一條母線平行	切平面平行母線後繼續抬高
切平面與水平面的角度 θ	$\theta = 0°$	$0° < \theta < 90° - \alpha$	$\theta = 90° - \alpha$	$\theta > 90° - \alpha$
切平面與軸線的角度 β	$\beta = 90°$	$\alpha < \beta < 90°$	$\beta = \alpha$	$\beta < \alpha$

以下介紹如果切下去是經過中心點的話會造成的圖案，此類圖案被稱爲圓錐曲線的退化曲線，而退化曲線的數學會在後面段落說明。而退化曲線不被認知是切圓錐後的曲線，但是我們應該知道在解析幾何中，二次方程式旋轉後會得到這些曲線，其內容

也將在後述內容介紹，但爲了切圖理解的完整性故先行介紹，見表 4-8。

表 4-8

	一點	一線	交叉線
對應曲線			
空間圖	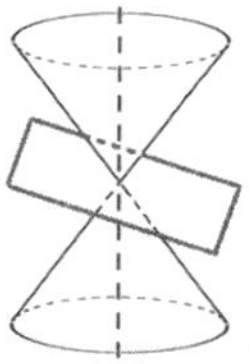	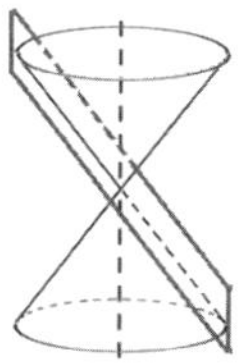	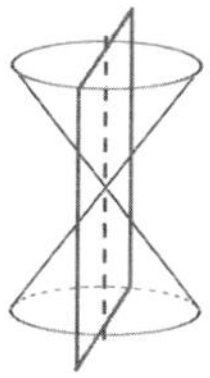
側視圖	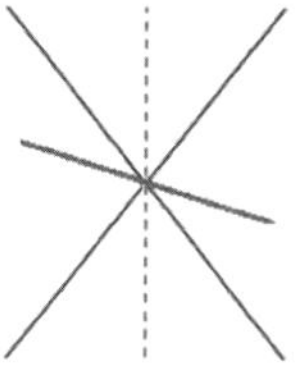	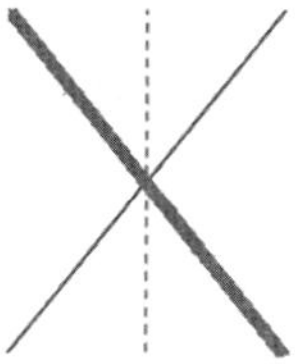	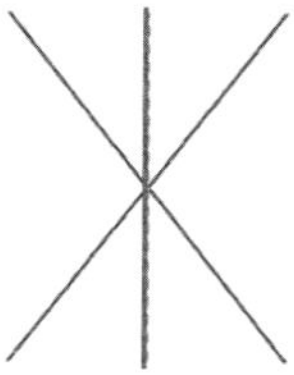
範圍說明	切平面在腰部，並通過中心點	切平面與一條母線重合，並通過中心點	切平面從圓錐曲線頂部切入，並通過中心點
切平面與水平面的角度 θ	$0^\circ \le \theta < 90^\circ - \alpha$	$\theta = 90^\circ - \alpha$	$\theta > 90^\circ - \alpha$
切平面與軸線的角度 β	$\alpha < \beta \le 90^\circ$	$\beta = \alpha$	$\beta < \alpha$

・圓錐曲線的構圖原理

希臘人利用當時唯一的數學工具——三角形的相似、全等定理，將切圓錐的立體圖案，轉換爲平面圖案。再進行一連串的證明，最終發現拋物線、橢圓、雙曲線的構圖原理，並發現圓形有一個中心點、橢圓有兩個特殊點、雙曲線有兩個特殊點、拋物線有一個特殊點及特殊線。

註：作者在此暫不稱呼焦點及準線，因爲後來才改變名稱，但爲了閱讀的方便，以下將同時使用特殊點（焦點）及特殊線（準線）一詞，在後述說明完整後則會更改其名稱。

在此我們不得不佩服希臘的作圖精神，他們利用空間立體圖與平面圖的繪畫製作，再經過三角形相似、全等定理的繁瑣證明，最終得到圓錐曲線的數學結晶。然而希臘的證明實在是太複雜，且教科書的圓錐曲線的教學內容被改得支離破碎，故在十九世紀有一位來自法國／比利時數學家丹德林（Germinal Dandelin, 1794-1847），利用另外一套方式重新說明圓錐曲線的構圖原理，接著認識丹德林的解釋方法。

・丹德林圓錐曲線構圖原理新解

1. 橢圓

圓錐被平面 E 切出一個橢圓，在圓錐內部、平面 E 的上下方，各放入一個球，這兩個球（上方小球 S_1、下方大球 S_2）與圓錐及平面 E 相切，見圖 4-297。

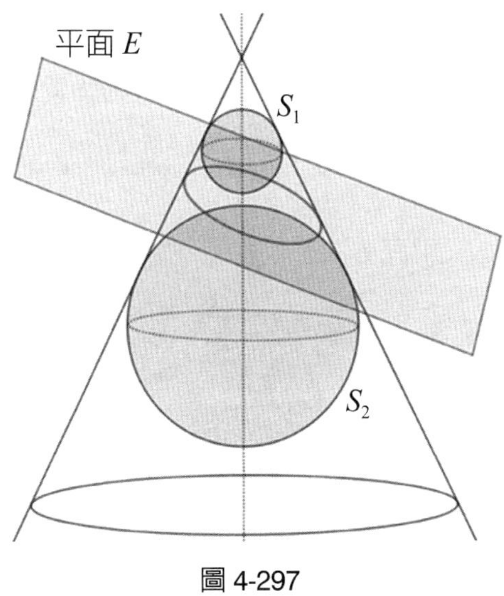

圖 4-297

小球 S_1 與平面 E 相切 F_1，大球 S_2 與平面 E 相切 F_2。小球 S_1 與圓錐相切一個圓 C_1，大球 S_2 與圓錐相切 C_2，見圖 4-298。

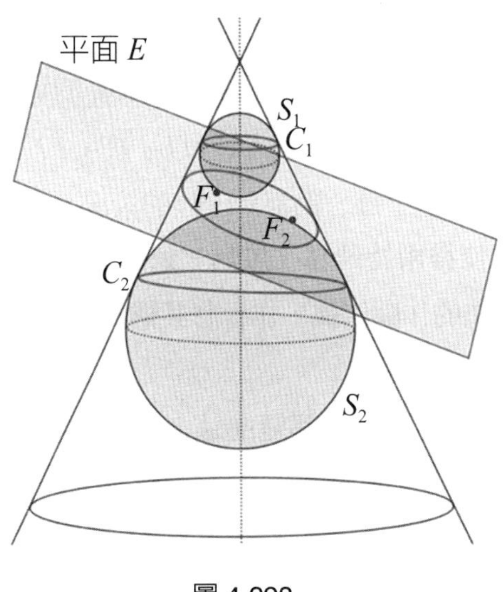

圖 4-298

P 爲橢圓上一點，將 P 與 F_1、F_2 連線得到 $\overline{PF_1}$、$\overline{PF_2}$。而過 P 點的一條母線與 C_1、C_2 相交於 F_1'、F_2'，並連線可得 $\overline{PF_1'}$、$\overline{PF_2'}$，見圖 4-299。

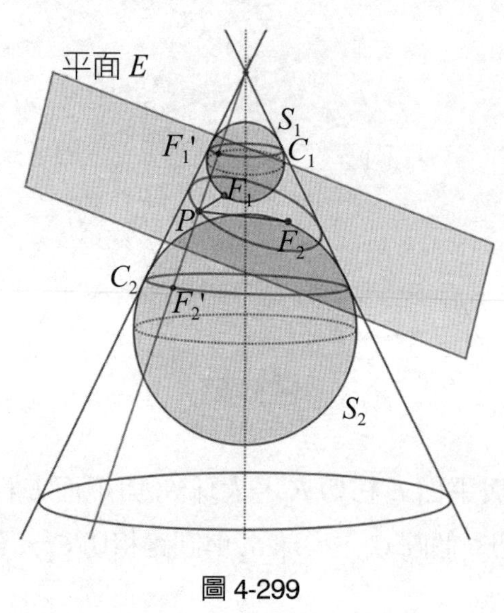

圖 4-299

因爲 P 點到 F_1 及 P 點到 F_1' 都是到球 S_1 的切點，故切線長相等 $\overline{PF_1} = \overline{PF_1'}$，同理 $\overline{PF_2} = \overline{PF_2'}$，所以 $\overline{PF_1} + \overline{PF_2} = \overline{PF_1'} + \overline{PF_2'} = \overline{F_1'F_2'}$。推廣到橢圓上每一點都是一樣的情況。**故橢圓具有兩特殊點（焦點），使得兩特殊點（焦點）到曲線的距離和恆爲定値。這也就是木匠法的作圖依據，作者將其稱爲橢圓形構圖定理。**

2. 雙曲線

圓錐被平面 E 切出一個雙曲線，在圓錐的上下各放入一個球，這兩個球（上方小球 S_1、下方大球 S_2）與圓錐及平面 E 相切，見圖 4-300。

小球 S_1 與平面 E 相切 F_1，大球 S_2 與平面 E 相切 F_2。小球 S_1 與圓錐相切一個圓 C_1，大球 S_2 與圓錐相切 C_2，見圖 4-301。

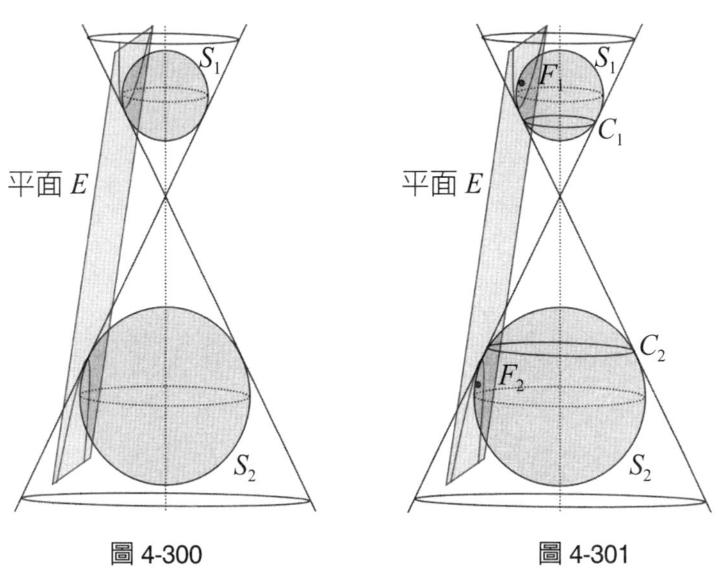

圖 4-300　　圖 4-301

P 為雙曲線上一點，將 P 與 F_1、F_2 連線得到 $\overline{PF_1}$、$\overline{PF_2}$。而另過 P 點的一條母線與 C_1、C_2 相交於 F_1'、F_2'，並連線可得 $\overline{PF_1'}$、$\overline{PF_2'}$，見圖 4-302。

因為 P 點到 F_1 及 P 點到 F_2' 都是到球 S_1 的切點，故切線長相等 $\overline{PF_1}=\overline{PF_1'}$，同理 $\overline{PF_2}=\overline{PF_2'}$，所以 $|\overline{PF_1}-\overline{PF_2}|=|\overline{PF_1'}-\overline{PF_2'}|=\overline{F_1'F_2'}$。推廣到雙曲線上每一點都是一樣的情況。**故雙曲線具有兩特殊點（焦點），使得兩特殊點（焦點）到曲線的距離差恆為定值。這也就是木匠法的做圖依據，作者將其稱為雙曲線構圖定理。**

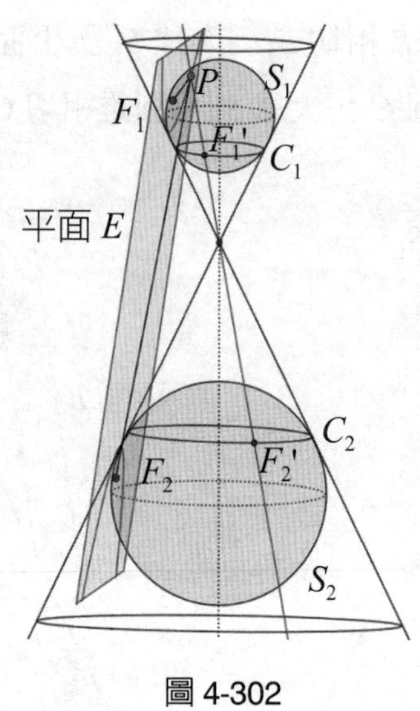

圖 4-302

3. 拋物線

圓錐被平面 E 切出一個拋物線，平面 E 平行一條母線，在圓錐內放入一個球，球 S 與圓錐及平面 E 相切，見圖 4-303。

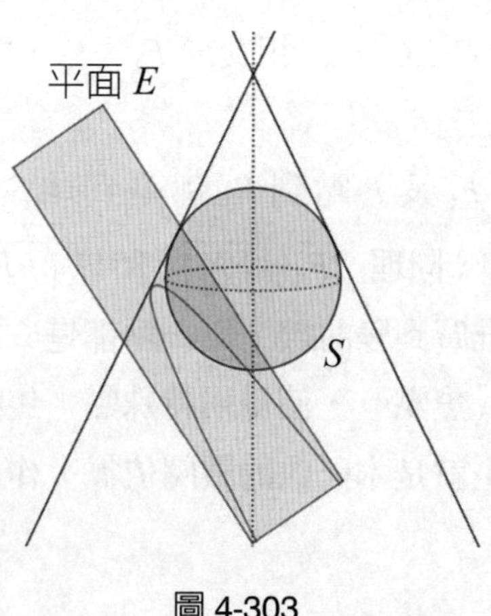

圖 4-303

球 S 與平面 E 相切 F，球 S 與圓錐相切一個圓 C，而圓 C 處在一個平面 E'，令平面 E 與平面 E' 的交線為 L，見圖 4-304。

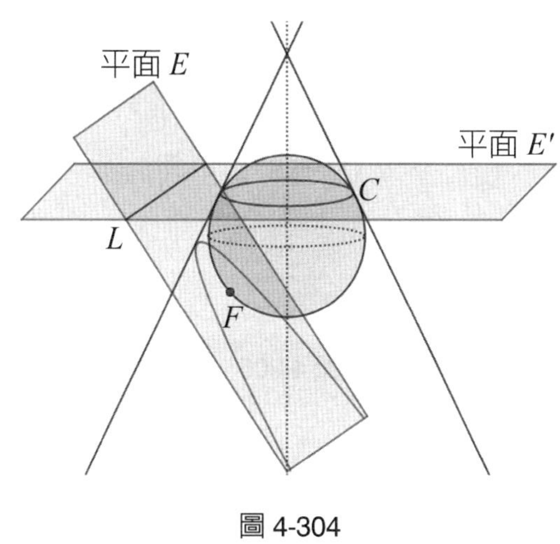

圖 4-304

P 為拋物線上一點，將 P 與 F 連線得到 $\overline{PF}$。而過 P 點的一條母線與 C 相交於 F'，並連線可得 $\overline{PF_1{}'}$，因為 P 點到 F 及 P 點到 F' 都是到球 S 的切點，故切線長相等 $\overline{PF_1} = \overline{PF_1{}'}$，見圖 4-305。

讓 P 對 L 作一垂足 H，讓 P 對 E' 作一垂足 K，見圖 4-306。因為拋物線的截面平行母線，截面與軸線的夾角 = 母線與軸線的夾角 = α（內錯角相等），也就是 $\angle HPK = \alpha$；而 $\overline{KP}$ 平行軸線，故 $\overline{KP}$ 與母線的夾角為 α（內錯角相等）。故可發現 $\angle HPK = \angle F'PK = \alpha$。

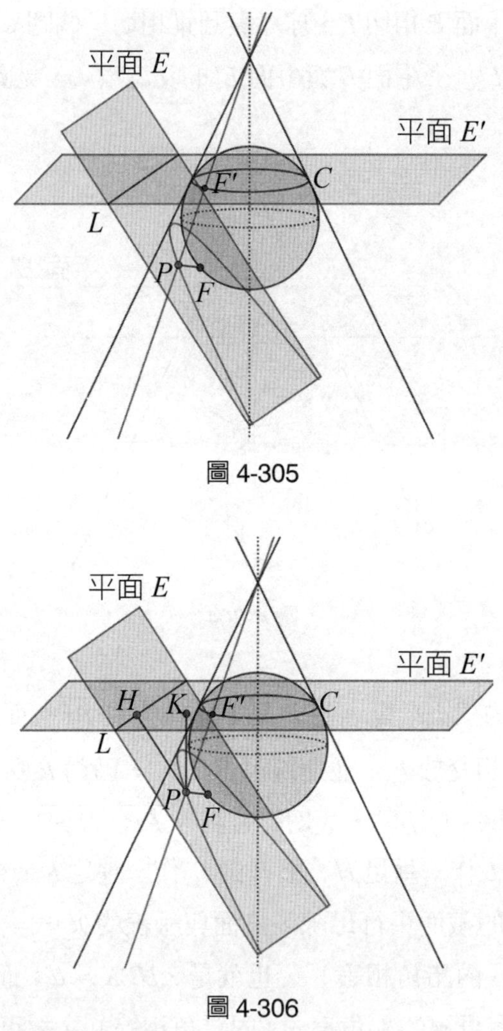

圖 4-305

圖 4-306

觀察$\triangle HPK$與$\triangle F'PK$，已知$\angle HPK = \angle F'PK = \alpha$、而共用邊$\overline{PK} = \overline{PK}$、及$\angle HKP = \angle F'KP = 90°$故$\triangle HPK \cong \triangle F'PK$ (ASA)。所以$\overline{PH} = \overline{PF_1{}'}$，又因 $\overline{PF_1} = \overline{PF_1{}'}$，所以$\overline{PH} = \overline{PH}$。推廣到拋物線上每一點都是一樣的情況。**故拋物線具有一特殊點（焦點）、**

一條特殊線（準線），使得拋物線上任意一點到特殊線距離等於到特殊點的距離。這也就是木匠法的作圖依據，作者將其稱爲拋物線構圖定理。

★常見問題 1：拋物線的特殊線（準線）問題

拋物線常被人詬病太過人工化，怎麼會天馬行空的思考出準線的概念，雖說數學的輔助線也經常發生，但從圓錐切割出拋物線後，到底如何發現準線？直到現在都是讓人好奇的地方，但可惜的是目前相關文獻已經難以查找，目前知道西元三世紀的帕波斯（Pappus）有對其研究，但仍然沒有相關內容留下。也因爲這樣的問題，丹德林對此感到不舒服，進而提出一套有效的證明方式。但我們仍然可以思考另一種方式來推論準線的出現。

拋物線被希臘人從圓錐切下來後，並發現除了特殊點（焦點）外，還與一條特殊線（準線）有相關，見圖 4-307。希臘人因爲研究圖形，進而發現平行光的反射線匯聚點，也就是焦點 F，以及對稱軸 L，見圖 4-308。再將過焦點的垂直線與曲線相交兩點，得到正焦弦長，見圖 4-309。再對相交的兩點 A、B 做切線，發現相交於對稱軸上的 C 點，見圖 4-310。

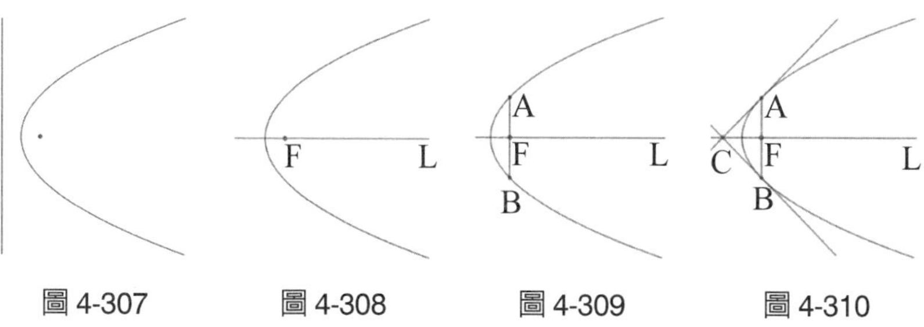

圖 4-307　圖 4-308　圖 4-309　圖 4-310

此時希臘人發現 C 點與拋物線的頂點 D 的距離與頂點 D 到焦點 F 的距離相等，$\overline{CD}=\overline{DF}$，見圖 4-311。並思考曲線上其他點是否也有距離某處相等的性質，方法是在曲線上找任意點作爲圓心，並以該圓心到焦點的距離作爲半徑，做出多個圓，見圖 4-312 ～ 4-314。

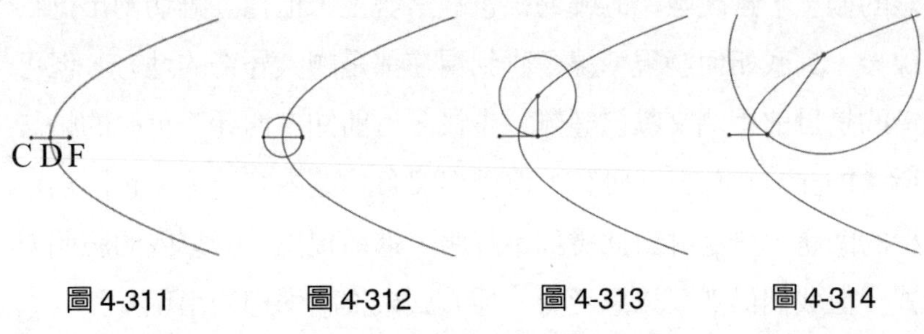

圖 4-311　圖 4-312　圖 4-313　圖 4-314

將這些圓組合起來，見圖 4-315。下半部分也重複此動作，見圖 4-316。可以發現左方都不會超過某個界限，而實際上這堆圓形有同一條公切線，在此不作證明，見圖 4-317。因此拋物線的圖案特性不同於橢圓與雙曲線有兩特殊點（焦點），而是擁有一個特殊點（焦點）、一條特殊線（準線），見圖 4-318。

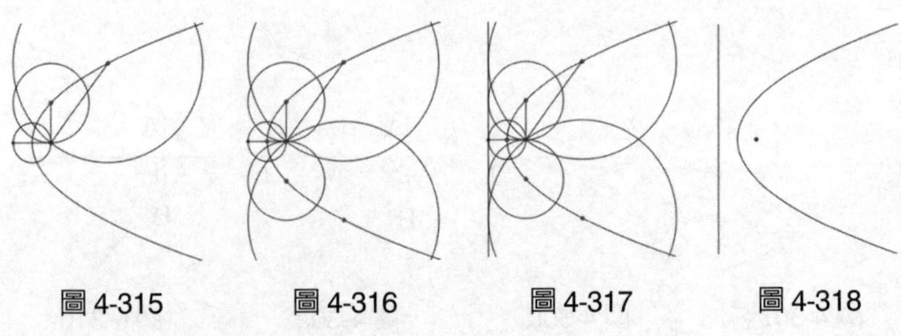

圖 4-315　圖 4-316　圖 4-317　圖 4-318

★常見問題 2：一個圓錐可以切出幾種拋物線

有些學生會因爲拋物線，是切圓錐的平面要平行母線，進而認爲一個圓錐僅能切出一種拋物線，而在不同高度上的拋物線差異僅只要平移後就會重疊。而要切不同開口大小的拋物線則要在不同 α 角度，（α 爲軸線與母線的夾角）。但這樣的想法是有錯誤的，因爲一個圓錐在不同高度可切出無限多種的拋物線，可以觀察丹德林切圓錐的側視圖，見圖 4-319。由圖 4-319 可知準線到頂點的距離有無限多個，也就是焦距有無限多個，所以一個圓錐可以切出無限多種的拋物線。

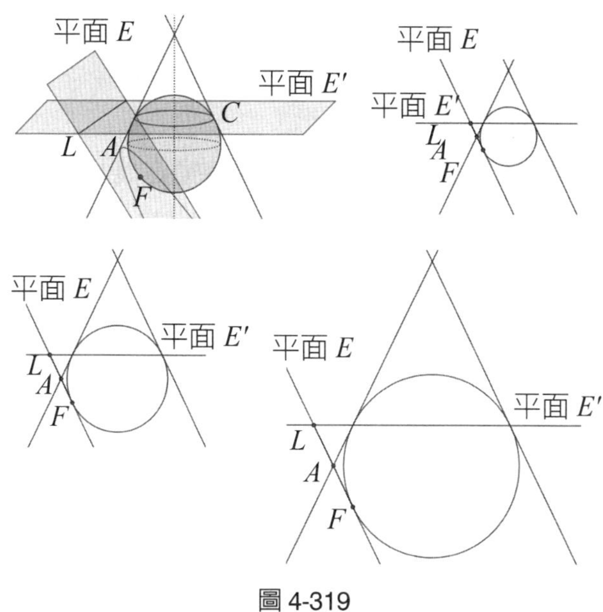

圖 4-319

·圓錐曲線構圖原理到木匠法

由前文的討論後，才能理解圓錐切下來的圖形爲什麼有焦點（特殊點）與準線（特殊線），也才能接受木匠法的構圖原理是正確無誤。畢竟我們直接拿木匠法的原理作爲圓錐曲線的定義相當荒謬至極，木匠必然是有人教它們如何作圖，也就是數學理論先於木匠，所以我們不該拿木匠法的構圖原理作爲定義，這是倒果爲因。

目前的教科書拿木匠法作圓錐曲線的方式，視爲圓錐曲線的定義是有瑕疵的。除了邏輯順序錯誤外，還有不驗證兩者（切圓錐與木匠法）是否相同，並造成一曲線雙定義的窘境，以及導致學生誤會圓錐曲線可以這樣各說各話。相信理解丹德林的證明後，就不會再出現「切圓錐出來的曲線，如橢圓」與「木匠法作圖的橢圓」是否是同樣圖案的問題。

因此作者必須強調，**圓錐曲線的圖案定義是，由切圓錐構成的圖形**，如圓形、橢圓形、拋物線、雙曲線。**木匠法構成的圖案，不可以使用「定義」一詞，而是要稱作「定理」**，如：橢圓形構圖定理、拋物線構圖定理、雙曲線構圖定理。**因爲木匠法的構圖原理是經過嚴謹數學證明後的定理，而非用定義**，定義會令人誤會該內容是數學家規定的內容。

※備註 1：數學上的定義愈少愈好，定義會令人誤會是數學家規定的內容，會令人覺得數學家都是天才，並可以隨便亂規定事情。

※備註 2：定義的功能主要有二，一爲命名，二爲補足數學的缺陷的設計，如：$a^0=1$。

※備註 3：同一件事情，必然是有一個定義、公理作爲出發點，而後演繹推導的結論都被稱爲定理。

4-5-5 圓錐曲線作圖（木匠法、同心圓描點法）

圓錐曲線可由切圓錐的方式發現各種圖案，如：圓形、拋物線、橢圓、雙曲線，見圖 4-320。但我們不可能都用切的方式來作圖，以前的木匠因爲形狀的需求，故需要作出指定規格的拋物線，利用希臘數學家提出的構圖定理，進而產生木匠法制圖，以下將介紹各圖案如何作圖。

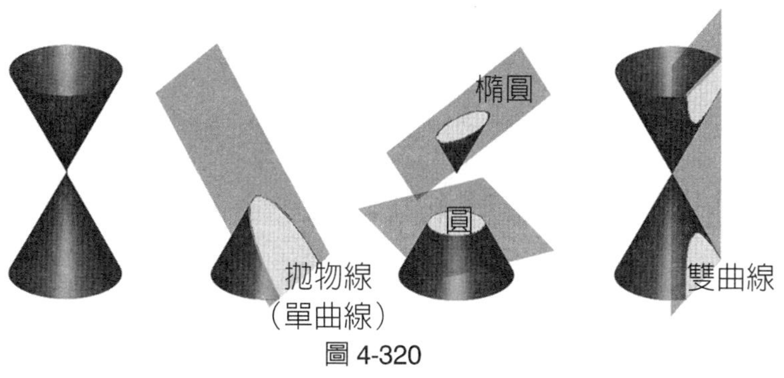

圖 4-320

・圓

1. 利用圓規，取一個半徑再畫一圈。
2. 木匠法：釘一根鐵釘作爲中心，繩子綁在鐵釘上，繩子另一端綁筆，畫一圈可得到圓形。

・拋物線

根據拋物線構圖定理可知，「點到準線的距離 = 點到焦點的距離」

1. 同心圓描點法

在焦點上做同心圓，再與準線量距離，標記每一個等距離的點，取國字與數字數值相同作為交點，再連線，即可得到拋物線，見圖 4-321。

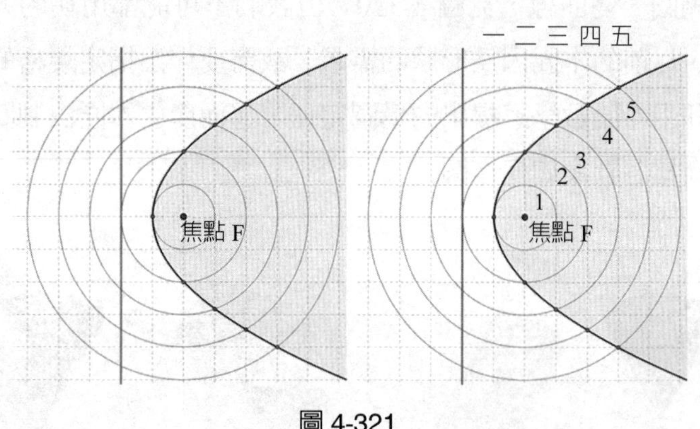

圖 4-321

2. 木匠法

利用兩根木板，兩木板垂直，*A* 木板作為準線，*B* 木板在一定距離打上一根鐵釘，並綁上繩子，繩長為鐵釘到 *A* 木板的距離，見圖 4-322 左。再將 *A* 木板右側中間打上一根鐵釘，鐵釘作為焦點，並把繩子另一端該鐵釘上，此時繩子不緊綳，見圖 4-322 中。用筆把繩子變緊綳，可得到一點，見圖 4-322 右。

B 木板下移，筆也隨之向左移動，筆仍把繩子變緊綳，筆會逐漸做出軌跡，最後得到拋物線，見圖 4-323。

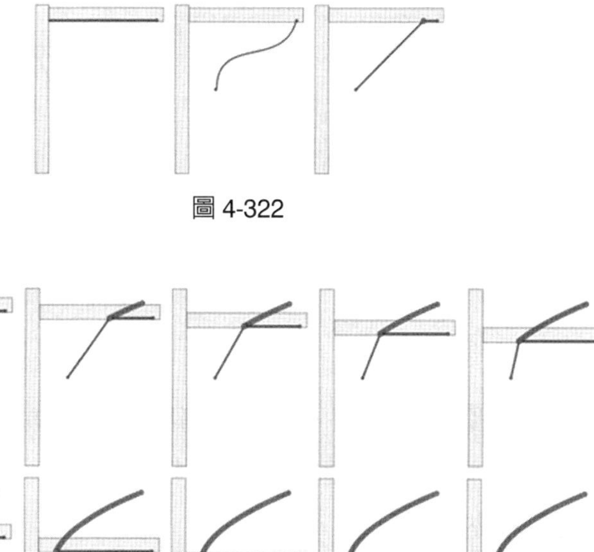

圖 4-322

圖 4-323

3. 木匠法原理

參考圖 4-324，$\overline{AB}$ 是繩長，P 是 $\overline{AB}$ 上一點，所以 $\overline{AP}+\overline{PB}=\overline{AB}\cdots(1)$，而木匠法是將繩子另一端綁在 F 上，故 $\overline{FP}+\overline{PB}$ 的長度是繩長，故 $\overline{FP}+\overline{PB}=\overline{AB}\cdots(2)$，將 (1) 代入 (2)，$\overline{AP}+\overline{PB}=\overline{FP}+\overline{PB}\rightarrow\overline{AP}=\overline{FP}$，故每一點 P 都會滿足「P 點到準線距離 $=P$ 點到焦點距離」。

或可參考此連結的影片 http://web.ntnu.edu.tw/~696080204/conic1/index.php?post=A1259944535

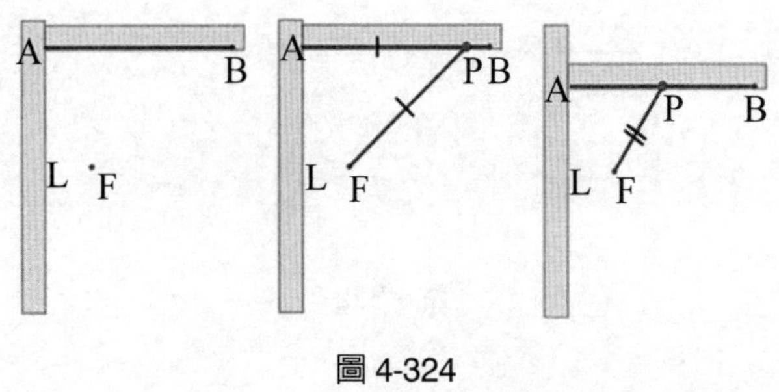

圖 4-324

· 橢圓

根據橢圓構圖定理，可知「橢圓有兩個焦點，橢圓的曲線，每一點到兩焦點的距離『和』」相同」。

1. 同心圓描點法

以圖 4-325 爲例，在兩焦點做同心圓，取國字與數字數值和爲 8，作爲交點，再連線可得到橢圓。

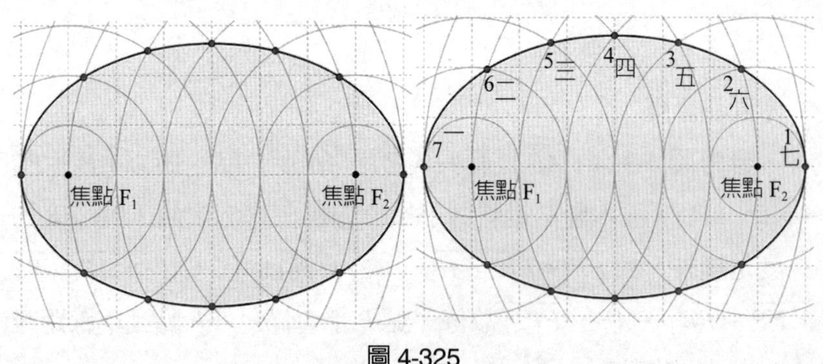

圖 4-325

2. 木匠法

利用曲線上的點到兩焦點距離和相等，距離和爲繩長。

一條繩子綁在兩鐵釘上，鐵釘爲兩焦點，用筆將繩子綳緊，見圖 4-326。筆綳緊繩子同時繞一圈，即可得到橢圓形，見圖 4-327。

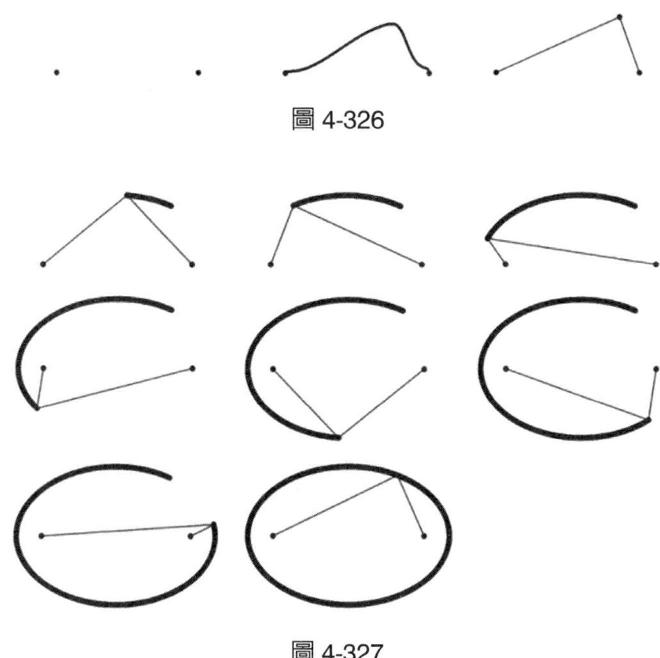

圖 4-326

圖 4-327

3. 木匠法原理

參考圖 4-328，繩長是 $\overline{PF_1}+\overline{PF_2}$，不管怎麼畫，繩子總是綳緊，故每一點 P 都會滿足「曲線上的點到兩焦點距離和相等，距離和為繩長」。也可參考此連結的動畫：http://web.ntnu.edu.tw/~696080204/conic1/index.php?post=A1261044414

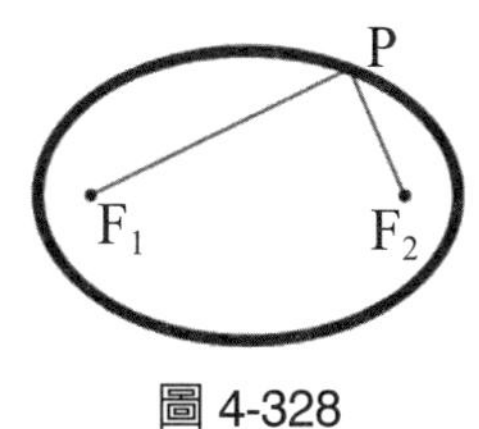

圖 4-328

· 雙曲線

根據雙曲線構圖定理，可知「橢圓有兩個焦點，橢圓的曲線，每一點到兩焦點的距離『差』」相同」。

1. **同心圓描點法**

以圖 4-329 爲例，在兩焦點做同心圓，取國字與數字數值差爲 4，作爲交點，再連線可得到雙曲線。

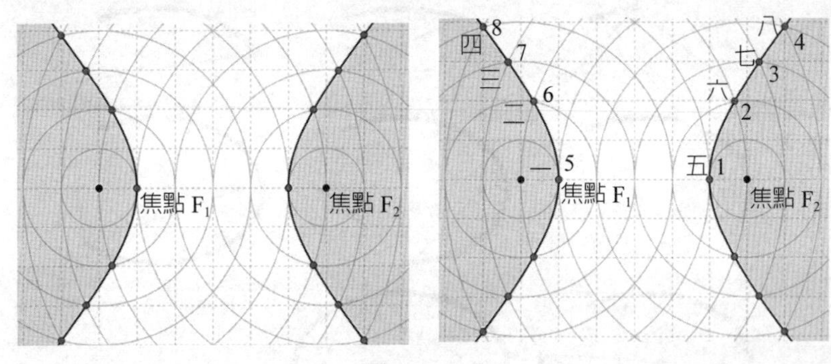

圖 4-329

2. **木匠法**

兩條繩子不同長的繩子分別綁在兩鐵釘上，鐵釘爲兩焦點，一起抓住繩子下緣，並用筆將兩繩子綳緊，見圖 4-330。將兩繩一起往下方抽出一樣長度，並保持用筆將兩繩子綳緊，便可逐漸畫出單邊的雙曲線，見圖 4-331。將兩繩左右對調，再做一次，即可得到完整的雙曲線，見圖 4-332。

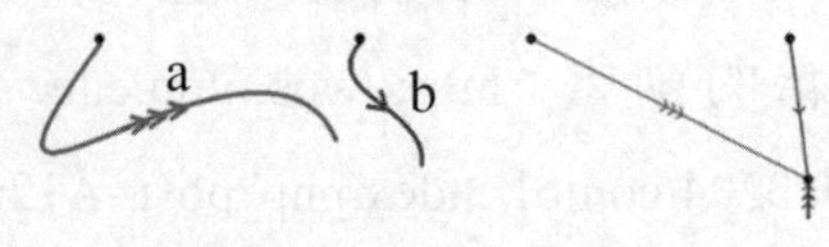

圖 4-330

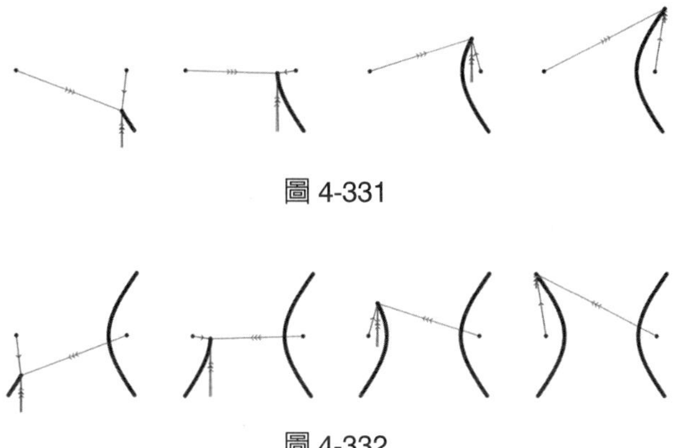

圖 4-331

圖 4-332

3. 木匠法原理

參考圖 4-333，可知繩長分別爲 a、b，當我們抓住兩繩，其抓住的長度都爲 k，會使得 $a = \overline{PF_1} + k \rightarrow \overline{PF_1} = a - k$、$b = \overline{PF_2} + k \rightarrow \overline{PF_2} = b - k$，當改變抓住的長度時，$\overline{PF_1} - \overline{PF_2}$的數值不變，其數值爲 $\overline{PF_1} - \overline{PF_2} = (a - k) - (b - k) = a - b$，故每一點 P 都會滿足「曲線上的點到兩焦點距離差相等，距離差爲兩繩長度差距」。也可參考此連結的動畫：http://commons.wikimedia.org/wiki/File:Hyperbola_construction_-_parallelogram_method.gif

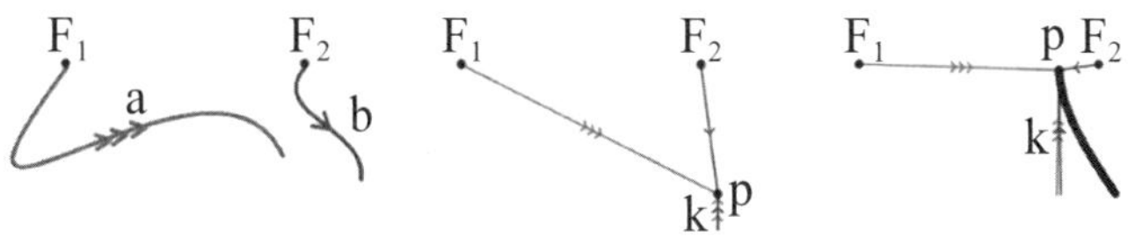

圖 4-333

4-5-6 圓錐曲線的焦點與光學性質

希臘人相當了解幾何，除了多邊形、圓形外，也對圓錐曲線的拋物線、橢圓、雙曲線進行許多的作圖，以期望了解每個圖形的性質。我們不難發現圓形上的每一條切線對應的直徑（法線、過切點且垂直切線的直徑），都會匯聚在同一點，也就是圓心，見圖 4-334。

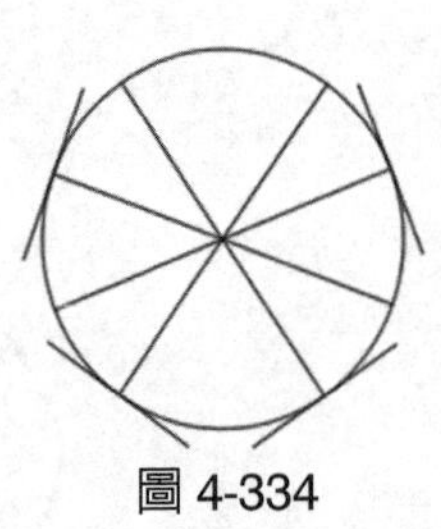
圖 4-334

同樣的也會思考拋物線、橢圓、雙曲線內部是否也有某種線段的匯聚點，最後發現利用入射角 = 反射角的想法（入射角 = 反射角的內容建立在本節附錄）套用在橢圓、雙曲線、拋物線上，得知構圖定理的特殊點就是匯聚點。

而這有佚事可以佐證，希臘數學家阿基米德，利用鏡面排成拋物線研究此點，發現光線的匯聚點會造成燃燒乃至燒焦的效果，進而燃燒敵人的船（請參考前文），同時我們也可在放大鏡發現有聚光燒焦的現象。因此該匯聚點改名為**焦點**。接著觀察拋物線、橢圓、雙曲線匯聚點，也就是焦點的圖案。

・橢圓

橢圓內部過焦點的任意線的反射線會遵循入射角 = 反射角的路徑，見圖 4-335，每一條反射線會在另一焦點匯聚（有興趣的人可以自行證明），見圖 4-336，或可觀察擦除切線及法線的圖，見圖 4-337。

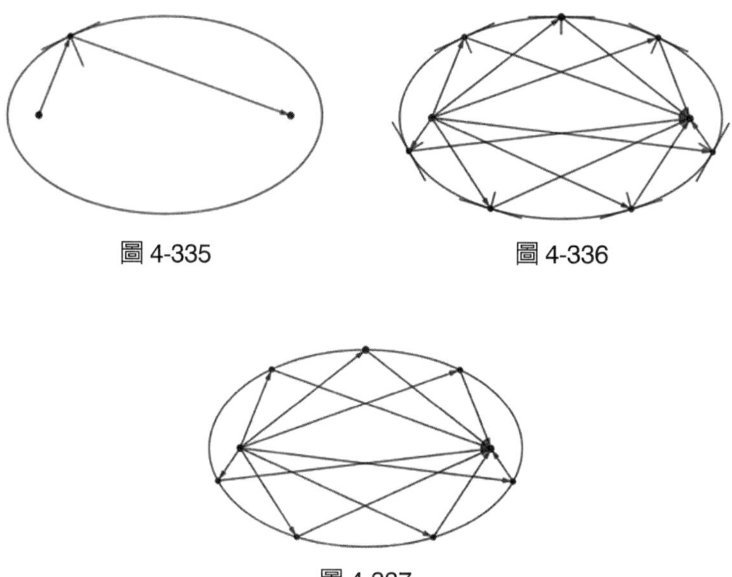
圖 4-335 圖 4-336

圖 4-337

· 雙曲線

內部過焦點的任意線的反射線會遵循入射角 = 反射角的路徑，見圖 4-338，每一條反射線的反方向延長線會在另一焦點匯聚，見圖 4-339，或可觀察擦除切線及法線的圖，見圖 4-340。

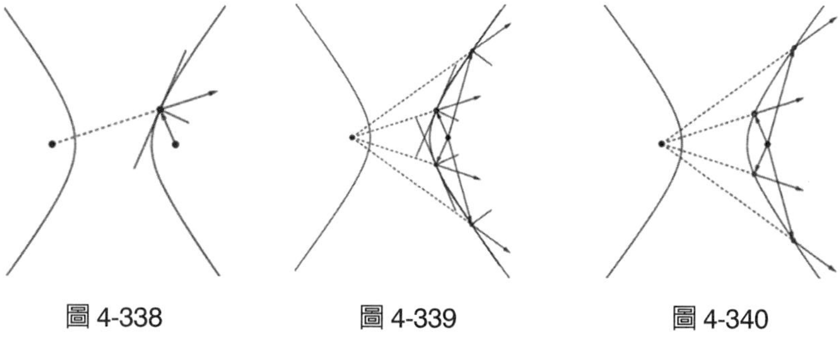
圖 4-338 圖 4-339 圖 4-340

· 拋物線

內部過焦點的任意線的反射線會遵循入射角 = 反射角的路徑，見圖 3-341，每一條反射線都會平行對稱軸，見圖 3-342，或可觀察擦除切線及法線的圖，見圖 3-343。或可理解爲平行對稱軸的任意線的反射線將匯聚在焦點。

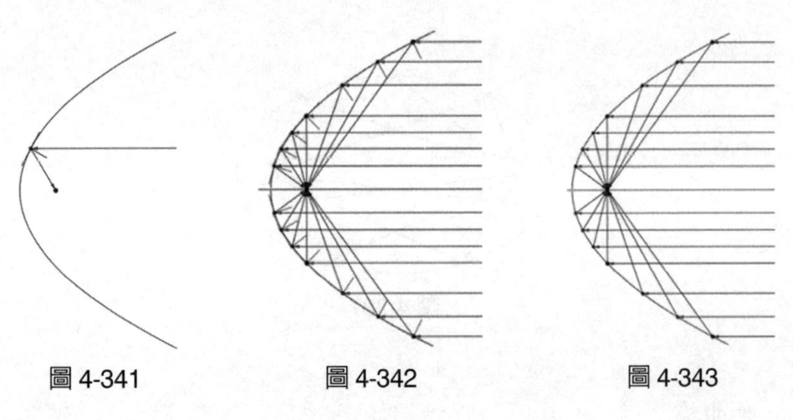

圖 4-341　　圖 4-342　　圖 4-343

小結：

焦點的由來應該說明清楚，現行的圓錐曲線內容對於焦點的意義，是用物理方式讓學生接受圓錐曲線內存在焦點，令人誤會是先發現物理的焦點性質，而後才有數學定義，但這邏輯上並不合理，因爲當時的人不會無端端去磨拋物面鏡子，或其他圓錐曲線，畢竟造價不斐，所以必然是數學先於物理。

同時用物理來描述數學相當令部分人不舒服，所以有必要說明清楚這部分的內容，才不會令人認爲圓錐曲線的數學不夠嚴謹。

4-5-7 圓錐曲線的離心率與準線

·圓錐曲線的離心率起點

希臘人對於圓錐各曲線的特性相當有興趣。他們發現切圓錐的角度不同會得到不一樣的圖案，切角度的幅度從水平面開始依次爲圓形、偏圓的橢圓、偏扁的橢圓、拋物線（與母線的角度平行）、偏扁的雙曲線、偏直的雙曲線。

此時關於圓形與偏圓的橢圓，偏扁的橢圓，見圖，我們可以容易的發現兩焦點離中心愈來愈遠，所以可以定一個比率判斷橢圓被壓扁的程度，因此可以定義該比率爲「兩焦距長 ÷ 長軸長（兩頂點距離）$=\dfrac{2c}{2a}=\dfrac{c}{a}$」。而此比率被稱爲離心率，符號記作 e，是 Eccentricity 的縮寫。

焦點偏離中心位置愈短，比率愈小，就愈接近圓形；

焦點偏離中心位置愈長，比率愈大，愈接近壓扁的圓形，見圖 4-344。

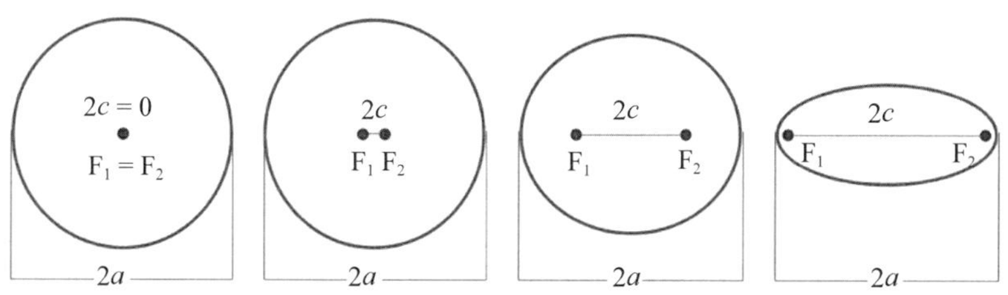

圖 4-344

同時這樣的定義套用到圓形也很合理，因爲此時的長軸可以對應到直徑，而兩焦點是重疊一起的圓心，故離心率爲 0。而橢圓形的焦點必定在橢圓內部，故 $c < a$，則 $\frac{c}{a} < 1$，所以橢圓離心率是 $0 < e < 1$。

·爲了一致性，讓拋物線、雙曲線也有離心率，進而讓橢圓、雙曲線有準線

數學家常常爲了讓數學有著一致性的討論，故以同樣的方式：離心率 = 兩焦距長 ÷ 兩頂點距離 $= \frac{c}{a}$ 的概念來思考雙曲線，可以發現到在不同的離心率下，（令兩頂點距離爲 1 改變焦點位置），雙曲線被由上而下壓扁的程度不同，見圖 4-345。

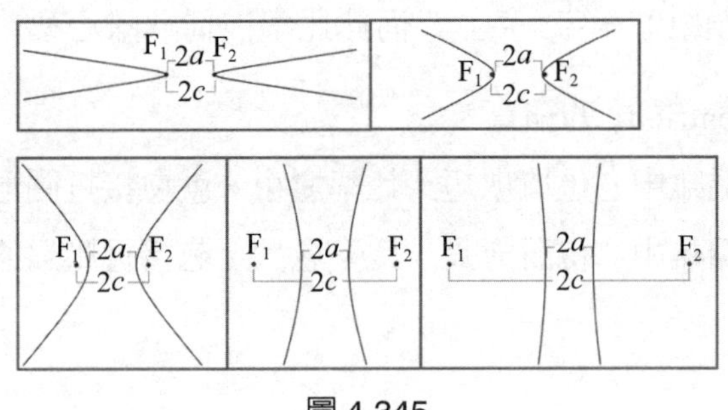

圖 4-345

由圖 4-345 可知，焦點偏離中心位置愈短，比率愈小，就愈扁；焦點偏離中心位置愈長，比率愈大，愈接近略彎的直線。而雙曲線的焦點距離與兩頂點的關係，必定 $2c > 2a$，則 $\frac{c}{a} > 1$，所以雙曲線離心率是 $e > 1$。

由上述討論可知，離心率 = 0 是圓形，0 < 離心率 < 1 是橢圓形，離心率 > 1 是雙曲線，而拋物線沒有離心率的值，此時可以思考拋物線的離心率可能是 1，想想拋物線與 1 有相關的內

容，可以發現拋物線的點到準線距離等於點到焦點距離，也意謂著點到焦點距離 ÷ 點到準線距離 = 1。因此讓人不禁會去思考橢圓、雙曲線是否也存在準線，有趣的是其準線被發現與切平面有關，準線是切平面與水平面（包含一球與圓錐切的圓的平面）的交線，我們可以參考丹德林的圖案，見圖4-346、4-347、4-348。

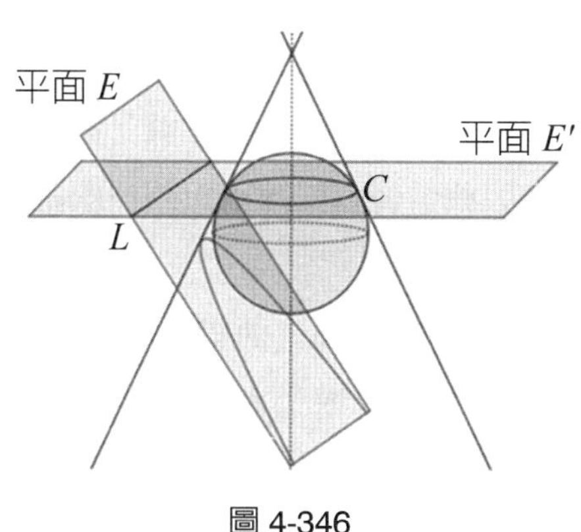

圖 4-346

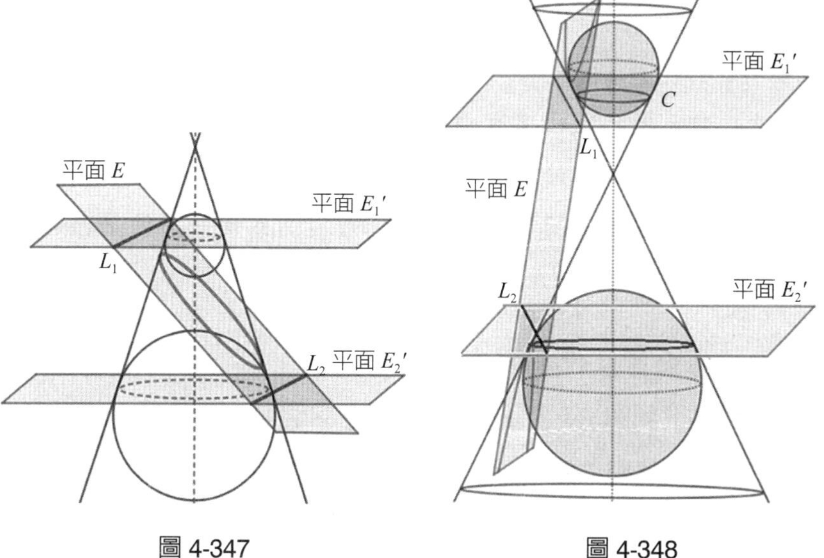

圖 4-347

圖 4-348

更有意思的地方是橢圓與雙曲線的「點到焦點距離 ÷ 點到準線距離」的數值，結果就是離心率（證明後面會再作說明），而圓形的切平面就是水平面，故沒有交線（整個平面都相交），所以沒有準線，也就無法計算「點到焦點距離 ÷ 點到準線距離」的離心率，事實上圓形離心率為 0，某程度上也就是沒有離心率的意思。

同時在前文可以發現作者對拋物線的構圖原理的線僅稱為特殊線，此時因為每個圓錐曲線（除了圓）都有特殊線與特殊點（焦點）的概念，因此這條特殊線可以視為圓錐曲線再討論離心率的基準線，**故改名為準線**。

自此我們在高中學到的圓錐曲線的內容，不管是焦點、準線、切圓錐、木匠法、離心率，才算是串連起來，而不是東一塊、西一塊的用定義含混帶過。因為「點到焦點距離 ÷ 點到準線距離」的數值結果是離心率可以對應到三個圓錐曲線，因而被部分教科書視為離心率定義，但作者認為這是錯誤講法，後面會再說明。

※備註：橢圓與雙曲線有兩條準線，橢圓的兩條準線在外部，垂直於長軸，雙曲線的兩條準線在內部，垂直於貫軸。對應丹德林的圓錐空間圖，就是兩球體與圓錐切一圓的平面再與切平面相交的直線。

・離心率與圖形的關係

觀察下列圖表，了解曲線與離心率關係。在此離心率（e）是用「點到焦點的距離 a」÷「點到準線的距離 b」，可以發現曲線愈靠近焦點且遠離準線，離心率愈小，見表 4-9 及圖 4-349。

表 4-9

圖形	橢圓	拋物線	雙曲線
離心率（e）的範圍	$0<e<1$	$e=1$	$1<e<\infty$
圖案	橢圓 焦點 a b 準線	拋物線 b a 焦點 準線	b a 焦點 準線 雙曲線
推導	因爲 $0<a<b$，則 $a\div b<1$，故 $e<1$、而 a、b 爲正數故 $0<e$， 所以橢圓離心率：$0<e<1$。	因爲 $a=b$，則 $a\div b=1$， 所以拋物線離心率：$e=1$。	因爲 $a>b$，則 $a\div b>1$， 所以雙曲線離心率：$e>1$。

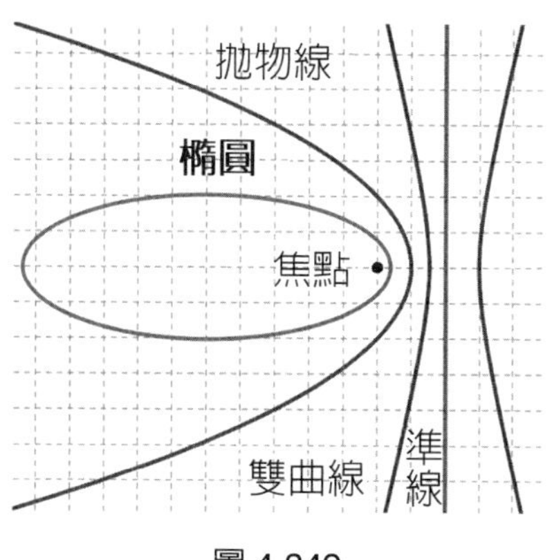

圖 4-349

·圓形的離心率定義是0，嚴重的邏輯順序錯誤

現行的離心率由於文獻的缺失與多次教改的影響，數學上的離心率被定義爲「點到焦點的距離 a」÷「點到準線的距離 b」。當離心率由大到小的變化，分別爲雙曲線、拋物線、橢圓，如果將離心率繼續變小，慢慢接近 0，可以發現會慢慢變得很像圓的橢圓，當然只是接近圓，一定不是圓，見圖 4-350。由圖可知當離心率小到愈接近 0 時，圖形愈接近圓形，故現在的數學家規定（定義）圓形的離心率是 0。

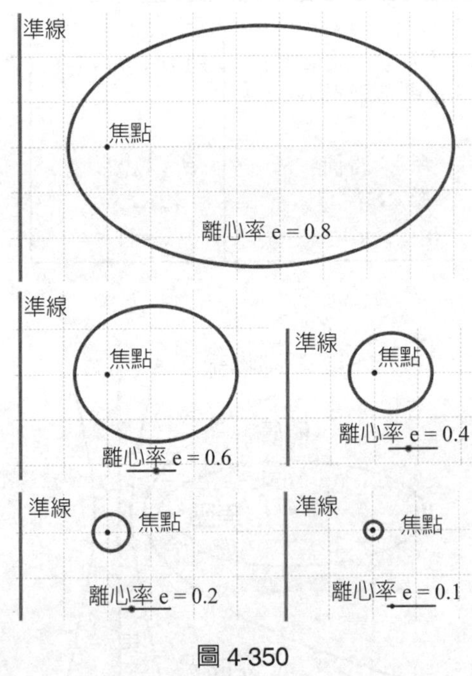

圖 4-350

但是作者不得不說，如果認知離心率是用「點到焦點的距離」÷「點到準線的距離」的方式是錯誤的，這是倒果爲因。因為直覺上我們不會認為拋物線與雙曲線有離心率，到底遠離什麼心了？由前文可知，事實上雙曲線與拋物線的離心率，是因為水平面與切平面的交線是準線，並帶來特殊比率（「點到焦點的距離」÷「點到準線的距離」）的存在，此比率與橢圓的離心率數值相同，才被視為離心率。所以圓形的離心率本來就是 0，不是被規定的，拋物線與雙曲線的離心率才是被硬冠上去的名詞。

· **離心率的兩個面向與問題**

1. 焦點遠離中心的程度（壓扁程度），其離心率計算式為「兩焦點長 ÷ 長軸長（兩頂點距離）$=\dfrac{2c}{2a}=\dfrac{c}{a}$」。這是最直覺的概念，也是真實的意義。
2. 「點到焦點的距離」與「點到準線的距離」的關係（焦點 − 準線法的離心率），其離心率計算式為「點到焦點的距離 ÷ 點到準線的距離 $=\dfrac{2c}{2a}=\dfrac{c}{a}$。這應該是離心率的定理，但現在卻是以定義來描述。

事實上，我們應該重視第一點，因為它在天文學發揮莫大的效用。而第二點這個關係式是由第一點的推廣，讓每個圓錐曲線都可以有準線與離心率，**讓圓錐曲線的概念更一致性，也讓我們可以利用此內容對圓錐曲線作圖**。

而第二點作者建議應該稱呼為離心率定理，以避免令人誤會，數學家怎麼能從這麼奇怪的圖案（一焦點、一準線）可以觀察出離心率，到底是什麼心、什麼距離？

同時我們**不該過度強調可以從「離心率定理」去繪製圓錐曲線**，會讓人誤會數學家是從離心率的研究發現圓錐曲線，正確來說，是每個圓錐曲線有其對應的離心率。而且過度強調用離心率定義繪製圓錐曲線，**會讓人誤會圓錐曲線有三定義**（**切圓錐**、**木匠**、**離心率**），並且對於三者概念是否眞的互通，還是又是一個數學家說了算的內容，感到非常不舒服。

4-5-8 離心率與木匠法與切圓錐的串連

由於現行教材的圓錐曲線有三個定義，不免有各說各話，卻又不明白是否是同一個圖形，故我們應該對離心率作圖與木匠作圖的圓錐曲線是否相同進行驗證。而這個證明早在希臘時期就已經用三角形的全等、相似定理加以驗證完畢，在此不多作贅述。

作者將利用解析幾何方式來驗證離心率可以推導到每個圓錐曲線，讓每個圓錐曲線都有準線，見下述。

·橢圓

已知一個在原點的橫橢圓方程式爲 $\frac{x^2}{a^2}+\frac{y^2}{b^2}=1$，焦點爲 $F(c, 0)$、右側頂點爲 $A(a, 0)$、橢圓上動點 P，其參數式爲 $P(at, \sqrt{b^2(1-t^2)})$，$-1 \le t \le 1$。

橢圓 $\frac{x^2}{a^2}+\frac{y^2}{b^2}=1$ 如何假設參數式，令 $x = at$，代入橢圓方程式，可得到 $y=\sqrt{b^2(1-t^2)}$，故參數式可設爲 $P(at, \sqrt{b^2(1-t^2)})$，而橢圓上的點 x 座標值範圍是 $-a \le x \le a$，所以 t 範圍是 $-1 \le t \le 1$。

假設存在一條準線 L 在橢圓右側，令 P 對 L 作垂足 K、A 對 L 作垂足 H，見圖 4-351，則 A

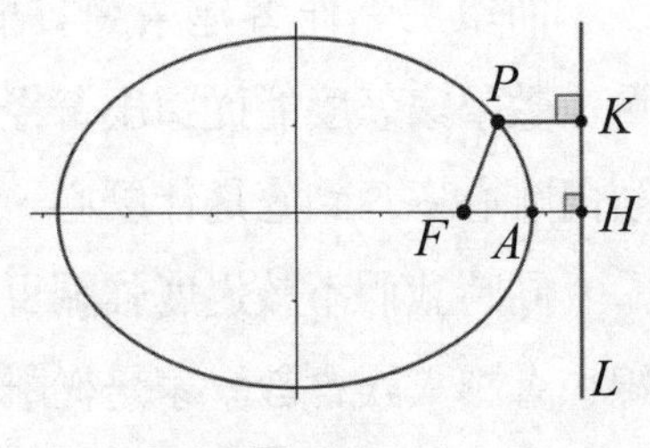

圖 4-351

點的離心率與任意 P 點的離心率相同，並與原始離心率定義（壓扁程度）相同，也就是 $e=\frac{c}{a}=\frac{\overline{PF}}{\overline{PK}}=\frac{\overline{AF}}{\overline{AH}}$。

已知 $\overline{AF}=a-c$，而 $\frac{c}{a}=\frac{\overline{AF}}{\overline{AH}}=\frac{a-c}{\overline{AH}}\rightarrow\overline{AH}=\frac{a(a-c)}{c}=\frac{a^2}{c}-a$。而準線在 A 點的右側，距離為 $\frac{a^2}{c}-a$，故 $L:x=\frac{a^2}{c}-a+a=\frac{a^2}{c}$。所以 $\overline{KP}=\frac{a^2}{c}-at$，而 $\overline{PF}=\sqrt{(at-c)^2+(\sqrt{b^2(1-t^2)}-0)^2}$，此時只要能驗證 $\frac{c}{a}=\frac{\overline{PF}}{\overline{PK}}$，就能代表任意點的離心率都是一樣。

$$\begin{aligned}\overline{PF}&=\sqrt{(at-c)^2+(\sqrt{b^2(1-t^2)}-0)^2}=\sqrt{(a^2t^2-2act+c^2)+b^2(1-t^2)}\\&=\sqrt{a^2t^2-2act+c^2+(a^2-c^2)(1-t^2)}=\sqrt{a^2t^2-2act+c^2+a^2-a^2t^2-c^2+c^2t^2}\\&=\sqrt{-2act+a^2+c^2t^2}=\sqrt{(ct-a)^2}=|ct-a|\end{aligned}$$

因為 $a>c>0\rightarrow 0>c-a$，而 $-1\le t\le 1\rightarrow -c\le ct\le c\rightarrow -c-a\le ct-a\le c-a$，所以 $ct-a\le c-a<0$，故 $\overline{PF}=|ct-a|=-(ct-a)=a-ct$，所以 $\frac{\overline{PF}}{\overline{PK}}=\frac{a-ct}{\frac{a^2}{c}-at}=\frac{a-ct}{\frac{a}{c}(a-ct)}=\frac{1}{\frac{a}{c}}=\frac{c}{a}$，故橢圓每一點離心率相同，橢圓的「離心率 = 點到焦點的距離 ÷ 點到準線的距離 $=\frac{c}{a}$」得證。

· **雙曲線**

已知一個在原點的橫雙曲線方程式為 $\frac{x^2}{a^2}-\frac{y^2}{b^2}=1$，焦點為 $F(c, 0)$、右側頂點為 $A(a, 0)$、橢圓上動點 P，其參數式為

$P(at, \sqrt{b^2(t^2-1)})$，$t \leq -1$ 或 $1 \leq t$。雙曲線為 $\frac{x^2}{a^2}-\frac{y^2}{b^2}=1$ 如何假設參數式，令 $x=at$，代入橢圓方程式，可得到 $y=\sqrt{b^2(t^2-1)}$，故參數式可設為 $P(at, \sqrt{b^2(t^2-1)})$，而雙曲線上的點 x 座標值範圍是 $x \leq -a$ 或 $a \leq x$，所以 t 範圍是 $t \leq -1$ 或 $1 \leq t$。

假設存在一條準線 L 在雙曲線內部右側，令 P 對 L 作垂足 K、A 對 L 作垂足 H，見圖 4-352，則 A 點的離心率與任意 P 點的離心率相同，並與原始離心率定義（壓扁程度）相同，也就是 $e=\frac{c}{a}=\frac{\overline{PF}}{\overline{PK}}=\frac{\overline{AF}}{\overline{AH}}$。

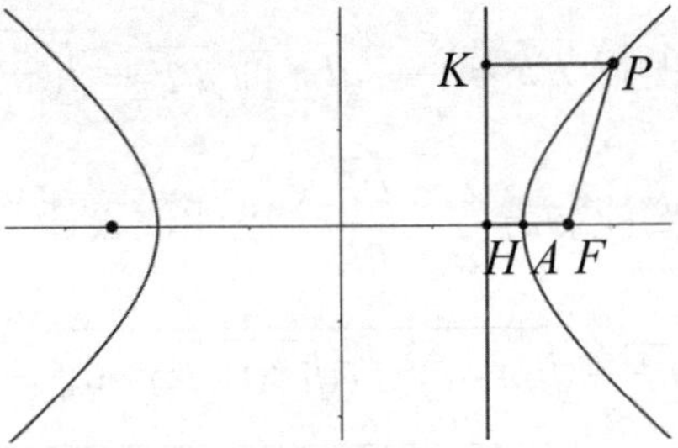

圖 4-352

已知 $\overline{AF}=c-a$，而 $\frac{c}{a}=\frac{\overline{AF}}{\overline{AH}}=\frac{c-a}{\overline{AH}} \rightarrow \overline{AH}=\frac{a(c-a)}{c}=a-\frac{a^2}{c}$。

而準線在 A 點的右側，距離為 $a-\frac{a^2}{c}$，故 $L: x=a-(a-\frac{a^2}{c})=\frac{a^2}{c}$。

所以 $\overline{KP}=at-\frac{a^2}{c}$，而 $\overline{PF}=\sqrt{(at-c)^2+(\sqrt{b^2(t^2-1)}-0)^2}$，此時只要能驗證 $\frac{c}{a}=\frac{\overline{PF}}{\overline{PK}}$，就能代表任意點的離心率都是一樣。

$$\overline{PF}=\sqrt{(at-c)^2+(\sqrt{b^2(t^2-1)}-0)^2}=\sqrt{a^2t^2-2act+c^2+b^2(t^2-1)}$$
$$=\sqrt{a^2t^2-2act+c^2+(c^2-a^2)(t^2-1)}=\sqrt{a^2t^2-2act+c^2+c^2t^2-c^2-a^2t^2}$$
$$=\sqrt{-2act+c^2t^2+a^2}=\sqrt{(ct-a)^2}=|ct-a|$$

因爲 $c > a > 0 \rightarrow c - a > 0$，而 $t \leq -1$ 或 $1 \leq t$，使得 $ct \leq -c$ 或 $c \leq ct$，使得 $ct - a \leq -c - a$ 或 $c - a \leq ct - a$，而 $0 < c - a \leq ct - a \rightarrow 0 < ct - a$，所以，故 $\overline{PF} = |ct - a| = ct - a$，所以 $\frac{\overline{PF}}{\overline{PK}} = \frac{ct-a}{at-\frac{a^2}{c}} = \frac{ct-a}{\frac{a}{c}(ct-a)} = \frac{c}{a}$，故雙曲線每一點離心率相同，雙曲線「離心率 = 點到焦點的距離 ÷ 點到準線的距離 $= \frac{c}{a}$」得證。

· **拋物線**

已知一個在原點的左右型拋物線方程式爲 $y^2 = 4x$，焦點爲 $F(c, 0)$、頂點爲 $A(0, 0)$、橢圓上動點 P，其參數式爲 $P(\frac{t^2}{4c}, t)$。

圖 4-353

假設存在一條準線 L 在拋物線左側，令 P 對 L 作垂足 K、A 對 L 作垂足 H，見圖 4-353，則 A 點的離心率與任意 P 點的離心率都等於 1，並與原始離心率定義（壓扁程度）相同，也就是 $e = 1 = \frac{\overline{PF}}{\overline{PK}} = \frac{\overline{AF}}{\overline{AH}}$。

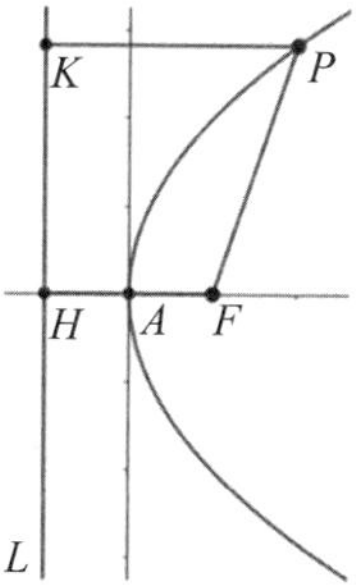

已知 $\overline{AF} = c$，而 $1 = \frac{\overline{AF}}{\overline{AH}} = \frac{c}{\overline{AH}} \rightarrow \overline{AH} = c$。而準線在 A 點的左側，距離爲 c，故 $L : x = -c$。所以 $\overline{KP} = \frac{t^2}{4c} - (-c) = \frac{t^2}{4c} + c$，而 $\overline{PF} = \sqrt{(\frac{t^2}{4c} - c)^2 + (t - 0)^2}$，此時只要能驗證 $1 = \frac{\overline{PF}}{\overline{PK}}$，就能代表任意點的離心率都是一樣。

$$\overline{PF}=\sqrt{(\frac{t^2}{4c}-c)^2+(t-0)^2}=\sqrt{\frac{t^4}{16c^2}-2c\times\frac{t^2}{4c}+c^2+t^2}$$

$$=\sqrt{\frac{t^4}{16c^2}-\frac{t^2}{2}+c^2+t^2}=\sqrt{\frac{t^4}{16c^2}+\frac{t^2}{2}+c^2}=\sqrt{(\frac{t^2}{4c}+c)^2}=\frac{t^2}{4c}+c$$

所以 $\frac{\overline{PF}}{\overline{PK}}=\frac{\frac{t^2}{4c}+c}{\frac{t^2}{4c}+c}=1$，故拋物線每一點離心率都等於 1，拋物線的「離心率＝點到焦點的距離÷點到準線的距離＝1」得證。

※備註：

可以發現橢圓與雙曲線都僅只有討論一個焦點，因為本段是要證明，假設一準線、一焦點的橢圓與雙曲線，曲線上每一點都可以有相同的離心率，換言之就是可以利用離心率作出橢圓與雙曲線。同時有人會思考另一焦點呢？其答案是右側焦點，會找到右側準線，左側焦點會找到左側準線，而證明僅需要證明一邊即可得知橢圓與雙曲線每一點都有相同的離心率與對應的準線存在。

・小結

由以上解析幾何的證明，證明出如果讓圓錐曲線都有準線，可推導出該曲線的每一點的離心率都相等。而從曲線上每一點離心率相等的角度出發，可以得到一準線，這邊有興趣的人以自行證明。

上述證明說明了「離心率作的圓錐曲線」眞的與「木匠法的圓錐曲線」是同樣的圖形。而「木匠法的圓錐曲線」先前已經證

明與「切圓錐的圖案」是同樣圖形。

作者完整證明出這三個方法做圖都是相同的圖案，不會再令人有三個定義做圖，其圖案是否相同的疑慮，可以建立起這三者的關係，見圖 4-354。同時最重要的是只有一個圓錐曲線定義，就是切圓錐，其他都是定理。

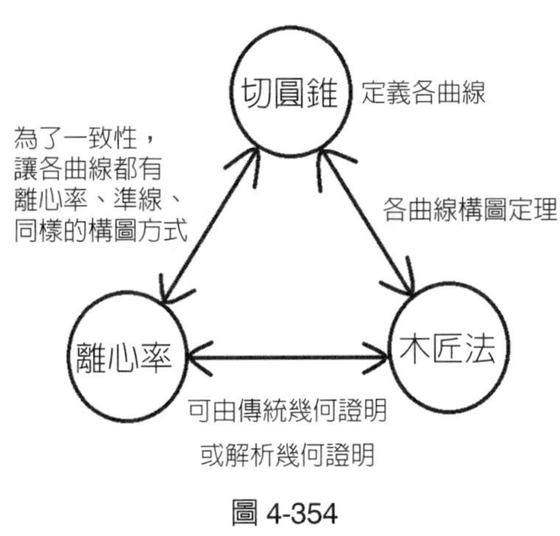

圖 4-354

4-5-9 離心率的應用及相關內容

・雙曲線的天體

離心率很直覺的會與物理的離心率作連結，並可以思考其軌跡與力學的切線速度關係，因此拋物線與雙曲線的離心率便有了意義。我們可以合理的推測，如果有拋物線與雙曲線軌跡的物體，便能利用到對應的離心率。

現代的人不會對於太陽系行星繞太陽走橢圓形軌跡感到懷疑，但是以前的人受限於科技，沒有找到拋物線與雙曲線的天體。令人雀躍的是，在 2017 年 10 月 18 日 NASA 發現到第一顆，也是唯一一顆走雙曲線軌跡的天體進入太陽系，其名稱爲斥侯星（Oumuamua），見圖 4-355、4-356。同時現在 NASA 也非常希望可以發現走拋物線的天體，因爲這樣一來就可以讓圓錐曲線完全對應到天體。

圖 4-355

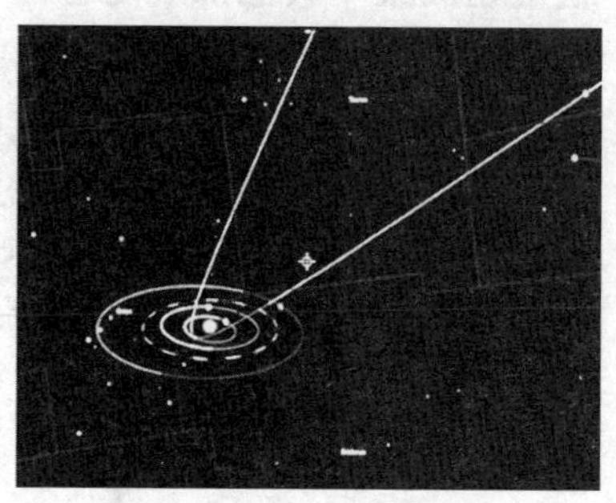

圖 4-356 取自 WIKI

· 圓錐曲線離心率、準線、焦點與切線關係

從另一個角度觀察離心率，離心率讓人容易聯想到物理的離心率，進而連想到切線及三角函數的正切函數 tan。若將離心率作圖的圓錐曲線，畫出對稱軸，並作出對稱軸及準線的交點，以此交點與圓錐曲線做切線，可發現切點，見圖 4-357：該圖是將其放在平面座標上，以及可以發現夾角，此夾角取 tan 就是離心率，並發現若做出另一切線與切點，可發現切點連線通過焦點。

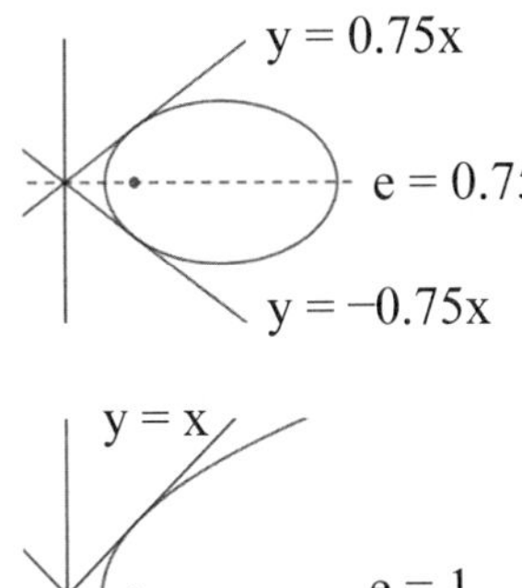

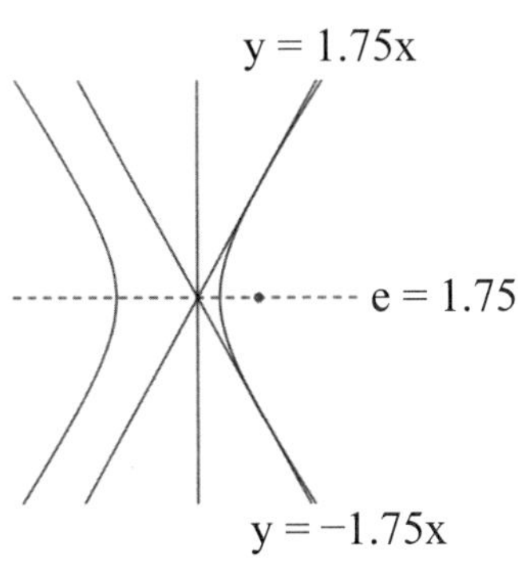

圖 4-357

·圓錐曲線離心率與切平面、母線、軸線關係

離心率是如此特別的內容，許多數學家都相繼研究，以期望可以發覺到其他內涵，並希望應用在天文上。而在此要介紹母線與軸線的夾角 α，其餘角爲 γ、切平面與軸線的夾角 β，其餘角爲 θ，餘角的正弦函數後相除也是離心率，數學式 $e=\dfrac{\sin\theta}{\sin\gamma}$，見圖 4-358。而此證明早在希臘時期就已就利用相似原理證明完畢，在此不多作介紹。

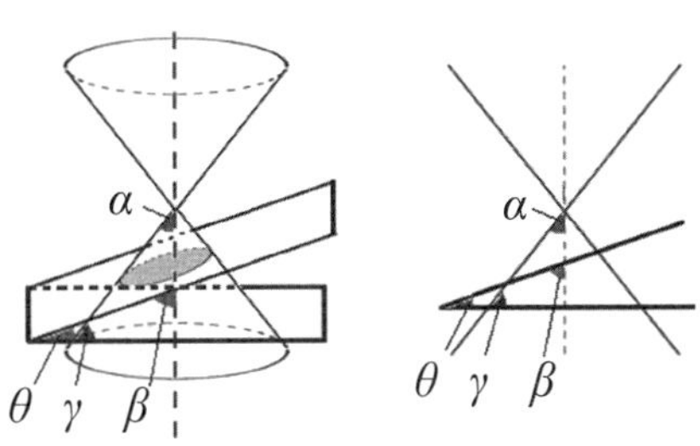

圖 4-358

＊可讀可不讀 1：拋物線的壓扁程度怎麼討論

在一元二次方程式可知 $y = ax^2$ 是拋物線，而在 a 的係數絕對值愈大時，其圖案就愈扁，見圖 4-359。故拋物線是可以討論壓扁的程度，而在傳統幾何的壓扁程度是離心率，但拋物線被定義爲 1，所以拋物線的壓扁程度必須另找其他方法來討論。我們先觀察下述拋物線圖案，見圖 4-360。可以發現準線 L 離頂點 A 愈近，也就是 $\overline{AH}$ 愈小，同時頂點 A 離焦點 F 也會愈近，換言之焦距 $\overline{AF}$ 愈小，其圖案愈扁，因此我們對於拋物線的壓扁程度可以用焦距來加以討論。

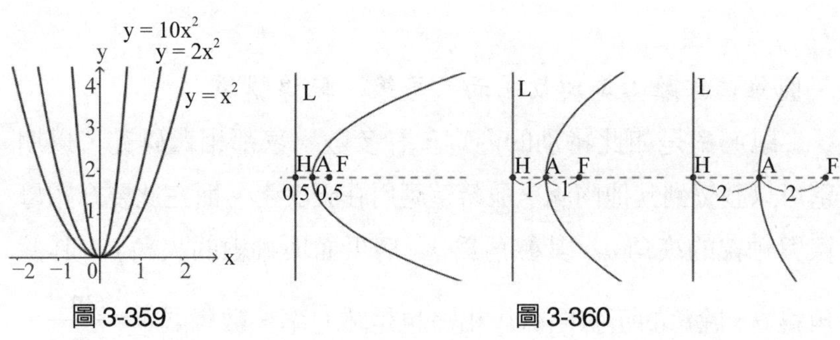

圖 3-359　　圖 3-360

＊可讀可不讀 2：曲率

希臘人如此的喜好幾何，必然會討論圓錐曲線的曲線彎曲程度。同時生活上偶爾會需要討論曲線彎曲的程度（在工程上、設計圖上經常利用此概念），但是生活中似乎沒有被教過討論彎曲的內容？而接著討論彎曲程度的內容：曲率。

曲率：符號以 Kappa：κ 表示，是表示彎曲程度的數值。

曲率半徑：曲率也能以半徑表示，符號以 Rho：ρ 表示，意義爲曲率半徑，是曲率的倒數，單位爲米。

我們要如何討論一條曲線的彎曲程度，基本上我們是討論該曲線的局部，因為曲線上每個地方得彎曲程度都不一樣。所以會分開討論，而討論的方式就是放一個密合的圓上去曲線，稱密切圓，見圖 4-361。

由圖可知，左邊比較彎曲，密切圓比較小，半徑比較小。右邊比較不彎曲，密切圓比較大，半徑比較大。所以密切圓的半徑愈小，曲率愈大；所以曲線接近平直的時候，曲率接近 0，而當曲線急速轉彎時，曲率很大。

曲線的曲率表示就是與圓半徑有關，如果密切圓是半徑 1 時稱為曲率 1，

如果「密切圓是半徑 2」很明顯的彎曲程度比「密切圓是半徑 1」小，所以用半徑倒數比較適當，故密切圓是半徑 2 曲率是 1/2。這樣也符合我們對於彎曲程度大則曲率數值大的感覺，參考圖 4-362。

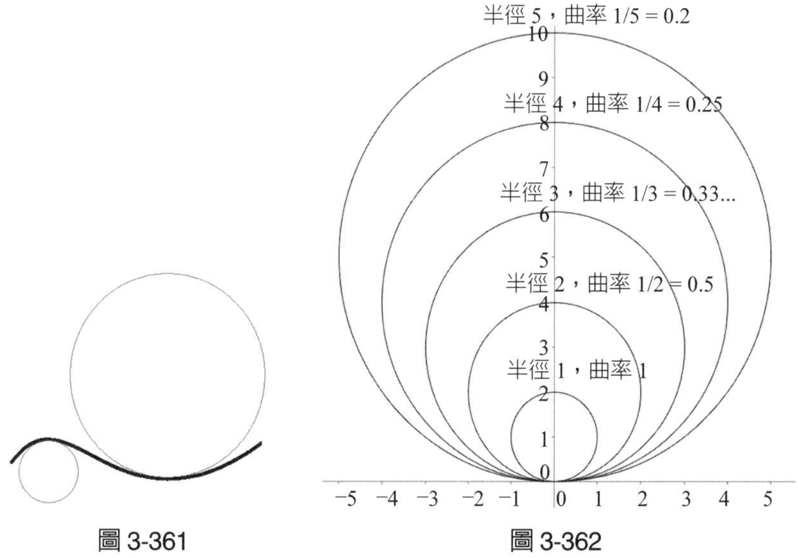

圖 3-361　　圖 3-362

曲率是消失沒被教學的數學，但是卻又非常容易懂的一個內容，同時曲率在工程及生活應用上相當實用。並且微積分中的微分發展與曲率有關，微分是在討論曲線上斜率的內容，笛卡兒用曲率研究曲線上斜率。

4-5-10 解析幾何描述圓錐曲線（二次方程式與標準式）

先前已經介紹了許多希臘時期的圓錐曲線，除了少部分的證明為了方便起見用到解析幾何，因此希臘時期的數學其實已經相當完整，而且使用將近 2000 年，一直到平面座標的產生，也就是文藝復興、啓蒙時期，才有了新的變化。接著來認識解析幾何的圓錐曲線，我們已知各曲線的定義，以及木匠法的構圖定理，如果圖案放在平面座標上，可以用方程式來表達圓錐曲線。以下將介紹圓錐曲線與二元二次方程式的關係，但在學習圓錐曲線的方程式之前，必須先建立兩樣預備知識，「點到點距離數學式」與「點到線的距離數學式」。

・預備知識

1. 點到點的距離

平面上有兩點 $A(x_0, y_0)$、$B(x_1, y_1)$，兩點距離是 $\overline{AB}$，見圖 4-363。平面座標只能算出兩點間的水平方向變化量 $x_1 - x_0$、與鉛錘方向的變化量 $y_1 - y_0$，故需要增加一點 $C(x_1, y_0)$ 作出一個直角三角形，便能利用畢氏定理計算出斜邊 $\overline{AB}$ 的距離，$\overline{AB} = \sqrt{(x_1 - x_0)^2 + (y_1 - y_0)^2}$，見圖 4-364。

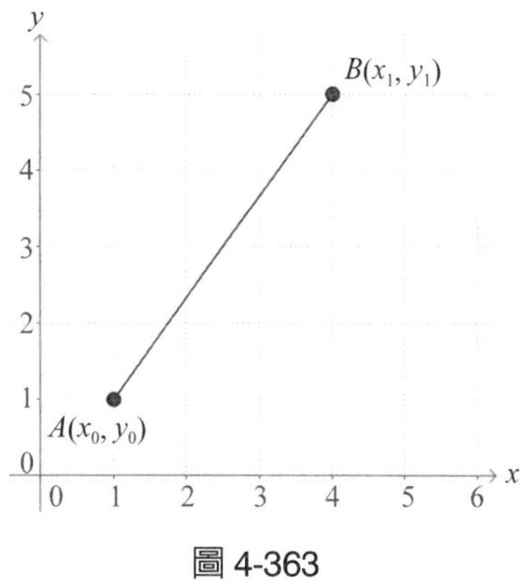

圖 4-363

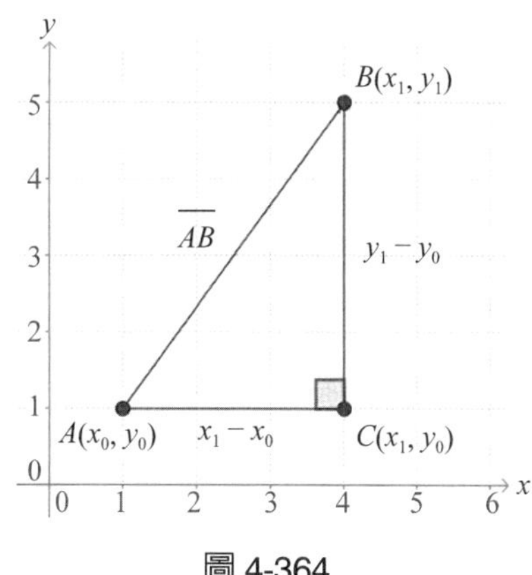

圖 4-364

2. 點到線的距離

數學應用上常會需要知道點 $P(x_0, y_0)$ 到線 L：$ax + by + c = 0$ 的距離，記做 $d(P, L)$，見圖 4-365。我們可以在直線上找到一點 $Q(x_1, y_1)$，使得 $\overline{PQ}$ 是最短距離，（最短距離是垂直距離），以及 $Q(x_1, y_1)$ 可以設成直線方程式的參數式 $(x_1, y_1) = (bt - \dfrac{c}{a}, -at)$，見圖 4-366。

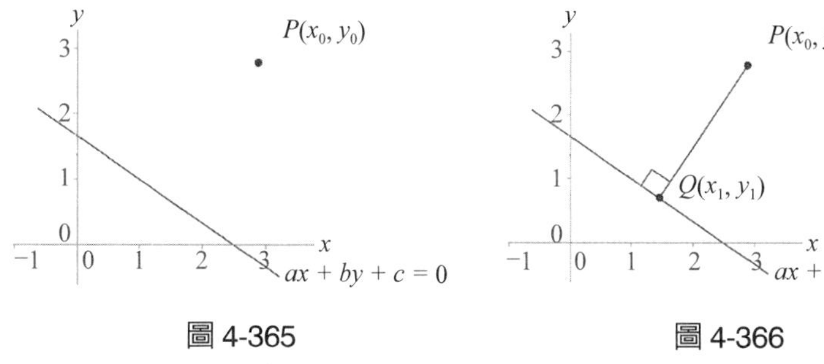

圖 4-365　　圖 4-366

由距離數學式可知

$$\overline{PQ} = \sqrt{(x_1 - x_0)^2 + (y_1 - y_0)^2} = \sqrt{(bt - \frac{c}{a} - x_0)^2 + (-at - y_0)^2},$$

爲方便起見，先討論根號內部內容 $(bt-\frac{c}{a}-x_0)^2+(-at-y_0)^2$，最終可得到 $At^2 + Bt + C$ 的形式，將其配方法可得到 $A(t-\alpha)^2 + \beta$，其中 $\beta=\frac{(ax_0+by_0+c)^2}{a^2+b^2}$，化簡過程不贅述請參考本節附錄。因此 $\overline{PQ}=\sqrt{A(t-\alpha)^2+\beta}$，當 $t=\alpha$ 時，$\overline{PQ}$ 有最小值 $\sqrt{\beta}=\sqrt{\frac{(ax_0+by_0+c)^2}{a^2+b^2}}=\frac{|ax_0+by_0+c|}{\sqrt{a^2+b^2}}$，故點 $P(x_0, y_0)$ 到線 L：$ax + by + c = 0$ 的最短距離爲 $d(P,L)=\overline{PQ}=\frac{|ax_0+by_0+c|}{\sqrt{a^2+b^2}}$。

· **圓形：每一點到圓心的距離相同。**

方程式爲：$x^2+y^2=r^2$

推導：設圓心爲 $(0, 0)$，動點爲 (x, y)，每一點到圓心的距離爲半徑 r，見圖 4-367。

$\sqrt{(x-0)^2+(y-0)^2}=r$ 化簡得到 $x^2+y^2=r^2$；

若將中心 $(0, 0)$ 平移到 (h, k) 就是 $(x-h)^2+(y-k)^2=r^2$。

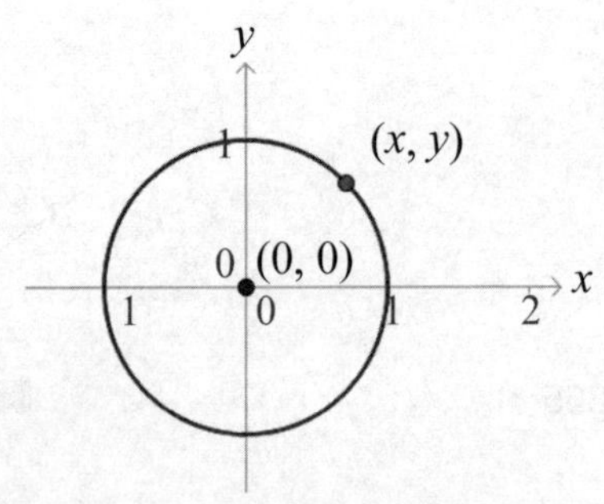

圖 4-367

・**拋物線：每一點到準線的距離與到焦點的距離相同。**

方程式爲：上下型拋物線 $x^2 = 4cy$、左右型拋物線 $y^2 = 4cx$

推導：設開口向右的拋物線，準線爲 $x + c = 0$，焦點爲 $(c, 0)$，動點爲 (x, y)，見圖 4-368。

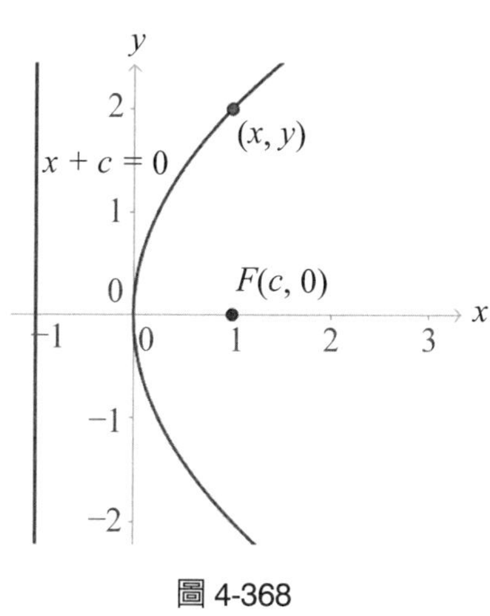

圖 4-368

每一點到準線的距離與到焦點的距離相同，

可列式 $|x+c| = \sqrt{(x-c)^2+(y-0)^2}$

$$(x+c)^2 = (x-c)^2 + (y-0)^2$$

化簡 $x^2 + 2cx + c^2 = x^2 - 2cx + c^2 + y^2$

$$cx = y^2$$

也就是 $y^2 = 4cx$，同理上下型拋物線也是一樣證法，得到 $x^2 = 4cy$。若將頂點 $(0, 0)$ 平移到 (h, k) 就是 $(x - h)^2 = 4c(y - k)$、$(y - k)^2 = 4c(x - h)$。

・橢圓：每一點到兩焦點的距離和相同。

方程式爲：橫橢圓 $\frac{x^2}{a^2}+\frac{y^2}{b^2}=1$，$a>b$。直橢圓，$a>b$

推導：設橫橢圓，焦點 1 爲 $(c, 0)$，焦點 2 爲 $(-c, 0)$，動點爲（x, y），見圖 4-369。

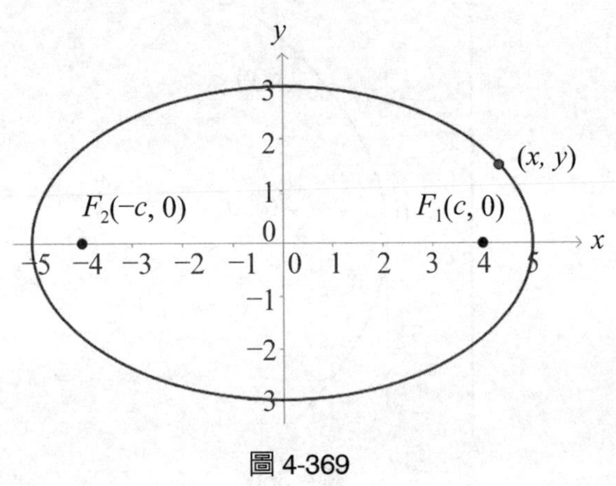

圖 4-369

每一點到兩焦點的距離和設爲 $2a$：

$$\sqrt{(x-c)^2+(y-0)^2}+\sqrt{(x+c)^2+(y-0)^2}=2a$$

$$\sqrt{(x-c)^2+y^2}+\sqrt{(x+c)^2+y^2}=2a$$

$$\sqrt{(x-c)^2+y^2}=2a-\sqrt{(x+c)^2+y^2}$$

$$\left(\sqrt{(x-c)^2+y^2}\right)^2=\left(2a-\sqrt{(x+c)^2+y^2}\right)^2$$

$$(x-c)^2+y^2=4a^2-4a\sqrt{(x+c)^2+y^2}+(x+c)^2+y^2$$

$$x^2-2cx+c^2+y^2=4a^2-4a\sqrt{(x+c)^2+y^2}+x^2+2cx+c^2+y^2$$

$$-4cx=4a^2-4a\sqrt{(x+c)^2+y^2}$$

$$\frac{c}{a}x+a=\sqrt{(x+c)^2+y^2}$$

$$\left(\frac{c}{a}x+a\right)^2=\left(\sqrt{(x+c)^2+y^2}\right)^2$$

$$\frac{c^2x^2}{a^2}+2cx+a^2=x^2+2cx+c^2+y^2$$

$$a^2-c^2=x^2-\frac{c^2x^2}{a^2}+y^2$$

$$a^2-c^2=\frac{(a^2-c^2)x^2}{a^2}+y^2$$

$$1=\frac{x^2}{a^2}+\frac{y^2}{a^2-c^2}\cdots(1)$$

並且如果動點在短軸上，可發現兩個直角三角形，見圖 4-370。直角三角形斜邊長度爲何？已知橢圓型定義：每一點到兩焦點的距離和爲 $2a$，所以兩斜邊和爲 $2a$，一個斜邊爲 a。同時令中心點到焦點距離設爲 c，得到直角三角形的兩邊長度（斜邊、一股），利用畢氏定理 $a^2=b^2+c^2 \Rightarrow a^2-c^2=b^2$，可算出短軸長 b，見圖 4-371。

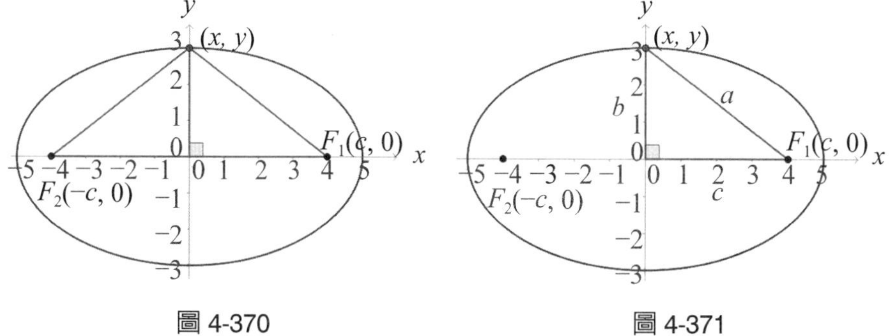

圖 4-370 圖 4-371

故可將 (1) 可簡化為 $\frac{x^2}{a^2}+\frac{y^2}{b^2}=1$，其中 $a>b$。

同理直橢圓也是一樣證法，得到 $\frac{x^2}{b^2}+\frac{y^2}{a^2}=1$，$a>b$。

若將中心 (0, 0) 平移到 (h, k) 就是 $\frac{(x-h)^2}{a^2}+\frac{(y-k)^2}{b^2}=1$、$\frac{(x-h)^2}{b^2}+\frac{(y-k)^2}{a^2}=1$。

· **雙曲線：每一點到兩焦點的距離差相同。**

方程式為：左右型雙曲線 $\frac{x^2}{a^2}-\frac{y^2}{b^2}=1$、上下型雙曲線 $-\frac{x^2}{a^2}+\frac{y^2}{b^2}=1$。

推導：設左右形雙曲線，焦點 1 為 $(c, 0)$，焦點 2 為 $(-c, 0)$，動點為 (x, y)，見圖 4-372。

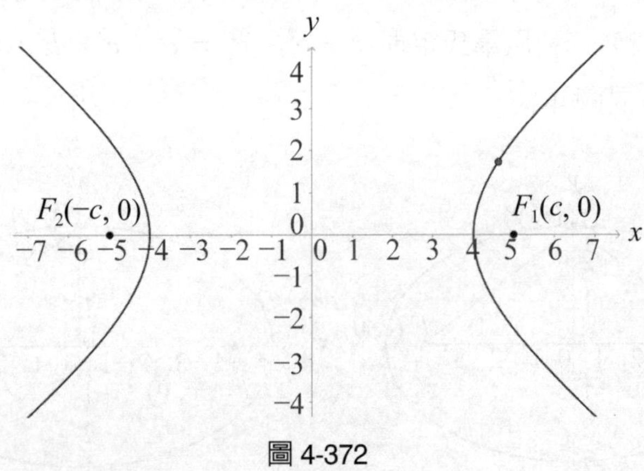

圖 4-372

每一點到兩焦點的距離差設為 $2a$：

$$\sqrt{(x-c)^2+(y-0)^2}-\sqrt{(x+c)^2+(y-0)^2}=2a$$

$$\sqrt{(x-c)^2+y^2}-\sqrt{(x+c)^2+y^2}=2a$$

$$\sqrt{(x-c)^2+y^2}=2a+\sqrt{(x+c)^2+y^2}$$

$$\left(\sqrt{(x-c)^2+y^2}\right)^2=\left(2a+\sqrt{(x+c)^2+y^2}\right)^2$$

$$(x-c)^2+y^2=4a^2+4a\sqrt{(x+c)^2+y^2}+(x+c)^2+y^2$$

$$x^2-2cx+c^2+y^2=4a^2+4a\sqrt{(x+c)^2+y^2}+x^2+2cx+c^2+y^2$$

$$-4cx=4a^2+4a\sqrt{(x+c)^2+y^2}$$

$$-\frac{c}{a}x-a=\sqrt{(x+c)^2+y^2}$$

$$\left(-\frac{c}{a}x-a\right)^2=\left(\sqrt{(x+c)^2+y^2}\right)^2$$

$$\frac{c^2x^2}{a^2}+2cx+a^2=x^2+2cx+c^2+y^2$$

$$a^2-c^2=x^2-\frac{c^2x^2}{a^2}+y^2$$

$$a^2-c^2=\frac{(a^2-c^2)x^2}{a^2}+y^2$$

$$1=\frac{x^2}{a^2}+\frac{y^2}{a^2-c^2}\cdots(1)$$

仿造橢圓如果有一個直角三角形關係式，可簡化方程式，設中心點到雙曲線一側的位置距離設爲 a，中心點到焦點距離設爲 c，見圖 4-373。

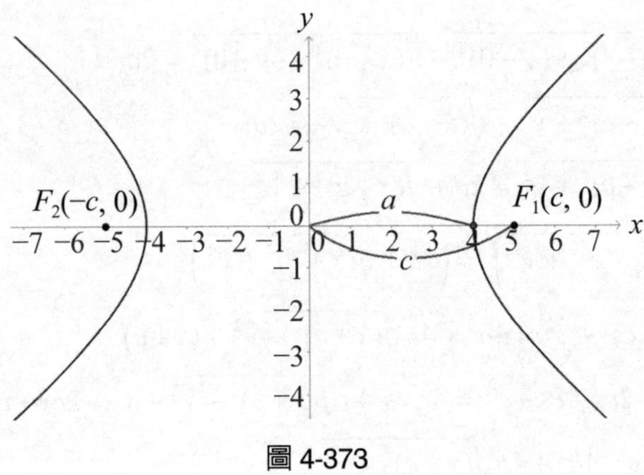

圖 4-373

因爲 $c > a$，所以令 $c^2 = a^2 + b^2 \Rightarrow -b^2 = a^2 - c^2$，故可將 (1) 簡化爲 $\frac{x^2}{a^2} - \frac{y^2}{b^2} = 1$。而 b 在哪？可參考圖 4-374。a 是貫穿曲線叫做貫軸，b 與 a 成雙出現，又稱 b 爲共軛軸。

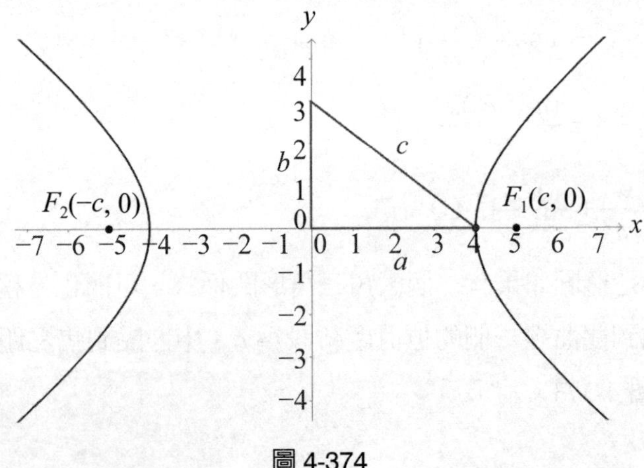

圖 4-374

同理直橢圓也是一樣證法，得到上下型雙曲線 $-\frac{x^2}{a^2} + \frac{y^2}{b^2} = 1$

★常見問題 1：雙曲線的漸近線真的不會與雙曲線相交嗎？

雙曲線在希臘時期阿波羅尼奧斯已經觀察出漸近線，但並沒文獻留下它如何證明雙曲線存在兩漸近線。但是到解析幾何時期，我們可以利用解析幾何證明為什麼漸近線真的不會與雙曲線相交。

以雙曲線 $x^2 - y^2 = 1$ 為例，漸近線是 $x - y = 0$、$x + y = 0$，見圖 4-375。我們先複習一下什麼是漸近線？最簡單的就是指數的曲線 $y = 2^x$，見圖 4-376。很明顯的不管左側再怎麼延伸，也都不會碰到 x 軸。

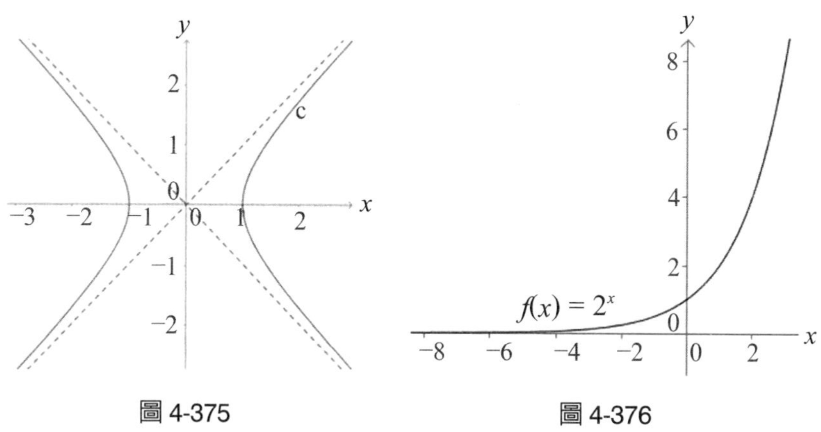

圖 4-375　　圖 4-376

回到雙曲線 $x^2 - y^2 = 1 \Rightarrow \frac{x^2}{1^2} - \frac{y^2}{1^2} = 1$，也就是半貫軸 $a = 1$、半共軛軸 $b = 1$，漸近線是此長方形的對角線，見圖 4-377，因此 $x - y = 0$、$x + y = 0$ 這兩條直線就是雙曲線的漸近線。

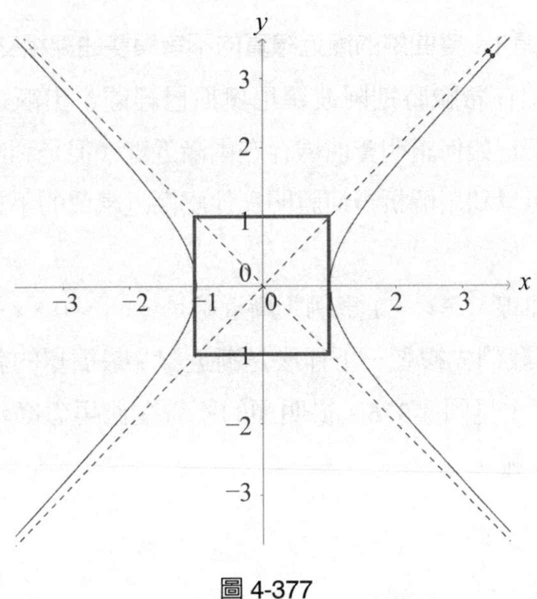

圖 4-377

※備註：漸近線的快速求法，將 $x^2 - y^2 = 1$ 改成 $x^2 - y^2 = 0$ 再拆開可得到兩漸近線 $x - y = 0$、$x + y = 0$。

接著證明漸近線不會與雙曲線有交點，設雙曲線為 $\frac{x^2}{a^2} - \frac{y^2}{b^2} = 1$，漸近線是 $bx - ay = 0$、$bx + ay = 0$，見圖 4-378。

點 $P(x_0, y_0)$ 到線 L：$AX - BY + C = 0$ 的距離數學式為

$d(P, L) = \frac{|Ax_0 - By_0 + C|}{\sqrt{A^2 + B^2}}$。

先討論第一象限雙曲線上的點到漸近線的距離情況，將雙曲線上的點，設參數式為 $P(at, b\sqrt{t^2 - 1})$，而漸進線 L：$bx - ay = 0$，所以，而討論漸進線在第一象限的情況，是要討論 x 座標值在無限大的情況，也就是 $P(at, b\sqrt{t^2 - 1})$ 的 t 會接近無限大，使得

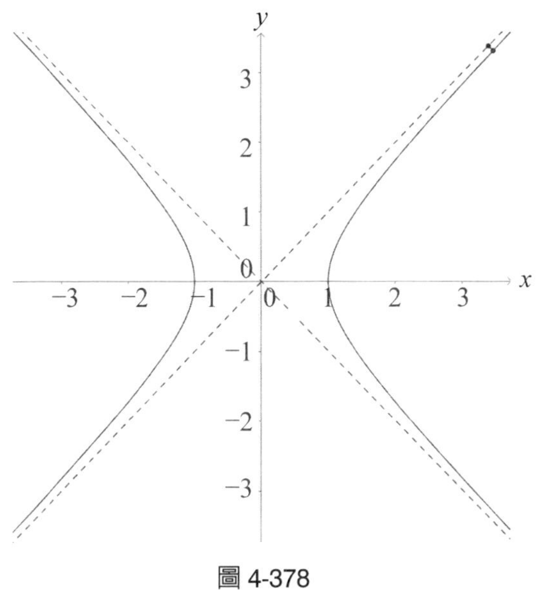

圖 4-378

$\sqrt{t^2-1}$ 會非常接近 t，且小於 t，所以 $d(P,L)=\dfrac{|abt-ab\sqrt{t^2-1}|}{\sqrt{a^2+b^2}}$，在 t 會接近無限大時，會非常接近 $\dfrac{|abt-abt|}{\sqrt{a^2+b^2}}=0$，所以 $d(P, L)$ 會無限接近 0，也就是雙曲線上的點會接近兩漸近線，而不會碰到，其他三個象限也是同理。

★常見問題 2：雙曲線如何畫兩漸近線。

要知道到希臘人相當會作圖，對每個圖案都相當了解其圖案性質。因此知道如何找出雙曲線焦點與對稱軸，**利用平行的弦中點連線爲對稱軸**，進而找到中心點、頂點、焦距及貫軸長（$2a$），進而算出共軛軸長（$2b$），因此就能從中心畫出兩漸近線。

※備註：若是對圓錐曲線作圖有興趣的人可以參考此網站：http://www.sec.ntnu.edu.tw/Monthly/93(266-275)/272/01.pdf

裡面有介紹如何依靠尺規作圖畫出焦點、對稱軸、漸近線等內容。

★常見問題 3：為什麼雙曲線的點到兩漸近線的距離乘積為定值，見圖 4-379。

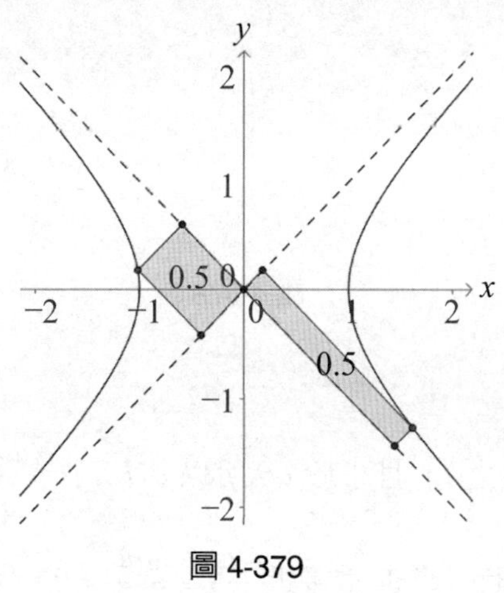

圖 4-379

已知點 $P(x_0, y_0)$ 到線 L：$AX-BY+C=0$ 的距離公式爲

$d(P,L)=\dfrac{|Ax_0-By_0+C|}{\sqrt{A^2+B^2}}$，並將雙曲線上的點，設參數式 $P(at,b\sqrt{t^2-1})$，漸進線 L_1：$bx-ay=0$、L_2：$bx+ay=0$。

所以 $d(P,L_1)=\dfrac{|abt-ab\sqrt{t^2-1}|}{\sqrt{a^2+b^2}}$、$d(P,L_2)=\dfrac{|abt-ab\sqrt{t^2-1}|}{\sqrt{a^2+b^2}}$

雙曲線的點到兩漸近線的乘積爲

$$d(P,L_1)\times d(P,L_2)$$
$$=\frac{|abt-ab\sqrt{t^2-1}|}{\sqrt{a^2+b^2}}\times\frac{|abt-ab\sqrt{t^2-1}|}{\sqrt{a^2+b^2}}=\frac{|ab|}{a^2+b^2}\times|t-\sqrt{t^2-1}|\times|t+\sqrt{t^2-1}|$$
$$=\frac{|ab|}{a^2+b^2}\times|t^2-(t^2-1)|=\frac{|ab|}{a^2+b^2}\times|1|=\frac{|ab|}{a^2+b^2}$$

而此內容或許與自然界有相關。

4-5-11 圓錐曲線參數式

參數式在解析幾何中是常利用的工具，接著來介紹如何對圓錐曲線作參數式。以下介紹基礎形態的參數式，若要平移再自行平移即可。

1. 圓：$x^2+y^2=r^2$
2. 拋物線：$x^2=4cy$、$y^2=4cx$
3. 橢圓：$\frac{x^2}{a^2}+\frac{y^2}{b^2}=1$、$\frac{x^2}{b^2}+\frac{y^2}{a^2}=1$
4. 雙曲線：$\frac{x^2}{a^2}-\frac{y^2}{b^2}=1$、$-\frac{x^2}{a^2}+\frac{y^2}{b^2}=1$

參數式會因應問題進行調整來達到幫助計算的效果，所以並沒一定的表示方式。

・圓

方程式爲 $x^2=y^2=r^2$，若令 $x=t$，代入圓方程式，可得 $t^2+y^2=r^2$，解得$y=\pm\sqrt{r^2-t^2}$，而 t 範圍必須是圓上點的 x 座標值範圍，故 $-r\le t\le r$。故用代數設圓參數式，可記爲 $(t,\pm\sqrt{r^2-t^2})$，若有限制象限範圍則可以更準確設爲 $(t,\sqrt{r^2-t^2})$ 或 $(t,-\sqrt{r^2-t^2})$。

然而代數的方式會看見根號，有些時候的計算方式，並不容易使用，因此也可利用三角函數來設參數式，先參考圖4-380，作圖上習慣觀察的角度是與 x 軸的夾角作爲 θ，因此可令 $x = r\cos\theta$，代入圓方程式，可得 $(r\cos\theta)^2 + y^2 = r^2$，解得 $y = r\sin\theta$。故用三角函數設圓參數式，可記爲 $(r\cos\theta, r\sin\theta)$，而 θ 可爲任意角度，不像是代數參數式有所限制。

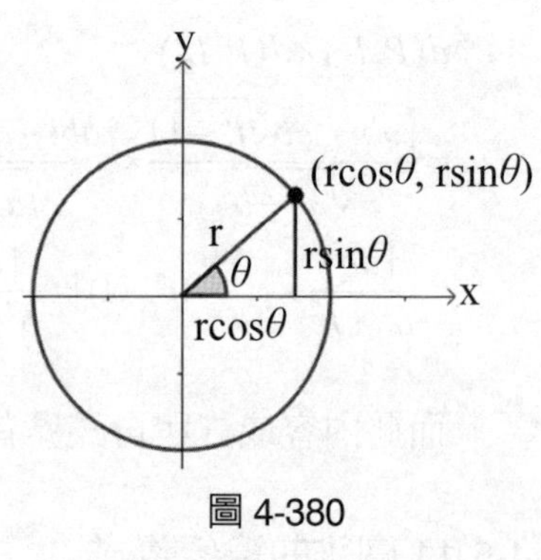

圖 4-380

· 拋物線

以方程式爲 $y^2 = 4cx$ 爲例，見圖 4-381，若令 $x = t$，代入方程式，可得 $y^2 = 4ct$，解得 $y = \pm\sqrt{4ct}$，顯然不方便使用。若令 $x = ct^2$，代入方程式，可得 $y^2 = 4c^2t^2$，解得 $y = \pm 2ct$，沒有根號比較方便使用。故用代數設拋物線參數式，可記爲 $(t, \pm\sqrt{4ct})$、$(ct^2, \pm 2ct)$，而 t 範圍必須是拋物線上點的 x 座標值範圍，故 $0 \leq t$。

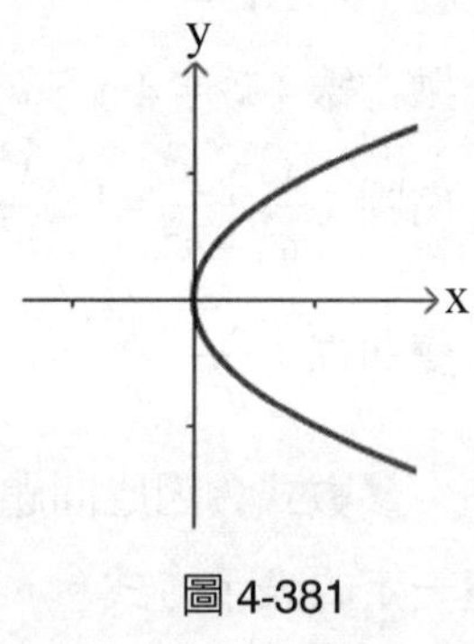

圖 4-381

有些學生提到難以聯想應該設 $x = ct^2$，且參數式有正負號相當不舒服。故建議可以從冪次數值高的進行假設，令 $y = t$，代入方程式，可得 $t^2 = 4cx$，解得 $x = \frac{t^2}{4c}$。故用代數設拋物線參數式，可記爲 $(\frac{t^2}{4c}, t)$，而 t 範圍必須是拋物線上點的 y 座標值範圍，可為任意數。

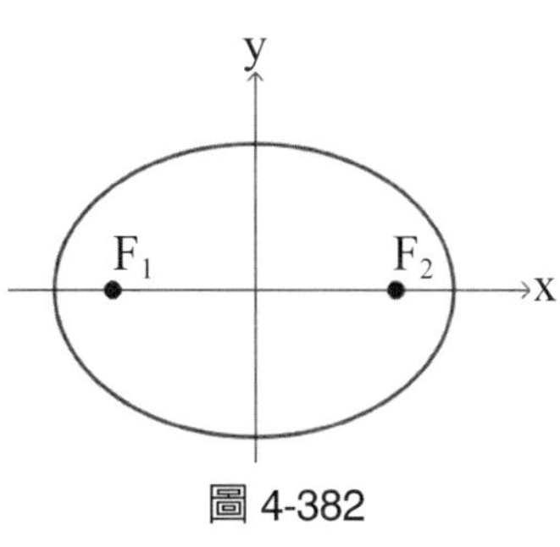

圖 4-382

・橢圓

以方程式為 $\frac{x^2}{a^2}+\frac{y^2}{b^2}=1$ 為例，見圖 4-382，若令 $x=t$，代入方程式，可得 $\frac{t^2}{a^2}+\frac{y^2}{b^2}=1$，顯然不方便使用。若令 $x=at$（可幫助化簡分母），代入方程式，可得 $\frac{a^2t^2}{a^2}+\frac{y^2}{b^2}=1$，解得 $y=\pm\sqrt{b^2(1-t^2)}$，而 t 範圍必須是橢圓上點的 x 座標值範圍，所以 $-a\le x\le a$，而 $x=at$，得到 $-a\le at\le a$，故 $-1\le t\le 1$。故用代數設橢圓參數式，可記為 $(at,\pm\sqrt{b^2(1-t^2)})$，若有限制象限範圍則可以更準確設為 $(at,\sqrt{b^2(1-t^2)})$ 或 $(at,-\sqrt{b^2(1-t^2)})$。

然而代數的方式會看見根號，有些時候的計算方式，並不容易使用，因此也可利用三角函數來設參數式。已知三角函數與平方、加法、1 有關數學式為 $\cos^2\theta+\sin^2\theta=1$，因此若令 $x=a\cos\theta$，可得 $\frac{a^2\cos^2\theta}{a^2}+\frac{y^2}{b^2}=1$，解得 $y=b\sin\theta$。故用三角函數設橢圓參數式，可記為 $(a\cos\theta, b\sin\theta)$，而 θ 可為任意角度，不像是代數參數式有所限制。注意此 θ 與圓形的圖案不同，後述會再說明。

・雙曲線

以方程式為 $\frac{x^2}{a^2}-\frac{y^2}{b^2}=1$ 為例，見圖 4-383，若令 $x=at$

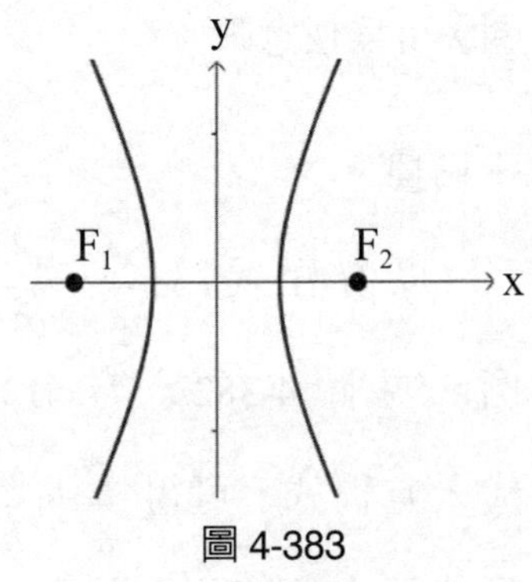

圖 4-383

（可幫助化簡分母），代入方程式，可得 $\frac{a^2t^2}{a^2}-\frac{y^2}{b^2}=1$，解得 $y=\pm\sqrt{b^2(t^2-1)}$，而 t 範圍必須是橢圓上點的 x 座標值範圍，所以 $x\le -a$ 或 $a\le x$，而 $x=at$，得到 $at\le -a$ 或 $a\le at$，故 $t\le -1$ 或 $1\le t$。故用代數設橢圓參數式，可記爲 $(at,\pm\sqrt{b^2(t^2-1)})$，若有限制象限範圍則可以更準確設爲 $(at,\sqrt{b^2(t^2-1)})$ 或 $(at,-\sqrt{b^2(t^2-1)})$。

然而代數的方式會看見根號，有些時候的計算方式，並不容易使用，因此也可利用三角函數來設參數式。已知三角函數平方、減法、1 有關數學式爲 $\sec^2\theta+\tan^2\theta=1$，因此若令 $x=a\sec\theta$，可得 $\frac{a^2\sec^2\theta}{a^2}+\frac{y^2}{b^2}=1$，解得 $y=b\tan\theta$。故用三角函數設雙曲線參數式，可記爲 $(a\sec\theta, b\tan\theta)$，而 θ 可爲任意角度，不像是代數參數式有所限制。注意此 θ 與圓形的圖案不同，後述會再說明。

★常見問題：橢圓與雙曲線的參數式角度在圖案的哪裡

學生常會因圓形的參數式與圖案是有所關係，見圖 4-384，進而把橢圓與雙曲線的圖案也思考爲圖 4-385、4-386，但是 $\overline{OP}$ 長度會隨 P 點改變位置而改變長度，不一定是 a，所以 x 座標值就不可能是 $a\cos\theta$，因此橢圓形參數式的角度不能這樣畫，**橢圓形參數式僅僅只是滿足數學式**。同理**雙曲線參數式也只是僅僅滿**

足數學式，而不能理解爲圖 4-385、4-386。

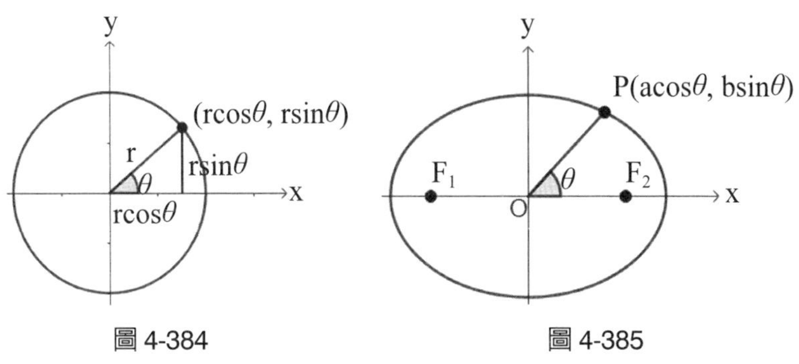

圖 4-384　　圖 4-385

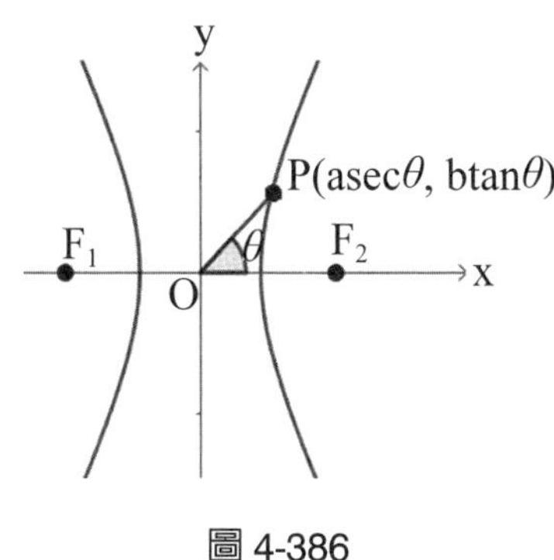

圖 4-386

＊可讀可不讀

橢圓形參數式的圖應該用圖 4-387 理解，但已經失去幫助理解的意義。已知橢圓形方程式爲 $\frac{x^2}{a^2}+\frac{y^2}{b^2}=1$，將其做圖在平面座標上，再增加半徑 a 與 b 的圓 A、B。並從原點作一個 θ 角度的線，與圓 A、B 交於 Ax、By 兩點，再用 Ax 的 x 座標值、與 By 的 y 座標值，作一新點，此點就是橢圓形的參數式，但這僅能說明參數式在圖的哪裡，對於幫助理解圖案及計算，效果不大。而雙曲線也是類似概念。

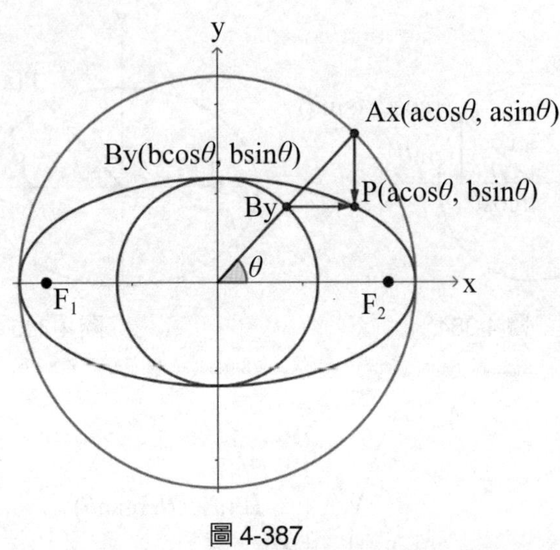

圖 4-387

4-5-12 旋轉的圓錐曲線

由前面介紹的圓錐曲線的方程式中發現都是二次方程式，見下述：

1. 圓：$(x-h)^2+(y-k)^2=r^2 \rightarrow a_1x^2+c_1y^2+d_1x+e_1y+f_1=0$

2. 拋物線：$(x-h)^2=4c(y-k) \rightarrow a_2x^2+d_2x+e_2y+f_2=0$

$$(y-k)^2=4c(x-h) \rightarrow c_3y^2+d_3x+e_3y+f_3=0$$

3. 橢圓：$\dfrac{(x-h)^2}{a^2}+\dfrac{(y-k)^2}{b^2}=1 \rightarrow a_4x^2+c_4y^2+d_4x+e_4y+f_4=0$

$$\frac{(x-h)^2}{b^2}+\frac{(y-k)^2}{a^2}=1 \rightarrow a_5x^2+c_5y^2+d_5x+e_5y+f_5=0$$

4. 雙曲線：$\frac{(x-h)^2}{a^2}-\frac{(y-k)^2}{b^2}=1 \to a_6x^2+c_6y^2+d_6x+e_6y+f_6=0$

$$-\frac{(x-h)^2}{a^2}+\frac{(y-k)^2}{b^2}=1 \to a_7x^2+c_7y^2+d_7x+e_7y+f_7=0$$

可以發現上述二次方程式展開後，都沒有 xy 項，如果將其補上缺項，我們可以得到一個二元二次方程式的一般項：$Ax^2 + Bxy + Cy^2 + Dx + Ey = F = 0$。而當我們調整係數，並利用電腦作圖，可以得到許多旋轉的圓錐曲線，見圖4-388、4-389、4-390。

※備註：圓形沒有旋轉後的方程式。

要如何討論各個旋轉的圓錐曲線內容？如：焦點位置、焦距長、正焦弦長等內容，首先第一步要將旋轉的圖案轉正，就能回到不旋轉的基礎形態，若進一步將中心平移到原點，稱作「正規化」。

拋物線　　**橢圓**

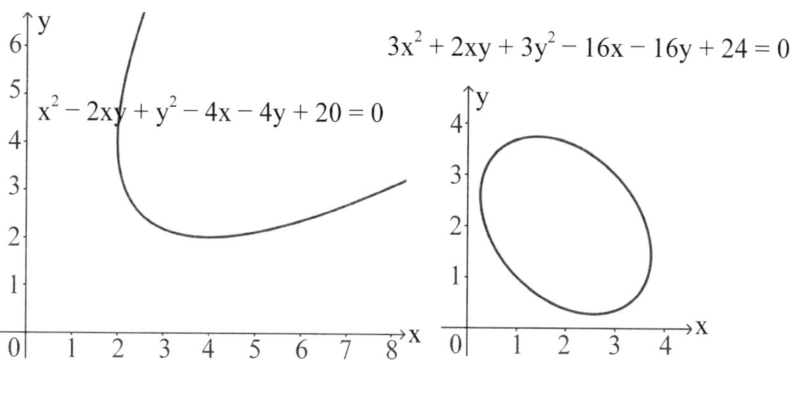

圖 4-388　　圖 4-389

雙曲線

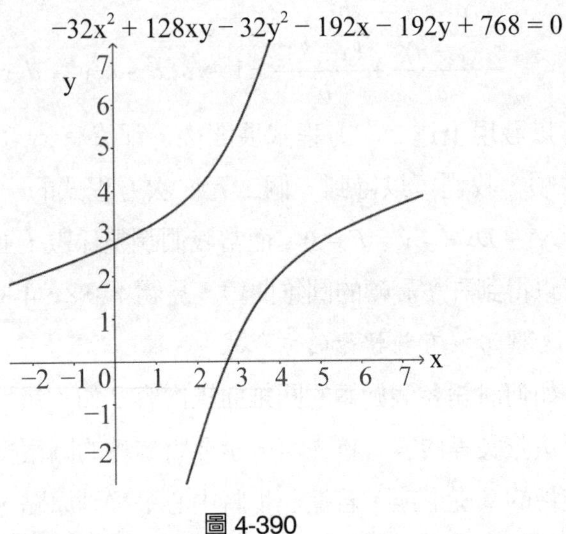

圖 4-390

接著介紹如何轉正，我們先觀察一個被旋轉的橢圓，見圖 4-391，如果要將其轉正就是讓對稱軸在座標軸上，畫上一組新的座標軸（*XY* 座標軸），見圖 4-392，我們不難發現曲線轉正就是座標軸逆時針旋轉，或說是橢圓上每一點順時針旋轉。故我們要

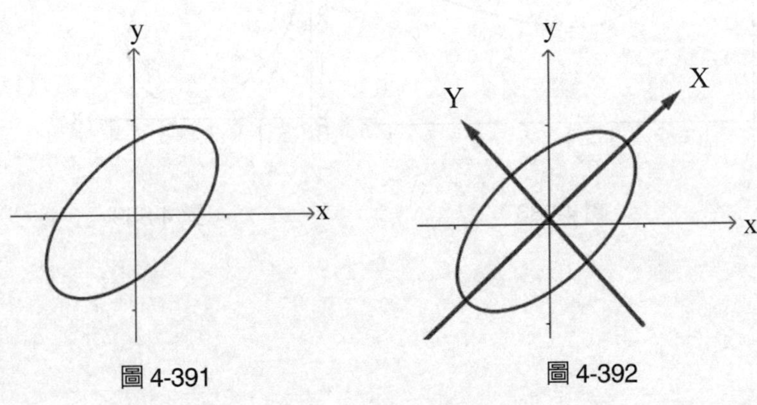

圖 4-391　圖 4-392

先了解點順時針旋轉的數學關係式，再理解圓錐曲線如何轉正。

・點的旋轉

討論圓錐曲線是要討論點順時針旋轉的數學關係式，但數學上討論圖案的變化都是先討論逆時針，故點的旋轉在此先討論逆時針，最後再改爲順時針。

點的旋轉，完整的說是以原點爲中心點，進行旋轉，見圖 4-393，A 點轉到 B 點。$\overline{OA}$ 與 x 軸成 α 度，見圖 4-394 左。若要將 A 點對原點逆時針旋轉 θ 度到 B 點，也就是 $\overline{OB}$ 與 x 軸成 β 度，見圖 4-394 中。並將兩圖重疊在一起，見圖 4-394 右。

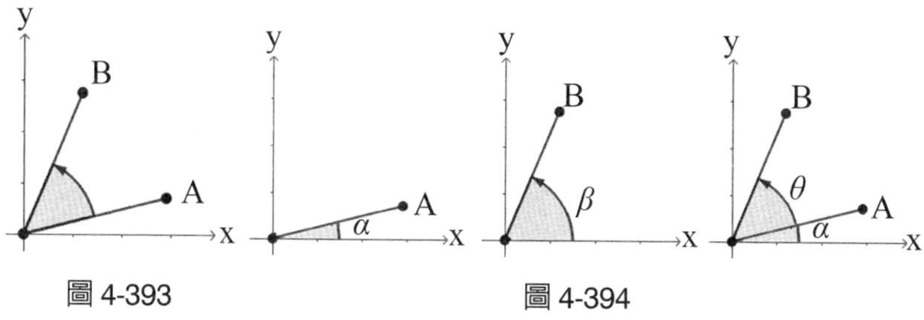

圖 4-393　　圖 4-394

所以可知 A 點座標爲 $(x, y) = (\overline{OA}\cos\alpha, \overline{OA}\sin\alpha)$，且 $\overline{OA} = \overline{OB}$，及 B 點座標 $(X, Y) = (\overline{OB}\cos\beta, \overline{OB}\sin\beta) = (\overline{OA}\cos\beta, \overline{OA}\sin\beta)$。原本 α 度，旋轉 θ 度後，變成 β 度，故角度關係式爲 $\beta = \alpha + \theta$。

因此 $(X, Y) = (\overline{OA}\cos\beta, \overline{OA}\sin\beta) = (\overline{OA}\cos(\alpha + \theta), \overline{OA}\sin(\alpha + \theta))$，利用三角函數的和角數學式，可得到

$X = \overline{OA}\cos(\alpha + \theta) = \overline{OA}\cos\alpha\cos\theta - \overline{OA}\sin\alpha\sin\theta \cdots (1)$

$Y = \overline{OA}\sin(\alpha + \theta) = \overline{OA}\sin\alpha\cos\theta + \overline{OA}\cos\alpha\sin\theta \cdots (2)$

而 $x = \overline{OA}\cos\alpha \cdots (3)$，$y = \overline{OA}\sin\alpha \cdots (4)$，

(3) 代入 (1) 可得到 $X = x\cos\theta - y\sin\theta$、

(4) 代入 (2) 可得到 $Y = y\cos\theta + x\sin\theta = x\sin\theta + y\cos\theta$。

因此我們就可以利用原始座標與逆時針旋轉的角度 θ，求得新座標。

例題：

一點 $(\sqrt{3},1)$ 逆時針旋轉 30°，新座標點爲何？

先參考圖 4-395。

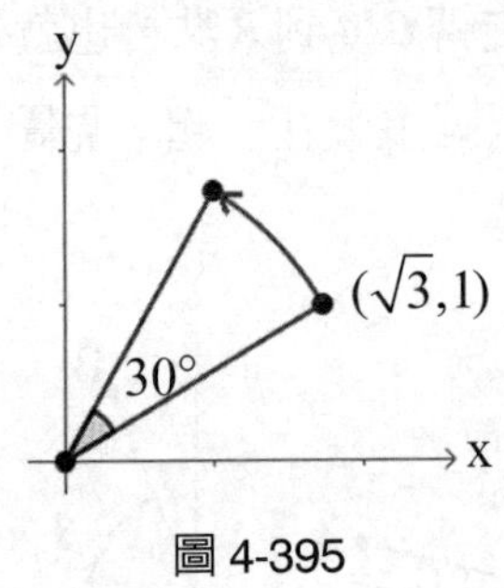

圖 4-395

$$X = x\cos\theta - y\sin\theta \Rightarrow \sqrt{3}\cos 30^\circ - 1\sin 30^\circ = \sqrt{3}\times\frac{\sqrt{3}}{2} - 1\times\frac{1}{2} = 1$$

$$Y = x\sin\theta + y\cos\theta \Rightarrow \sqrt{3}\sin 30^\circ + 1\cos 30^\circ = \sqrt{3}\times\frac{1}{2} + 1\times\frac{\sqrt{3}}{2} = \sqrt{3}$$

故新座標點是 $(1,\sqrt{3})$

· 將旋轉的圓錐曲線圖案轉正，及數學式變化

要將旋轉的圓錐曲線轉正，也就是將原座標軸逆時針旋轉，也就是將點順時針旋轉。已知點逆時針旋轉的關係式爲 $X = x\cos\theta - y\sin\theta$，$Y = x\sin\theta + y\cos\theta$，而順時針旋轉就是角度變爲 $-\theta$，

因此 $\begin{aligned} X &= x\cos(-\theta) - y\sin(-\theta) = x\cos\theta + y\sin\theta \\ Y &= x\sin(-\theta) + y\cos(-\theta) = -x\sin\theta + y\cos\theta \end{aligned}$，所以我們可以知道要將每一點順時針旋轉的計算方式，但我們仍不知道應該要旋轉幾度，但知道沒有旋轉的二次方程式沒有 XY 項，所以只要利用原座標與新座標的關係式，讓新方程式的 XY 項係數爲 0，便可找出應該旋轉的角度。

已知 $X = x\cos\theta + y\sin\theta \cdots (1)$、$Y = -x\sin\theta + y\cos\theta \cdots (2)$，

將 $(1) \times \sin\theta + (2) \times \cos\theta \Rightarrow X\sin\theta + Y\cos\theta = y\sin^2\theta + y\cos^2\theta = y$，再將 $(1) \times \cos\theta + (2) \times \sin\theta \Rightarrow X\cos\theta + Y\sin\theta = x\cos^2\theta + x\sin^2\theta = x$。

故 $x = X\cos\theta - Y\sin\theta$、$y = X\sin\theta + Y\cos\theta$，因此可利用此兩式代入原二元二次方程式 $Ax^2 + Bxy + Cy^2 + Dx + Ey + F = 0$ 中，可得到 $A(X\cos\theta - Y\cos\theta)^2 + B(X\cos\theta - Y\sin\theta)(X\sin\theta + Y\cos\theta) + C(X\sin\theta + Y\cos\theta)^2 + D(X\cos\theta - Y\sin\theta) + E(X\sin\theta + Y\cos\theta) + F = 0$

化簡可得 XY 項係數爲 $-2A\cos\theta\sin\theta + B\cos^2\theta - B\sin^2\theta + 2C\cos\theta\sin\theta$。

若要讓旋轉後，圓錐曲線的對稱軸在座標軸上，也就是沒有 XY 項，故 $-2A\cos\theta\sin\theta + B\cos^2\theta - B\sin^2\theta + 2C\cos\theta\sin\theta = 0$

利用三角函數二倍角數學式，得到

$$-A\sin 2\theta + B\cos 2\theta + C\sin 2\theta = 0$$

$$B\cos 2\theta = (A - C)\sin 2\theta$$

$$\frac{\cos 2\theta}{\sin 2\theta} = \frac{A - C}{B}$$

$$\cot 2\theta = \frac{A - C}{B}$$

再利用查表可知 2θ 爲何，進而知道旋轉幾度將被旋轉的圓錐曲線轉正。

★常見問題：旋轉角度的公式，用表格或是矩陣的原理是什麼，見表 4-10？

表 4-10

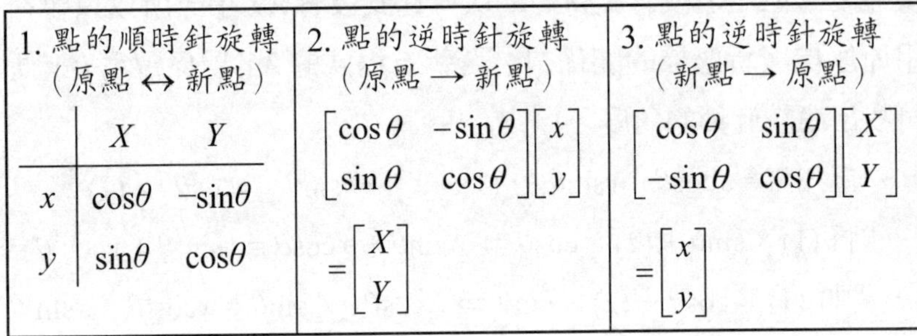

1. 點的順時針旋轉（原點 ↔ 新點）	2. 點的逆時針旋轉（原點 → 新點）	3. 點的逆時針旋轉（新點 → 原點）
$\begin{array}{c\|cc} & X & Y \\ \hline x & \cos\theta & -\sin\theta \\ y & \sin\theta & \cos\theta \end{array}$	$\begin{bmatrix} \cos\theta & -\sin\theta \\ \sin\theta & \cos\theta \end{bmatrix}\begin{bmatrix} x \\ y \end{bmatrix} = \begin{bmatrix} X \\ Y \end{bmatrix}$	$\begin{bmatrix} \cos\theta & \sin\theta \\ -\sin\theta & \cos\theta \end{bmatrix}\begin{bmatrix} X \\ Y \end{bmatrix} = \begin{bmatrix} x \\ y \end{bmatrix}$

學生常被五花八門的數學式搞混亂，因此有必要說明清楚。首先最重要的是搞清楚誰在旋轉，是點還是座標軸。而圓錐曲線的旋轉可以理解爲座標軸逆時針旋轉，或可視爲圓錐曲線的點順時針旋轉，故要利用表格中的「點的**順**時針旋轉」。而「點的**逆**時針旋轉（原點 → 新點）或（新點 → 原點）」則是因爲習慣逆時針，故討論常用的數學式，並用矩陣表達。而上述原理請見下述：

1. 點的順時針旋轉（原點 ↔ 新點）

	X	Y
x	$\cos\theta$	$-\sin\theta$
y	$\sin\theta$	$\cos\theta$

由前文的點順時針旋轉推導已知，$x = X\cos\theta - Y\sin\theta$、$y = X\sin\theta + Y\cos\theta$、$X = x\cos\theta + y\sin\theta$、$Y = -x\sin\theta + y\cos\theta$。表格的原理只是直著看、與橫著看來幫助記憶數學式的方法，見圖 4-396。

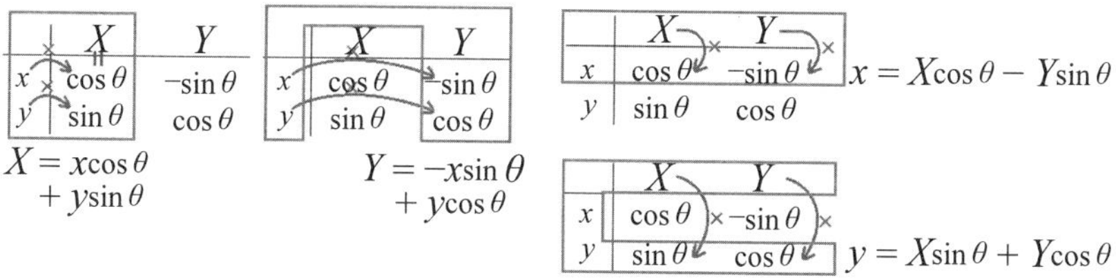

$X = x\cos\theta + y\sin\theta$

$Y = -x\sin\theta + y\cos\theta$

$x = X\cos\theta - Y\sin\theta$

$y = X\sin\theta + Y\cos\theta$

圖 4-396

2. 點的逆時針旋轉（原點→新點）及（新點→原點）

由前文的點逆時針旋轉推導已知 $X = x\cos\theta - y\sin\theta$，$Y = x\sin\theta + y\cos\theta$，若利用矩陣加以簡化改寫，可以改寫爲 $\begin{bmatrix}\cos\theta & -\sin\theta \\ \sin\theta & \cos\theta\end{bmatrix}\begin{bmatrix}x \\ y\end{bmatrix}=\begin{bmatrix}X \\ Y\end{bmatrix}$。其運算爲左矩陣的橫列元素依次與右矩陣的直行元素相乘。

令 $X = x\cos\theta - y\sin\theta \cdots (1)$，$Y = x\sin\theta + y\cos\theta \cdots (2)$

將 $(1) \times \cos\theta + (2) \times \sin\theta \Rightarrow X\cos\theta + Y\sin\theta = x\cos^2\theta + x\sin^2\theta = x$，再將 $(1) \times (-\sin\theta) + (2) \times \cos\theta \Rightarrow X(-\sin\theta) + Y\cos\theta = y\sin^2\theta + y\cos^2\theta = y$。

所以 $x = X\cos\theta + Y\sin\theta$、$y = X(-\sin\theta) + Y\cos\theta$ 利用矩陣加以簡化改寫，可以改寫爲 $\begin{bmatrix}\cos\theta & \sin\theta \\ -\sin\theta & \cos\theta\end{bmatrix}\begin{bmatrix}X \\ Y\end{bmatrix}=\begin{bmatrix}x \\ y\end{bmatrix}$。

※備註：矩陣的內容可以參考作者另一書籍《圖解向量與解析幾何》。

例題 1：

$5x^2 + 4xy + 2y^2 = 5$，將其轉正到新座標軸上，並求新曲線方程式，及要旋轉幾度，見圖 4-397。被旋轉的角度 θ 要利用

$\cot 2\theta = \dfrac{A-C}{B} \Rightarrow \cot 2\theta = \dfrac{5-2}{4} = \dfrac{3}{4}$，故可以作出對應的三角形，見圖 4-398。

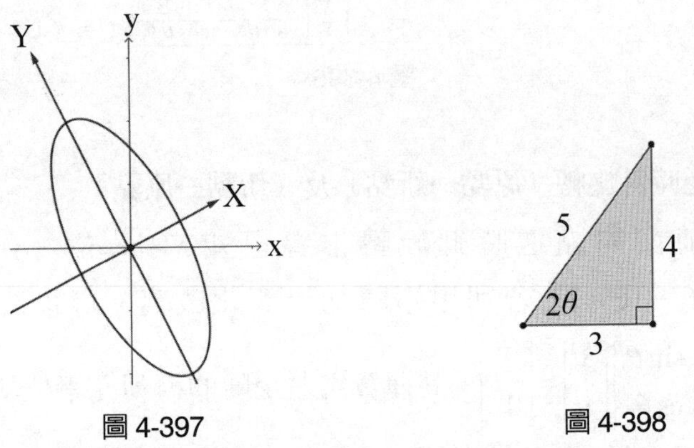

圖 4-397
圖 4-398

因此查表得知 $2\theta \approx 53° \Rightarrow \theta \approx 26.5°$，也就是座標軸逆時針旋轉的角度。原座標軸的二元二次方程式 $5x^2 + 4xy + 2y^2 = 5$，若代入 $x = X\cos\theta - Y\sin\theta$、$y = X\sin\theta + Y\cos\theta$ 後可得新座標軸的二元二次方程式。其中三角函數值可由此三角形及三角函數的半角公式得知，

$$\cos\theta = \sqrt{\frac{1+\cos 2\theta}{2}} \Rightarrow \cos\theta = \sqrt{\frac{1+\frac{3}{5}}{2}} = \sqrt{\frac{4}{5}}$$

$$\sin\theta = \sqrt{\frac{1-\cos 2\theta}{2}} \Rightarrow \sin\theta = \sqrt{\frac{1-\frac{3}{5}}{2}} = \sqrt{\frac{1}{5}}$$

故 $x = \sqrt{\frac{4}{5}}X - \sqrt{\frac{1}{5}}Y$、$y = \sqrt{\frac{1}{5}}X + \sqrt{\frac{4}{5}}Y$，代入 $5x^2 + 4xy + 2y^2 = 5$，

可得到 $5(\sqrt{\frac{4}{5}}X-\sqrt{\frac{1}{5}}Y)^2+4(\sqrt{\frac{4}{5}}X-\sqrt{\frac{1}{5}}Y)(\sqrt{\frac{1}{5}}X+\sqrt{\frac{4}{5}}Y)$

$$+2(\sqrt{\frac{1}{5}}X+\sqrt{\frac{4}{5}}Y)^2=5$$

化簡得到 $6X^2+Y^2=5$。

例題 2：

$x^2+3\sqrt{3}xy-2y^2+2x+4y=6$，將其轉正到新座標軸上，並求新曲線方程式，及要旋轉幾度，見圖 4-399。被旋轉的角度要利用 $\cot 2\theta=\frac{A-C}{B} \Rightarrow \cot 2\theta=\frac{1-(-2)}{3\sqrt{3}}=\frac{1}{\sqrt{3}}$，故可以作出對應的三角形，見圖 4-400。

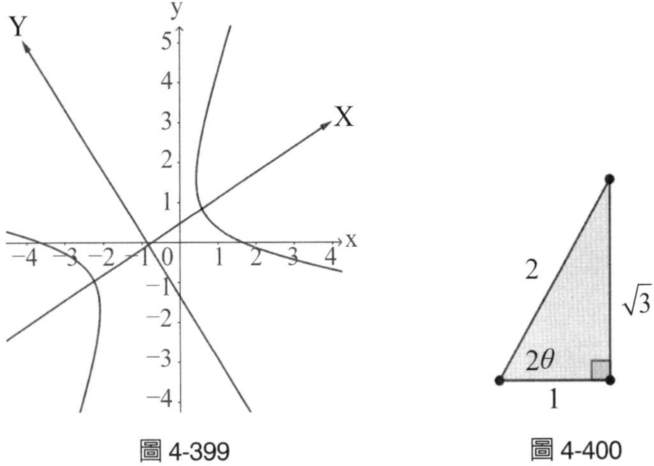

圖 4-399　　圖 4-400

因此查表得知 $2\theta\approx 60^\circ \Rightarrow \theta\approx 30^\circ$，此角度就是座標軸逆時針旋轉的角度。原座標軸的二元二次方程式 $x^2+3\sqrt{3}xy-2y^2+2x$

$+ 4y = 6$，若代入 $x = X\cos\theta - Y\sin\theta$、$y = X\sin\theta + Y\cos\theta$ 後可得新座標軸的二元二次方程式。其中三角函數值可由此三角形及三角函數的半角公式得知，

$$\cos\theta = \sqrt{\frac{1+\cos 2\theta}{2}} \Rightarrow \cos\theta = \sqrt{\frac{1+\frac{1}{2}}{2}} = \sqrt{\frac{3}{4}} = \frac{\sqrt{3}}{2}$$

$$\sin\theta = \sqrt{\frac{1-\cos 2\theta}{2}} \Rightarrow \sin\theta = \sqrt{\frac{1-\frac{1}{2}}{2}} = \sqrt{\frac{1}{4}} = \frac{1}{2}$$

故 $x = \frac{\sqrt{3}}{2}X - \frac{1}{2}Y$、$y = \frac{1}{2}X + \frac{\sqrt{3}}{2}Y$，代入 $x^2 + 3\sqrt{3}xy - 2y^2 + 2x + 4y = 6$（計算過程略），化簡後可得到 $\frac{5}{2}X^2 - \frac{7}{2}Y^2 + (2+\sqrt{3})X + (-1+2\sqrt{3})Y = 6$，此時便可觀察出是雙曲線。若再進行配方法，便可算出新中心點爲何，若將其平移到原點，便能進行正規化動作。同時因爲已經計算出需旋轉的角度，若將新中心點、焦點、對稱軸反向旋轉回去，即可得到原本的中心點、焦點、對稱軸。

例題 3：

$23x^2 - 72xy + 2y^2 = 0$，此方程式經過轉正後，可得到 $X^2 - 2Y^2 = 0$，也就是兩條交叉直線，這被稱爲圓錐曲線的退化曲線，其圖案同樣也可從圓錐上切下來，在此不再介紹。

· 判別式 $B^2 - 4AC$

二元二次方程式要經過繁瑣的運算，才能知道是怎樣的圖形。在一元二次方程式 $ax^2 + bx + c = 0$ 時，會利用 $b^2 - 4ac = 0$

判斷有幾個解（二解、一解、無實數解），也就是判斷曲線 $y = ax^2 + bx + c$ 與 $y = 0$ 有幾個交點。同樣的在二元二次方程式也有判別式，但判別的內容是判斷曲線類型。

我們可以知道一次項，僅會影響平移，故只要觀察圓錐曲線基礎的方程式，圓 $x^2 + y^2 = r^2$；拋物線 $x^2 = 4cy$、$y^2 = 4cx$；橢圓 $\frac{x^2}{a^2}+\frac{y^2}{b^2}=1$、$\frac{x^2}{b^2}+\frac{y^2}{a^2}=1$；雙曲線 $\frac{x^2}{a^2}-\frac{y^2}{b^2}=1$、$-\frac{x^2}{a^2}+\frac{y^2}{b^2}=1$。由以上二元二次方程式可知各圓錐曲線的差異在於 x^2、y^2 的係數，圓形是 x^2、y^2 的係數相等，拋物線是 x^2、y^2 的係數相乘為 0，橢圓是 x^2、y^2 的係數相乘為正數，雙曲線是 x^2、y^2 的係數相乘為負數。

同樣的，有被旋轉過的圓錐曲線方程式 $Ax^2 + Bxy + Cy^2 + Dx + Ey + F = 0$ 的判別是哪一種圓錐曲線，也是利用同樣的方法。但我們必須先將圓錐曲線方程式轉正，消除 xy 項後，再討論二次項的係數。

已知圓錐曲線的正規化要利用點的順時針旋轉數學式，$x = X\cos\theta - Y\sin\theta$、$y = X\sin\theta + Y\cos\theta$，將其代入 $Ax^2 + Bxy + Cy^2 + Dx + Ey + F = 0$。可得到 $A(X\cos\theta - Y\sin\theta)^2 + B(X\cos\theta - Y\sin\theta)(X\sin\theta + Y\cos\theta) + C(X\sin\theta + Y\cos\theta)^2 + D(X\cos\theta - Y\sin\theta) + E(X\sin\theta + Y\cos\theta) + F = 0 \cdots (1)$

其中 XY 項係數因為轉正的動作導致必須為 0，因而產生 $\cot 2\theta = \frac{A-C}{B}$ 的必然成立，而一次項僅會影響平移，故僅需要討論 X^2、Y^2 項係數相乘後與 0 的關係，將 (1) 展開後可知 X^2 項係數為 $(A\cos^2\theta + B\cos\theta\sin\theta + C\sin^2\theta)$、而 Y^2 項係數為 $(A\sin^2\theta - B\cos\theta\sin\theta + C\cos^2\theta)$。

X^2 項係數乘上 Y^2 項係數得展開式爲 $-\frac{B^2}{4}+CA$，展開流程請見本節附錄 3。

而 X^2、Y^2 項係數相乘後與 0 的關係：

1. 係數相乘後大於 0 爲橢圓，記作 $-\frac{B^2}{4}+CA>0 \Rightarrow B^2-4AC<0$；
2. 係數相乘後等於 0 爲拋物線，記作 $-\frac{B^2}{4}+CA=0 \Rightarrow B^2-4AC=0$；
3. 係數相乘後小於 0 爲雙曲線，記作 $-\frac{B^2}{4}+CA<0 \Rightarrow B^2-4AC>0$。

故可以令判別式 $\delta = B^2 - 4AC$，小於 0 爲橢圓、等於 0 拋物線、大於 0 爲雙曲線。

※備註：判別式的調整有幾個優點，不用看到分數，與一元二次式的判別式一致。

・如何判斷退化曲線的種類

在先前有介紹退化曲線，接著討論二元二次方程式的退化曲線的情況。

1. 兩相交直線，如：$(x+y+1)(x-y-1)=0$
2. 兩平行直線，如：$(x+y+1)(x+y-1)=0$
3. 一直線，如：$(x+y+1)^2=0$
4. 一點，如：$(x-1)^2+(y-1)^2=0$
5. 沒有圖形，如：$(x-1)^2+(y-1)^2=-1$

其中「兩平行直線」與「沒有圖形」無法在切圓錐中出現。如何判斷退化曲線的種類？由於此處的證明相當繁瑣，故此略過。判斷退化曲線還要利用另外一個判別式及行列式，判別式設爲Δ，其數學式爲

$$\Delta=\frac{1}{2}\begin{vmatrix}2A & B & D\\ B & 2C & E\\ D & E & 2F\end{vmatrix}=\frac{1}{2}(8ACF+2BDE-2CD^2-2AE^2-2B^2F)。$$

如何利用退化曲線判別式併入下一段一起說明。

·如何判斷二元二次方程式的圖形

我們已經介紹解析幾何上，二元二次方程式的圖形有圓形、橢圓、拋物線、雙曲線，這四種被稱爲圓錐曲線，另外也介紹方程式可以作出兩相交直線、兩平行直線、一直線、一點、沒有圖形，這五種被稱爲退化曲線。現在介紹如何從二元二次方程式判斷是何種圖形。

第一步：觀察是否有 xy 項，如果沒有，能輕易的判斷圓、拋物線、橢圓、雙曲線。

第二步：有 xy 項，如果 $xy \neq 0$，要利用判別式 B^2-4AC 與 Δ，才能判斷圓錐曲線或退化曲線，見表 4-11。

表 4-11

B^2-4AC ＼ Δ	$B^2-4AC>0$	$B^2-4AC=0$	$B^2-4AC<0$
$\Delta \neq 0$	雙曲線	拋物線	$(A+C)\times\Delta<0$ 是橢圓 $(A+C)\times\Delta>0$ 是無圖形
$\Delta=0$	兩相交直線	兩平行線、一線、無圖形	一點

可以發現利用判別式也沒有比較簡單，還要另外記憶判別

式與其對應的情況。在此作者建議：只要直接將二元二次方程式轉正，再作配方法，就可以找到是何種圖形。並且要知道這些數學工具的存在是發生在沒電腦的時期，身爲現代人應該充分利用電腦繪圖，我們只要用電腦繪圖便可知道是何種圖形，根本不需要學習過於繁瑣而無用的內容。就好比說有計算機又何必學珠心算，又或者說有電腦繪圖何必學勘根定理，這種學習方式簡直是浪費時間。

4-5-13 結論

本節較以往的書籍介紹，更多著墨於圓錐曲線的相關歷史與應用。並補上許多消失的橋梁，使得學習上不再感覺像是胡亂定義的數學，而是每一個數學式都是推導而來的定理。並且也說明了圓錐曲線的重要性，甚至直到今日的太空科技都仍在使用。

圓錐曲線的內容可說是希臘人的幾何大成之作，比幾何原本的難度還要在難上數倍，現在寥寥幾筆就開始討論解析幾何，使人不知道當時希臘人研究的艱辛，要知道希臘時期唯一的證明工具僅有三角形的全等與相似定理，及圓形的相關定理，相對於現在用解析幾何的便利性是天差地遠，對此作者感到相當讚嘆。同時要知道圓錐曲線與幾何原本是歐洲重要的數學書籍，用來培養數學、邏輯等理性涵養，我們怎可不加以重視。

可惜的是，現在並不重視阿波尼奧斯的圓錐曲線論，令人扼腕。而這會造成怎樣的後果？作者認爲同一個內容有著過多的定義，及太多的疑問的數學，不能稱爲數學，畢竟數學是一門100% 可以說明清楚的內容。說明不清楚如同地基不牢靠，難以引發興趣及往上延伸與發展。

最後希望本節的內容可以使人對於圓錐曲線的相關內容有更清晰的理解，更容易接受其數學式都是有道理的內容。

「數學沒有繞遠路，只要能說明清楚，必然能讓人接受其結論的數學式。用結論作爲定義（或公式）要求學生先接受，並期望理解該內容，無異於緣木求魚。」

——波提思

「數學家通常是先透過直覺來發現一個定理；這個結果對於他首先是可能正確的，然後他再著手去製造一個證明。」

——哈代

＊可讀可不讀：爲什麼入射角等於反射角

許多學生都對「**入射角等於反射角**」這個問題感到困惑，見圖 4-401？因爲沒有說清楚其中的內容，同時比較常見的接受方法，不外乎是兩點的最短距離、光學，或是沒有道理的逼人接受不討論相等那要討論什麼？但以上說法使人迷迷糊糊的。令人思考討論入射角 = 反射角跟兩點的最短距離有什麼關係？或是爲什麼要用眞實世界的方法光學或是聲波的內容來討論入射角 = 反射角？以及數學爲什麼要討論入射角 = 反射角，什麼內容會利用入射角等於反射角？在此我們說明其中的內容。

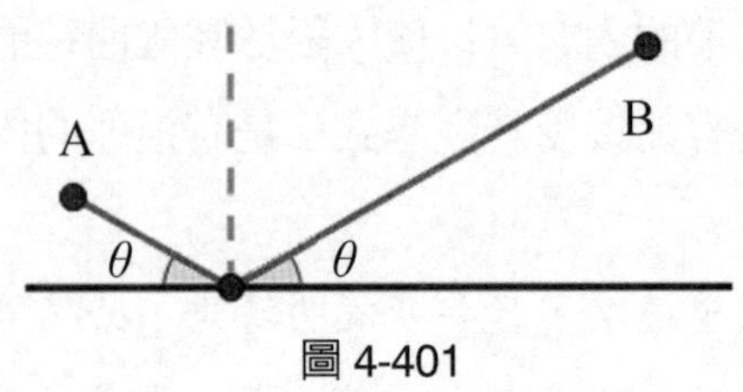

圖 4-401

· 自然界實例

我們不難在自然界中發現「入射角 = 反射角」的情況，除了物體的碰撞具有入射角 = 反射角的現象，如：撞球，光的反射也具有入射角 = 反射角的現象，聲波亦然，這是自然界的必然現象，所以物理學家將它當作是直覺，並部分物理學家認爲「入射角 = 反射角」，這是上帝設定的反彈方式。

但在部分數學家或是物理數學家的角度，卻不完全認爲是直覺。他們認爲不可以每次都推給上帝，一定有個理由。數學家假設物體從 A 點反彈到 B 點的時候，此路線是最短距離，並證明無誤。也就是入射角 = 反射角時，會出現**唯一性的最短距離**。

啓蒙時期大多數有宗教信仰的西方數學家、科學家由入射角 = 反射角的事實說明，上帝決定這個性質必定有意義。因爲若入射角 ≠ 反射角，有太多情況，並且距離不固定；所以才會用**唯一的情形**「入射角 = 反射角」。西方數學家相信上帝是用數學來創造這個世界，祂讓物體的移動在兩點的移動時，走最短距離 = 直線，同樣祂不會讓反彈走「非最短距離」，所以才會選**最經濟、最短、唯一性的路徑**，而此最短路線的數學假設，會推導出入射角 = 反射角的結論。

這說明了西方數學家的信念「上帝是用數學來創造這個世

界」，所以相信人類可以用數學的方法來了解自然界。在入射角 = 反射角的案例中，更可以說明，數學家的堅持，任何數學式，都必須存在一個理由，他才肯接受。因爲要走唯一性的**最短距離**，才使得入射角 = 反射角。而不能說觀察的結果是這樣，所以就當作是正確，而不去研究原因。

・希臘時期

「入射角等於反射角」早在希臘時期歐幾里得就在研究此問題，他發現光線的反射具有入射角等於反射角的情況，故「入射角等於反射角」最早討論的契機的確可以視爲是物理特性得來。但數學家希望可以用數學可以描述這個世界，而不是用物理性質來制定數學的公理，所以找一套合理的方法來描述數學。

我們可以這樣想，兩點的距離會是討論一直線，因爲具有唯一性，而曲線有無限多種情況故不去討論。同理「**入射角等於反射角**」必然是具備一個角度唯一性，以及距離唯一性。「**入射角等於反射角**」可視爲一個反彈路徑、一條折線，但也可理解爲點出發到牆面再到另一點的路徑情況。因此爲了滿足只討論最短距離這個概念，進而發現「**入射角等於反射角**」。同時此想法可以映証光學。

・數學家如何證明，反彈是走最短距離？

1. 先假設「**入射角等於反射角**」的反彈路線是走最短距離，有兩點在線的同一側，見圖 4-402。
2. 作 A 點與線的對稱點 A'，並連線 A' 與 B，這是 A' 到 B 的最短距離，見圖 4-403。

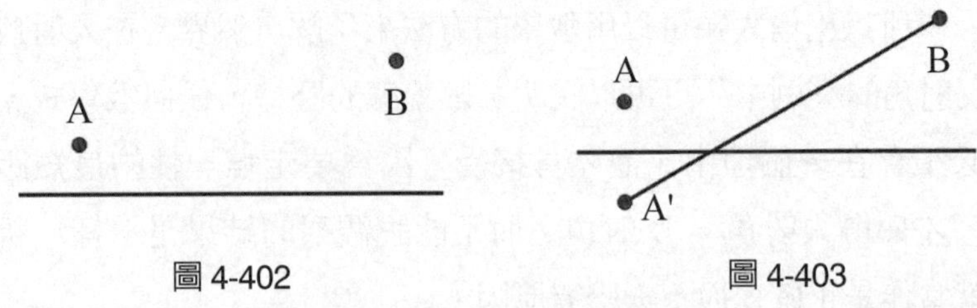

圖 4-402 圖 4-403

3. 因為對稱點，使得 $\overline{AC} = \overline{A'C}$、$\angle ACD = \angle A'CD = 90°$、共用邊 $\overline{CD} = \overline{CD}$，所以 $\triangle ACD \cong \triangle AC'D$(SAS)，見圖 4-404。故對應邊相等 $\overline{AD} = \overline{A'D}$、對應角相等 $\angle ADC = \angle A'DC$、及對頂角 $\angle ADC = \angle BDE$ 相等，見圖 4-405。

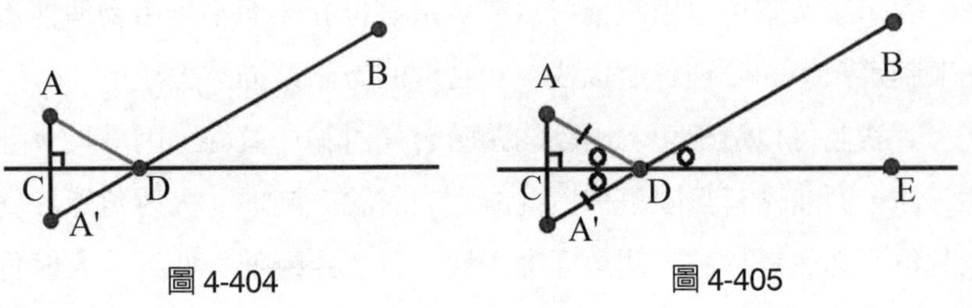

圖 4-404 圖 4-405

4. 已知 $\overline{A'B}$ 是一直線，也就是最短距離，而 $\overline{A'B} = \overline{A'D} + \overline{DB}$，而 $\overline{AD} = \overline{A'D}$，故 $\overline{A'B} = \overline{AD} + \overline{DB}$ 也是最短距離，也就是意味 A 到線再反彈到 B，是最短距離。
5. 作法線觀察角度，可發現入射角 = 反射角，見圖 4-406。
6. 如果入射角 ≠ 反射角時，觀察圖案，可發現兩邊和大於第三邊 $\overline{A'F} + \overline{B'F} > \overline{AB}$，不是最短距離，見圖 4-407。

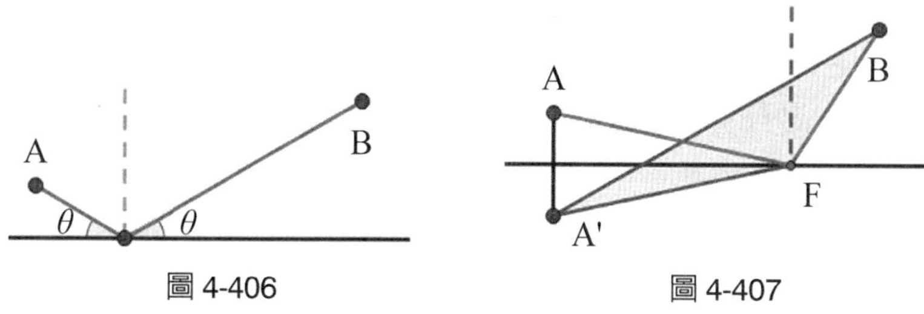

圖 4-406　圖 4-407

7. 反彈路徑若是唯一性的最短距離，必然是入射角 = 反射角。

・入射角等於反射角應該成爲一個公設

在幾何的 22 公設中有規範兩點距離是討論直線，也就是討論最短距離。而最短距離可以推導反彈路徑必然是入射角等於反射角，故作者建議應該將其公設化，以免製造太多疑問，不然也要說明清楚。

・由入射角 = 反射角的概念，思考物理數學家與數學物理家的差異

數學家假設或是直覺所產生的公理比物理學家來的少，舉例來說在台灣基礎的數學部分時，高中以下數學內容，都可以由簡單的公理系統，演繹組合出來。但是物理的假設內容就相對很多，大多是發現的公式，而沒辦法直覺理解數學式由來。

物理學家是在討論自然界的問題，有其解決問題的急迫性與必要性，所以不像數學公理較少，再進行演繹；而是**很多時候觀察其數據、實際情況，發現出符合某個情形、數學式，於是便給予一個假設，驗證正確後，就稱爲定律**。但是其數學式容易被挑戰，像是牛頓就被問：「爲什麼你知道 $F = ma$」，而牛頓回答：

「上帝跟我說的。」此時這些數學式，因爲並不是經過公理系統演繹出來，對於部分的人說服力不足，令人感覺是從**結果反推數學式**。數學好的人，或可說是數學家大多習慣**從公理，再演繹**出結果。

因此出現了很多人，爲了弭平物理這種用「結果當公理」的情況，進而找到更基礎的公理，來推導物理的定律是否正確無誤，這些研究物理的人稱爲**物理數學家**。而歸納自然界情況，或是用物理學家的直覺（與一般人、數學家直覺不符）來研究物理的人稱爲**數學物理家**。

※備註 1:「數學物理家」與「物理數學家」的區分，前面是副詞，後面是名詞。

物理數學家：研究物理的數學家。如：威廉．漢彌爾頓（William Donald Hamilton）、希爾伯特（David Hilbert）。

數學物理家：歸納自然的數據，或用直覺，得到數學規則的物理學家。如：牛頓，愛因斯坦。

※備註 2：研究超弦理論的物理學家，大多被認爲是物理數學家，因爲超弦理論的數學部分已經完整，但現今無法進行實驗來驗證。

※備註 3:$F = ma$，因爲漢彌爾頓無法接受用數據，導出來力學，它用了另一個更基礎的公理系統（最小能量原則，Minimum principle），來推導出 $F = ma$。這樣的思維被傾向數學家的人接受，之後被稱爲漢彌爾頓力學。

·數學上有出現入射角等於反射角的情況嗎

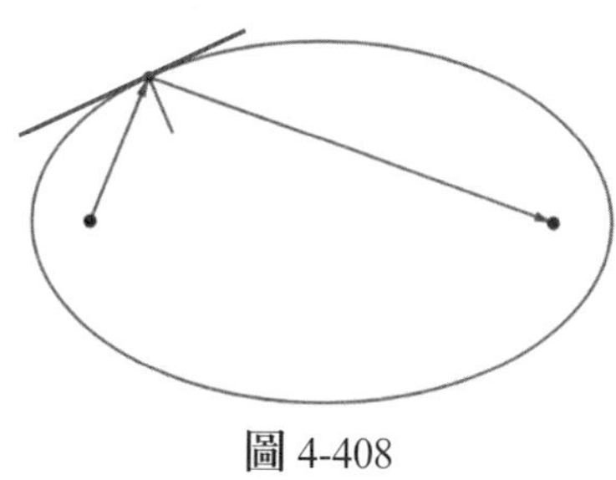

圖 4-408

利用圓錐曲線的內容，由丹德林證明橢圓的兩焦點到曲線的距離和恆爲定值，並由作圖發現焦點到另一焦點的路徑，必然是「入射角 = 反射角」，並且已經被人用幾何證明完畢，見圖 4-408。而丹德林的證明方法並沒有先讓「入射角 = 反射角」成爲前提，而是最後才發現此結果，故這樣也可以側面說明數學討論「入射角與反射角的關係，必然是討論入射角 = 反射角」。

結論：

不管我們如何說明「入射角 = 反射角」，總歸來說要讓學生沒有疑問，否則這對數學的嚴謹性將會是一個巨大的質疑。

＊附錄 2：點到線的部分推導內容

$$\overline{PQ}^2=(bt-\frac{c}{a}-x_0)^2+(-at-y_0)^2$$

$$=b^2t^2+\frac{c^2}{a^2}+x_0{}^2-2bt\frac{c}{a}-2btx_0+2\frac{c}{a}x_0+a^2t^2+y_0{}^2+2aty_0$$

$$=(a^2+b^2)t^2+(2ay_0-\frac{2bc}{a}-2bx_0)t+(\frac{c^2}{a^2}+x_0{}^2+\frac{2c}{a}x_0+y_0{}^2)$$

得到At^2+Bt+C的形式，At^2+Bt+C配方法可得到$A(t-\alpha)^2+\beta$，其中$\alpha=\frac{B}{2A}, \beta=\frac{4AC-B^2}{4A}=C-\frac{B^2}{4A}$

$$\beta=(\frac{c^2}{a^2}+x_0{}^2+\frac{2c}{a}x_0+y_0{}^2)-\frac{(2ay_0-\frac{2bc}{a}-2bx_0)^2}{4(a^2+b^2)}$$

$$\beta=\frac{(a^2+b^2)(\frac{c^2}{a^2}+x_0{}^2+\frac{2c}{a}x_0+y_0{}^2)}{(a^2+b^2)}-\frac{(ay_0-\frac{bc}{a}-bx_0)^2}{(a^2+b^2)}$$

$$\beta=\frac{\frac{a^2c^2}{a^2}+a^2x_0{}^2+\frac{2a^2c}{a}x_0+a^2y_0{}^2+\frac{b^2c^2}{a^2}+b^2x_0{}^2+\frac{2b^2c}{a}x_0+b^2y_0{}^2}{(a^2+b^2)}$$

$$-\frac{a^2y_0{}^2+\frac{b^2c^2}{a^2}+b^2x_0{}^2-2ay_0\frac{bc}{a}-2ay_0bx_0+2\frac{bc}{a}bx_0}{(a^2+b^2)}$$

$$\beta=\frac{c^2+a^2x_0{}^2+2acx_0+\cancel{a^2y_0{}^2}+\cancel{\frac{b^2c^2}{a^2}}+\cancel{b^2x_0{}^2}+\cancel{\frac{2b^2c}{a}}x_0+b^2y_0{}^2}{(a^2+b^2)}$$

$$-\frac{\cancel{a^2y_0{}^2}+\cancel{\frac{b^2c^2}{a^2}}+\cancel{b^2x_0{}^2}-2bcy_0-2ay_0bx_0+2\cancel{\frac{b^2c}{a}}x_0}{(a^2+b^2)}$$

$$\beta=\frac{c^2+a^2x_0{}^2+2acx_0+b^2y_0{}^2+2bcy_0+2ay_0bx_0}{(a^2+b^2)}$$

$$\beta=\frac{(ax_0)^2+(by_0)^2+c^2+2(ax_0)(c^2)+2(ax_0)(by_0)+2(by_0)c}{(a^2+b^2)}$$

$$\beta=\frac{(ax_0+by_0+c)^2}{(a^2+b^2)}$$

＊附錄 3：X^2 項係數乘上 Y^2 項係數得展開式

$$(A\cos^2\theta+B\cos\theta\sin\theta+C\sin^2\theta)(A\sin^2\theta-B\cos\theta\sin\theta+C\cos^2\theta)$$

$$=[(A-C)\cos^2\theta+C\cos^2\theta+\frac{B}{2}\sin2\theta+C\sin^2\theta]$$

$$\times[(A-C)\sin^2\theta+C\sin^2\theta-\frac{B}{2}\sin2\theta+C\cos^2\theta]$$

$$=[(A-C)\cos^2\theta+\frac{B}{2}\sin2\theta+C][(A-C)\sin^2\theta-\frac{B}{2}\sin2\theta+C]$$

$$=(A-C)\sin^2\theta(A-C)\cos^2\theta-\frac{B}{2}\sin2\theta(A-C)\cos^2\theta+C(A-C)\cos^2\theta$$

$$+(A-C)\sin^2\theta\times\frac{B}{2}\sin 2\theta-\frac{B}{2}\sin 2\theta\times\frac{B}{2}\sin 2\theta+C\times\frac{B}{2}\sin 2\theta$$

$$+C(A-C)\sin^2\theta-\frac{BC}{2}\sin 2\theta+C^2$$

$$=(A-C)^2\sin^2\theta\cos^2\theta-\frac{B(A-C)}{2}\sin 2\theta\cos^2\theta+\frac{B(A-C)}{2}\sin 2\theta\sin^2\theta$$

$$-\frac{B^2}{4}\sin^2 2\theta+C(A-C)\cos^2\theta+C(A-C)\sin^2\theta+\frac{BC}{2}\sin 2\theta-\frac{BC}{2}\sin 2\theta+C^2$$

$$=\frac{(A-C)^2}{4}\times\sin^2 2\theta-\frac{B(A-C)\sin 2\theta}{2}\times(\cos^2\theta-\sin^2\theta)$$

$$-\frac{B^2}{4}\sin^2 2\theta+C(A-C)(\cos^2\theta+\sin^2\theta)+C^2$$

$$=\frac{(A-C)^2}{4}\sin^2 2\theta-\frac{B(A-C)\sin 2\theta}{2}(\cos 2\theta)-\frac{B^2}{4}\sin^2 2\theta+C(A-C)+C^2$$

$$=\frac{(A-C)^2\sin^2 2\theta}{4}-\frac{B(A-C)\sin 2\theta\cos 2\theta}{2}-\frac{B^2\sin^2 2\theta}{4}+CA-C^2+C^2$$

$$=\frac{(A-C)^2\sin^2 2\theta}{4}-\frac{B(A-C)\sin 2\theta\cos 2\theta}{2}-\frac{B^2\sin^2 2\theta}{4}+CA\cdots(2)$$

由於 $\cot 2\theta=\dfrac{A-C}{B}\Rightarrow\dfrac{\cos 2\theta}{\sin 2\theta}=\dfrac{A-C}{B}\Rightarrow B\cos 2\theta=(A-C)\sin 2\theta\cdots(3)$

將 (3) 代入 (2)，可得到

$$=\frac{(B\cos 2\theta)^2}{4}-\frac{B\times B\cos 2\theta\times\cos 2\theta}{2}-\frac{B^2\sin^2 2\theta}{4}+CA$$

$$=\frac{B^2\cos^2 2\theta}{4}-\frac{B^2\cos^2 2\theta}{2}-\frac{B^2\sin^2 2\theta}{4}+CA$$

$$=\frac{B^2\cos^2 2\theta}{4}-\frac{2B^2\cos^2 2\theta}{4}-\frac{B^2\sin^2 2\theta}{4}+CA$$

$$=-\frac{B^2\cos^2 2\theta}{4}-\frac{B^2\sin^2 2\theta}{4}+CA=-\frac{B^2}{4}(\cos^2 2\theta+\sin^2 2\theta)+CA=-\frac{B^2}{4}+CA$$

故 X^2 項係數乘上 Y^2 項係數得展開式爲 $-\dfrac{B^2}{4}+CA$

5
複　數

在第一章已經有介紹到虛數 $i=\sqrt{-1}$，也有提到複數 $z = a + bi$。複數對於一般人來說仍然是太過陌生，但在此我們還是要強調它的重要性，複數對數學分析有著舉足輕重的地位，比較常被人所知道的是複變函數論（Complex analysis），這門學科在物理上尤其重要，如：可被拿來研究黑洞（black hole），見圖 5-1，黑洞就是數學中的奇異點（singularity）。

本章將會介紹有關虛數與複數的故事，以及相關的運算。

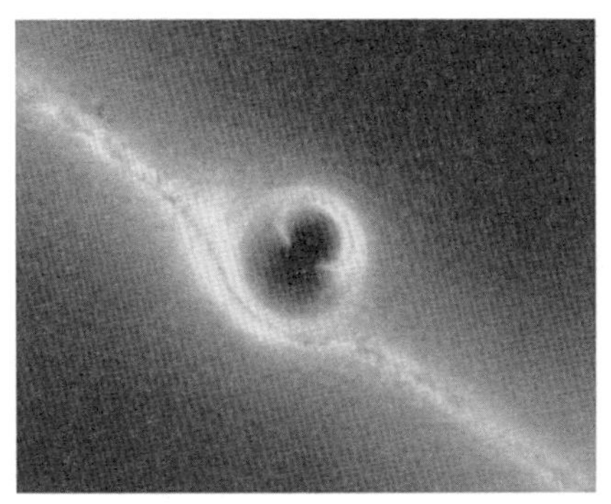

圖 5-1　黑洞，取自 WIKI

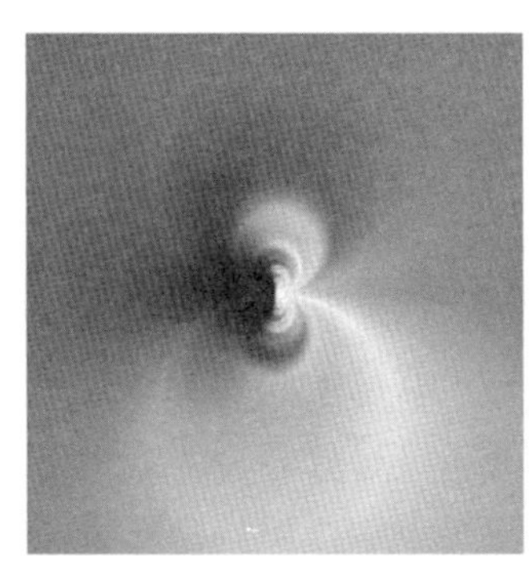

圖 5-2　複數函數是在奇點構成的圖案

「在自然科學中，數學不可理喻的有效性。」（The Unreasonable Effectiveness of Mathematics in the Natural Sciences.）

物理學家 Eugene Wigner

5-1 複數的運算與複數平面

一般來說，在台灣高中數學對於虛數的學習，是從一元二次方程式 $ax^2+bx+c=0$，解得 $x=\frac{-b\pm\sqrt{b^2-4ac}}{2a}$，當 $b^2-4ac<0$，產生無實數解開始，如：$x^2+x+1=0$，解得 $x=\frac{-1\pm\sqrt{1^2-4\times1\times1}}{2}=\frac{-1\pm\sqrt{-3}}{2}=\frac{-1\pm\sqrt{3}i}{2}$。進而討論 $x^2+1=0\rightarrow x^2=-1\rightarrow x=\pm\sqrt{-1}=\pm i$，藉此來認識 $i=\sqrt{-1}$。但有趣的是歷史並不是如此，眞實的歷史是卡當（Cardano，1545 的義大利數學家）在討論一元三次方程式 $x^3=ax+b$ 的公式解 $x=\sqrt[3]{\frac{b}{2}+\sqrt{\left(\frac{b}{2}\right)^2-\left(\frac{a}{3}\right)^3}}+\sqrt[3]{\frac{b}{2}-\sqrt{\left(\frac{b}{2}\right)^2-\left(\frac{a}{3}\right)^3}}$ 時，發現根號內有時會出現負數的情況，並發現如果讓 $i=\sqrt{-1}$ 這樣的元素時，就可以讓數學的運算更有一致性，也就是「n 次多項式：$a_0x^n+a_1x^{n-1}+a_2x^{n-2}+\cdots+a_{n-1}x+a_n=0$，能有 n 個解」。而這就是虛數的起源，接著歷經各個數學家的逐漸完善，如：卡當、吉拉爾、笛卡兒、歐拉、高斯等，而虛數的內容被放在複數系 $z=a+bi$ 中，再加以討論。

5-1-1 複數的定義與運算

．複數的定義

數學家定義 $i=\sqrt{-1}$ 爲虛數的單位，並定義複數的形式爲 $a+bi$，a、b 都爲實數。而複數一般記作 $z=a+bi$，其中 a 爲實數係數（又稱實部）、b 爲虛數係數（又稱虛部）。若要討論複數 z 的實部、虛部，實部符號記作 $Re(z)=a$、虛部符號記作 $Im(z)=b$，其原因是取其英文縮寫。

．複數的運算

複數的運算與實數的運算相同，同樣保有加、減、乘、除、交換律、結合律、分配律、指數律。

複數的加法：$(a+bi)+(c+di)=(a+c)+(b+d)i$。

複數的減法：$(a+bi)-(c+di)=(a-c)+(b-d)i$。

複數的乘法：$(a+bi)\times(c+di)=ac+adi+bci+bdi^2$

$$=(ac-bd)+(ad+bc)i$$ 。

複數的除法：$(a+bi)\div(c+di)=\dfrac{a+bi}{c+di}=\dfrac{a+bi}{c+di}\times\dfrac{c-di}{c-di}$。

$$=\frac{ac+bd}{c^2+d^2}+\frac{bc-ad}{c^2+d^2}i$$ 。

虛數指數律：已知 $i=\sqrt{-1}$，則 $i^2=-1$、$i^3=-1\times i=-i$、$i^4=i^2\times i^2=(-1)\times(-1)=1$。

．共軛複數

已知一元二次方程式 $ax^2+bx=c=0$，解得 $x=\dfrac{-b\pm\sqrt{b^2-4ac}}{2a}$。

若 $b^2-4ac<0$ 會產生複數解，如：$x^2+x+1=0$，解得

$x=\frac{-1\pm\sqrt{3}i}{2}$。而數學上定義 $\frac{-1+\sqrt{3}i}{2}$ 與 $\frac{-1-\sqrt{3}i}{2}$ 爲共軛複數，爲成對出現的意思。

複數爲 $z=a+bi$，其對應的共軛複數符號記作 $\bar{z}=a-bi$。

設 $z_1=a_1+b_1i$、$z_2=a_2+b_2i$ 爲複 ，其對應共軛複數爲 $\overline{z_1}=a_1-b_1i$、$\overline{z_2}=a_2-b_2i$。以下爲共軛複數的運算。

共軛複數的加法：$\overline{z_1}+\overline{z_2}=\overline{z_1+z_2}$。

共軛複數的減法：$\overline{z_1}-\overline{z_2}=\overline{z_1-z_2}$。

共軛複數的乘法：$\overline{z_1}\times\overline{z_2}=\overline{z_1\times z_2}$。

共軛複數的除法：$\overline{z_1}\div\overline{z_2}=\overline{z_1\div z_2}$。

在此不作推導，有興趣的人可以自行推導。

・複數平面

複數由於有實部與虛部的關係，無法以一維度來加以作圖說明，故最後選擇垂直的兩軸（實軸 x 與虛軸 iy）展開出平面，再把複數標在複數平面上，見圖 5-3。而學生常見的問題是爲什麼用垂直的兩軸，理由是除此之外數學家也不知道應該用怎樣的形式來表達複數的圖案，而此方式相當方便且對於處理問題相當便利。

但作者不得不說的是，有關實軸 x 與虛軸 iy 的符號相當不妥，容易讓學生與實數的平面座標軸搞混，實軸符號應該使用 Re，而虛軸符號使用 Im，才不會讓學生搞混，見圖 5-4。

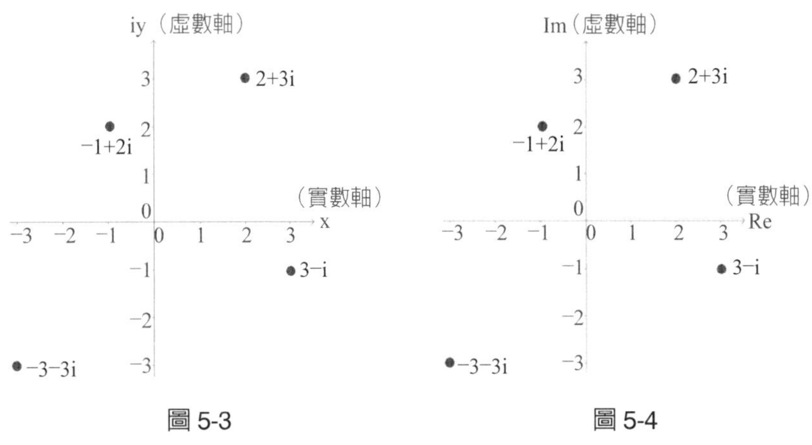

圖 5-3　　圖 5-4

・複數的絕對值（長度）

絕對值的原始意義是指與 0 的距離，如：$|3|=3$、$|-5|=5$，到了平面座標上則是與原點 (0, 0) 的距離，向量平面也是同理。而同樣的在複數平面上也是討論與原點 $0+0i$ 的距離。如：複數爲 $z=a+bi$，z 到原點的距離爲 $|z|=|a+bi|=\sqrt{a^2+b^2}$。

・複數的不等式

複數沒有辦法比較大小，因爲包含虛數，而虛數會讓不等式出現問題。在實數已知 $a<b\rightarrow a^2<b^2$，假設 $3i<5i$，但 $(3i)^2<(5i)^2\rightarrow -9<-25$ 此時產生錯誤，故複數沒有辦法比較大小。

複數沒有辦法比較大小也可以從圖案來看，實數的比較大小，是在一維度的數線上，可以明確比較大小，見圖 5-5。而複數若要作圖在複數平面上，很直覺可以認知各個位置並沒有大小關係，見圖 5-6，如同實數的平面座標各點沒有大小關係。

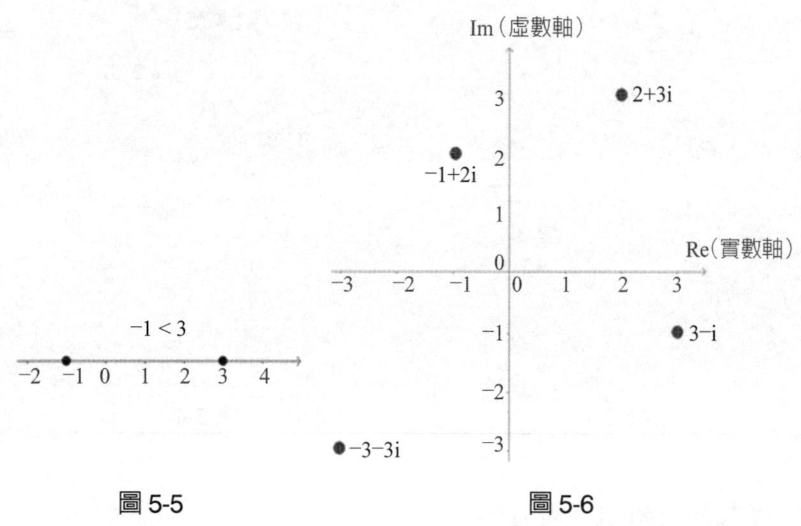

圖 5-5 圖 5-6

5-1-2 複數方程式

有了複數後可以列出包含虛數的方程式，如：$3x^2 + 2ix + 1 = 0$，在此我們並沒有處理複數的經驗，但可以參考實數方程式的配方法，作一次推導複數方程式如何求解。設複數方程式爲 $(a_1 + a_2i)x^2 + (b_1 + b_2i)x + (c_1 + c_2i) = 0$，令：$A = a_1 + a_2i$、$B = b_1 + b_2i$、$C = c_1 + c_2i$，所以複數方程式的解爲

$$x = \frac{-B \pm \sqrt{B^2 - 4AC}}{2A} = \frac{-(b_1 + b_2i) \pm \sqrt{(b_1 + b_2i)^2 - 4(a_1 + a_2i)(c_1 + c_2i)}}{2(a_1 + a_2i)}$$

故 $3x^2 + 2ix + 1 = 0$ 的 $x = \frac{-2i \pm \sqrt{(2i)^2 - 4 \times 3 \times 1}}{2 \times 3} = \frac{-2i \pm \sqrt{-16}}{6}$ $= \frac{-2i \pm 4i}{6} = \frac{i}{3}$ 或 $-i$，代入驗證是否滿足方程式，$x = \frac{i}{3}$ 代入 $3x^2 + 2ix + 1 = 0$，等號成立，所以 $x = \frac{i}{3}$ 是 $3x^2 + 2ix + 1 = 0$ 的解。

以及 $x=-i$ 代入 $3x^2+2ix+1=0$，$3(-i)^2+2i\times(-i)+1=-3+2+1=0$，等號成立，所以 $x=-i$ 是 $3x^2+2ix+1=0$ 的解。自此我們就可以解決複數的方程式。

5-1-3 結論

由此我們可以認識基礎的複數運算。

5-2 隸美弗定理與複數的極式

許多數學家都提出一元 n 次多項式 $a_0x^n+a_1x^{n-1}+a_2x^{n-2}+\cdots+a_{n-1}x+a_n=0$，應該具有 n 個解，最終被高斯證明，稱爲代數基本定理，其中包含實數及複數的解。但本書不說明代數基本定理，而是說明其中的特例 $x^n-1=0$ 的情形，我們觀察下述問題以及方程式的解，及其在複數平面的位置。

1. $x^2-1=0\to(x-1)(x+1)=0\to x=1,-1$，見圖 5-7。
2. $x^3-1=0\to(x-1)(x^2+x+1)=0\to(x-1)(x-\frac{-1+\sqrt{3}i}{2})(x-\frac{-1-\sqrt{3}i}{2})=0$

   $\to x=1,\frac{-1+\sqrt{3}i}{2},\frac{-1-\sqrt{3}i}{2}$，見圖 5-8。
3. $x^4-1=0\to(x^2-1)(x^2+1)=0\to(x-1)(x+1)(x-i)(x+i)=0$

   $\to x=1,-1,i,-i$，見圖 5-9。
4. $x^6-1=0\to(x^3-1)(x^3+1)=0$

   $\to(x-1)(x^2+x+1)(x+1)(x^2-x+1)=0$

   $\to(x-1)(x-\frac{-1+\sqrt{3}i}{2})(x-\frac{-1-\sqrt{3}i}{2})(x+1)(x-\frac{1+\sqrt{3}i}{2})(x-\frac{1-\sqrt{3}i}{2})=0$

   $\to x=1,-1,\frac{-1+\sqrt{3}i}{2},\frac{-1-\sqrt{3}i}{2},\frac{1+\sqrt{3}i}{2},\frac{1-\sqrt{3}i}{2}$，見圖 5-10。

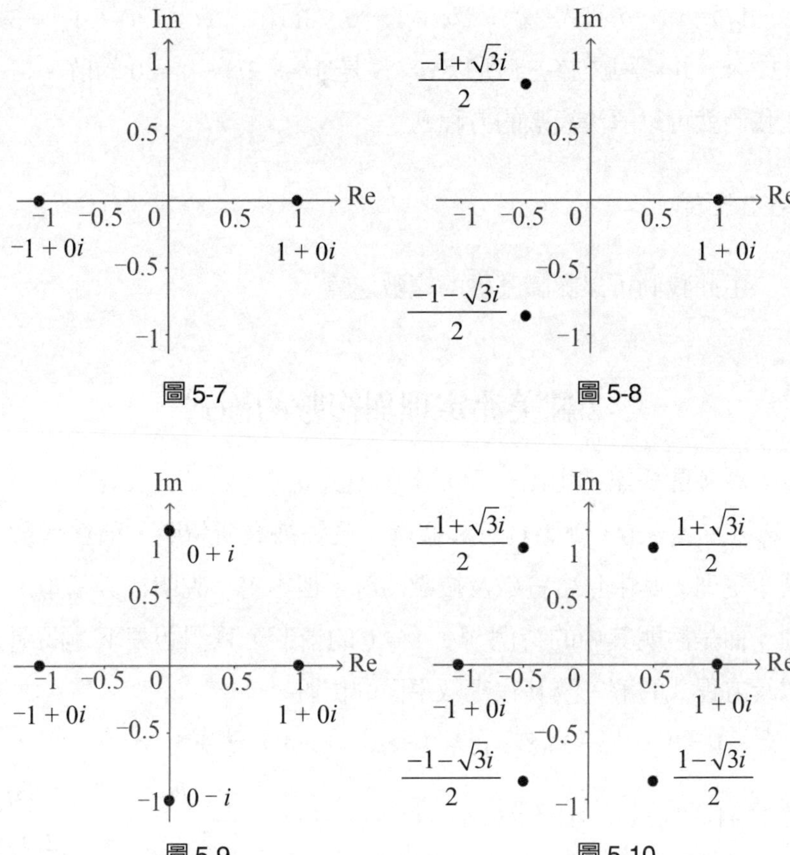

圖 5-7　圖 5-8

圖 5-9　圖 5-10

5. $x^8-1=0 \to (x^4-1)(x^4+1)=0 \to (x^2-1)(x^2+1)(x^2-i)(x^2+i)=0$
$\to (x-1)(x+1)(x-i)(x+i)(x-\sqrt{i})(x+\sqrt{i})(x-\sqrt{-i})(x+\sqrt{-i})=0$
$\to x=1,-1,i,-i,\sqrt{i},-\sqrt{i},\sqrt{-i},-\sqrt{-i}$，而 $\sqrt{i}$ 也是一個複數，設 $\sqrt{i}=a+bi$，則 $\sqrt{i}=a+bi \to \sqrt{i}^2=(a+bi)^2 \to \mathrm{i}=a^2-b^2+2abi$ $\to 0+i=(a^2-b^2)+2abi$，因等號左右兩式的實部與虛部要相等，所以 $1=2ab$, $0=a^2-b^2$，故 $a=\frac{1}{\sqrt{2}}, b=\frac{1}{\sqrt{2}}$。而其他的

$-\sqrt{i}, \sqrt{-i}, -\sqrt{-i}$ 也是同樣方法處理，所以 $x^8 - 1 = 0 \rightarrow x = 1, -1, i, -i, \frac{1}{\sqrt{2}} + \frac{1}{\sqrt{2}}i, \frac{1}{\sqrt{2}} + \frac{-1}{\sqrt{2}}i, \frac{-1}{\sqrt{2}} + \frac{1}{\sqrt{2}}i, \frac{-1}{\sqrt{2}} + \frac{-1}{\sqrt{2}}i$，見圖 5-11。

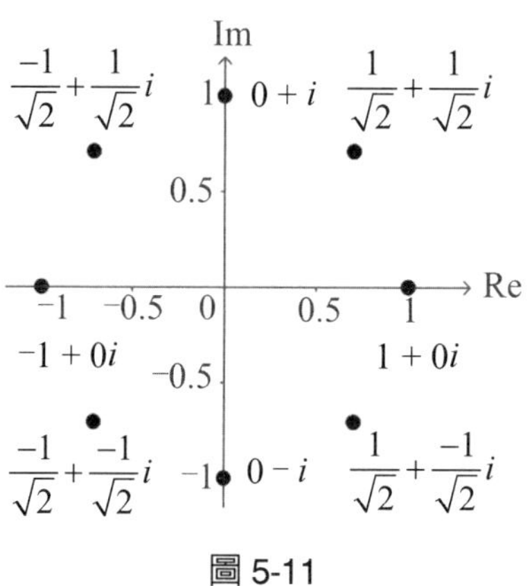

圖 5-11

由以上五個例子可發現，當 n 是 2、3、4、6、8 時，$x^n - 1 = 0$ 的解，都會在複數平面的單位圓上，由 $1 + 0i$ 爲起點，再以 n 值作等分，其圓上等分點的複數值就是 $x^n - 1 = 0$ 的解，見圖 5-12，也可觀察到圓內的正 n 邊形。

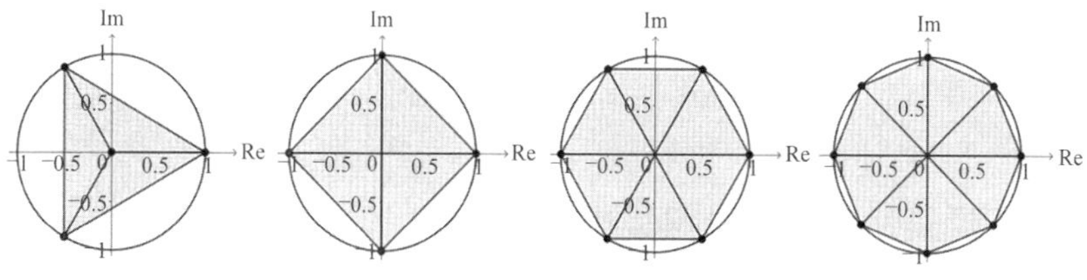

圖 5-12

因此數學家就會思考是否可以讓 n 推廣到任意正整數，甚至到任意數，都可以使得 $x^n - 1 = 0$ 的解，都會在複數平面的單位圓上，由 $1 + 0i$ 爲起點，再以 n 值作等分，其圓上等分點的複數值就是 $x^n - 1 = 0$ 的解，其解可利用三角函數來書寫，$x = 1 + 0i$, $\cos(\frac{2\pi}{n}) + i\sin(\frac{2\pi}{n})$, $\cos(\frac{2\pi}{n}\times 2) + i\sin(\frac{2\pi}{n}\times 2)$, ⋯, $\cos(\frac{2\pi}{n}\times(n-1)) + i\sin(\frac{2\pi}{n}\times(n-1))$，共有 n 個解，見圖 5-13。爲方便起見改寫爲 $x = \cos(\frac{2k\pi}{n}) + i\sin(\frac{2k\pi}{n})$，當 $k = 0, 1, 2, 3, ..., n-1$。最終也證實無誤，稍後會證明。

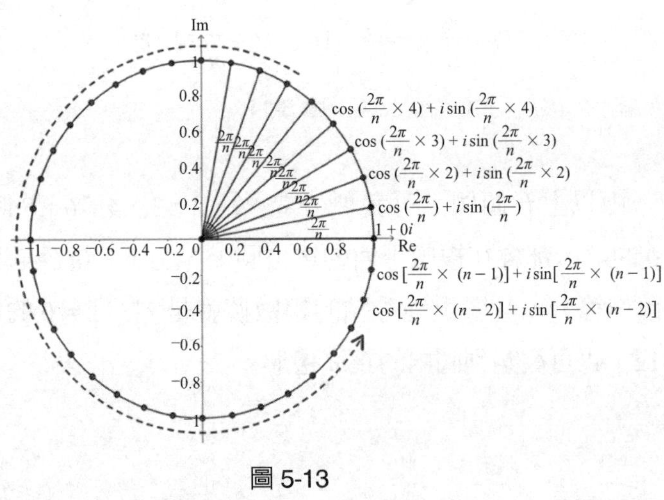

圖 5-13

5-2-1 隸美弗定理的可能起源

隸美弗（Abraham de Moivre）並沒有說明隸美弗定理的動機與起源，因此作者僅能找出可能的方式，幫助學生接受該數學式，以免讓學生誤會數學家能無中生有的找到特殊數學式。

·隸美弗定理的可能起源

觀察 $x^3-1=0$ 的解為 $x=1$, $\cos120°+i\sin120°$, $\cos240°+i\sin240°$，將第二個解 $\cos120°+i\sin120°$ 代入 $x^3-1=0$ 後，可以發現 $(\cos120°+i\sin120°)^3=1=\cos360°+i\sin360°=\cos(3\times120°)+i\sin(3\times120°)$；以及將第三個解 $\cos240°+i\sin240°$ 代入 $x^3-1=0$ 後，可以發現 $(\cos240°+i\sin240°)^3=1=\cos720°+i\sin720°=\cos(3\times240°)+i\sin(3\times240°)$。**故可以假設** $(\cos\theta+i\sin\theta)^n=\cos(n\theta)+i\sin(n\theta)$。

再繼續觀察 $x^4-1=0$ 的解為 $x=1$, $\cos90°+i\sin90°$, $\cos180°+i\sin180°$, $\cos270°+i\sin270°$，同樣的將第二個解 $\cos90°+i\sin90°$ 代入 $x^4-1=0$ 後，可以發現 $(\cos90°+i\sin90°)^4=1=\cos360°+i\sin360°=\cos(4\times90°)+i\sin(4\times90°)$；以及將第三個解 $\cos180°+i\sin180°$ 代入 $x^4-1=0$ 後，可以發現 $(\cos180°+i\sin180°)^4=1=\cos720°+i\sin720°=\cos(4\times180°)+i\sin(4\times180°)$；再將第四個解 $\cos270°+i\sin270°$ 代入 $x^4-1=0$ 後，可以發現 $(\cos270°+i\sin270°)^4=1=\cos1080°+i\sin1080°=\cos(4\times270°)+i\sin(4\times270°)$。

因此可以發現 $(\cos\theta+i\sin\theta)^n=\cos(n\theta)+i\sin(n\theta)$ 的可能性，而這條數學式就是隸美弗定理。後述將會說明 $(\cos\theta+i\sin\theta)^n=\cos(n\theta)+i\sin(n\theta)$ 為什麼成立。

5-2-2 隸美弗定理的證明

隸美弗定理：$(\cos\theta+i\sin\theta)^n=\cos(n\theta)+i\sin(n\theta)$

將 $(\cos\theta+i\sin\theta)^n$ 利用二項式展開 $(a+b)^n=\sum_{k=0}^{n}C_k^n a^k b^{n-k}$，經

化簡可得到 $(\cos\theta + i\sin\theta)^n = \cos(n\theta) + i\sin(n\theta)$，但此方法並不容易。利用數學歸納法可以更容易了解棣美弗定理的正確性。

・第一部分：n 爲任意正整數，棣美弗定理成立

已知棣美弗定理 $(\cos\theta + i\sin\theta)^n = \cos(n\theta) + i\sin(n\theta)$，先檢驗當 n 在 1、2、3 時是否正確。

$n = 1$，則 $(\cos\theta + i\sin\theta)^1 = \cos\theta + i\sin\theta$，方程式成立；

$n = 2$，則 $(\cos\theta + i\sin\theta)^2 = (\cos\theta + i\sin\theta)(\cos\theta + i\sin\theta) = \cos^2\theta + 2i\sin\theta\cos\theta - \sin^2\theta = \cos^2\theta - \sin^2\theta + 2i\sin\theta\cos\theta = \cos2\theta + i\sin\theta$，方程式成立；

$n = 3$，則 $(\cos\theta + i\sin\theta)^3 = (\cos2\theta + i\sin2\theta)(\cos\theta + i\sin\theta)$

$= \cos2\theta\cos\theta + i\cos2\theta\sin\theta + i\sin2\theta\cos\theta + i^2\sin2\theta\sin\theta$

$= \cos2\theta\cos\theta + i\cos2\theta\sin\theta + i\sin2\theta\cos\theta - \sin2\theta\sin\theta$

$= (\cos2\theta\cos\theta - \sin2\theta\sin\theta) + i(\cos2\theta\sin\theta + \sin2\theta\sin\theta)$

$= \cos(2\theta + \theta) + i\sin(2\theta + \theta)$

$= \cos3\theta + i\sin3\theta$

方程式成立；

假設 $n = k$，存在 $(\cos\theta + i\sin\theta)^k = \cos(k\theta) + i\sin(k\theta)$；

推導 $n = k + 1$ 時，$(\cos\theta + i\sin\theta)^{k+1} = \cos((k + 1)\theta) + i\sin((k + 1)\theta)$ 是否成立。

$(\cos\theta + i\sin\theta)^{k+1} = (\cos\theta + i\sin\theta)^k(\cos\theta + i\sin\theta)$

$= (\cos(k\theta) + i\sin(k\theta))(\cos\theta + i\sin\theta)$

$= \cos(k\theta)\cos\theta + i\cos(k\theta)\sin\theta + i\sin(k\theta)\cos\theta + i^2\sin(k\theta)\sin\theta$

$= \cos(k\theta)\cos\theta - \sin(k\theta)\sin\theta + i(\cos(k\theta)\sin\theta + \sin(k\theta)\cos\theta)$

$= \cos(k\theta + \theta) + i\sin(k\theta + \theta) = \cos[(k + 1)\theta] + i\sin[(k + 1)\theta]$

根據數學歸納法可知，$n = 1$ 成立，以及任意連續相鄰兩項也成立「當上一項（$n = k$）成立，則下一項（$n = k + 1$）也成立」，所以每一項都會成立。

故「隸美弗定理：$(\cos\theta + i\sin\theta)^n = \cos(n\theta) + i\sin(n\theta)$」，在 n 是正整數時正確。

・第二部分，n 爲任意負整數，隸美弗定理成立

$$(\cos\theta+i\sin\theta)^{-n}=\frac{1}{(\cos\theta+i\sin\theta)^n}=\frac{1}{\cos(n\theta)+i\sin(n\theta)}$$

$$=\frac{1}{\cos(n\theta)+i\sin(n\theta)}\times\frac{\cos(n\theta)-i\sin(n\theta)}{\cos(n\theta)-i\sin(n\theta)}$$

$$=\frac{\cos(n\theta)-i\sin(n\theta)}{\cos^2(n\theta)-i^2\sin^2(n\theta)},\text{因爲}\sin(-\alpha)=-\sin(\alpha),$$

以及 $\cos(-\alpha)=\cos(\alpha)$

$$=\frac{\cos(-n\theta)+i\sin(-n\theta)}{\cos^2(n\theta)+\sin^2(n\theta)},\text{因爲}\cos^2\alpha+\sin^2\alpha=1$$

$$=\frac{\cos[(-n)\theta]+i\sin[(-n)\theta]}{1}=\cos[(-n)\theta]+i\sin[(-n)\theta]$$

故 $(\cos\theta + i\sin\theta)^{-n} = \cos[(-n)\theta] + i\sin[(-n)\theta]$。

所以「隸美弗定理：$(\cos\theta + i\sin\theta)^n = \cos(n\theta) + i\sin(n\theta)$」，在 n 是負整數時正確。

・第三部分，n 爲 0 時，隸美弗定理成立

已知 $(\cos\theta + i\sin\theta)^n = \cos(n\theta) + i\sin(n\theta)$，而左式 $(\cos\theta + i\sin\theta)^0 = 1$，及右式 $\cos(0 \times \theta) + i\sin(0 \times \theta) = 1$，左式 = 右式，所以「隸美弗定理：$(\cos\theta + i\sin\theta)^n = \cos(n\theta) + i\sin(n\theta)$」，在 n 是

0 時正確。

到此階段 n 可為任意整數，都會使隸美弗定理成立。

・第四部分，隸美弗定理的 n 推廣到任意實數

假設 $(\cos\theta + i\sin\theta)^n = \cos(n\theta) + i\sin(n\theta)$ 的 n 可推廣到任意實數，先將數學式中的 n 改寫為 x 以免符號混亂，得到 $(\cos\theta + i\sin\theta)^x = \cos(x\theta) + i\sin(x\theta)$。推廣需要用到歐拉方程式 $e^{ix} = \cos x + i\sin x$ 才能解釋，歐拉方程式將在 5-3 作介紹。

已知 $e^{ix} = \cos x + i\sin x$，令 n 為任意整數。

對 $e^{ix} = \cos x + i\sin x$ 等式兩邊同作 n 次方，得到

$$(e^{ix})^n = (\cos x + i\sin x)^n \overset{\text{隸美弗定理}}{=} \cos nx + i\sin nx$$，…(1)，

而 $(e^{ix})^n$ 利用指數律，可得到 $(e^{ix})^n = e^{ixn} = (e^{in})^x = (\cos n + i\sin n)^x$ …(2)。

(1) 與 (2) 相等，故 $\cos nx + i\sin nx = (\cos n + i\sin n)^x$，所以「隸美弗定理：$(\cos\theta + i\sin\theta)^x = \cos(x\theta) + i\sin(x\theta)$」成立，左式的冪數值不再侷限在整數。

5-2-3 利用隸美弗定理證明 $x^n - 1 = 0$ 的解，在複數平面的單位圓上

先前已經提到 $x^n - 1 = 0$ 的解，都會在複數平面的單位圓上，由 $1 + 0i$ 為起點，再以 n 值作等分，其圓上等分點的複數值就是 $x^n - 1 = 0$ 的解。故 $x^n - 1 = 0$ 的解為 $x = \cos(\frac{2k\pi}{n}) + i\sin(\frac{2k\pi}{n})$，當 $k = 0, 1, 2, 3, ..., n-1$。

證明 $x^n - 1 = 0$ 的解，爲什麼是 $x = \cos(\frac{2k\pi}{n}) + i\sin(\frac{2k\pi}{n})$，當 $k = 0, 1, 2, 3, ..., n-1$。只要將解代入方程式，並能滿足方程式，便代表正確。

推導：

將 $x = \cos(\frac{2k\pi}{n}) + i\sin(\frac{2k\pi}{n})$ 代入方程式 $x^n - 1 = 0$，

可得到 $(\cos(\frac{2k\pi}{n}) + i\sin(\frac{2k\pi}{n}))^n = 1$，由隸美弗定理可知

$(\cos(\frac{2k\pi}{n}) + i\sin(\frac{2k\pi}{n}))^n = \cos(\frac{2k\pi}{n} \times n) + i\sin(\frac{2k\pi}{n} \times n) = \cos(2\pi \times k) + i\sin(2\pi \times k) = 1$，所以 $x^n - 1 = 0$ 的解，的確是，當 $k = 0, 1, 2, 3, ..., n-1$，也就是在複數平面的單位圓上。

5-2-4 複數的極式與旋轉

由**隸美弗定理**已知 $(\cos\theta + i\sin\theta)^n = \cos(n\theta) + i\sin(n\theta)$，故 $(\cos30° + i\sin30°)^4 = \cos(4 \times 30°) + i\sin(4 \times 30°)$，若從複數平面上觀察，就如同是以 30° 爲一次的旋轉角度，從實軸（0°）開始旋轉四次，故可將隸美弗定理以旋轉的方式來理解，見圖 5-14。

而一般的複數是否有旋轉的情況，我們可從複數的乘法觀察，例題 $(1 + i)(1 + 2i) = -1 + 3i$，觀察圖 5-15。由圖 5-15 可知 $1 + i$ 到原點的長度是 $\sqrt{2}$；$1 + 2i$ 到原點的長度是 $\sqrt{5}$；$-1 + 3i$ 到原點的長度是 $\sqrt{10}$，可以發現複數相乘，其長度也會相乘。令 $1 + i$ 與實軸的夾角 α，$1 + 2i$ 與實軸的夾角 β，$-1 + 3i$ 與實軸的夾角似乎是 $\alpha + \beta$。接著來看是否是如此。

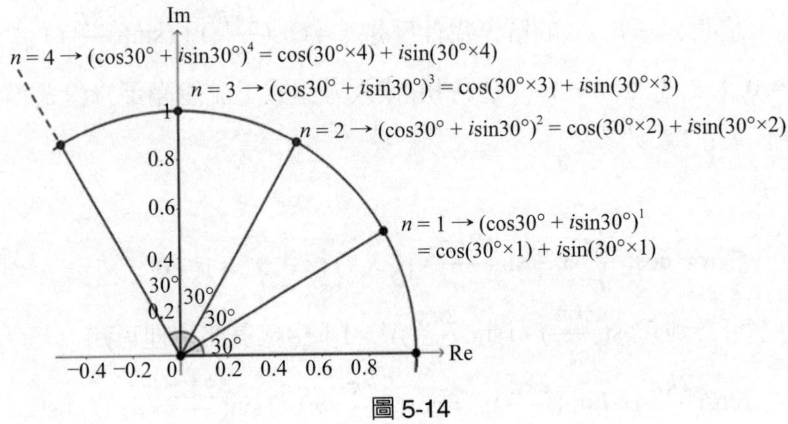

圖 5-14

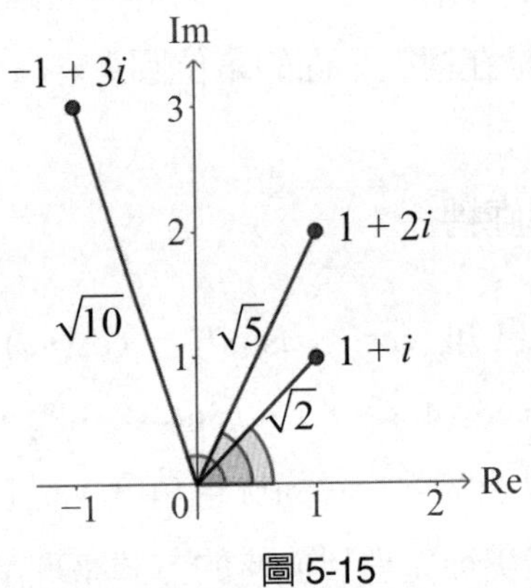

圖 5-15

$\alpha+\beta$ 是角度相加，可以理解爲 α 再旋轉 β 度，而旋轉經常會利用到三角函數，將複數改寫爲 $z=a+bi=\sqrt{a^2+b^2}(\cos\theta+i\sin\theta)$，再令 $\sqrt{a^2+b^2}=r$，可得到

$z=r(\cos\theta+i\sin\theta)$，$r$ 是複數 z 的長度，符號記作 $|z|=r$，θ 是複數 z 與實軸的角度，又稱主幅角，而這被稱爲複數的極式。若有兩個複數 $z_1=r_1(\cos\theta_1+i\sin\theta_1)$、$z_2=r_2(\cos\theta_2+i\sin\theta_2)$ 相乘，

其數學式推導爲下述

$$
\begin{aligned}
&z_1 \times z_2 = r_1(\cos\theta_1 + i\sin\theta_1) \times r_2(\cos\theta_2 + i\sin\theta_2) \\
&= r_1r_2(\cos\theta_1\cos\theta_2 - \sin\theta_1\sin\theta_2 + i\sin\theta_1\cos\theta_2 + i\cos\theta_1\sin\theta_2) \\
&= r_1r_2[\cos\theta_1\cos\theta_2 - \sin\theta_1\sin\theta_2 + i(\sin\theta_1\cos\theta_2 + \cos\theta_1\sin\theta_2)] \\
&= r_1r_2[\cos(\theta_1+\theta_2) + i\sin(\theta_1+\theta_2)]
\end{aligned}
$$

所以**兩個複數相乘，其結果是兩複數長度相乘，兩複數主幅角相加，數學式爲** $z_1 \times z_2 = r_1(\cos\theta_1 + i\sin\theta_1) \times r_2(\cos\theta_2 + i\sin\theta_2) = r_1r_2[\cos(\theta_1 + \theta_2) + i\sin(\theta_1 + \theta_2)]$。回到上述問題 $1 + i$ 與實軸的夾角 α，$1 + 2i$ 與實軸的夾角 β，$(1 + i)(1 + 2i) = -1 + 3i$ 與實軸的夾角的確是 $\alpha + \beta$。

同時討論完角度加法後，其角度減法也是同樣的方式推導。最終**可得到兩複數相除，其結果是兩複數長度相除，兩複數主幅角相減，數學式爲**

$$z_1 \div z_2 = \frac{z_1}{z_2} = \frac{r_1(\cos\theta_1 + i\sin\theta_1)}{r_2(\cos\theta_2 + i\sin\theta_2)} = \frac{r_1}{r_2} \times [\cos(\theta_1 - \theta_2) + i\sin(\theta_1 - \theta_2)]$$

5-2-5 結論

在作者求學階段及教書時，棣美弗定理對學生來說一直都像是突然冒出來的數學式，學生不免會覺得數學家怎麼可以如此天才，可以毫無道理的發現有用的數學式來解題。作者曾見過部分的數學內容會用**倒果爲因**的方式來教，如：一元二次方程式 $ax^2 + bx + c = 0$ 的公式解 $x = \dfrac{-b \pm \sqrt{b^2 - 4ac}}{2a}$，不是用配方法的推導方式來學習，而是用公式解的數值代入原方程式正確，便說公式解是正確可用的數學式，如：$x^2 + 3x + 2 = 0 \rightarrow$

$x=\dfrac{-3\pm\sqrt{3^2-4\times1\times2}}{2}=-1$ 或 -2，而 $x=-1$ 代入 $x^2+3x+2=0$ 是 $(-1)^2+3\times(-1)+2=0$，也就是代入後滿足方程式，而 $x=-2$ 同理。但這樣的方式會讓學生困惑公式解的由來，只會覺得數學家都是天才，可以無中生有發現數學式。而棣美弗定理也是同理，我們不可以用棣美弗定理正確，就不想辦法介紹前因後果；$x^n-1=0$ 的求解也是同理，我們不可以用 $x=\cos(\dfrac{2k\pi}{n})+i\sin(\dfrac{2k\pi}{n})$，當 $k=0, 1, 2, 3, ..., n-1$，代入後會滿足 $x^n-1=0$，就跳過歷史過程，這是死背公式。

因此作者將本節獨立出來，讓大家認識棣美弗定理，以及相關應用，最重要的是讓學生知道數學式的發現，都是有其動機及原因，數學家難以無中生有的創造公式。

5-3 歐拉的寶石：歐拉方程式

當數系進入複數世界之後，不得不提的就是歐拉的寶石：$e^{i\pi}=-1$，一個最特別的數學式。歐拉（或翻譯爲尤拉）是一個多產的數學家，他發現了很多數學重要的定理與公式，在 1748 年發現到 $e^{ix}=\cos x+i\sin x$，此式子被稱爲歐拉方程式。歐拉爲何會思考這樣的問題？有了虛數並進入複數的數系後，數學家開始思考如果冪次值放入虛數時會發生什麼事，如：$2^i=?$ 進而造成了歐拉方程式的產生。並且此方程式特別的地方是，當 x 代入 π，使得 $e^{i\pi}=-1\Rightarrow e^{i\pi}+1=0$，恰巧由五個最特別的數學符號組成。

1：是第一個數字。

0：是唯一的中性數，不是正數、不是負數。

π：來自幾何之中，圓形的常數。

i：來自代數，$x^2=-1$。

e：來自分析，$\lim_{n\to\infty}(1+\frac{1}{n})^n=e$。

・利用泰勒展開式推導歐拉方程式

歐拉方程式可以利用泰勒展開式推導，而泰勒展開式是微積分的內容，請先視爲合理的數學式，其正確性請自行閱讀微積分。以下爲利用到的數學式。

1. $e^x=1+\frac{x^1}{1!}+\frac{x^2}{2!}+\frac{x^3}{3!}+\frac{x^4}{4!}+\frac{x^5}{5!}\cdots$

2. $\cos x=1-\frac{x^2}{2!}+\frac{x^4}{4!}-\frac{x^6}{6!}+\frac{x^8}{8!}\cdots$

3. $\sin x=x-\frac{x^3}{3!}+\frac{x^5}{5!}-\frac{x^7}{7!}\cdots$

數學家假設進入複數的世界後，原本的運算規則仍然相同，故令 x 改寫爲 ix，代入 $e^x=1+\frac{x^1}{1!}+\frac{x^2}{2!}+\frac{x^3}{3!}+\frac{x^4}{4!}+\frac{x^5}{5!}\cdots$，可得到

$$
\begin{aligned}
e^{ix}&=1+\frac{(ix)^1}{1!}+\frac{(ix)^2}{2!}+\frac{(ix)^3}{3!}+\frac{(ix)^4}{4!}+\frac{(ix)^5}{5!}\cdots\\
&=1+\frac{ix}{1!}+\frac{-x^2}{2!}+\frac{-ix^3}{3!}+\frac{x^4}{4!}+\frac{ix^5}{5!}+\frac{-x^6}{6!}+\frac{-ix^7}{7!}+\frac{x^8}{8!}+\cdots\\
&=(1+\frac{-x^2}{2!}+\frac{x^4}{4!}+\frac{-x^6}{6!}+\frac{x^8}{8!}+\cdots)+(\frac{ix}{1!}+\frac{-ix^3}{3!}+\frac{ix^5}{5!}+\frac{-ix^7}{7!}+\cdots)\\
&=(1-\frac{x^2}{2!}+\frac{x^4}{4!}-\frac{x^6}{6!}+\frac{x^8}{8!}+\cdots)+i(\frac{x}{1!}-\frac{x^3}{3!}+\frac{x^5}{5!}-\frac{x^7}{7!}+\cdots)\\
&=\cos x+i\sin x
\end{aligned}
$$

得到 $e^{ix}=\cos x+i\sin x$。

·利用歐拉方程式進行虛數的運算

例題 1：$2^i = ?$

$2^i = (e^{\ln 2})^i = e^{i\ln 2} = \cos(\ln 2) + i\sin(\ln 2) \approx \cos(0.6931) + i\sin(0.6931) = 0.7692 + 0.6390i$

例題 2：虛數的虛數次方，$i^i = ?$

$i^i = (0+i)^i = (\cos\frac{\pi}{2} + i\sin\frac{\pi}{2})^i = (e^{\frac{i\pi}{2}})^i = e^{\frac{i\pi}{2}\times i} = e^{-\frac{\pi}{2}} = 0.2079$，很讓人意外的得到實際數字。

例題 3：$\ln i = ?$

$$\ln i = \ln(\cos\frac{\pi}{2} + i\sin\frac{\pi}{2}) = \ln(e^{\frac{i\pi}{2}}) = \ln e^{\frac{i\pi}{2}} = \frac{i\pi}{2}$$

★常見問題：歐拉方程式與棣美弗定理長得很類似，有何關係？

歐拉方程式 $e^{ix} = \cos x + i\sin x$，

與棣美弗定理 $(\cos\theta + i\sin\theta)^n = \cos(n\theta) + i\sin(n\theta)$，

兩者是可以互相推導的關係式，見以下說明。

令 $x = n\theta$ 代入 $e^{ix} = \cos x + i\sin x$，可得到 $e^{in\theta} = \cos(n\theta) + i\sin(n\theta)$，而 $e^{in\theta} = (e^{i\theta})^n = (\cos\theta + i\sin\theta)$，故 $e^{in\theta} = \cos(n\theta) + i\sin(n\theta) = (\cos\theta + i\sin\theta)^n$，推導出棣美弗定理。

·結論

歐拉方程式 $e^{ix} = \cos x + i\sin x$ 在許多數學、物理中有舉足輕重的地位。若將 $x = \pi$ 代入 $e^{ix} = \cos x + i\sin x$，可得到 $e^{i\pi} = \cos\pi +$

$i\sin\pi = -1 + 0 = -1$，故 $e^{i\pi} = -1$。物理學家理察．費曼（Richard Feynman）將歐拉公式稱爲：「我們的珍寶」和「數學中最非凡的公式」，或翻譯爲「歐拉的寶石」。

5-4 淺談泰勒級數與傅立葉級數

作者的教學經驗裡，絕大多數的學生，對於泰勒級數與傅立葉級數兩者的內容不甚明白，因此即便本書雖然沒有提到微積分等大學才會學到的數學，作者仍然先在這邊把兩者的內容先說清楚，以免有興趣的人到時候搞混。

5-4-1 泰勒級數（Taylor series）

多項式函數很容易計算，如：$f(x) = 2x^2 + 3x^4$，**只要代入數字乘開就可以求值，並且多項式函數可以逐項微分與積分**。而其他函數則相對不容易，於是數學家思考有沒有辦法將函數以多項式函數逼近，如：三角函數以多項式函數逼近，這樣就能容易計算。英國數學家泰勒以無窮多項式函數表示原函數，又稱作**「泰勒級數」**，如：$\sin x = x - \frac{1}{3!}x^3 + \frac{1}{5!}x^5 - \frac{1}{7!}x^7 + \frac{1}{9!}x^9 - \frac{1}{11!}x^{11} + \cdots$，只要展開後足夠多項，就可以貼近原函數，觀察圖 5-16。可以發現在 0 的附近多項式函數很靠近原函數，如果有足夠多項，就會愈逼近。常利用的泰勒級數，如下：

1. $\cos x = 1 - \frac{x^2}{2!} + \frac{x^4}{4!} - \frac{x^6}{6!} + \frac{x^8}{8!} \cdots$
2. $\sin x = x - \frac{1}{3!}x^3 + \frac{1}{5!}x^5 - \frac{1}{7!}x^7 + \frac{1}{9!}x^9 - \frac{1}{11!}x^{11} + \cdots$

3. $e^x = 1 + \frac{x^1}{1!} + \frac{x^2}{2!} + \frac{x^3}{3!} + \cdots$

4. $\ln(x+1) = x^1 - \frac{1}{2}x^2 + \frac{1}{3}x^3 - \frac{1}{4}x^4 + \frac{1}{5}x^5 - \frac{1}{6}x^6 + \frac{1}{7}x^7 - \frac{1}{8}x^8 \cdots$

※備註：無窮多項式函數又稱冪級數。

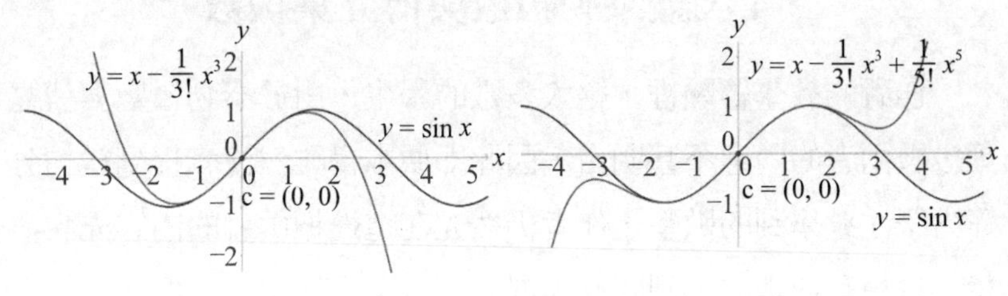

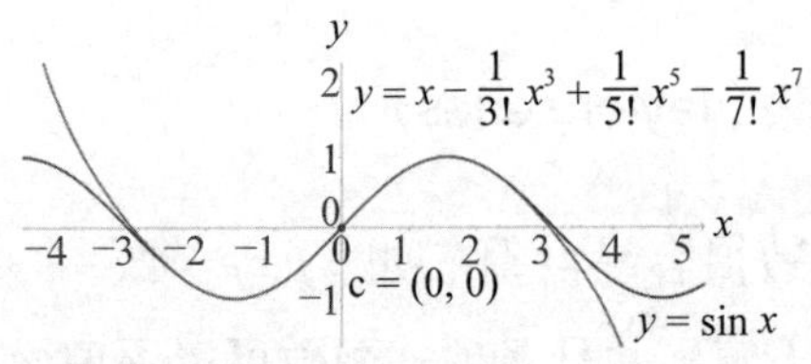

圖 5-16

5-4-2 傅立葉級數（Fourier series）

傅立葉級數是現在工程數學及現代通訊系統的重要基礎，它是有關波動的週期函數的重要工具。如：可利用傅立葉級數研究大自然中的熱力學，見圖 5-17：利用傅立葉方法求出金屬板上的熱分布；而近代科技也會利用傅立葉級數解決通訊系統的問題，如：無線通訊的 3G、4G、衛星通訊等。

傅立葉級數的特色是將函數變成容易討論的函數，而處理的函數大多都是週期函數，因此傅立葉級數將複雜的函數，變成正弦 sin 與餘弦 cos 函數組合，如此一來就可以容易的處理，見圖 5-18，最外側的函數是由內側的函數組合而成。見圖 5-19～5-22，由圖中可以看到週期函數相加的情況，以及頻譜的內容，頻譜可觀察出各強度的週期次數爲何，圖 5-19 可以看到 U 爲 1.25 的頻率 f 有 1 次，圖 5-20 可以看到 U 爲 1.25 的頻率 f 有 1 次、U 爲 0.5 的頻率 f 有 3 次，圖 5-21、5-22 以此類推。

當有了傅立葉級數後，就可以將複雜的週期函數，拆成多個簡單好處理的正弦函數或是餘弦函數。也就是將示波器產生信號的波形，經由傅立葉級數後可以顯示在頻譜儀上，就能容易分析該信號內容。

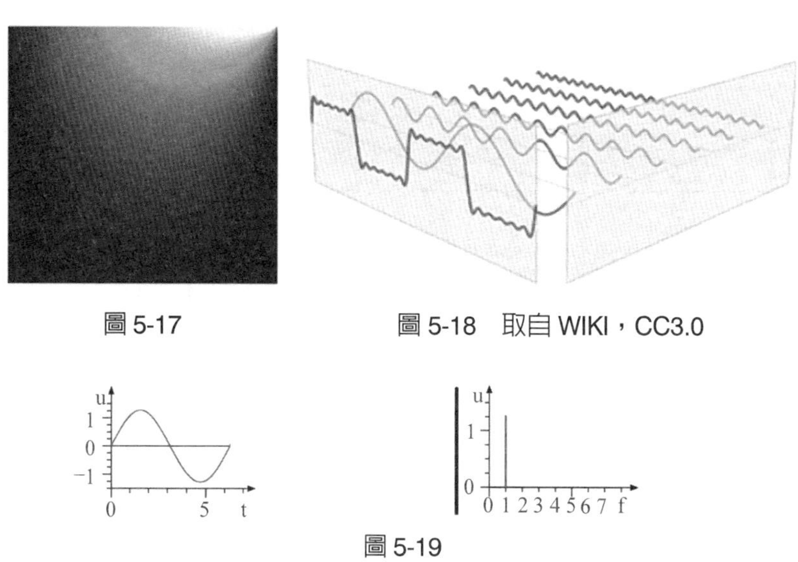

圖 5-17

圖 5-18　取自 WIKI，CC3.0

圖 5-19

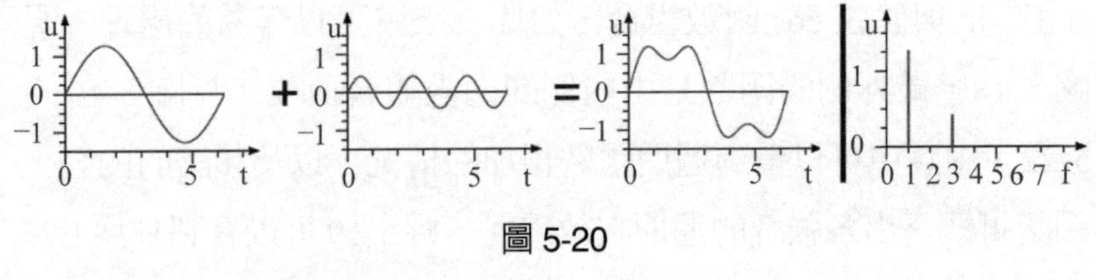

圖 5-20

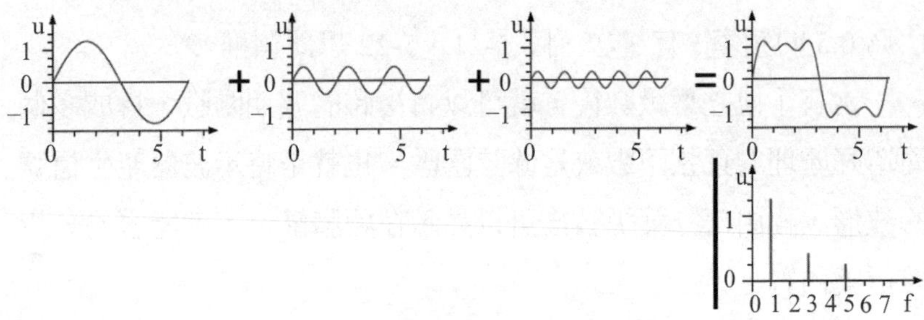

圖 5-21

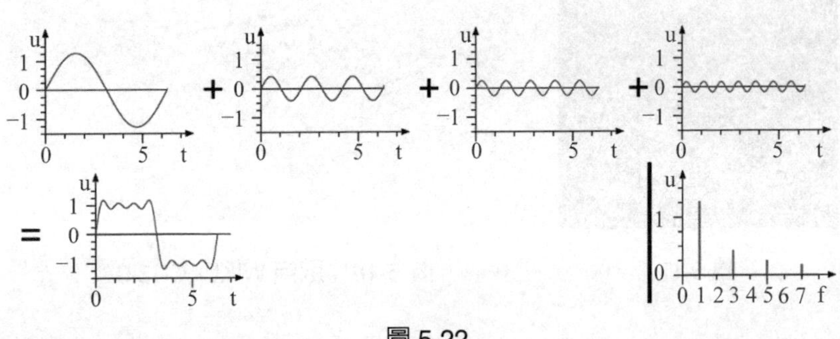

圖 5-22

5-4-3 泰勒級數與傅立葉級數的差異

傅立葉級數與泰勒級數的特色都是化繁爲簡，把複雜的數學式變成好處理的數學式。但仍有差異，泰勒級數處理的對象是把可無限微分的函數，轉換爲多項式函數，針對某一點來逼近，換言之處理範圍僅有局部；而傅立葉級數處理的對象是複雜的週期性函數，轉換爲多個正弦、餘弦函數的和，可處理的範圍是該週期內的任意點。

5-4-4 結論

本篇是針對理工科學生未來可能會面對問題的部分預作準備，好讓學生明白傅立葉級數與泰勒級數的特色及差異性。若對微積分、泰勒級數、複變、傅立葉級數、傅立葉轉換有興趣的人，可以自行參考相關數學書籍。

6
函數

數學史上每一個名詞的誕生，都是歷經無數數學家不斷的使用與修正，更甚至有各自發展出不同的符號。但最後大家統一用某一種，或是併行使用，在本書我們也會將每一個名詞的相關的歷史也提出來，而不是死板的敘述定義就結束。

函數這名詞由萊布尼茲在 1694 年提出使用，將數據變成一個曲線呈現在平面座標上，見圖 6-1，使人可以一目了然，而研究其曲線的面積、斜率關係，正是微積分。

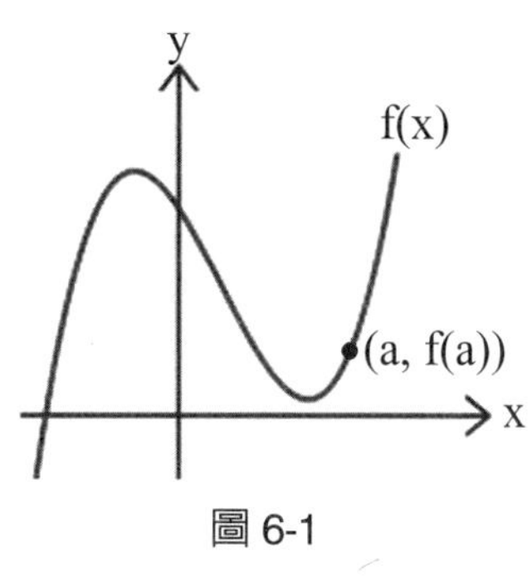

圖 6-1

1718 年，約翰．白努利把函數定義為「一個變數的函數值是由變數和常量組成再計算的數值。」更加清楚解釋函數的結果（函數值），是由變數的變化加上某數字（常數）。

1748 年，白努利的學生歐拉在《無窮分析引論》一書中說：「一個變數的函數值是由該變數和一些數或常量以任何方式構成的解析表達式」。這時後的函數被規定得很謹慎，不再出現代入之後無法產生結果的函數，但也給這函數另一種名稱，如：根式函數 $y=\sqrt{x}$，很顯而易見的，不能代入負數。

1775 年，歐拉在《微分學原理》又提出了函數的一個定義：「如果某些量依賴於另一些量，即當後者變化時，前者本身也發生變化，則稱前者是後者的函數。」雖然每次的改革，都是大同小異，但到了此刻已經趨於完整，雖然兩個數字都會變，但是一個是主動，一個是被逼著對應改變，所以一個稱作自變數，一個則稱應變數。在國小到高中的學習過程，函數的應用太少。在本章將會介紹大量的函數案例，以了解何爲自變數，哪個是應變數，什麼是函數。了解函數之後，**同時我們也要能繪製函數，方能好好的學習微積分**。

學習微積分必然會討論到極限，極限與微積分有著密不可分的關係，它是微積分的基石。然而極限該名詞對於一般人或許會用來對話，但對其數學意義卻是不甚了解，那麼極限它到底是什麼？一般極限在生活的用法，大多在語言上，跑步跑不動的時候會說：「自己體力的已經快到達極限了」，意指體力已經快要到達或是已達盡頭，即將結束。所以很明確的可以了解，「極限」是即將完成某一個狀態並限制在該狀態內的一個時間點。或是說：人的忍耐限度是有極限的。意指超過忍耐限度就會爆發，就會作出不可預期的事情，而這限度的概念，在數學上就是極限的概念。本書就不在多作極限的介紹，僅作函數部分，有興趣的人可以參考作者另一著作《互動及視覺微積分》。

6-1 函數在生活上應用

以生活上的接觸到的圖表來說明

1. 股市圖，見圖 6-2。
2. 心電圖（EKG），見圖 6-3。可以藉由函數圖形判斷兩者的跳動頻率、以及跳動強度等其他資料。

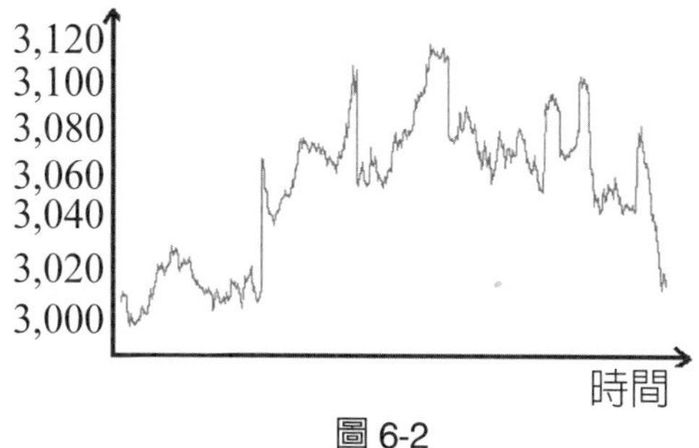

圖 6-2

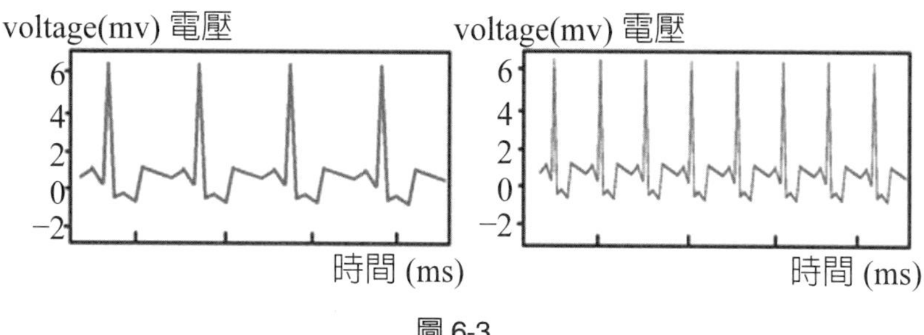

圖 6-3

3. 每月溫度圖，見圖 6-4，比對每月的溫度差異性，並且推測函數，以預測溫度。
4. 每月雨量圖，見圖 6-5，比對每月的溫度差異性，並且推測函數，以預測雨量。

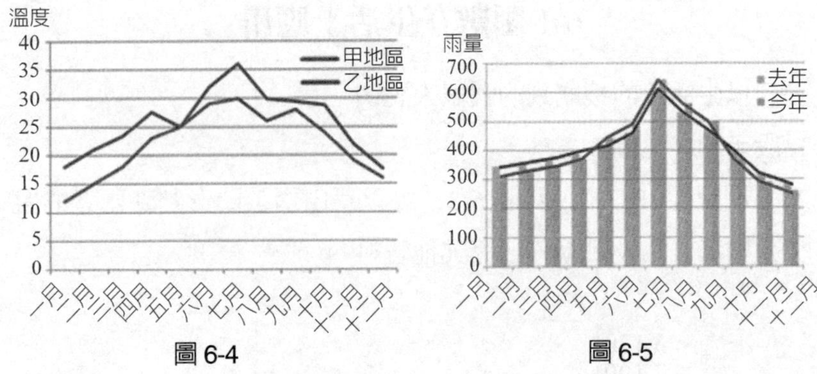

圖 6-4

圖 6-5

5. 而同一地區每月雨量與溫度圖，也可製作在一起，見圖 6-6。

6. 用數學式子表示的函數常出現在物理學，工程及資訊學的領域，也是微積分課程的重點，圖 6-7 是一個電波波型，可以用數學式子表示的函數。藉由圖表來推測函數，並且利用函數來預測接下來的可能性變化。並且在同一性質的圖表，在時間不同之下，可看出差異性、變化性。

7. 用在醫療觀察，口服藥在血液中的濃度在服藥之後約 15 分鐘達到最大值，然後緩慢減少，如果用表格與數字則會看得眼花撩亂，見圖 6-8。

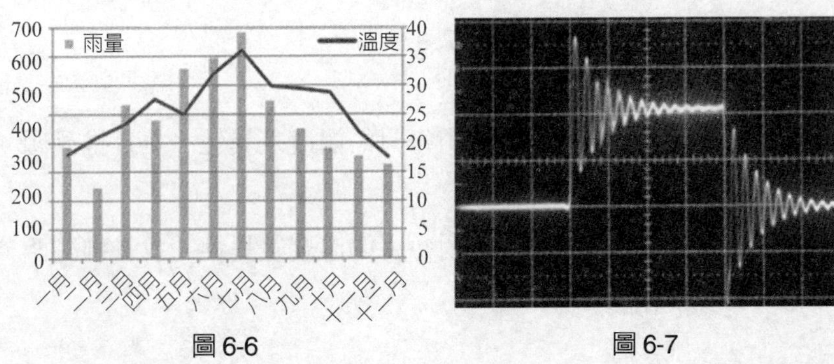

圖 6-6

圖 6-7

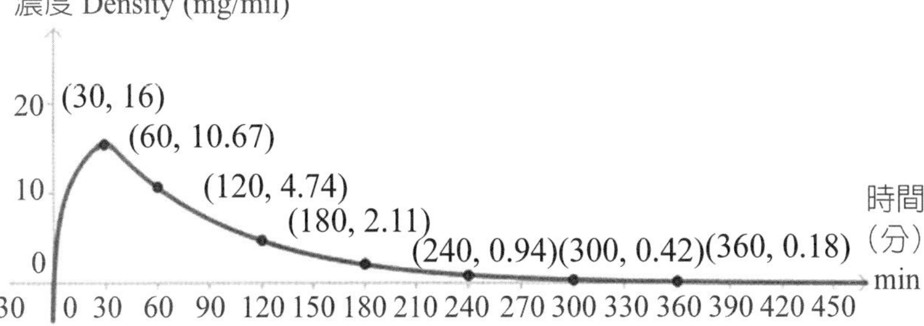

圖 6-8 口服藥濃度函數曲線

6-2 函數是什麼

在國中會學到一個特別名稱－函數 $f(x)$，而函數跟生活觀念很類似，但到了高中後，函數的寫法與觀念似乎變化太劇烈，指數函數、對數函數、三角函數，讓人不知所措，那函數到底是什麼？

簡單來說，函數是一個問題有一個答案，比如說：一罐飲料 10 元，買 5 罐，問老闆多少錢？老闆回：一共 50 元。換題目：蘋果一個 15 元，買 10 個多少錢？老闆說要 150 元。而這相當生活化的東西就是函數最直覺的概念。換成數學的表示，給一個 x 值，經過函數的過程後，得到一個 y 值。參考圖 6-9。

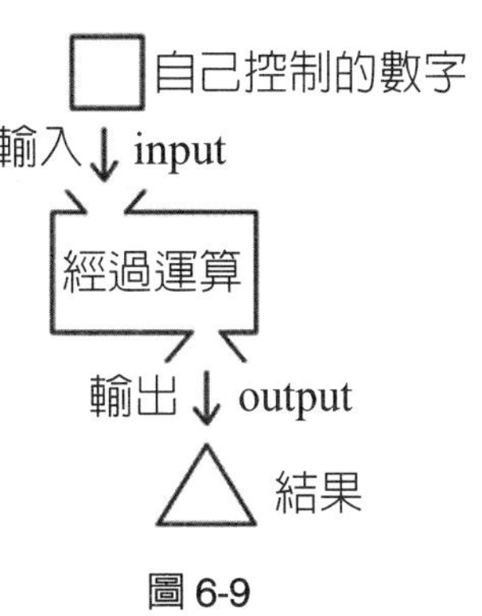

圖 6-9

其中可以把關聯性作連結，□的數值影響△的數值，一個是因、一個是果，注意其因果關係，以上題爲例，一罐飲料 10 元，買 5 罐，要多少錢？很清楚的知道，能控制的是購買的數量□，所以總價 = 10 × □，而總價是△。故可以表示爲△ = 10 × □，如果放入數字到□時，就能看見式子，如：

△ = 10 × [5]

= 10 × 5

= 50

如果每次都是用畫□、△等圖案時總是會不方便，所以用英文字母來代替，△ = 10 × □ → $y = 10 \times x$，當有 x 的數值時，將數字與式子中的 x 交換，再計算。方程式爲 $y = 10 \times x$，當 $x = 2$ 時，則 $y = ?$

$y = 10 \times x$

$\rightarrow y = 10 \times 2$

$= 20$

這字母被數字交換，稱爲代入數字，用數學的方式來講，就是未知數給定數值代入方程式，見圖 6-10。但遇見的問題有許多變化，不會只有簡單的 $y = 10x$，還會有 $y = 10x + 5$、$y = 3x^2 + 2x + 5$、$y = \sqrt{x}$ 等，習慣上會固定等號的一邊是 y，通常是將 y 放在左邊（爲了方便書寫），另一邊則是 x 的式子，若用函數的表示方式爲 $y = f(x) = 10x$。

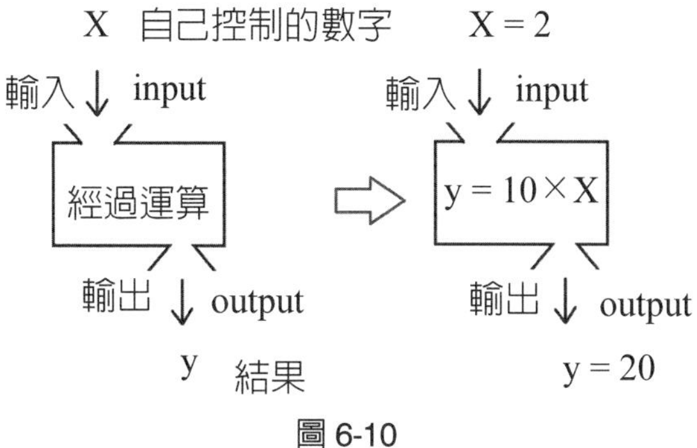

圖 6-10

★常見問題：符號一定要使用 $f(x)$

不要把函數觀念讀死板了，不要以爲符號一定要使用 $f(x)$，不同函數有著不同的運算方式，所以前端的會放上不同的字母以示區別。如：$f(x) = x + 5$、$g(x) = x^2 + 3x - 10$，並且括號內的符號也不會固定，它原意是代表自己控制的數字，所以也可寫成，$f(a) = a + 5$、$g(b) = b^2 + 3b - 10$，函數 = 自變數的式子。代入時把相同符號部分都換相同數字，如：

$$f(a) = a + 5 \text{、} g(b) = b^2 + 3b - 10$$

$$\downarrow \quad \downarrow \qquad \downarrow \quad \downarrow \quad \downarrow$$

$$f(3) = (3) + 5 \text{、} g(5) = (5)^2 + 3 \times (5) - 10$$

注意代入時，要加括號，避免遇到負數忘記變號。

6-2-1 代入數字到函數

部分人對於函數代入數字感到有問題，例如：

$$f(a) = a + 5 \text{、} g(b) = b^2 + 3b - 10$$

$$\downarrow \quad \downarrow \qquad \downarrow \quad \downarrow \quad \downarrow$$

$$f(3) = (3) + 5 \text{、} g(5) = (5)^2 + 3 \times (5) - 10$$

爲什麼是相同符號一起變同一個數字？舉例：$f(x) = 2x + 5$，$f(3) = ?$ $f(x)$ 代入數字 3，就是 $f(x)$ 當括弧內 $x = 3$ 時的情形，而我們知道 $y = f(x)$，所以可以寫成 $f(x) = 2x + 5 \Leftrightarrow y = 2x + 5$，所以 $f(3) \Leftrightarrow \begin{cases} x = 3 \\ y = 2x + 5 \end{cases}$，函數也可以理解爲一組聯立方程式的解，給一個 x 值，要求出對應的 y 值。當解出聯立方程式，求出的 y 值就是 $f(3)$ 的數值，解聯立方程式，用代入消去法，$y = 2 \times (3) + 5$，解得 $y = 11$，所以 $f(3) = 11$ 而每次都把函數改寫回去聯立方程式，再解聯立方程式是一個很費時間的事情，所以，就把過程精簡化爲

$$\begin{aligned} f(x) &= 2x+5 \\ \downarrow \quad & \quad \downarrow \\ f(3) &= 2\times(3)+5 \\ f(3) &= 11 \end{aligned}$$

。

直接相同符號一起變同一個數字，再計算出結果，這就是代入自變數到函數。同時描繪方程式的曲線時，是用一個一個的 x 值不斷的去求出對應的 y 值，得到座標，求座標的方法是用聯立方程式，解出該方程式的無限多組聯立方程式，可以得到無數個點，然後在座標平面上逐點描繪再連線，這條曲線就是函數曲線。給數字求函數值就是求該曲線其中的一點。

例題：

畫出 $y = x^2 + 2$ 的曲線，見圖 6-11

$$\begin{cases} x=-3 \\ y=x^2+2 \end{cases} \Rightarrow (-3,11) \quad \begin{cases} x=-2 \\ y=x^2+2 \end{cases} \Rightarrow (-2,6) \quad \begin{cases} x=-1 \\ y=x^2+2 \end{cases} \Rightarrow (-1,3)$$

$$\begin{cases} x=0 \\ y=x^2+2 \end{cases} \Rightarrow (0,2) \quad \begin{cases} x=1 \\ y=x^2+2 \end{cases} \Rightarrow (1,3)$$

$$\begin{cases} x=2 \\ y=x^2+2 \end{cases} \Rightarrow (2,6) \quad \begin{cases} x=3 \\ y=x^2+2 \end{cases} \Rightarrow (3,11)$$

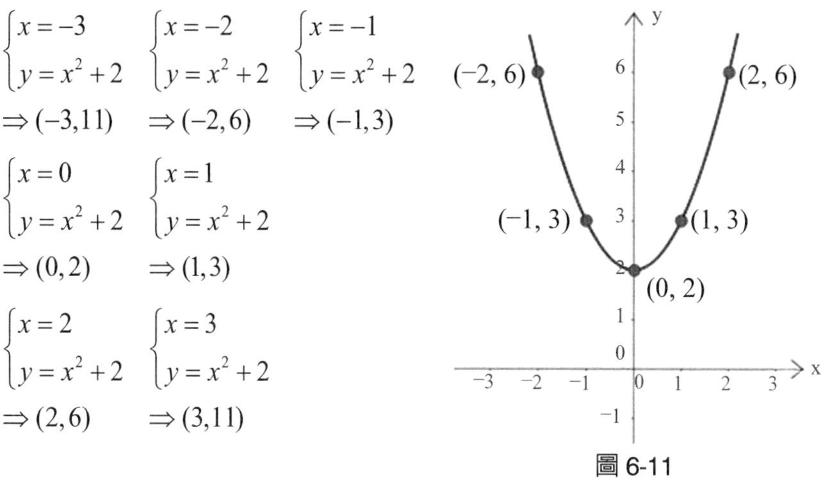

圖 6-11

★常見問題：函數與方程式、多項式的差異性

參考下述問題

例題 1：

開車速度每小時 50 公里去海邊，回程以每小時 40 公里回來，去海邊的距離路途 100 公里。則來回時間是多久？

解答：我們知道「距離 ÷ 速度 = 時間」，開車速度每小時 50 公里去海邊，距離路途 100 公里，所以時間，去程花 100 ÷ 50 = 2 小時；回程以每小時 40 公里回來，距離路途 100 公里，所以時間，回來 100 ÷ 40 = 2.5 小時；來回時間共 2 + 2.5 = 4.5 小時。這是依步驟計算。

例題 2：

開車速度每小時 50 公里去海邊，回程以每小時 40 公里回來，去海邊的距離路途 x 公里，則來回時間是多久？

解答：開車速度每小時 50 公里去海邊，距離路途 x 公里，所以時間是多久？根據上題去花 $100 \div 50 = 2$ 小時，換成未知數，去花 $x \div 50 = \frac{x}{50}$ 小時；回程以速度每小時 40 公里回來，距離路途 x 公里，所以時間是多久？根據上題回來 $100 \div 40 = 2.5$ 小時，換未知數，回來 $x \div 40 = \frac{x}{40}$ 小時；來回時間共 $\frac{x}{50}+\frac{x}{40}$ 小時。$\frac{x}{50}+\frac{x}{40}$ 就是一個多項式，沒有等號，不是方程式。

例題 3：

開車速度每小時 50 公里去海邊，回程以每小時 40 公里回來，去海邊的距離路途 x 公里。則來回時間是 13 小時，求距離？

解答：根據上面例題 2 列的式子，來回時間共 $\frac{x}{50}+\frac{x}{40}$ 小時，加上等號與數字後之後，得到 $\frac{x}{50}+\frac{x}{40} = 30$，有「=」號就是一個方程式，最後可求出 $x = 200$，所以是 200 公里。$\frac{x}{50}+\frac{x}{40} = 13$ 就是一個方程式。

例題 4：

以例題 2 多項式 $\frac{x}{50}+\frac{x}{40}$ 爲例，以不同的距離 x 作出曲線 y。

解答：關係式 $y = \frac{x}{50}+\frac{x}{40}$，可寫作函數 $f(x) = \frac{x}{50}+\frac{x}{40}$；$y = f(x) = \frac{x}{50}+\frac{x}{40}$ 就是函數，給任意 x 值可算出時間 y。

例題 5：

根據例題 3 來回時間是 9 小時，並利用例題 4 所以 $f(x) = 9$，所以 $f(x) = \frac{x}{50} + \frac{x}{40} = 9$ 則距離 x 是多少？

解答： $\frac{x}{50} + \frac{x}{40} = 9$，求出 $x = 200$，所以是 200 公里

小結：函數有給特定數字的時候，就是方程式。利用平面座標圖理解，令 $y = f(x) = ax^4 + bx^3 + cx^2 + dx + e$ 是函數的曲線，函數給特定數字是 $y = k$，也就是解聯立 $\begin{cases} y = f(x) = ax^4 + bx^3 + cx^2 + dx + e \\ y = k \end{cases}$，可得 $ax^4 + bx^3 + cx^2 + dx + e = k$，此時就變為方程式求解。所以方程式求解應該理解為，函數曲線 $y = f(x)$ 與水平線 $y = k$ 的交點求解，見圖 6-12。

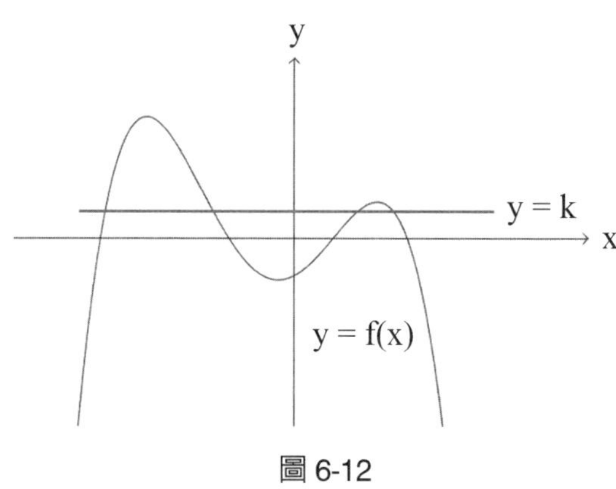

圖 6-12

6-2-2 定義域、自變數與值域、應變數

以生活案例來說明，買東西時一定是買一個數量，再給錢出

去，而這個數量一定是正整數，付錢也是一個正整數，也不會是負數或是 0。比如說：1 個杯子 20 元，買 10 個一共 200 元。在這情況下，買的數字種類：杯子的數量不可能買到分數數量，因爲沒人買半個杯子，也不會是負數數值，也不可能買 0 個，因爲那就不算買。觀察下述了解案例 1 的定義域、自變數與值域、應變數，並參考圖 6-13。

自變數：自行選擇購買的數量，這數字就是**自變數**，自己掌握變化的數字，輸入數字去計算總價。

定義域：購買數量的全部數字都是正整數，而正整數的集合就是**定義域**。

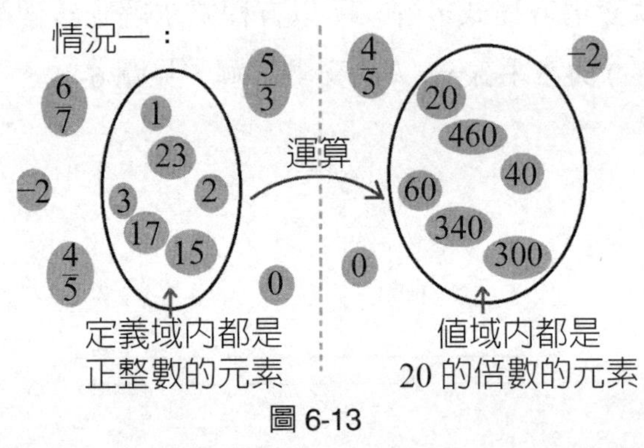

圖 6-13

應變數：付錢的數字都是因爲購買數量所影響，付錢的數字就是**應變數**，對應自變數而變化的數字，被計算後而輸出的數字。

值域：付出去的錢都是 20 的倍數並且大於 0，這些數字的集合就是**值域**。

小結：

1. 定義域與自變數關係，任意抽一個定義域的元素，該元素就是自變數。反過來說，收集所有的自變數，並放在一個區域，這區域就是定義域。
2. 值域與應變數的關係，任意抽一個值域的元素，該元素就是應變數。反過來說，收集所有的應變數，並放在一個區域，這區域就是值域。

6-2-3 一對一函數、一對多函數、多對一函數

函數定義：每一個定義域的元素經過函數後，一定可以找到值域中對應的元素，也就是說每一個自變數可以有一個應變數，見下述討論，並參考圖 6-14：各函數的示意圖，圖中數字與字母都是元素。亦可參考圖 6-15：特殊的函數示意圖。

1. 一對一函數：代表的是一個自變數可以找到一個應變數，舉例：買東西、可以找到對應數量的價錢。一個身分證號碼對應一個人。
2. 一對多函數：代表的是一個自變數可以找到多個應變數，買東西、可以找到很多個價錢，這與現實不和，一對多函數不被認爲是函數，**此類函數稱爲隱函數**。如：$x^2 + y^2 = 4$。
3. 多對一函數：有多個情況，是同一個結果，比如說買三送一，買三個跟買四個的價格是一樣的；或是說月份與天數的關係，問一月、三月、五月都是 31 天。

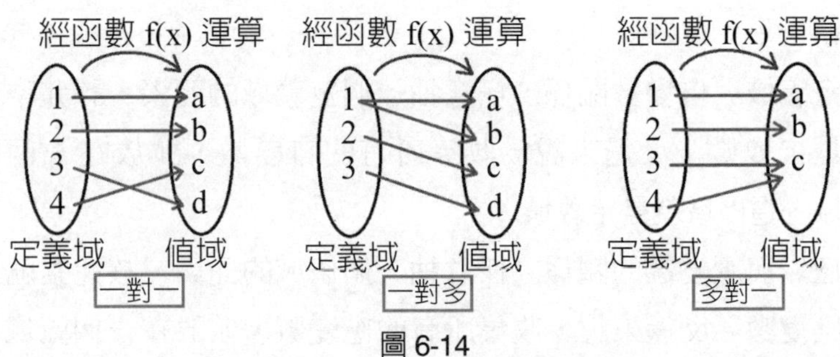

圖 6-14

1. 定義域元素沒用完：但每一個數字都要有一個對應的元素，所以錯誤，這不是函數。比如說：有人沒有身分證號碼這是不允許的。**所以不是函數**。
2. 值域元素沒用完：每一個數字已經有一個對應的元素，所以正確，是函數。比如說：1 號 50 公斤、2 號 55 公斤、3 號 65 公斤，但體重記上還有其他數字，這是存在的。所以是函數。
3. 多對多：數字能找到對應字母，但有的數字是對應 2 個以上的字母。但每一個數字只能有一個對應的字母，所以錯誤，這不是函數。1 號與 2 號對應到同一個字母，並不違反函數意義；但 2 號對應到兩個字母，違反函數意義。**所以多對多不是函數**。

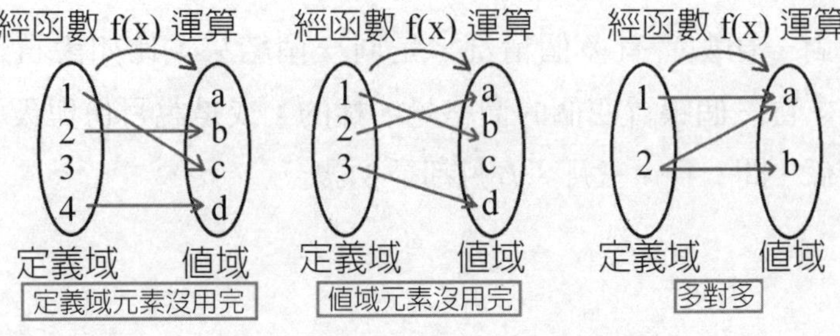

圖 6-15

小結：

1. 定義域的元素（自變數）一定要可以對應到（找到）值域的元素（應變數），也就是定義域的元素一定要用完，而值域的元素不一定要用完
2. 一對一、多對一是函數，一對多、多對多不是函數，簡單來說可以有共同的結果，但不可以多個結果。如本章一開始舉例的股市圖。

6-2-4 兩函數的加、減、乘、除

以兩函數作簡單運算，舉例

$f(x)=x+2$ 、 $g(x)=x^2+3x+1$

1. $f(x)+g(x)=(x+2)+(x^2+3x+1) \;=x^2+4x+3$
2. $f(x)+g(x)=(x+2)-(x^2+3x+1) \;=-x^2-2x+1$
3. $f(x)\times g(x)=(x+2)\times(x^2+3x+1) \;=x^3+5x^2+7x+2$
4. $f(x)\div g(x)=(x+2)\div(x^2+3x+1) \;=\dfrac{(x+2)}{(x^2+3x+1)}$ ，

   但 $g(x)\neq 0$ 。

函數與函數的運算就是直接代入計算，要記得加上括號。

6-2-5 合成函數

合成函數就是把多個函數合併，但不同於加、減、乘、除的方法合併，而是以一個函數值作爲另一個函數的自變數，參考圖 6-16 了解合成函數。並見下述例題來認識合成函數。

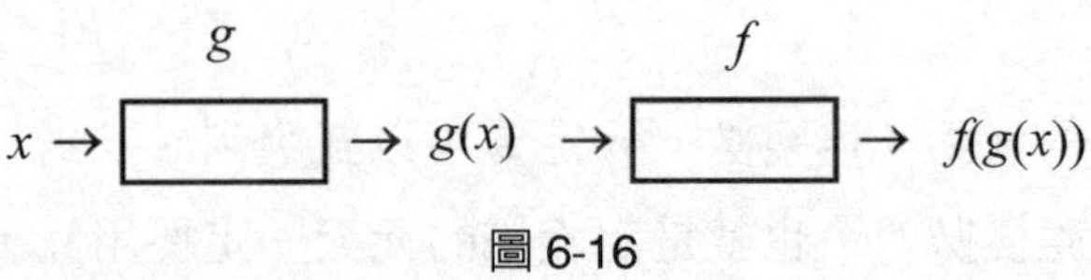

圖 6-16

例題：每平方公尺可採收 100 公斤麥子，每公斤麥子可產 0.7 公斤麵粉。

1. 3 平方公尺可以作出多少麵粉？

 答：3 平方公尺可採收 $3 \times 100 = 300$ 公斤麥子，300 公斤可產生 $300 \times 0.7 = 210$ 公斤的麵粉。

2. x 平方公尺可以作出多少麵粉？

 答：x 平方公尺可採收 $x \times 100 = 100x$ 公斤麥子，$100x$ 公斤可產生 $100x \times 0.7 = 70x$ 公斤的麵粉。

3. 每平方公尺與麵粉重量的合成函數爲何？

 答：每平方公尺可採收 100 公斤麥子，設函數爲 $g(x) = 100x$；每公斤麥子可產 0.7 公斤麵粉，設函數爲 $f(x) = 0.7x$，已知一開始從 x 平方公尺可採收 $g(x) = 100x$ 的麥子，將收的麥子函數值 $100x$ 給下一個變成麵粉的函數當自變數，所以是 $f(g(x)) = f(100x)$，但會發現不知道怎麼化簡。將函數 $f(x) = 0.7x$ 改寫自變數爲 u，得 $f(u) = 0.7u$ 但函數意義相同，$100x$ 是麵粉的自變數，所以 $100x = u$，所以可寫作 $f(x) = 0.7x \Leftrightarrow f(u) = 0.7u\cdots$(1)，而 $u = 100x = g(x)\cdots$(2)。合成函數就是將 (2) 代入 (1)：

$$f(g(x)) = 0.7 \times g(x)$$

$$f(100x) = 0.7 \times (100x)$$

$$f(100x) = 70x$$

所以採收 x 平方公尺結果與第二題結果一樣，其結論正確。得到每平方公尺與麵粉重量的函數為 $f(g(x)) = 70x$，而我們習慣讓 f 的函數 $= y$，所以 $y = 70x$。

・合成函數的計算

將兩個函數合成為一個，將 g 函數值當成 f 函數的自變數，將 g 代入 f 的 x 之中。寫法：$f \circ g = f \circ g(x) = f(g(x))$。舉例：$f(x) = 2x + 3$、$g(x) = x^2 + 3x + 2$，則 $f \circ g(x) = ?$

答：$f \circ g(x) = f(g(x))$，而

$f(x) = \quad 2x \quad + 3$，題目說自變數 x 代入 $g(x)$

$$\downarrow \qquad \downarrow$$

$\Rightarrow f(\square) = 2 \times (\square) + 3$，而 $\square$ 放入 $g(x)$

$$\downarrow \qquad \downarrow$$

$$\begin{aligned}\Rightarrow f(g(x)) &= 2 \times (g(x)) + 3 \quad \text{，而 } g(x) = x^2 + 3x + 2\\ &= 2 \times (x^2 + 3x + 2) + 3\\ &= 2x^2 + 6x + 7\end{aligned}$$

而 $\square$ 在數學上會直接給一個代號，在合成函數上習慣用 u

$f(x) = \quad 2x \quad + 3$，題目說自變數 x 代入 $g(x)$

$$\downarrow \qquad \downarrow$$

$\Rightarrow \quad f(u) = 2 \times (u) + 3$，令 $u = g(x)$

$$\downarrow \qquad \downarrow$$

$$\begin{aligned}\Rightarrow f(g(x)) &= 2 \times (g(x)) + 3 \quad \text{，而 } g(x) = x^2 + 3x + 2\\ &= 2 \times (x^2 + 3x + 2) + 3\\ &= 2x^2 + 6x + 7\end{aligned}$$

也可以說 $\begin{cases} u = g(x) \\ y = f(u) \end{cases} \Rightarrow y = f(u) = f(g(x)) = f \circ g(x) = f \circ g$。

★常見問題 1：$g(f(x)) \neq f(g(x))$

兩函數 f、g 合成，「以 f 爲自變數的 $g(f(x))$」與「以 g 爲自變數的 $f(g(x))$」，其結果是不同的。用例題來解釋，$f(x) = x^2 + x + 1$、$g(x) = 2x + 1$

$$
\begin{aligned}
f(g(x)) &= f(2x + 1) \\
&= (2x + 1)^2 + (2x + 1) + 1 \\
&= 4x^2 + 6x + 3
\end{aligned}
$$

$$
\begin{aligned}
g(f(x)) &= f(x^2 + x + 1) \\
&= 2(x^2 + x + 1) + 1 \\
&= 2x^2 + 2x + 3
\end{aligned}
$$

$\therefore f(g(x)) \neq g(f(x))$

★常見問題 2：$f \circ g$，誰是自變數？

我們可以這樣思考，$f \circ g$ 是 f 圈起 g，g 在 f 的圈圈裡面，g 在 f 括號裡面，故 g 是自變數，見圖 6-17。

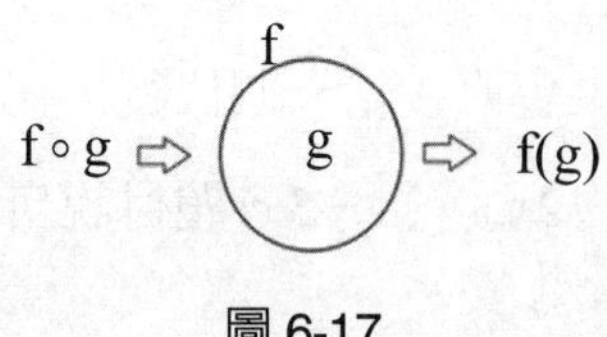

圖 6-17

6-2-6 常見的函數

在先前的章節已經學會了函數的概念，那函數有多少種類呢？從國中開始學習數學，一開始遇到的是冪函數，見圖 6-18。如：$f(x) = ax + b$、$f(x) = ax^2 + bx + c$、$f(x) = a_0 + a_1x + a_2x^2 + ... + a_nx^n$。

這些函數相對其他函數來的列式直接簡單，處理也是最簡單的，代入後計算即可。到高中會慢慢遇到特殊函數，見以下函數：

1. 有理數函數 $f(x)=\dfrac{1}{x}$，分母在 0 的時候，沒有函數值，$x = 0$ 爲空點。
2. 根函數 $f(x)=\sqrt{x}$，$x =$ 負數的時候，沒有函數值，見圖6-19。

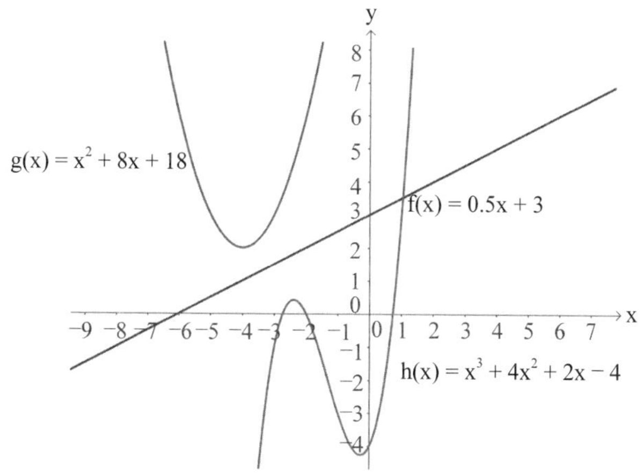

圖 6-18

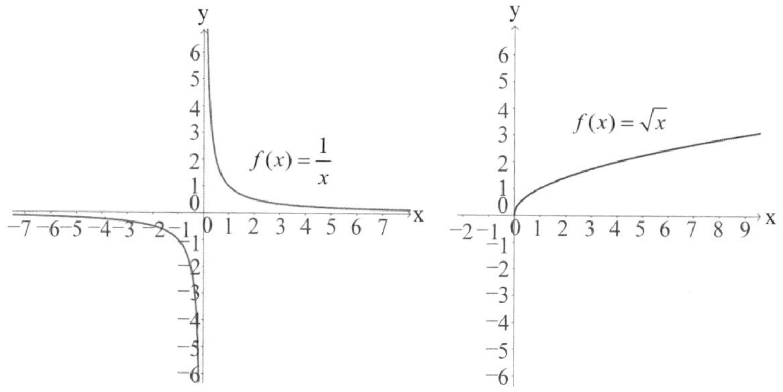

圖 6-19

3. 指數函數與對數函數，見圖 6-20。
4. 三角函數，見圖 6-21。
5. 多種函數的組合：$f(x)=x^2+x+\sqrt{x}+1+\dfrac{1}{x}$。
6. 多種函數的合成函數，如：$f(x) = x^2 + 1$、$g(x) = 2^x \Rightarrow f(g(x)) = (2^x)^2 + 1$。
7. 階乘函數：$\Gamma(n) = (n-1)!$。

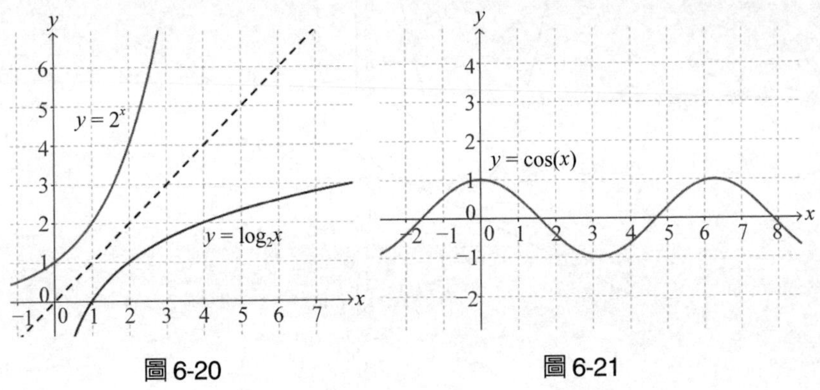

圖 6-20　　圖 6-21

結論

本章僅作函數的歷史與問題討論，而函數類的問題，如：高中會介紹到的餘數定理（Division Theorem or Division Algorithm）在此就不多作介紹。最重要的是，我們要知道的是函數的意義爲何，及在平面座標上的概念，以及**函數是幫助學習微積分的重要橋梁**。

7

數學與藝術

數學應該被當成一門藝術，而不是數學應該多有用。數學是一門最被人們誤解的學科，它常被誤認爲是自然科學的一支。事實上，數學固然是所有科學的語言，但是數學的本質和內涵比較接近藝術（尤其是音樂），反而與自然科學的本質相去較遠。**數學像藝術一樣，是人類文化中深具想像力及美感的一部分。**

不難發現生活周遭的建築、繪畫等藝術充分利用幾何學，大多數人也不知道音樂其實利用了許多數學。1739 年數學家歐拉就曾寫下《音樂新理論的嘗試》（Tentamen novae theoriae musicae），試圖把數學和音樂結合起來。此書被評爲：「這是一部爲精通數學的音樂家和精通音樂的數學家而寫」的著作。所以數學和音樂都必須使用一套精確的符號系統以正確表達抽象概念，因此，數學符號和樂譜有極相似的圖像，見圖 7-1。並且也要知道音階是畢達哥拉斯所創，見圖 7-2。從音樂結構層面而言，音樂與數學的關係之密切遠超過我們的想像。20 世紀作曲家史特拉汶斯基（Stravinsky）曾說：「**音樂的曲式很像數學，也許與數學的內容不相同，但絕對很接近數學的推理方式。**」

圖 7-1　作者自己製作的圖像，音樂是 Vitali 的 Chaconne

圖 7-2　中世紀木刻描述畢氏及學生用各種樂器研究音調高低與弦長的比率關係

我們很多人都曾聽過一句話，理科的人太理性，不感性也就沒有創意與浪漫等負面描述。但是作者要坦白說這些描述都是錯誤的，要知道**「數學家如果沒有創意，難以成爲一個好數學家」**。我們都聽過伽利略的故事，在比薩斜塔丟羽毛與丟鐵鎚，他是想像空氣中若沒有阻力的自由落體現象；也聽過牛頓的慣性定律，動者恆動，他是想像太空中沒有任何阻力。所以眞正超一流數學家是富有創意、想像力、生命力的人，所以與一般人認知的情況大多是錯誤的。所以數學是如此需要想像力的內容，用死背公式與硬套公式，當然是錯誤的學習，也誤導了大多數人，數學的理性就是死板板的套公式。因此數學的本質當然與藝術非常相似，故當然要從數學藝術面來引發興趣後，再學習數學。

在先前其他章節，穿插了與數學有關的藝術，如：幾何、投影幾何、黃金比例、費氏數列等內容，在本章介紹黃金比例與黃金比例螺線、碎形、代數曲線的藝術內容。讓大家更了解數學與藝術的關係。

※備註：如果對數學與藝術有更多興趣的話，可以參考《你沒看過的數學》一書。

「如果我們形容音樂是感官的數學，那麼數學就可說是推理的音樂」

James Joseph Sylvester（1814-1867），英國數學家

「所有的藝術都嚮往音樂的境界，所有的科學都嚮往數學的境界」

George Santayana（1863-1952），美國哲學家

「相對論的最初構想是以直覺的方式向我展現，而音樂是啓動這個直覺的原動力，因此可以說，我的發現是音樂洞察力的結果」

愛因斯坦（Albert Einstein）（1879-1955），物理學家

「數學和音樂及語言一樣，都是人類心智自由創造能力的展現。此外，它更是人類溝通抽象概念的共同語言。因此，數學應被視爲人類知識及能力的重要組成，必需被教導且傳承至下一代」

Hermann Weyl，德國數學家

7-1 第一個神奇的無理數：黃金比例 Φ

多年前，「黃金比例」一詞曾出現在茶飲業者，這是業者爲客人「特調」的最好喝的飲料，但其目的是爲了不讓人調整飲料中的糖和冰的量。講到「黃金比例」這個完美比例又可在哪裡出現呢？長桌、方桌、建築物又或是烹飪時使用的調味料比例等。

黃金比例是什麼？黃金比例就是大多數人會感覺順眼的比例，如長度比例、形狀中的長寬比例。怎樣是順眼的形狀？有著等邊構造的幾何形狀就是順眼的形狀，如：正方形、圓形、正三角形、正多邊形。值得一提的是蜂巢的正六邊形。而長方形、平行四邊形、菱形等，雖然這些形狀沒有固定形態，但總有順眼的比例。以長方形爲例，如果長寬的比例不好，看起來也不會舒服，見圖 7-3。可以發現太細長也不好看，一定是有一個好看的比例存在。而這比例就是黃金比例，大約是 1.618：1、或 1：0.618。按此種比例關係組成的任何事物都表現出其內部關係的和諧與均衡美。

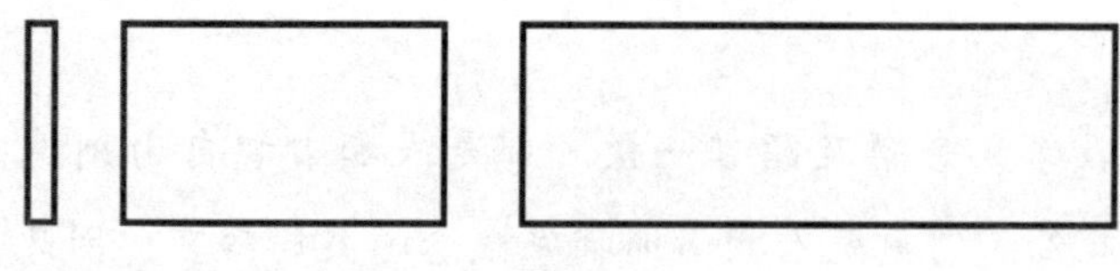

圖 7-3

7-1-1 黃金比例的歷史

・希臘時代

1. 畢達哥拉斯學派研究過正五邊形和正十邊形的圖案，現代數學家就推論那時候的人就已經在研究黃金比例的性質。

2. 古希臘數學家歐多克索斯（Eudoxus；西元前 408 年 - 前 355 年）研究並建立起比例理論。
3. 歐幾里得撰寫《幾何原本》時吸收了歐多克索斯的研究成果，進一步系統論述了黃金分割，成爲最早的論著。

· 中世紀後

1. 義大利數學家盧卡 · 帕喬利（Luca Pacioli, 1445-1517）稱它爲**神聖比例**，並爲此著書。
2. 德國天文學家約翰內斯 · 克卜勒（Johannes Kepler, 1571-1630）稱神聖比例爲**黃金分割**。

· 近代

1. 十九世紀「黃金分割」一詞才逐漸被引用，並在 1875 年出版的《大英百科全書》的第九版中，就曾出現在蘇利這一段話「『黃金分割』，故黃金比例又稱黃金分割，在視覺比例上具有所謂的優越性。」
2. 二十世紀時，美國數學家巴爾（Mark Barr）給它一個叫 phi 的名字：Φ。

黃金分割有許多有趣的性質，人類對它的實際應用也很廣泛，亦造就了它今天的名氣。至於爲什麼稱爲黃金比例，作者認爲是因爲大家喜歡「黃金」，所以在喜歡的「比例」上就冠上黃金的詞彙作爲前綴。

7-1-2 黃金比例的原理

黃金比例又稱黃金分割比例，以黃金比例的長方形爲例，見圖 7-4，長方形性質是：長度切去長方形寬度，也就是切掉以長方形寬度的正方形後，見圖 7-5，原來長方形比例 = 後來長方形比例，見圖 7-6。**這個特別長方型的比例就是黃金比例，而黃金比例用符號 Φ 來表示**。

黃金比例長方形的長寬比爲 Φ：1，見圖 7-4，切下正方形的長方型，見圖 7-5，比較比例，見圖 7-6。

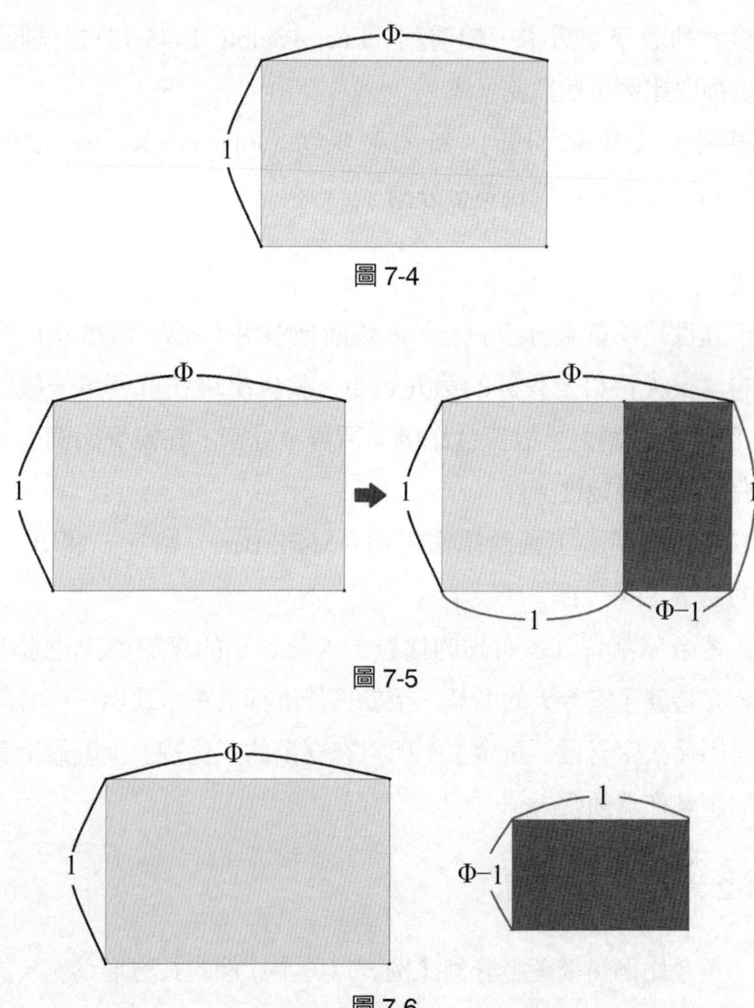

圖 7-4

圖 7-5

圖 7-6

比例相等可設 Φ：1 = 1：Φ − 1，經計算後得到 $\Phi^2 - \Phi - 1 = 0$，利用國中一元二次方程式的計算，最後算出黃金比例是 1.618⋯，也就是此長方形長比寬 ≈ 1.618：1 = 1：0.618。同時它可以無限的切割正方形，新長方形仍然會是保持相同的比例，也稱作自我相似，如果我們在每個正方形都畫上四分之一圓弧就會得到黃金比例螺線，見圖 7-7，下一節將會介紹更多的黃金比例螺線內容。

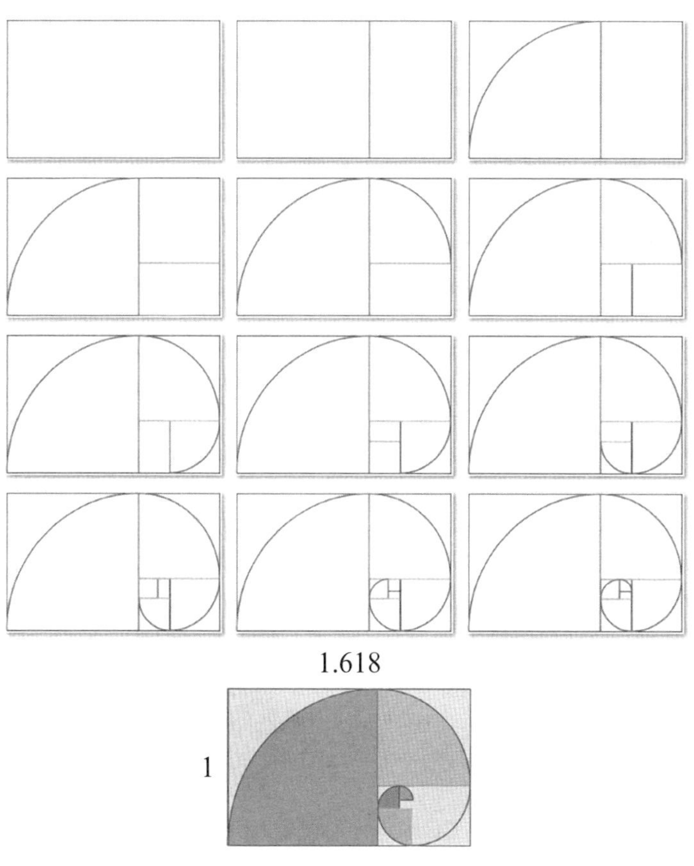

圖 7-7

・黃金分割點

黃金比例也常用黃金分割點討論，意思是一條線中有一個位置做為分割點，看起來會最舒服的點，見圖 7-8，其分割點使得全長：大邊 = 大邊：小邊，也就是 $\Phi : 1 = 1 : \Phi - 1$，進而算出黃金比例的數值 1.618。

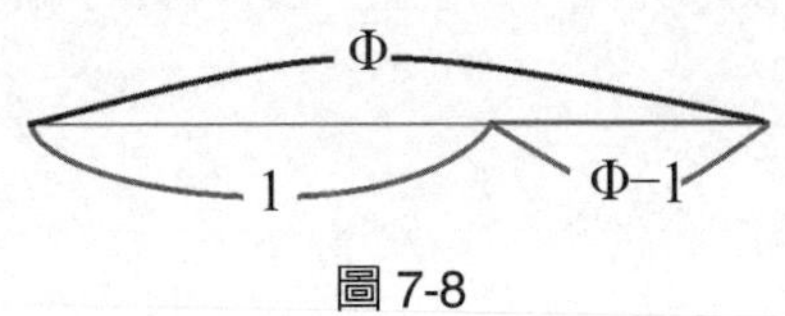

圖 7-8

7-1-3 黃金比例的事物

1. 艾菲爾鐵塔（法：La Tour Eiffel）

法國世界著名建築的艾菲爾鐵塔，也稱巴黎鐵塔，總高 312 公尺，並分為三樓，分別在離地面 57.6 公尺、115.7 公尺（黃金比例位置）和 276.1 公尺處，見圖 7-9。而兩側弧線也是與黃金比例有關的對數曲線，見圖 7-10。

圖 7-9 取自 WIKI，CC BY-SA 3.0，作者 Paris16

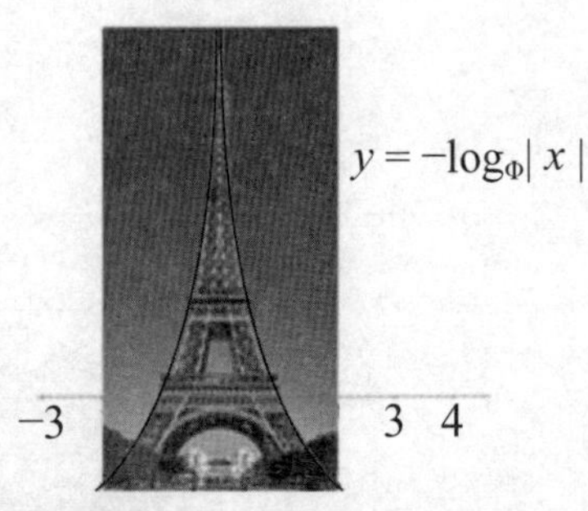

圖 7-10 取自 WIKI，CC BY-SA 3.0，作者 SElefant

2. **帕德嫩神殿**（**古希臘文**：Παρθενών）

帕德嫩神殿是古希臘雅典娜女神的神廟，見圖 7-11，興建於前五世紀的雅典衛城。該建築正面的長寬比例是黃金比例，恰恰說明了希臘時期的人在設計建築時，都會考量建築物的美觀來達到視覺的美感。

3. **小提琴**

小提琴所彈奏出來的的聲音一直很悅耳，這也是製作者歷經不少世代的嘗試後才成功的製作出符合音樂家追求音樂之美的標準，見圖 7-12，其中的原因除了外形即具美感外，其設計的高度也採用黃金比例，必然也是黃金比例的造型才能讓演奏者使用順手，並帶來美麗的聲音。

圖 7-11 取自 WIKI，CC BY-SA 3.0，作者 Slomox

圖 7-12

4. **日本弓**（**和弓**）

圖案說明：日本弓全長約 221cm，日本弓的結構乍看上下不平衡，但若將將弓拉開後，就會發現弓臂的交界的握把處是根據黃金比例作爲分割點，遠看就會看到美麗的兩個三角形，如圖 7-13 右上面接近黃金比例三角形（72、72、36 度）、下面是正三角形。

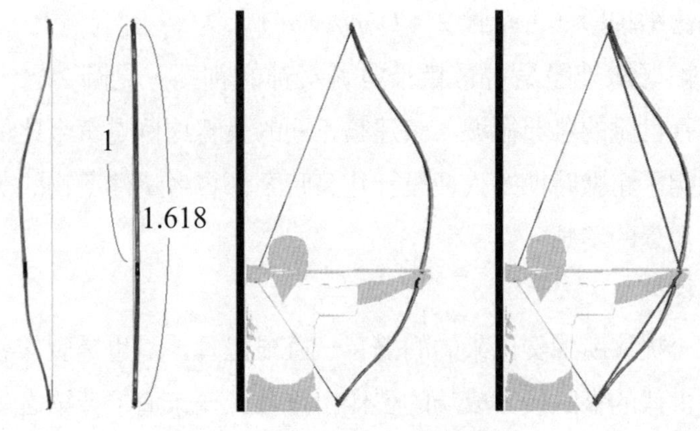

圖 7-13 取自 WIKI，公共領域

5. 聯合國總部大樓

位於美國紐約市的聯合國總部大樓，是根據黃金比例去設計建造的大樓無論是從大樓的長或寬都是符合黃金比例，若在細看的話，建築外觀還有三組玻璃也是符合黃金比例，見圖 7-14。

6. 電視機

舊式的電視機皆是以 4：3 的比例設計，然而隨著的科技時代的發展，如今都是用 16：9 或 16：10 的比例來製造，見圖 7-15，以接近黃金比例。因爲人類的視野是接近黃金比例，當電視用接近黃金比例的比例製作，不僅讓視野較舒服、亦讓使用者可以融入劇情。而電影院的大螢幕尺寸也是同理。

圖 7-14 取自WIKI，CC BY-SA 3.0，作者 Empoor。

圖 7-15 取自 WIKI，公共領域。

7. **胡夫金字塔**（Pyramid of Khufu）

金字塔是地球最神祕建築物之一，不僅藏有許多的祕密，就連如何蓋成、怎麼蓋成的都是一個謎，然而它卻藏了許多數學密碼，而且都是符合黃金比例。經測量，胡夫金字塔的底面正方形的邊長約為 230 公尺，高度約為 146.5 公尺、斜面三角形經計算後，斜面上的高為 186.4 公尺，見圖 7-16。

馬丁．葛登能（Martin Gardner）在《號稱科學的時尚熱及謬誤》（Fads and Fallacies in the Names of Science）寫到：「希羅多德（Herodotus, 485-425B.C.）發現金字塔（pyramid）在建造的時候，每一斜面的三角型面積等於某一個正方形的面積，而該正方形的邊長等於金字塔的高。參考圖 7-17，也就是 $\frac{ab}{2}=h^2$」。

圖 7-16 取自 WIKI，CC BY-SA 3.0，作者 Berthold Werner。

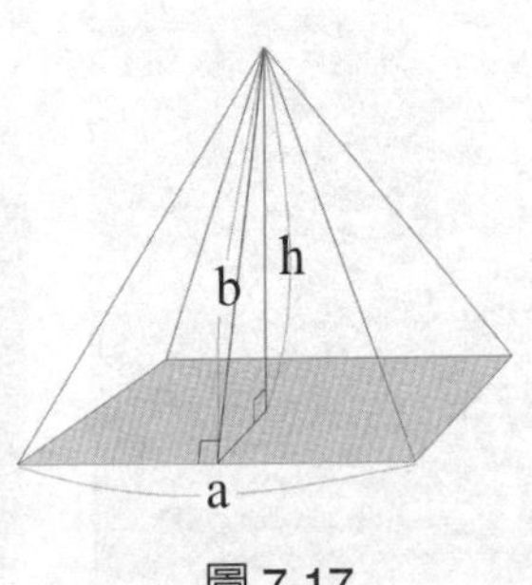

圖 7-17

胡夫金字塔的數學密碼，如下所示：

(1) 金字塔斜面三角形的面積 = 高度的平方。

實際驗證，$\frac{ab}{2}=\frac{230\times186.4}{2}=21436 \fallingdotseq 146.41^2=h^2$，誤差0.12%。

(2) 斜面三角形的高除以底邊長的一半接近黃金比例。

實際驗證，$b\div\frac{a}{2}=186.4\div\frac{230}{2}\fallingdotseq1.62\fallingdotseq\Phi$，**誤差** 0.17%。

(3) 底面正方形的周長 = 以高度爲半徑的圓周長。

實際驗證，底面正方形的周長 $4a = 2\pi h$，以高度爲半徑的圓周長 920 ≒ 2×3.14×146.5 = 920.2，兩者差 0.02%。

(4) 高度乘以每日秒數（86,400）= 地球南北極之間的距離。

實際驗證，146.5×86400 = 12657600m = 12657.6km，而地球半徑約 6,371km，所以南北極的距離 12,714 公里，誤差 0.44%。

(5) 高度乘以十億（1,000,000,000）= 地球至太陽的距離。

實際驗證，$146.5\times10^{10}=1.465\times10^{12}$m $=1.465\times10^{9}$km = 1.465 億公里，地球至太陽的距離（約1.496億公里），誤差2.07%。

以上的內容，除了一絲絲誤差，金字塔要設計出符合以上條件的感覺是非常困難的，所以說金字塔是相當神祕的建築。

7-1-4 結論

本文根據歷史上的典故討論何爲黃金比例及其由來與運用，讓大家耳目一新，也不再感到困惑，並了解爲何有這麼多人這麼愛用「黃金比例」一詞。以往談到比例就會談到數學，但若我們用另一個角度談論它的話，是不是就顯的較有趣，亦比較生活化呢？讓遠離生活的數學內容，變成看的到、摸的到的數學。

由本文可知大自然中的世界比較偏好黃金比例，而常用的比例，或看起來舒服的比例，其實不限於黃金比例 1.618 或是 A4 比例 1.414，我們的課本是 26×19cm 其比例爲 1.368；聯絡簿或作業本是 23×17 其比例爲 1.353；照片的比例 4×3 其比例爲 1.333，所以生活中常用比例的範圍在 1.3 到 1.618。然而無論如何，每個比例都存在一個方便的或舒適的原因。

「上帝乃幾何學家」

——柏拉圖（Plato）

「存在即合理」

——哥特佛萊德・威廉・萊布尼茲

7-2 大自然的黃金比例螺線

大自然處處有匠工，富含著藝術之美，如：存在於鸚鵡螺的「黃金比例螺線」是人們最爲熟悉的曲線。或許大家曾到海邊撿貝殼，貝殼是最能代表地球上數億年的歷史的活化石。以鸚鵡螺爲例，剖開鸚鵡螺，見圖 7-18，美麗的螺旋曲線令人驚艷、也讓人贊嘆大自然的巧奪天工。從以下鸚鵡螺的剖面圖觀察，這條含有黃金比例的曲線，在大自然中很多地方都會出現，尤其是在貝殼、鍋牛殼等都是依據黃金比例的曲線旋轉所產的線條，見圖 7-19 到 7-29。

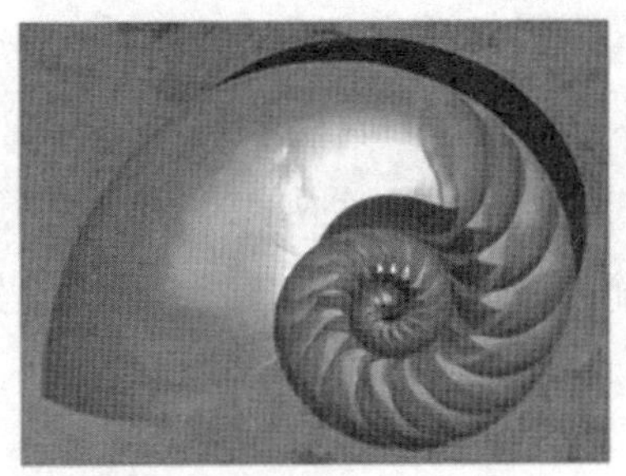

圖 7-18　鸚鵡螺（WIKI，CC3.0，作者 Chris73）

圖7-19　鍋牛殼（WIKI，CC3.0）

圖 7-20　羅馬花椰菜，每一小部分都呈現螺紋狀，以整體來看也呈現一個螺紋狀，神奇的大自然不知道為什麼將此種花椰菜長成螺旋狀，而細部也是螺旋狀（WIKI，CC3.0，作者 Quercusrobur）

圖 7-21　多葉蘆薈（螺旋蘆薈，學名：Aloe polyphylla）（WIKI 共享資源）

圖 7-22　松果，將松果反過來看，可以看到黃金比例螺線。松果是裸子植物，所以它的種子是裸露的，並沒有果實包覆，而種子是被鱗盾所包覆。特別的是，松果的鱗盾濕度高的情況下會慢慢閉合，而在乾燥時會慢慢打開，以利種子的飛行。這樣的繁衍方式令人不禁想起「生命會自己找到出路」這句話，大自然真的是充滿了奧妙（作者自行拍攝）

圖 7-23　向日葵、點狀圖、及其螺線，可以發現向日葵也有黃金比例的螺線（作者自行拍攝）

同時有位藝術家 Johned Mark 做出類似的藝術，旋轉後可以看到不斷綻放的花，參考影片 1：https://www.youtube.com/watch?v = 4CBd_GeQydM&feature = player_embedded，也可看到不斷側面沉沒的情形，參考影片 2：https://www.youtube.com/watch?v = 1cSR3FTQTyc，看起來彷彿活起來的藝術，同時也是碎形，此內容將在後面提到。

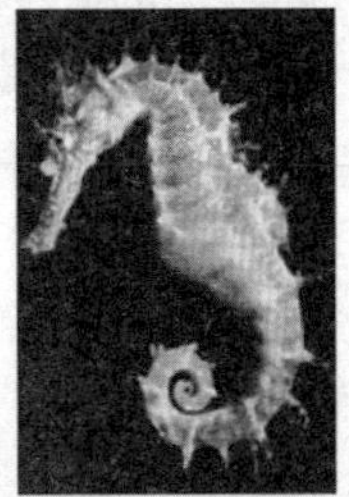

圖 7-24　海馬（WIKI，公共領域）

圖 7-25　變色龍的尾巴（WIKI，CC3.0，作者 Shizhao）

圖 7-26　大角羊（WIKI，CC3.0，Jwanamaker）

圖 7-27　蕨類（WIKI，公共領域）

圖 7-28　蕨類藝術品，從蕨類的各個階段觀察，我們可以看到其捲起來的形狀如同一個螺旋型，亦就是一個大問號，是一個相當可愛的形狀，也意味著旺盛的求知慾，所以在加拿大的聖約翰藝術中心有一位雕塑家吉姆．博伊德作了一個蕨類的藝術品（WIKI，CC3.0，Skeezix1000）

圖 7-29　鳳梨、釋迦、鳳梨釋迦，鳳梨表皮一格一格菱形樣式，若將其線條一一的連結起來，就有一條條美麗的螺旋線，而這樣的線條在釋迦上亦可見（WIKI，CC3.0）

7-2-1 黃金比例螺線的畫法

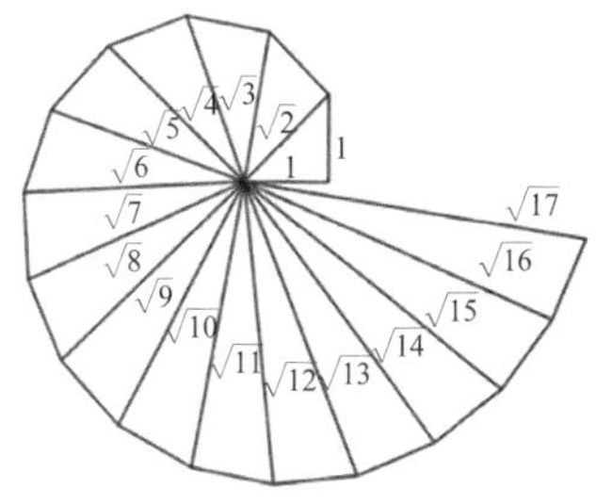

圖 7-30　直角三角型畫法

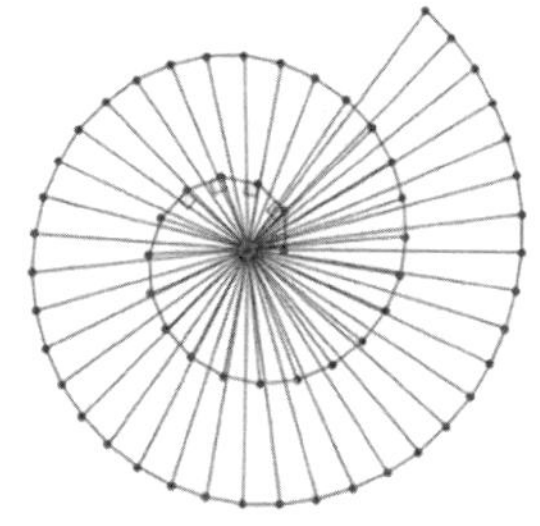

圖 7-31　重複多次後構成的螺線

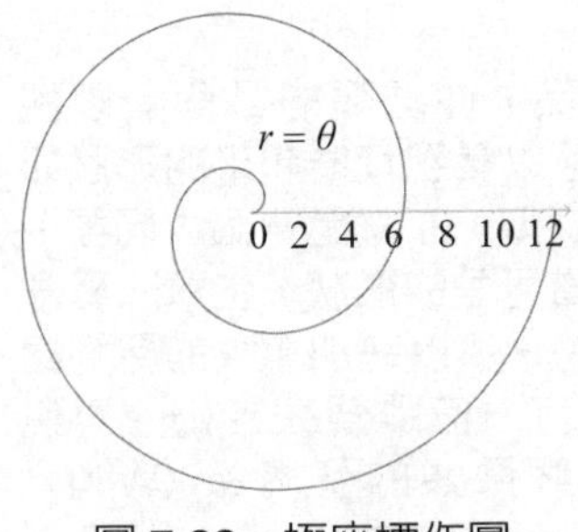

圖 7-32 極座標作圖

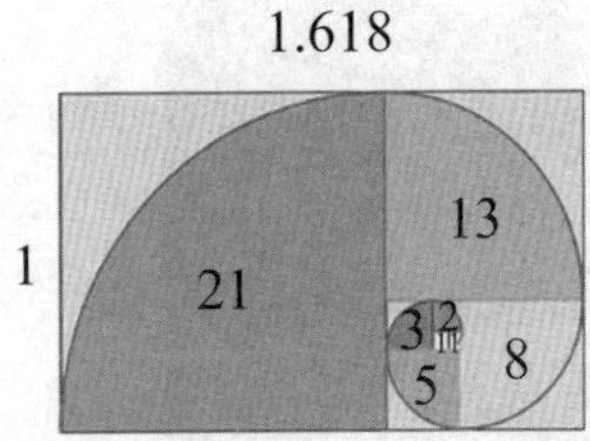

圖 7-33 費氏數列（1、1、2、3、5、8、13、21）與黃金比例、黃金比例螺線，費氏數列的數字是邊長，所以可以發現費氏數列與黃金比例與黃金比例螺線有相關

7-2-2 結論

我們知道自然界有著許多螺線，經本文介紹後可以發現這些螺線其實都隱藏著黃金比例。再一次證實造物主是用數學規則創造世界，同時也驗證物理學家 Wingner 所提到的：「數學具有不可理喻的有效性」。所以說數學可以學得很有趣、又很有藝術性，故我們應該仔細去尋找數學有趣的地方，就可以發現生活處處都有驚喜。

7-3 碎形藝術與大自然及碎型典故

已經認識了黃金比例、黃金螺線、費氏數列，也知道彼此間有關係，而在先前 3-4 節中也提到了碎形與費氏數列的關係，見圖 7-34：從結構圖可知兔子的繁殖具有碎形幾何（Fractal）的**自我相似**性質。但什麼是碎型呢？參考圖 7-34。

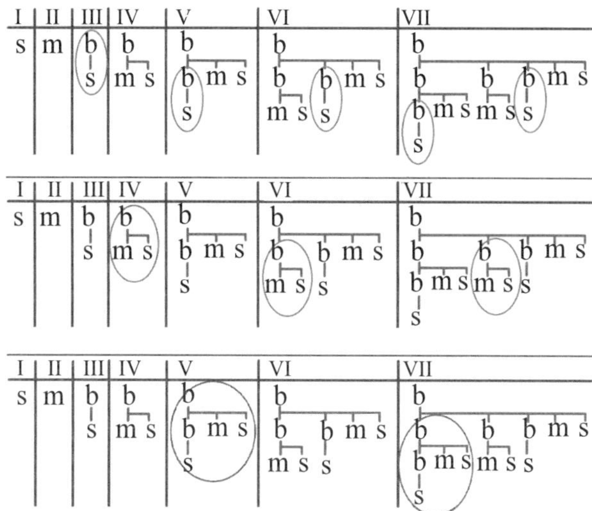

圖 7-34 兔子的繁殖。線條代表親屬關係、羅馬數字代表月份，s：代表剛出生小兔子、m：代表正在長大中兔子、b：代表具生殖能力大兔子

先認識碎型的歷史，再欣賞大自然中的碎形藝術，及作者收集到的碎形藝術圖片，最後再來認識碎形的應用。

7-3-1 碎形的起源

碎型的起源是因為 Lewis Richardson 想測量英國海岸線的長度，他發現地圖越精細就越長，甚至思考是否可視為無限長，見圖 7-35，並看下述：

1. 在海岸線找 8 點，測量可得英國海岸線長 1600 公里。
2. 在海岸線找 19 點，測量可得英國海岸線長 1900 公里。
3. 在海岸線找 58 點，測量可得英國海岸線長 2900 公里。
4. 目前公布的英國海岸線為 12429 公里。

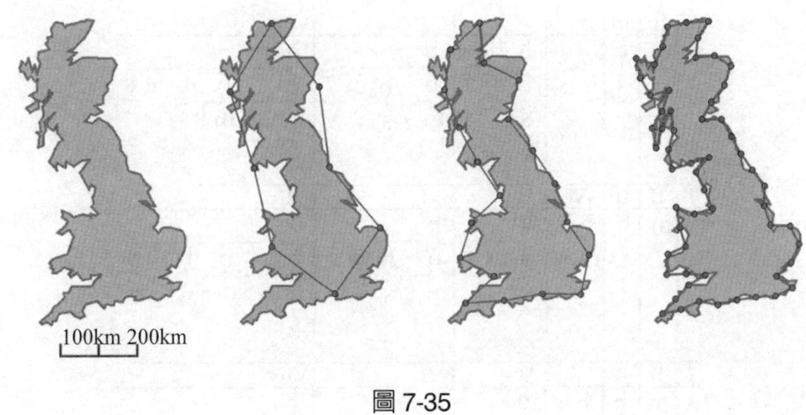

圖 7-35

可以發現找的點愈多，其連線就愈吻合英國海岸線，其周長就愈接近眞實海岸線的長度。如果海岸線的地圖不斷放大，我們可以看到更多細節，也就是曲線會變得更加彎曲，見圖 7-36，

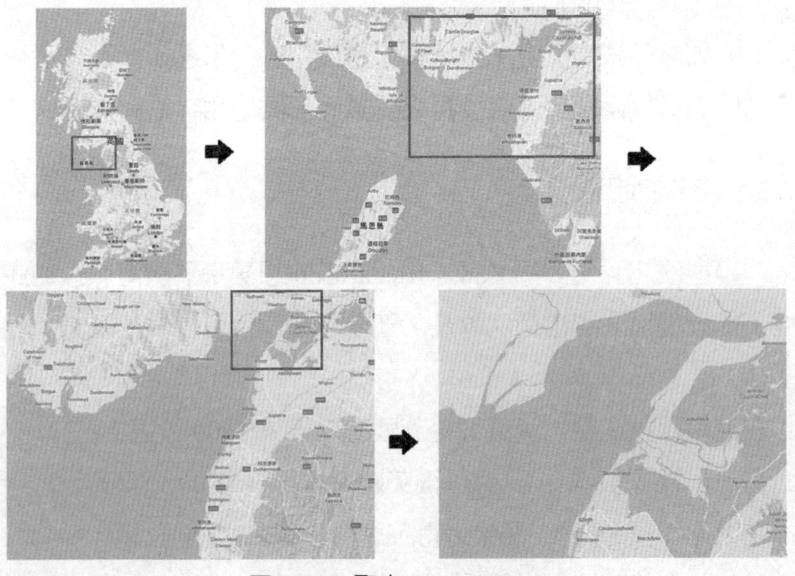

圖 7-36　取自 Google Map

所以我們也就可以描更多點來測量距離，**換言之英國海岸線地圖愈精細，海岸線的總長就會愈大。但要注意的事，它不會是無限長，因爲國土面積的關係仍會有一個界限存在**。

或是可參考此連結，感受碎型雪花的邊緣也是不斷放大不斷精細的感覺。https://en.wikipedia.org/wiki/Scale_invariance#/media/File:Kochsim.gif

基於討論海岸線的契機，法裔美國學者本華．曼德博（Benoit Mandelbrot, 1924-2010）研究不斷放大細部的理論，並於1967 年提出了碎形（Fractal）的理論。他認爲碎形主要具有以下性質：

1. 具有精細結構。
2. 無論是整體或局部都與傳統歐式幾何的規則不同。
3. 具有自我相似。

由於是 1967 年才提出碎型理論，可以了解到碎型是一個年輕的數學概念，而碎型的數學理論直到目前都仍未完善。

7-3-2 碎型藝術

1. 黃金比例螺線

我們可從黃金比例的螺線中發現自我相似的情形，如果我們將螺線放大就可以看到自我相似的情形，見圖 7-37。

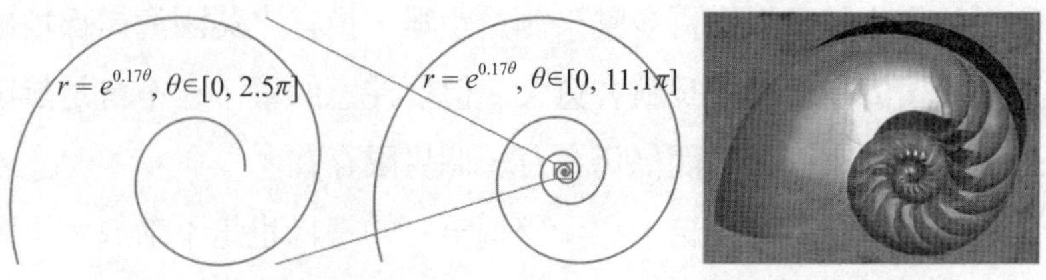

圖 7-37 鸚鵡螺取自 WIKI，CC-BY-SA 3.0，作者 Chris73

2. 碎形樹

碎形作出來的樹，見圖 7-38，可看到每一節都是一個大正方形與等腰直角三角形，再延伸兩個小正方形，之後不斷重複，就能夠成爲一顆樹，經由角度的改變後，就會更貼近大自然。或參考影片連結：https://www.youtube.com/watch?v = Ma3Hh－KtoRE。

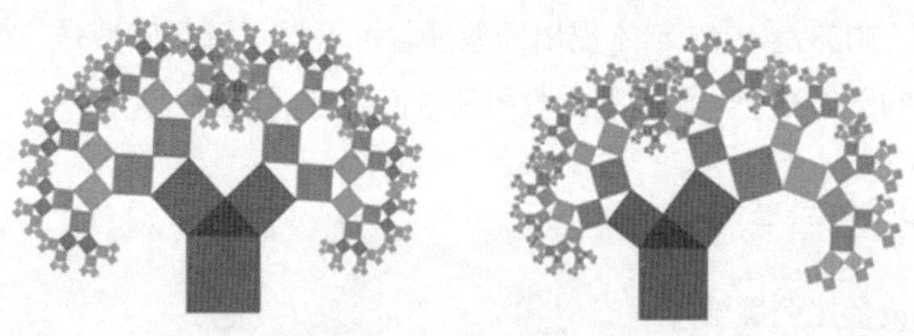

圖 7-38 （作者自製）

3. 雪花

雪花的結構都是邊長三等份點位置再作一個三角形，也是碎形的結構，見圖 7-39。也可參考影片連結觀察動態，https://en.wikipedia.org/wiki/Fractal#/media/File:Koch_nowflake_Animated_Fractal.gif。

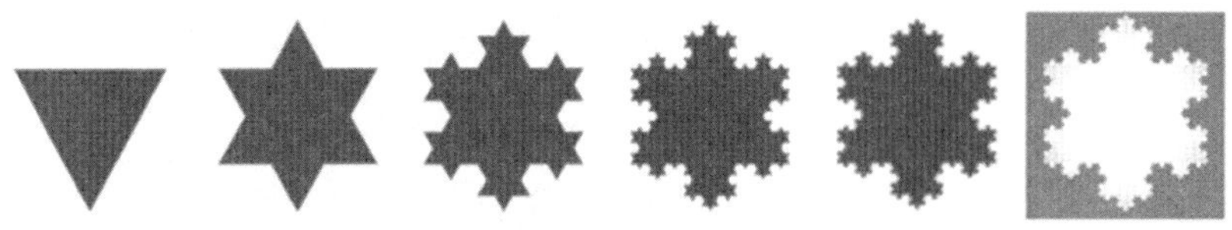

圖 7-39 （作者自製）

4. H 碎形的變化

H 去做碎形結構，可以看到有很多 H 的形狀，隨著角度的變化，可以發現它能變成樹，又可以變成蒲公英，所以碎形的形狀是最能貼近大自然的規則，見圖 7-40。也可參考影片連結：https://www.youtube.com/watch?v = bbafGCMvt6U。

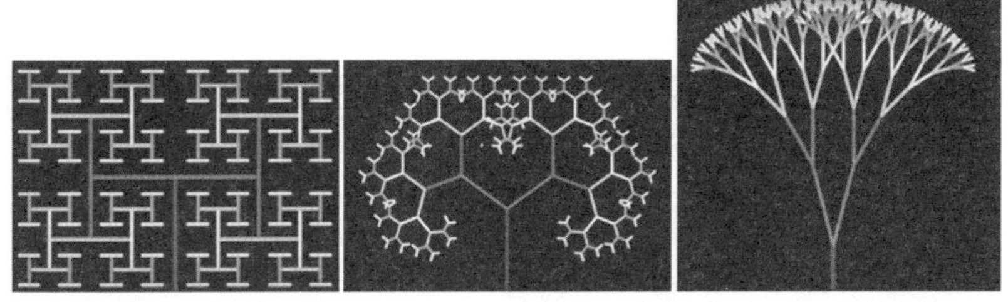

圖 7-40 （作者自製）

5. 氣管

人體中的氣管，是不是與 H 碎形的變形很像呢？見圖 7-41，所以人體中也存在著許多的碎形。

6. 3D 碎形

立體的三叉碎形，看起來就更眞實了，更像大自然的形體，見圖 7-42。

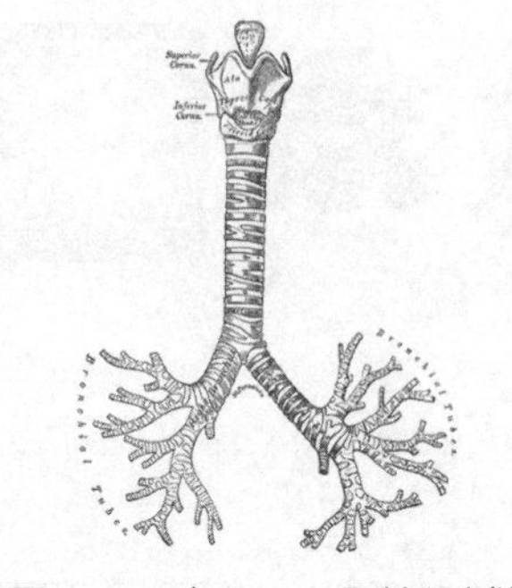

圖7-41　(WIKI，公共領域)

圖 7-42　(WIKI，CC BY-SA 4.0，作者 Erikksen)

7. 蒲公英

蒲公英就是最眞實的碎形結構，見圖 7-43、7-44，所以我們眞的可以說大自然是用碎形來設計。

圖 7-43　(WIKI，CC BY-SA 3.0，作者：夢の散 ~commonswiki)

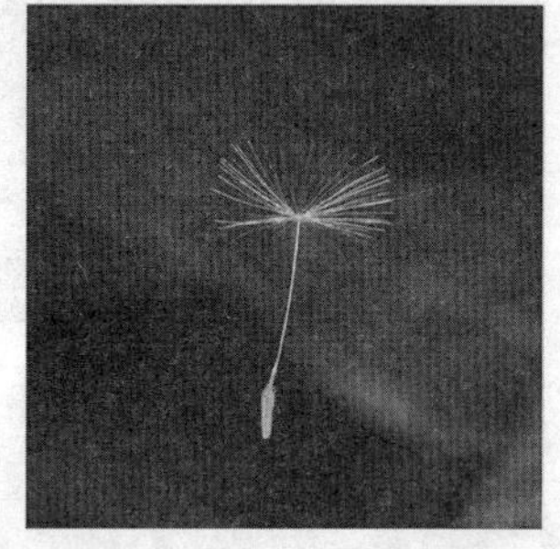

圖 7-44　(WIKI，CC BY-SA 4.0，作者 Archaeodontosaurus)

8. 羅馬花椰菜

羅馬花椰菜整體與局部具有自我相似，也就是具有碎形的性質，見圖 7-45。

圖 7-45 （WIKI，CC3.0，作者 Quercusrobur）

9. 閃電

閃電會不斷的開叉，每個局部與整體相似，符合碎形的性質，見圖 7-46、7-47。

圖 7-46 （WIKI，CC BY-SA 3.0，作者 Завантажив Maksim）

圖 7-47 （WIKI，CC BY-SA 4.0，作者 Griffinstorm）

※備註：閃電總是都伴隨大雨及雷聲，但打雷還有另外兩種，一是旱雷、一是悶雷（啞雷）。旱雷是不下雨直接打雷，其

原因是雨水在降落到地面時就已經蒸發，但雷在很高的天空產生時就直接打到地面。悶雷是有閃電卻無雷聲，可能是距離太遠。

10. 利希藤貝格圖 Lichtenberg figures

1777 年利希藤貝格（Lichtenberg）電擊透明玻璃，而玻璃在電擊後產生樹的紋路，感覺如同電在玻璃中流動的軌跡，見圖 7-48、7-49。此圖被稱爲利希騰貝格圖，並且此圖也是碎形。同時地面被雷打到出現紋路，見圖 7-50，或是世界上有許多人被雷打到所留下的紋路，都是利希藤貝格圖。

圖 7-48 （WIKI，作者 Saperaud commonswiki）

圖 7-49 （WIKI，作者 Tttrung）

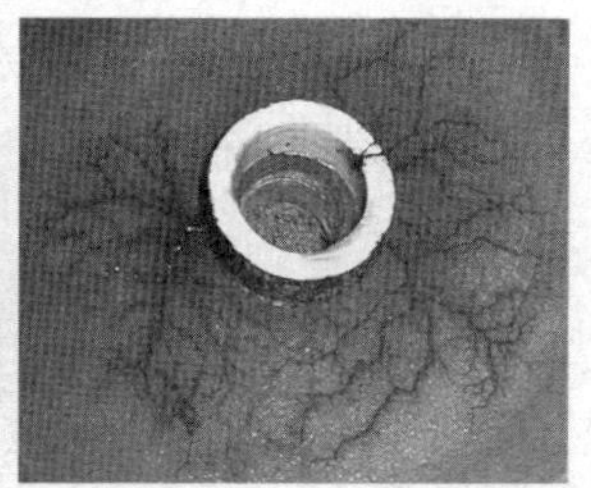

圖 7-50 （WIKI，CC BY-SA 2.5，作者 Bert Hickman）

11. 碎形拱門

不斷的圓弧構成一幅奇妙的拱門，見圖 7-51。

圖 7-51（作者自製）

12. 碎型與電腦做出逼眞的場景

電腦特效公司（Terragen Planetside）專門以碎形技術來制作特效場景，甚至有碎型與電腦製圖的影片：https://www.youtube.com/watch?v=eYlafu-Hico、https://www.youtube.com/watch?v=zMvJXwTxyVE，以及我們熟悉的電影開頭 http://planetside.co.uk/component/content/article/7-news/46-tg2-paramount 都是利用碎形製成擬眞度很高的影片。其他影片可至 http://planetside.co.uk/，所以如果要讓電腦製作的場景顯的自然又美觀的話，就必須利用碎形，最好還要利用到黃金比例的概念，見圖 7-52。

圖 7-52 （左：WIKI，CC BY-SA 3.0，作者 Fir0002，右：WIKI，CC2.5）

13. 小海龜碎形

圖案不停放大不斷的出現自我相似的部分，見圖 7-53。

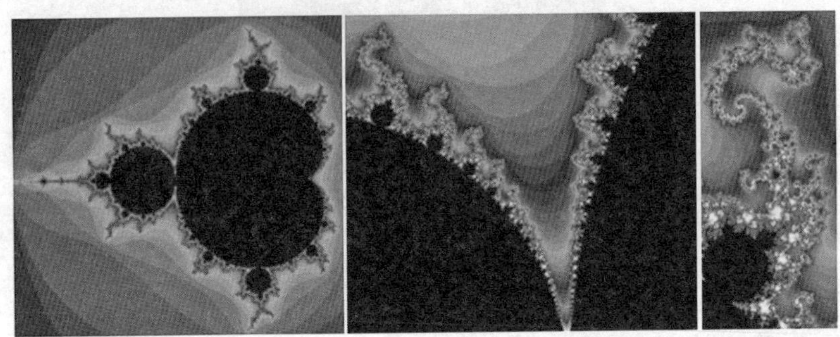

圖 7-53 （作者利用 XaoS，自行做出的圖）

14. 更多的碎形圖案，見圖 7-54、7-55

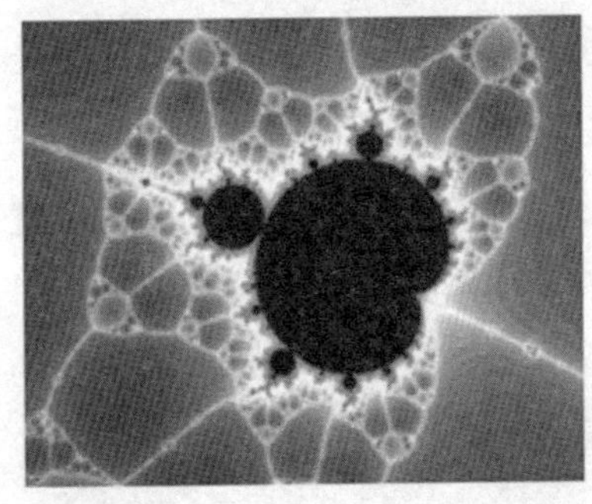

圖 7-54 （WIKI，公共領域）

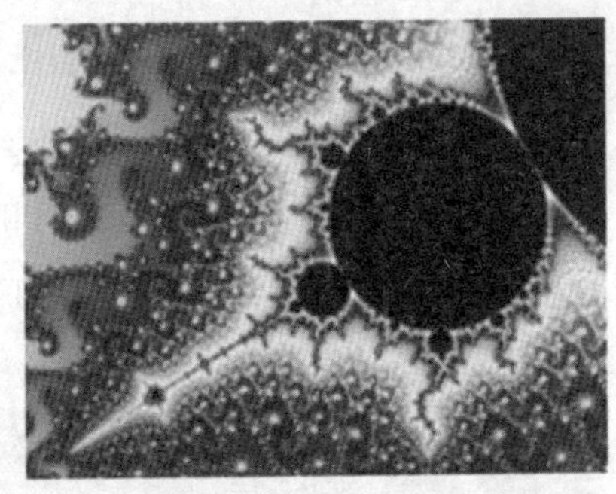

圖 7-55 （WIKI，CC BY-SA 3.0，作者 Wolfgangbeyer）

「自然這一巨著是用數學符號寫成的。」

——伽利略

「數學是創造性的藝術，因爲數學家創造了美好的新概念；數學是創造性的藝術，因爲數學家的生活、言行如同藝術家一樣；數學是創造性的藝術，因爲數學家就是這樣認爲的。」

——哈爾莫斯

7-3-3 碎形與維度

我們都知道人類是活在三度空間中，而三度空間是什麼？我們都聽過點、線、面、空間，其實這就是幾度的概念，要注意這個度不是溫度，也不是角度，而是維度（Dimension）的度，在英文中是取其第一個字母作爲縮寫。舉例：漫畫人物在平面上是二度空間也就是 2D 角色，而對於維度的概念可參考圖 7-56，而我們不會對整數維度感到困惑。

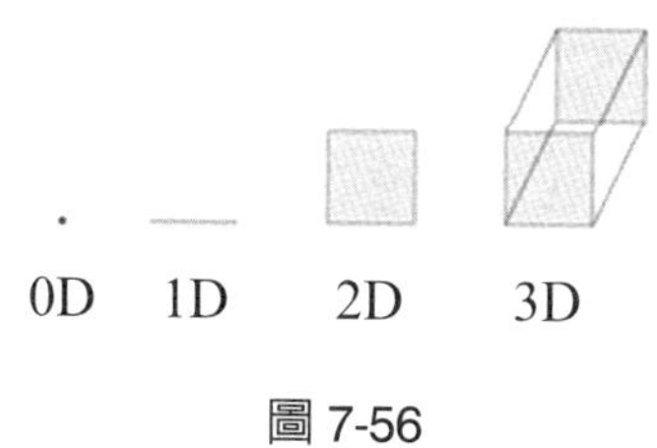

圖 7-56

碎形有趣的地方是它的維度不一定是整數，甚至每一個碎形的維度都不相同。而非整數維度的概念是德國數學家豪斯多夫（Felix Hausdorff, 1846-1942）所提出。碎形維度有兩個重要概念，豪斯多夫測度（Hausdorff measure）和豪斯多夫維度（Hausdorff dimension）但前述二種概念都太抽象，故利用數學家史都華（Ian Stewart）的說明來幫助大家理解。

·數學家史都華討論維度的方法

數學家史都華提出

①在 1 維度，繩子要變成 2 倍邊長，要取 2 條相等的繩子。

②在 2 維度，正方形要變成 2 倍邊長，要取 4 個相等的正方形。

③在 3 維度，正方體要變成 2 倍邊長，要取 8 個相等的正方體。

以上參考圖 7-57。

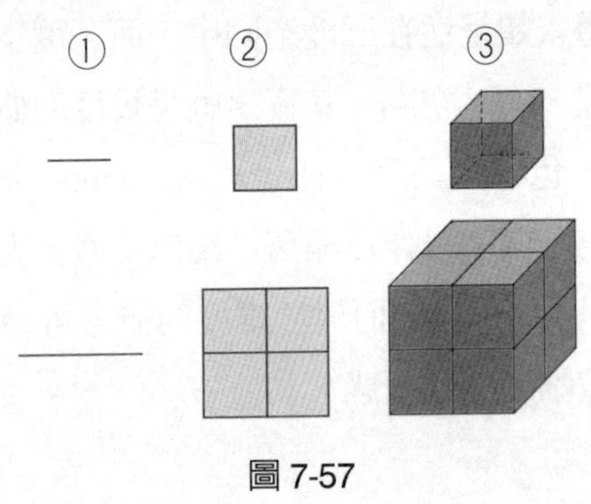

圖 7-57

所以對於邊長加倍，各維度有著以下內容及推論，見表 7-1。

表 7-1

維度	1 維	2 維	3 維	推論 4 維	推論 k 維
需要的同等物	2	4	8	16	視圖案而定
發現的指數關係	2^1	2^2	2^3	2^4	2^k

所以我們可以發現，在特別的 k 維度如果要邊長加倍，就是需要 2^k 的同等物。而如果要討論碎型維度，就是令 k 不一定是整數。同理邊長要變原本 3 倍，見表 7-2。

表 7-2

維度	1 維	2 維	3 維	推論 4 維	推論 k 維
需要的同等物	3	9	27	81	視圖案而定
發現的指數關係	3^1	3^2	3^3	3^4	3^k

所以我們可以發現，在特別的 k 度如果要變邊長 3 倍，就是需要 3^k 的同等物，而如果要討論碎型維度，就令 k 不一定是整數。

因此由表 7-1、7-2 可知，討論維度的數學式就是：**同等物的數量 = 放大倍數**^{維度}。但要如何得到一個不是整數的維度 k。如果有一個物體，是用 3 個相等物抽象的拼在一起，邊長變 2 倍，則按照推導的數學式，得到 $3 = 2^k$，這個物體的維度經過計算（需要用到高中對數規則），$\log_2 3 = \log_2 2^k = k$，得到 k = 1.585⋯，就得到一個非整數的維度，以上是傑出數學家史都華在他的數學科普著作《數學的問題》（The Problems of Mathematics）中的說明。

·數學家史賓斯基討論維度的方法

史都華的說明，或許不足以讓人明白碎形的維度如何是非整數，我們先認識波蘭數學家史賓斯基（Wacław Franciszek Sierpiński, 1882-1969 年）發現的「史賓斯基地毯的碎形，見圖 7-58。

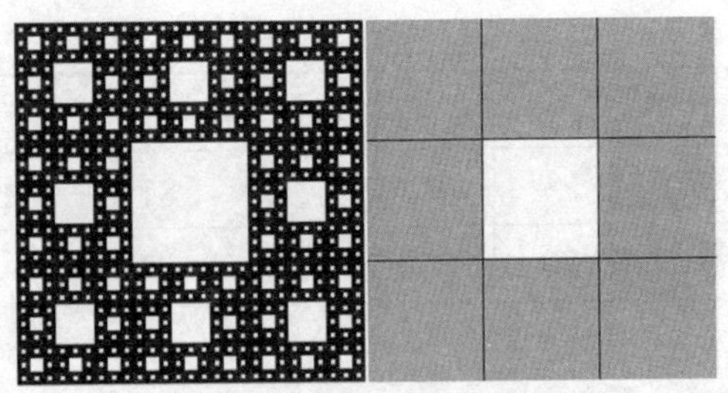

圖 7-58 可以發現此方塊是以右圖結構來不斷相似

再利用日本數學家小島寬「用小學數學看碎形」的說法改寫，史賓斯基地毯可以發現有 8 個相同圖型，組成 3 倍邊長的形狀，所以可以利用先前的算法，列出 $8 = 3^k$，得到 $k \fallingdotseq 1.89$，也就是史賓斯基地毯的維度不是 2 維度。同時我們要知道維度不是 2，就意味與一般平面圖形的維度不同，也就代表著沒有面積，因此史賓斯基地毯沒有「面積」。

同理再看看另一個三角形的史賓斯基地毯，見圖 7-59，可以發現有 3 個相同圖型，組成 2 倍邊長的形狀，所以可以利用先前的算法，列出 $3 = 2^k$，得到 $k \fallingdotseq 1.585$。也發現維度不是 2，因此三角型的史賓斯基地毯也沒有「面積」。

我們可以看到兩個史賓斯基地毯的維度並不相同，正方形是約 1.89 維度，三角型約是 1.585 維度，而這代表什麼意義呢？我們可以發現平面碎形的結構不一定是面積的維度，卻會接近面積的維度（維度 2）。另外，我們還可以發現平面上不同維度**「覆蓋率有明顯的差別」**，同理接近體積的維度（維度 3），在立體中**「覆蓋率也有明顯的差別」。所以我們也可以將非整數的維度視作爲覆蓋率**。也就是維度愈大，撲滿下的整數維度空間就

圖 7-59

愈快，如：圖 7-59（維度 1.585）比圖 7-58（維度 1.89）撲滿到平面（維度 2）的速度就比較慢。見表 7-3，可以對非整數的維度有更深的了解。

表 7-3 各維度的圖型

維度	圖案	名稱 / 來源
1.25		英國海岸線 CC BY-SA 3.0 作者：Nk
1.618		龍型碎形 維度是黃金比例 CC BY-SA 3.0 作者：Prokofiev

維度	圖案	名稱 / 來源
1.6309	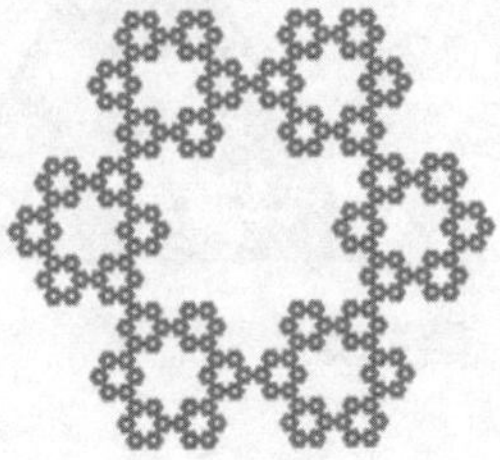	雪花 CC 0
1.7	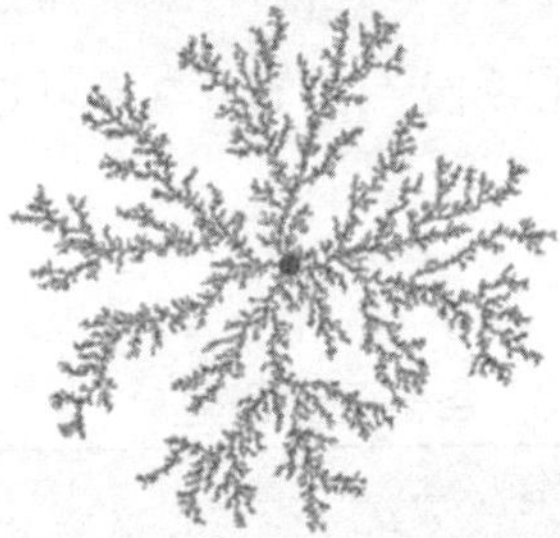	樹 CC3.0
2	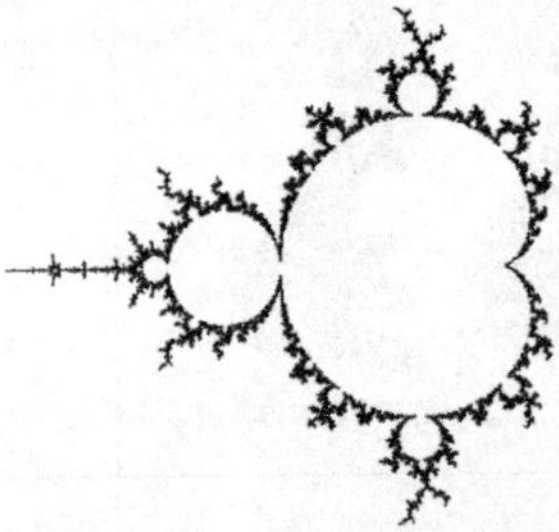	圓型碎形 公共領域
2		雪花 除碎型性質外，也具有圖地反轉的性質 （圖地反轉的意義是目標與背景可以對調腳色） CC BY-SA 3.0 作者：Prokofiev

維度	圖案	名稱 / 來源
2		畢達哥拉斯樹 公共領域
2	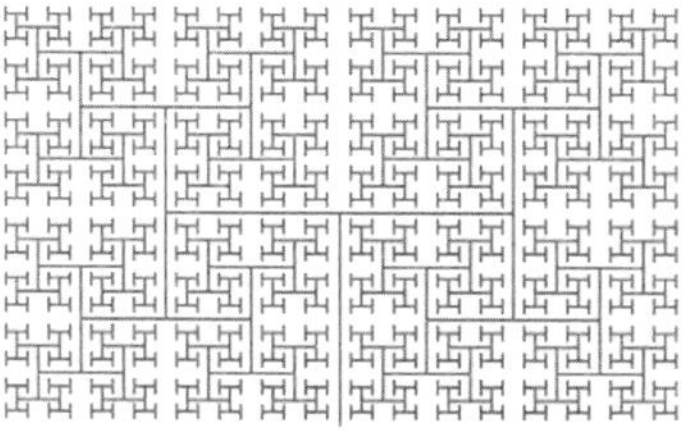	H 碎形 CC BY-SA 3.0 作者：JeffyP
2.33		花椰菜 CC BY-SA 3.0 作者：Rainer Zenz
2.5	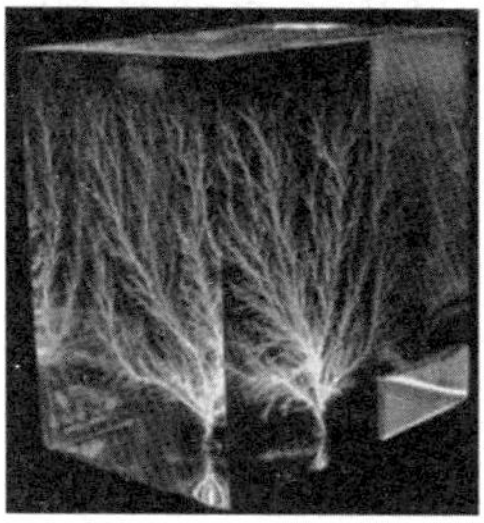	利希藤貝格圖 CC3.0

維度	圖案	名稱 / 來源
2.97		肺 CC3.0
3		H 碎形（3D） CC BY-SA 3.0 作者：Phyhoubo

參考下述連結有更多的碎形及其維度的描述：https://en.wikipedia.org/wiki/List_of_fractals_by_Hausdorff_dimension

計算碎型的維度很複雜，不過我們可以用欣賞藝術的角度來觀賞他們，經由表 7-3，我們還可以發現龍形碎形的維度剛好是黃金比例（1.618），看起來是與大自然有關的圖案。

7-3-4 碎型的現況

我們要先知道碎形是最年輕的數學，在 1975 年才被本華．曼德博創造出來，碎形的研究時間實在是太短，導致我們對它的認識與應用還太少，更無法有效應用在自然界中。同時碎型跟以往的數學差異太大，我們難以用以前的數學理論解決碎型問題。

見以下原因：

1. 目前世界與科學有很大部分建構在微積分與歐氏幾何上面，而微積分處理的都是微小的直線，即便是曲線，也是當作是很多非常微小的直線來處理。但碎型是討論曲線的自我相似，微小部分仍然是曲線，因此微積分就無法處理碎型的問題。
2. 碎型類似「處處連續卻處處不可微的函數（**魏爾斯特拉斯函數，見圖** 7-60）」大學研究的非線性內容的方法，本質上還是看作一段段的直線，所以無法處理碎型的問題。
3. 大自然是真正非線性的結構，也就是碎形，如果仍舊用接近線性的方法（微積分）去研究大自然，是難以取得成效。

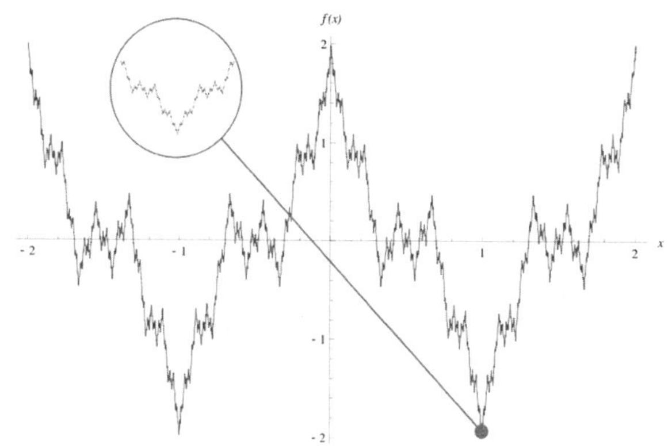

圖 7-60 魏爾斯特拉斯函數，可以看到有碎形結構，並且是一條連續的線，到處有轉角，所以處處不可「微分」（WIKI，公共領域。）

7-3-5 結論

由本文可以知道大自然最常看到的現象，都藏有數學碎形的藝術在內。如：蕨類、樹、向日葵、雪花、宇宙、血管、神經等，都是自我相似的圖案。而我們也應該要知道非碎形的幾何形狀都是人造的。

我們可以利用電腦來模擬與處理碎形的問題，及現在科技利用碎形的原理，可做出非常擬眞的地形影片，如：魔戒，所以眞的可以透過數學來描述這個眞實世界。雖然知道碎型可以有效描述大自然，但現在並沒有完整的碎形理論及有效的數學工具來處理碎形的問題，所以對於用數學描述自然界我們仍有一段路要走。

人類要用現有數學語言來詮釋大自然，是難以描述的，因爲大自然充滿著碎型，而我們目前沒有太多有效的方法處理碎型。我們需要新的數學，才能更完美的描述大自然，也才能讓人類的科技繼續向前進。

「一個國家的科學水準，可以用消耗的數學來衡量」

——拉奥（C.R.Rao），印度科學家

7-4 極座標作圖

極座標被作者歸類在此章節，它不是常用的數學工具，但其藝術面仍是吸引人的內容，故作者將其放在其他這個章節。以往作圖方法是給 (x, y) 的座標，在笛卡兒平面座標系上畫圖。但我們在討論角度的時候，有著另一種作圖方法，稱作極座標作圖 (r, θ)，給長度 r 與角度 θ。這種圖案做出來的圖形是一個繞原點的圖案。以下是電腦程式利用極座標作圖的圖形，見圖 7-61。

愛心的極座標圖：$r = 1 - \sin\theta$。又稱心臟線。

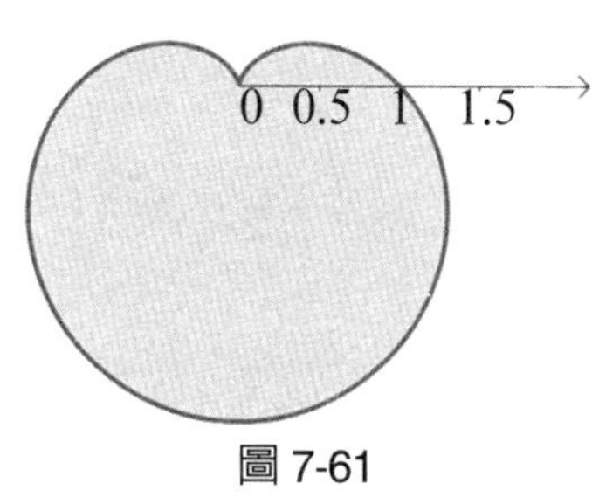

圖 7-61

圖 7-61 又被稱作笛卡兒的情書。這個流傳的故事內容是，瑞典一個公主熱衷於數學。笛卡兒教導她數學，後來他們喜歡上彼此。然而國王不允許此事，於是將笛卡兒放逐。但他不斷地寫信給她，但都被攔截沒收，一直到第 13 封信，信的內容只有短短的一行：$r = a(1 - \sin\theta)$，國王看信後，發現不是情話。而是數學式，於是找來城裡許多人來研究，但都沒人知道是什麼意思。國王就把信交給克麗絲汀。當公主收到信時，很高與他還是在想念她。她立刻動手研究這行字的祕密，沒多久就解出來，是一個心。$r = a(1 - \sin\theta)$，意思爲你給的 a 有多大，r 就多大，畫出來的愛心就多大，我對你的愛就多大。

7-4-1 極座標如何作圖

極座標作圖，是一個長度轉一個角度再描點，要怎麼畫呢？數學家規定先以一個點向右畫一直線，作爲極軸，見圖 7-62。如果我們要畫一個長度 30 轉了 30 度的點，見圖 7-63。做一個長度 60 轉了 60 度的點，見圖 7-64。

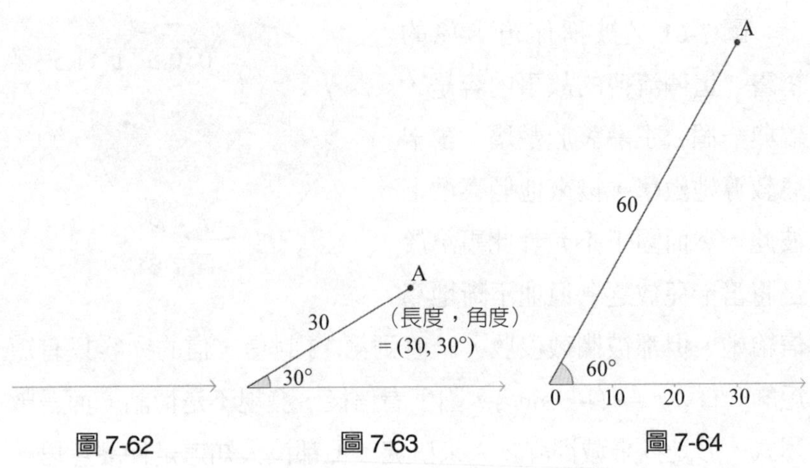

圖 7-62　　圖 7-63　　圖 7-64

因此極座標的座標被定義為（長度，角度），記作 (r, θ)。以此規則來畫 $r = a\theta$ 的極座標圖，長度 1 是轉角度 1 度的點，長度 2 轉角度 2 度的點，長度 3 轉弧度 3 度的點，以此類推到 360 度，將每一點連線能得到螺線，參考圖 7-65，此螺線又稱為阿基米德螺線。此螺線接近黃金比例螺線，也就是生物界中常看到的螺線，以鸚鵡螺為例，不過更精準螺線方程式，要用與黃金比例有關的方程式「等角螺線」$r = e^{0.17\theta}$，見圖 7-66。

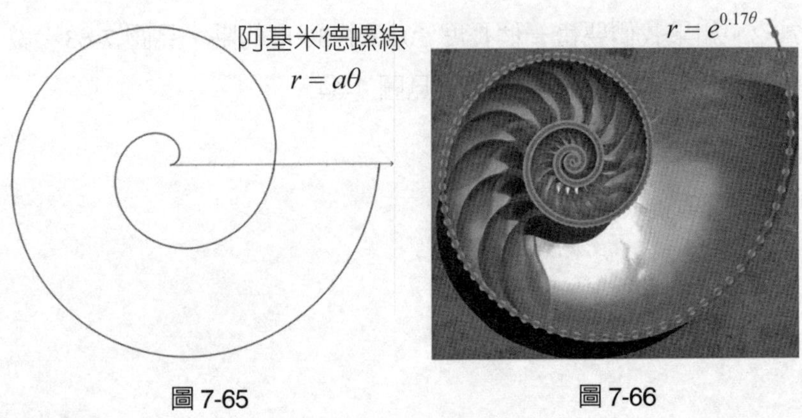

圖 7-65　　圖 7-66

阿基米德螺線也是渦捲式壓縮機運轉的原理，將兩個相反的螺線，放在一起，見圖 7-67，其運轉可以看圖 7-68 的逆時針連續動作圖。

圖 7-67　　圖 7-68

7-4-2 極座標與平面座標的關係

極座標作圖並不是一個方便的方式，因爲不容易利用角度、長度再描點，故仍然必須將其放到熟悉的平面座標上。可以利用三角函數便能將極座標圖轉換到平面座標。先觀察極座標圖上點的座標是由長度 r 與角度 θ 組成，記作 (r, θ)，見圖 7-69。若要將其放到平面座標，不難知道其平面座標的座標是 $(r\cos\theta, r\sin\theta)$，見圖 7-70。

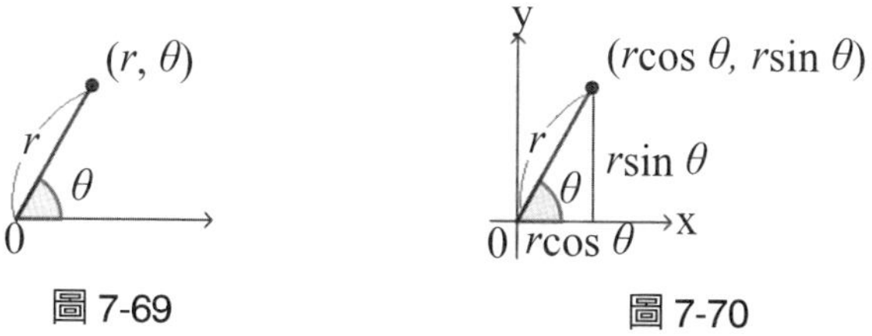

圖 7-69　　圖 7-70

因此如果要將極座標的曲線方程式 $r(\theta)$，轉換到平面座標，可以知道其每一點的表示方式爲 $(r(\theta)\cos\theta, r(\theta)\sin\theta)$。如：阿基

米德螺線 $r=\theta$ 對應到平面座標上的每一點是 $(\theta\cos\theta, \theta\sin\theta)$，見圖 7-71。

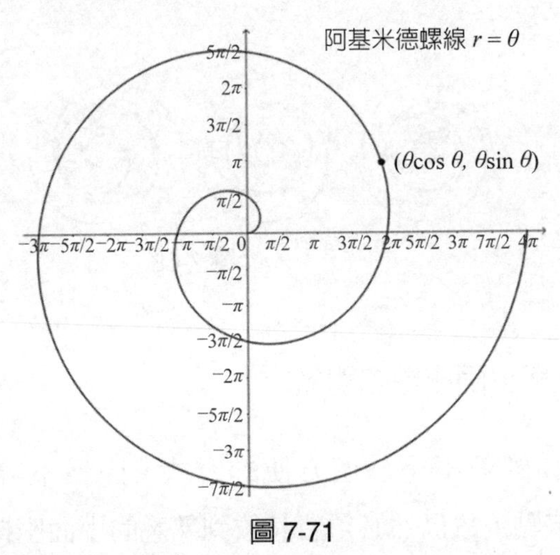

圖 7-71

7-4-3 圓錐曲線的極座標表法

已經學過圓錐曲線的平面座標上的方程式，但不知道的是極座標也可以表達圓錐曲線，而且其數學式還相當簡潔。見下述：

圓形的極座標數學式 $r=a$，見圖 7-22。其他圓錐曲線一般式，$r=\dfrac{ep}{1-e\cos\theta}$，$e$ 爲離心率、p 爲與準線相關的參數。如：拋物線的極座標方程式，離心率 $e=1$，令 $p=1$，故 $r=\dfrac{1}{1-\cos\theta}$，見圖 7-73。橢圓的極座標方程式，離心率 $e=0.8$，令 $p=1$，故 $r=\dfrac{0.8}{1-0.8\times\cos\theta}$，見圖 7-74。雙曲線的極座標方程式，離心率 e

$= 2$，令 $p = 1$，故 $r = \dfrac{2}{1-2\cos\theta}$，見圖 7-75。

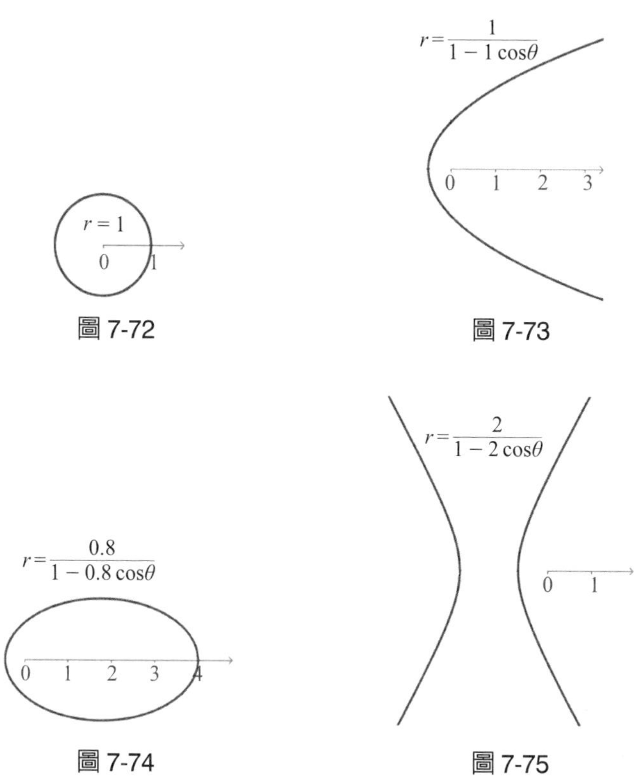

圖 7-72

圖 7-73

圖 7-74

圖 7-75

7-4-4 更多的經典螺線

· 雙曲螺線（Hyperbolic spiral）又稱倒數螺線（reciprocal spiral）

其極座標式爲 $r = \dfrac{c}{\theta}$，如：$r = \dfrac{1}{\theta}$，見圖 7-76。

· 歐拉螺線（羊角螺線）

其笛卡兒平面座標的參數式爲 $x=\int_0^\theta \cos(t^2)dt$，$y=\int_0^\theta \sin(t^2)dt$

兩個螺線的中心是 $(\frac{\sqrt{\pi}}{2},\frac{\sqrt{\pi}}{2})$、$(-\frac{\sqrt{\pi}}{2},-\frac{\sqrt{\pi}}{2})$，見圖 7-77。

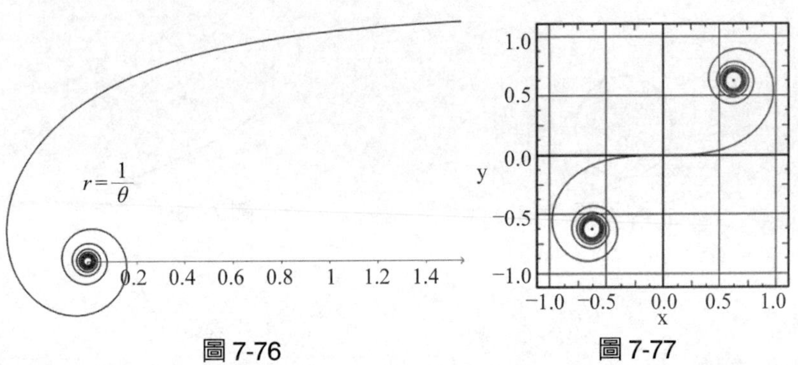

圖 7-76　　圖 7-77

· 費馬螺線

其極座標式爲 $r^2=a\theta$，如：$r^2=\theta$，見圖 7-78。

· 連鎖螺線（Lituus）

螺線 $r^2=\frac{a}{\theta}$，如：$r^2=\frac{1}{\theta}$，見圖 7-79。

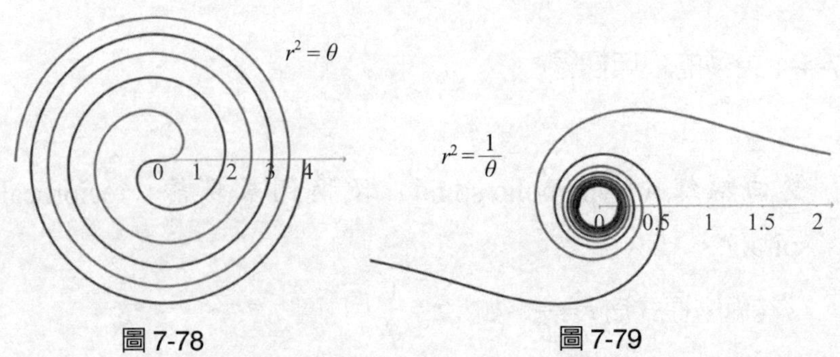

圖 7-78　　圖 7-79

7-4-5 結論

極座標的內容相對比較少，但我們可以認識其藝術面，及一些有趣的螺線。並可以發現圓錐曲線部分的極座標數學式可以如此簡潔。

7-5 代數曲線的藝術

本篇爲介紹代數曲線或代數曲面的藝術，或許有些數學仍沒有學到，但我們只要先知道這是利用數學方程式的圖案即可，接著來欣賞數學的藝術。

1. **笛卡兒葉形線**

笛卡兒葉形線（圖 7-80）由笛卡兒在 1638 年提出，平面座標方程式爲：$x^3 + y^3 - 3axy = 0$，極座標方程式爲：$r = \dfrac{3a\sin\theta\cos\theta}{\sin^3\theta + \cos^3\theta}$。

2. **卡帕曲線**（Kappa curve）

卡帕曲線（圖 7-81）或稱 Gutschoven 曲線是用希臘字母 κ（卡帕）來稱呼。卡帕曲線首先是由 Gérard van Gutschoven 在 1662 年研究。而後艾薩克．牛頓和約翰伯努利繼續此曲線。

平面座標系的方程式：$x^2(x^2 + y^2) = a^2y^2$，漸近線爲 $x = \pm a$。

極座標方程式：$r = a\tan\theta$

圖 7-80 笛卡兒葉形線 $a = 2.25$

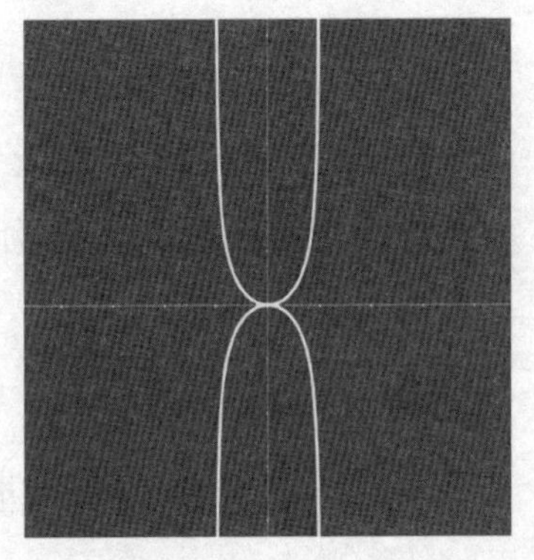

圖 7-81 $a = 1$

3. 箕舌線

箕舌線（圖 7-82）是平面曲線的一種，也被稱爲阿涅西的女巫（The Witch of Agnesi）。作圖原理是給定一個圓，圓與圓點相切，圓上有任意點 A，作割線 OA。而 M 是圓在 y 軸交點，作 M 點與圓的切線。OA 與 M 的切線相交於 N。過 N 且與 OM 平行的直線，與過 A 且與 OM 垂直的直線相交於 P。則 P 的軌跡就是箕舌線。

平面座標方程式爲：假設圓的半徑是 a，$y = \dfrac{8a^3}{x^2 + 4a^2}$，其漸近線是 x 軸。

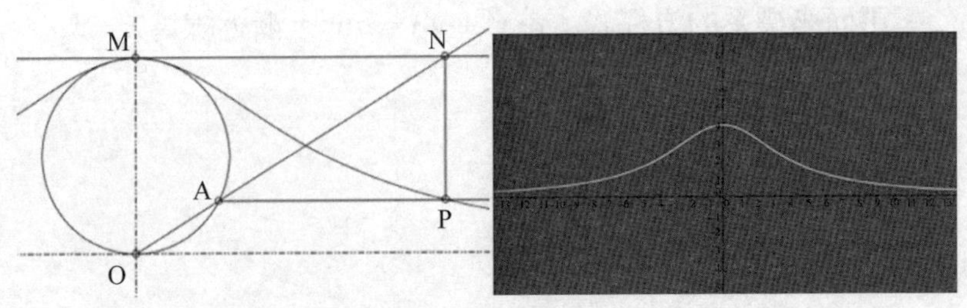

圖 7-82 $a = 2$

4. Tschirnhausen cubic

該曲線（圖 7-83、84）是由 von Tschirnhaus de L'Hôpital 與 Catalan 的研究成果，由 R C Archibald，在 1900 命名爲 Tschirnhausen cubic，它有時也被稱爲 de L'Hôpital 的三次或三等分角線。平面座標方程式爲：$27ay^2 = (a - x)(8a + x)^2$；極座標方程式爲：$r = a\sec^3(\frac{\theta}{3})$。

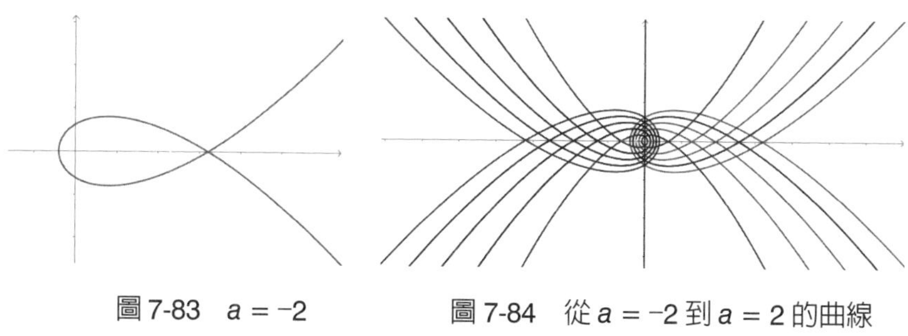

圖 7-83 $a = -2$　　圖 7-84 從 $a = -2$ 到 $a = 2$ 的曲線

5. **心臟線** Cardioid

心臟線（見圖 7-85）由德卡斯蒂於 1741 年命名，原因是它呈現心臟形狀，但它的形狀也像是一個蘋果的截面、或是愛心形。

平面座標方程式：$(x^2 + y^2 - a^2)^2 - 4a^2((x - a)^2 + y^2) = 0$

極座標方程式：$r = a(1 - \cos\theta)$

6. **卡西尼卵圓**（cassini oval）

卡西尼卵圓（圖 7-86）是曲線上的點到兩焦點的距離乘積爲定値。卡西尼的卵圓形是天文學家喬凡尼．多美尼科．卡西尼研究，並以他的名字命名。如果焦點是 (a, 0)、$(-a, 0)$、距離乘積定値爲 b，該曲線的方程式可設爲 $\sqrt{(x-a)^2+y^2} \times \sqrt{(x+a)^2+y^2}$

$= b^2 \Rightarrow [(x-a)^2 + y^2][(x+a)^2 + y^2] = b^4$，展開化簡後，可得到平面方程式為 $(x^2 + y^2)^2 - 2a^2(x^2 - y^2) + a^4 = b^4$；極座標方程式為 $r^4 - 2a^2r^2\cos(2\theta) = b^4 - a^4$。

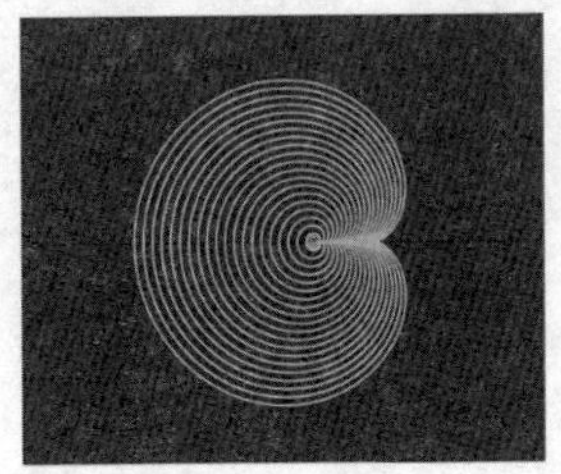

圖 7-85 從 $a = 0$ 到 $a = 2$ 的曲線

圖 7-86

7. **伯努利雙紐線**（Lemniscate of Bernoulli）

該曲線（圖 7-87）由雅各布．伯努利在 1694 年研究，並將這種曲線稱為 lemniscus，意思為「懸掛的絲帶」，曲線的形狀類似於打橫的阿拉伯數字 8 或者無窮大的符號 ∞。

平面座標方程式：$(x^2 + y^2)^2 = 2a^2(x^2 - y^2)$；極座標中表示為：$r^2 = 2a^2\cos 2\theta$。

8. **與（&）符曲線**（Ampersand curve）

「與」符曲線是「&」符號的曲線，見圖 7-88。平面座標方程式為：$(y^2 - x^2)(x - 1)(2x - 3) = 4(x^2 + y^2 - 2x)^2$

圖 7-87

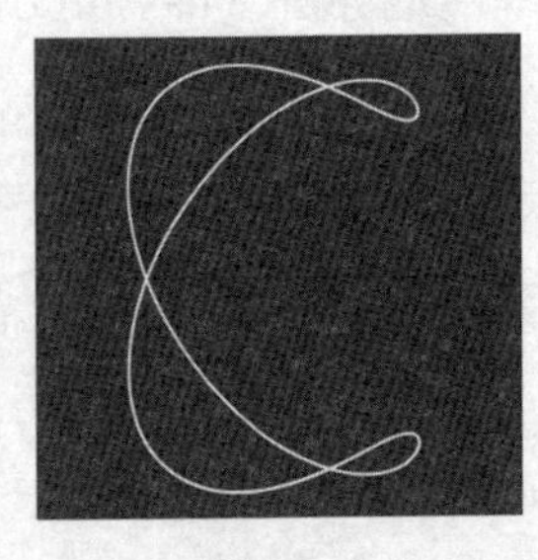

圖 7-88

9. **玫瑰線**（Rose Curve）

玫瑰線在極座標系中有著多種變化的形態，見圖 7-89、7-90，極座標方程式爲 $r = \sin(k\theta)$，$k = n/d$，如果 k 是偶數，玫瑰線就有 $2k$ 個花瓣，如果 k 是奇數，則有 k 個瓣。

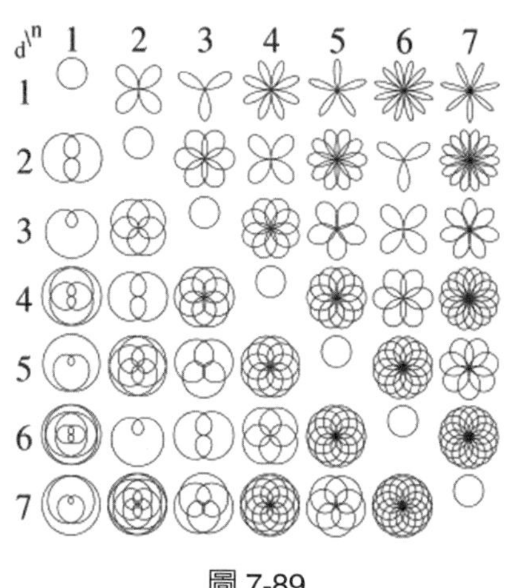

圖 7-89

圖 7-90　$k = 0$

10. **德・斯路斯蚌線**（Conchoid of de Sluze）

德・斯路斯蚌線（圖 7-91）涵蓋了有理曲線、循環代數曲線、三次曲線。平面座標方程式爲：$(x - 1)(x^2 + y^2) = ax^2$，在 $a \neq 0$ 時，存在一條漸近線 $x = 1$；極座標方程式爲：$r = \sec\theta + a\cos\theta$。**德・斯路斯蚌線的**曲線的四個種類，各自有其獨立名稱，見下述：

1. $a = 0$ 是直線，也是其他曲線族的漸近線；
2. $a = -1$ 是蔓葉線；
3. $a = -2$ 是正環索線；
4. $a = -4$ 是麥克勞林三等分角曲線。

圖 7-91 $a = -5$ 到 $a = 5$ 的圖形

11. **卵圓形**

利用圓，圓心在 $(c, 0)$，半徑是 c 與圓外一點 $(-a, 0)$，圓外一點與圓上的動點 $(c + c\cos\theta, c\sin\theta)$ 構成割線，割線與 y 軸的交點的 y 座標是卵圓形其中一點的 y 座標，其值為 $\dfrac{ac\sin\theta}{a+c+c\cos\theta}$，圓上的動點的 x 座標為卵圓形的 x 座標，其值為 $c + c\cos\theta$，將所有的點連線可構成卵圓形，見圖 7-92。

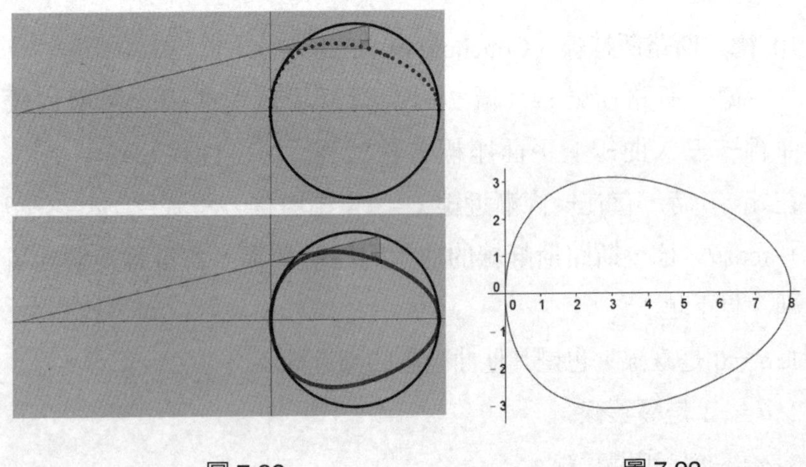

圖 7-92 圖 7-93

依此作圖規則，動點爲 $\begin{cases} x = c + c\cos\theta \\ y = \dfrac{ac\sin\theta}{a+c+c\cos\theta} \end{cases}$，化簡得到橫卵圓形方程式 $(x+a)^2y^2 + a^2c^2(x-c)^2 = a^2c^2$，見圖 7-93。

12. 代數曲面的藝術

帳篷（圖 7-94）、花（圖 7-95）、扯鈴（圖 7-96）、玩偶（圖 7-97）。

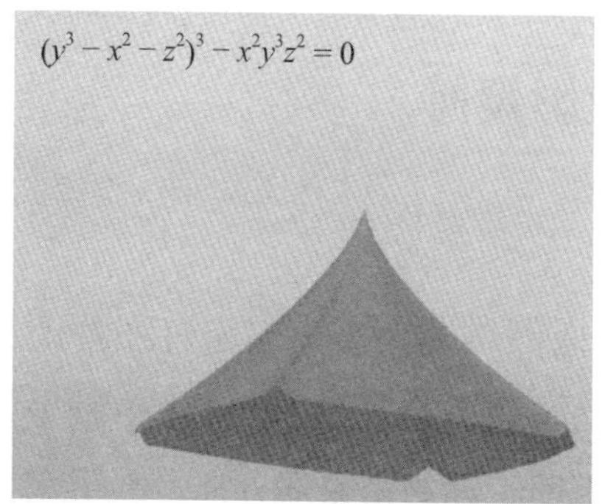

圖 7-94

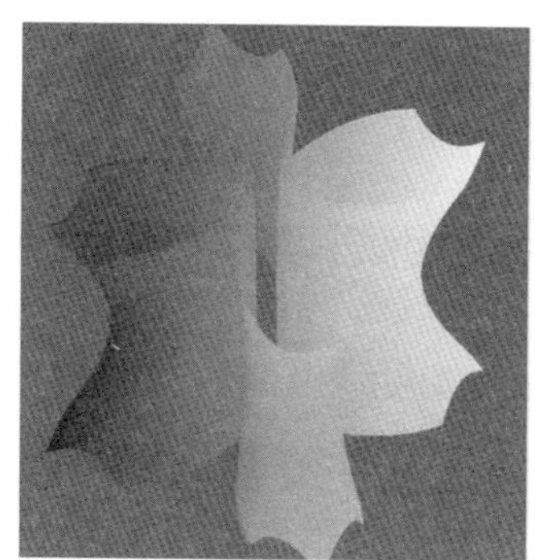

圖 7-95

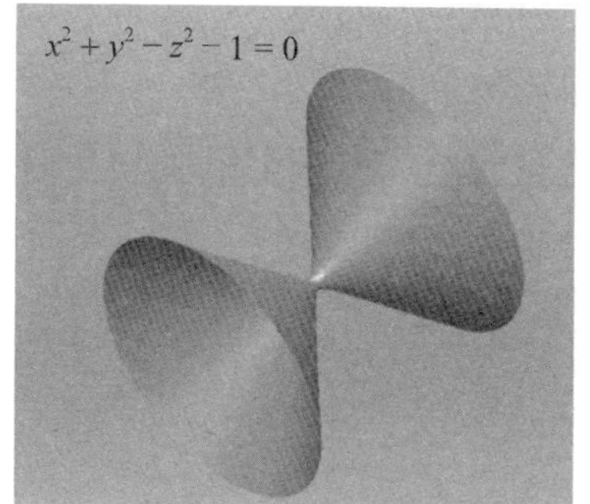

圖 7-96

圖 7-97

參考連結觀察轉動情形

帳篷：https://www.youtube.com/watch?v = 3Bv1LeXA8Xo，

花：https://www.youtube.com/watch?v = q1R412ErgVQ

扯鈴：https://www.youtube.com/watch?v = ATdEeQZy8d0

玩偶：https://www.youtube.com/watch?v = FqP0UkSL9YI

結論：

由此可以發現數學方程式構成的圖案是多麼的有藝術性。

7-6 投影幾何

7-6-1 相似形與投影幾何

有關於相似形的應用，不僅僅是在天文上，還有在藝術創作上。我們要如何把看到的東西，完美的呈現在畫作上，就是要利用到相似形的概念，在文藝復興時期的畫家部分都是數學家，所以才能經物體景象完美而寫實的呈現在畫作上，如：法蘭切斯卡（Pier Della Francesca）、杜勒（Durer）。而畫家將此種方法稱做透視原理，也就是投影幾何。接著我們觀察圖 7-98 ～ 7-101 就可以知道數學與繪畫息息相關。並且台灣的台南藍晒圖也是有利用到景深的投影幾何原理來構築線條，見圖 7-91。

圖 7-98　法蘭切斯卡（1415-1492）的畫作「鞭撻」，顯示使用投影技法表現空間感，他寫下數學與透視法的文章，精準的線條透視法是其作品的主要特色。作品背景刻畫十分細緻，光線清晰，真實的空間距離感，構圖勻稱，對當時的繪畫有革命性的影響

圖 7-99　杜勒（1471-1528）的木刻：描述透視示意圖

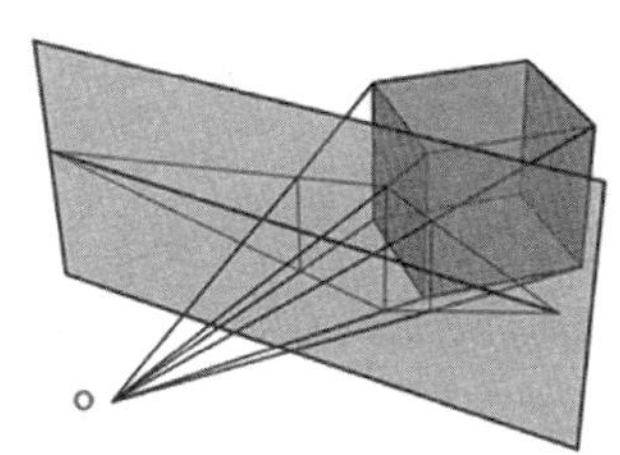

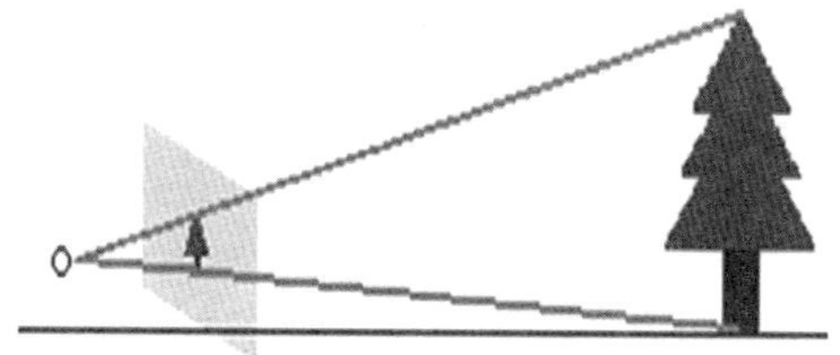

圖 7-100　幾何示意圖

有時在路邊看到很立體的地板藝術畫，見圖 7-103。或是在網路上看到不可思議的視覺幻覺：參考此連結 https://www.youtube.com/watch?feature=player_embedded&v=cUBMQrMS1Pc。其實這些都是相似形的應用。觀察地板藝術完整的實體繪畫過程 http://www.ttvs.cy.edu.tw/kcc/95str/str.htm。原因可觀察圖 7-104 理解立體的原理。

圖 7-101　佩魯吉諾（Perugino）的畫作充分運用透視原理，強化空間景深及層次感

圖 7-102　台南藍晒圖

圖 7-103　以秦俑坑為背景的大型立體地畫，出處：香港歷史博物館

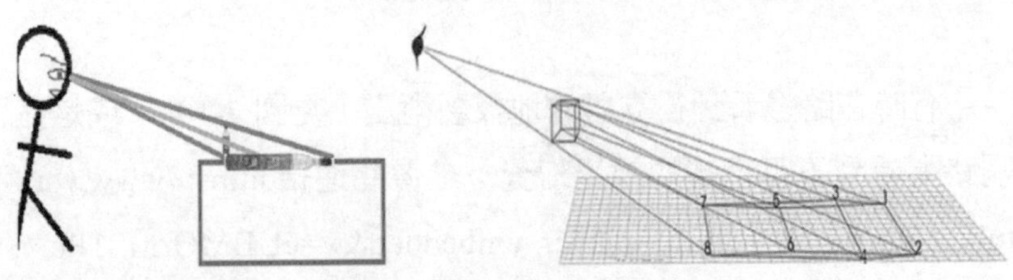

圖 7-104　幾何原理示意圖

其實街頭立體畫只有在特定角度與距離才能看到立體形狀，而其他位置都會看到不一樣的比例變型。此藝術又稱錯覺藝術、或稱幻覺藝術。現在也有用此藝術介紹汽車產品的廣告。同時在台灣的基隆百福派出所也有類似的藝術內容，見圖 7-105。

換句話說，將遠方畫到紙上，是相似形縮小，取截面到紙上。畫立體圖則是相似形放大，地板是截面。

圖 7-105　台灣的基隆百福派出所

7-6-2 非洲比你想像的大很多

在 1569 年法蘭提斯的地理學家傑拉杜斯．麥卡托（Gerardus Mercator）繪製世界地圖，見圖 7-106，稱麥卡托投影法，又稱正軸等角圓柱投影，是一種等角的圓柱形地圖投影法。以此方式繪製的世界地圖，長 202 公分、寬 124 公分，經緯線於任何位置皆垂直相交，使世界地圖在一個長方形上，見圖 7-107。

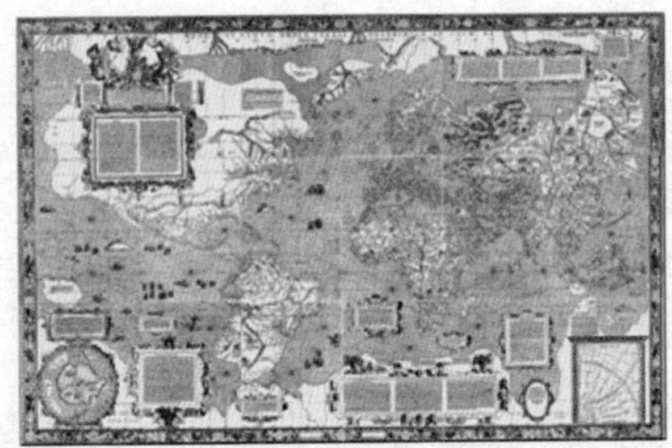

圖 7-106 麥卡托地圖

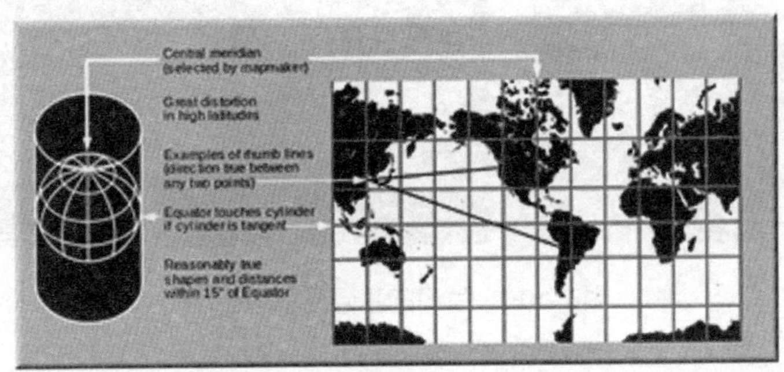

圖 7-107

此地圖可顯示任兩點間的正確方位，航海用途的海圖、航路圖大都以此方式繪製。在該投影中線型比例尺在圖中任意一點周圍都保持不變，從而可以保持大陸輪廓投影後的角度和形狀不變（即等角）；**但麥卡托投影會使面積產生變形，極點的比例甚至達到了無窮大。而靠近赤道的部分又被壓縮的很嚴重。看圖 7-108 理解原因。**

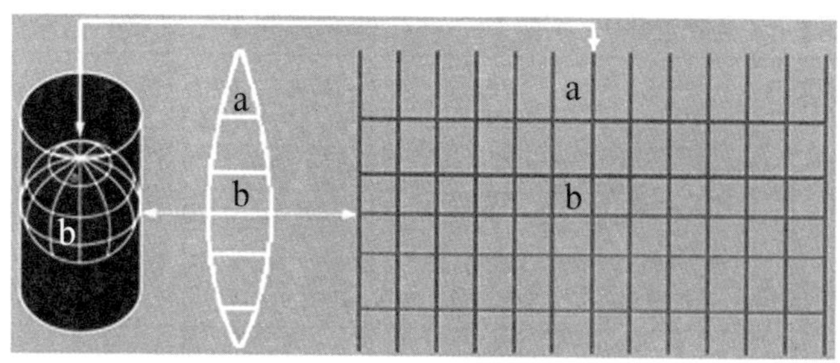

圖 7-108

很簡單的可看到高緯度地區被放大，低緯度地區縮小。這不是差一點點，其實非洲比你想像的還要很大，它佔了世界將近 30% 的陸地，可以裝下其他國家。非洲面積比下述國家面積總和還要大：中國、北美洲、印度、歐洲、日本。見圖 7-109、表 7-4。

※備註：更早的中世紀時，已有非矩形結構的地圖，但是非洲與歐洲的部分比麥卡托的地圖相對正確，見圖 7-110。

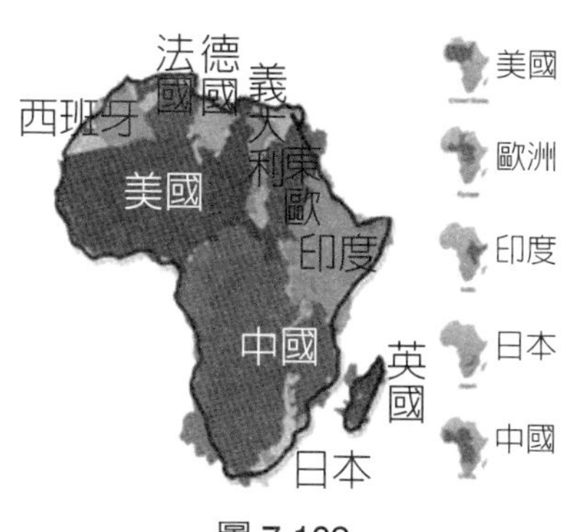

圖 7-109

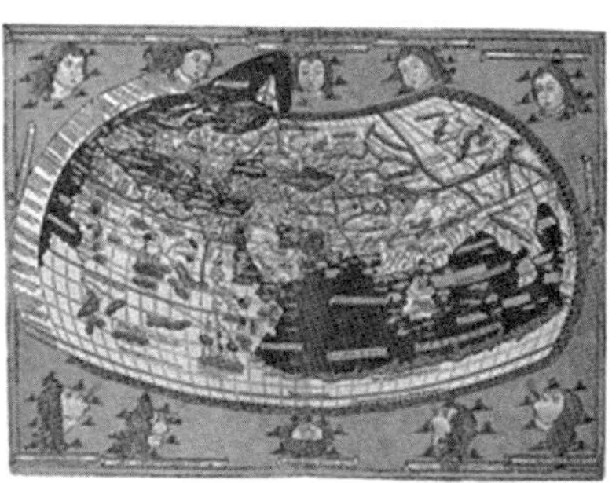

圖 7-110 中世紀歐洲的世界圖像

表 7-4 各國面積。不要看非洲在地圖上很小，實際上非常大

國家	中國	美國	印度	墨西哥	祕魯
面積（$1000km^2$）	9597	9629	3287	1964	1285
國家	法國	西班牙	新幾內亞	瑞典	日本
面積（$1000km^2$）	633	506	462	441	378
國家	德國	挪威	義大利	紐西蘭	英國
面積（$1000km^2$）	357	324	301	270	243
國家	尼泊爾	孟加拉	希臘	總合	非洲
面積（$1000km^2$）	147	144	132	30102	30221

7-6-3 結論

由本節可知，投影幾何與藝術、地圖的相關性。

8

結論——數學不好，不是你的錯

本書最後來談談數學不好，在台灣到底是誰的問題，本章是作者在台灣多年來的感觸。

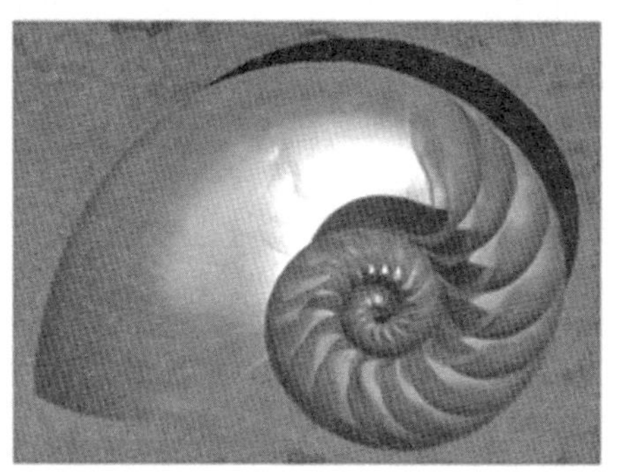

「數學是創造性的藝術，因為數學家創造了美好的新概念；數學是創造性的藝術，因為數學家的生活、言行如同藝術家一樣；數學是創造性的藝術，因為數學家就是這樣認為的。數學之美是很自然明白地擺著的。」 ——哈爾莫斯

「強迫學習的東西是不會儲存在心裡的。」 ——柏拉圖

「所有智力方面的工作都要依賴於興趣。」

──皮亞傑（Jean William Fritz Piaget），瑞士著名教育家

「我們不能指望許多孩子會學習數學，除非我們找到一種方式來分享我們的樂趣，並向他們展示它的美麗和實用性。」

──瑪麗·貝絲·魯斯凱（Mary Beth Ruskai）

「我們在課堂上對數學的一個重大誤解是，老師似乎總是知道所討論的任何問題的答案。」──萊昂·亨金（Leon Henkin）

「人們可以在不了解其歷史的情況下發明數學。人們可以在不了解其歷史的情況下使用數學。但如果沒有對其歷史的實質性了解，就不可能對數學有成熟的認識。」 ──Abe Shenitzer

「學習數學內容，重要的是要了解你在做什麼，而不是得到正確的答案。」 ──湯姆·萊勒（Tom Lehrer）

「先學唱歌，再看譜。」 ──波提思

「用數學的實用性來學數學，倒不如用數學的藝術性來學數學。」 ──波提思

8-1 數學恐懼症

在全世界數學普遍都是學生的噩夢，甚至有聽到數學兩個

字，或是看到數學符號或方程式就產生頭痛或不舒服的症狀，這些都是數學恐懼症的症狀。而數學教育到底發生了什麼事讓人會產生這些症狀？爲什麼這麼難以學習？爲什麼對數學沒有興趣？在此作者是以台灣文化及台灣學生作爲主要討論對象。而作者也觀察到學生對於數學的觀感是每一個時期都逐漸惡化，以下是由作者主觀的感覺所製成的表。

表 8-1

數學喜惡	國小	國中	高中
怕	10%	30%	50%
討厭	30%	30%	30%
無所謂	30%	20%	10%
喜歡	30%	20%	10%

如果我們把數學恐懼當作是一種症狀的話，那必定有其原因。依作者多年的教學與當學生的經驗，可以將對數學害怕及沒有興趣的原因歸納如下，並可參考彼此之間的關係圖，見圖 8-1。

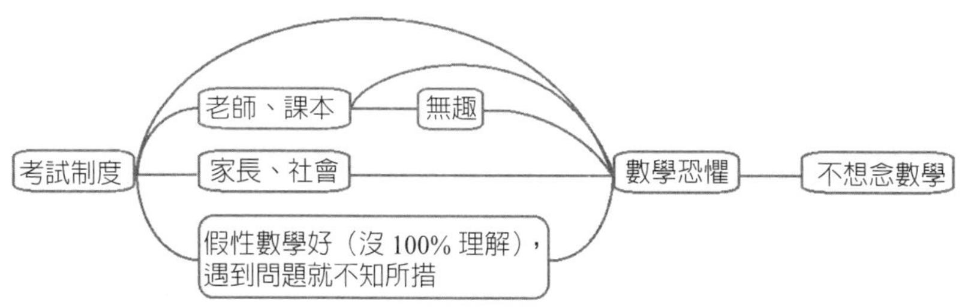

圖 8-1

・數學恐懼的原因

1. 考試制度部分。
2. 老師、課本部分。
3. 家長與社會部分。
4. 數學無趣卻被迫必須學。

・對數學沒有興趣的原因

1. 不認識數學，認爲數學僅是算術、或科學之母（基礎、工具）。
2. 不懂數學、統計、邏輯三者的差異。
3. 不懂數學與民主有關。
4. 不懂數學與藝術有關。
5. 不懂數學與宗教、哲學有關。
6. 不懂數學與推動歷史有關。
7. 不懂數學並非全部對自己有用，不懂數學其實每個人可能都只能用到一部分，大家應該了解**「數學大多數時候對自己都沒用，以及不會了其實也沒關係，沒有必要害怕。」**
8. 誤以爲數學成績高就是懂，懂了就會喜歡，殊不知眞正的懂數學跟成績、喜歡一點關係都沒有，在此也一併介紹對數學的理解程度差異分法：
   (1) 理解數學 100%，並且可以教到他人能理解。
   (2) 理解數學 100%，但不想教人、或是無法教到他人能理解。
   (3) 接近理解數學 100%，即理解程度 < 100%，也就是核心觀念不完全懂、或自以爲懂。

(4) 理解數學 50% 左右，半懂。

(5) 理解數學小於 50%，不懂。

上述的分法是比較大方向的討論，之後會再有更多的文章來仔細描述對數學恐懼及對數學沒有興趣的成因與解法。

8-2 數學教育該怎麼做？先學唱歌再看譜

由圖 8-1 的情況，我們可將其切成三大部分來解決數學恐懼的成因，見圖 8-2。

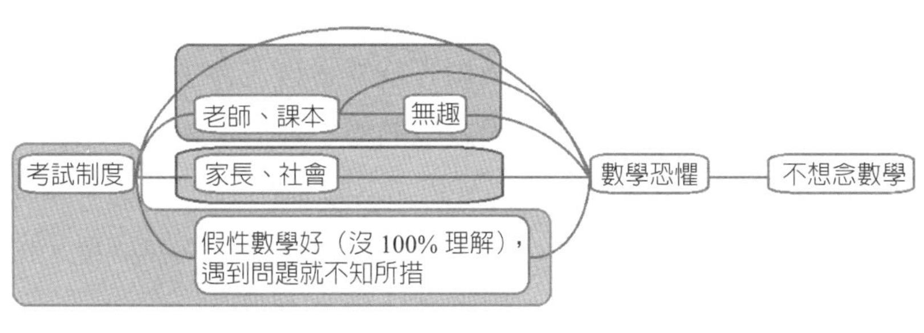

圖 8-2

・考試制度

1. 台灣是升學主義的國家，所以評鑑的方式就是以考試的成績作爲取捨，然而數學考試的方式卻會造成各個面向出問題，並導致數學恐懼。在此先單獨討論考試制度的直接影響數學恐懼部分。

   台灣的考試最直接的問題是，考試題數過多，時間不夠，令人困惑考的究竟是熟練度（死套公式，以及計算速度），還是理解度。而此問題會進一步變成分數高就是懂數學，但其實不懂，以後遇到變形，或需要思考的問題就不知所措，導致學生會有錯誤連結，反正不管理不理解都是要考熟練度，不如就直接死背公式跟硬套，而不願去理解。

考試制度並會造就假性數學好的情況，也就是礙於時間壓力老師沒辦法完整的說明數學內容，如：$ax + by + c = 0$ 與 $y = ax + b$ 的係數問題，此問題內容請參考本書 3-2。同時考試制度還會讓學生把繁瑣與困難畫上等號，進而爲了節省時間就直接死背公式，如：兩歪斜線的距離，它的每一步驟都可理解，但是分成多個環節，學生會直接認爲太難而放棄。如：配方法的流程可以理解的內容，若不說明清楚，會讓學生直接死背公式解，進而導致成績好就誤會自己會了。然而這些都不是正確的學習方式，因爲他們的心裡仍是認爲繁瑣就是困難，事實上數學的困難度可認知爲圖 8-3，但學生因考試認爲的困難度其實是圖 8-4。因此我們有需要調整考試制度，以降低對學習數學的影響。

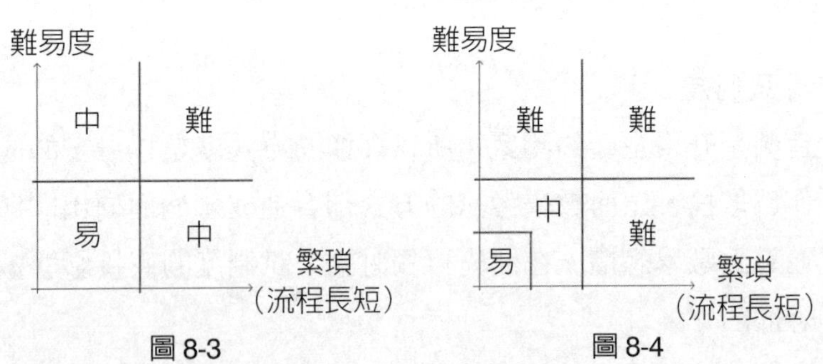

圖 8-3　　圖 8-4

解法：

台灣的考試制度需要修正，要考驗學生懂不懂而不是計算快不快，建議方法是數學大考只考 10 題，以 100 分鐘爲限，給足充分時間來思考與計算。要知道我們是要培養一個懂數學的人，而非只會套公式的計算機。並去除選擇題，都用塡充題、應用題，並要求說明清楚，保證會就是會、不會就是不會，不存在猜對的情況，才能培養出眞正不怕數學、理解數學的人。

2. 考試制度作爲升學依據，將會讓學生優先放棄數學，台灣是用考試作爲升學的依據，將會讓學生優先放棄數學。因爲數學的投資報酬率，不如其他科目。且因爲目前大學收的學生數比應屆學生多，基本上是肯去就能念的情況，而這樣的情況在考試成績的影響下，會再次因數學的投資報酬率，讓學生放棄數學。可是如果因此放棄數學，無疑會造成以後更多的問題。

解法：

有必要學習到對自己應該學的數學，如基礎部分的數學、統計、邏輯，進階的是工作用數學。同時必須讓國、高中社區化，要打破明星國、高中與考試制度的想法，在國中只需學習基礎數學、邏輯、統計，數學才不會優先被放棄。我們應該要知道數學的重要性，到高中才進一步學習相關大學科系的數學基礎。

註：升大學仍然是原有的考試制度。

・老師、課本、無趣

1. 考試制度也影響著老師與課本，由於考試的壓力，導致無法解釋與數學的相關內容，如歷史典故（數學與歷史、民主、哲學、自然界的關係等）、實際應用，僅能利用時間把數學觀念帶完，接著就是不斷的練習題目、並且只有練習特例的題目（生活上看不到的題目），這是多麼無趣的學習方式。

甚至有的老師會要求先背公式，這也是不對的教學方式，我們應該利用嘗試錯誤的方式，以及走一遍數學家創造公式的辛苦心路歷程來教學，不能讓學生**先背公式，這樣的方法太抽象**，也太嚇人。會讓人誤會數學家都是天才，並妄自菲薄的認爲自己是普通人，不是天才所以不用學會數學。

解法：

我們知道數學和音樂兩者皆是較抽象的學問，但卻有截然不同的學習過程。就音樂而言，是先聽到（欣賞），再學看樂譜（抽象符號正確表達音高、旋律、和聲等）。換句話說**「先聽到音樂，再學看譜與樂理」**，才能引發興趣來學習。

至於現代的數學教育，卻反其道而行。先學抽象符號（x、y、z）的計算規則及練習，再學習一些與實際應用未必相關的練習題，並稱之爲「應用題」。這種情況不只充斥於國高中數學課本，連大學的微積分課本也是如此。也就是說：**數學教育是「先學看譜和樂理，但有沒有聽到音樂，期待以後自然會發生」**。所以在學抽象的數學時，直接學很難理解的抽象內容，但這並不符合人類**「有興趣才學」**的學習行爲。

2. 部分數學老師的教學方式不妥，有些老師上課不喜歡學生發問，會以這是公式來帶過，這邊我們不禁要思考「老師爲什麼不敢說不知道」，還是「問了＝找老師麻煩」，或是「老師不喜歡被問」，但總而言之，都會導致學生不想發問，進而不會，最後只能套公式，最終惡劣的影響就是不喜歡思考。若將問題放大就是文化也是如此，只喜歡東偷西抄，到處參考或找書，不喜歡思考與創造，如果找不到相關內容就放棄該問題。

解法：

老師應該要有一定的操守與能力來解釋數學式，而非用權威的方式來禁止發問。這樣將導致一堆惡劣的影響，不僅在數學上，同時對於民主也是有一定的影響。

・家長、社會

台灣的家長與社會都有許多數學迷思，如：「數學很有用」、「數學是科學的基礎」、「會數學＝IQ高＝高人一等」、「數學好就是算術好」、「將統計與邏輯當作數學的一部分」、「數學分數愈高，計算愈熟練，就是愈懂數學」等迷思。在此難以一一列出各個迷思，並說明哪裡錯誤，僅說明幾個比較嚴重的問題：

1. 數學很有用、數學是科學的基礎，所以你必須認眞學習，這種壓迫性的說法，會造成很多學生的反彈，如果加上數學是無趣又難懂，會讓學生抱持著反正以後不當科學家、或工程師就無所謂的態度。

   解法：

   先思考問題可能的起點，台灣受中國文化的影響，而中國文化自古以來就是把數學當作是一門技術，如：討論未知數的天元術。而非把數學當作是科學，事實上中國一直以來，沒有所謂的科學的概念，大多數情況相當現實、必須要有用的東西才會有人去研究。所以我們的數學要進步、且要讓人想學，必須要以它不一定有用的角度來討論。

如果把數學視作爲很有用，那麼我們變相是背負著壓力前行。但實際上許多的數學家並不是以數學很有用作爲出發點來學數學，而是以藝術來學習數學，如：大數學家哈代（G. H. Hardy）。所以數學要學的好，不能以有用、科學的基礎作爲出發點，而是以藝術爲出發點，或是以學習民主作爲出發點，或是其他有趣的應用作爲出發點。**不能僅僅以數學很重要、數學很有用，作爲學生念數學的誘因**。

2. 數學好就是算術好，許多人學過珠心算，並認爲會計算就是數學好，但理解能力眞的是好嗎？或是聽到過你數學好趕快幫我加一下這些數字的總合，難道數學好的人是計算機嗎？我們也不會認爲觀光系的人對於全世界的觀光景點都如數家珍吧。

   解法：事實上部分數學家的計算能力很差，我們要培養的是數學的理解能力，而非計算能力，將算術誤解就是數學是最大的錯誤。

3. 將統計與邏輯當作數學的一部分。因爲**害怕數學、學不好數學、就連帶沒學好統計與邏輯**。

   解法：數學不該概括到統計、邏輯，這兩大項目本來就是與數學各爲獨立輔助的關係，現在的數學教育大抵上包括算術、代數、幾何、統計、邏輯。但邏輯分明是一種形而上的學問，每個科目都會用到的學科，怎麼會放在數學課本之中來教導。

   如果學生因爲討厭數學，而連帶不念邏輯，豈不失去練習的機會，更別提學會邏輯才能培養民主的認知；同時統計是如同物理一般的應用數學，以數學符號來詮釋的科目，相信有部分的人一定有相當大的感受它跟數學其實很不一樣，相當的好念，會實作即可，跟生活上也相當大的有連結性。同理如果統計也因討厭數學而不念，這樣是多麼的不妥。

現在的數學教育應該將其切出去，獨立成數學、邏輯、統計三個科目，但仍可讓數學相關的教師來教導，同時也要加入更多數學的人文、歷史、藝術、眞實應用到基礎數學之中，見圖 8-5。這樣方可保持念邏輯、統計的興趣，要知道不會數學也沒關係，但邏輯是重要的，統計也是生活常用到的工具。不同組別學的種類與幅度應該要有所不同，而非大家學的都一樣多的種類，僅有幅度不同是不夠的，要更加精細才是因材施教。

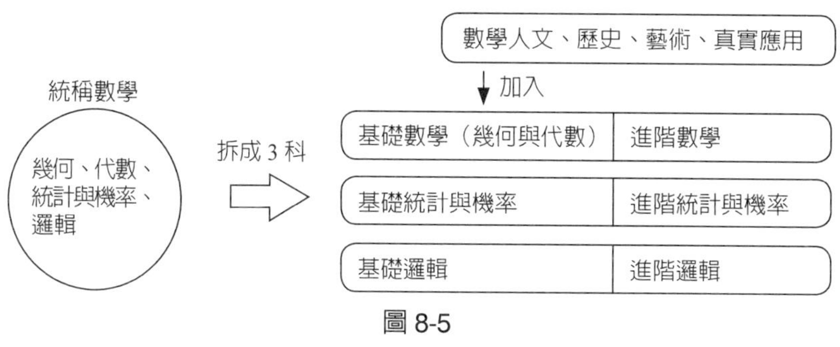

圖 8-5

4. 家長喜歡五育均優的心態，延伸到智育中也就是每一科都要 100 分，所以數學也是孩子必然要都會的想法。而家長會去尋找數學好的人爲什麼喜歡數學，發現原因是因爲有興趣，最後逼自己的小孩要對數學有興趣，希望如此就能學會，最後得到高分。最後學生會將「不會」、「怕」、「沒興趣」都串連起來，導致對數學的觀感都是我沒興趣、所以學不會、我很害怕數學。

解法：爲什麼大家都要有興趣跟都要會一堆數學，數學不具體、太抽象，本來就不容易死背硬套，應該要找出一套有趣的方法來學習數學。同時爲什麼要五育均優，科科100分，這是錯誤的想法，我們應該尊重天生我材必有用，而不是勤能補拙，這只是浪費時間，但基礎部分的數學、邏輯、統計仍然要學會。

註：爲什麼有人喜歡數學？喜歡數學的人大多數是喜歡數學規則的秩序性，而非死板板的練習題目，成績帶來的成就感並不能有效引發學生的興趣。

8-3 結論

我們要知道萬物皆數，每個地方都能看見數學的蹤跡。不同的人使用數學的方式不同，就會有不一樣的功能出現。絕大多數人都認爲數學是科學的基礎，然而就僅僅於此了嗎？大多數人不懂數學的功能面，數學可是藝術的基礎，也能藉由數學培養邏輯性，更進一步學習民主，我們參考希臘的七藝，就可以明白數學是如何推動民主歷史，也有的人認爲數學是學習研究型態（pattern）的科學。有鑑於此，數學比你想的更重要，絕非僅僅是其他理科的基礎，或是完全錯誤的認知只認爲是拿來考試升學用的其中一科。

我們要明白數學沒有全都有用，對於每個人僅需要一部分，並不是每個人全部數學都用的到，所以對於沒用到的部分，

我們並不需要怕它。而大家至少要會的程度是：「全部人都應該要學會邏輯，大多數人都用的到統計，理工科的人不可避免數學。」由此我們可以知道大家各自需要數學的哪一部分。

同時我們要用正確的方式學習數學，也就是**「先學唱歌再看譜」**，有興趣了再來學，並了解到數學只是一個科目，如果不會了也沒關係，沒有一定要喜歡或是厭惡，甚至害怕。美國教材＋日本考試制度＋華夏八股，造就了台灣的考試制度，在這種制度下，是不可能讓學生對數學有興趣。最後**我們要知道數學不好，絕大多數情況不是自己的錯，而是教育的方式出了問題**。

「數學的能力，從來都不是靠考試就能培養出來」

——波提思

「數學的學習方式，要先學唱歌再看譜，有了興趣再來學」

——波提思

「這是一個可靠的規律，當數學或哲學著作的作者以模糊深奧的話寫作時，他是在胡說八道。」

——A. N. 懷德海（Alfred North Whitehead）

「扔進冰水，由他們自己學會游泳，或者淹死。很多學生大多利用其他人做過的內容，來解決問題；之後才肯試著靠自己去工作（思考），結果是只有極少數人養成了獨立工作（思考）的習慣。」

——E. T. 貝爾（Eric Temple Bell）

「很少歷史學者知道，希臘時期的數學教育主要目的，是爲了促使公民經由邏輯推論的訓練，而增強對民主制度的信念和實踐，使得公民只接受經由正確邏輯推理得出的論點，而不致被政客及權勢者的花言巧語牽著鼻子走。」

——柯林納福（Colin Hannaford），英國教育學家

※備註 1：想知道更多〈數學不好，不是你的錯〉的文章可以參考連結

〈數學不好，不是你的錯 1〉：考試制度的錯 & 認識數學恐懼症 & 先學唱歌，再學看譜

https://www.taiwannews.com.tw/ch/news/3451837

※備註 2：

除連結外，可使用任意瀏覽器，在搜尋欄位打上「台灣英文新聞」，見圖 8-6。進入下一個頁面，並點擊連結，見圖 8-7。進入下一個頁面，點擊右側放大鏡，進行搜尋，見圖 8-8。在搜尋欄位打上「數學不好不是你的錯」，見圖 8-9。可得到相關文章連結，見圖 8-10。當然也可以搜尋作者的相關文章，可以了解更多數學或科技的相關內容。

圖 8-6

台灣英文新聞 - 即時、政治、環境、新移民、旅遊、健康食安 - Taiwan News
https://www.taiwannews.com.tw/ch/index
台灣英文新聞為全球讀者關心台灣大小事所最常造訪的英語新聞入口，讓外界得以從各種不同的觀點來看台灣！

圖 8-7

圖 8-8

圖 8-9

〈數學不好 不是你的錯3〉：建議課本應該怎麼改
2018/06/22 09:30
延續上一篇「〈數學不好，不是你的錯1〉：是考試制度的錯&認識數學恐懼症&先學唱歌，再學看譜」、「〈數學不好 不是你的錯
程中，有那些因素會讓學生產生恐懼，進而排斥數學，見圖1。 圖1 最直接的問題有二個，分別是依考試制度影響老師的授課內容、

〈數學不好 不是你的錯2〉：建議老師應該怎麼做
2018/06/15 21:22
延續上一篇「〈數學不好，不是你的錯1〉：是考試制度的錯&認識數學恐懼症&先學唱歌，再學看譜」接下來我們來討論一下在學習
1。 圖1 最直接的問題有二個，分別是依考試制度影響老師的授課內容、另外就是因為課本內容無趣，導致學生在學習過程中感到無

〈數學不好，不是你的錯1〉：是考試制度的錯&認識數學恐懼症&先學唱歌，再學看譜
2018/06/08 09:45
在全世界數學普遍都是學生的噩夢，甚至有聽到數學兩個字、或是看到數學符號、或方程式就產生頭痛或不舒服的症狀，這些都是數
狀？為什麼這麼難以學習？為什麼對數學沒有興趣？在此作者是以台灣文化及台灣學生作為主要討論對象。而作者也觀察到學生對於
製成的表。 表1【數學恐懼症】...

圖 8-10

家圖書館出版品預行編目資料

什麼是數學?／吳秉翰，吳作樂著. -- 初版.
- 臺北市 : 五南，2019.10
面；　公分
SBN 978-957-763-633-1(平裝)
數學
10　　108014420

RE47

什麼是數學？

作　　者 — 吳秉翰、吳作樂（56.5）
發 行 人 — 楊榮川
總 經 理 — 楊士清
總 編 輯 — 楊秀麗
副總編輯 — 王正華
責任編輯 — 金明芬
封面設計 — 姚孝慈
出 版 者 — 五南圖書出版股份有限公司
地　　址：106台北市大安區和平東路二段339號4樓
電　　話：(02)2705-5066　傳　　真：(02)2706-6100
網　　址：https://www.wunan.com.tw
電子郵件：wunan@wunan.com.tw
劃撥帳號：01068953
戶　　名：五南圖書出版股份有限公司

法律顧問　林勝安律師事務所　林勝安律師

出版日期　2019年10月初版一刷
　　　　　2021年 2 月初版二刷

定　　價　新臺幣600元

※權所有・欲利用本書內容，必須徵求本公司同意※